W0268142

ELEMENTARE BAUSTATIK

FÜR STUDIUM UND PRAXIS

VON

DR. ING. HABIL. **RICHARD GULDAN**

O. PROFESSOR AN DER TECHNISCHEN HOCHSCHULE HANNOVER

MIT 540 TEXTABBILDUNGEN, 6 TAFELN
UND 44 ZAHLENBEISPIELEN

WIEN
SPRINGER-VERLAG
1956

ISBN-13: 978-3-7091-8035-8 e-ISBN-13: 978-3-7091-8034-1
DOI: 10.1007/978-3-7091-8034-1

SOFTCOVER REPRINT OF THE HARDCOVER 1ST EDITION 1956

Vorwort

Der aus Fachkreisen mehrfach gegebenen freundlichen Anregung folgend, habe ich es unternommen, den beiden Spezialbüchern „Rahmentragwerke und Durchlaufträger“ sowie „Die Cross-Methode und ihre praktische Anwendung“ nun das schon seit längerer Zeit geplante dritte Werk — „Elementare Baustatik“ — folgen zu lassen. Hierin wird versucht, die *Grundlagen der Baustatik* und die *Trägerlehre* unter Einbeziehung des Durchlaufträgers und der einfacheren Rahmen so darzulegen, daß auch ohne Kenntnisse der höheren Mathematik alle wichtigen statischen Zusammenhänge in ihrem Wesen klar erkannt werden können. Neben diesen rein theoretischen Anforderungen ist aber überall darauf Bedacht genommen, die jeweils gewonnenen Erkenntnisse für den praktischen Gebrauch übersichtlich zusammenzufassen und ihre Anwendung sofort an zweckmäßig gewählten Einführungs- und Übungsbeispielen zu zeigen. Diese unmittelbare Verbindung zwischen theoretischer Darlegung und praktischer Anwendung bringt erfahrungsgemäß nicht nur bedeutende Erleichterungen beim Studium, sondern macht den Anfänger auch rascher und sicherer mit den Grundbegriffen der Baustatik und den Besonderheiten der verschiedenen Tragsysteme vertraut. Bei allen Erläuterungen und Betrachtungen wird ausgiebig von bildlichen Darstellungen Gebrauch gemacht; mit deren Hilfe können die maßgebenden Zusammenhänge bei der Behandlung der verschiedenen Probleme und Aufgaben wesentlich anschaulicher und exakter zum Ausdruck gebracht werden, als dies selbst durch prägnanteste Formulierungen allein möglich wäre. Nur bei gleichzeitiger Anwendung beider Ausdrucksmittel — Wort und Bild — kann ein Höchstmaß an Klarheit in allen Darlegungen erzielt werden.

Für die Gliederung und methodische Behandlung des Stoffes waren neben rein sachlichen Anforderungen auch pädagogische Gesichtspunkte maßgebend. In der Regel wurde die induktive Lehrmethode bevorzugt, also die Entwicklung vom Besonderen zum Allgemeinen, weil sich auf diesem Wege auch die verwickelteren Probleme und Aufgaben der Statik dem Leser leichter und schneller erschließen.

Nach den hier angedeuteten Richtlinien werden in den ersten vier Abschnitten zunächst die eigentlichen Grundlagen der Baustatik am ebenen Kraftsystem unter Verwendung zeichnerischer und rechnerischer Methoden mit der gebotenen Ausführlichkeit behandelt und als praktische Anwendung sodann auf breitem Raum die Stabkraftermittlung in Fachwerkbindern eingehend dargestellt. Besonderer Nachdruck ist dabei auf eine reiche Auswahl von Einführungs- und Musterbeispielen unter Berücksichtigung der verschiedensten Binderformen gelegt worden; 35 vollständig durchgezeichnete Cremona-Pläne für lotrechte Belastung und 12 für Windbelastung bieten Anhaltspunkte und Wegweiser für die Konstruktion von Kräfteplänen in gleichen oder ähnlichen Fällen. Den Abschluß bildet eine übersichtliche Zusammenstellung verschiedener Binderformen, wobei — getrennt für lotrechte Belastung und für Windbelastung — die „Zugstäbe“, „Druckstäbe“ und „Nullstäbe“ sofort ersichtlich sind. Man kann also bei den einzelnen Binderformen schon von vornherein erkennen, für welche Stäbe die Windbelastung eine zusätzliche

Beanspruchung hervorruft und wo sie lediglich entlastend wirkt. Diese Tafeln stellen nicht nur für den Studierenden ein bequemes Hilfsmittel und eine Kontrollmöglichkeit seiner Übungsaufgaben dar, sie bilden auch für die Praxis bei der Auswahl geeigneter Binderformen und deren Berechnung eine wichtige Hilfe.

Der fünfte und sechste Abschnitt sind den Grundlagen der Trägerberechnung gewidmet. Zunächst werden die wichtigsten Grundbegriffe und die Fundamentalsätze der Trägerlehre — vor allem die Zusammenhänge zwischen äußerer Belastung, Biegungsmoment und Querkraft — behandelt. Hauptthema ist der frei aufliegende Träger, dessen sichere Beherrschung bereits den eigentlichen Schlüssel für die Berechnung aller übrigen Trägersysteme einschließlich der statisch unbestimmten Durchlaufträger darstellt.

Im siebenten Abschnitt wird der durchlaufende Gelenkträger, der sogenannte Gerberträger behandelt, dessen Berechnung mit allen Einzelheiten auf den frei aufliegenden Träger zurückgeführt werden kann. Der achte Abschnitt enthält alles Wesentliche über die rechnerische und zeichnerische Ermittlung der Trägerformänderungen, also der Auflagerdrehwinkel, der Durchbiegungen und Biegelinien. Hierauf folgt der Abschnitt über den *Durchlaufträger*. Mit dieser Trägerform, die eine beherrschende Stellung im gesamten Bauwesen einnimmt, befassen sich im Fachschrifttum eine kaum übersehbare Anzahl von Büchern und Abhandlungen. Es galt hier, nach kurzer Erläuterung der besonderen statischen Eigenschaften dieses Trägersystems jene Berechnungsverfahren mit ihren theoretischen Grundlagen anschaulich darzulegen, die in der Praxis hauptsächlich Anwendung finden: die Dreimomentengleichungen, das Festpunktverfahren und die CROSS-Methode. Jede dieser drei Methoden hat ihre ganz besonderen Vorzüge, die häufig zu wenig Beachtung finden und daher auch zu wenig genutzt werden. Es wurde deshalb größtes Gewicht darauf gelegt, diese Vorteile aufzuzeigen und in allen drei Fällen stets kurz gefaßte Anweisungen für eine systematische Durchführung der Zahlenrechnung zu geben. Auf diese Weise können die Biegungsmomente, die Querkräfte und gegebenenfalls die Maximalmomentenlinien stets übersichtlich und leicht prüfbar, zugleich aber mit einem Mindestaufwand an Zeit und Schreibarbeit ermittelt werden. Verschiedene Einführungs- und Übungsbeispiele geben Aufschluß über alle Einzelheiten der zahlenmäßigen Rechnung und bilden gleichzeitig Musterbeispiele für die praktische Anwendung.

Der letzte Abschnitt gilt den einfachen Rahmentragwerken. Wegen der engen Verwandtschaft vieler Rahmentypen mit den besonders ausführlich behandelten Durchlaufträgern war es naheliegend, als Abschluß auch diese Tragwerksform noch mit in Betracht zu ziehen. Das fiel um so leichter, als für deren Berechnung in sehr vielen Fällen alle drei für den Durchlaufträger dargelegten Methoden völlig unverändert benutzt werden können. Unter welchen Voraussetzungen dies zutrifft, wird nach Klärung des statischen Verhaltens solcher Rahmen eingehend erläutert. Auch die Begriffe „verschieblich" und „unverschieblich", die für die Beurteilung von Rahmentragwerken und für deren Berechnung von größter Bedeutung sind, werden auf Grund elementarer Betrachtungen auch dem Anfänger verständlich gemacht.

Hannover, im Juni 1955 **R. GULDAN**

Herr Professor Dr.-Ing. habil. Richard GULDAN ist im Juli 1955 durch einen unerwartet frühen Tod mitten aus seinem Schaffen herausgerissen worden. Es war ihm nicht mehr vergönnt, das bis zum Abschnitt „Die CROSS-Methode zur Berechnung von Durchlaufträgern" bereits druckreif vorliegende Manuskript selbst zu vollenden. Als langjährigem Assistenten und Schüler des Verfassers war es mir daher eine Herzenssache, im Einvernehmen mit dem Verlag die Fertigstellung des Werkes zu übernehmen; richtungsweisend hierfür blieben die in den nachgelassenen Konzepten des Autors festgelegten Grundzüge der Bearbeitung.

Möge dieses Buch, das sich sowohl an den Studierenden als auch an den praktisch tätigen Ingenieur wendet und aus den Vorlesungen des Verfassers hervorgegangen ist, in seinen Schülern die Erinnerung an die Persönlichkeit ihres Lehrers wachhalten und in der Fachwelt die gleiche freundliche Aufnahme finden wie die beiden anderen Werke des Verstorbenen.

Aufrichtiger Dank gilt allen, die es als ein Vermächtnis empfanden, die Drucklegung des vorliegenden Buches durch ihre wertvolle Mithilfe zu ermöglichen. Unter Beteiligung von Herrn cand. arch. GROSSE-BOES hat sich wiederum Herr cand. arch. GÖPFERT selbstlos für die vorzügliche Ausführung der zahlreichen Textabbildungen eingesetzt, während Herr Dipl.-Ing. RIEMANN mich beim Lesen der Korrekturen unterstützte.

Besondere Anerkennung gebührt dem Verlag, der in gleicher Weise wie zu Lebzeiten des Verfassers großzügiges Entgegenkommen zeigte und alle Sonderwünsche erfüllt hat.

Hannover, im November 1956 **H. REIMANN**

Inhaltsverzeichnis

Hilfstafeln

Zusammenstellung der wichtigsten Bezeichnungen

mit Hinweisen auf jene Gleichungen, Abbildungen und Tafeln, die näheren Aufschluß über die statische Bedeutung und die Berechnung der einzelnen Größen geben.

1. Das ebene Kraftsystem

P	„Kraft“ bzw. „Einzellast“ in kg oder t: Abb. 1.
R	„Resultierende“, d. i. die Mittelkraft einer ebenen Kräftegruppe: Gl. (1), (2), (2a), (7); Abb. 4a, b bis 8, 11b—e, 13b, 19, 20a, b.
X_n, Y_n	„Komponenten“ einer Kraft P_n in Richtung der aufeinander senkrecht stehenden Koordinatenachsen x und y: Gl. (3), (4), (10); Abb. 10, 13a.
X_R, Y_R	„Komponenten“ der Resultierenden R in Richtung der aufeinander senkrecht stehenden Koordinatenachsen x und y: Gl. (5) bis (9); Abb. 13b.
M	„Drehmoment“ bzw. „Kräftepaar“, d. i. die drehende Wirkung von zwei gleich großen, parallelen Kräften mit entgegengesetzter Richtung: Gl. (14), (27); Abb. 26a, b bis 28a, b, 35a.
M_R	„Resultierendes Drehmoment“ bzw. „resultierendes Kräftepaar“, d. i. die algebraische Summe der einzelnen Drehmomente bzw. Kräftepaare: Gl. (18), (36), (38), (40); Abb. 41a, 42a.
M_n	„Statisches Moment“ einer Kraft bzw. einer Kräftegruppe in bezug auf einen beliebigen Punkt n der Kraftebene: Gl. (15), (49), (56a), (60), (61); Abb. 29, 47, 61b, c.
H	„Polweite“ des Kraftecks: Gl. (60); Abb. 61c.

2. Das ebene Fachwerk

S_n	„Stabkraft“ eines Stabes n in Fachwerken: Abb. 91a—f, 92a—f.
O	Stabkraft in einem „Obergurtstab“ bei Fachwerkbindern: Gl. (76); Abb. 94 bis 99, 163c.
U	Stabkraft in einem „Untergurtstab“ bei Fachwerkbindern: Gl. (75); Abb. 94 bis 99, 163a, b.
D	Stabkraft in einem „Diagonalstab“ bei Fachwerkbindern: Gl. (77), (79); Abb. 94 bis 99, 163d, 164a, b.
V	Stabkraft in einem „Vertikalstab“ bei Fachwerkbindern: Gl. (78), (80); Abb. 94 bis 99, 163e, f, 165a, b.
S	Stabkraft in einem „Schrägstab“ bei Fachwerkbindern: Abb. 105a.

3. Der statisch bestimmte Träger

(Frei aufliegende Träger und durchlaufende Gelenkträger)

$A, B, C, \ldots$	„Auflagerdrücke“ bzw. „Auflagerreaktionen“: Gl. (65a), (66a), (86) bis (94), (181), (183); Abb. 56a, b, 57, 64, 174 bis 178, 227a—e, 245c, 246c.
G	„Auflagerdruck“ im Gelenk G eines durchlaufenden Gelenkträgers: Abb. 245c, 246c, 249b.
V_n, H_n	„Vertikalkomponente“ und „Horizontalkomponente“ einer schrägen Kraft: Gl. (95), (95a); Abb. 100, 101, 179a, b.
q	„Gleichlast“ in kg/m oder t/m.

M_x	„Biegungsmoment" d. i. die Summe der statischen Momente aller links oder rechts von einem beliebigen Querschnitt x eines Trägers angreifenden Kräfte in bezug auf den Schwerpunkt des betrachteten Querschnittes: Gl. (100), (101), (203); Abb. 184a, b bis 199, 207a – c, 238.
$M_A, M_B, M_C, \ldots$	„Stützenmomente", d. s. die Biegungsmomente über den Auflagern eines frei aufliegenden Trägers mit Kragarmen bzw. eines durchlaufenden Gelenkträgers: Gl. (167), (169), (209); Abb. 220b, 251b, c.
max M	„Maximales Feldmoment", d. i. der Größtwert des Biegungsmomentes in einem Trägerfeld: Gl. (159) bis (162a), (214), (215); Abb. 214. 214a, 254c, d.
$M_x^{(0)}$	„Biegungsmoment" an der Stelle x bezogen auf den frei aufliegend gedachten Träger: Gl. (203); Abb. 193a, b, 238, 250b, 256b.
Q_x	„Querkraft", d. i. die algebraische Summe der senkrecht zur Trägerachse wirkenden Komponenten aller links oder rechts von einem beliebigen Querschnitt x angreifenden Kräfte: Gl. (150), (152), (153). (155), (156), (202); Abb. 201 bis 207a, b, 236a—f.
x_0	Entfernung der „Nullstelle" der Querkraft von einem Auflager (= Lage von max M): Gl. (158), (158a); Abb. 214.
$Q_x^{(0)}$	„Querkraft" an der Stelle x bezogen auf den frei aufliegend gedachten Träger: Gl. (202); Abb. 236d.

4. Formänderung von Trägern

$\mathfrak{A}$, $\mathfrak{B}$	„Auflagerdrücke" des frei aufliegenden Trägers infolge der als Belastung aufgefaßten M-Fläche zwischen den Auflagern A und B: Gl. (244a), (246) bis (248); Abb. 285b, c, 286d.
α_A, α_B	„Auflagerdrehwinkel" bzw. „Endtangentenwinkel", d. s. die Winkel. welche die Tangenten an die Biegelinie in den Auflagern A und B mit der Horizontalen einschließen: Gl. (244), (249); Abb. 284, 285c, 286e.
$\overline{M}_x$	„Biegungsmoment" an der Stelle x eines Trägers infolge der als Belastung aufgefaßten M-Fläche des Trägers; die $\overline{M}$-Linie ist identisch mit der EJ-fach verzerrten Biegelinie: Gl. (223a), (235); Abb. 275c. 279a—c, 280a—c, 282a—d.
f_x	„Durchbiegung" eines Trägers an der Stelle x: Gl. (223), (236): Abb. 275c.
max f	„Maximale Durchbiegung" eines Trägers: Gl. (224), (237).
E	„Elastizitätsmodul", d. i. der Quotient aus Spannung und Dehnung bei ideal-elastischem Werkstoff: Gl. (221); Abb. 269.
J_x, J_y	„Achsiales Trägheitsmoment": Gl. (222), (222a); Abb. 274.

5. Durchlaufträger und einfache Rahmenwerke

A. Bezeichnungen in den Dreimomentengleichungen (CLAPEYRONsche Gleichungen)

M_{n-1}, M_n, M_{n+1}	„Stützmomente" über den drei aufeinanderfolgenden Stützen $(n-1)$. (n), $(n+1)$: Gl. (258), (261), (290), (294); Abb. 290, 292, 293, 323.
$\mathfrak{A}^{(0)}_{n,n-1}, \mathfrak{A}^{(0)}_{n,n+1}$	„Auflagerdrücke" infolge der als Belastung aufgefaßten $M^{(0)}$-Fläche links bzw. rechts der Stütze (n), bezogen auf den frei aufliegenden Träger: Gl. (254), (258), (260), (293); Abb. 291c; Tafel 1 bis 3.
S_n	„Belastungsglied" für eine Stütze (n), d. i. die sechsfache Summe der zur Stütze (n) gehörigen Auflagerdrücke $\mathfrak{A}^{(0)}$ der beiden angrenzenden Felder: Gl. (260), (261), (293), (294).
d_n	„Hauptglied" oder „Diagonalglied" der Dreimomentengleichung für eine Stütze (n), d. i. die doppelte Summe der beiden angrenzenden Spannweiten: Gl. (259), (261), (292), (294).
b_{n-1}, b_n	„Bezogene Spannweite" des Feldes $(n-1)$ bzw. (n) bei Trägern mit feldweise verschiedenen Querschnittsträgheitsmomenten: Gl. (291). (292), (294).

J_0	„Vergleichs-Trägheitsmoment“ bei Trägern mit feldweise verschiedenen Querschnittsträgheitsmomenten: Gl. (290) bis (293).
g	Gleichmäßig verteilte ständige Belastung in kg/m oder t/m.
p	Gleichmäßig verteilte Nutzlast in kg/m oder t/m.
$q = g + p$	Gleichmäßig verteilte Vollbelastung in kg/m oder t/m.

B. Bezeichnungen im Festpunktverfahren

M_l, M_r	„Ausgangsmomente“ am linken bzw. rechten Stabende eines belasteten Trägerfeldes: Gl. (336) bis (338a); Abb. 345, 346a, b, 347.
K_l, K_r	„Kreuzlinienabschnitte“ am linken bzw. rechten Stabende eines belasteten Trägerfeldes: Gl. (335) bis (338); Abb. 346a, 347; Tafel 1 bis 3.
J_n, K_n	„Linker Festpunkt“ und „rechter Festpunkt“ eines Trägerfeldes (n): Abb. 329, 330, 331b, 332a—e.
i_n, k_n	„Festpunktabstände“ vom linken bzw. rechten Stabende des Trägerfeldes (n): Gl. (300), (302), (309) bis (334); Abb. 333 bis 344.

C. Bezeichnungen in der Cross-Methode

$\mathfrak{M}_{m,n}$, $\mathfrak{M}_{n,m}$	„Volleinspannmomente“ beidseitig voll eingespannter Stäbe: Gl. (371); Abb. 376, 388a; Tafel 1 bis 3.
$\mathfrak{M}^0_{m,n}$	„Volleinspannmoment“ von „Gelenkstäben“, d. s. einseitig voll eingespannte, auf der anderen Seite gelenkig angeschlossene Stäbe: Gl. (372); Abb. 377a, b 388b,; Tafel 4 bis 6.
M_n	„Stützenrestmoment“ bzw. „Knotenrestmoment“ im unverdrehbar festgehaltenen Knoten (n): Gl. (340), (373); Abb. 378d, 384b.
$M'_{n,i}$	„Verteilungsmomente“ oder „Momentenanteile“ am freigelassenen Knoten (n), d. s. jene Momente, die durch Verteilung des Stützenrestmomentes M_n in den fest angeschlossenen Stäben n, i entstehen: Gl. (365), (367); Abb. 384b.
$M''_{i,n}$	„Übergangsmomente“ oder „übergeleitete Momente“, d. s. die durch Weiterleitung der $M'_{n,i}$-Momente an den gegenüberliegenden, voll eingespannt gedachten Stabenden i auftretenden Momente: Gl. (369); Abb. 384b.
k	„Steifigkeitszahl“ beidseitig fest angeschlossener Stäbe: Gl. (345), (355), (355a); Abb. 384a.
$k^0 = 0{,}75\,k$	„Steifigkeitszahl“ von „Gelenkstäben“: Gl. (348), (356), (356a); Abb. 387a.
$k' = 0{,}5\,k$	„Steifigkeitszahl“ von „Symmetrie-Stäben“ bei symmetrischer Tragwerksbelastung: Gl. (351), (357), (357a).
$k'' = 1{,}5\,k$	„Steifigkeitszahl“ von „Symmetrie-Stäben“ bei antimetrischer Tragwerksbelastung: Gl. (354), (358), (358a).
$\mu_{n,i}$	„Verteilungszahlen“ im Knoten (n) für die dort zusammentreffenden fest angeschlossenen Stäbe n, i: Gl. (363), (365), (366); Abb. 384a.
$\gamma_{m,n}$	„Überleitungszahl“ bzw. „Übergangszahl“ zur Überleitung eines Momentes $M_{m,n}$ vom Stabende m zum anderen, unverdrehbar gedachten Stabende n: Gl. (369), (370).

I. Einleitung

Unter „Statik" versteht man allgemein die Lehre vom Gleichgewicht der Kräfte. Der engere Begriff „Baustatik" bezieht sich jedoch nur auf solche Probleme, die mit der Bemessung, Überprüfung und Ausführung von Bauwerken zusammenhängen. Diese Spezialwissenschaft der „Baustatik" bietet in Verbindung mit der „Festigkeitslehre" die Möglichkeit, bestehende Bauwerke und Baukonstruktionen auf ihre Tragfähigkeit und Bruchsicherheit zu untersuchen und neu zu errichtende Bauwerke so zu gestalten, daß sie den vorgesehenen Zweck mit einem Mindestaufwand an Herstellungskosten erfüllen und zugleich einen gewünschten oder geforderten Sicherheitsgrad gegen Bruch und Einsturz gewährleisten. Es ist durchaus verständlich, daß hier sehr mannigfaltige, mitunter auch verwickelte und schwierige Probleme auftreten.

Der Zweck dieses Buches ist, die theoretischen Grundlagen der Baustatik sowie die zugehörigen zeichnerischen und rechnerischen Methoden unter ausgiebiger Benutzung anschaulicher Abbildungen darzulegen und ihre praktische Anwendung anhand zweckmäßig gewählter Zahlenbeispiele — stets mit einfachsten Fällen beginnend — ausführlich zu erläutern.

II. Das ebene Kraftsystem

1. Die Bestimmungsstücke einer Kraft

Um die Wirkungsweise einer Kraft eindeutig beschreiben zu können, sind folgende Bestimmungsstücke erforderlich:

1. Der Angriffspunkt der Kraft,
2. die Richtung der Kraft,
3. die Größe der Kraft.

Mit diesen Bestimmungsstücken kann eine Kraft, wie Abb. 1 zeigt, sehr einfach zeichnerisch dargestellt werden. Der Angriffspunkt der Kraft P liegt bei A, die Kraftrichtung wird durch die als „Wirkungslinie" bezeichnete Gerade $g - g$ und den „Richtungspfeil" festgelegt; die Kraftgröße ist zahlenmäßig durch den Kräftemaßstab in kg oder t gegeben. Dieser Kräftemaßstab „KM" wird je nach der Größenordnung der darzustellenden Kräfte gewählt; bei größeren Kräften z. B. 1 cm gleich 10 t, bei kleineren Kräften z. B. 1 cm gleich 100 kg usw. Meist ist es wegen besserer Übersicht vorteilhafter, den Kräftemaßstab durch eine Strecke darzustellen, z. B. |———| = 10 t oder |——| = 100 kg usw.; in Abb. 1 sind beide Möglichkeiten für das Festlegen des Kräftemaßstabes angedeutet.

Wenn mehrere Kräfte vorhanden sind, deren Wirkungslinien in einer Ebene liegen, so bezeichnet man diese Kräfte als „ebenes Kraftsystem". Für die Erläuterung der verschiedenen Eigenschaften der ebenen Kraftsysteme ist es zweckmäßig, die Kräfte in der Ebene einer absolut starren Scheibe wirkend anzunehmen. Solche Scheiben, die somit keinerlei Formänderungen erleiden, sind in Abb. 1

und 2 mit den Kräften P bzw. P_1, P_2, P_3 angedeutet. Unter der getroffenen Voraussetzung einer absoluten Scheibenstarrheit kann jede einzelne Kraft in ihrer Wirkungslinie beliebig verschoben werden, ohne daß dadurch ihre Wirkung auf die Scheibe eine Änderung erfährt; es ist demnach, wie in Abb. 3 gezeigt wird, völlig gleichgültig, ob der Angriffspunkt der in der Wirkungslinie $g - g$ liegenden Kraft P in A, in A' oder in A'' angenommen wird. Von dieser Möglichkeit der Verschiebung der einzelnen Kräfte in ihren Wirkungslinien kann man, wie später noch erläutert werden wird, bei der Lösung sehr vieler statischer Gleichgewichtsaufgaben mit Vorteil Gebrauch machen.

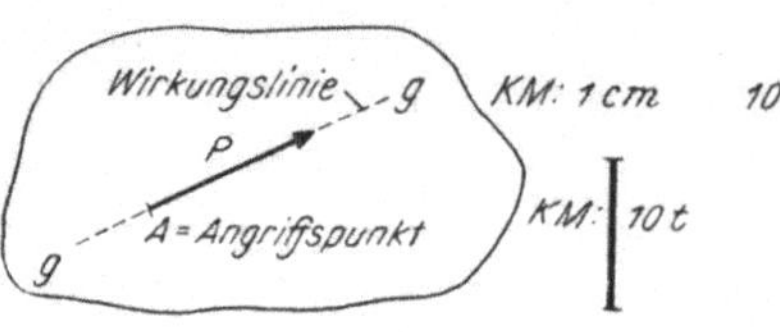

Abb. 1. Bestimmungsstücke einer Kraft

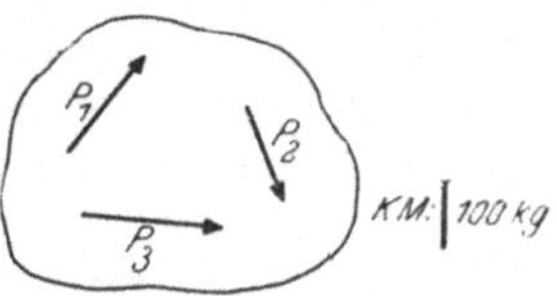

Abb. 2. Starre Scheibe mit drei Kräften

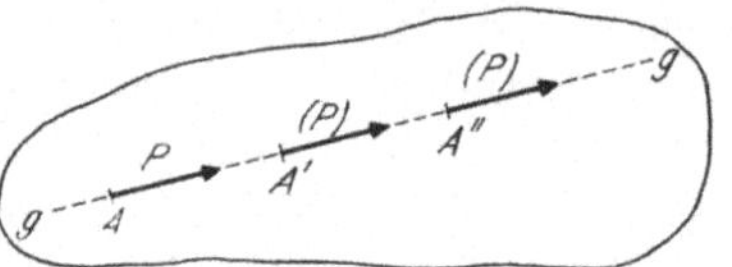

Abb. 3. Verschiebung einer Kraft P in ihrer Wirkungslinie $g-g$

2. Ermittlung der Resultierenden von Kräften gleicher Wirkungslinie

Wenn in einer Wirkungslinie mehrere Kräfte vorhanden sind, so können sie durch eine einzige Kraft ersetzt werden, die man als „Resultierende" R bezeichnet; man kann also z. B. die in Abb. 4a in gleicher Wirkungslinie gelegenen

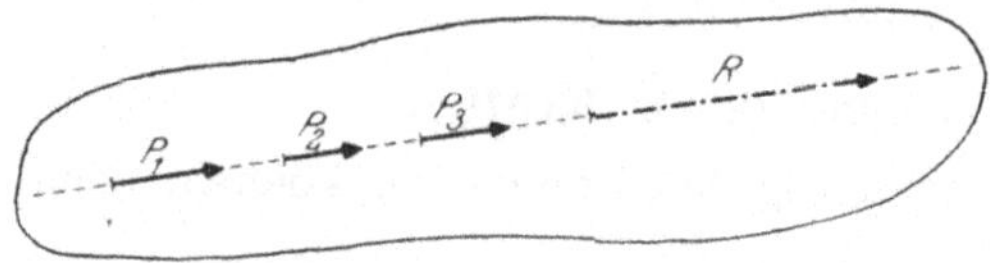

Abb. 4a. Resultierende R von drei Kräften gleicher Wirkungslinie und gleicher Richtung

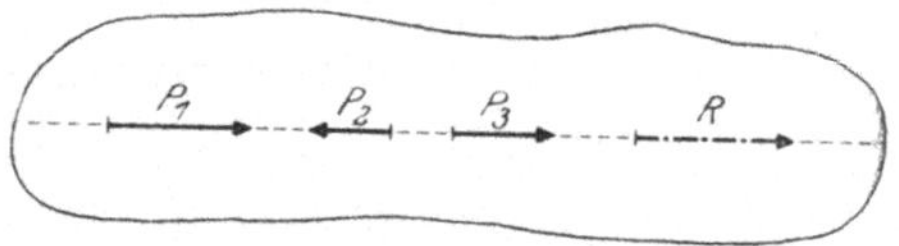

Abb. 4b. Resultierende R von drei Kräften gleicher Wirkungslinie, aber verschiedener Richtung

Abb. 4a, b. Resultierende R von Kräften mit gleicher Wirkungslinie

und durchweg nach rechts weisenden Kräfte P_1, P_2, P_3 durch die Resultierende

$$R = P_1 + P_2 + P_3$$

ersetzen, die ebenfalls nach rechts gerichtet ist.

Ebenso können die in Abb. 4b gegebenen Kräfte P_1, P_2, P_3, die zwar in gleicher Wirkungslinie liegen, aber verschiedene Richtungen aufweisen, durch die nach rechts zeigende Resultierende

$$R = P_1 - P_2 + P_3$$

ersetzt werden. Hierin sind also die von links nach rechts gerichteten Kräfte positiv und die entgegengesetzt gerichteten negativ eingeführt ($\rightleftarrows \pm$).

Man kann daher allgemein sagen: Die Resultierende einer Gruppe von Kräften mit gleicher Wirkungslinie ist gleich der algebraischen Summe der einzelnen Kräfte. In solchen Fällen ist somit

$$R = \Sigma P, \tag{1}$$

wobei die einzelnen Kräfte P unter Beachtung ihrer Vorzeichen einzusetzen sind ($\rightleftarrows \pm$).

3. Ermittlung der Resultierenden von zwei Kräften mit verschiedenen Wirkungslinien

Die Lösung dieser Aufgabe soll zunächst unter der Voraussetzung gezeigt werden, daß die beiden Kräfte einen gemeinsamen Angriffspunkt haben.

A. Zeichnerisches Verfahren

Das Prinzip der zeichnerischen Ermittlung der Resultierenden von zwei Kräften P_1 und P_2, die einen gemeinsamen Angriffspunkt A haben und deren Wirkungslinien den Winkel α miteinander einschließen, beruht auf dem sog. „Kräfteparallelogramm", das in Abb. 5a dargestellt ist. Die Resultierende erscheint, wie experimentell bewiesen werden kann, als Diagonale dieses Kräfteparallelogrammes mit dem Angriffspunkt A. Aus Abb. 5b, c ist aber sofort erkennbar, daß die Größe und Richtung der Resultierenden R auch ohne das Kräfteparallelogramm ermittelt werden können, indem man die beiden gegebenen Kräfte P_1 und P_2 der Größe und Richtung nach aneinanderreiht. Es ist dabei völlig gleichgültig, in welcher Reihenfolge die beiden Kräfte P_1 und P_2 von einem Angriffspunkt A' aus aneinandergefügt werden. Man erhält auf diese Weise stets ein Dreieck mit den Seiten P_1, P_2 und R, das die Hälfte des Kräfteparallelogrammes aus Abb. 5a darstellt. Jedes dieser Dreiecke in Abb. 5b, c wird als „Kräftedreieck", „Krafteck" oder „Kräfteplan" bezeichnet.

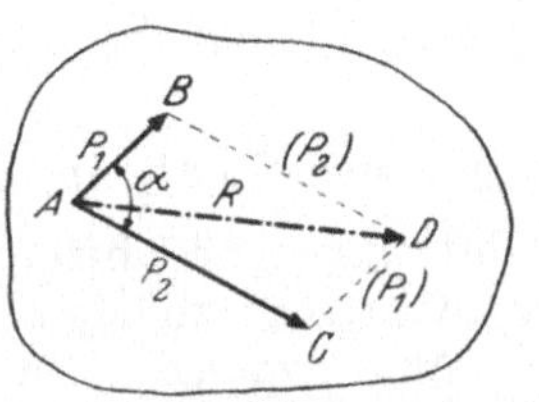

Abb. 5a. Kräfteparallelogramm $ABCD$

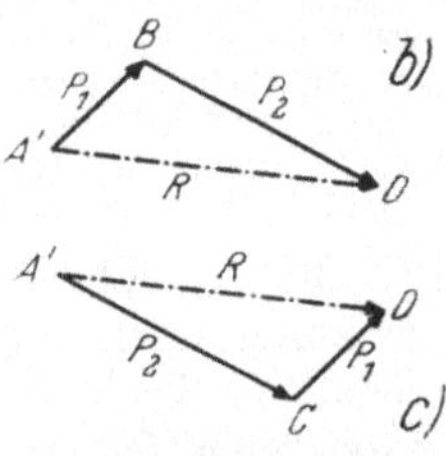

Abb. 5b, c. „Kräftedreiecke" bzw. „Kraftecke" $A'BD$ und $A'CD$

Abb. 5a bis c. Ermittlung der Resultierenden R von zwei Kräften P_1, P_2 mit einem gemeinsamen Angriffspunkt A

Anmerkung. Wenn die beiden gegebenen Kräfte P_1 und P_2, deren Resultierende R zu ermitteln ist, verschiedene Angriffspunkte A_1 und A_2 aufweisen, so können sie in ihren Wirkungslinien so verschoben werden, daß sie einen gemeinsamen Angriffspunkt S erhalten. Damit ist die Aufgabe auf die vorher behandelte zurückgeführt. Die zeichnerische Durchführung dieser Lösung ist in Abb. 6 gezeigt.

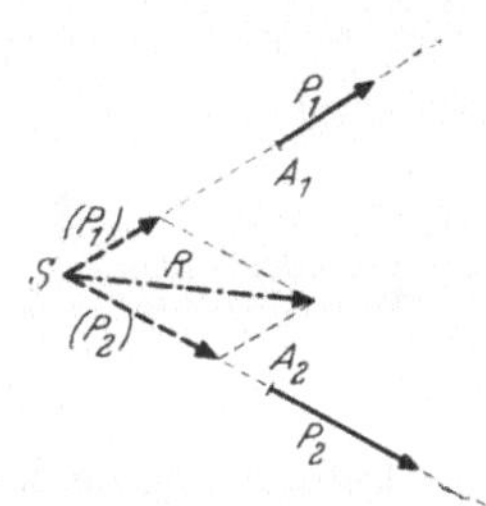

Abb. 6. Ermittlung der Resultierenden R von zwei Kräften P_1, P_2 mit verschiedenen Angriffspunkten A_1, A_2

B. Rechnerische Ermittlung von R

Aus Abb. 7a bis c ist sofort ersichtlich, daß die Resultierende R von zwei Kräften P_1 und P_2 geometrisch als dritte Seite eines Dreieckes berechnet werden kann, von dem die beiden anderen Seiten P_1 und P_2 und der von diesen eingeschlossene Winkel $(180° - \alpha)$ gegeben sind. Nach dem Cosinus-

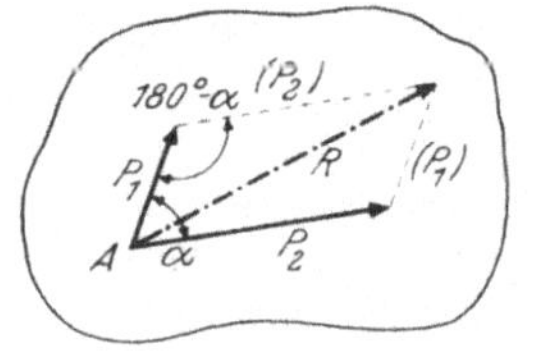

Abb. 7a. Kräfteparallelogramm für P_1 und P_2

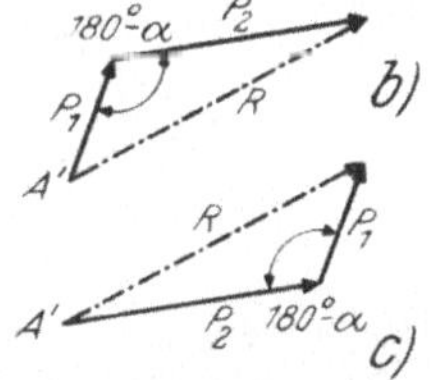

Abb. 7b, c. „Kräftedreiecke" für P_1 und P_2

Abb. 7a bis c. Geometrische Beziehungen für die rechnerische Ermittlung der Resultierenden R zweier Kräfte P_1 und P_2

Satz erhält man unter Beachtung, daß $\cos(180° - \alpha) = -\cos\alpha$:

$$R = \sqrt{P_1^2 + P_2^2 + 2\,P_1\,P_2\cos\alpha}\,. \tag{2}$$

Sonderfall. Wenn die beiden gegebenen Kräfte P_1 und P_2 senkrecht aufeinanderstehen (Abb. 8), dann ist $\alpha = 90°$ und daher $\cos\alpha = 0$; die Gl. (2) vereinfacht sich damit zu

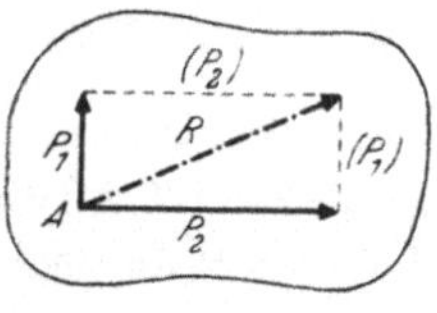

Abb. 8. Resultierende R von zwei aufeinander senkrecht stehenden Kräften

$$R = \sqrt{P_1^2 + P_2^2}\,, \tag{2a}$$

d. h. die Resultierende erscheint in diesem Falle als Hypotenuse eines rechtwinkligen Dreieckes mit den beiden Katheten P_1 und P_2.

4. Zerlegung einer Kraft in zwei Komponenten

Die Aufgabe ist am einfachsten zeichnerisch mit Hilfe des Kräfteparallelogrammes oder mit einem „Krafteck" zu lösen. Wenn also z. B. die in Abb. 9a gegebene Kraft P mit dem Angriffspunkt A in die beiden Richtungen (1) und (2) zu zerlegen ist, so kann dies — wie Abb. 9b zeigt — in der Weise geschehen, daß durch den Endpunkt E der Kraft P zwei Parallelen zu den beiden gegebenen Richtungen (1) und (2) gezogen und damit die Schnittpunkte S_1 und S_2 ermittelt werden. Auf diese Weise ist das Kräfteparallelogramm AS_1ES_2 konstruiert, dessen Seiten bereits die gesuchten Komponenten P_1 und P_2 der gegebenen Kraft P darstellen, und zwar bedeuten $\overline{AS_1} = P_1$ und $\overline{AS_2} = P_2$.

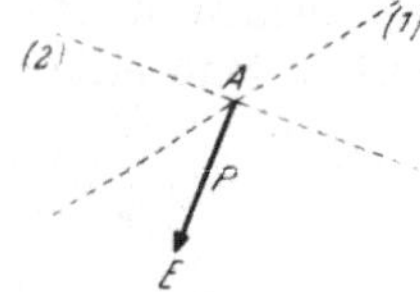

Abb. 9a. Kraft P mit den gegebenen Wirkungslinien (1) und (2)

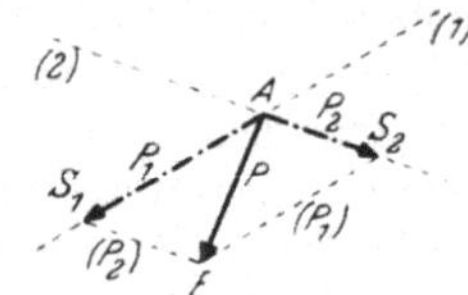

Abb. 9b. Zerlegung von P mit Hilfe des Kräfteparallelogrammes

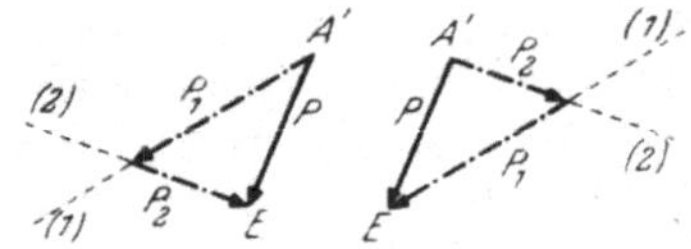

Abb. 9c. Zerlegung von P mit Hilfe des Kraftdreieckes

Abb. 9a bis c. Zerlegung einer Kraft P in zwei Komponenten P_1 und P_2

Diese Aufgabe kann gemäß Abb. 9c auch mit einem Krafteck gelöst werden. Man trägt von einem Punkt A' aus die gegebene Kraft P der Größe und Richtung nach auf und gelangt so zum Punkt E. Nun kann man durch den Anfangspunkt A' und den Endpunkt E die Parallelen zu den gegebenen Richtungen (1) und (2) ziehen. Wie sich aus Abb. 9c unmittelbar ergibt, ist es dabei gleichgültig, welche der beiden Richtungen im Anfangspunkt A' bzw. im Endpunkt E angetragen werden. Der Richtungssinn der beiden Komponenten P_1 und P_2 läuft im Krafteck der gegebenen Kraft P entgegen. Nach Ermittlung der beiden Komponenten P_1 und P_2 im Krafteck können sie in den Lageplan vom Angriffspunkt A aus der Größe und Richtung nach eingezeichnet werden.

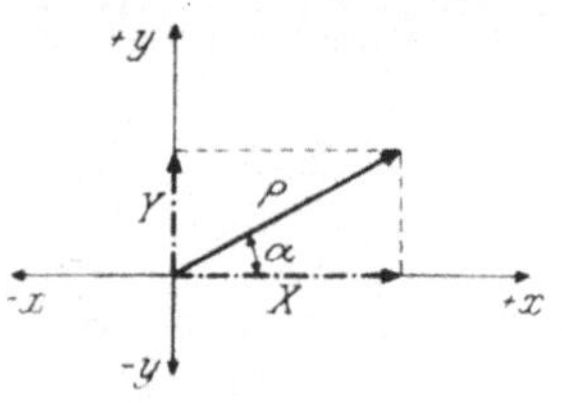

Abb. 10. Zerlegung einer Kraft P in die Richtungen der Koordinatenachsen

Sonderfall. Sehr häufig ist die Aufgabe zu lösen, eine Kraft P in zwei zueinander senkrechte Richtungen zu zerlegen. Dieser Sonderfall ist auch rechnerisch sehr einfach zu behandeln. Wenn z. B. gemäß Abb. 10 die Kraft P

in die Richtungen der beiden Koordinatenachsen x und y zerlegt werden soll, so ergeben sich die gesuchten Komponenten X und Y aus

$$X = P \cos \alpha \quad \text{und} \quad Y = P \sin \alpha, \tag{3}$$

wobei der Winkel α von der Wirkungslinie der gegebenen Kraft P und der x-Achse eingeschlossen wird.

Die praktische Anwendung dieser einfachen Formeln wird Seite 6ff. noch ausführlich erläutert.

5. Das zentrale ebene Kraftsystem

Als **zentrales** ebenes Kraftsystem bezeichnet man eine Gruppe von Kräften, deren Wirkungslinien in einer Ebene liegen und sich in einem Punkte schneiden.

A. Zeichnerische Ermittlung der Resultierenden

In Abb. 11a ist ein **zentrales** Kraftsystem mit den drei Kräften P_1, P_2, P_3 gegeben. Um die Resultierende R dieser drei Kräfte zu ermitteln, kann man stufenweise vorgehen: Man bestimmt mit Hilfe des Kräfteparallelogrammes zuerst die Teilresultierende $R_{1,2}$ der beiden Kräfte P_1 und P_2 (Abb. 11b); sodann zeichnet

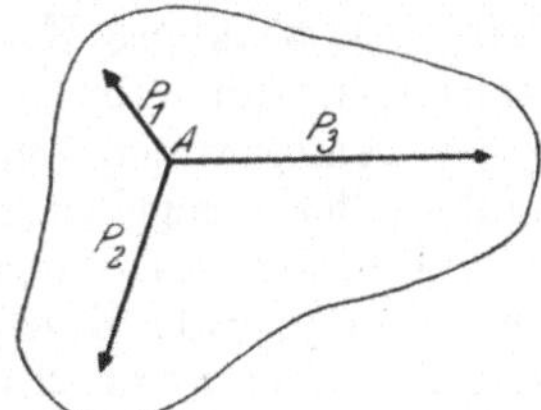

Abb. 11a. Zentrales Kraftsystem mit den Kräften P_1, P_2, P_3

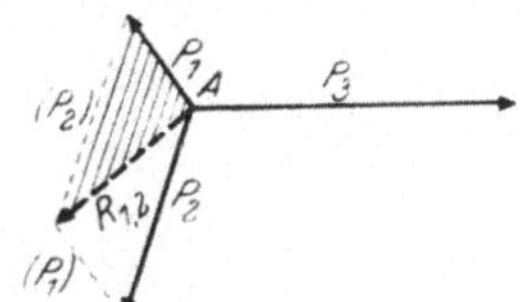

Abb. 11b. Teilresultierende $R_{1,2}$ von P_1 und P_2

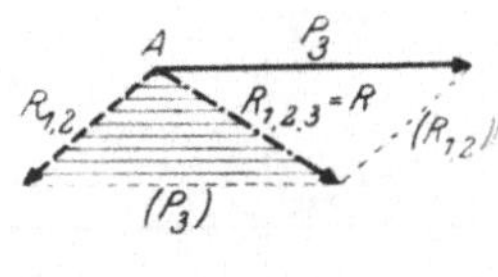

Abb. 11c. Resultierende $R_{1,2,3}$ von $R_{1,2}$ und P_3

man ein neues Kräfteparallelogramm mit $R_{1,2}$ und der dritten Kraft P_3 und erhält damit bereits die gesuchte Resultierende $R_{1,2,3} = R$ (Abb. 11 c). Diese Konstruktion ist in Abb. 11b und c zur besseren Übersicht getrennt durchgeführt, während in Abb. 11d beide Kräfteparallelogramme vereinigt sind. Daraus ist aber sofort zu ersehen, daß die Lösung der Aufgabe auch ohne Kräfteparallelogramme möglich ist; man braucht nur die drei Kräfte P_1, P_2, P_3 der Größe und Richtung nach aneinanderzureihen, erhält damit den Linienzug $A-I-II-III$ und durch Verbindung von A mit III die gesuchte Resultierende $R_{1,2,3} = R$ der Größe und Richtung nach. Das Aneinanderreihen der Kräfte P_1, P_2, P_3 zu einem Krafteck zeigt Abb. 11e; die Richtung der Resultierenden R weist dem durch die Pfeile von P_1 bis P_3 gegebenen Umlaufsinn entgegen.

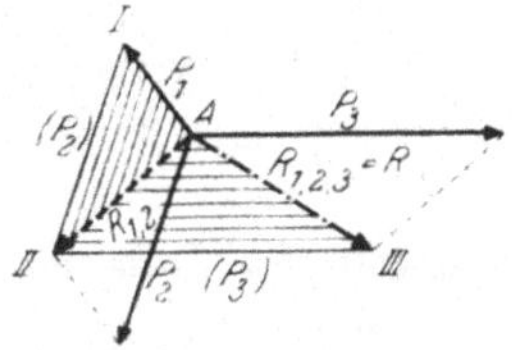

Abb. 11d. Vereinigung der Kräfteparallelogramme aus Abb. 11b und c

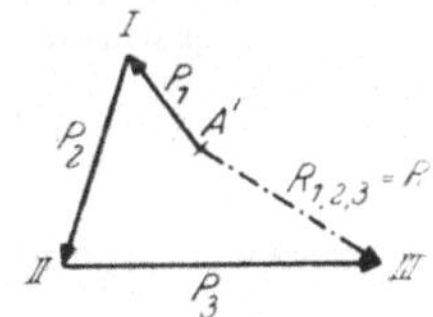

Abb. 11e. Krafteck für die Kräftegruppe P_1, P_2, P_3

Abb. 11a bis e. Entwicklung des Kraftecks für ein zentrales Kraftsystem P_1, P_2, P_3

Als Ergebnis dieser Betrachtung kann also festgestellt werden, daß die Resultierende eines zentralen Kraftsystems am einfachsten mit Hilfe eines **Kraftecks** ermittelt werden kann. Damit erhält man Größe und Richtung der Resultierenden R, die dann in den Lageplan durch parallele Verschiebung in den gemeinsamen Angriffspunkt A der gegebenen Kräfte übertragen werden kann.

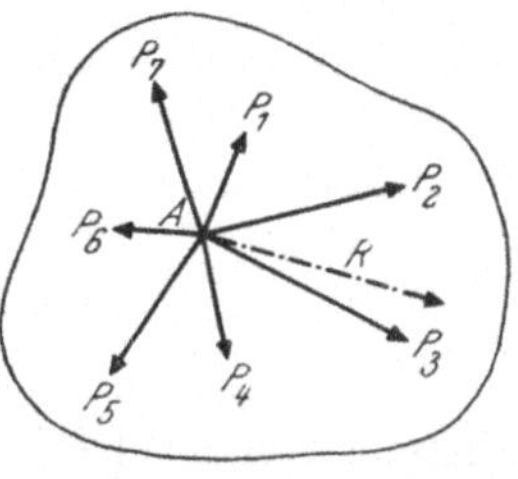

Abb. 12a. Lageplan der Kräfte mit der Resultierenden R

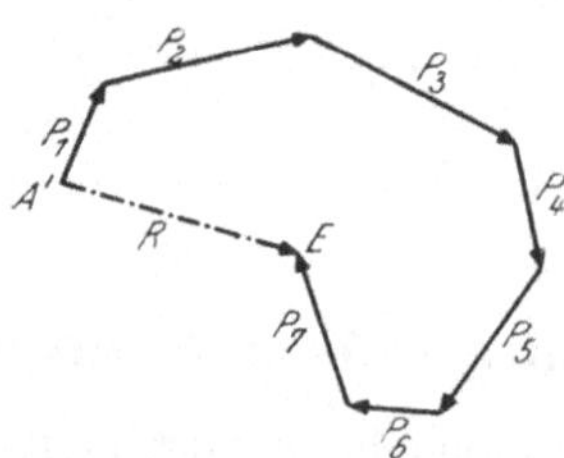

Abb. 12b. Krafteck für P_1 bis P_7

Abb. 12a, b. Ermittlung der Resultierenden R eines zentralen Kraftsystems P_1 bis P_7

Die praktische Anwendung dieses Verfahrens wird in Abb. 12a, b für ein zentrales Kraftsystem mit sieben Kräften gezeigt. Die im Krafteck (Abb. 12b) als Strecke $\overline{A'E}$ erscheinende Resultierende R wird schließlich in den Lageplan der Kräfte (Abb. 12a) der Größe und Richtung nach eingezeichnet.

B. Rechnerische Ermittlung der Resultierenden

Um für das in Abb. 13a gegebene zentrale Kraftsystem P_1, P_2, P_3 die Resultierende rechnerisch zu ermitteln, wählt man zunächst ein rechtwinkliges Koordinatensystem mit dem Ursprung im gemeinsamen Angriffspunkt der gegebenen Kräfte und zerlegt diese der Reihe nach in je zwei Komponenten X und Y in die Richtungen der beiden Koordinatenachsen. Das Vorzeichen der einzelnen Komponenten ergibt sich unmittelbar aus der Zeichnung: Zeigt der Pfeil einer Komponente in die Richtung einer positiven Koordinatenachse, so ist sie positiv anzunehmen; im umgekehrten Falle ist sie negativ.

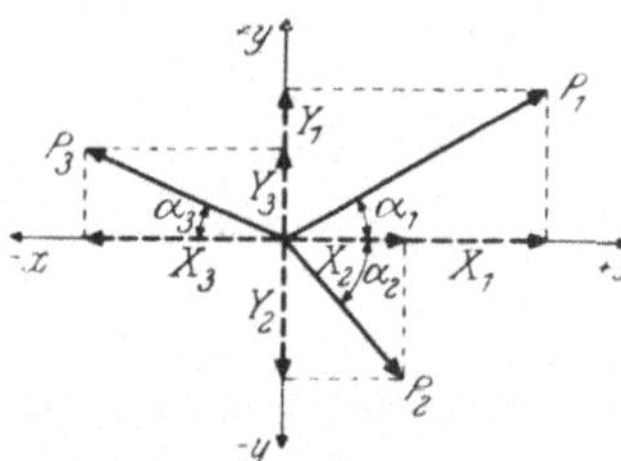

Abb. 13a. Zerlegung der Kräfte P_1, P_2, P_3 in die Richtungen der Koordinatenachsen

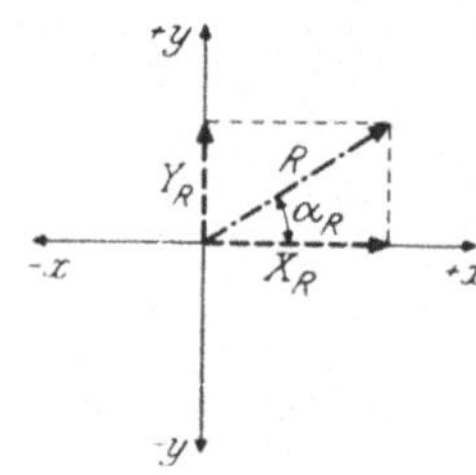

Abb. 13b. Resultierende R mit ihren Komponenten X_R und Y_R

Abb. 13a, b. Rechnerische Ermittlung der Resultierenden R für ein zentrales Kraftsystem P_1, P_2, P_3

Bezeichnet man die spitzen Winkel zwischen den gegebenen Kräften P_1, P_2, P_3 und der x-Achse mit α_1, α_2, α_3, so erhält man gemäß Gl. (3) anhand Abb. 13a unter Beachtung der angegebenen Vorzeichenregel:

$$\begin{aligned} X_1 &= +P_1 \cos\alpha_1 & Y_1 &= +P_1 \sin\alpha_1 \\ X_2 &= +P_2 \cos\alpha_2 & Y_2 &= -P_2 \sin\alpha_2 \\ X_3 &= -P_3 \cos\alpha_3 & Y_3 &= +P_3 \sin\alpha_3. \end{aligned} \tag{4}$$

Nun können die in der x-Achse wirkenden X-Komponenten bzw. die in der y-Achse wirkenden Y-Komponenten nach Gl. (1) algebraisch, d. h. unter Berücksichtigung ihrer Vorzeichen addiert werden; damit ergeben sich bereits die Komponenten X_R und Y_R der gesuchten Resultierenden R. Es wird also für den vorliegenden Fall

$$\begin{aligned} X_R &= X_1 + X_2 + X_3 = P_1 \cos\alpha_1 + P_2 \cos\alpha_2 - P_3 \cos\alpha_3 \\ Y_R &= Y_1 + Y_2 + Y_3 = P_1 \sin\alpha_1 - P_2 \sin\alpha_2 + P_3 \sin\alpha_3 \end{aligned} \tag{5}$$

oder allgemein für ein zentrales Kraftsystem mit beliebig vielen Kräften

$$\begin{aligned} X_R &= X_1 + X_2 + \ldots\ldots + X_n = \Sigma X_n \\ Y_R &= Y_1 + Y_2 + \ldots\ldots + Y_n = \Sigma Y_n. \end{aligned} \tag{6}$$

Mit den beiden Komponenten X_R und Y_R, die senkrecht aufeinanderstehen, erhält man nach Gl. (2a) oder auch direkt aus Abb. 13b

$$R = \sqrt{X_R^2 + Y_R^2}. \tag{7}$$

Damit ist aber zunächst nur die Größe der Resultierenden R bestimmt; ihre Richtung muß daher noch gesondert ermittelt werden. Das kann eindeutig aus der Größe und dem Vorzeichen der beiden Komponenten X_R und Y_R geschehen. Bezeichnet man den spitzen Winkel zwischen der Resultierenden R und der x-Achse mit α_R, so ist

$$\operatorname{tg} \alpha_R = \frac{Y_R}{X_R}. \tag{8}$$

Aus den Vorzeichen von X_R und Y_R läßt sich nun leicht feststellen, in welchem der vier Quadranten der spitze Winkel α_R liegt; damit ist aber auch die endgültige Richtung der Resultierenden R eindeutig zu bestimmen, und zwar gilt hier folgende Regel:

Bei $+X_R$ und $+Y_R$ zeigt R in den 1. Quadranten:

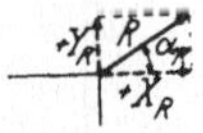

„ $-X_R$ „ $+Y_R$ „ R „ „ 2. „ :

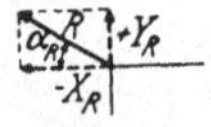

„ $-X_R$ „ $-Y_R$ „ R „ „ 3. „ : 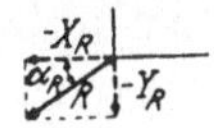 (9)

„ $+X_R$ „ $-Y_R$ „ R „ „ 4. „ :

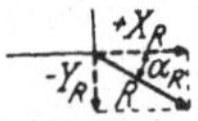

Die praktische Anwendung der rechnerischen Ermittlung der Resultierenden R für ein zentrales Kraftsystem wird anschließend an einem Zahlenbeispiel noch näher erläutert.

C. Zahlenbeispiel

Gegeben: Die in Abb. 14a eingezeichneten Kräfte P_1 bis P_5 sowie die spitzen Winkel α_1 bis α_5 ihrer Wirkungslinien mit der x-Achse, und zwar

$$\begin{aligned} P_1 &= 12{,}5\ \text{t} & \alpha_1 &= 60^\circ \\ P_2 &= 8{,}4\ \text{„} & \alpha_2 &= 20^\circ \\ P_3 &= 7{,}5\ \text{„} & \alpha_3 &= 70^\circ \\ P_4 &= 11{,}7\ \text{„} & \alpha_4 &= 30^\circ \\ P_5 &= 14{,}8\ \text{„} & \alpha_5 &= 40^\circ. \end{aligned}$$

Gesucht: Größe, Lage und Richtung der Resultierenden R.

Lösung: Gemäß Gl. (4) wird anhand Abb. 14a unter Beachtung der Vorzeichen:

$$\begin{aligned} X_1 &= + P_1 \cos 60^\circ = + 12{,}5 \cdot 0{,}500 = + 6{,}25\ \text{t} \\ X_2 &= + P_2 \cos 20^\circ = + 8{,}4 \cdot 0{,}940 = + 7{,}89\ \text{„} \\ X_3 &= + P_3 \cos 70^\circ = + 7{,}5 \cdot 0{,}342 = + 2{,}57\ \text{„} \\ X_4 &= - P_4 \cos 30^\circ = - 11{,}7 \cdot 0{,}866 = - 10{,}13\ \text{„} \\ X_5 &= - P_5 \cos 40^\circ = - 14{,}8 \cdot 0{,}766 = - 11{,}34\ \text{„} \\ X_R &= - 4{,}76\ \text{t} \end{aligned}$$

$$\begin{aligned}
Y_1 &= + P_1 \sin 60^\circ = + 12{,}5 \cdot 0{,}866 = + 10{,}83 \text{ t} \\
Y_2 &= + P_2 \sin 20^\circ = + 8{,}4 \cdot 0{,}342 = + 2{,}87 \text{ „} \\
Y_3 &= - P_3 \sin 70^\circ = - 7{,}5 \cdot 0{,}940 = - 7{,}05 \text{ „} \\
Y_4 &= - P_4 \sin 30^\circ = - 11{,}7 \cdot 0{,}500 = - 5{,}85 \text{ „} \\
Y_5 &= + P_5 \sin 40^\circ = + 14{,}8 \cdot 0{,}643 = + 9{,}51 \text{ „} \\
& \qquad\qquad\qquad\qquad\qquad\qquad Y_R = + 10{,}31 \text{ t.}
\end{aligned}$$

Damit ergibt sich weiter nach Gl. (7)

$$R = \sqrt{X_R^2 + Y_R^2} = \sqrt{4{,}76^2 + 10{,}31^2} = 11{,}35 \text{ t}.$$

Den spitzen Winkel α_R der Resultierenden R mit der x-Achse erhält man nach Gl. (8) aus

$$\operatorname{tg} \alpha_R = \frac{Y_R}{X_R} = \frac{10{,}31}{4{,}76} = 2{,}166.$$

Die Resultierende liegt wegen $-X_R$ und $+Y_R$ nach (9) im 2. Quadranten und schließt mit der x-Achse den Winkel $\alpha_R = 65{,}22^\circ$ ein (Abb. 14b). Zur Kontrolle kann die Resultierende der fünf Kräfte auch mittels Krafteck bestimmt werden (Abb. 14c).

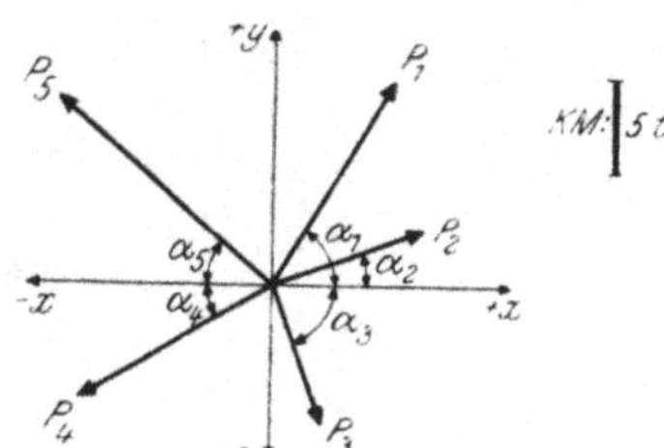

Abb. 14a. Gegebene Kräfte P_1 bis P_5 mit ihren spitzen Winkeln α_1 bis α_5 zur x-Achse

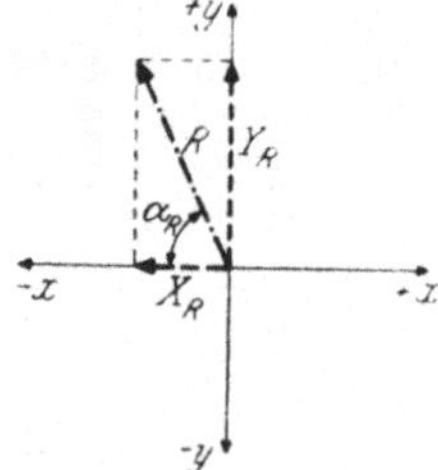

Abb. 14b. Rechnerisch ermittelte Resultierende R mit spitzem Winkel α_R zur x-Achse

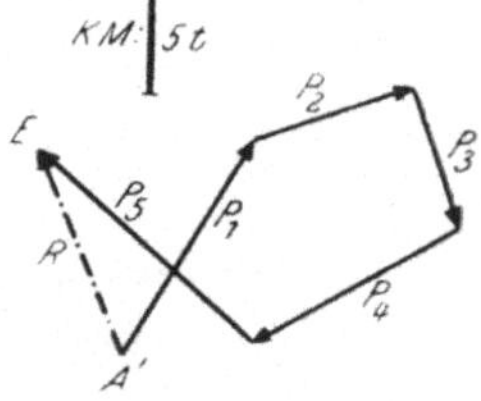

Abb. 14c. Zeichnerische Ermittlung der Resultierenden R mittels Krafteck

Abb. 14a bis c. Rechnerische und zeichnerische Ermittlung der Resultierenden R eines zentralen Kraftsystems P_1 bis P_5

D. Gleichgewichtsbedingungen für das zentrale ebene Kraftsystem

Es ist leicht einzusehen, daß sich ein zentrales ebenes Kraftsystem nur dann im Gleichgewicht befindet, wenn seine Resultierende den Wert Null ergibt. Die Feststellung, ob diese Bedingung erfüllt ist, kann sowohl auf zeichnerischem als auch auf rechnerischem Wege geschehen.

a) Zeichnerische Gleichgewichtsuntersuchung

Um zu prüfen, ob ein zentrales Kraftsystem im Gleichgewicht ist, braucht nur in üblicher Weise ein Krafteck gezeichnet zu werden. Fällt in diesem Krafteck der Anfangspunkt A' mit dem Endpunkt E zusammen, so ist die Resultierende R gleich Null, d. h. die Kräfte befinden sich im Gleichgewicht; man sagt in diesem Fall: das Krafteck „schließt sich".

Es ist leicht zu erkennen, daß z. B. das in Abb. 15a gegebene zentrale Kraftsystem P_1, P_2, P_3 keinen Gleichgewichtszustand bildet, weil sich das zugehörige Krafteck (Abb. 15b) nicht schließt, also die Resultierende R nicht gleich Null ist: man spricht hier von einem „offenen" Krafteck. Größe und Richtung von R

sind durch die Strecke $A'E$ im Krafteck gegeben. Würde man nun zu der gegebenen Kräftegruppe P_1, P_2, P_3 im gemeinsamen Angriffspunkt A noch eine Kraft P_4 von gleicher Größe, aber entgegengesetzter Richtung wie die hier ermittelte Resultierende R hinzufügen, so wäre das neue Kraftsystem P_1, P_2, P_3, P_4 im Gleichgewicht.

In Abb. 16a ist diese Kräftegruppe dargestellt und in Abb. 16b das zugehörige Krafteck gezeichnet. Es fällt jetzt der Anfangspunkt A' mit dem Endpunkt E zusammen; das Krafteck „schließt" sich also, d. h. die Resultierende von P_1, P_2, P_3, P_4 ist gleich Null. Damit ist der Nachweis des Gleichgewichtes erbracht.

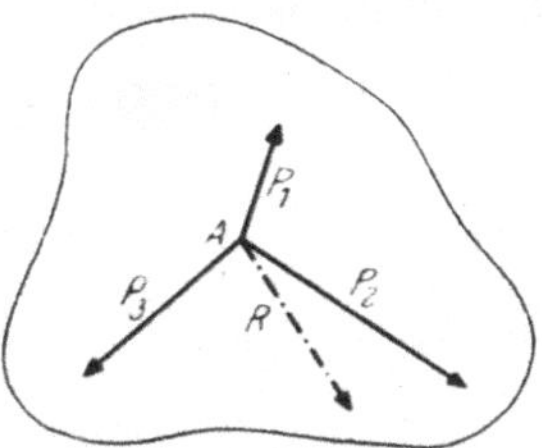

Abb. 15a. Lageplan der Kräfte P_1, P_2, P_3 mit der Resultierenden R

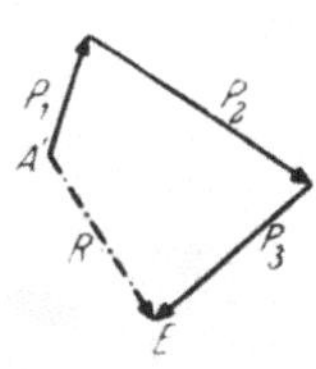

Abb. 15 b. „Offenes" Krafteck der Kräfte P_1, P_2, P_3; $R = \overline{A'E}$

Abb. 15a, b. Zeichnerische Gleichgewichtsuntersuchung einer zentralen Kräftegruppe P_1, P_2, P_3

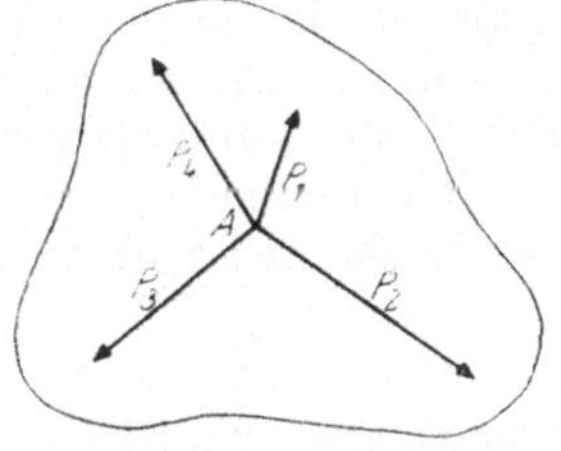

Abb. 16a. Lageplan der gegebenen Kräfte P_1, P_2, P_3, P_4

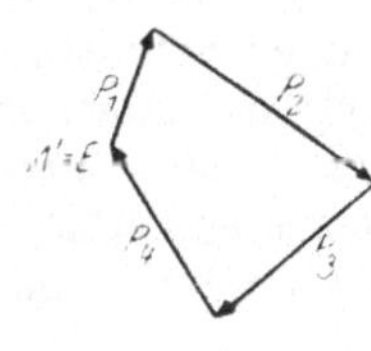

Abb. 16b. „Geschlossenes" Krafteck der Kräfte P_1, P_2, P_3, P_4; $R = 0$

Abb. 16a, b. Gleichgewichtszustand der zentralen Kräftegruppe P_1, P_2, P_3, P_4

b) Rechnerische Gleichgewichtsuntersuchung

Der rechnerische Nachweis des Gleichgewichtes kann im Prinzip nach den Beziehungen (4) bis (7) geschehen. Nach Gl. (7) ist

$$R = \sqrt{X_R^2 + Y_R^2},$$

wobei X_R und Y_R die in die Koordinatenachsen fallenden Komponenten der Resultierenden R bedeuten. Sie sind zahlenmäßig nach Gl. (5) bzw. (6) als algebraische Summe der Komponenten der gegebenen Einzelkräfte zu bestimmen. Es ist sofort ersichtlich, daß die Resultierende R nur dann den Wert Null annimmt, wenn sowohl $X_R = 0$ als auch $Y_R = 0$ wird. Die Gleichgewichtsbedingungen für ein zentrales ebenes Kraftsystem lauten somit gemäß Gl. (6):

$$\boxed{\Sigma X_n = 0 \quad \text{und} \quad \Sigma Y_n = 0.} \tag{10}$$

c) Gleichgewicht von Kräften mit gleicher Wirkungslinie

Auch für eine Gruppe von Kräften mit gleicher Wirkungslinie (Abb. 17) gilt als Gleichgewichtsbedingung, daß ihre Resultierende gleich Null ist. Da für Kräfte gleicher Wirkungslinie nach Gl. (1) $R = \Sigma P$ ist, so ergibt sich für diesen Sonderfall die vereinfachte Gleichgewichtsbedingung

$$\Sigma P = 0, \tag{11}$$

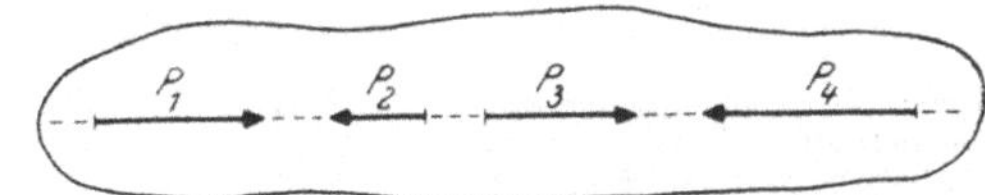

Abb. 17. Gleichgewicht in einer Kräftegruppe mit gleicher Wirkungslinie; $R = \Sigma P = 0$

d. h. daß eine beliebige Anzahl von Kräften mit gleicher Wirkungslinie nur dann im Gleichgewicht ist, wenn ihre algebraische Summe den Wert **Null** ergibt.

Liegen in einer Wirkungslinie lediglich zwei Kräfte P_1 und P_2 (Abb. 18a bis c), dann ist die Gleichgewichtsbedingung (11) nur erfüllt, wenn beide Kräfte gleich groß sind, aber entgegengesetzte Richtung haben, d. h. wenn

$$P_2 = - P_1. \tag{12}$$

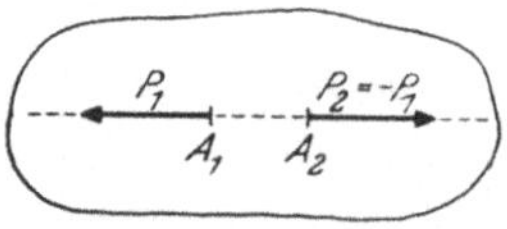

Abb. 18a 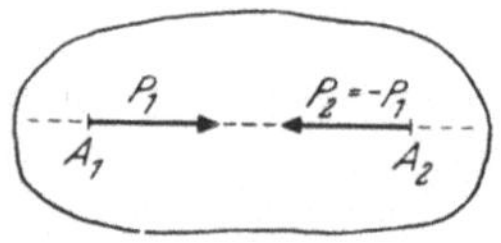 Abb. 18b 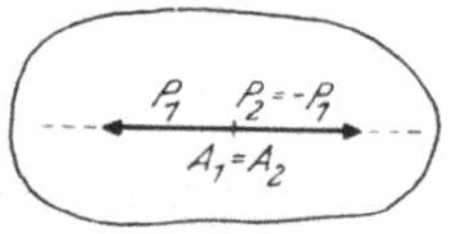 Abb. 18c

Abb. 18a bis c. Gleichgewicht von zwei Kräften in gleicher Wirkungslinie; $P_2 = - P_1$

6. Das allgemeine ebene Kraftsystem

Wenn die Wirkungslinien der in einer Ebene liegenden Kräfte keinen gemeinsamen Schnittpunkt haben, so spricht man von einem „allgemeinen ebenen Kraftsystem". Auch in solchen Fällen kann die gegebene Kräftegruppe durch eine einzige Kraft, also durch eine „Resultierende" ersetzt werden. Zur Ermittlung dieser Resultierenden R können wiederum zeichnerische und rechnerische Methoden Anwendung finden.

A. Zeichnerische Ermittlung der Resultierenden R

a) Mit Hilfe von Kräfteparallelogrammen

Im Prinzip kann auch die Resultierende R eines allgemeinen Kraftsystems stufenweise durch wiederholte Anwendung des Kräfteparallelogrammes ermittelt werden. In Abb. 19 wird der dabei einzuhaltende Vorgang für drei Kräfte P_1, P_2, P_3 gezeigt. Man verschiebt zuerst die beiden Kräfte P_1 und P_2 in ihren Wirkungslinien so, daß sie im Schnittpunkt $S_{1,2}$ einen gemeinsamen Angriffspunkt erhalten; sie gelangen auf diese Weise in die mit (P_1) und (P_2) bezeichnete neue Lage. Durch Zeichnung eines Kräfteparallelogrammes ergibt sich die Teilresultierende $R_{1,2}$ für diese beiden Kräfte. Nun bestimmt man den Schnittpunkt S_3 der Wirkungslinie von $R_{1,2}$ mit der Wirkungslinie von P_3, verschiebt beide Kräfte so, daß sie in S_3 einen gemeinsamen Angriffspunkt haben, und zeichnet wieder das Kräfteparallelogramm. Damit erhält man bereits die gesuchte Resultierende $R = R_{1,2,3}$ für die gegebenen Kräfte P_1, P_2, P_3 der Größe, Lage und Richtung nach.

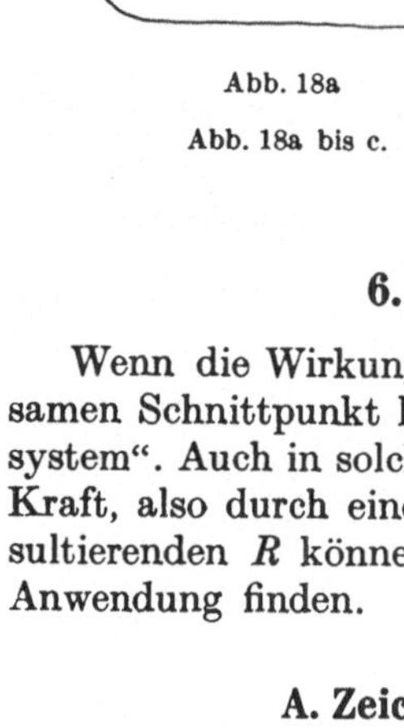

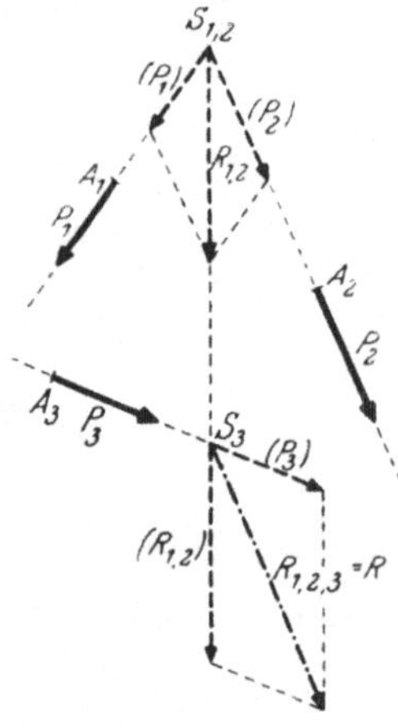

Abb. 19. Ermittlung der Resultierenden R eines allgemeinen ebenen Kraftsystems P_1, P_2, P_3 mit Hilfe von Kräfteparallelogrammen

Diese Art der Lösung wird aber bei einer großen Zahl von Kräften umständlich und unübersichtlich. Wesentlich einfacher gestaltet sich das sog. „Seileck-Verfahren".

b) Das Seileck-Verfahren

In Abb. 20a ist ein allgemeines Kraftsystem P_1, P_2, P_3, P_4, P_5 gegeben. Um die Resultierende der Größe, Lage und Richtung nach zu ermitteln, zeichnet man gemäß Abb. 20b vorerst in üblicher Weise ein Krafteck mit dem Anfangspunkt A' und dem Endpunkt E. Die Strecke $A'E$ ergibt im gewählten Maßstab des Kraftéckes bereits Größe und Richtung der Resultierenden R.

Jetzt nimmt man an beliebiger Stelle einen Punkt 0 an, der als „Pol" des Kraftéckes bezeichnet wird, und zieht von dort aus die Geraden zu den Anfangs- und Endpunkten der einzelnen Kräfte. Diese Geraden, die sog. „Polstrahlen", erhalten eine ihrer Lage und Bedeutung entsprechende Doppelbezeichnung. Sie bezieht sich auf jene Kräfte, zwischen welchen der jeweilige Strahl liegt. Es bedeutet also z. B. die Bezeichnung eines Polstrahles mit den Ziffern 1,2, daß er zwischen den Kräften P_1 und P_2 liegt, oder die Bezeichnung 3,4, daß sich der Strahl zwischen P_3 und P_4 befindet. Der erste Strahl erhält sinngemäß die Bezeichnung 0,1 (sprich „Null-eins"), der letzte 5,0 (sprich „fünf-Null").

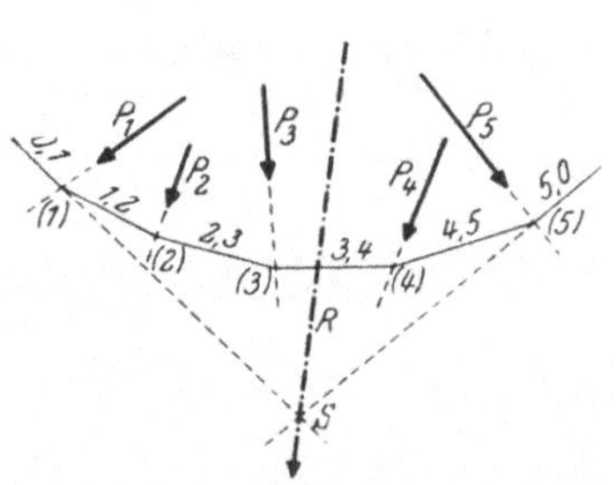

Abb. 20a. Lageplan des allgemeinen Kraftsystems P_1 bis P_5 mit dem Seileck und der Resultierenden R

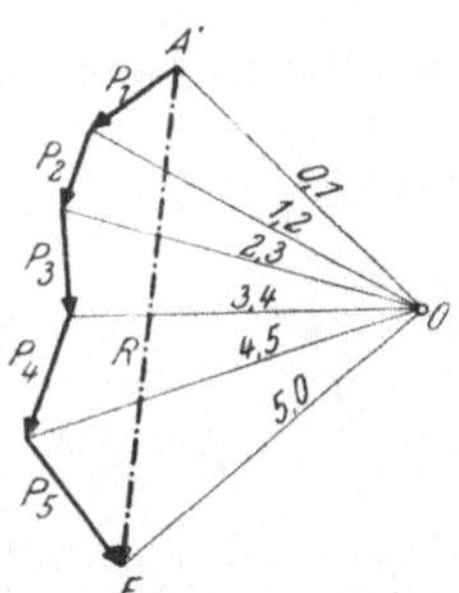

Abb. 20b. Krafteck für P_1 bis P_5 mit den Polstrahlen 0,1 bis 5,0

Abb. 20a, b. Ermittlung der Resultierenden R eines allgemeinen Kraftsystems P_1 bis P_5 mit Krafteck und Seileck

Nun zeichnet man parallel zu diesen „Polstrahlen", mit 0,1 beginnend, im Lageplan des gegebenen Kraftsystems einen zusammenhängenden Linienzug, das sog. „Seilpolygon" oder „Seileck" (vgl. Abb. 20a). Die einzelnen Abschnitte dieses Polygons nennt man „Seileckseiten" oder einfach „Seilstrahlen". Es ist also jedem „Polstrahl" ein bestimmter „Seilstrahl" zugeordnet, der auch die gleiche Bezeichnung trägt; aus ihr ist sofort ersichtlich, zwischen welchen Kräften der Seilstrahl liegt.

Die Parallele zum Polstrahl 0,1 ergibt links den äußeren Seilstrahl 0,1, der mit der Wirkungslinie der Kraft P_1 zum Schnitt gebracht wird. Von diesem Schnittpunkt (1) wird eine zum Polstrahl 1,2 parallele Gerade gezeichnet und mit der Wirkungslinie von P_2 zum Schnitt gebracht; man erhält damit den Seilstrahl 1,2 und den Schnittpunkt (2). Dieser Vorgang wird in gleicher Weise fortgesetzt, bis man schließlich vom Schnittpunkt (5) den letzten Seilstrahl 5,0 als Parallele zum Polstrahl 5,0 erhält.

Bei näherer Betrachtung erkennt man, daß sich zwei Seilstrahlen im Lageplan stets auf der Wirkungslinie jener Kraft schneiden, die im Krafteck von den zugeordneten — also gleich bezeichneten — zwei Polstrahlen eingeschlossen wird. Es müssen sich z. B. die beiden Seilstrahlen 0,1 und 1,2 im Lageplan auf der Wirkungslinie von P_1 schneiden, weil die Kraft P_1 von den beiden gleich bezeichneten Polstrahlen 0,1 und 1,2 im Krafteck eingeschlossen wird. Da diese Überlegung — wie man sich leicht überzeugen kann — für jede Kraft gilt, so muß sie auch für die Resultierende zutreffen. Die Resultierende R wird im Krafteck von den beiden Polstrahlen 0,1 und 5,0 eingeschlossen, folglich müssen sich die zugeordneten Seilstrahlen 0,1 und 5,0 — also der erste und der letzte Seilstrahl — im Lageplan auf der Wirkungslinie von R schneiden. Man braucht demnach nur noch die bereits nach Größe und Richtung aus dem Krafteck bekannte Resultierende R parallel in den Schnittpunkt S der äußeren Seileckseiten im Lageplan zu verschieben; damit ist die gestellte Aufgabe bereits gelöst.

c) Statische Deutung der Polstrahlen und Seilstrahlen

Die Polstrahlen im Krafteck und die Seilstrahlen im Seileck können als fiktive Kräfte aufgefaßt werden, und zwar als Komponenten der gegebenen Kräfte P. Man kann z. B. in Abb. 21a, b die Kraft P_1 als Resultierende der fiktiven Kräfte $S_{0,1}$ und $S_{1,2}$ deuten oder P_2 als Resultierende der Kräfte $S_{1,2}$ und $S_{2,3}$ sowie P_3 als Resultierende von $S_{2,3}$ und $S_{3,0}$. Schließlich kann auch R als Resultierende der Kräfte $S_{0,1}$ und $S_{3,0}$ aufgefaßt werden.

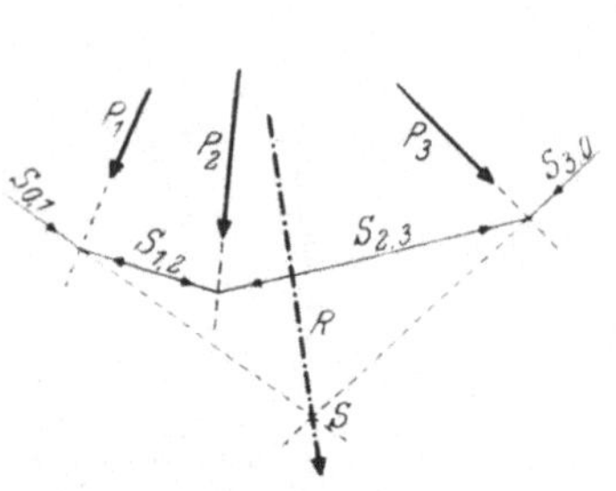

Abb. 21a. Lageplan der Kräfte P_1, P_2, P_3 mit Seileck

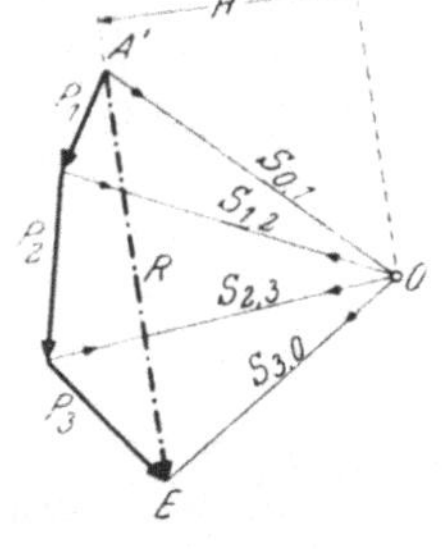

Abb. 21b. Krafteck der Kräfte P_1, P_2, P_3 mit Polstrahlen

Abb. 21a, b. Statische Deutung der Polstrahlen und Seilstrahlen als fiktive Kräfte

Man kann jedoch ebenso gut die Polstrahlen als jene Kräfte auffassen, die der von ihnen eingeschlossenen Kraft das Gleichgewicht halten; das gilt dann auch von den Seilstrahlen, die sich auf der Wirkungslinie einer Kraft schneiden und dieser das Gleichgewicht halten. Nach dieser Deutung wäre dann aber die Pfeilrichtung der Polstrahlen im Seileck umzukehren.

Die Bezeichnung „Seilpolygon" oder „Seileck" soll daran erinnern, daß dieser Linienzug mit der Form übereinstimmt, die ein Seil annimmt, das durch die Kräfte P_1, P_2, P_3 belastet und in der Richtung der beiden äußeren Seileckseiten in zwei Punkten festgehalten wird. Wählt man z. B. im Krafteck eine sehr große „Polweite" H, so ergeben sich auch sehr große „Seil-Kräfte" $S_{0,1}$, $S_{1,2}$, $S_{2,3}$ und $S_{3,0}$ und man erhält damit ein sehr flaches Seilpolygon. Wählt man die Polweite H dagegen sehr klein, so ergeben sich kleine „Seil-Kräfte" $S_{0,1}$, $S_{1,2}$, $S_{2,3}$ und $S_{3,0}$ und ein sehr tief hängendes Seilpolygon. Für die prinzipielle Durchführung der Konstruktion zur Ermittlung der Lage der Resultierenden ist es aber völlig gleichgültig, wo der Pol 0 angenommen wird. Für die Genauigkeit ist es jedoch zweckmäßig, die Wahl so zu treffen, daß die äußeren Polstrahlen miteinander einen Winkel von etwa 90° einschließen.

Anmerkung. Bei den vorstehenden Betrachtungen anhand Abb. 21a, b wurden die „Polstrahlen" und „Seilstrahlen" wegen ihrer statischen Bedeutung als „Seil-Kräfte" mit $S_{0,1}$, $S_{1,2}$, $S_{2,3}$ ..... usw. bezeichnet. Diese Bezeichnungsweise ist aber nur dann zweckmäßig, wenn auf die Bedeutung als „Seil-Kräfte" besonders hingewiesen werden soll (vgl. z. B. Seite 19f.). In allen übrigen Fällen genügt die bisher verwendete Doppelbezeichnung 0,1; 1,2; 2,3; ... usw.

B. Ermittlung der Resultierenden paralleler Kräfte

a) Lotrechte Kräfte gleicher Richtung

Auch bei diesem sehr häufig auftretenden Sonderfall bietet das Seileck-Verfahren beachtliche Vorteile, wie in Abb. 22a, b für eine Gruppe von fünf lotrechten Kräften gleicher Richtung gezeigt wird. Man zeichnet zuerst das Krafteck

(Abb. 22 b), das sich durch Aneinanderreihen der einzelnen Kräfte in dem gewählten Maßstab ergibt. Dieses Krafteck besteht im vorliegenden Fall nur aus einem geraden Linienzug, weil sämtliche Kräfte parallele Wirkungslinien haben. Man wählt nun einen Pol 0, zeichnet in üblicher Weise die Polstrahlen ein und konstruiert das zugehörige Seileck (Abb. 22 a). Die Resultierende R liegt im Schnittpunkt S der beiden äußeren Seileckseiten 0,1 und 5,0. Ihre Größe ist hier gleich der Summe der einzelnen Kräfte, also

$$R = P_1 + P_2 + P_3 + P_4 + P_5.$$

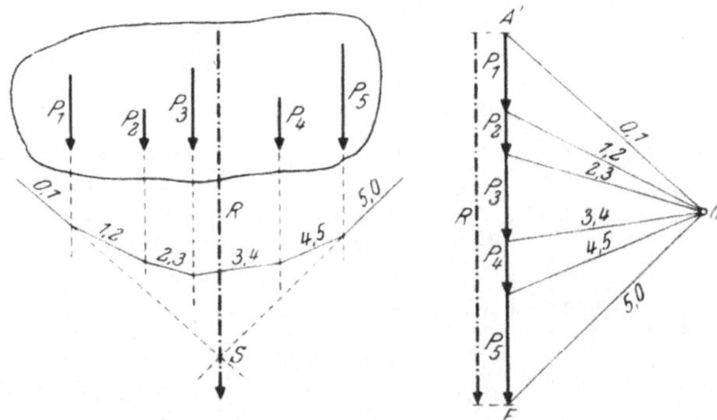

Abb. 22a. Lageplan der Kräfte P_1 bis P_5 mit Seileck und Resultierender R

Abb. 22b. Krafteck für P_1 bis P_5 mit Polstrahlen

Abb. 22a, b. Ermittlung der Resultierenden R einer Gruppe paralleler Kräfte gleicher Richtung

Anmerkung. Es ist verhältnismäßig leicht, für die in Abb. 22a dargestellte Kräftegruppe den Ort der Resultierenden schon vor Durchführung der Konstruktion wenigstens ungefähr abzuschätzen. Die Resultierende liegt — da alle Kräfte gleiche Richtung haben — gewissermaßen in der Schwerlinie aller Kräfte.

Anschließend sollen Größe und Lage der Resultierenden ermittelt werden, wenn bei der in Abb. 22a gegebenen Kräftegruppe die Kraft P_5 zwar an gleicher Stelle, aber in umgekehrter Richtung wirkt.

b) Lotrechte Kräfte verschiedener Richtung

Die Resultierende der in Abb. 23a dargestellten Kräftegruppe, die sich von jener in Abb. 22a nur durch die Umkehrung des Richtungssinnes von P_5 unterscheidet, ergibt sich aus dem Krafteck in Abb. 23b mit

$$R = P_1 + P_2 + P_3 + P_4 - P_5.$$

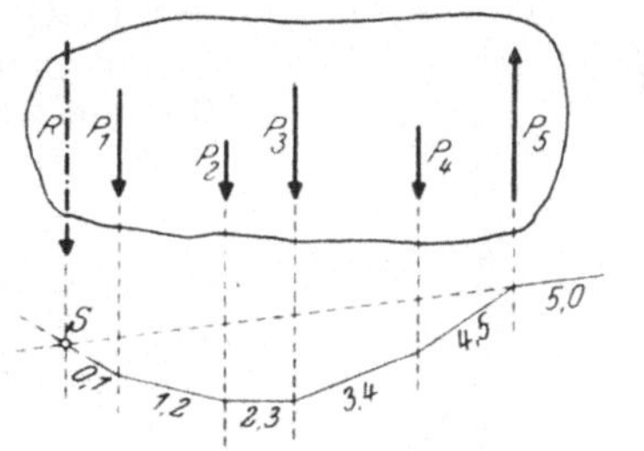

Abb. 23a. Lageplan der Kräfte P_1 bis P_5 mit Seileck und Resultierender R

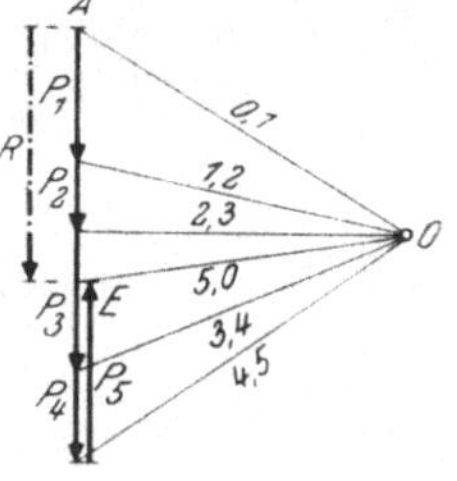

Abb. 23b. Krafteck für P_1 bis P_5 mit Polstrahlen

Abb. 23a, b. Ermittlung der Resultierenden R einer Gruppe paralleler Kräfte verschiedener Richtung

Allgemein könnte man für beliebig viele parallele Kräfte in Übereinstimmung mit Gl. (1) auch schreiben:

$$R = \Sigma P, \qquad (13)$$

wobei ΣP wieder die algebraische Summe der gegebenen parallelen Kräfte bedeutet. Im Krafteck erscheint die Resultierende R als Strecke $\overline{A'E}$ und wird von den beiden Polstrahlen 0,1 und 5,0 eingeschlossen. Das zugehörige Seileck erhält man in der bereits bekannten Art, und auch die Resultierende R muß wieder im Schnittpunkt S der verlängerten Seileckseiten 0,1 und 5,0 liegen. Dieser Schnittpunkt befindet sich hier sogar außerhalb der gegebenen Kräftegruppe. Der Einfluß der Umkehrung des Richtungssinnes von P_5 auf die Größe der Resultierenden R war von vornherein leicht zu erkennen; überraschend groß ist aber der Einfluß auf die neue Lage von R. Die eigentliche Ursache dieser zunächst unerwarteten Erscheinung und die genauen statischen Zusammenhänge sollen anschließend bei der Behandlung einiger Sonderfälle geklärt werden.

C. Sonderfälle

a) Zwei parallele Kräfte gleicher Richtung

In Abb. 24a sind zwei ungleich große, parallele Kräfte P_1 und P_2 mit gleichem Richtungssinn gegeben. Man kann sofort erkennen, daß die Resultierende R, deren Größe gleich der Summe der beiden Kräfte ist, zwischen den Wirkungslinien von P_1 und P_2 liegen muß, und zwar näher der größeren Kraft P_2. Mit dem Krafteck in Abb. 24b und dem zugehörigen Seileck in Abb. 24a kann die genaue Lage von R im Schnittpunkt S der beiden äußeren Seileckseiten 0,1 und 2,0 bestimmt werden.

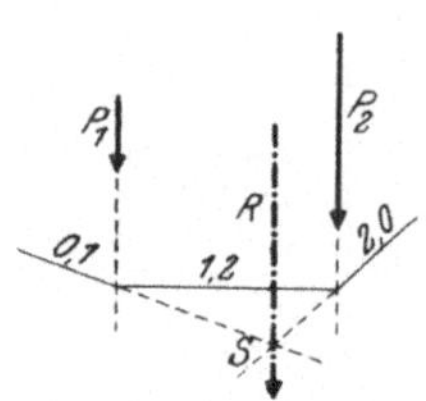

Abb. 24a. Lageplan der Kräfte P_1, P_2 mit Seileck und Resultierender R

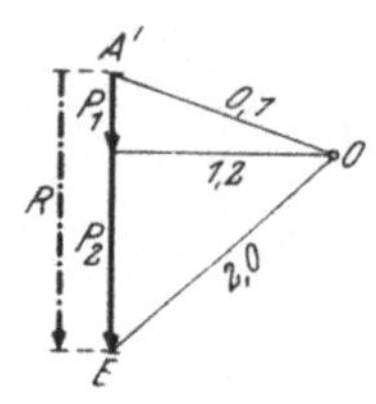

Abb. 24b. Krafteck für P_1 und P_2 mit Polstrahlen

Abb. 24a, b. Ermittlung der Resultierenden R von zwei parallelen Kräften verschiedener Größe und gleicher Richtung

b) Zwei parallele Kräfte entgegengesetzter Richtung

In Abb. 25a ist die gleiche Lage der Kräfte gewählt wie in Abb. 24a, aber mit der Änderung, daß jetzt die Richtung der größeren Kraft P_2 nach oben zeigt. Die Resultierende R wird im Sinne von Gl. (13) gleich der algebraischen Summe der parallelen Kräfte sein, also unter Beachtung der Vorzeichen $\left(\begin{smallmatrix} + & - \\ \uparrow & \downarrow \end{smallmatrix}\right)$:

$$R = \Sigma P = P_2 - P_1.$$

Sie ergibt sich im Krafteck (Abb. 25b) als Strecke $\overline{A'E}$ und ist hier nach oben gerichtet. Ihre Lage wird durch den Schnittpunkt S der beiden Seileckseiten 0,1 und 2,0 bestimmt (Abb. 25a). Sie befindet sich also jetzt außerhalb der Wirkungslinien von P_1 und P_2.

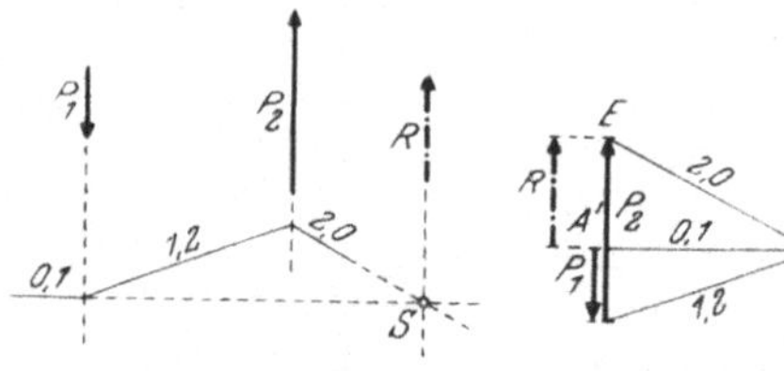

Abb. 25a. Lageplan der Kräfte P_1, P_2 mit Seileck und Resultierender R

Abb. 25b. Krafteck für P_1 und P_2 mit Polstrahlen

Abb. 25a, b. Ermittlung der Resultierenden R von zwei parallelen Kräften verschiedener Größe und verschiedener Richtung

Anmerkung. Wenn im vorliegenden Falle die beiden Kräfte mit entgegengesetzter Richtung gleiche Größe haben würden, wenn also $P_2 = -P_1$ gewählt wird, so wäre die Resultierende gleich Null. Es ist dann nach Gl. (13)

$$R = \Sigma P = P_2 - P_1 = 0.$$

Man spricht in diesem Falle von einem „Kräftepaar“.

Solche „Kräftepaare“ spielen in der Statik eine große Rolle; sie sollen daher im folgenden noch eingehender behandelt werden.

D. Das Kräftepaar

a) Allgemeines

Nach den vorangegangenen Betrachtungen versteht man unter einem Kräftepaar zwei gleich große, parallele Kräfte P, die im Abstand p in entgegengesetzter

Richtung wirken. Zeichnet man für ein solches Kräftepaar in der üblichen Art ein Krafteck und das zugehörige Seileck (Abb. 26a, b), so erkennt man, daß im Krafteck der Anfangspunkt A' mit dem Endpunkt E zusammenfällt, die Resultierende somit den Wert Null annimmt. Die beiden Polstrahlen, die in diesem Grenzfall die Resultierende $R = 0$ „einschließen", sind 0,1 und 2,0; sie erscheinen im Krafteck an gleicher Stelle. Die zugeordneten Seilstrahlen 0,1 und 2,0, in deren Schnittpunkt die Resultierende liegen soll, sind demnach parallel zueinander (Abb. 26a); ihr Schnittpunkt liegt also im Unendlichen. Man sagt, das Seileck „schließt sich nicht" oder das Seileck ist „offen".

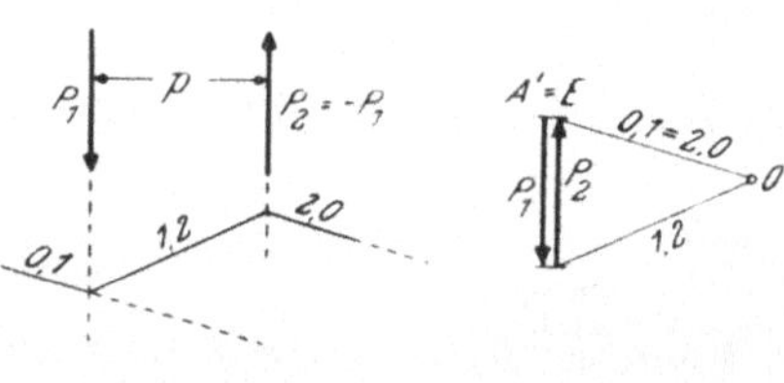

Abb. 26a. „Offenes" Seileck für die Kräfte P_1 und $P_2 = - P_1$

Abb. 26b. „Geschlossenes" Krafteck für die Kräfte P_1 und $P_2 = - P_1$

Abb. 26a, b. Krafteck und Seileck für zwei parallele Kräfte gleicher Größe und verschiedener Richtung

In einem solchen Falle befindet sich die gegebene Kräftegruppe aber nicht im Gleichgewicht, obwohl die Resultierende den Wert Null hat. Dies wird sofort verständlich, wenn man z. B. eine reibungslos gelagerte Scheibe betrachtet, auf welche ein solches „Kräftepaar" einwirkt (Abb. 27). Dieses Kräftepaar, dessen Resultierende zwar gleich Null ist, versucht dennoch, die Scheibe in eine drehende Bewegung zu versetzen. Es ist unmittelbar zu erkennen, daß diese drehende Wirkung sowohl von der Größe der beiden Kräfte P als auch von ihrem Abstand p abhängig ist. Man spricht hier von einem „Drehmoment" M und versteht darunter das Produkt $P \cdot p$. Der Wert oder die Größe eines Kräftepaares ist somit gegeben durch

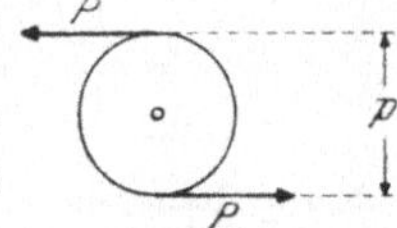

Abb. 27. Drehende Wirkung eines Kräftepaares

$$M = P \cdot p. \tag{14}$$

Die Entfernung p der beiden Kräfte bezeichnet man als „Hebelarm" des Kräftepaares. Damit liegt auch die Dimension eines „Kräftepaares" bzw. eines „Drehmomentes" fest, nämlich Kraft mal Länge, also z. B. tm oder kgcm usw.

Um die Wirkung eines Kräftepaares genau beschreiben zu können, ist außer seiner Größe auch der Drehsinn zu beachten. Hierfür soll folgende Regel gelten:

Ist der Drehsinn nach links (↶) gerichtet, so bezeichnet man das Drehmoment als positiv, ist er nach rechts (↷) gerichtet, als negativ (Abb. 28a, b).

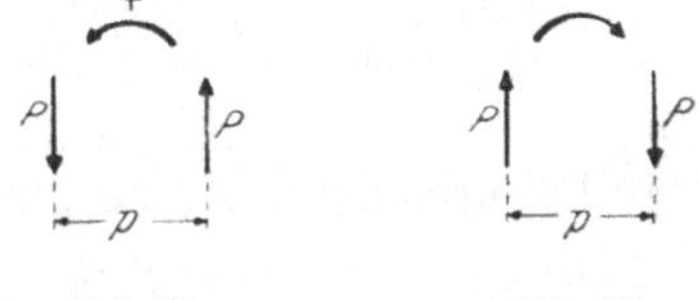

Abb. 28a. Linksdrehendes Kräftepaar: *Positiv*

Abb. 28b. Rechtsdrehendes Kräftepaar: *Negativ*

Abb. 28a, b. Vorzeichenregel für Kräftepaare

b) Das statische Moment einer Kraft

Unter dem Begriff „Statisches Moment einer Kraft" in bezug auf einen Punkt 0 versteht man das Produkt aus dem Absolutwert der Kraft P und dem senkrechten Abstand a des Punktes von der Wirkungslinie dieser Kraft. Es ist demnach gemäß Abb. 29

$$M_0 = P \cdot a. \tag{15}$$

Die Strecke a bezeichnet man in Anlehnung an die Gepflogenheit bei Kräftepaaren [vgl. Formel (14)] ebenfalls als „Hebelarm" der Kraft P.

Für den **Drehsinn** des statischen Momentes einer Kraft, der auch hier stets zu beachten ist, gilt die gleiche **Vorzeichenregel** wie für „Drehmomente" bzw. „Kräftepaare", also:

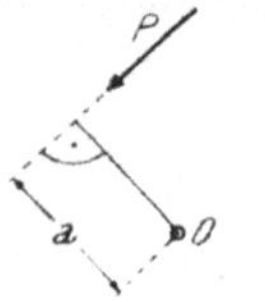

Linksdrehende Momente (↶) *sind positiv, rechtsdrehende* (↷) *negativ.*

Die Dimension eines statischen Momentes ist wie bei Kräftepaaren tm, kgm, kgcm usw.

Abb. 29. Statisches Moment einer Kraft P in bezug auf den Punkt O

c) Eigenschaften der Kräftepaare

Eine sehr wichtige Eigenschaft eines Kräftepaares $M = P \cdot p$ besteht darin, daß dessen statisches Moment in bezug auf jeden beliebigen Punkt der Kraftebene **konstant** ist und stets den Wert $M = P \cdot p$ hat. Die uneingeschränkte Gültigkeit dieses Satzes läßt sich anhand Abb. 30a, b leicht beweisen. Es ist dort ein linksdrehendes Kräftepaar mit dem Wert $M = + P \cdot p$ gegeben. Bildet man nun für das in Abb. 30a gegebene Kräftepaar das statische Moment der beiden Kräfte in bezug auf einen Punkt A der Kraftebene, so erhält man unter Anwendung von Gl. (15) für die obere Kraft P mit dem zugehörigen Hebelarm $(p + s)$ ein linksdrehendes, also **positives** Moment mit dem Wert $+ P \cdot (p + s)$, für die untere Kraft mit dem Hebelarm s ein rechtsdrehendes, also **negatives** Moment mit der Größe $- P \cdot s$. Die algebraische Summe dieser beiden Werte ergibt bereits das gesuchte Moment des Kräftepaares in bezug auf den Punkt A, und zwar

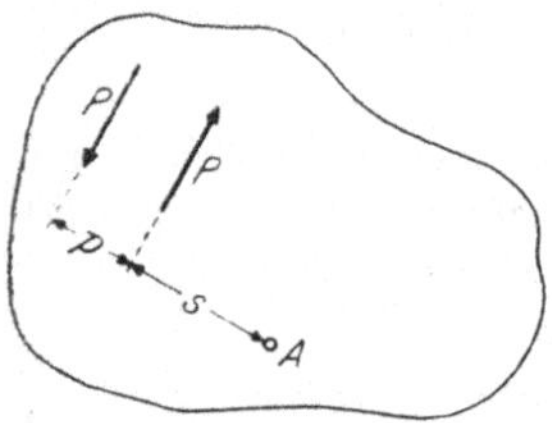

Abb. 30a. Kräftepaar $M = P \cdot p$ mit den Hebelarmen s und $(p + s)$ in bezug auf den Punkt A

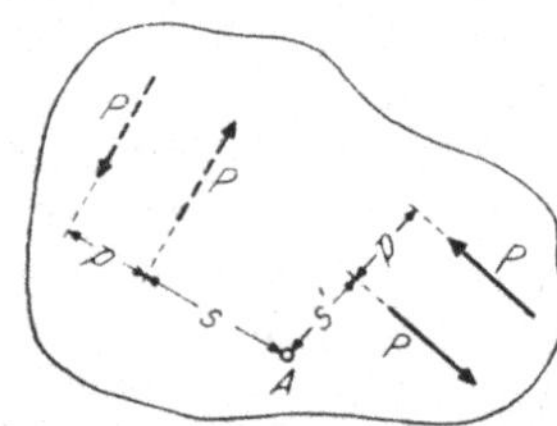

Abb. 30b. Beliebig verlagertes Kräftepaar $M = P \cdot p$ aus Abb. 30a mit den Hebelarmen s' und $(p + s')$ in bezug auf den gleichen Punkt A

Abb. 30a, b. Untersuchung des statischen Momentes eines Kräftepaares $M = P \cdot p$ in bezug auf einen beliebigen Punkt A der Kraftebene

$$M_A = P \cdot (p + s) - P \cdot s = P \cdot p + P \cdot s - P \cdot s = + P \cdot p. \tag{16}$$

Der Wert M_A ist somit unabhängig von s, daher auch unabhängig von der Wahl des Bezugspunktes A. Es gilt demnach der Satz:

*Die Größe und der Richtungssinn des Momentes eines Kräftepaares M in bezug auf einen **beliebigen** Punkt der Kraftebene ist gleich dem Wert des gegebenen Kräftepaares M sowohl der Größe als auch dem Drehsinne nach.*

Das Ergebnis dieser Betrachtung kann aber noch anders gedeutet werden. Die Gleichung (16) behält nämlich unverändert Gültigkeit, auch wenn das gegebene Kräftepaar in seiner Ebene an eine beliebige andere Stelle verschoben oder gedreht wird. In Abb. 30b ist eine solche Lageänderung des gestrichelt gezeichneten Kräftepaares $M = + P \cdot p$ vorgenommen. In der neuen Lage wird das Moment in bezug auf den gleichen Punkt A, ähnlich wie vorher:

$$M_A = P \cdot (p + s') - P \cdot s' = + P \cdot p. \tag{16a}$$

Man kann also auch sagen, daß ein Kräftepaar, das in der Ebene einer **starren** Scheibe angreift, in beliebiger Weise seine Lage in der Ebene dieser Scheibe verändern kann, ohne daß dabei seine Wirkung auf die Scheibe eine Änderung erfährt.

d) Das resultierende Kräftepaar

In ähnlicher Art wie eine beliebige Kräftegruppe $P_1 \ldots P_n$ in der Ebene durch eine einzige Kraft, die sog. Resultierende R ersetzbar ist, können auch mehrere Kräftepaare $M_1 \ldots M_n$ durch ein einziges Kräftepaar ersetzt werden, das man sinngemäß als „resultierendes Kräftepaar" M_R bezeichnet. Dieses resultierende Kräftepaar hat die gleiche Wirkung wie die zu ersetzenden Kräftepaare in ihrer Gesamtheit. Somit kann man z. B. die in Abb. 31 dargestellten vier Kräftepaare, die teils linksdrehend, also positiv, und teils rechtsdrehend, also negativ sind, durch ein resultierendes Kräftepaar M_R ersetzen, und zwar erhält man unter Beachtung der Vorzeichen

$$M_R = P_1 p_1 - P_2 p_2 + P_3 p_3 - P_4 p_4 \qquad (17)$$

oder allgemein für beliebig viele Kräftepaare

$$M_R = \Sigma P_n p_n. \qquad (18)$$

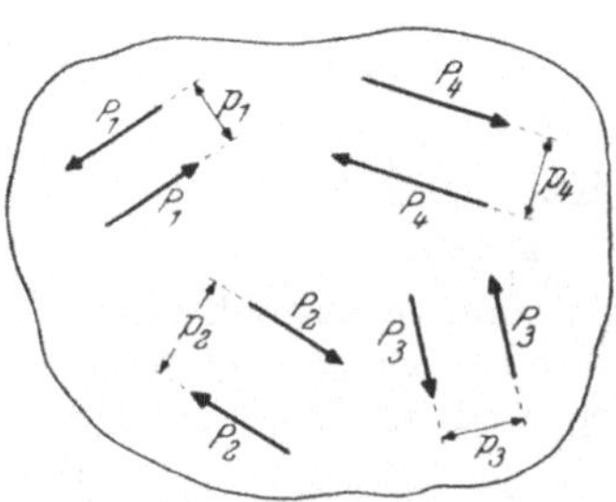

Abb. 31. Zusammensetzen mehrerer Kräftepaare zu einem resultierenden Kräftepaar M_R

Es gilt sonach der Satz:

Das „resultierende Kräftepaar" oder das „resultierende Drehmoment" M_R ist gleich der algebraischen Summe der einzelnen Kräftepaare bzw. Drehmomente.

e) Gleichgewicht von Kräftepaaren

Nach den vorangegangenen Erläuterungen ist es leicht einzusehen, daß die an einer starren Scheibe angreifenden Kräftepaare sich nur dann im Gleichgewicht befinden, wenn das „resultierende Kräftepaar" gleich Null ist. Die Gleichgewichtsbedingung für Kräftepaare lautet daher nach Gl. (18)

$$M_R = \Sigma P_n p_n = 0 \qquad (19)$$

oder allgemein

$$\boxed{\Sigma M_n = 0,} \qquad \mathbf{(20)}$$

wenn ΣM_n die Summe der Drehmomente in bezug auf einen beliebigen Punkt der Kraftebene bedeutet.

f) Umwandlung von Kräftepaaren

Ein Kräftepaar $M = P \cdot p$ kann durch ein anderes Kräftepaar $M = Q \cdot q$ ersetzt werden, wenn die Bedingung erfüllt wird, daß

$$P \cdot p = Q \cdot q. \qquad (21)$$

Das Ersatz-Kräftepaar $M = Q \cdot q$ muß also gleiche Größe und gleichen Drehsinn aufweisen wie das gegebene Kräftepaar (Abb. 32). Wählt man Q kleiner als P, so muß in gleicher Weise q größer als p gewählt werden. Es gilt somit die Proportion

$$P : Q = q : p. \qquad (22)$$

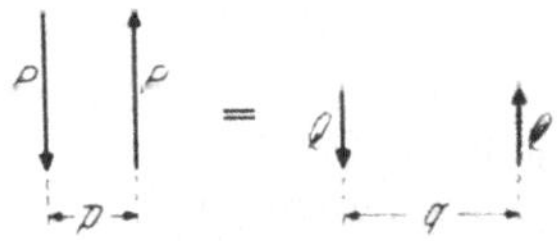

Abb. 32. Umwandlung eines Kräftepaares $M = P \cdot p$ in ein gleichwertiges Kräftepaar $M = Q \cdot q$

Soll also z. B. das gegebene Kräftepaar $M = P \cdot p$ in ein gleichwertiges umgewandelt werden mit dem Abstand q, so wird aus Gl. (22)

$$Q = \frac{P \cdot p}{q}. \qquad (22\text{a})$$

Soll die Umwandlung von $M = P \cdot p$ in ein gleichwertiges Kräftepaar mit gegebener Kraft Q vorgenommen werden, so muß

$$q = \frac{P \cdot p}{Q} \tag{22b}$$

gewählt werden.

g) Resultierende eines Kräftepaares und einer Kraft

Zur Ermittlung der Resultierenden eines Kräftepaares $M = P \cdot p$ und einer Kraft Q kann man — wie in Abb. 33a bis c gezeigt wird — in folgender Weise vorgehen:

Man verwandelt zuerst das gegebene Kräftepaar $M = P \cdot p$ in ein gleichwertiges Kräftepaar $M = Q \cdot q$; dabei muß die Bedingung $P \cdot p = Q \cdot q$ erfüllt sein, d. h. es wird in Übereinstimmung mit Gl. (22b)

$$q = \frac{P \cdot p}{Q}.$$

Die Werte P, p und Q sind gegeben, somit ist q zahlenmäßig leicht bestimmbar. Da das umgewandelte Kräftepaar $M = Q \cdot q$ auf der Scheibe beliebig verschoben und verdreht werden kann (siehe Erläuterungen Seite 16), wird man es zweckmäßig so verlegen, daß eine Kraft Q des Kräftepaares $Q \cdot q$ in die Wirkungslinie der gegebenen Kraft Q fällt, dieser aber entgegenwirkt. In Abb. 33b ist diese Verlagerung durchgeführt. Damit ist das in Abb. 33a dargestellte Kraftsystem durch

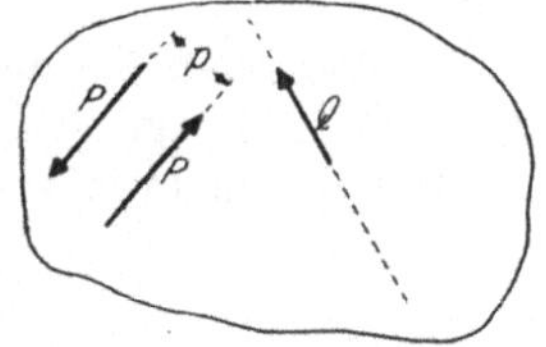

Abb. 33a. Gegebenes Kräftepaar $M = P \cdot p$ und gegebene Kraft Q

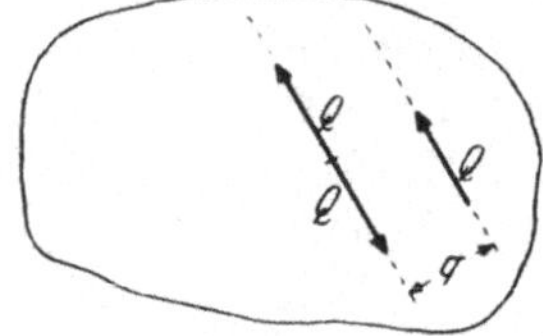

Abb. 33b. Verlagerung des umgewandelten Kräftepaares $M = Q \cdot q$

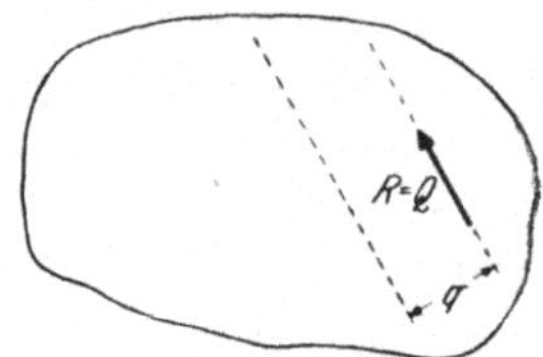

Abb. 33c. Lage, Größe und Richtung der Resultierenden R

Abb. 33a bis c. Ermittlung der Resultierenden R eines Kräftepaares $M = P \cdot p$ und einer Kraft Q

das in Abb. 33b gezeichnete ersetzt, ohne daß dadurch die Wirkung des ursprünglich gegebenen Kraftsystems eine Änderung erfährt. Die beiden in gleicher Wirkungslinie liegenden Kräfte Q heben sich gegenseitig auf, und es bleibt nur die im Abstand q von der ursprünglichen Wirkungslinie liegende Kraft Q übrig. Dieser Zustand ist in Abb. 33c festgehalten. Die dort gezeichnete Kraft Q stellt somit die gesuchte Resultierende der drei gegebenen Kräfte bzw. des Kräftepaares $M = P \cdot p$ und der Kraft Q dar.

Schlußbetrachtung. Aus diesen Darlegungen ist zu erkennen, daß das gegebene Kräftepaar $M = P \cdot p$ zwar keinen Einfluß auf die Größe der Resultierenden ausüben kann, aber eine parallele Verschiebung der Kraft Q um den Betrag

$$q = \frac{P \cdot p}{Q} = \frac{M}{Q} \tag{23}$$

bewirkt. Man kann also schon von vornherein die Größe der zu erwartenden Verschiebung zahlenmäßig feststellen; aber auch die Richtung der Verschiebung ist nach folgender Merkregel leicht vorauszubestimmen:

Man denkt sich die Pfeilspitze der gegebenen Kraft als Drehpunkt und verschiebt ihren Angriffspunkt im Drehsinn des vorhandenen Kräftepaares bzw. Drehmomentes.

In Abb. 34a ist diese Regel für ein rechtsdrehendes Kräftepaar, in Abb. 34b für ein linksdrehendes Kräftepaar erläutert.

Als Besonderheit dieses Ergebnisses soll festgehalten werden, daß ein Kräftepaar bzw. ein Drehmoment M auf eine Kraft P nur eine verschiebende Wirkung ausübt, ohne die Größe der Kraft zu beeinflussen. Die Parallelverschiebung der Kraft P beträgt nach Gl. (23)

$$p = \frac{M}{P}. \qquad (23\text{a})$$

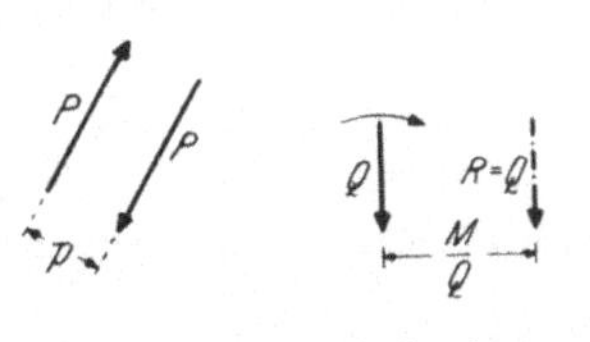

Abb. 34a. Rechtsdrehendes Kräftepaar

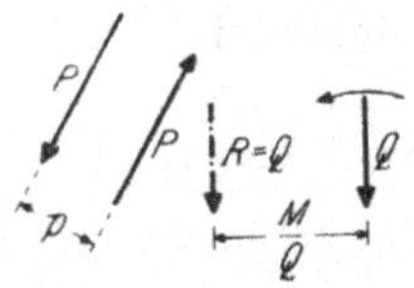

Abb. 34b. Linksdrehendes Kräftepaar

Abb. 34a, b. Merkregel für die verschiebende Wirkung eines Drehmomentes auf eine Kraft Q

Diese Wirkung ist übrigens bereits bei der Behandlung früherer Aufgaben (Seite 13 und Seite 14) in Erscheinung getreten.

h) Bedeutung des „offenen" Seileckes für ein Kräftepaar

Schon bei den allgemeinen Betrachtungen anhand Abb 26a, b haben sich für ein Kräftepaar zwei charakteristische Merkmale ergeben: Erstens fallen im Krafteck Anfangspunkt A' und Endpunkt E zusammen (als sicheres Zeichen dafür, daß die Resultierende $R = 0$ ist), und zweitens schneiden sich im Seileck der erste und der letzte Seilstrahl im Unendlichen, d. h. sie liegen in einem gewissen Abstand parallel zueinander (als sicheres Zeichen dafür, daß trotz $R = 0$ kein Gleichgewichtszustand vorliegt). Man spricht hier von einem „offenen" Seileck.

Da die Polstrahlen und Seilstrahlen als Kräfte aufzufassen sind (ausführliche Erläuterungen siehe Seite 12), läßt sich unter Zuhilfenahme rein geometrischer Beziehungen leicht zeigen, daß Größe und Drehsinn des gegebenen Kräftepaares $M = P \cdot p$ auch in dem offenen Seileck in Erscheinung treten. Die hier maßgebenden Zusammenhänge werden aus Abb. 35a, b verständlich; dort sind für das Kräftepaar $P_1 = - P_2$ mit dem Abstand p das Krafteck sowie das zugehörige Seileck dargestellt. Infolge Ähnlichkeit der beiden schraffierten Dreiecke I, II, III und I', II', III' verhalten sich die Höhen p und q (im Seileck) umgekehrt wie die entsprechenden Grundlinien $\overline{I, II}$ und $\overline{I, III}$ (im Krafteck). Es gilt also

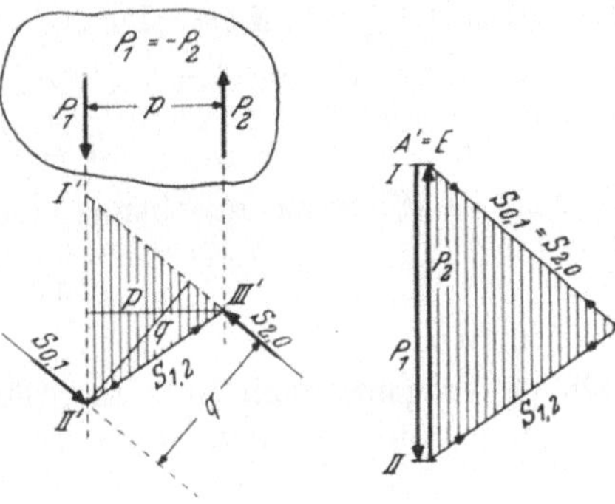

Abb. 35a. „Offenes" Seileck für das Kräftepaar $P_1 = - P_2$

Abb. 35b. „Geschlossenes" Krafteck für das Kräftepaar $P_1 = - P_2$

Abb. 35a, b. Krafteck und zugehöriges Seileck für ein Kräftepaar $P_1 = - P_2$ mit dem Hebelarm p

$$p : q = \overline{I, III} : \overline{I, II}. \qquad (24)$$

Da die Strecke $\overline{I, II}$ im Krafteck die gegebene Kraft $P_1 = P_2 = P$ bedeutet, während die Strecke $\overline{I, III}$ mit dem als Kraft aufzufassenden Polstrahl $S_{0,1}$ bzw. $S_{2,0}$ identisch ist, kann die vorstehende Proportion ebenso in folgender Form geschrieben werden:

$$p : q = S_{0,1} : P \qquad (25)$$

oder auch

$$p : q = S_{2,0} : P;\qquad(25\text{a})$$

daraus folgt sofort

$$P \cdot p = S_{0,1} \cdot q\qquad(26)$$

oder auch

$$P \cdot p = S_{2,0} \cdot q,\qquad(26\text{a})$$

d. h. das Moment $M = P \cdot p$ eines gegebenen Kräftepaares ist gleich dem Moment des im „offenen“ Seileck auftretenden Kräftepaares

$$M = S_{0,1} \cdot q \qquad \text{oder} \qquad M = S_{2,0} \cdot q.\qquad(27)$$

Dieses Kräftepaar wird somit gebildet aus der Kraft $S_{0,1}$ des ersten Seilstrahles und der gleich großen, entgegengesetzt gerichteten Kraft $S_{2,0}$ des letzten Seilstrahles (beide im Kräftemaßstab aus dem Krafteck zu entnehmen) sowie dem Hebelarm q, der identisch ist mit dem Abstand der beiden zueinander parallelen Seilstrahlen $S_{0,1}$ und $S_{2,0}$ (im Längenmaßstab aus dem Seileck zu entnehmen).

E. Rechnerische Ermittlung der Resultierenden eines allgemeinen ebenen Kraftsystems

a) Prinzip der Lösung

Für den Sonderfall eines zentralen Kraftsystems ist die rechnerische Ermittlung der Resultierenden — wie Seite 6 ff. ausführlich dargelegt wurde — verhältnismäßig einfach: Man zerlegt die gegebenen Kräfte $P_1 \ldots P_n$ in die Richtungen der gewählten Koordinatenachsen, erhält damit die Komponenten $X_1 \ldots X_n$ und $Y_1 \ldots Y_n$ sowie durch algebraische Addition die Komponenten der Resultierenden

$$X_R = \Sigma X_n \qquad \text{und} \qquad Y_R = \Sigma Y_n;\qquad(28)$$

damit ist nach Gl. (7) sofort die Größe der Resultierenden

$$R = \sqrt{X_R^2 + Y_R^2}\qquad(29)$$

und nach Gl. (8) unter Beachtung von (9) ihre Richtung aus

$$\operatorname{tg} \alpha_R = \frac{Y_R}{X_R}\qquad(30)$$

zu bestimmen.

Dieser Vorgang kann im wesentlichen auch bei einem allgemeinen Kraftsystem angewendet werden, wenn man es durch eine geschickte Veränderung in ein zentrales Kraftsystem umwandelt. In Abb. 36a bis c sind diese Überlegungen veranschaulicht. Man denke sich zu der in Abb. 36a gegebenen Kraft P_1 (mit dem Angriffspunkt A) im Ursprung des beliebig gewählten rechtwinkligen Koordinatensystems zwei zu P_1 parallele, aber einander entgegenwirkende Kräfte $\pm P_1$ hinzugefügt (Abb. 36b). Diese beiden Kräfte, die miteinander im Gleichgewicht sind und sich gegenseitig aufheben, ändern die Wirkung der ur-

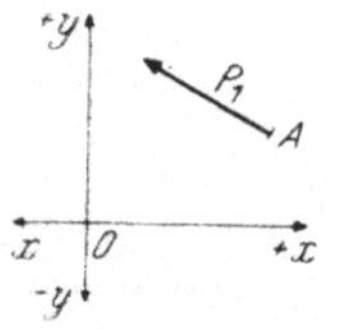

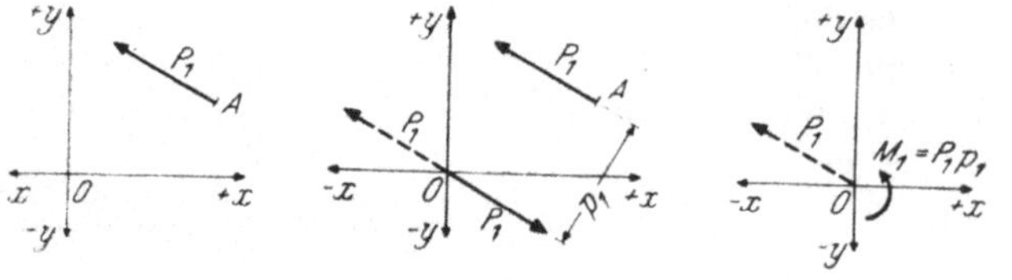

Abb. 36a. Gegebene Kraft P_1 mit beliebig gewähltem Koordinatensystem

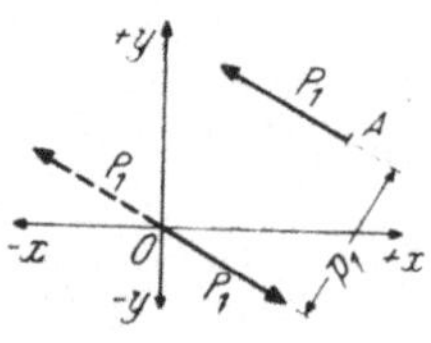

Abb. 36b. Annahme von zwei zu P_1 parallelen Kräften $\pm P_1$ im Koordinatenursprung

Abb. 36c. Gleichwertiges Kraftsystem zu der gegebenen Kraft P_1

Abb. 36a bis c. Ersetzen einer Kraft P_1 durch eine parallele Kraft P_1 und ein Moment M_1

sprünglich gegebenen Kraft P_1 in keiner Weise; es ist daher zulässig, die in Abb. 36a dargestellte Kraft durch das in Abb. 36b gezeichnete Kraftsystem zu ersetzen. Man erkennt, daß dieses Kraftsystem aus einem Kräftepaar mit dem Wert $M_1 = P_1 p_1$ und der im Ursprung des Koordinatensystems angreifenden Kraft P_1 besteht. In Abb. 36c ist dieses Ersatzsystem noch gesondert dargestellt.

Es ist hier an die auf Seite 18f. angestellten Betrachtungen zu erinnern, aus welchen hervorging, daß ein Drehmoment M an einer Kraft P eine Parallelverschiebung im Betrage von $p = \frac{M}{P}$ bewirkt. Das in Abb. 36c angedeutete Moment $M_1 = P_1 p_1$ würde also die im Ursprung des Koordinatensystems angreifende Kraft P_1 um den Betrag $p_1 = \frac{M_1}{P_1}$ verschieben und sie damit wieder in die ursprüngliche, in Abb. 36a gegebene Lage bringen.

Die Größe des Drehmomentes M_1 in bezug auf den Koordinatenursprung kann, wie aus Abb. 37 zu ersehen ist, auch aus den Komponenten X_1 und Y_1 von P_1 und den Koordinaten x_1 und y_1 ihres Angriffspunktes A berechnet werden. Man erhält für die beiden Komponenten X_1 und Y_1 mit den zugehörigen Hebelarmen y_1 bzw. x_1 die gesonderten Beiträge

$$M_{x_1} = X_1 y_1 \quad \text{und} \quad M_{y_1} = Y_1 x_1 \tag{31}$$

und damit das gesuchte Drehmoment M_1 der Kraft P_1 als algebraische Summe dieser beiden Anteile, also

$$M_1 = M_{x_1} + M_{y_1}. \tag{32}$$

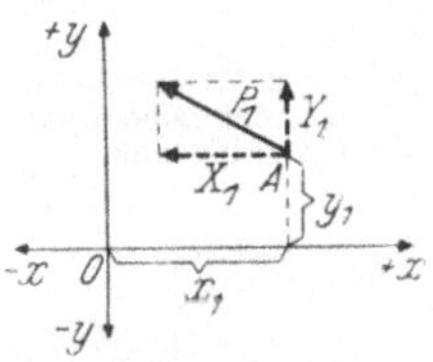

Abb. 37. Komponenten X_1, Y_1 der Kraft P_1 mit den Koordinaten x_1, y_1 des Angriffspunktes A

Die Vorzeichen der Momentenanteile M_x und M_y sind nach der festgelegten Vorzeichenregel aus dem Drehsinn (↶+ ↷−) zu bestimmen.

Bei der praktischen Anwendung ist es aber erwünscht, die Vorzeichen der Drehmomente in bezug auf den Koordinatenursprung ohne besondere Überlegungen für beliebige Lagen der einzelnen Kräfte sofort aus dem Vorzeichen ihrer Kraft-Komponenten X, Y und den gegebenen Vorzeichen der Koordinaten x, y ihrer Angriffspunkte zu erhalten. Das ist durchaus möglich, wenn der Ansatz für das Moment M_1 einer Kraft P_1 in bezug auf den Koordinatenursprung in folgender Form verwendet wird:

$$M_1 = Y_1 x_1 - X_1 y_1. \tag{33}$$

Die Auswertung dieser Gleichung kann rein mechanisch erfolgen, indem sämtliche Größen mit ihren Vorzeichen eingeführt werden.

b) Praktische Durchführung für beliebig viele Kräfte

Was bisher für eine einzige Kraft P_1 ausführlich erörtert worden ist, gilt natürlich auch für eine Kräftegruppe. Man kann somit ein allgemeines Kraftsystem durch ein zentrales Kraftsystem (mit der Resultierenden R) und eine Gruppe von Kräftepaaren bzw. Drehmomenten (mit dem resultierenden Moment M_R) ersetzen. Dies ist in Abb. 38a bis d für eine Kräftegruppe P_1, P_2, P_3 mit den Angriffspunkten A_1, A_2, A_3 veranschaulicht. Die drei gegebenen Kräfte sind mit den Koordinaten x, y ihrer Angriffspunkte in Abb. 38a dargestellt. In Abb. 38b wird nun zu dieser gegebenen Gruppe von Kräften noch eine für sich im Gleichgewicht befindliche zentrale Kräftegruppe hinzugefügt. Sie besteht aus sechs durch den Koordinatenursprung gehenden, zu den gegebenen Kräften jeweils parallelen und sich paarweise aufhebenden Kräften $\pm P_1$, $\pm P_2$, $\pm P_3$. Die Wirkung der gegebenen Kräftegruppe wird damit in keiner Weise beeinflußt, also weder die Resultierende von P_1, P_2, P_3 noch der etwa vorhandene Gleichgewichtszustand. Die hinzugefügten sechs Kräfte können demnach mit den drei gegebenen zu einem neuen Kraftsystem — bestehend aus neun Kräften — zusammengefaßt werden, das die gleiche Wirkung hat wie die ursprünglich in Abb. 38a gegebene Kräftegruppe.

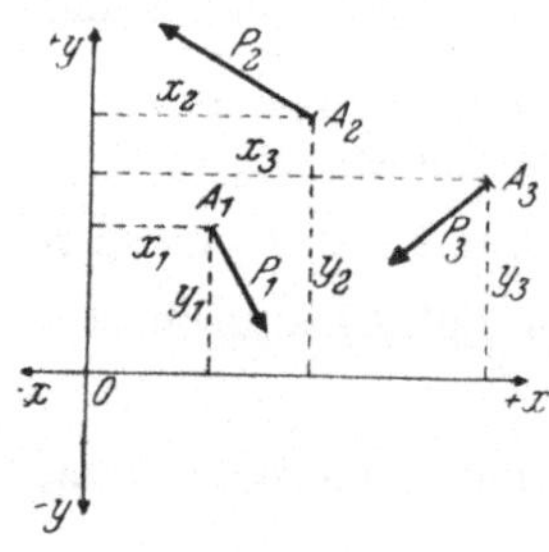

Abb. 38a. Kräftegruppe P_1, P_2, P_3 mit den Koordinaten x, y ihrer Angriffspunkte A_1, A_2, A_3

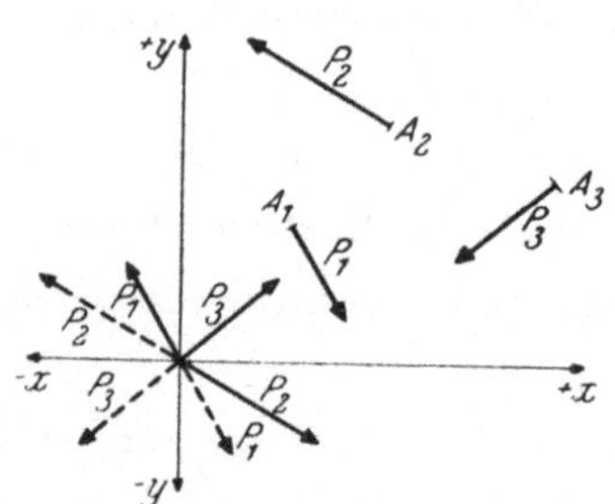

Abb. 38b. Gegebenes allgemeines Kraftsystem P_1, P_2, P_3 mit einer fiktiven zentralen Kräftegruppe $\pm P_1$, $\pm P_2$, $\pm P_3$ im Koordinatenursprung

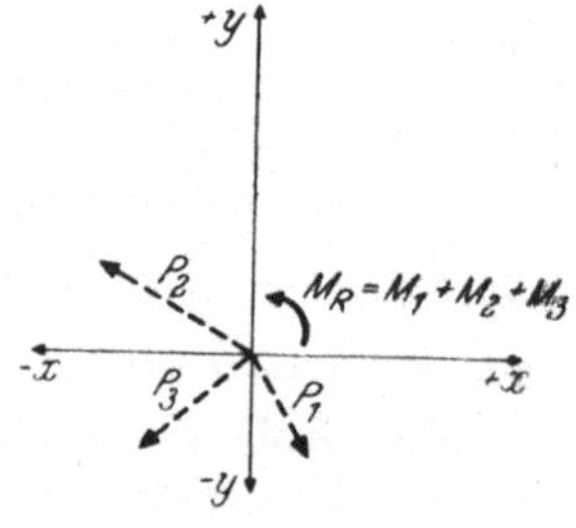

Abb. 38c. Ersatzsystem zu Abb. 38a: Zentrales Kraftsystem P_1, P_2, P_3 mit resultierendem Moment M_R

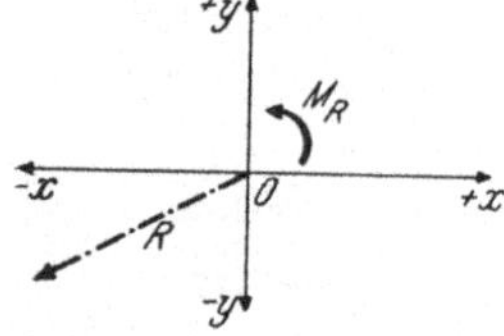

Abb. 38d. Resultierende R der zentralen Kräftegruppe aus Abb. 38c und resultierendes Moment M_R

Abb. 38a bis d. Umwandlung eines allgemeinen ebenen Kraftsystems P_1, P_2, P_3 in eine Resultierende R und ein resultierendes Drehmoment M_R in bezug auf den Koordinatenursprung

Damit erreicht man sofort verschiedene wesentliche Vereinfachungen. Man erkennt aus Abb. 38b, daß nun drei Kräftepaare — in vollen Linien gezeichnet — vorhanden sind, und zwar unter Beachtung der Vorzeichen

$$M_1 = -P_1 p_1, \qquad M_2 = +P_2 p_2, \qquad M_3 = -P_3 p_3.$$

Faßt man diese einzelnen Momente nach Gl. (18) zu einem resultierenden Drehmoment M_R zusammen (vgl. Abb. 38c), so erhält man

$$M_R = M_1 + M_2 + M_3 = -P_1 p_1 + P_2 p_2 - P_3 p_3.$$

Für beliebig viele Kräfte würde somit allgemein gelten

$$M_R = \Sigma M_n = \Sigma P_n p_n. \tag{34}$$

Die Resultierende R der in Abb. 38c gestrichelt dargestellten zentralen Kräftegruppe P_1, P_2, P_3 kann nun entweder zeichnerisch mittels Krafteck oder rechnerisch gemäß Gl. (4) bis (9) der Größe und Richtung nach bestimmt werden, so daß schließlich — wie in Abb. 38d angedeutet ist — sämtliche Kräfte durch die im Ursprung des Koordinatensystems angreifende resultierende Kraft R und das resultierende Drehmoment M_R ersetzt sind. Die tatsächliche Lage von R kann jetzt leicht bestimmt werden; es erfolgt hier nach Gl. (23a) nur noch eine Parallelverschiebung um den Betrag

$$p_R = \frac{M_R}{R}. \tag{35}$$

Für die Verschiebungsrichtung gilt die auf Seite 18f. anhand Abb. 34a, b aufgestellte Merkregel.

Anmerkung. Das resultierende Moment M_R einer Kräftegruppe in bezug auf den Koordinatenursprung kann nach Gl. (33) aber auch mit Hilfe der Komponenten X und Y der Einzelkräfte und der Koordinaten x und y ihrer Angriffspunkte ermittelt werden, wie Abb. 39 zeigt. Es ergibt sich für den allgemeinen Fall beliebig vieler Kräfte durch algebraische Addition der einzelnen Beiträge in Übereinstimmung mit Gl. (33)

$$M_R = \Sigma Y_n x_n - \Sigma X_n y_n. \tag{36}$$

In diesen Ausdruck sind die einzelnen Zahlenwerte für X, Y, x, y mit ihren gegebenen Vorzeichen einzusetzen; man erhält dann M_R bereits mit dem richtigen Vorzeichen.

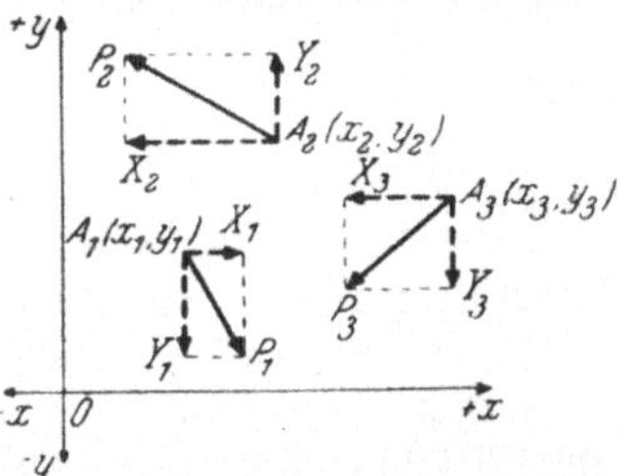

Abb. 39. Allgemeines Kraftsystem P_1, P_2, P_3 mit den zugehörigen Komponenten X, Y und den Koordinaten x, y ihrer Angriffspunkte A_1, A_2, A_3

F. Gleichgewichtsbedingungen für das allgemeine ebene Kraftsystem

a) Allgemeine Erläuterungen

Aus den Untersuchungen Seite 8f. ging hervor, daß sich ein zentrales Kraftsystem stets im Gleichgewicht befindet, wenn die Resultierende R den Wert Null aufweist. Diese Gleichgewichtsbedingung ist gemäß Gl. (10) immer erfüllt, wenn $\Sigma X = 0$ und $\Sigma Y = 0$, d. h. wenn die algebraische Summe sowohl der X-Komponenten als auch der Y-Komponenten Null ist.

Es sollen nun auch die Gleichgewichtsbedingungen für ein allgemeines ebenes Kraftsystem festgelegt werden, also für eine Gruppe von Kräften, deren Wirkungslinien sich nicht in einem Punkte schneiden. Die für den Nachweis des Gleichgewichtes eines zentralen Kraftsystems völlig ausreichende Bedingung, daß die Resultierende $R = 0$ sein muß, genügt hier aber nicht mehr. Das ergab sich im Prinzip bereits aus den anhand Abb. 26a, b und Abb. 27 angestellten Überlegungen. Diese wichtigen Zusammenhänge werden im folgenden eingehender dargelegt; zu diesem Zwecke sollen zunächst noch einige typische Sonderfälle von allgemeinen Kraftsystemen gesondert behandelt werden.

α) *Parallele Kräfte verschiedener Richtung*

In Abb. 40a, b sind drei parallele Kräfte P_1, P_2, P_3 gegeben, wobei die Richtung von $P_1 = P_2$ nach unten und die von $P_3 = -(P_1 + P_2)$ nach oben zeigt. Es ist also sofort ersichtlich, daß hier zwar die Resultierende $R = 0$ ist, daß aber trotzdem kein Gleichgewichtszustand vorliegt. Diese schon von vornherein feststehenden Tatsachen müssen sich aber auch rein mechanisch durch Konstruktion des Kraftecks (Abb. 40b) und des zugehörigen Seilecks (Abb. 40a) feststellen lassen: Das Krafteck ist „geschlossen", denn der Anfangspunkt A' fällt mit dem Endpunkt E zusammen, somit ist $R = 0$; das Seileck ist aber „offen", denn der

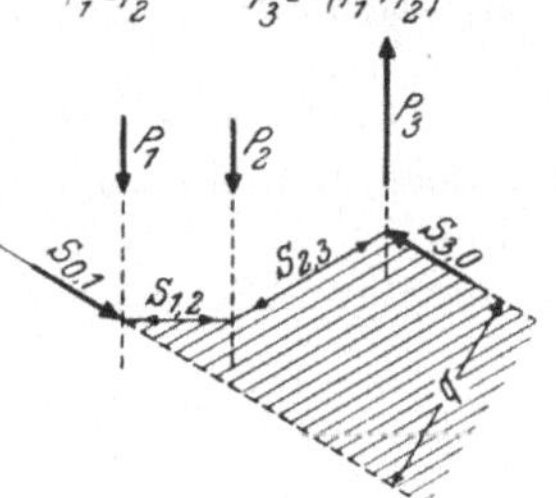

Abb. 40a. „Offenes" Seileck für die parallelen Kräfte P_1, P_2, P_3; $M_R = S_{0,1} \cdot q = S_{3,0} \cdot q$

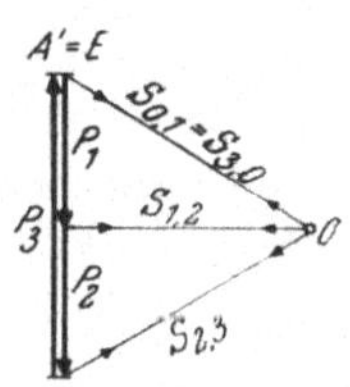

Abb. 40b. „Geschlossenes" Krafteck für die parallelen Kräfte P_1, P_2, P_3; $R = 0$

Abb. 40a, b. Krafteck und Seileck für eine Gruppe lotrechter Kräfte: $P_1 = P_2$ und $P_3 = -(P_1 + P_2)$

erste Seilstrahl $S_{0,1}$ und der letzte Seilstrahl $S_{3,0}$ verlaufen im Abstand q parallel zueinander. Hier ist also die Bedingung $\Sigma M = 0$ nicht erfüllt, und das resultierende Drehmoment M_R hat gemäß Gl. (27) den Wert

$$M_R = S_{0,1} \cdot q = S_{3,0} \cdot q. \tag{37}$$

Das „offene" Seileck ist in Abb. 40a durch Schraffur hervorgehoben.

Aus dieser Betrachtung ist leicht zu erkennen, daß eine Gruppe paralleler Kräfte mit $R = 0$ nur dann im Gleichgewicht sein kann, wenn die Teilresultierende (R_o) der nach oben gerichteten Kräfte in die gleiche Wirkungslinie fällt wie die Teilresultierende (R_u) der nach unten gerichteten Kräfte; denn nur so ist auch die Gleichgewichtsbedingung $M_R \doteq \Sigma M = 0$ erfüllt.

β) Kräftepaare mit gleichem Drehsinn

Die in Abb. 41a gegebene Kräftegruppe P_1, P_2, P_3, P_4 bildet zwei linksdrehende Kräftepaare, und zwar $P_1 = -P_2$ mit dem Hebelarm p_1 und $P_3 = -P_4$ mit dem Hebelarm p_2. Es ist wieder sofort zu erkennen, daß die Resultierende dieser Kräftegruppe gleich Null sein muß, daß aber trotzdem kein Gleichgewichtszustand besteht. Das Krafteck und das zugehörige Seileck bestätigen diese Feststellung. Wie Abb. 41b zeigt, ist das Krafteck „geschlossen" (denn der Anfangspunkt A' fällt mit dem Endpunkt E zusammen), es ist also $R = 0$. Nach Wahl eines beliebigen Poles 0 und Einzeichnung der einzelnen Polstrahlen $S_{0,1}$, $S_{1,2}$, $S_{2,3}$, $S_{3,4}$, $S_{4,0}$ kann das Seileck in Abb. 41a konstruiert werden. Dieses Seileck schließt sich nicht, da der erste Seilstrahl $S_{0,1}$ keinen Schnittpunkt mit dem letzten Seilstrahl $S_{4,0}$ aufweist, sondern im Abstand q parallel zu diesem verläuft. Das ist ein sicheres Zeichen dafür, daß die Gleichgewichtsbedingung $\Sigma M = 0$ nicht erfüllt ist; das resultierende Drehmoment ergibt sich nach Gl. (27) mit

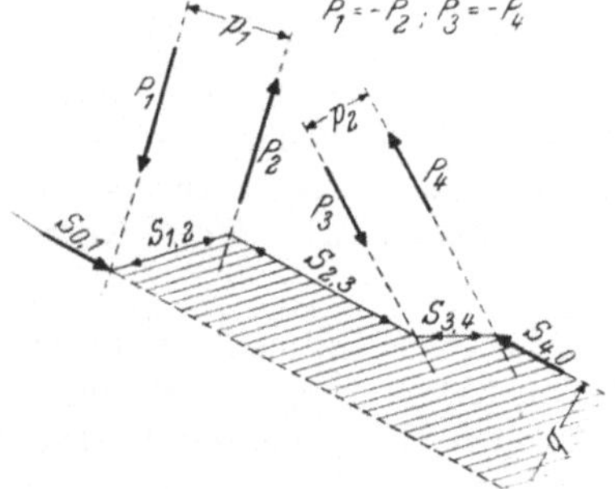

Abb. 41a. „Offenes" Seileck für die Kräftegruppe P_1, P_2, P_3, P_4; $M_R = S_{0,1} \cdot q = S_{4,0} \cdot q$

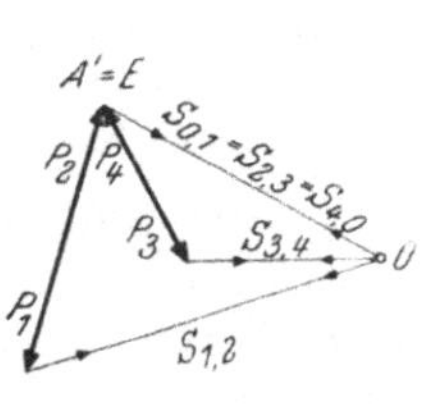

Abb. 41b. „Geschlossenes" Krafteck für die Kräftegruppe P_1, P_2, P_3, P_4; $R = 0$

Abb. 41a, b. Krafteck und Seileck für zwei linksdrehende Kräftepaare: $P_1 = -P_2$ mit dem Hebelarm p_1 und $P_3 = -P_4$ mit dem Hebelarm p_2

$$M_R = S_{0,1} \cdot q = S_{4,0} \cdot q. \tag{38}$$

Das „offene" Seileck ist in Abb. 41a durch Schraffur angedeutet.

Die Ermittlung von M_R hätte natürlich auch einfacher erfolgen können, denn nach Gl. (18) muß $M_R = \Sigma P_n p_n$ sein. Man erhält im vorliegenden Fall mit den Bezeichnungen in Abb. 41a

$$M_R = P_1 p_1 + P_3 p_2. \tag{39}$$

γ) Kräftepaare mit entgegengesetztem Drehsinn

Einen leicht zu beurteilenden Sonderfall stellt die Kräftegruppe $|P_1| = |P_2| = |P_3| = |P_4|$ in Abb. 42a dar: Die Kräfte $P_1 = -P_2$ bilden ein linksdrehendes Kräftepaar mit dem Hebelarm p, die Kräfte $P_3 = -P_4$ hingegen ein rechtsdrehendes Kräftepaar gleicher Größe. Es ist sofort zu erkennen, daß hier nicht nur die Resultierende $R = 0$, sondern auch das resultierende Drehmoment $M_R = \Sigma M = 0$ ist und daß sich somit die gesamte Kräftegruppe im Gleichgewicht befindet.

Zu denselben Ergebnissen muß natürlich auch die rein mechanische Anwendung der Krafteck- und Seileck-Konstruktion führen: Das Krafteck (Abb. 42b) ist „geschlossen" (da der Anfangspunkt A' mit dem Endpunkt E zusammenfällt), also ist die Resultierende $R = 0$; aber auch das nach Wahl eines beliebigen Poles 0 und nach Einzeichnung der Polstrahlen $S_{0,1}, S_{1,2}, S_{2,3}, S_{3,4}, S_{4,0}$ konstruierte Seileck ist „geschlossen" (da der erste Seilstrahl $S_{0,1}$ mit dem letzten Seilstrahl $S_{4,0}$ in eine gemeinsame Gerade fällt und somit der Hebelarm $q = 0$ wird), daher ist auch das resultierende Drehmoment $M_R = 0$. Die gegebene Kräftegruppe P_1, P_2, P_3, P_4 bildet demnach einen Gleichgewichtszustand. Das geschlossene Seileck ist in Abb. 42a durch Schraffur gekennzeichnet.

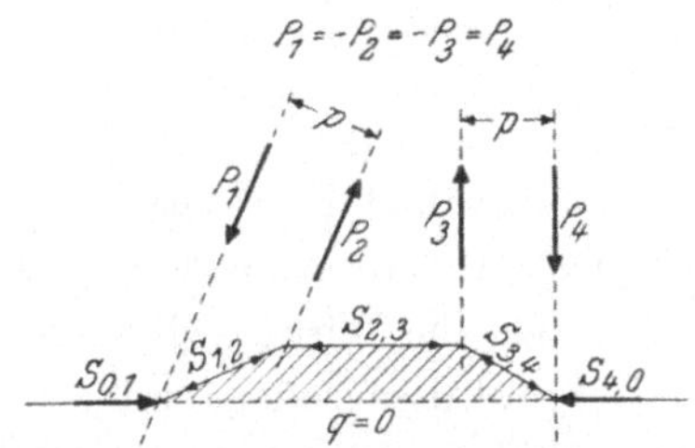

Abb. 42a. „Geschlossenes" Seileck für die Kräftegruppe P_1, P_2, P_3, P_4; $M_R = 0$

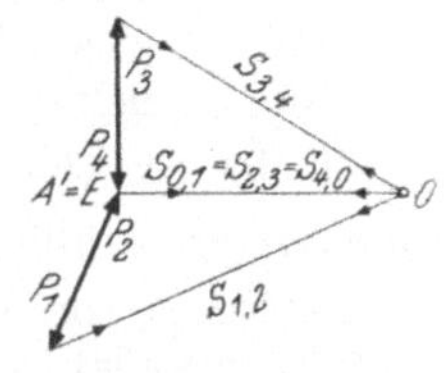

Abb. 42b. „Geschlossenes" Krafteck für die Kräftegruppe P_1, P_2, P_3, P_4; $R = 0$

Abb. 42a, b. Krafteck und Seileck für zwei gleich große, entgegengesetzt drehende Kräftepaare $M_1 = - M_2$

δ) *Zusammenfassende Feststellungen*

Nach den Ergebnissen der bisher angestellten Betrachtungen und den im vorangehenden durchgeführten speziellen Untersuchungen kann zusammenfassend festgestellt werden, daß ein allgemeines ebenes Kraftsystem nur dann im Gleichgewicht ist, wenn sowohl die Resultierende R als auch das resultierende Drehmoment M_R der gegebenen Kräfte in bezug auf jeden beliebigen Punkt der Kraftebene den Wert Null haben. Die Gleichgewichtsbedingungen eines allgemeinen ebenen Kraftsystems lauten demnach

$$\boxed{R = 0 \quad \text{und} \quad M_R = \Sigma M = 0.} \tag{40}$$

Die Untersuchung des Gleichgewichtszustandes einer gegebenen Kräftegruppe mit Hilfe der hier aufgestellten Gleichgewichtsbedingungen kann — wie im Prinzip bereits bekannt — sowohl zeichnerisch als auch rechnerisch erfolgen. Die praktische Anwendung beider Möglichkeiten soll anschließend getrennt erläutert werden.

b) Zeichnerische Gleichgewichtsuntersuchung

Nach den vorhergehenden ausführlichen Darlegungen besteht die zeichnerische Methode der Gleichgewichtsuntersuchung in der Konstruktion eines Kraftecks und des zugehörigen Seileckes. Gleichgewicht ist dann vorhanden, wenn sich sowohl das Krafteck als auch das Seileck schließen. Das Schließen des Kraftekes besteht in dem Zusammenfallen des Anfangspunktes A' mit dem Endpunkt E. Es ist damit die Bedingung $R = 0$ erfüllt. Das Schließen des Seileckes ist dann gegeben, wenn sich der erste und der letzte Seilstrahl im Endlichen schneiden, oder wenn sie (wie z. B. in Abb. 42a) in eine gemeinsame

Gerade fallen. Verlaufen sie aber im Abstand q parallel zueinander (wie z. B. in Abb. 41a), so ist das ein Zeichen dafür, daß die gegebenen Kräfte ein Drehmoment M_R bilden. In diesem Falle herrscht kein Gleichgewicht; die Größe des Drehmomentes M_R ist dann nach Gl. (37) gegeben durch

$$M_R = S_{0,1} \cdot q. \tag{41}$$

Der Drehsinn kann aus der Zeichnung entnommen werden, womit auch das Vorzeichen von M_R bestimmt ist.

Schließt sich das Krafteck nicht, so sind die gegebenen Kräfte ebenfalls nicht im Gleichgewicht. Größe und Richtung der Resultierenden R sind dann durch die Strecke $\overline{A'E}$ gegeben, ihre Lage durch den Schnittpunkt S der beiden äußeren Seilstrahlen, durch den die Wirkungslinie von R parallel zu $\overline{A'E}$ verläuft.

Die so gewonnenen Erkenntnisse sollen zunächst für folgende Aufgabe praktisch verwendet werden: Die in Abb. 43a gegebene Kräftegruppe $P_1 \ldots P_4$ ist

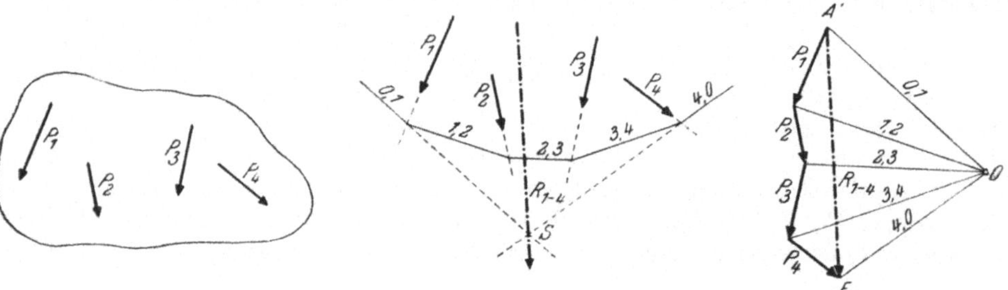

Abb. 43a. Lageplan der Kräfte P_1, P_2, P_3, P_4

Abb. 43b. Seileck der Kräfte P_1, P_2, P_3, P_4 mit Resultierender R_{1-4}

Abb. 43c. Krafteck für P_1, P_2, P_3, P_4 mit Polstrahlen

Abb. 43a bis c. Ermittlung der Resultierenden R der Kräftegruppe P_1, P_2, P_3, P_4 mittels Krafteck und Seileck

durch Hinzufügen einer weiteren Kraft P_5 ins Gleichgewicht zu bringen. Die Lösung dieser Aufgabe geschieht in folgender Weise:

Man zeichnet zuerst für die vier in Abb. 43a gegebenen Kräfte P_1, P_2, P_3, P_4 das Krafteck (Abb. 43c) und erhält in der Strecke $\overline{A'E}$ die Größe und Richtung der Resultierenden R_{1-4}. Sodann konstruiert man das zugehörige Seileck in Abb. 43b, ermittelt den Schnittpunkt S der beiden äußeren Seilstrahlen 0,1 und 4,0 und erhält dort in der Parallelen zu $\overline{A'E}$ die Lage der Resultierenden R_{1-4}, die also die gegebene Kräftegruppe $P_1 \ldots P_4$ voll ersetzt.

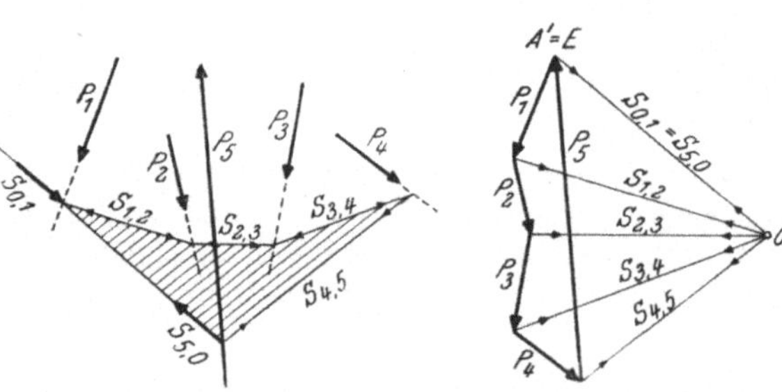

Abb. 44a. „Geschlossenes“ Seileck für die Kräfte $P_1 \ldots P_5$; $M_R = 0$

Abb. 44b. „Geschlossenes“ Krafteck für die Kräfte $P_1 \ldots P_5$; $R = 0$

Abb. 44a, b. Zeichnerische Gleichgewichtsuntersuchung der Kräftegruppe $P_1 \ldots P_5$: Krafteck und Seileck „geschlossen“

Nun kann man die Richtung dieser Resultierenden R_{1-4} unter Beibehaltung ihrer Wirkungslinie einfach umkehren und hat damit bereits Größe, Lage und Richtungssinn der Kraft P_5 gefunden, die der gegebenen Kräftegruppe das Gleichgewicht hält. In Abb. 44a ist die so ermittelte Kraft P_5 gemeinsam mit den ursprünglich gegebenen vier Kräften P_1, P_2, P_3, P_4 gesondert aufgezeichnet. Für diese neue Kräftegruppe $P_1 \ldots P_5$ sind sowohl das in Abb. 44b gezeichnete Krafteck „geschlossen“ (denn der Anfangspunkt A' fällt mit dem Endpunkt E zusammen) als auch das zugehörige Seileck in Abb. 44a (denn der erste Seilstrahl $S_{0,1}$ fällt mit dem letzten Seilstrahl $S_{5,0}$ in eine gemeinsame Gerade). Es sind daher für die Kräftegruppe $P_1 \ldots P_5$ die beiden Gleichgewichtsbedingungen $R=0$ und $M_R=0$ erfüllt; damit ist der Nachweis ihres Gleichgewichtes eindeutig erbracht. Das geschlossene Seileck ist in Abb. 44a durch Schraffur noch besonders gekennzeichnet.

Schlußbetrachtung. Es soll nun noch untersucht werden, welche Veränderungen sich im Krafteck und im Seileck ergeben, wenn in der soeben gelösten Aufgabe die ermittelte Kraft P_5 (die mit den Kräften $P_1 \ldots P_4$ einen Gleichgewichtszustand bildet) unter Beibehaltung ihrer Größe und Richtung parallel zu ihrer Wirkungslinie um den Betrag p nach links verschoben wird (Abb. 45a). Sofort ist erkennbar, daß sich die so erhaltene neue Kräftegruppe $P_1 \ldots P_5$ nicht mehr im Gleichgewicht befindet, obwohl weiterhin die Gleichgewichtsbedingung $R = 0$ erfüllt ist, wie aus dem Krafteck in Abb. 45b hervorgeht. Es ergeben sich im Vergleich mit dem Krafteck in Abb. 44b keinerlei Veränderungen; der Anfangspunkt A' fällt auch hier mit dem Endpunkt E zusammen. Hingegen zeigt aber das neue Seileck in Abb. 45a einen wesentlichen Unterschied gegenüber jenem in Abb. 44a: Die beiden Seilstrahlen $S_{0,1}$ und $S_{5,0}$, die in Abb. 44a in eine gemeinsame Gerade fallen, verlaufen in Abb. 45 a im Abstand q parallel zueinander, das Seileck ist also „offen“. Das bedeutet, daß hier die Gleichgewichtsbedingung $M_R = 0$ nicht erfüllt ist und daß nach Gl. (37) die gegebene Kräftegruppe $P_1 \ldots P_5$ ein Drehmoment $M_R = S_{0,1} \cdot q$ bildet.

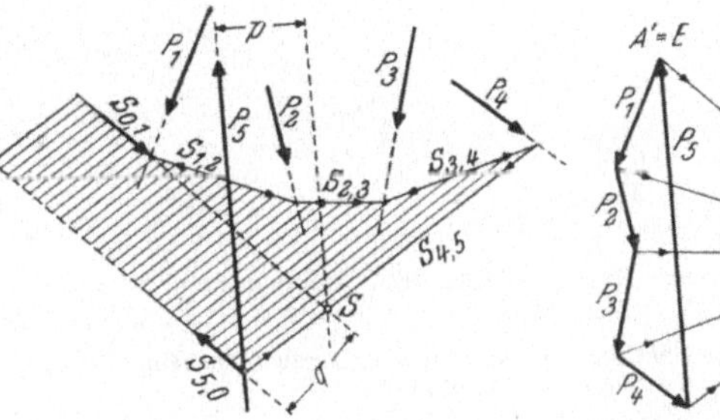

Abb. 45a. „Offenes“ Seileck für die Kräfte $P_1 \ldots P_5$; $M_R = S_{0,1} \cdot q$

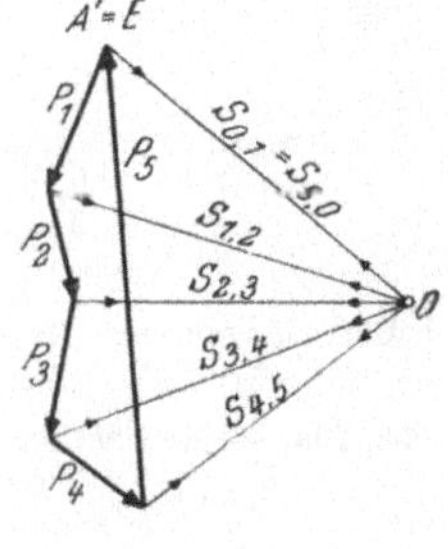

Abb. 45b. „Geschlossenes“ Krafteck für die Kräfte $P_1 \ldots P_5$; $R = 0$

Abb. 45a, b. Zeichnerische Untersuchung des Gleichgewichtes der Kräftegruppe $P_1 \ldots P_5$ (P_5 aus Abb. 44a um p parallel verschoben): Krafteck „geschlossen“, Seileck „offen“

Dieses Drehmoment muß übrigens nach den Erläuterungen zu Abb. 35a, b den gleichen Wert haben wie das gedachte Kräftepaar, bestehend aus der nach unten gerichteten Resultierenden R_{1-4} der Kräfte $P_1 \ldots P_4$ (mit der Wirkungslinie im Schnittpunkt von $S_{0,1}$ und $S_{4,5}$) und der zu R_{1-4} parallelen, im Abstand p nach oben gerichteten gleich großen Kraft P_5. Es gilt hier gemäß Gl. (27)

$$M_R = S_{0,1} \cdot q = P_5 \cdot p. \tag{42}$$

Das „offene“ Seileck ist in Abb. 45a durch Schraffur gekennzeichnet.

c) Rechnerische Gleichgewichtsuntersuchung

Es ist also wieder zu prüfen, ob sowohl die Resultierende R der gegebenen Kräftegruppe als auch die Summe der Drehmomente M_R in bezug auf einen beliebigen Punkt der Kraftebene den Wert Null annehmen. Die rechnerische Untersuchung dieser Bedingungen für die in Abb. 46a gegebene Kräftegruppe $P_1 \ldots P_4$ geschieht in folgender Weise: Man wählt gemäß Abb. 46b zunächst ein rechtwinkliges Koordinatensystem und zerlegt — ähnlich wie bei der Ermittlung der Resultierenden Seite 6 f. — die gegebenen Kräfte in je zwei Komponenten parallel zu den beiden Koordinatenachsen x und y. Dabei erhält man mit den Bezeichnungen in Abb. 46b unter Beachtung der Vorzeichen der einzelnen Kraftkomponenten nach Gl. (3):

$$\begin{aligned} X_1 &= + P_1 \cos \alpha_1 & Y_1 &= + P_1 \sin \alpha_1 \\ X_2 &= - P_2 \cos \alpha_2 & Y_2 &= - P_2 \sin \alpha_2 \\ X_3 &= + P_3 \cos \alpha_3 & Y_3 &= - P_3 \sin \alpha_3 \\ X_4 &= - P_4 \cos \alpha_4 & Y_4 &= + P_4 \sin \alpha_4. \end{aligned} \tag{43}$$

Die beiden Komponenten X_R und Y_R der Resultierenden R ergeben sich durch algebraische Addition der Komponenten der einzelnen Kräfte, weil sämtliche X-Komponenten untereinander parallel sind und ebenso auch alle Y-Komponenten. Es werden also gemäß Gl. (13) und in Übereinstimmung mit Gl. (6)

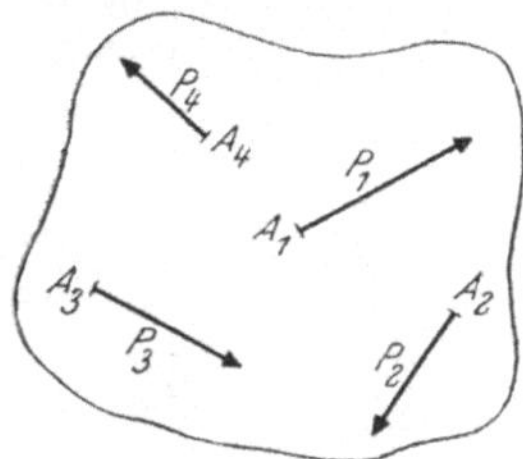

Abb. 46a. Lageplan der Kräfte $P_1 \ldots P_4$

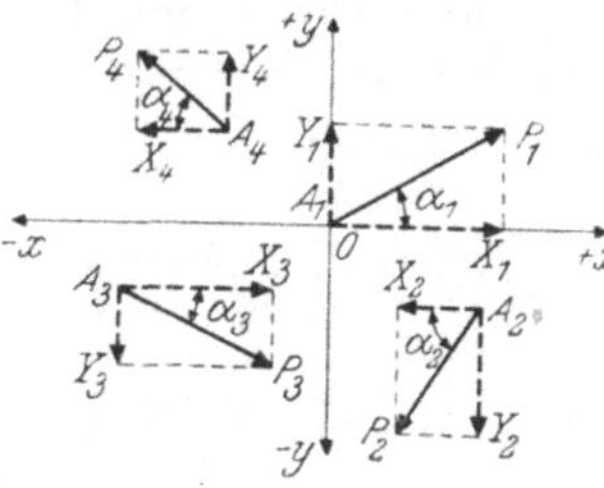

Abb. 46b. Komponenten X, Y der Kräfte $P_1 \ldots P_4$

Abb. 46a, b. Rechnerische Gleichgewichtsuntersuchung einer allgemeinen Kräftegruppe $P_1 \ldots P_4$

$$X_R = \Sigma X_n \quad \text{und} \quad Y_R = \Sigma Y_n. \tag{44}$$

Da nach Gl. (7) für zwei Kräfte X_R und Y_R mit senkrecht aufeinanderstehenden Wirkungslinien die Resultierende $R = \sqrt{X_R^2 + Y_R^2}$ ist, kann sie nur dann den Wert Null annehmen, wenn die beiden aus Gl. (44) zu bestimmenden Komponenten

$$X_R = 0 \quad \text{und} \quad Y_R = 0 \tag{45}$$

werden.

Für das Gleichgewicht der gegebenen Kräfte ist aber noch eine weitere Bedingung zu erfüllen, daß nämlich auch die Summe der statischen Momente in bezug auf jeden beliebigen Punkt der Kraftebene den Wert Null haben muß. Somit lauten die drei Gleichgewichtsbedingungen für das allgemeine ebene Kraftsystem unter Bezugnahme auf Gl. (40) sowie (43) und (44):

$$\boxed{\Sigma X = 0; \quad \Sigma Y = 0; \quad \Sigma M = 0.} \tag{46}$$

Bezeichnet man, wie meist üblich, die in die x-Achse fallenden, also horizontal wirkenden Komponenten mit H, die in die y-Achse fallenden, also vertikal wirkenden mit V, so können die Gleichgewichtsbedingungen aus Gl. (46) auch in folgender Form geschrieben werden:

$$\boxed{\Sigma H = 0; \quad \Sigma V = 0; \quad \Sigma M = 0.} \tag{47}$$

Die Prüfung, ob die Bedingung $\Sigma M = 0$ in bezug auf einen beliebigen Punkt der Kraftebene erfüllt ist, kann in zweifacher Art vorgenommen werden. Beide Möglichkeiten sind anschließend gesondert erläutert.

1. Art. Man ermittelt nach Abb. 47 der Reihe nach die statischen Momente der einzelnen Kräfte P_1, P_2, P_3, P_4 in bezug auf den beliebig gewählten Punkt A und erhält damit unter Beachtung der Vorzeichen

$$M_A = M_1 - M_2 + M_3 - M_4 = \\ = P_1 s_1 - P_2 s_2 + P_3 s_3 - P_4 s_4 \tag{48}$$

oder allgemein für beliebig viele Kräfte

$$M_A = \Sigma P_n s_n. \tag{49}$$

Im Falle des Gleichgewichtes muß also sein:

$$\Sigma P_n s_n = 0. \tag{50}$$

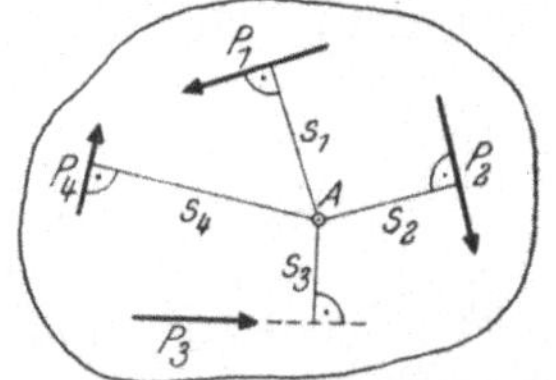

Abb. 47. Statisches Moment eines allgemeinen Kraftsystems in bezug auf den Punkt A; $M_A = \Sigma P_n s_n$

2. Art. Man stellt anstatt der einzelnen Kräfte P deren Komponenten X und Y in Rechnung. Damit erhält man anhand Abb. 48 (worin die Komponenten von P_1 mit X_1 und Y_1, von P_2 mit X_2 und Y_2 usw., die Koordinaten des Angriffspunktes von P_1 mit x_1, y_1, die von P_2 mit x_2, y_2 usw. bezeichnet sind) die auf den Koordinatenursprung bezogene Momentensumme gemäß Gl. (36) mit

$$M = \Sigma Y \cdot x - \Sigma X \cdot y = (Y_1 x_1 + Y_2 x_2 + \\ + Y_3 x_3) - (X_1 y_1 + X_2 y_2 + X_3 y_3) \tag{51}$$

oder allgemein für beliebig viele Kräfte

$$M = \Sigma Y_n x_n - \Sigma X_n y_n. \tag{52}$$

Im Falle des Gleichgewichtes muß demnach gelten:

$$\boxed{\Sigma Y_n x_n - \Sigma X_n y_n = 0.} \tag{53}$$

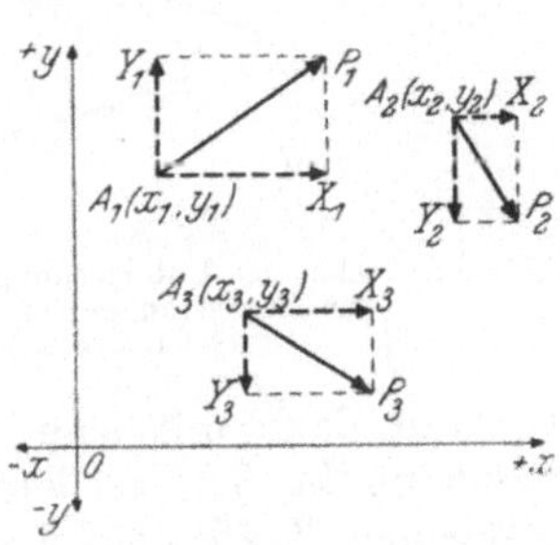

Abb. 48. Kräftegruppe P_1, P_2, P_3 mit ihren Komponenten X, Y und den Koordinaten x, y ihrer Angriffspunkte A_1, A_2, A_3

In die Gleichung (52) bzw. (53) sind die Komponenten X und Y mit ihren Vorzeichen einzuführen, also positiv, wenn sie in die Richtung der positiven Koordinatenachse zeigen, und negativ im umgekehrten Falle; auch die Koordinaten der Angriffspunkte der einzelnen Kräfte sind mit ihren Vorzeichen zu verwenden.

d) Gleichgewicht von drei Kräften

Selbstverständlich gelten auch für diesen Fall die bereits bekannten allgemeinen Gleichgewichtsbedingungen ohne jede Einschränkung. Es gibt aber gewisse Merkmale, nach welchen der Gleichgewichtszustand von drei Kräften einfacher nachgeprüft werden kann. So läßt sich z. B. anhand Abb. 49 leicht zeigen, daß drei Kräfte, deren Wirkungslinien sich nicht in einem Punkte schneiden, nie im Gleichgewicht sein können, weil hier die Bedingung $\Sigma M = 0$ nicht erfüllbar ist.

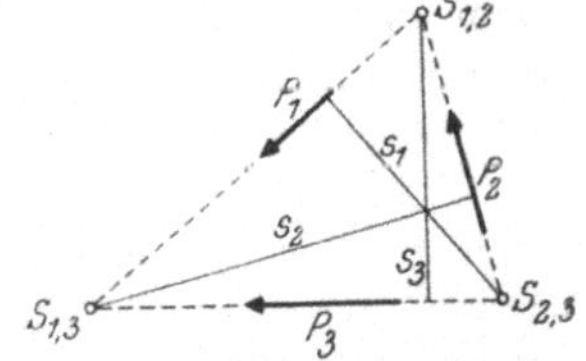

Abb. 49. Prüfung der Gleichgewichtsbedingung $\Sigma M = 0$ für eine Gruppe von drei Kräften P_1, P_2, P_3

Diese Bedingung besagt, daß die Summe der Momente aller drei Kräfte in bezug auf einen beliebigen Punkt der Kraftebene den Wert Null haben muß. Wählt man als Bezugspunkt z. B. den Schnittpunkt $S_{1,2}$ der Wirkungslinien von P_1 und P_2, so ergeben diese beiden Kräfte keinen Beitrag (weil die zugehörigen Hebelarme gleich Null sind), und man erhält

$$M = P_3 s_3. \tag{54}$$

Es ist sofort erkennbar, daß die Gleichgewichtsbedingung $\Sigma M = 0$ nur dann erfüllt ist, wenn der Hebelarm s_3 den Wert Null annimmt. Dies trifft aber nur zu, wenn die Wirkungslinie von P_3 durch $S_{1,2}$ verläuft; demzufolge müssen die Wirkungslinien aller drei Kräfte einen gemeinsamen Schnittpunkt haben, d. h. ein zentrales Kraftsystem bilden. Gleichgewicht ist aber auch dann nur vorhanden, wenn außerdem die Bedingung $R = 0$ erfüllt ist.

Zum gleichen Ergebnis führen jedoch auch folgende Überlegungen: Faßt man von den in Abb. 50 in beliebiger Lage gegebenen drei Kräften P_1, P_2, P_3 die beiden Kräfte P_1 und P_2 mit dem Schnittpunkt $S_{1,2}$ zu der Teilresultierenden $R_{1,2}$ zusammen, so ist sofort ersichtlich, daß die beiden Kräfte $R_{1,2}$ und P_3 im vorliegenden Fall keinen Gleichgewichtszustand bilden können, weil sie nicht in einer gemeinsamen Wirkungslinie liegen. Die Wirkungslinie von P_3 könnte

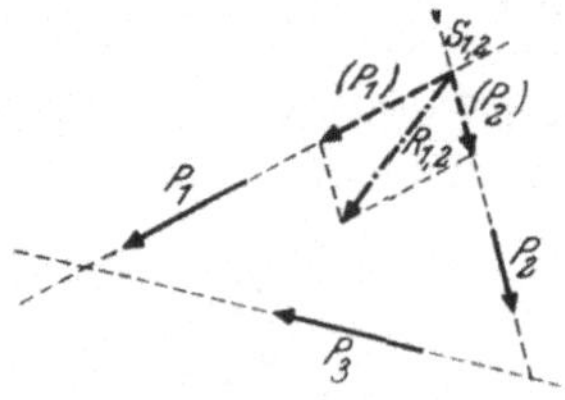

Abb. 50. Untersuchung des Gleichgewichtszustandes einer Gruppe von drei Kräften P_1, P_2, P_3

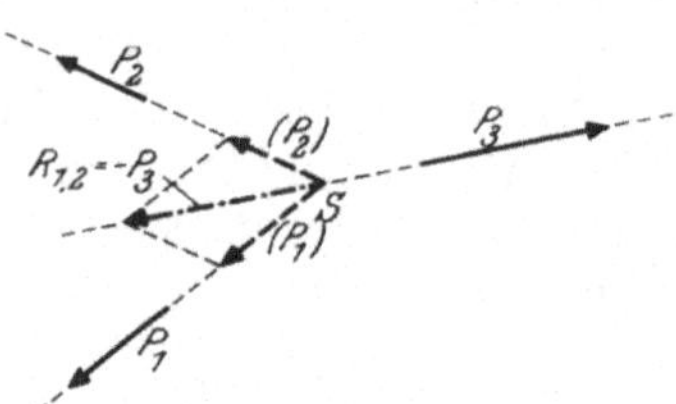

Abb. 51. Gleichgewichtsbedingung für eine Gruppe von drei Kräften P_1, P_2, P_3

aber nur dann mit jener von $R_{1,2}$ zusammenfallen, wenn sie ebenfalls durch den Schnittpunkt $S_{1,2}$ verliefe, d. h. wiederum, wenn die Wirkungslinien aller drei gegebenen Kräfte einen gemeinsamen Schnittpunkt hätten. Als weitere Gleichgewichtsbedingung müßte die Teilresultierende $R_{1,2}$ gleiche Größe, aber entgegengesetzte Richtung wie P_3 haben.

Das Endergebnis der angestellten Betrachtungen kann somit unter Bezugnahme auf Abb. 51 in folgendem Satz zusammengefaßt werden:

Drei Kräfte in der Ebene können nur dann im Gleichgewicht sein, wenn sich ihre Wirkungslinien in einem Punkte S schneiden und ihre Resultierende den Wert Null hat.

7. Zerlegung einer Kraft in drei Richtungen (CULMANN-Verfahren)

Das Zerlegen einer Kraft in drei gegebene Richtungen, die sich aber nicht in einem Punkte schneiden dürfen, kann zeichnerisch nach dem sog. CULMANN-Verfahren[1] mit Hilfe von Kräfteparallelogrammen oder Kraftecken vorgenommen werden. Wenn z. B. die in Abb. 52a gegebene Kraft P in drei Richtungen (1), (2), (3) zerlegt werden soll, geht man stufenweise vor: Man verschiebt die Kraft P zuerst so, daß ihr Angriffspunkt in den Schnittpunkt S_1 ihrer Wirkungslinie mit der Geraden (1) fällt (Abb. 52b), und zerlegt sie unter Verwendung eines Kräfteparallelogrammes in die Richtung (1) und die Hilfsrichtung $S_1 S_2$. Damit erhält man die Komponenten P_1 und $H_{1,2}$, die als Hilfskraft bezeichnet wird. Diese Hilfskraft $H_{1,2}$ verschiebt man nun so in ihrer Wirkungslinie, daß ihr Angriffspunkt mit dem Schnittpunkt S_2 zusammenfällt (Abb. 52c) und zerlegt sie mit Hilfe eines Kräfteparallelogrammes in die beiden Richtungen (2) und (3). Auf diese Weise erhält man die beiden Komponenten P_2 und P_3 und hat damit die Aufgabe bereits

[1] K. CULMANN: Die graphische Statik, Zürich 1866.

gelöst, denn die ermittelten Teilkräfte P_1, P_2, P_3 liegen in den gegebenen Richtungen (1), (2), (3) und ergeben als Resultierende wieder die Kraft P.

Noch einfacher ist die Aufgabe mit Hilfe eines Kraftecks durchführbar, wie aus Abb. 52d hervorgeht. Man zeichnet zuerst das Krafteck für die Kräfte P, P_1, $H_{1,2}$, indem man mit P beginnt und durch den Anfangs- und Endpunkt dieser Kraft Parallelen zur Geraden (1) und zu der Hilfsgeraden $S_1 S_2$ zieht. Damit erhält man bereits die in (1) liegende Komponente P_1 und die Hilfskraft $H_{1,2}$, die nun mit einem weiteren Krafteck in die Richtungen (2) und (3) zerlegt wird und damit die beiden Komponenten P_2 und P_3 ergibt.

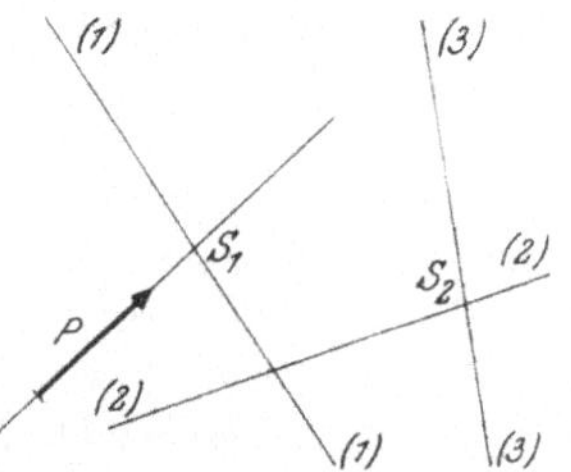

Abb. 52a. Gegebene Kraft P und drei Richtungen (1), (2), (3)

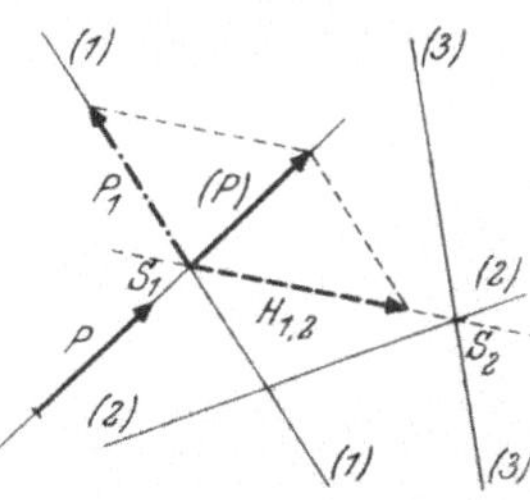

Abb. 52b. Zerlegung von P in die Richtung (1) und die Hilfsgerade $S_1 S_2$

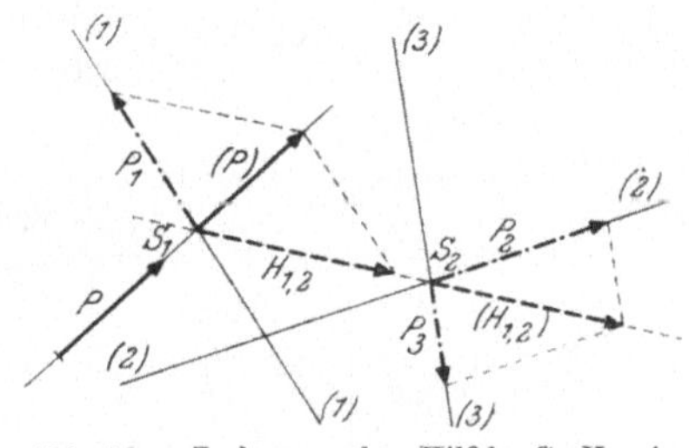

Abb. 52c. Zerlegung der Hilfskraft $H_{1,2}$ in die Richtungen (2) und (3)

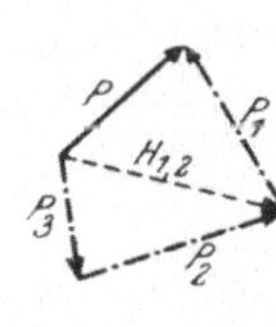

Abb. 52d. Krafteck („CULMANN-Viereck“)

Abb. 52a bis d. Zerlegung einer Kraft P in drei gegebene Richtungen (1), (2), (3) mit Hilfe des CULMANN-Verfahrens

Das aus dem Kräftezug P, P_1, P_2, P_3 bestehende Viereck wird auch als „CULMANN-Viereck“ bezeichnet. Der Umlaufsinn der Kräfte P_1, P_2, P_3 ist — wie bei jeder Kräftezerlegung — der gegebenen Kraft P entgegengerichtet.

Anmerkung. Wenn die drei Richtungen, in die eine Kraft zerlegt werden soll, sich in einem Punkte schneiden, dann ist diese Aufgabe nach dem CULMANN-Verfahren nicht lösbar. Versucht man z. B. die in Abb. 53a gegebene Kraft in die drei im Punkte S sich schneidenden Geraden (1), (2), (3) zu zerlegen, so ergeben sich — wie aus dem Krafteck in Abb. 53b hervorgeht — unendlich viele Lösungen. Es können beliebig viele Kraftecke gezeichnet und damit beliebig viele Kräftegruppen P_1, P_2, P_3 erhalten werden, die zu den gegebenen Richtungen parallel sind und die gegebene Kraft P zur Resultierenden haben.

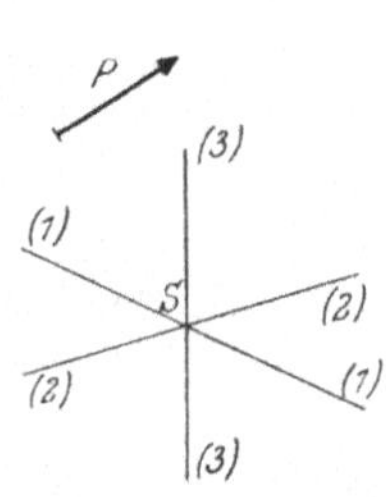

Abb. 53a. Gegebene Kraft P und drei Geraden (1), (2), (3) mit gemeinsamem Schnittpunkt S

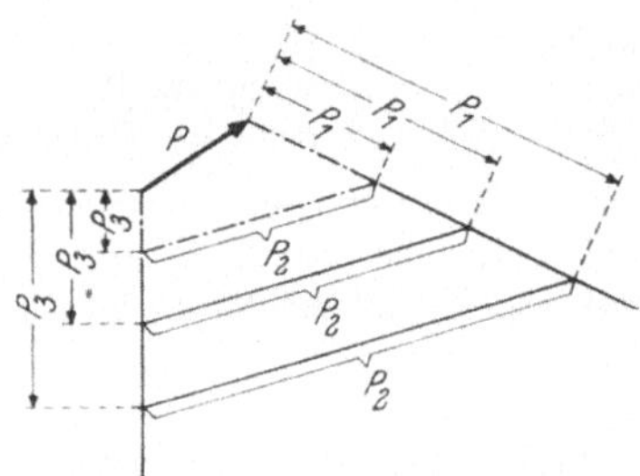

Abb. 53b. Beliebig viele „CULMANN-Vierecke“

Abb. 53a, b. Zerlegung einer Kraft in drei Richtungen mit gemeinsamem Schnittpunkt S: Unendlich viele Lösungen

Die CULMANN-Methode kann, wie Seite 70f. gezeigt wird, bei der Ermittlung von Stabkräften in Fachwerken auch praktische Verwendung finden.

8. Zerlegung einer Kraft in zwei zu ihr parallele Komponenten

Man geht am besten von der umgekehrten Aufgabe aus, nämlich von der Ermittlung der Resultierenden zweier paralleler Kräfte. Diese Aufgabe wurde bereits Seite 14 als Sonderfall behandelt. Die Resultierende R, deren Größe aus dem Krafteck als $\Sigma P = P_1 + P_2$ zu entnehmen ist, erscheint dabei, wie auch aus Abb. 54a hervorgeht, im Schnittpunkt der beiden äußeren Seilstrahlen 0,1 und 2,0. Es ist für die weiteren Betrachtungen von Wichtigkeit, daß der Polstrahl 1,2 im Krafteck (Abb. 54b) die Resultierende R in die beiden Kräfte P_1 und P_2 teilt.

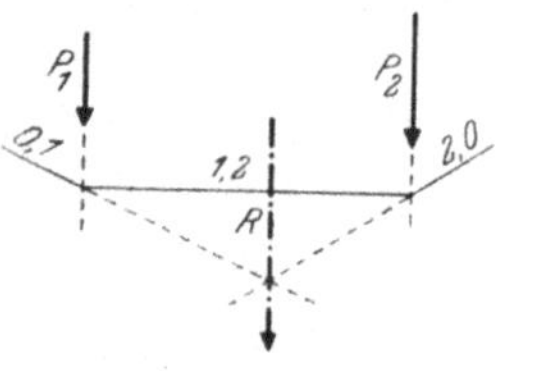

Abb. 54a. Seileck mit der Resultierenden R

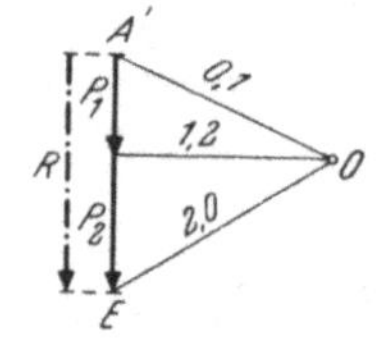

Abb. 54b. Krafteck mit Polstrahlen

Abb. 54a, b. Resultierende R von zwei parallelen Kräften

Aus der in Abb. 54a, b durchgeführten Konstruktion ist nun bereits zu erkennen, daß die hier gestellte Aufgabe — nämlich die Zerlegung einer Kraft P in zwei gegebene, zu dieser Kraft parallele Richtungen — nach dem gleichen Prinzip gelöst werden kann; es ist dabei, wie Abb. 55a, b zeigt, folgendermaßen vorzugehen:

Man beginnt die Konstruktion des Kraftecks (vgl. Abb. 55b) mit der Kraft P, wählt einen beliebigen Pol 0, zieht zum Anfangs- und Endpunkt von P die beiden Polstrahlen 0,1 und 2,0 und überträgt sie als „Seilstrahlen" in den Lageplan (Abb. 55a); sie müssen sich auf der Wirkungslinie der gegebenen Kraft P schneiden. Die Verbindungslinie 1,2 der Schnittpunkte S_1 und S_2 dieser beiden Seilstrahlen mit den gegebenen Richtungen (1) und (2) stellt bereits die „Schlußlinie" des Seileckes für die drei Kräfte P, P_1, P_2 dar. Zieht man nun eine Parallele zu dieser „Schlußlinie" 1,2 durch den Pol 0 des Kraftecks, so teilt diese die gegebene Kraft P in die gesuchten Komponenten P_1 und P_2. Es ist leicht zu erkennen, daß P_1 zwischen den Polstrahlen 0,1 und 1,2 liegen muß, weil sich die gleichbenannten Seilstrahlen 0,1 und 1,2 auf der Wirkungslinie von P_1 schneiden.

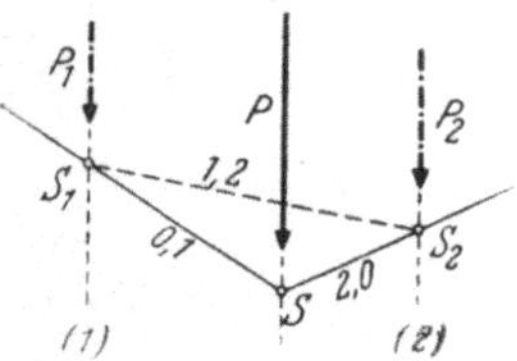

Abb. 55a. Seileck mit „Schluß-linie" 1, 2

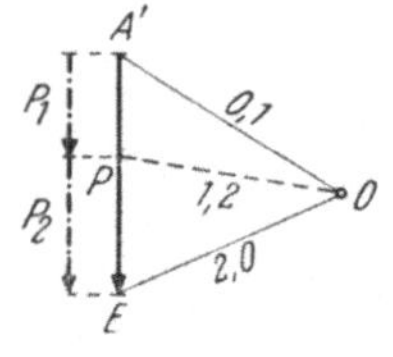

Abb. 55b. Krafteck mit Polstrahlen und übertragener „Schlußlinie" 1, 2

Abb. 55a, b. Zerlegung einer Kraft P in zwei zu ihr parallele Komponenten P_1 und P_2

Mit dieser Konstruktion können bereits wichtige Aufgaben der Baustatik gelöst werden.

III. Grundaufgaben der Baustatik

1. Zeichnerische Ermittlung der Auflagerdrücke bzw. Auflagerreaktionen von frei aufliegenden Trägern

Wenn auch die Grundlagen der Trägerberechnung erst Seite 84ff. eingehender behandelt werden, soll doch schon hier eine praktische Anwendung der bisher gewonnenen Erkenntnisse bei der Ermittlung der Auflagerdrücke für sog. „frei aufliegende Träger" gezeigt werden. Über die besonderen Anforderungen der Trägerauflager wird Seite 84ff. noch ausführlicher gesprochen. Für die Durchführung der hier gestellten Aufgabe genügt der Hinweis, daß eines der beiden Auflager waagrecht verschieblich, das andere hingegen fest auszubilden ist.

A. Auflagerdrücke für eine lotrechte Einzellast

In Abb. 56a ist ein frei aufliegender Träger mit einer lotrechten Einzellast P gegeben. Diese Last wird sowohl im festen Auflager A als auch im horizontal verschieblichen Auflager B „Auflagerdrücke“ hervorrufen. Wenn P in der Trägermitte angreifen würde, dann wären — wie ohne weiteres einzusehen ist — die beiden Auflagerdrücke gleich groß, und zwar $A = B = P/2$. Wenn sich die Last P, wie im vorliegenden Fall, jedoch näher beim Auflager A befindet, so wird zweifellos der Auflagerdruck A größer sein als der Auflagerdruck B. Die gestellte Aufgabe ist identisch mit der Seite 32 behandelten, in welcher eine lotrecht wirkende Kraft P in zwei zu ihr parallele Komponenten zu zerlegen war. Diese Komponenten liegen hier in den Auflager-Lotrechten durch A und B.

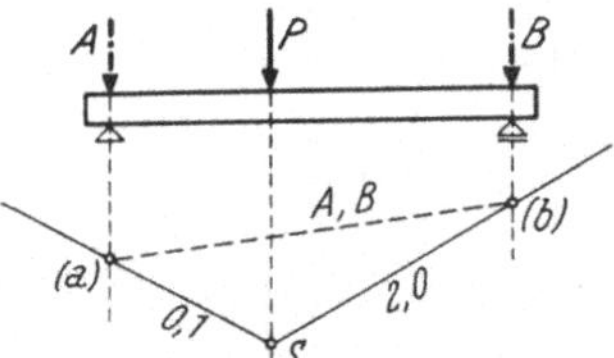

Abb. 56a. Seileck mit „Schlußlinie“ A, B

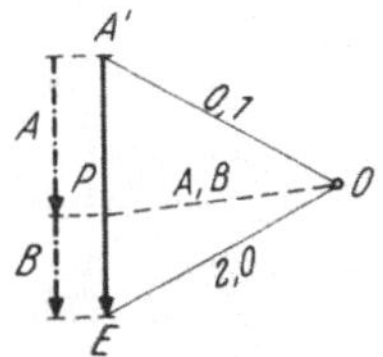

Abb. 56b. Krafteck mit Polstrahlen und übertragener „Schlußlinie“ A, B

Abb. 56a, b. Ermittlung der „Auflagerdrücke“ A und B für einen frei aufliegenden Träger

Lösung: Es wird ein Krafteck für P mit dem Pol 0 und den beiden Polstrahlen 0,1 und 2,0 gezeichnet (Abb. 56b). Diese beiden Polstrahlen werden in Abb. 56a als Seilstrahlen 0,1 und 2,0 durch einen beliebigen Punkt S auf der Wirkungslinie von P übertragen und mit den beiden Auflager-Lotrechten zum Schnitt gebracht. Die Verbindungsgerade der erhaltenen Schnittpunkte (a), (b) ergibt die sog. „Schlußlinie“ A, B des Seileckes, die parallel durch 0 in das Krafteck übertragen wird und dort die gegebene Kraft P in die Komponenten A und B teilt. Sie stellen bereits die gesuchten Auflagerdrücke des Trägers dar, und zwar liegt der Auflagerdruck A zwischen den Polstrahlen 0,1 und A, B (weil sich die zugehörigen Seilstrahlen 0,1 und A, B in Abb. 56a auf der Wirkungslinie von A schneiden) und der Auflagerdruck B zwischen den Polstrahlen A, B und 2,0 (denn die zugehörigen Seilstrahlen A, B und 2,0 schneiden sich auf der Wirkungslinie von B).

Die von der äußeren Kraft P hervorgerufenen Auflagerdrücke A und B, die den gleichen Richtungssinn haben wie P, bezeichnet man als „Aktionen“. Die Auflager müssen diesen Drücken standhalten, d. h. es müssen dort entsprechende Gegenkräfte wirksam sein, die gleiche Größe, aber entgegengesetzten Richtungssinn aufweisen wie die „Aktionen“ A und B und daher als „Reaktionen“ A und B bezeichnet werden. Diese Reaktionen sichern das Gleichgewicht des Trägers.

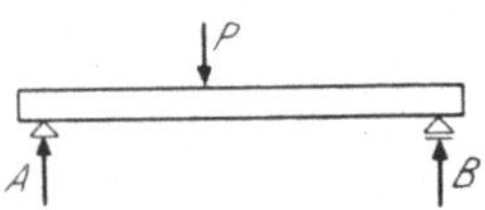

Abb. 57. Träger mit „Auflagerreaktionen“ A und B

In Abb. 57 ist der Träger aus Abb. 56a noch einmal gezeichnet, aber mit den von der äußeren Kraft P hervorgerufenen „Auflagerreaktionen“ A und B.

B. Auflagerreaktionen A und B für mehrere lotrechte Einzellasten

Dieser Fall kann sehr leicht auf die vorher behandelte Grundaufgabe, nämlich auf die Ermittlung der Auflagerdrücke bzw. Auflagerreaktionen für eine Einzellast zurückgeführt werden. Das soll am Beispiel eines frei aufliegenden Trägers mit *fünf* Einzellasten gezeigt werden (vgl. Abb. 58a, b):

Man ermittelt zuerst in der bekannten Art mit Krafteck und Seileck die Resultierende R der gegebenen Einzellasten P_1, P_2, P_3, P_4, P_5 der Größe und Lage nach und kann sodann die Auflagerdrücke bzw. Auflagerreaktionen A und B für diese Resultierende R genau so ermitteln wie es anhand Abb. 56a, b für eine Einzellast P dargelegt worden ist. Die Resultierende R erscheint im Schnittpunkt S der äußeren Seilstrahlen 0,1 und 5,0. Die Verbindungsgerade der Schnittpunkte (a) und (b) dieser äußeren Seilstrahlen mit den Auflager-Lotrechten ergibt die Seileck-Schlußlinie A,B, die parallel durch den Pol 0 in das Krafteck zu übertragen ist und dort aus R die beiden gesuchten Auflagerdrücke bzw. Auflagerreaktionen A und B herausschneidet.

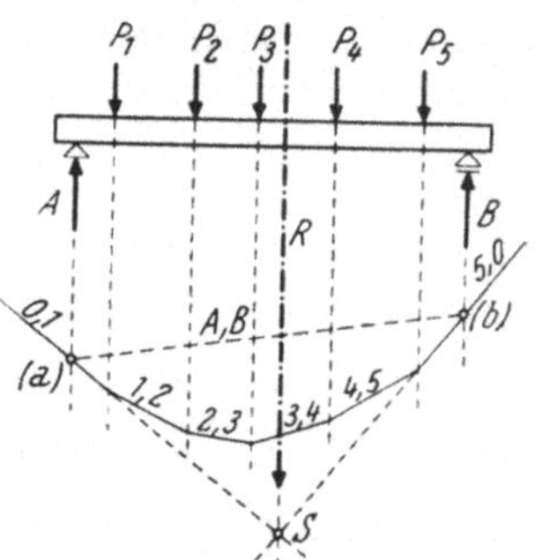

Abb. 58a. Seileck mit Resultierender R und „Schlußlinie“ A, B

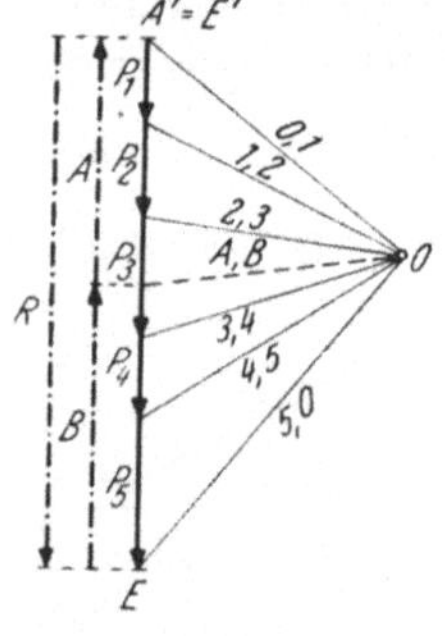

Abb. 58b. Krafteck mit Polstrahlen und übertragener „Schlußlinie“ A, B

Abb. 58a, b. Ermittlung der Auflagerreaktionen A und B für einen frei aufliegenden Träger mit fünf lotrechten Einzellasten P_1 bis P_5

C. Auflagerreaktionen bei frei aufliegenden Trägern mit Kragarmen

Häufig werden die Auflager eines frei aufliegenden Trägers nicht an seinen Enden, sondern in einer gewissen Entfernung von diesen angeordnet; es ragen dann Teile des Trägers über die Auflager hinaus. Man spricht in solchen Fällen von einem „Auskragen“ oder „Überkragen“ des Trägers. Der über das Auflager hinausreichende Teil wird als „Kragarm“ bezeichnet. Diese Trägerform soll hier behandelt werden, und zwar unter der Annahme, daß auch die „Kragarme“ belastet sind.

In Abb. 59a ist ein frei aufliegender Träger mit beidseitigen Kragarmen dargestellt. Es sollen die Auflagerdrücke bzw. Auflagerreaktionen für die angegebenen *fünf* Einzellasten zeichnerisch ermittelt werden. Die Lösung kann im Prinzip genau so vorgenommen werden wie bei der vorigen Aufgabe: Man ermittelt zuerst mit Hilfe eines Kraftecks (Abb. 59b) und des zugehörigen Seileckes (Abb. 59a) Größe und Lage der Resultierenden R und zerlegt diese in der bereits bekannten Art in zwei zu ihr parallele Komponenten, die in den Auflager-Lotrechten liegen. Man braucht hierzu also nur die äußeren Seilstrahlen 0,1 und 5,0 mit den Auflager-Lotrechten zum Schnitt zu bringen, erhält dabei die Schnittpunkte (a) und (b) und durch ihre Verbindung die Schlußlinie A,B; eine Parallele zu A,B durch den Pol 0 des Kraftecks schneidet aus R die gesuchten Auflagerdrücke bzw. Auflagerreaktionen A

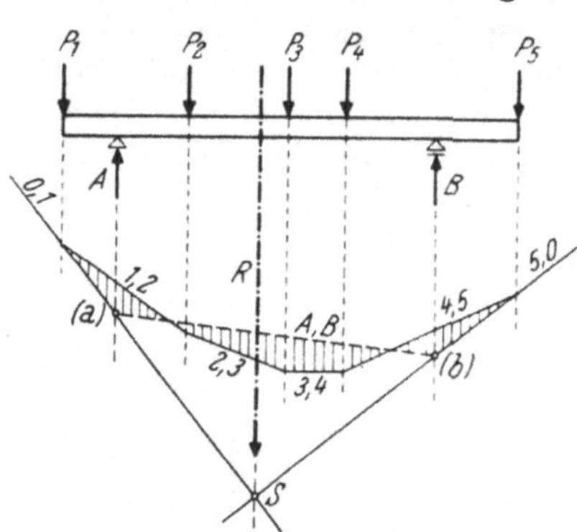

Abb. 59a. Seileck mit Resultierender R und „Schlußlinie“ A, B

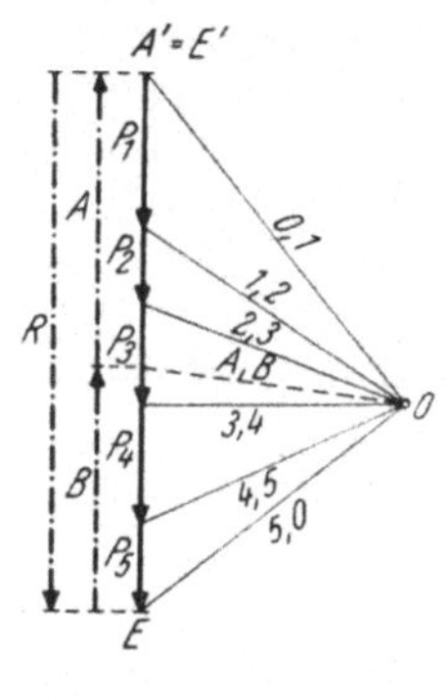

Abb. 59b. Krafteck mit Polstrahlen und übertragener „Schlußlinie“ A, B

Abb. 59a, b. Ermittlung der Auflagerreaktionen A und B eines frei aufliegenden Trägers mit beidseitigen Kragarmen für fünf lotrechte Einzellasten P_1 bis P_5

und B heraus. In Abb. 59b sind die Auflagerreaktionen A und B eingetragen, die also von unten nach oben wirken und mit den gegebenen Kräften $P_1 \ldots P_5$ einen Gleichgewichtszustand bilden, wie aus dem „geschlossenen" Krafteck (Anfangspunkt A' fällt mit Endpunkt E' zusammen) und dem „geschlossenen" Seileck (in Abb. 59a schraffiert) hervorgeht.

2. Ermittlung des statischen Momentes einer ebenen Kräftegruppe in bezug auf einen beliebigen Punkt der Kraftebene

Diese Aufgabe kommt in der Statik sehr oft vor; ihre Lösung kann rechnerisch oder zeichnerisch erfolgen. Die rechnerische Methode ist im Prinzip bereits bekannt, sie soll daher zuerst behandelt werden.

A. Rechnerische Lösung

Um das statische Moment der in Abb. 60 gegebenen Kräfte P_1, P_2, P_3 in bezug auf den Punkt A rechnerisch zu ermitteln, fällt man zunächst von A aus die Lote auf die Wirkungslinien der drei Kräfte und erhält so die Hebelarme s_1, s_2, s_3. Nun bildet man nach Gl. (49) für jede einzelne Kraft unter Beachtung des Drehsinnes das Produkt $P \cdot s$ und ermittelt durch algebraische Addition das gesuchte Moment

$$M_A = P_1 s_1 - P_2 s_2 + P_3 s_3 \tag{55}$$

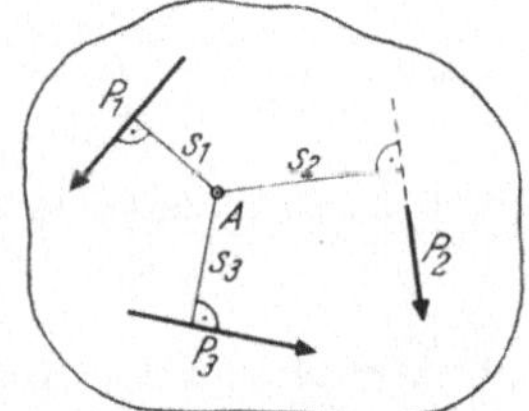

Abb. 60. Statisches Moment einer Kräftegruppe P_1, P_2, P_3 in bezug auf den Punkt A

oder allgemein für beliebig viele Kräfte

$$M_A = \Sigma P_n s_n. \tag{56}$$

Es gibt aber auch noch einen anderen Weg zur Lösung der gestellten Aufgabe: Man ermittelt für die gegebene Kräftegruppe Größe und Lage der Resultierenden nach einem der bereits bekannten Verfahren, fällt von A aus das Lot s_R auf die Wirkungslinie der Resultierenden und erhält das gesuchte Moment M_A nach Größe und Drehsinn aus

$$M_A = R \cdot s_R. \tag{56a}$$

B. Zeichnerische Lösung mittels Krafteck und Seileck

Das zeichnerische Verfahren zur Bestimmung des Momentes einer Kräftegruppe in bezug auf einen Punkt A der Kraftebene ist dem rechnerischen besonders dann überlegen, wenn eine größere Anzahl von Kräften gegeben ist. Anhand Abb. 61a bis c soll das Prinzip dieses Verfahrens erläutert werden.

Um das Moment der in Abb. 61a gegebenen Kräfte P_1, P_2, P_3, P_4 in bezug auf den Punkt A zu bestimmen, ermittelt man zunächst in üblicher Weise mittels Krafteck (Abb. 61c) und Seileck (Abb. 61b) die Größe und Lage der Resultierenden R. Wird jetzt von Punkt A ein Lot s_R auf die Wirkungslinie der Resultierenden gefällt, so ergibt sich das Moment von R in bezug auf A (und damit auch das Moment der gesamten Kräftegruppe in bezug auf A) in Übereinstimmung mit Gl. (56a) aus

$$M_A = R \cdot s_R. \tag{57}$$

Wenn man nun in Abb. 61b die Parallele zur Resultierenden durch A mit den beiden äußeren Seilstrahlen 0,1 und 4,0 zum Schnitt bringt, so entsteht das schraffierte Dreieck S, S_1, S_4. Dieses Dreieck ist dem im Krafteck schraffierten Dreieck $0, A', E$

ähnlich, weil die einzelnen Seiten jeweils parallel zueinander sind. Fällt man von 0 im Krafteck ein Lot auf die Resultierende $A'E$, so erhält man den Wert H, der als Polweite bezeichnet wird und im Kräftemaßstab zu messen ist. Fällt man im Lageplan von S ein Lot auf die Gerade $S_1 S_4$, so erhält man den Abstand s_R des Bezugs-

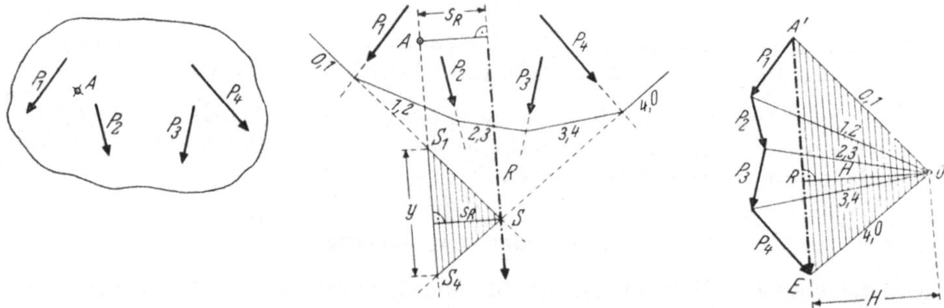

Abb. 61a. Lageplan der Kräftegruppe P_1 bis P_4 mit Momentenbezugspunkt A

Abb. 61b. Seileck mit Resultierender R und hierzu paralleler Geraden durch A; Abschnitt y zwischen den äußeren Seilstrahlen

Abb. 61c. Krafteck mit Polstrahlen und Polweite H

Abb. 61a bis c. Zeichnerische Ermittlung des Momentes einer Kräftegruppe P_1 bis P_4 in bezug auf den Punkt A

punktes A von der Resultierenden R. Die Strecken H und s_R sind also die einander entsprechenden Höhen der beiden ähnlichen Dreiecke. Bezeichnet man die Strecke $\overline{S_1 S_4}$, die durch die äußeren Seilstrahlen auf der parallel zur Resultierenden durch A gezogenen Geraden abgeschnitten wird, mit y, so kann folgende Proportion aufgestellt werden:

$$y : s_R = R : H \tag{58}$$

oder

$$R \cdot s_R = H \cdot y. \tag{59}$$

Da gemäß Gl. (57) das Produkt $R \cdot s_R = M_A$ ist, muß auch gelten:

$$\boxed{M_A = H \cdot y.} \tag{60}$$

Daraus ergibt sich folgender wichtige Satz:

Das Moment der gesamten Kräftegruppe $P_1 \ldots P_4$ in bezug auf den Punkt A ist gleich dem Produkt aus der im Kräftemaßstab zu messenden Polweite H des Kraftеckes und der Ordinate y, die auf der durch A gezogenen Parallelen zur Resultierenden von den äußeren Seilstrahlen herausgeschnitten wird und im Längenmaßstab des Lageplanes zu messen ist.

Als „äußere Seilstrahlen" werden stets jene Seileckseiten bezeichnet, die sich auf der Resultierenden R der betrachteten Kräftegruppe schneiden, also jene Seilstrahlen, deren zugeordnete Polstrahlen im Krafteck die Resultierende einschließen.

Sind die gegebenen Kräfte parallel zueinander, wie dies bei Trägerbelastungen meist der Fall ist, so wird die zeichnerische Ermittlung der Momente in bezug auf beliebige Punkte der Kraftebene unter Anwendung der Beziehung (60) besonders einfach.

3. Ermittlung der „Momentenlinie" für einen Kragträger mit lotrechten Einzellasten

Es handelt sich hier bereits um eine Aufgabe der praktischen Baustatik. Unter einem „Kragträger" oder „Kragarm" versteht man einen nur auf einer Seite unterstützten und dort festgehaltenen Träger. Damit dieser Träger stabil ist und Belastungen aufnehmen kann, muß er genügend tief in das Mauerwerk eingreifen oder monolithisch mit diesem verbunden sein; man sagt, der Träger ist an einem Ende „fest eingespannt". Solche Trägersysteme finden bei Tribünen, Vordächern, Balkonen, Treppen usw. Anwendung.

Es sollen nun am Beispiel des in Abb. 62a gezeichneten Kragträgers mit vier lotrechten Einzellasten verschiedene Aufgaben ausführlich behandelt und aus den Ergebnissen wichtige Folgerungen gezogen werden.

1. Aufgabe. Ermittlung des Momentes M_E sämtlicher Kräfte in bezug auf den Punkt E an der „Einspannstelle" des Trägers.

Rechnerische Lösung: Nach Gl. (56) ist $M_E = \Sigma P_n s_n$, d. h. gleich der Summe der Momente der einzelnen Kräfte in bezug auf den Punkt E. Im vorliegenden Fall ergibt sich also mit den Bezeichnungen der Abb. 62a:

$$M_E = P_1 s_1 + P_2 s_2 + P_3 s_3 + P_4 s_4.$$

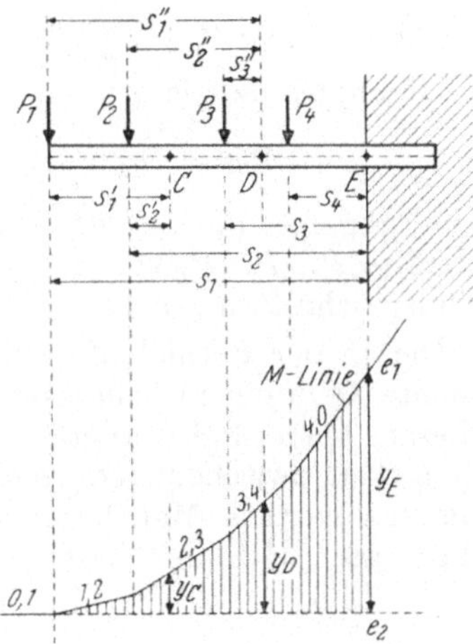

Abb. 62a. Lageplan der Kräfte mit Seileck; „Momentenlinie"

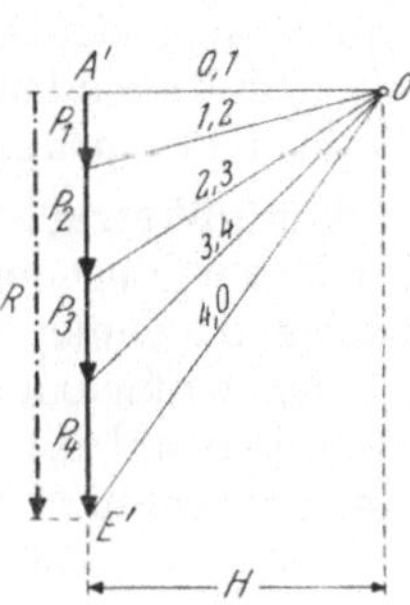

Abb. 62b. Krafteck mit Polstrahlen und Polweite H

Abb. 62a, b. Ermittlung der „Momentenlinie" für einen Kragträger mit lotrechten Einzellasten P_1 bis P_4

Zeichnerische Lösung: Man zeichnet in einem geeigneten Maßstab ein Krafteck (vgl. Abb. 62b) und nimmt den Pol 0 in der Waagrechten durch den Anfangspunkt A' so an, daß sich ein runder Wert für die Polweite H ergibt, z. B. 1 t, 5 t oder 10 t usw. Nun wird das zugehörige Seileck gezeichnet und der linke äußere Seilstrahl 0,1 nach rechts verlängert. Nach Gl. (60) erhält man dann das Moment M_E aus der Beziehung

$$M_E = H \cdot y_E,$$

wobei H die Polweite des Krafteckes und y_E die auf der Parallelen zur Resultierenden durch E von den äußeren Seilstrahlen 0,1 und 4,0 herausgeschnittene Strecke $\overline{e_1 e_2}$ bedeuten.

2. Aufgabe. Ermittlung des Momentes M_C infolge der links von C befindlichen Kräfte P_1, P_2.

Rechnerische Lösung: Bezeichnet man die Hebelarme der Kräfte P_1 und P_2 in bezug auf den Querschnitt C mit s_1' und s_2', so erhält man nach Gl. (56) wieder $M_C = \Sigma P_n s_n'$ oder in ausführlicher Schreibweise

$$M_C = P_1 s_1' + P_2 s_2'.$$

Zeichnerische Lösung: Das Moment im Schnittpunkt C ergibt sich nach Gl. (60) aus der Beziehung

$$M_C = H \cdot y_C,$$

wenn man unter y_C jene Strecke versteht, die auf der durch C gezogenen Parallelen zur Resultierenden der beiden Kräfte P_1 und P_2 von den äußeren Seilstrahlen 0,1 und 2,3 dieser Kräfte herausgeschnitten wird.

3. Aufgabe. Ermittlung des Momentes M_D infolge der links von D befindlichen Kräfte P_1, P_2, P_3.

Rechnerische Lösung: Mit den Hebelarmen s_1'', s_2'', s_3'' der Kräfte P_1, P_2, P_3 in bezug auf D wird nach Gl. (56) sinngemäß $M_D = \Sigma P_n s_n''$ oder in ausführlicher Schreibweise

$$M_D = P_1 s_1'' + P_2 s_2'' + P_3 s_3''.$$

Zeichnerische Lösung: Nach Gl. (60) ist

$$M_D = H \cdot y_D,$$

und zwar bedeutet y_D die Strecke, die auf der durch D verlaufenden Parallelen zur Resultierenden der Kräfte P_1, P_2, P_3 von den äußeren Seilstrahlen 0,1 und 3,4 dieser Kräftegruppe herausgeschnitten wird.

Schlußbetrachtung. Die in der Formel $M = H \cdot y$ auftretenden Werte y, die zur Ermittlung der Momente M in einem beliebigen Querschnitt eines Kragträgers infolge der links von diesem Querschnitt angreifenden Kräfte gebraucht werden, können einfach als Ordinaten zwischen dem Seilpolygon und dem verlängerten Anfangsstrahl 0,1 entnommen werden. Man kann daher das Seilpolygon auch als „Momentenlinie“ oder kurz als „M-Linie“ bezeichnen.

4. Ermittlung der „Momentenlinie“ für einen frei aufliegenden Träger mit lotrechten Einzellasten

Für den in Abb. 63a gegebenen frei aufliegenden Träger mit den lotrecht wirkenden Lasten P_1, P_2, P_3 sollen zunächst wieder verschiedene Aufgaben gesondert behandelt werden.

1. Aufgabe. Zeichnerische Ermittlung der Auflagerreaktionen A und B.

Die Lösung dieser Aufgabe ist nach den Erläuterungen Seite 32ff. in Abb. 63a, b durchgeführt. Man zeichnet das Krafteck und das zugehörige Seileck, bringt die beiden äußeren Seilstrahlen 0,1 und 3,0 mit den Auflager-Lotrechten zum Schnitt, erhält die Punkte (a) und (b) und in ihrer Verbindungslinie die sog. „Schlußlinie“ A, B des Seileckes. Eine Parallele zu A, B durch den Pol 0 des Kraftecks schneidet die Auflagerreaktionen A und B aus der Resultierenden $A'E$ heraus.

2. Aufgabe. Ermittlung des Momentes M_C in bezug auf den Punkt C der Trägerachse infolge der links davon angreifenden Kräfte A und P_1.

Rechnerische Lösung: Gemäß Gl. (56) ist unter Beachtung der Vorzeichenregel

$$M_C = P_1 s_1 - A s_A,$$

wobei s_1 den Hebelarm von P_1 und s_A den Hebelarm der Auflagerreaktion A in bezug auf den Punkt C bedeuten.

Zeichnerische Lösung: Auch hier muß nach Gl. (60)

$$M_C = H \cdot y_C$$

sein, wobei H die Polweite und y_C jenen Abschnitt bedeutet, der auf der durch C verlaufenden Parallelen zur Resultierenden der Kräfte A und P_1 von den zu dieser Kräftegruppe gehörigen „äußeren“ Seilstrahlen A,B und 1,2 herausgeschnitten wird. Um die jeweils maßgebenden „äußeren“ Seilstrahlen eindeutig feststellen zu können, sucht man im Krafteck jene Polstrahlen auf, welche die Resultierende der betrachteten Kräftegruppe — hier also A, P_1 — einschließen. Das sind im vorliegenden Fall die Polstrahlen A,B und 1,2, wie auch aus dem gesondert herausgezeichneten Krafteck (Abb. 63c) klar ersichtlich ist. Die gesuchte Ordinate y_C erscheint somit auf der Lotrechten zwischen den Seilstrahlen A,B und 1,2.

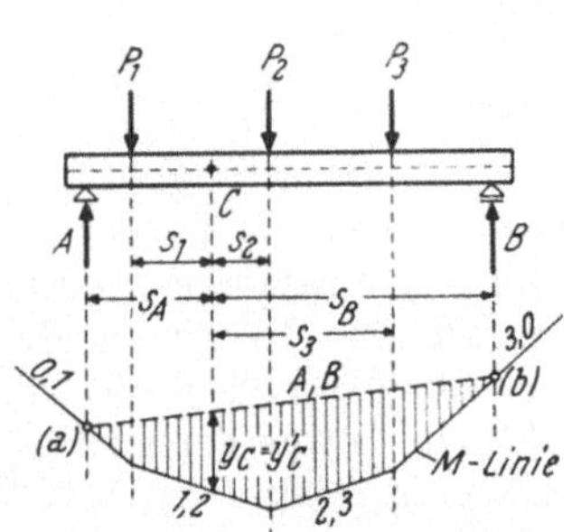

Abb. 63a. Lageplan der Kräfte mit Seileck und „Schlußlinie“ A, B; „Momentenlinie“

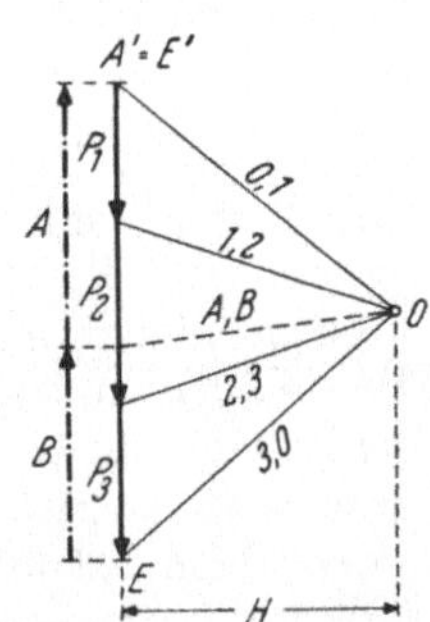

Abb. 63b. Krafteck mit Polstrahlen und übertragener „Schlußlinie“ A, B; Polweite H

3. Aufgabe. Ermittlung von M_C' für die rechts von C angreifende Kräftegruppe P_2, P_3, B.

Rechnerische Lösung: Gemäß Gl. (56) wird unter Beachtung der Vorzeichenregel

$$M_C' = B s_B - P_2 s_2 - P_3 s_3,$$

wobei s_B, s_2 und s_3 die Hebelarme der Kräfte B, P_2, P_3 in bezug auf C bedeuten.

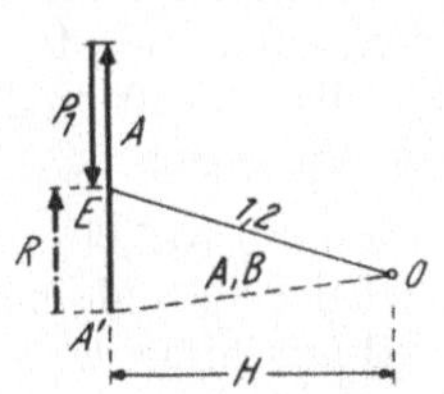

Abb. 63c. Teil des Kraftecks aus Abb. 63b für die Kräftegruppe A, P_1 mit der Resultierenden R zwischen den Polstrahlen A, B und 1, 2

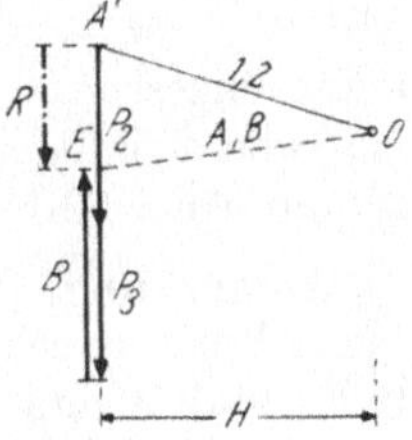

Abb. 63d. Teil des Kraftecks aus Abb. 63b für die Kräftegruppe P_2, P_3, B mit der Resultierenden R zwischen den Polstrahlen 1, 2 und A, B

Abb. 63a bis d. Ermittlung der „Momentenlinie“ für einen frei aufliegenden Träger mit drei lotrechten Einzellasten P_1, P_2, P_3

Anmerkung. Würde man die Momente der gesamten Kräftegruppe A, B, P_1, P_2, P_3 in bezug auf den Querschnitt C ermitteln, so müßte sich der Wert Null ergeben, weil diese Kräftegruppe sich im Gleichgewicht befindet und daher auch die Bedingung $\Sigma M = 0$ in bezug auf jeden beliebigen Punkt der Kraftebene erfüllt sein muß. Demnach muß auch die algebraische Summe der im vorangehenden getrennt ermittelten Momentenwerte M_C und M_C' für die links bzw. rechts von C angreifenden Kräfte in bezug auf C den Wert Null annehmen, d. h.

$$M_C + M_C' = 0.$$

Daraus ergibt sich, daß $M_C = - M_C'$ sein muß. Es gilt daher der wichtige Satz:

Das Moment in bezug auf einen beliebigen Punkt C der Trägerachse aller links davon befindlichen Kräfte ist gleich groß und entgegengesetzt dem Moment der Kräftegruppe rechts von diesem Trägerquerschnitt in bezug auf den gleichen Punkt C.

Man kann also auch schreiben

$$\boxed{M_C^{links} = - M_C^{rechts}} \tag{61}$$

oder

$$\boxed{M_C{}^l + M_C{}^r = 0.} \qquad (62)$$

Zeichnerische Lösung: Nach Gl. (60) ist

$$M_C' = H \cdot y_C'.$$

Der Wert y_C' ist jetzt als Abschnitt zwischen den „äußeren" Seilstrahlen für die Kräftegruppe P_2, P_3, B aus Abb. 63a zu entnehmen. Die maßgebenden Seilstrahlen können wieder mit Hilfe des Krafteckes gefunden werden, indem man dort jene Polstrahlen aufsucht, welche die Resultierende der Kräftegruppe P_2, P_3, B einschließen. In Abb. 63d ist dieser Teil des Krafteckes zur besseren Übersicht gesondert dargestellt. Es ist daraus ersichtlich, daß die Resultierende R von den Polstrahlen 1,2 und A, B eingeschlossen wird. Somit liegt der gesuchte Wert y_C' auf der Lotrechten zwischen den beiden Seilstrahlen A, B und 1,2, also wieder an der gleichen Stelle wie bei der 2. Aufgabe. Demnach ist

$$y_C' = y_C, \qquad (63)$$

d. h. die Absolutwerte von M_C' und M_C sind gleich groß. Der Drehsinn von M_C und M_C' ist — wie aus der rechnerischen Ermittlung klar hervorgeht — jedoch entgegengesetzt. Das zeigt sich auch bei der zeichnerischen Lösung, denn bei Aufgabe 2 ist gemäß Abb. 63c die Resultierende R nach oben, bei Aufgabe 3 gemäß Abb. 63d aber nach unten gerichtet.

Anmerkung. Würde man dieselbe Aufgabe für irgend einen anderen Trägerquerschnitt durchführen und wieder das Moment getrennt für die Kräftegruppe links und rechts von diesem Querschnitt zeichnerisch ermitteln, so würde sich aus der Beziehung

$$M = H \cdot y$$

der gesuchte Wert y — wie in Abb. 63a für beliebige Querschnitte nachgeprüft werden kann — stets auf der Lotrechten unter dem Querschnitt zwischen der Schlußlinie A,B des Seileckes und dem Seilpolygon ergeben. Man bezeichnet daher auch hier das Seilpolygon als „Momentenlinie" oder als „M-Linie".

Wählt man im Krafteck für H einen runden Wert, so kann die praktische Auswertung der Beziehung $M = H \cdot y$ mit Hilfe dieser Konstruktion sehr leicht vorgenommen werden.

5. Rechnerische Ermittlung der Auflagerreaktionen A und B von frei aufliegenden Trägern mit lotrechten Einzellasten

Die für die Lösung dieser Aufgabe maßgebenden Zusammenhänge können am Beispiel eines Trägers mit nur *einer* lotrechten Einzellast am besten erläutert werden.

A. Träger mit einer Einzellast

Die Abstände der äußeren Kraft P von den beiden Auflagern A und B seien a und b, die Trägerspannweite l (Abb. 64). Die lotrechte Kraft P ruft lotrechte Auflagerreaktionen A und B von solcher Größe hervor, daß die drei Kräfte P, A, B einen Gleichgewichtszustand bilden, d. h. daß die drei statischen Gleichgewichtsbedingungen

$$\Sigma H = 0; \quad \Sigma V = 0; \quad \Sigma M = 0$$

erfüllt sind. Mit Hilfe dieser Bedingungen können die unbekannten Auflagerreaktionen A und B rechnerisch ermittelt werden. Man erkennt aus Abb. 64 sofort, daß die erste Bedingung $\Sigma H = 0$ zwar erfüllt ist (da die Horizontal-Komponenten aller drei Kräfte den Wert Null ergeben), daß sie aber keinen weiteren Anhaltspunkt über die Größe der einzelnen Kräfte liefert.

Die zweite Bedingung $\Sigma V = 0$ besagt, daß die algebraische Summe der Vertikal-Komponenten sämtlicher drei Kräfte gleich Null sein muß. Es gilt sonach die Gleichung

$$A + B + P = 0 \tag{64}$$

oder

$$A + B = -P, \tag{64a}$$

d. h. die Summe der beiden Auflagerreaktionen muß ebenso groß sein wie die äußere Kraft P, aber entgegengesetzte Richtung besitzen. Die Gleichung (64) bzw. (64a) enthält aber zwei Unbekannte; es müßte also noch eine zweite Gleichung aufgestellt werden, die man aus der dritten statischen Gleichgewichtsbedingung $\Sigma M = 0$ gewinnen könnte. Nach dieser Bedingung muß im vorliegenden Fall die Summe der statischen Momente der drei vorhandenen Kräfte P, A, B in bezug auf jeden beliebigen Punkt der Kraftebene gleich Null sein. Nimmt man den Bezugspunkt tatsächlich beliebig an, so erhält man eine neue Gleichung, in der wieder die beiden Unbekannten A und B vorkommen; man hätte dann zusammen mit Gl. (64) zwei Gleichungen, aus welchen diese Unbekannten berechnet werden könnten. Dieser Vorgang ist praktisch wohl anwendbar, aber verhältnismäßig umständlich.

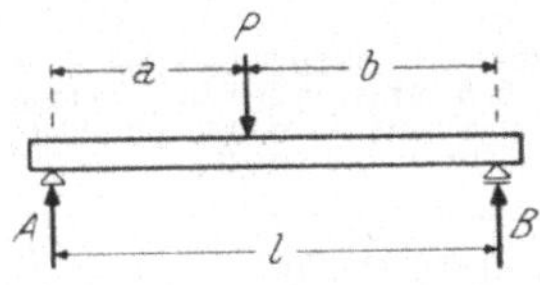

Abb. 64. Auflagerreaktionen A und B für einen frei aufliegenden Träger mit lotrechter Einzellast P

Die Aufgabe kann durch geschickte Verwendung der Bedingung $\Sigma M = 0$ wesentlich einfacher gelöst werden. Wählt man nämlich den Bezugspunkt nicht beliebig, sondern auf der Wirkungslinie einer der beiden Unbekannten A oder B, so erscheint in der damit erhaltenen Gleichung immer nur eine Unbekannte, die daraus direkt bestimmbar wird. Soll also z. B. die Auflagerreaktion A berechnet werden, so wählt man das Auflager B als Bezugspunkt; es muß dann die Summe der Momente aller vorhandenen Kräfte (nämlich P, A und B) in bezug auf den Auflagerpunkt B gleich Null sein. Diese Bedingung $\Sigma M_B = 0$ führt zu folgender Gleichung:

$$-A \cdot l + P \cdot b = 0. \tag{65}$$

Die Auflagerreaktion B ergibt keinen Beitrag, da ihr Hebelarm den Wert Null hat; die Gl. (65) enthält also nur eine Unbekannte und es wird

$$\boxed{A = \frac{P \cdot b}{l}.} \tag{65a}$$

Wählt man als Bezugspunkt das Auflager A, so muß $\Sigma M_A = 0$ sein, und es ergibt sich in ähnlicher Weise

$$+B \cdot l - P \cdot a = 0 \tag{66}$$

oder

$$\boxed{B = \frac{P \cdot a}{l}.} \tag{66a}$$

Man kann also die Auflagerreaktionen A und B für eine lotrechte Einzellast P

sofort aus den gebrauchsfertigen Formeln (65a) bzw. (66a) zahlenmäßig ermitteln.

Als Probe für die Richtigkeit der Ergebnisse muß dann die Bedingung (64a) erfüllt werden, d. h. die Summe von A und B muß gleich der äußeren Belastung P sein. Ein einfaches Zahlenbeispiel soll diese Zusammenhänge noch weiter veranschaulichen.

Zahlenbeispiel. Es sollen für den in Abb. 65 dargestellten Belastungsfall (Trägerspannweite $l = 6{,}0$ m, Einzellast $P = 18{,}0$ t im Abstand $a = 2{,}0$ m und $b = 4{,}0$ m von den beiden Auflagern A und B) die Auflagerreaktionen A und B rechnerisch bestimmt werden.

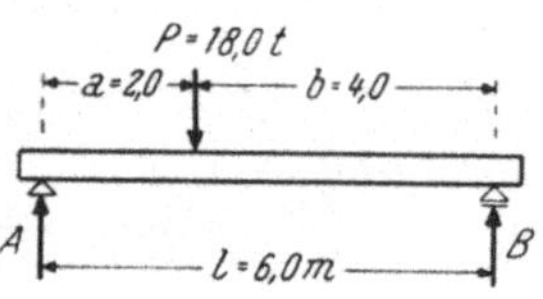

Abb. 65. Auflagerreaktionen A und B für einen frei aufliegenden Träger mit lotrechter Einzellast $P = 18{,}0$ t

Nach den gebrauchsfertigen Formeln (65a) und (66a) erhält man

$$A = \frac{P \cdot b}{l} = \frac{18{,}0 \cdot 4{,}0}{6{,}0} = 12{,}0\ \mathrm{t}$$

$$B = \frac{P \cdot a}{l} = \frac{18{,}0 \cdot 2{,}0}{6{,}0} = 6{,}0\ \mathrm{t}.$$

Probe. Nach Gl. (64a) gilt: $A + B = -P$, d. h. die Summe der von unten nach oben wirkenden Kräfte $A + B$ muß gleich sein der von oben wirkenden Kraft P. Hier ist $A + B = 12{,}0 + 6{,}0 = 18{,}0$ t und $P = 18{,}0$ t.

B. Träger mit mehreren Einzellasten

Die Bestimmung der Auflagerreaktionen für einen frei aufliegenden Träger mit beliebig vielen lotrechten Einzellasten kann unter wiederholter Anwendung der Formel (65a) bzw. (66a) erfolgen. Wirken auf einen Träger gemäß Abb. 66 z. B. drei lotrechte Lasten P_1, P_2, P_3 ein, so werden die Auflagerreaktionen A und B für jede dieser Kräfte gesondert ermittelt und dann addiert. Man erhält somit

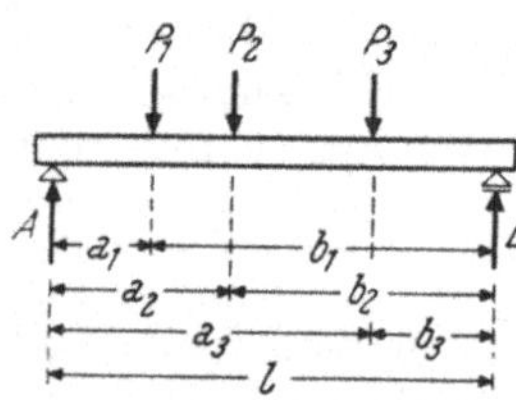

Abb. 66. Auflagerreaktionen A und B für einen frei aufliegenden Träger mit drei lotrechten Einzellasten P_1, P_2, P_3

$$A = A_1 + A_2 + A_3 \text{ und } B = B_1 + B_2 + B_3. \qquad (67)$$

In diesen Gleichungen bedeuten also mit den Bezeichnungen der Abb. 66:

$$\begin{aligned} A_1 &= \frac{P_1 b_1}{l}; \quad A_2 = \frac{P_2 b_2}{l}; \quad A_3 = \frac{P_3 b_3}{l}; \\ B_1 &= \frac{P_1 a_1}{l}; \quad B_2 = \frac{P_2 a_2}{l}; \quad B_3 = \frac{P_3 a_3}{l}. \end{aligned} \qquad (68)$$

Für beliebig viele lotrechte Einzellasten wird daher allgemein

$$A = \sum_n A_n = \frac{\Sigma P \cdot b}{l} \quad \text{und} \quad B = \sum_n B_n = \frac{\Sigma P \cdot a}{l}. \qquad \mathbf{(69)}$$

Als Probe muß gemäß Gl. (64a) gelten

$$A + B = -\Sigma P. \qquad (69\mathrm{a})$$

Zahlenbeispiel. Für den in Abb. 67 gegebenen Belastungsfall erhält man die Auflagerreaktionen nach Gl. (67) in Verbindung mit Gl. (68), und zwar

$$A_1 = \frac{P_1 b_1}{l} = \frac{3{,}6 \cdot 6{,}5}{9{,}0} = 2{,}60\,\mathrm{t}$$

$$A_2 = \frac{P_2 b_2}{l} = \frac{5{,}4 \cdot 3{,}8}{9{,}0} = 2{,}28\,\mathrm{t}$$

$$B_1 = \frac{P_1 a_1}{l} = \frac{3{,}6 \cdot 2{,}5}{9{,}0} = 1{,}00\,\mathrm{t}$$

$$B_2 = \frac{P_2 a_2}{l} = \frac{5{,}4 \cdot 5{,}2}{9{,}0} = 3{,}12\,\mathrm{t}$$

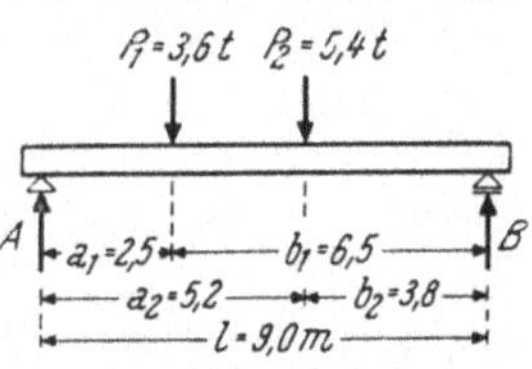

Abb. 67. Auflagerreaktionen A und B für einen frei aufliegenden Träger mit $P_1 = 3{,}6$ t und $P_2 = 5{,}4$ t

und weiter

$$A = A_1 + A_2 = 2{,}60 + 2{,}28 = 4{,}88\,\mathrm{t}$$
$$B = B_1 + B_2 = 1{,}00 + 3{,}12 = 4{,}12\,\mathrm{t}.$$

Probe gemäß Gl. (69a):

$$A + B = 4{,}88 + 4{,}12 = 9{,}0\,\mathrm{t}; \quad \Sigma P = P_1 + P_2 = 3{,}6 + 5{,}4 = 9{,}0\,\mathrm{t}.$$

IV. Das ebene Fachwerk

1. Allgemeines

Mit den bisher gewonnenen Erkenntnissen können bereits eine Reihe sehr wichtiger praktischer Aufgaben gelöst werden. Dazu gehört vor allem die Ermittlung der Stabkräfte in den sog. Fachwerkkonstruktionen. Ein Fachwerk im Sinne der Statik liegt dann vor, wenn gerade Stäbe gelenkig zu Dreieckverbänden zusammengeschlossen werden. Das Dreieck stellt somit die **Grundfigur** des Fachwerkes dar. Durch Aneinanderreihen mehrerer solcher Stabdreiecke mit **gelenkig** ausgebildeten Eckpunkten, den sog. „Knotenpunkten", ergeben sich je nach der geometrischen Form „*regelmäßige*" (Abb. 68) oder „*unregelmäßige*" (Abb. 69) Fachwerkverbände;

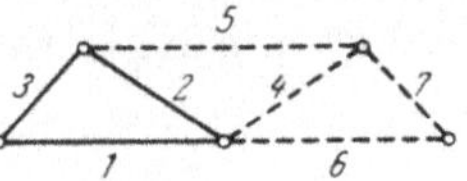

Abb. 68. Entwicklung eines „regelmäßigen" Fachwerkes

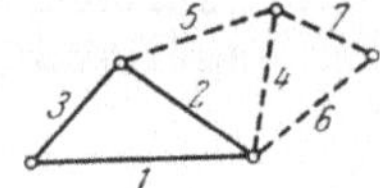

Abb. 69. Entwicklung eines „unregelmäßigen" Fachwerkes

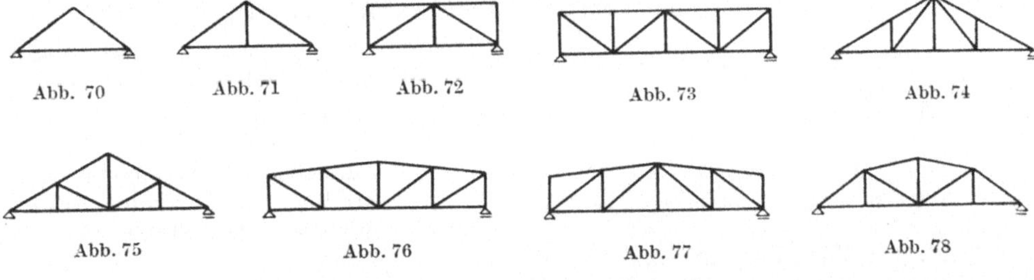

Abb. 70 bis 78. „Regelmäßige" Fachwerke

sie sind steif und daher als Tragwerke zur Aufnahme von Lasten im Hochbau und im Brückenbau verwendbar. Die Fachwerke können in Stahl, Stahlbeton oder Holz ausgeführt werden und erhalten sowohl aus praktischen als auch aus ästhetischen Gründen eine regelmäßige, möglichst einfache Form (vgl. Abb. 70 bis 78). Ihre Belastung erfolgt in der Regel nur in den Knotenpunkten. Die Achsen aller in einem Knotenpunkt zusammentreffenden und dort gelenkig angeschlossenen Stäbe sollen sich genau im geometrischen Systempunkt schneiden. Diese Forderung ist bei praktischen Ausführungen, besonders bei Holzfachwerken, oft schwer erfüllbar; es kommt daher in manchen Fällen zu Knotenpunktausbildungen, wie sie in Abb. 79 angedeutet sind. Auch der gelenkige Anschluß der einzelnen Stäbe ist in der Regel nicht vorhanden. Dadurch ergeben sich gewisse zusätzliche Beanspruchungen in den einzelnen Fachwerkstäben, die rechnungsmäßig allerdings schwer zu erfassen sind. Hingegen kann die Ermittlung der Stabkräfte in einem Fachwerk meist verhältnismäßig einfach durchgeführt werden, wenn folgende Bedingungen erfüllt sind:

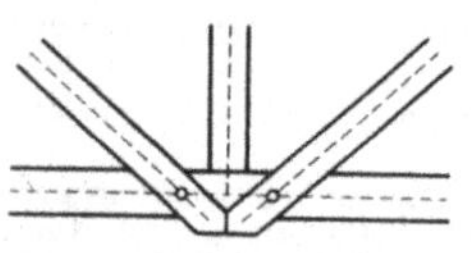

Abb. 79. Ausmittiger Stabanschluß

1. Sämtliche Fachwerkstäbe sind gerade und in den Knotenpunkten gelenkig und zentrisch angeschlossen.

2. Die auf das Fachwerk einwirkenden Kräfte — also sowohl die äußeren Lasten als auch die Auflagerreaktionen — greifen nur in den Knotenpunkten an.

Sind diese Forderungen erfüllt, spricht man von einem „*idealen*" Fachwerk. Es treten dann in den einzelnen Stäben nur Achsialkräfte auf, d. h. entweder Zugkräfte oder Druckkräfte, die in der Achse des betreffenden Stabes wirken, ohne ihn zu verbiegen.

2. Bedingungen für statisch bestimmte Fachwerke

Der äußeren Form nach kann man zwei Gruppen von Fachwerken unterscheiden: regelmäßige und unregelmäßige. In den Abb. 70 bis 78 sind einige Beispiele von regelmäßigen Fachwerken dargestellt, während die Abb. 80 bis 84 unregelmäßig gestaltete Fachwerke zeigen.

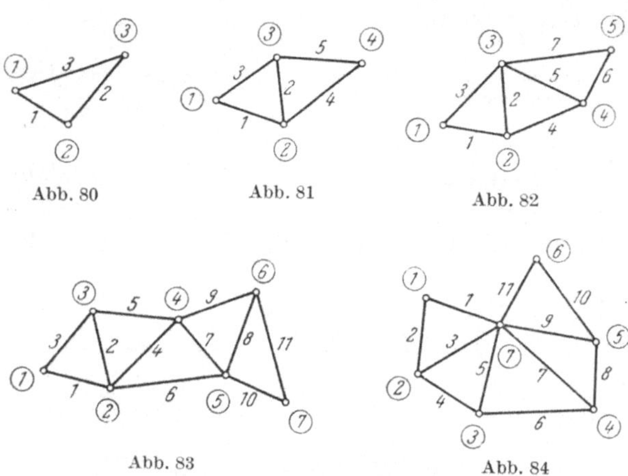

Abb. 80 Abb. 81 Abb. 82 Abb. 83 Abb. 84

Abb. 80 bis 84. „Unregelmäßige" Fachwerke

Bei genauerer Betrachtung dieser Fachwerke erkennt man, daß zwischen der Gesamtzahl k der Knotenpunkte und der Gesamtzahl s der Stäbe gesetzmäßige Beziehungen bestehen. Geht man nämlich von der Grundfigur eines solchen Fachwerkes, vom Dreieck aus (das also drei Stäbe und drei Knoten enthält), so ist leicht feststellbar, daß für jeden neuen Knoten zwei Stäbe erforderlich sind. Die Zahl der an das Grunddreieck angeschlossenen Stäbe ist somit stets doppelt so groß wie die dabei entstehende Anzahl neuer Knoten. Da nun die Zahl der an das Grunddreieck angeschlossenen Stäbe $(s-3)$ und die Zahl der dabei entstehenden neuen Knoten $(k-3)$ beträgt, so muß folgende Beziehung gelten:

$$s - 3 = 2\,(k - 3). \tag{70}$$

Daraus ergibt sich

$$\boxed{s = 2\,k - 3.} \tag{71}$$

Sonach ist die Gesamtzahl der Stäbe im Fachwerk gleich der um 3 verminderten doppelten Anzahl der Knoten.

Dieser in Gl. (71) zum Ausdruck gebrachten Bedingung kommt große Bedeutung zu. Wenn sie für irgendein vorliegendes Fachwerk erfüllt ist, kann die Ermittlung der Stabkräfte unter ausschließlicher Verwendung der drei statischen Gleichgewichtsbedingungen $\Sigma H = 0$, $\Sigma V = 0$, $\Sigma M = 0$ rechnerisch oder zeichnerisch durchgeführt werden. Man sagt, ein solches Fachwerk ist *„innerlich statisch bestimmt"*. Sind jedoch mehr Stäbe vorhanden, als sich nach Gl. (71) ergeben, dann reichen die drei statischen Gleichgewichtsbedingungen zur Bestimmung der Stabkräfte nicht mehr aus; man bezeichnet ein solches Fachwerk daher als *„innerlich statisch unbestimmt"*. Sind hingegen in einem Fachwerk weniger Stäbe vorhanden als nach Gl. (71) gefordert werden, dann ist das Fachwerk *„labil"* und somit als Tragkonstruktion ungeeignet. Diese Zusammenhänge können anhand Abb. 85 bis 87 gut veranschaulicht werden.

Das Fachwerk in Abb. 85 hat vier Knotenpunkte; nach Gl. (71) ist die Zahl der erforderlichen Stäbe $s = 2\,k - 3 = 2 \cdot 4 - 3 = 5$. Es sind tatsächlich fünf Stäbe vorhanden, somit ist dieses Fachwerk statisch bestimmt.

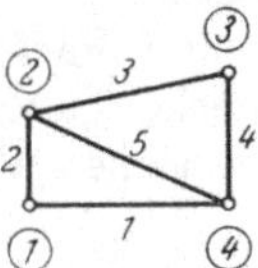

Abb. 85. „Statisch bestimmtes", stabiles Fachwerk

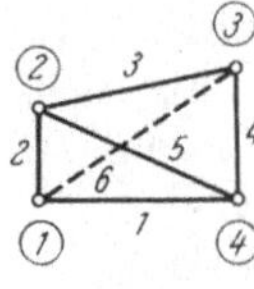

Abb. 86. „Statisch unbestimmtes", stabiles Fachwerk

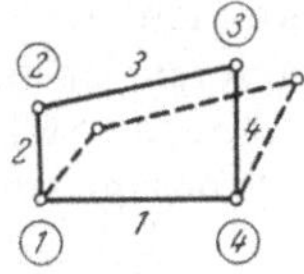

Abb. 87. „Labiles" Fachwerk

Das Fachwerk in Abb. 86 zeigt eine Veränderung gegenüber dem in Abb. 85 dargestellten: Es ist zwischen Knoten 1 und 3 noch ein Stab eingeschaltet, aber so, daß er den Stab 2—4 nur lose kreuzt, ohne mit ihm in Verbindung zu kommen. Es bleibt also die Knotenanzahl 4 unverändert, die Stabzahl steigt aber auf 6. Nach Gl. (71) wäre die erforderliche Stabzahl bei vier Knoten jedoch $s = 2 \cdot 4 - 3 = 5$, d. h. dieses Fachwerk ist statisch unbestimmt.

In Abb. 87 ist jenes Stabviereck gezeichnet, das sich ergibt, wenn der Stab 5 aus Abb. 85 fortgelassen wird. Es sind sonach vier Knoten und vier Stäbe vorhanden, während nach der Bedingung (71) aber fünf Stäbe erforderlich wären. Dieses Stabgebilde ist also unter Voraussetzung gelenkiger Knotenpunkte labil und daher als Tragwerk unbrauchbar; es würde schon bei geringen Belastungen zusammenklappen, wie in Abb. 87 angedeutet ist.

Als Ergebnis der angestellten Betrachtungen kann unter Bezugnahme auf Gl. (71) zusammenfassend folgendes gesagt werden:

Ein Fachwerk ist „innerlich statisch bestimmt", wenn . . . . . $s = 2\,k - 3$,
ein Fachwerk ist „innerlich statisch unbestimmt", wenn . . $s > 2\,k - 3$, (72)
ein Fachwerk ist „labil", wenn . . . . $s < 2\,k - 3$.

Sämtliche in den Abb. 70 bis 78 und 80 bis 85 gezeigten Fachwerke sind demnach statisch bestimmt. Untersucht man jedoch das in Abb. 88 dargestellte Fachwerk, so ergibt sich, daß hier die Stabzahl $s > 2\,k - 3$, denn es ist $s = 12$ und $(2\,k - 3) = 2 \cdot 7 - 3 = 11$. Dieses Fachwerk, das sich von dem in Abb. 84 gezeigten nur durch die zusätzliche Anbringung des Stabes 12 zwischen Knoten 1 und 6 unterscheidet, ist somit nach Gl. (72) statisch unbestimmt.

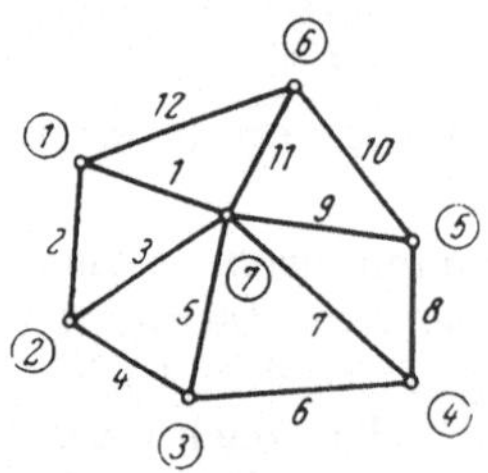

Abb. 88. „Statisch unbestimmtes“, stabiles Fachwerk

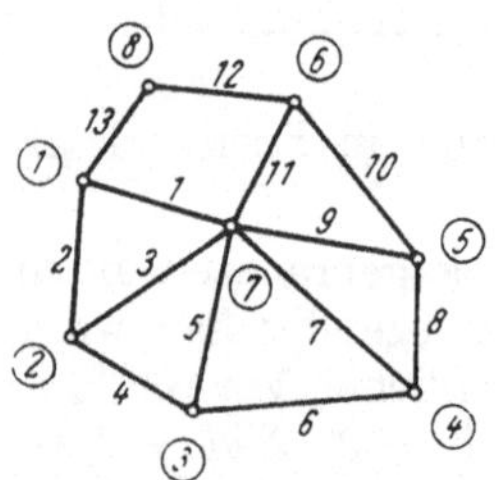

Abb. 89. „Statisch bestimmtes“, stabiles Fachwerk

Hingegen ist für das Fachwerk in Abb. 89 die Stabzahl $s = 2k - 3$, da $s = 13$ und auch $(2k-3) = 2 \cdot 8 - 3 = 13$ ist; dieses Fachwerk ist also nach Gl. (72) statisch bestimmt. Als Besonderheit kann hier gelten, daß es trotz des vorhandenen Gelenkviereckes 1—7—6—8 stabil ist. Das kommt daher, daß die beiden Knotenpunkte 1 und 6 durch die starren Dreieckverbände unverrückbar festgehalten sind und somit der gesamte Verband auch noch starr bleibt, wenn daran durch die beiden Stäbe 12 und 13 ein weiterer Knoten 8 geschaffen wird.

3. Ermittlung der Stabkräfte in unregelmäßigen Fachwerken

Mit den bisher erläuterten Verfahren zur Behandlung ebener Kraftsysteme können auch die Stabkräfte in ebenen Fachwerken ermittelt werden. Vorausgesetzt ist hierbei, daß diese Fachwerke „statisch bestimmt“ sind und sich im Gleichgewicht befinden. Die zeichnerischen Verfahren werden in solchen Fällen bevorzugt verwendet.

A. Stabkraftbestimmung durch einzelne Kraftecke

Das in Abb. 90 gegebene Fachwerk ist in den Knotenpunkten 1 und 4 durch zwei in gleicher Wirkungslinie liegende Kräfte gleicher Größe, aber entgegengesetzter Richtung belastet. Unter der Wirkung dieser beiden Kräfte $P_1 = - P_2$ befindet sich das Fachwerk im Gleichgewicht. Bei der Ermittlung der dabei auftretenden Stabkräfte kann man von folgenden Überlegungen ausgehen:

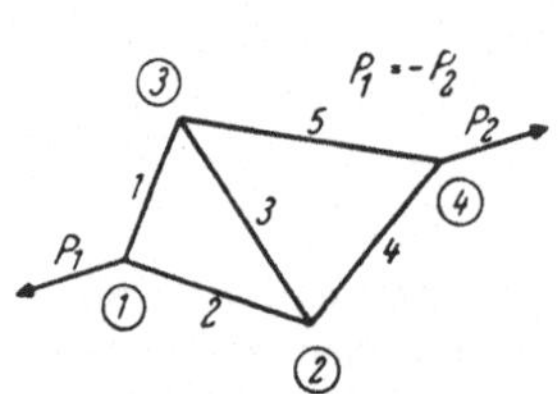

Abb. 90. Unregelmäßiges Fachwerk mit den beiden Kräften $P_1 = - P_2$

Durch die Wirkung der Kraft P_1 im Knotenpunkt 1 entstehen in den dort zusammentreffenden Stäben 1 und 2 die Stabkräfte S_1 und S_2, die der Kraft P_1 das Gleichgewicht halten müssen. Ebenso muß auch im Knotenpunkt 4 die dort wirksame Kraft P_2 mit den beiden Stabkräften S_4 und S_5 im Gleichgewicht sein. Es bilden demnach im Knotenpunkt 1 die drei Kräfte P_1, S_1, S_2 ein zentrales Kraftsystem, das sich im Gleichgewicht befinden muß. Von diesen drei Kräften ist P_1 der Größe und Richtung nach bekannt, während von S_1 und S_2 nur die Wirkungslinien festliegen. Es handelt sich hier also im wesentlichen um die Lösung der bekannten Grundaufgabe: Zerlegung einer Kraft in zwei gegebene Richtungen. Die hierbei mit Hilfe des Kräfteparallelogrammes oder durch ein Krafteck bestimmbaren Komponenten von P_1 halten nach Umkehrung ihres Richtungssinnes der gegebenen Kraft P_1 das Gleichgewicht und stellen bereits die gesuchten Stabkräfte S_1 und S_2 dar.

Nach diesem Prinzip kann die zeichnerische Ermittlung der Stabkräfte der Reihe nach in den einzelnen Knotenpunkten durch wiederholte Anwendung der

Krafteck-Konstruktion durchgeführt werden (Abb. 91a bis e). Das Krafteck für Knoten 1 zeigt Abb. 91b. Man zieht in üblicher Weise durch den Anfangs- und Endpunkt der Kraft P_1 die Parallelen zu den beiden gesuchten Stabkräften S_1 und S_2 und erhält damit bereits die Größe dieser Kräfte.

Aus praktischen Gründen empfiehlt es sich, die in einem Knoten vorhandenen Kräfte stets in der Reihenfolge aneinanderzureihen, wie sie im Lageplan beim Umfahren des Knotens im Uhrzeigersinn aufeinander folgen; im Knoten 1 gilt somit die Reihenfolge P_1, S_1, S_2. Die Richtungspfeile der Kräfte ergeben sich im Umlaufsinn des Kraftecks, das sich aus Gleichgewichtsgründen schließen muß; es fällt also der Anfangspunkt A' mit dem Endpunkt E zusammen. Mit

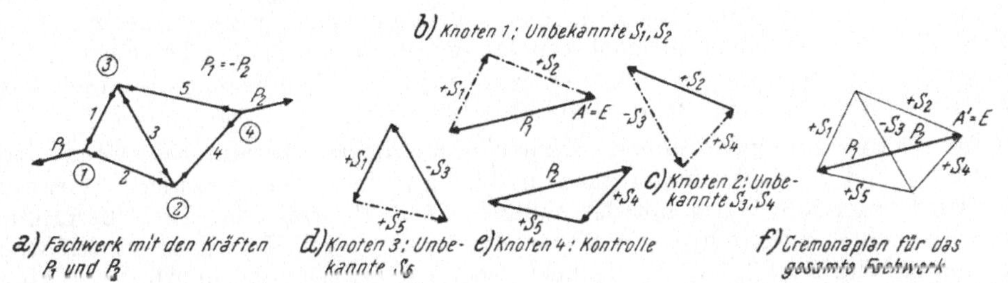

Abb. 91a bis f. Zeichnerische Ermittlung der Stabkräfte S mit Hilfe von Kraftecken; CREMONA-Plan

Hilfe dieser Richtungspfeile im Krafteck kann auch leicht festgestellt werden, ob die in dem betrachteten Knoten zusammentreffenden Stäbe Zug oder Druck erhalten. Es gilt hier folgende einfache Regel:

Man überträgt aus dem geschlossenen Krafteck die dem Umlaufsinn entsprechenden Richtungspfeile in den Lageplan auf die zum betrachteten Knoten gehörigen Stabenden; zeigt der Richtungspfeil vom Knoten weg, so handelt es sich um eine Zugkraft, zeigt der Pfeil jedoch zum Knoten hin, so liegt eine Druckkraft vor. Dabei bezeichnet man eine *Zugkraft* als *positiv* und eine *Druckkraft* als *negativ.*

Im vorliegenden Fall ergibt sich also nach dieser Regel, daß S_1 und S_2 Zugkräfte sein müssen, weil die zugehörigen Richtungspfeile in beiden Fällen vom Knoten wegzeigen; beide Stabkräfte erhalten demnach ein positives Vorzeichen.

Diese Richtungspfeile sind im Lageplan sofort auf das andere Stabende zu übertragen, so daß auch dort wieder erkennbar ist, ob es sich um eine Zugkraft oder um eine Druckkraft handelt. Das kann stets rein mechanisch geschehen, man braucht nur jeweils den Richtungspfeil am anderen Stabende umzukehren.

Nun kann die Bestimmung der Stabkrafte in einem anderen Knoten vorgenommen werden, in dem wieder nur höchstens zwei Unbekannte auftreten; das trifft im vorliegenden Fall in sämtlichen übrigbleibenden Knotenpunkten zu: Im Knoten 2 sind S_3 und S_4 unbekannt (denn S_2 ist bereits bestimmt), im Knoten 3 sind nur S_3 und S_5 zu ermitteln (da S_1 schon bekannt ist), und im Knoten 4 sind S_4 und S_5 unbekannt, denn die äußere Kraft P_2 ist sowohl der Größe als auch der Richtung nach gegeben.

Führt man in der gezeigten Art die Krafteck-Konstruktion für Knoten 2 durch, so beginnt man gemäß Abb. 91c mit der Zugkraft S_2, die der Größe und Richtung nach bereits bekannt ist, reiht die beim Umfahren des Knotens im Uhrzeigersinn zunächst angetroffene unbekannte Stabkraft S_3 an und schließt das Krafteck mit der durch den Anfangspunkt von S_2 gezogenen Parallelen zum Stab 4. Nun zeichnet man in dem geschlossenen Krafteck die dem Umfahrungssinn entsprechenden Richtungspfeile ein, überträgt sie bei Knoten 2 auf die Stäbe 3 und 4 in den Lageplan und kann auf diese Weise leicht feststellen, daß S_3 eine Druckkraft (also negativ) sein muß, weil ihr Pfeil zum Knoten gerichtet ist, und daß S_4 eine Zugkraft (also positiv) ist, denn ihr Pfeil zeigt vom Knoten weg.

In der gleichen Art kann das Krafteck für Knoten 3 mit den Kräften S_1, S_3, S_5 gezeichnet werden. Hiervon sind bereits zwei Stabkräfte, nämlich S_1 und S_3 der Größe und Richtung nach bekannt, somit ist nur S_5 unbekannt. Man beginnt das Krafteck (vgl. Abb. 91d) mit S_3, reiht S_1 an und schließt es mit der unbekannten Kraft S_5. Hier zeigt sich schon eine wichtige Kontrolle, denn die Verbindungsgerade zwischen dem Anfangspunkt von S_3 und dem Endpunkt von S_1 muß parallel sein zum Stab 5 im Lageplan. Aus dem Umlaufsinn im geschlossenen Krafteck ergibt sich der Richtungspfeil von S_5, der in den Lageplan bei Knoten 3 zu übertragen ist; er weist vom Knoten weg, somit ist S_5 eine Zugkraft und daher positiv. Damit sind sämtliche Stabkräfte bestimmt.

Man kann nun zur weiteren Kontrolle die beiden bereits bekannten Stabkräfte S_4 und S_5 noch einmal ganz unabhängig durch ein gesondertes Krafteck für den letzten Knoten 4 mit der äußeren Kraft P_2 ermitteln. Die Überprüfung ist aber auch so durchführbar, daß man das Krafteck für Knoten 4 mit den schon bekannten Kräften P_2, S_4, S_5 zeichnet. Dieses Krafteck, das in Abb. 91e dargestellt ist, muß sich schließen; etwa auftretende Abweichungen dürfen nur innerhalb der Zeichengenauigkeit liegen.

Schlußbemerkung. Bei genauerer Betrachtung der in Abb. 91b bis e gezeichneten Kräftepläne für die Knoten 1, 2, 3, 4 erkennt man, daß jede Stabkraft zweimal vorkommt, aber in beiden Fällen verschiedene Richtungspfeile aufweist. Schiebt man die einzelnen Kraftecke derart zusammen, daß sich die gleichbenannten Stabkräfte decken, so erhält man den in Abb. 91f gezeichneten Kräfteplan, in dem jede Stabkraft nur einmal vorkommt. Diese vereinfachten Kräftepläne können, wie anschließend noch ausführlich dargelegt wird, nach bestimmten Regeln auch direkt konstruiert werden. Man bezeichnet sie nach dem Namen des italienischen Ingenieurs, der sie erstmals anwandte, als „CREMONA"-*Pläne*[1].

B. Stabkraftbestimmung durch den CREMONA-Plan

Um den Zusammenhang zwischen den gewöhnlichen Kraftecken und dem CREMONA-Plan deutlicher in Erscheinung treten zu lassen, sind für das in Abb. 92a dargestellte, durch die Kräfte P_1, P_2, P_3, P_4 belastete unregelmäßige Fachwerk die Kraftecke für die einzelnen Knotenpunkte 1, 2, 3, 4 zunächst wieder gesondert herausgezeichnet. Das Fachwerk ist unter der Wirkung der äußeren Kräfte im Gleichgewicht, denn sie haben paarweise gleiche Wirkungslinien und gleiche Größen, aber entgegengesetzte Richtungen, und zwar ist $P_1 = -P_3 = 9$ t, $P_2 = -P_4 = 6$ t. Der Reihe nach ergeben sich folgende Kraftecke:

In Abb. 92b für Knoten 1 mit den unbekannten Stabkräften S_1 und S_2,
„ „ 92c „ „ 2 „ „ „ „ S_3 „ S_4,
„ „ 92d „ „ 3 „ der „ Stabkraft S_5,
„ „ 92e „ „ 4 zur Probe.

In Abb. 92f ist der CREMONA-Plan dargestellt, der sich durch Zusammenschieben der einzelnen Kräftepläne aus den Abb. 92b bis e ergeben würde. Es soll nun aber

[1] L. CREMONA: Le figure reciproche nella statica grafica. Mailand 1872.

ausführlich erläutert werden, wie dieser CREMONA-Plan für das in Abb. 92a gegebene, mit P_1, P_2, P_3, P_4 belastete Fachwerk direkt konstruiert werden kann.

Nach Wahl eines geeigneten Maßstabes beginnt man damit, das Krafteck für die äußeren Kräfte P_1, P_2, P_3, P_4 in derselben Reihenfolge zu zeichnen, wie sie beim Umfahren des Fachwerkes im Uhrzeigersinn angetroffen werden. Dieses Krafteck muß sich wegen des Gleichgewichtszustandes der angreifenden Kräfte schließen. Nun wählt man einen Knoten, der nur zwei unbekannte Stabkräfte enthält, z. B. den Knoten 1 mit S_1 und S_2 und der bekannten äußeren Kraft P_1. Für diese drei Kräfte konstruiert man in üblicher Art das Krafteck, indem man an die schon gezeichnete Kraft P_1 die im Uhrzeigersinn am Knoten aufeinanderfolgenden Kräfte S_1 und S_2 anträgt. Zwar verzichtet man grundsätzlich auf das Eintragen der Stabkraftpfeile in den CREMONA-Plan, stellt aber durch den Umlaufsinn des geschlossenen Kraftteckes ihre Richtungen fest und überträgt sie sofort in den Lageplan zu Knoten 1. Man kann dort erkennen, daß die Richtungspfeile von S_1 und S_2 vom Knoten weg zeigen, daß beide also Zugkräfte sind und daher ein positives Vorzeichen erhalten. Die Größe der ermittelten Stabkräfte trägt man am besten sofort in eine vorbereitete Stabkraft-Tabelle ein. Nach Übertragung der Stabkraftpfeile von S_1 und S_2 mit Gegenrichtung auf das andere Stabende wird das Krafteck für einen weiteren Knoten mit nur höchstens zwei unbekannten Stabkräften gezeichnet.

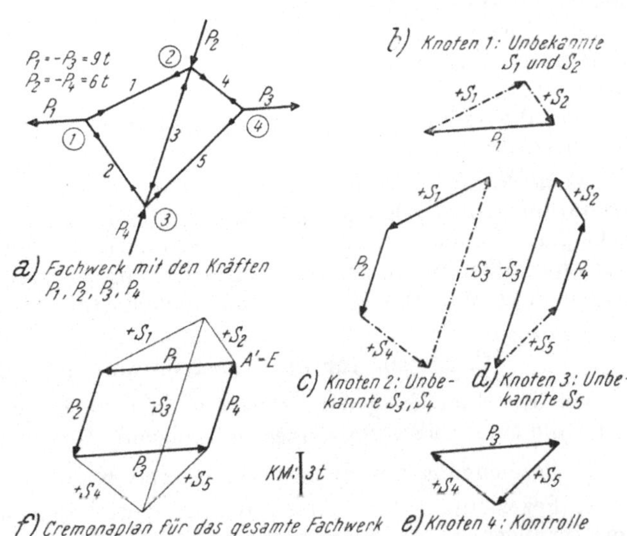

Abb. 92a bis f. Zeichnerische Ermittlung der Stabkräfte für ein unregelmäßiges Fachwerk mit den Kräften $P_1 = - P_3$ und $P_2 = - P_4$

Es kann also z. B. Knoten 2 gewählt werden: Hier sind S_3 und S_4 unbekannt, S_1 ist bereits bestimmt und P_2 als gegebene Kraft ebenfalls bekannt. Man beginnt stets mit der beim Umfahren des Knotens im Uhrzeigersinn nach den Unbekannten als erste angetroffenen bekannten Kraft: Das ist im Knoten 2 die Stabkraft S_1. Sie liegt im CREMONA-Plan ebenso wie die daran anschließende Kraft P_2 bereits an richtiger Stelle gezeichnet vor. Nun reiht man an P_2 die Stabkraft S_4 an und schließt das Krafteck mit S_3. Der Umlaufsinn dieses Kraftteckes ergibt für S_4 einen Richtungspfeil vom Knoten 2 weg, also eine Zugkraft, und für S_3 einen Richtungspfeil zum Knoten 2 hin, also eine Druckkraft. Beide Pfeile werden mit umgekehrtem Richtungssinn auf die anderen Stabenden übertragen.

Nun kommt Knoten 3 oder 4 in Betracht, da in beiden Fällen nur eine Stabkraft, nämlich S_5 zu bestimmen übrig bleibt. Im Knoten 3 folgt beim Umfahren im Uhrzeigersinn auf die Unbekannte S_5 als erste bekannte Kraft P_4, sodann S_2 und S_3; in dieser Reihenfolge liegen die drei Kräfte im CREMONA-Plan bereits fertig gezeichnet vor. Nun zeigt sich schon eine Kontrolle: Reiht man nämlich an S_3 die unbekannte Stabkraft S_5 durch Ziehen einer Parallelen zum Stab 5 an, so muß diese Gerade bei richtiger und hinreichend genauer Gesamtkonstruktion durch den Anfangspunkt von P_4 gehen. Der Umlaufsinn dieses Krafteckes ergibt für S_5 einen Richtungspfeil vom Knoten weg, also eine Zugkraft.

Die Konstruktion des CREMONA-Planes ist damit abgeschlossen, da jetzt sämtliche Stabkräfte bestimmt sind. Zur weiteren Überprüfung seiner Richtigkeit kann darin noch das Krafteck für den letzten Knoten 4 verfolgt werden; es müssen nämlich die im Knoten 4 zusammentreffenden Kräfte P_3, S_5, S_4 in dieser Reihenfolge im CREMONA-Plan ein geschlossenes Krafteck bilden, was auch zutrifft.

Anmerkung. Die Konstruktion eines CREMONA-Planes stellt eigentlich nur die rationelle Anfertigung der für die einzelnen Knotenpunkte zu zeichnenden Kraftecke dar. Wie aus den bisherigen Darlegungen hervorgeht, ist dieses Verfahren aber nur anwendbar, wenn gewisse Regeln streng eingehalten werden, die anschließend wegen ihrer Wichtigkeit noch einmal übersichtlich zusammengefaßt werden.

C. Regeln für die Konstruktion eines CREMONA-Planes

Bei der Ermittlung der Stabkräfte in beliebig gestalteten ebenen Fachwerken mit Hilfe eines CREMONA-Planes sind folgende Regeln und Richtlinien zu beachten:

1. Bezeichnung der Fachwerkstäbe und Knoten in beliebiger Art.

2. Bezeichnung der äußeren Kräfte in der Reihenfolge, wie sie am Fachwerk im Uhrzeigersinn aufeinander folgen.

3. Wahl eines Kräftemaßstabes und Zeichnen des Krafteckes für die äußeren Kräfte (einschließlich der Auflagerreaktionen) in der bezeichneten Reihenfolge im Uhrzeigersinn. Sämtliche auf das Tragwerk einwirkenden Kräfte müssen im Gleichgewicht sein, das Krafteck muß sich also schließen.

4. Die Konstruktion des CREMONA-Planes beginnt mit einem Knoten, der höchstens zwei unbekannte Stabkräfte aufweist. Als erste Kraft wird stets jene angesetzt, die beim Umfahren dieses Knotens im Uhrzeigersinn unmittelbar auf die beiden unbekannten Stabkräfte folgt. Daran sind die übrigen Kräfte in der Reihenfolge anzutragen, wie sie beim Umfahren des Knotens im Uhrzeigersinn angetroffen werden. Das Krafteck wird in der gleichen Reihenfolge durch die beiden unbekannten Stabkräfte geschlossen.

5. Übertragung der dem Umfahrungssinn des geschlossenen Krafteckes entsprechenden Richtungspfeile in die Fachwerksskizze (auf die zum betrachteten Knoten gehörigen Stabenden) und Feststellung der Vorzeichen der ermittelten Stabkräfte: Wirkt die Stabkraft in der Richtung vom Knoten weg, so ist sie eine Zugkraft, also positiv; wirkt sie hingegen zum Knoten, so ist sie eine Druckkraft, also negativ. Jeder Kraftpfeil ist mit Gegenrichtung auf das andere Stabende zu übertragen.

6. Fortsetzung der unter Ziffer 4 und 5 beschriebenen Konstruktion für die übrigen Knotenpunkte, wobei aber jeweils höchstens zwei unbekannte Stabkräfte auftreten dürfen. Die bereits ermittelten Stabkräfte sind im benachbarten Knoten genau so wie äußere Kräfte zu behandeln. Jede Stabkraft kommt bei richtiger Konstruktion des CREMONA-Planes für Dreieckfachwerke nur einmal im Kräfteplan vor, wird aber zweimal gebraucht, und zwar jedesmal im entgegengesetzten Umfahrungssinn. Beim letzten Knoten muß sich der CREMONA-Plan schließen.

7. Die zahlenmäßige Größe der einzelnen Stabkräfte ist durch den gewählten Kräftemaßstab gegeben und kann aus dem fertigen CREMONA-Plan entnommen werden. Die Stabkräfte sind unter Beachtung ihrer Vorzeichen (Zugkräfte positiv, Druckkräfte negativ) in eine vorbereitete Stabkraft-Tabelle einzutragen.

8. Für flüchtige Kontrollen ist zu beachten, daß sämtliche in einem Fachwerkknoten zusammentreffenden Kräfte (einschl. der äußeren Kräfte und der vorhandenen Auflagerreaktionen) im CREMONA-Plan stets ein geschlossenes Krafteck bilden müssen.

D. CREMONA-Plan für ein unregelmäßiges Fachwerk

Die praktische Anwendung der im vorhergehenden zusammengestellten Regeln und Richtlinien zur Konstruktion von CREMONA-Plänen soll zuerst an dem unregelmäßigen Fachwerk der Abb. 93a gezeigt werden. Seine Belastung besteht aus den beiden in gleicher Wirkungslinie liegenden, gleich großen, aber entgegengesetzt gerichteten Kräften $P_1 = -P_2$, die in den Knotenpunkten 1 und 6 angreifen. Das Fachwerk ist unter der Wirkung dieser beiden Kräfte im Gleichgewicht.

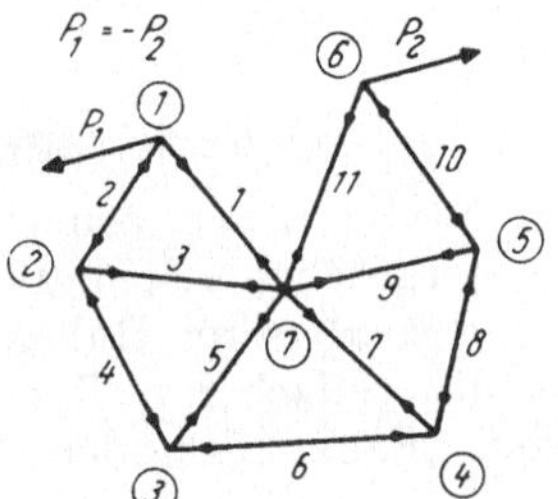

Abb. 93a. Fachwerk mit den Kräften P_1 und P_2

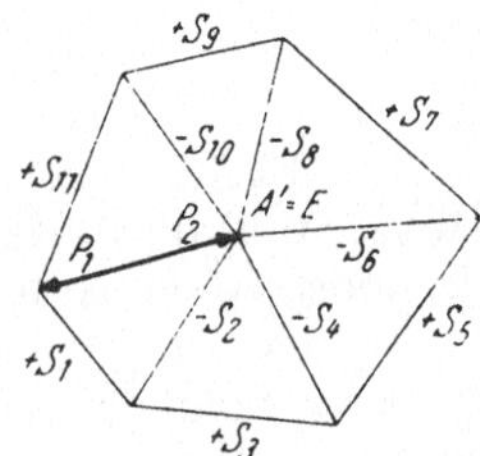

Abb. 93b. CREMONA-Plan

Abb. 93a, b. CREMONA-Plan für ein unregelmäßiges Fachwerk mit den beiden Kräften $P_1 = -P_2$

Als Vorarbeit für den CREMONA-Plan zeichnet man das geschlossene „Krafteck" für die äußeren Kräfte (Abb. 93b), das hier nur aus den beiden in der gleichen Geraden liegenden Kraftstrecken $P_1 = -P_2$ besteht. Nun beginnt man mit dem Krafteck für Knoten 1; es sind dort die bekannte äußere Kraft P_1 sowie die beiden unbekannten Stabkräfte S_1 und S_2 vorhanden. Beim Umfahren des Knotens im Uhrzeigersinn folgt auf die bekannte Kraft P_1 die erste Unbekannte S_1; sie wird also im Kräfteplan an P_1 angetragen. Sodann schließt man das Krafteck von seinem Anfangspunkt A' aus mit der Parallelen zum Stab 2 und hat damit die Unbekannten S_1 und S_2 ermittelt. Aus dem Umlaufsinn des geschlossenen Kraftteckes erhält man die Richtungspfeile für die beiden Stabkräfte im Knoten 1, und zwar zeigt der Pfeil für S_1 vom Knoten weg und der Pfeil für S_2 zum Knoten; es ist daher S_1 eine Zugkraft, also positiv, und S_2 eine Druckkraft, also negativ. Nun überträgt man die Pfeile mit Gegenrichtung auf das andere Stabende und zeichnet das Krafteck für Knoten 2. Hier ist S_2 bereits bekannt, somit sind nur die beiden unbekannten Stabkräfte S_3 und S_4 zu ermitteln. S_2 liegt im Kräfteplan bereits gezeichnet vor, man reiht daran S_3 (weil diese Stabkraft im Lageplan beim Umfahren des Knotens 2 im Uhrzeigersinn nach der bekannten Kraft S_2 zuerst angetroffen wird) und schließt das Krafteck mit S_4. Aus dem Umfahrungssinn des geschlossenen Kraftteckes erhält man im Knoten 2 für S_3 einen Zugpfeil und für S_4 einen Druckpfeil. Nach Übertragung dieser Pfeile mit Gegenrichtung auf das andere Stabende kann man bei Knoten 3 in gleicher Weise verfahren und ebenso der Reihe nach auch bei den Knoten 4 und 5.

Eine Kontrolle ergibt sich bereits im Knoten 6, denn hier ist nur die Stabkraft S_{11} als einzige Unbekannte zu bestimmen, weil P_2 als äußere Kraft bekannt und S_{10} schon im Knoten 5 bestimmt worden ist. Im Knoten 6 folgt beim Umfahren im Uhrzeigersinn auf die Unbekannte S_{11} die bekannte äußere Kraft P_2 und darauf die schon bestimmte Stabkraft S_{10}. In dieser Reihenfolge müssen die beiden bekannten Kräfte P_2 und S_{10} im Kräfteplan schon gezeichnet vorliegen; ferner muß die Parallele zum Stab 11 durch den Anfangspunkt von P_2 im Krafteck — bei richtiger und hinreichend genau ausgeführter Konstruktion — durch den Endpunkt von S_{10} hindurchgehen.

Eine weitere Kontrolle kann durch Nachprüfung des Kraftteckes für den noch nicht benutzten zentralen Knoten 7 durchgeführt werden. Es müssen nämlich in dem schon fertig vorliegenden CREMONA-Plan sämtliche im Knoten 7 vorhandenen Stabkräfte ein geschlossenes Krafteck in der gleichen Reihenfolge bilden, wie sie beim Umfahren des Knotens im Uhrzeigersinn angetroffen werden; also S_{11}, S_9, S_7, S_5, S_3, S_1. Der Umlaufsinn in diesem Krafteck bestätigt auch die Richtigkeit der im Lageplan bei Knoten 7 bereits eingetragenen Richtungspfeile.

Weitere ausführlich beschriebene Konstruktionen von CREMONA-Plänen sind Seite 54ff. für regelmäßige Fachwerke durchgeführt.

4. Fachwerkträger

Die Fachwerkträger sind im Bauwesen von großer Bedeutung; sie können in Holz, Stahl oder Stahlbeton ausgeführt sein und werden hauptsächlich zur Überdeckung weiter Räume, also besonders im Hallenbau, aber auch im Brückenbau verwendet. Hier sollen nur die einfacheren Typen, die bei Dachkonstruktionen größerer Spannweiten als sog. „Fachwerkbinder" Anwendung finden, in Betracht gezogen werden.

In den Abb. 94 bis 99 sind einige Grundformen solcher Fachwerkbinder mit den in den Knotenpunkten angreifenden äußeren Kräften dargestellt. Die Überprüfung,

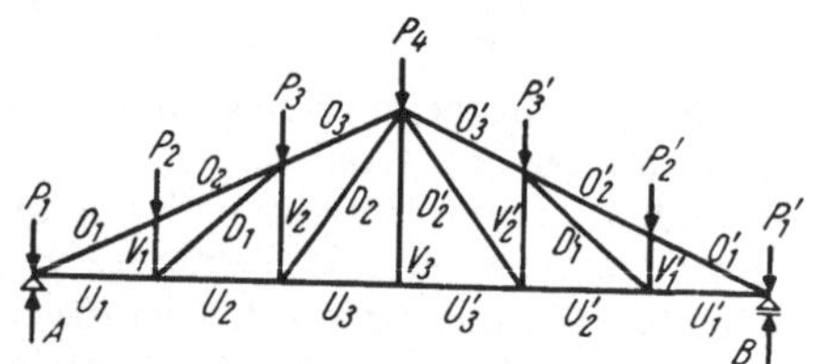

Abb. 94. „Dreieck-Binder" mit horizontalem Untergurt

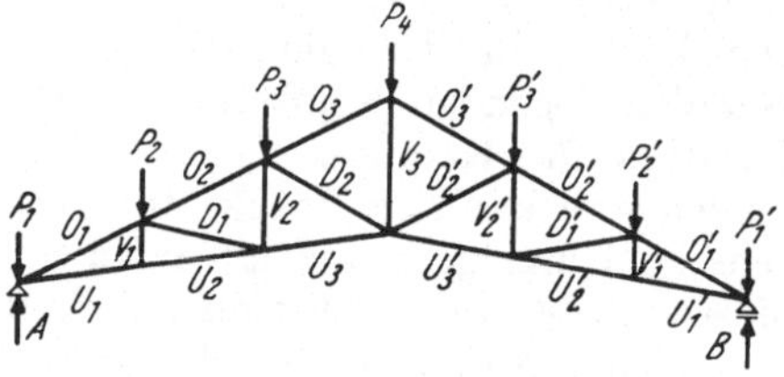

Abb. 95. „Dreieck-Binder" mit geneigtem Untergurt

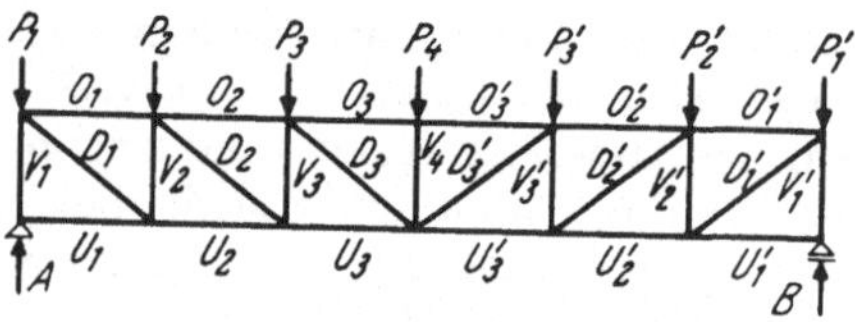

Abb. 96. „Parallelgurt-Binder"

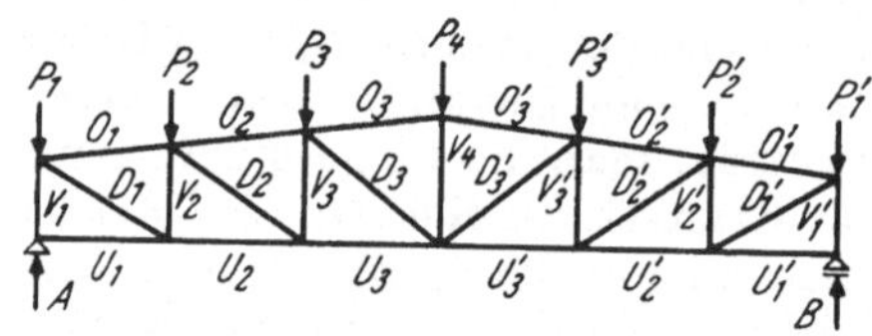

Abb. 97. „Trapez-Binder"

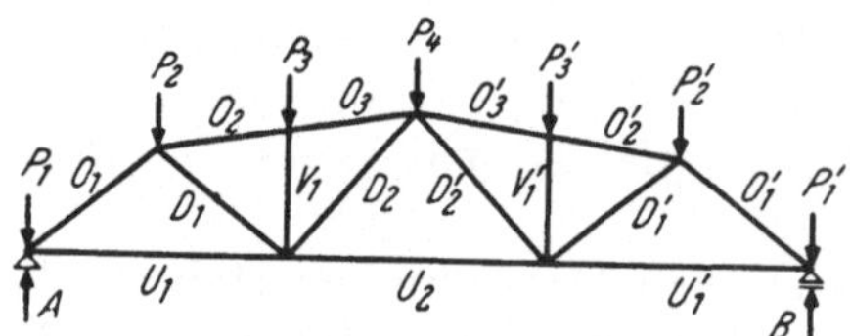

Abb. 98. „Mansard-Binder"

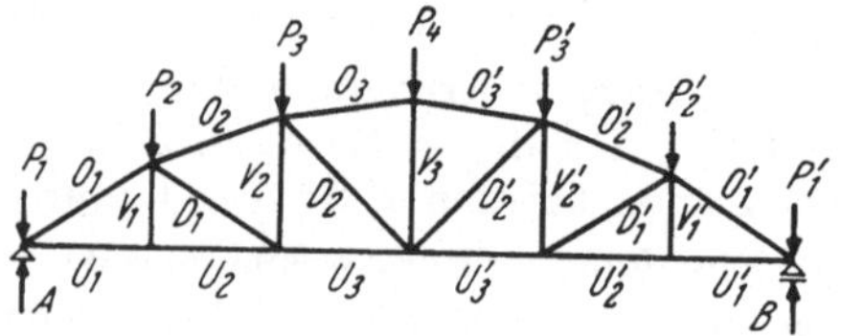

Abb. 99. „Parabel-Binder"

Abb. 94 bis 99. Verschiedene Typen von Fachwerkbindern

ob solche Fachwerke innerlich statisch bestimmt oder unbestimmt sind, kann nach den Bedingungen (72) erfolgen.

Man spricht bei Fachwerkbindern von einem „Obergurt" und einem „Untergurt" und den dazwischen liegenden „Füllungsstäben" oder „Ausfachungsstäben". Die „*Obergurtstäbe*" erhalten die Bezeichnungen O_1, O_2, usw., die „*Untergurtstäbe*" U_1, U_2, usw.; die „Füllungsstäbe" werden je nach ihrer Lage als „*Diagonalen*" D_1, D_2, usw. oder als „*Vertikalen*" V_1, V_2, usw. oder als „*Schrägstäbe*" S_1, S_2, usw. bezeichnet. Die symmetrisch gelegenen Stäbe eines Fachwerkes werden durch die Bezeichnung O_1', O_2', usw. bzw. U_1', U_2', usw. gekennzeichnet.

Nach der äußeren Form unterscheidet man verschiedene Typen von Fachwerkbindern, z. B. „Dreieck-Binder" mit horizontalem Untergurt (Abb. 94), „Dreieck-Binder" mit geneigtem Untergurt (Abb. 95), „Parallelgurt-Binder" (Abb. 96), „Trapez-Binder" (Abb. 97), „Mansard-Binder" (Abb. 98), „Parabel-Binder" (Abb. 99).

Durch verschiedene Formen des Binder-Obergurtes bzw. des Binder-Untergurtes sowie durch die Art der Ausfachung, also durch die Anzahl und Lage der „Füllungsstäbe", sind viele Variationsmöglichkeiten gegeben; es können damit — wie aus den zahlreichen Beispielen in den Tafeln I und II auf Seite 80ff. hervorgeht — mannigfaltige, den praktischen Bedürfnissen angepaßte Bindertypen entwickelt werden.

5. Zeichnerische Ermittlung der Stabkräfte in Fachwerkbindern

A. Bestimmung der Auflagerreaktionen

Die Fachwerkbinder werden in der Regel als sog. „frei aufliegende" Träger ausgeführt. Sie erhalten ein festes und ein waagrecht verschiebliches Auflager und sind damit „statisch bestimmt" gelagert, d. h. die Ermittlung der Auflagerreaktionen kann für beliebige Belastungen mit Hilfe der drei statischen Gleichgewichtsbedingungen $\Sigma H = 0$, $\Sigma V = 0$, $\Sigma M = 0$ vorgenommen werden (vgl. die ausführlichen Darlegungen der Zusammenhänge Seite 84ff.).

Die Ermittlung der Auflagerreaktionen kann also bei „Fachwerkträgern" genau so erfolgen wie bei den einfachen „Vollwandträgern", z. B. bei Holzbalken oder Stahlträgern. Wenn sämtliche äußeren Lasten lotrecht wirken, so sind auch die beiden Auflagerreaktionen A und B lotrecht gerichtet. Wirken hingegen auf einen Fachwerk- oder Vollwandträger schräge Lasten ein, so wird zwar im verschieblichen Lager wieder eine lotrechte Auflagerreaktion auftreten, im festen Auflager wird die Auflagerreaktion aber schräg gerichtet sein, d. h. es werden dort eine Vertikalkomponente V und eine Horizontalkomponente H auftreten.

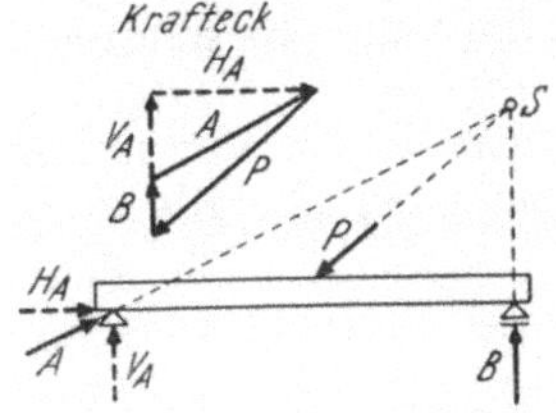

Abb. 100. Auflagerreaktionen A und B für einen Träger mit schräger Einzellast von rechts

Wie in einem solchen Falle die Ermittlung dieser unbekannten Auflagerreaktionen im Prinzip durchgeführt werden kann, soll anhand Abb. 100 für einen Träger mit einer schrägen Einzellast P gezeigt werden. Dieser Träger hat bei A ein festes, bei B ein waagrecht verschiebliches Auflager. Da im verschieblichen Lager nur lotrechte Kräfte übertragen werden können, so muß auch die Wirkungslinie der Auflagerreaktion B lotrecht verlaufen, sie ist damit von vornherein bekannt. Durch den Schnittpunkt S der Wirkungslinien von P und B muß aber auch die Wirkungslinie der Auflagerreaktion A hindurchgehen, da drei Kräfte nach den Erläuterungen Seite 29f. nur dann im Gleichgewicht sind, wenn sie sich in einem Punkte schneiden. Damit ist auch die Wirkungslinie AS der Auflagerreaktion A festgelegt; man braucht jetzt nur die gegebene Kraft P in die Wirkungslinien

AS und BS zu zerlegen und hat damit die beiden „Auflagerdrücke“ A und B der Größe und Richtung nach bestimmt. Die „Auflagerreaktionen“ A und B haben gleiche Größe, aber entgegengesetzte Richtung wie die Auflagerdrücke.

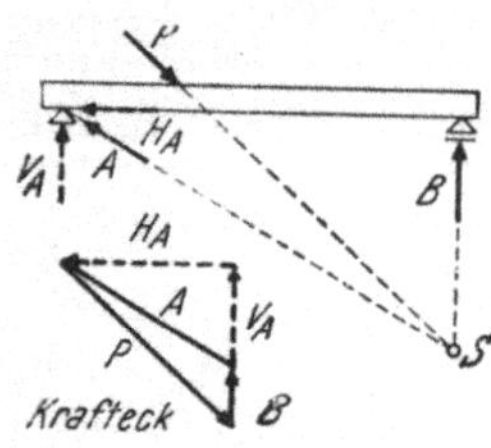

Abb. 101. Auflagerreaktionen A und B für einen Träger mit schräger Einzellast von links

Da die gegebene äußere Kraft P mit den beiden Auflagerreaktionen A und B einen Gleichgewichtszustand bildet, muß sich das Krafteck für diese drei Kräfte, das in Abb. 100 in vollen Linien gezeichnet ist, schließen. Die schräge Auflagerreaktion A kann außerdem in die Vertikalkomponente V_A und die Horizontalkomponente H_A zerlegt werden, wie in diesem Krafteck gestrichelt angedeutet ist.

In Abb. 101 ist die Ermittlung der Auflagerreaktionen H_A, V_A und B für einen frei aufliegenden Träger mit einer von links nach rechts geneigten Kraft P durchgeführt. Der dabei einzuhaltende Vorgang ist der gleiche wie vorher, doch ergibt sich hier die horizontale Auflagerreaktion H_A von rechts nach links gerichtet.

Anmerkung. Fällt der Schnittpunkt S der Wirkungslinien von A und B außerhalb des Zeichenblattes, so ist es bequemer, die Auflagerreaktion im verschieblichen Lager unter Verwendung der Bedingung $\Sigma M = 0$ rechnerisch zu ermitteln. Es lautet z. B. für den Fachwerkbinder in Abb. 102 mit dem festen Auflager in A und dem verschieblichen in B die Bedingung $\Sigma M_A = 0$ mit den gewählten Bezeichnungen folgendermaßen:

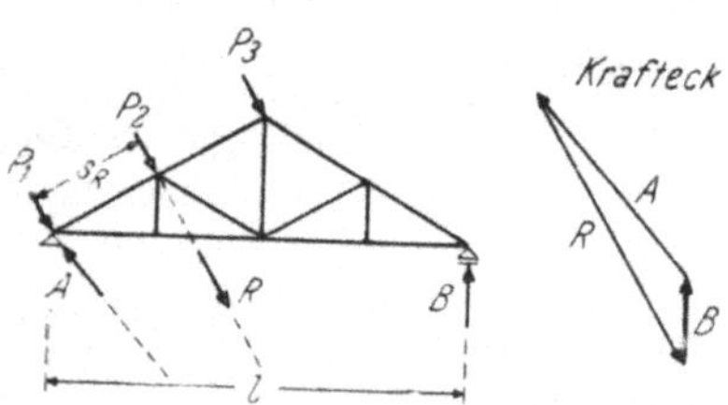

Abb. 102. Ermittlung der Auflagerreaktionen für schräge Kräfte: Im verschieblichen Auflager B rechnerisch und im festen Auflager A zeichnerisch

$$B \cdot l - R \cdot s_R = 0;$$

daraus erhält man sofort

$$B = \frac{R \cdot s_R}{l}. \tag{73}$$

Nun kann das Krafteck gezeichnet werden, indem man an die der Größe und Richtung nach bekannte Resultierende R die gemäß Gl. (73) ermittelte Auflagerreaktion B anträgt. Die Verbindung des Endpunktes von B mit dem Anfangspunkt der Resultierenden R ergibt sodann die Auflagerreaktion A der Größe und Richtung nach.

Man kann also die Auflagerreaktionen auch durch eine Kombination des rechnerischen und des zeichnerischen Verfahrens bestimmen.

B. CREMONA-Pläne für lotrechte Belastung

Zur Konstruktion eines CREMONA-Planes für einen Fachwerkbinder können die gleichen Regeln und Richtlinien verwendet werden, die bereits Seite 50f. zusammengestellt worden sind. Als Vorarbeit sind aber in jedem Fall die Auflagerreaktionen A und B zu ermitteln. Das Fachwerk befindet sich unter der Wirkung der äußeren Lasten, also der sog. „Knotenlasten“ P, und der beiden Auflagerreaktionen A und B im Gleichgewicht. Für symmetrisch ausgebildete und symmetrisch belastete Fachwerke erhalten die paarweise symmetrisch gelegenen Stäbe gleiche Kräfte, so daß es genügt, den CREMONA-Plan nur für eine Tragwerkshälfte zu konstruieren. Zeichnet man ihn jedoch vollständig für das gesamte Tragwerk, so erhält man eine symmetrische Figur, deren Symmetrieachse aber stets senkrecht zur Symmetrieachse des Fachwerkes liegt.

Anschließend soll die Konstruktion der CREMONA-Pläne für einige symmetrische Fachwerkstypen, von einfachsten Fällen ausgehend, ausführlich dargelegt werden.

a) CREMONA-Plan für Dreieck-Binder (Abb. 103a bis d)

Für das in den Knoten 2, 3, 2′ symmetrisch belastete Fachwerk erhält man die Auflagerreaktionen

$$A = B = 0{,}5\,\Sigma P = 0{,}5\,(P_1 + P_2 + P_1') = 0{,}5 \cdot 10{,}2 = 5{,}1 \text{ t}.$$

Es sind also insgesamt fünf Kräfte, nämlich P_1, P_2, P_1', A, B vorhanden, die zusammen im Gleichgewicht sind und daher ein geschlossenes Krafteck bilden (vgl. Abb. 103b).

Nach diesen Vorbereitungen kann der CREMONA-Plan nach den Regeln Seite 50f. gezeichnet werden: Man beginnt am Auflagerknoten A; hier sind die beiden un-

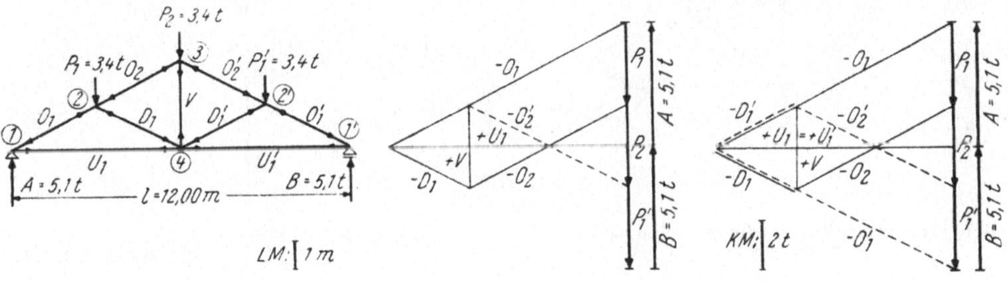

Abb. 103a. Stabbezeichnungen und Belastungsangaben

Abb. 103b. CREMONA-Plan für eine Fachwerkshälfte

Abb. 103c. CREMONA-Plan für das gesamte Fachwerk

Stab	t
$O_1 = O_1'$	$-11{,}10$
$O_2 = O_2'$	$-7{,}40$
$U_1 = U_1'$	$+9{,}80$
V	$+3{,}40$
$D_1 = D_1'$	$-3{,}70$

Abb. 103d. Stabkraft-Tabelle

Abb. 103a bis d. Stabkraftermittlung für einen Dreieck-Binder mit Hilfe des CREMONA-Planes

bekannten Stabkräfte O_1 und U_1 zu bestimmen. Beim Umfahren des Knotens im Uhrzeigersinn folgt auf die bekannte Kraft A die Stabkraft O_1, sie wird also zuerst an A angereiht und dann das Krafteck mit U_1 geschlossen. Der Umlaufsinn dieses Kraftecks ergibt für O_1 einen Richtungspfeil zum Knoten, also eine Druckkraft, und für U_1 einen Richtungspfeil vom Knoten weg, also eine Zugkraft. Nach Übertragung dieser Pfeile mit umgekehrtem Richtungssinn auf die gegenüberliegenden Stabenden setzt man den CREMONA-Plan am Knoten 2 fort. Dort sind O_2 und D_1 unbekannt; beim Umfahren des Knotens im Uhrzeigersinn trifft man nach diesen beiden Unbekannten auf O_1 als erste bekannte Kraft und beginnt mit ihr den Kräfteplan, reiht P_1 an (liegt schon gezeichnet vor!) und dann O_2 und schließt das Krafteck mit D_1. Der Umlaufsinn ergibt für O_2 und für D_1 je einen Druckpfeil. Nach Übertragung dieser Richtungspfeile mit Gegensinn auf die anderen Stabenden folgt der Firstknoten 3; dort ist nur V unbekannt, denn infolge Symmetrie muß O_2' gleich O_2 sein. Beim Umfahren des Knotens im Uhrzeigersinn trifft man nach der Unbekannten V als erste bekannte Kraft O_2, mit der man also das Krafteck beginnt. Daran reiht man P_2 (liegt schon gezeichnet vor!) und $O_2' = O_2$ an und schließt mit V. Hier ergibt sich bereits eine Probe, denn die Parallele zum Stab V muß durch den Anfangspunkt von O_2 gehen. Damit sind sämtliche Kräfte bestimmt. Zeichnet man den CREMONA-Plan auch für die andere Tragwerkshälfte, so ergibt sich ein symmetrischer Kräfteplan, der in Abb. 103c dargestellt ist. Die zweite Hälfte ist hier gestrichelt gezeichnet. Die erhaltenen Stabkräfte werden zur besseren Übersicht in eine besondere Tabelle, die sog. „Stabkraft-Tabelle“, eingetragen (Abb. 103d).

Weitere Musterbeispiele für die Konstruktion von CREMONA-Plänen für Dreieck-Binder und verwandte Systeme mit verschiedenen Ausfachungsarten bei lotrechter Belastung sind in den Abb. 108 bis 119 dargestellt.

b) CREMONA-Plan für Mansard-Binder (Abb. 104a bis c)

Die anhand Abb. 103a, b gegebene ausführliche Beschreibung zur Konstruktion eines CREMONA-Planes für einen Dreieck-Binder trifft auch für das in Abb. 104a

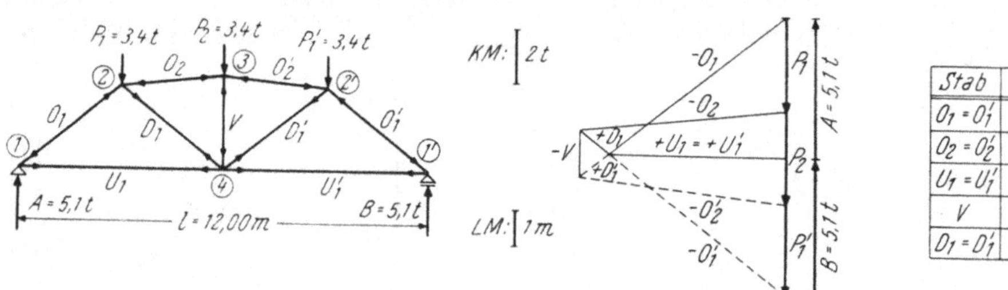

Stab	t
$O_1 = O_1'$	−8,30
$O_2 = O_2'$	−7,65
$U_1 = U_1'$	+6,55
V	−1,85
$D_1 = D_1'$	+1,35

Abb. 104a. Stabbezeichnungen und Belastungsangaben

Abb. 104b. CREMONA-Plan

Abb. 104c. Stabkraft-Tabelle

Abb. 104a bis c. Stabkraftermittlung für einen Mansard-Binder mit Hilfe des CREMONA-Planes

vorliegende Fachwerk wörtlich zu. Es treten keine weiteren Besonderheiten auf. Der CREMONA-Plan für die linke Tragwerkshälfte ist in Abb. 104b in vollen Linien, für die rechte Tragwerkshälfte gestrichelt gezeichnet; die daraus entnommenen Stabkräfte sind in der nebenstehenden Tabelle Abb. 104c eingeschrieben.

Weitere Beispiele von CREMONA-Plänen für Trapez-Binder, Mansard-Binder und verwandte Systeme verschiedener Ausfachung bei lotrechter Belastung zeigen die Abb. 120 bis 127.

c) CREMONA-Plan für WIEGMANN-Binder (Abb. 105a bis c)

Die Belastung besteht hier aus den symmetrisch einwirkenden Knotenlasten P_1, P_2, P_3, P_2', P_1' (vgl. Abb. 105a). Die Auflagerreaktionen ergeben sich wieder aus der halben Gesamtbelastung; es wird daher

$$A = B = 0{,}5\,\Sigma P = 0{,}5\,(2\,P_1 + 2\,P_2 + P_3) = 0{,}5 \cdot 13{,}6 = 6{,}8\ \mathrm{t}.$$

Man zeichnet nach den Regeln Seite 50f. zunächst für alle auf das Fachwerk einwirkenden äußeren Kräfte ein Krafteck, das durch die Auflagerreaktionen A und B geschlossen wird (vgl. Abb. 105b). Der CREMONA-Plan kann für den linken Auflagerknoten begonnen werden. Dort sind O_1 und U_1 unbekannt; als erste bekannte Kraft nach den Unbekannten wird beim Umfahren des Knotens im Uhrzeigersinn A angetroffen. Man geht daher von A aus, reiht P_1 an (liegt schon gezeichnet vor!), sodann O_1 und schließt das Krafteck mit U_1. Der Umfahrungssinn ergibt für O_1 einen „Druckpfeil“ und für U_1 einen „Zugpfeil“; diese Pfeile überträgt man mit umgekehrter Richtung auf das andere Stabende. Nun folgt Knoten 2 mit den beiden Unbekannten S_1 und O_2 und den Bekannten O_1 und P_2. Im Uhrzeigersinn umfahrend trifft man im Knoten nach den Unbekannten zuerst O_1 an. Man beginnt daher mit O_1 und reiht P_2 an (beide Kräfte liegen schon gezeichnet vor!), darauf O_2 und schließt das Krafteck mit S_1. Der Umlaufsinn des Kraftecks ergibt für S_1 und O_2 je einen Druckpfeil. Nach Übertragung dieser Pfeile mit Gegenrichtung auf die anderen Stabenden wird der Kräfteplan für Knoten 3

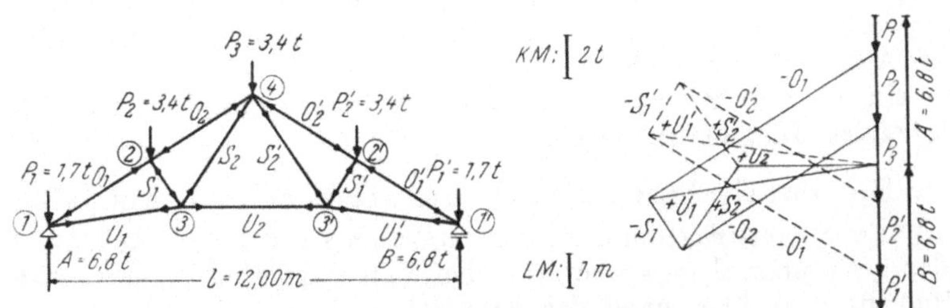

Abb. 105a. Stabbezeichnungen und Belastungsangaben

Abb. 105b. CREMONA-Plan

Abb. 105c. Stabkraft-Tabelle

Stab	t
$O_1 = O_1'$	−12,25
$O_2 = O_2'$	−10,40
$U_1 = U_1'$	+10,50
U_2	+ 6,30
$S_1 = S_1'$	− 2,90
$S_2 = S_2'$	+ 4,65

Abb. 105a bis c. CREMONA-Plan für einen WIEGMANN-Binder

mit den Unbekannten U_2 und S_2 gezeichnet. Man beginnt mit U_1, weil diese Stabkraft beim Umfahren des Knotens im Uhrzeigersinn als erste nach den Unbekannten angetroffen wird, reiht S_1 an (beide Kräfte liegen bereits gezeichnet vor!) und weiter S_2 und schließt sodann das Krafteck mit U_2. Der Umlaufsinn des Kraftecks ergibt für S_2 und U_2 je einen Zugpfeil. Auf diese Weise ist der CREMONA-Plan für eine Tragwerkshälfte abgeschlossen; gleichzeitig sind damit infolge Symmetrie bereits sämtliche Stabkräfte bestimmt. Der CREMONA-Plan für die rechte Tragwerkshälfte, auf den also in praktischen Fällen verzichtet werden kann, ist gestrichelt gezeichnet. Die erhaltenen Stabkräfte sind in der Tabelle Abb. 105c eingetragen.

d) CREMONA-Plan für Parallelgurt-Binder mit fallenden Diagonalen

Aus Abb. 106a sind die Stabbezeichnungen und Belastungsangaben für ein solches Tragsystem ersichtlich. Die Vorbereitungsarbeiten, also das Zeichnen des geschlossenen Kraftecks für die äußere Belastung und die Auflagerreaktionen A und B,

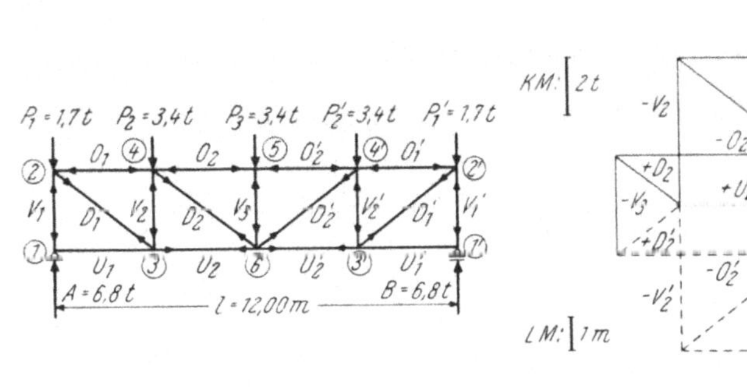

Abb. 106a. Stabbezeichnungen und Belastungsangaben

Abb. 106b. CREMONA-Plan

Abb. 106c. Stabkraft-Tabelle

Stab	t
$O_1 = O_1'$	− 6,50
$O_2 = O_2'$	− 8,65
$U_1 = U_1'$	0,00
$U_2 = U_2'$	+ 6,50
$V_1 = V_1'$	− 6,80
$V_2 = V_2'$	− 5,10
V_3	− 3,40
$D_1 = D_1'$	+ 8,20
$D_2 = D_2'$	+ 2,75

Abb. 106a bis c. CREMONA-Plan für einen Parallelgurt-Binder mit „fallenden" Diagonalen

werden in gleicher Weise wie in den vorangegangenen Beispielen durchgeführt. Der CREMONA-Plan in Abb. 106b beginnt nach den Regeln Seite 50f. wieder für das linke Auflager A (Knoten 1). Hier sind V_1 und U_1 unbekannt. Aus dem Kräfteplan ergibt sich mechanisch, daß hier die Stabkräfte $U_1 = 0$ und $V_1 = A$ werden, wobei man für V_1 einen Druckpfeil erhält. Nun folgt der Obergurtknoten 2 mit O_1 und D_1 als Unbekannten. Man beginnt mit V_1, reiht P_1 an (beide Kräfte liegen bereits gezeichnet vor!), sodann O_1 und schließt mit D_1. Es ergibt sich für O_1 ein Druckpfeil und für D_1 ein Zugpfeil. Die Fortsetzung der Kräftepläne für die Knoten 3, 4, 5 usw. bringt nichts Neues mehr; sie können in üblicher Weise konstruiert werden. Der gesamte CREMONA-Plan ist in Abb. 106b, und zwar gestrichelt auch für die rechte Tragwerkshälfte, dargestellt; die daraus entnommenen Stabkräfte sind in der Tabelle Abb. 106c eingeschrieben.

In Abb. 129 ist ein weiteres Beispiel eines CREMONA-Planes für einen Parallelgurt-Binder mit fallenden Diagonalen gegeben.

e) CREMONA-Plan für Parallelgurt-Binder mit steigenden Diagonalen

Der Unterschied in der Konstruktion des CREMONA-Planes für den in Abb. 107a dargestellten Binder gegenüber dem vorhergehenden Fall zeigt sich bereits beim ersten Knoten. Man beginnt hier nach der Ermittlung der Auflagerreaktionen (vgl. Abb. 107b) im Obergurtknoten 1. Dort sind O_1 und V_1 unbekannt; es ergibt sich aber sofort, daß die Stabkraft $O_1 = 0$ ist und $V_1 = P_1$, und zwar eine Druckkraft. Nach Eintragung der Pfeile folgt die Konstruktion des Kraftecks für den Auflagerknoten bei A mit den Unbekannten U_1 und D_1 nach den bekannten Regeln. In gleicher Weise kann bei den übrigen Knoten verfahren werden. Der CREMONA-Plan ist in Abb. 107b für die rechte Tragwerkshälfte gestrichelt gezeichnet. Die Ergebnisse sind in der Stabkraft-Tabelle Abb. 107c eingetragen.

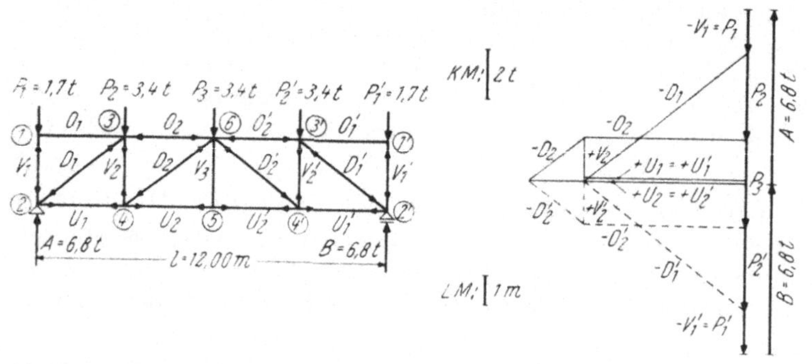

Stab	t
$O_1 = O_1'$	0,00
$O_2 = O_2'$	−6,50
$U_1 = U_1'$	+6,50
$U_2 = U_2'$	+8,65
$V_1 = V_1'$	−1,70
$V_2 = V_2'$	+1,70
V_3	0,00
$D_1 = D_1'$	−8,20
$D_2 = D_2'$	−2,75

Abb. 107a. Stabbezeichnungen und Belastungsangaben — Abb. 107b. CREMONA-Plan — Abb. 107c. Stabkraft-Tabelle

Abb. 107a bis c. CREMONA-Plan für einen Parallelgurt-Binder mit „steigenden" Diagonalen

Weitere Musterbeispiele von CREMONA-Plänen für Parallelgurt-Binder mit verschiedenen Ausfachungsarten sind in den Abb. 128 bis 131 dargestellt.

Schlußbemerkung. CREMONA-Pläne für unsymmetrisch ausgebildete Fachwerkbinder werden nach den gleichen Grundsätzen konstruiert; in Abb. 132 bis 135 sind praktische Beispiele für solche Fälle durchgeführt.

Bei Fachwerk-Kragträgern kann die Konstruktion des CREMONA-Planes sofort ohne vorherige Ermittlung der Auflagerreaktionen im Randknoten mit nur zwei unbekannten Stabkräften begonnen werden. Die Auflagerreaktionen A und B ergeben sich nach Fertigstellung des CREMONA-Planes aus den Kraftecken der letzten Knoten. Zur Kontrolle können aber A und B auch aus der Resultierenden R der äußeren Kräfte gesondert bestimmt werden. In den Abb. 136 und 137 ist die Konstruktion des CREMONA-Planes für zwei dreieckförmige Kragbinder, die sich nur durch die Lage der Diagonalen unterscheiden, durchgeführt.

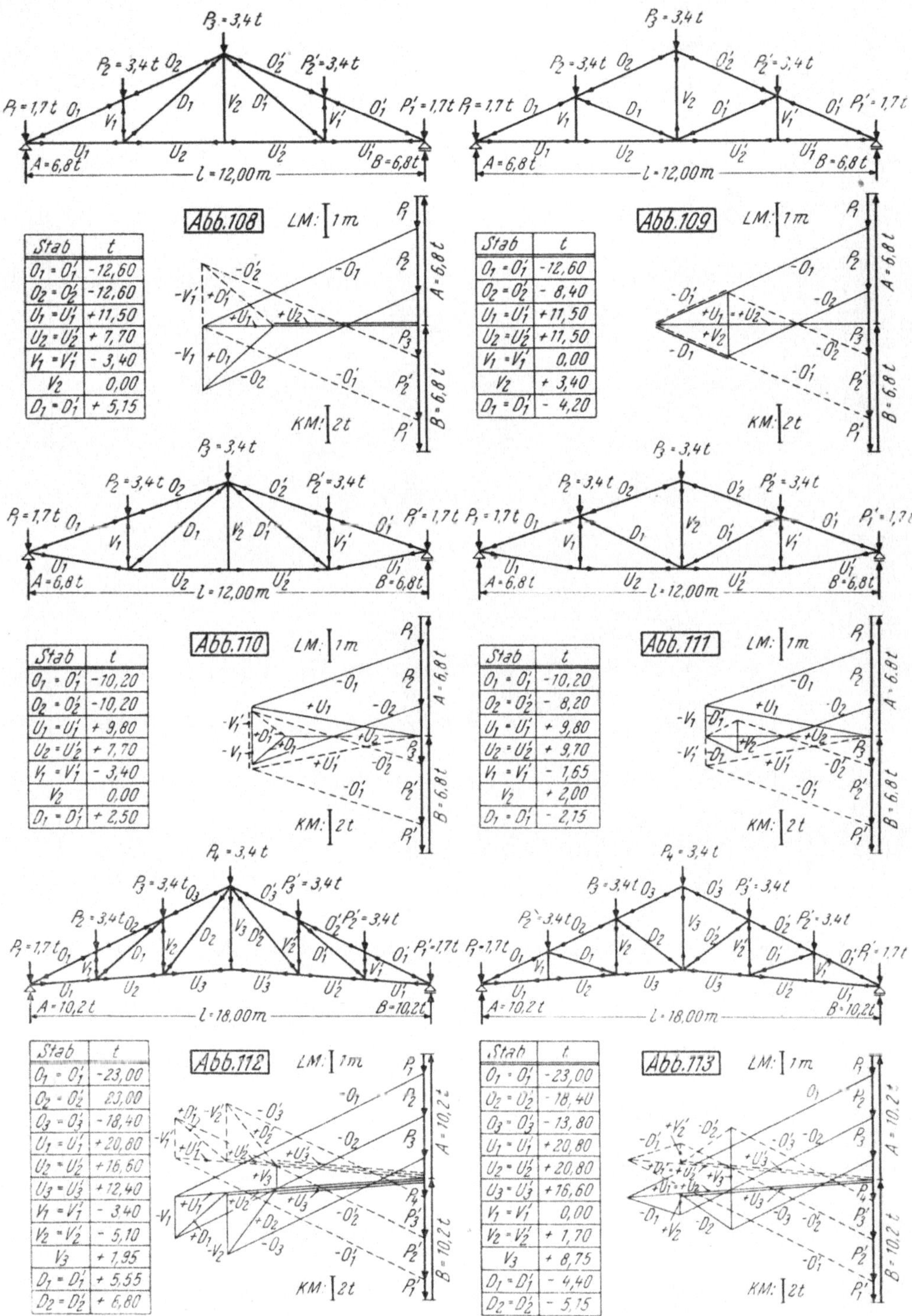

Abb. 108:

Stab	t
$O_1 = O_1'$	− 12,60
$O_2 = O_2'$	− 12,60
$U_1 = U_1'$	+ 11,50
$U_2 = U_2'$	+ 7,70
$V_1 = V_1'$	− 3,40
V_2	0,00
$D_1 = D_1'$	+ 5,15

Abb. 109:

Stab	t
$O_1 = O_1'$	− 12,60
$O_2 = O_2'$	− 8,40
$U_1 = U_1'$	+ 11,50
$U_2 = U_2'$	+ 11,50
$V_1 = V_1'$	0,00
V_2	+ 3,40
$D_1 = D_1'$	− 4,20

Abb. 110:

Stab	t
$O_1 = O_1'$	− 10,20
$O_2 = O_2'$	− 10,20
$U_1 = U_1'$	+ 9,80
$U_2 = U_2'$	+ 7,70
$V_1 = V_1'$	− 3,40
V_2	0,00
$D_1 = D_1'$	+ 2,50

Abb. 111:

Stab	t
$O_1 = O_1'$	− 10,20
$O_2 = O_2'$	− 8,20
$U_1 = U_1'$	+ 9,80
$U_2 = U_2'$	+ 9,70
$V_1 = V_1'$	− 1,65
V_2	+ 2,00
$D_1 = D_1'$	− 2,15

Abb. 112:

Stab	t
$O_1 = O_1'$	− 23,00
$O_2 = O_2'$	23,00
$O_3 = O_3'$	− 18,40
$U_1 = U_1'$	+ 20,80
$U_2 = U_2'$	+ 16,60
$U_3 = U_3'$	+ 12,40
$V_1 = V_1'$	− 3,40
$V_2 = V_2'$	− 5,10
V_3	+ 1,95
$D_1 = D_1'$	+ 5,55
$D_2 = D_2'$	+ 6,80

Abb. 113:

Stab	t
$O_1 = O_1'$	− 23,00
$O_2 = O_2'$	− 18,40
$O_3 = O_3'$	− 13,80
$U_1 = U_1'$	+ 20,80
$U_2 = U_2'$	+ 20,80
$U_3 = U_3'$	+ 16,60
$V_1 = V_1'$	0,00
$V_2 = V_2'$	+ 1,70
V_3	+ 8,75
$D_1 = D_1'$	− 4,40
$D_2 = D_2'$	− 5,15

Abb. 108 bis 113. CREMONA-Pläne für Dreieck-Binder mit horizontalen und geneigten Untergurten sowie verwandte Systeme mit verschiedener Ausfachung bei lotrechter Belastung

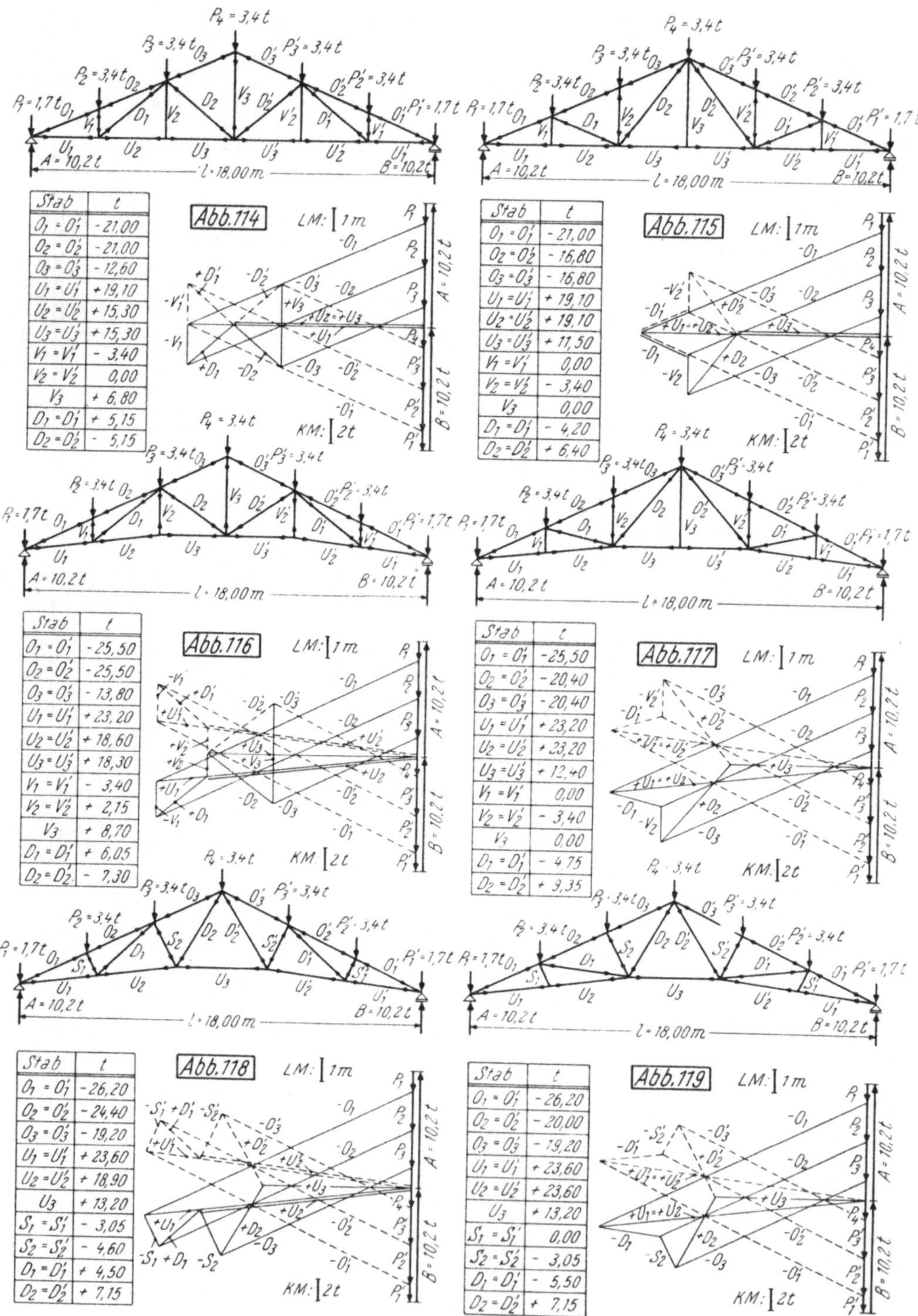

Abb. 114

Stab	t
$O_1 = O_1'$	-21,00
$O_2 = O_2'$	-21,00
$O_3 = O_3'$	-12,60
$U_1 = U_1'$	+19,10
$U_2 = U_2'$	+15,30
$U_3 = U_3'$	+15,30
$V_1 = V_1'$	-3,40
$V_2 = V_2'$	0,00
V_3	+6,80
$D_1 = D_1'$	+5,15
$D_2 = D_2'$	-5,15

Abb. 115

Stab	t
$O_1 = O_1'$	-21,00
$O_2 = O_2'$	-16,80
$O_3 = O_3'$	-16,80
$U_1 = U_1'$	+19,10
$U_2 = U_2'$	+19,10
$U_3 = U_3'$	+11,50
$V_1 = V_1'$	0,00
$V_2 = V_2'$	-3,40
V_3	0,00
$D_1 = D_1'$	-4,20
$D_2 = D_2'$	+6,40

Abb. 116

Stab	t
$O_1 = O_1'$	-25,50
$O_2 = O_2'$	-25,50
$O_3 = O_3'$	-13,80
$U_1 = U_1'$	+23,20
$U_2 = U_2'$	+18,60
$U_3 = U_3'$	+18,30
$V_1 = V_1'$	-3,40
$V_2 = V_2'$	+2,15
V_3	+8,70
$D_1 = D_1'$	+6,05
$D_2 = D_2'$	-7,30

Abb. 117

Stab	t
$O_1 = O_1'$	-25,50
$O_2 = O_2'$	-20,40
$O_3 = O_3'$	-20,40
$U_1 = U_1'$	+23,20
$U_2 = U_2'$	+23,20
$U_3 = U_3'$	+12,40
$V_1 = V_1'$	0,00
$V_2 = V_2'$	-3,40
V_3	0,00
$D_1 = D_1'$	-4,75
$D_2 = D_2'$	+9,35

Abb. 118

Stab	t
$O_1 = O_1'$	-26,20
$O_2 = O_2'$	-24,40
$O_3 = O_3'$	-19,20
$U_1 = U_1'$	+23,60
$U_2 = U_2'$	+18,90
U_3	+13,20
$S_1 = S_1'$	-3,05
$S_2 = S_2'$	-4,60
$D_1 = D_1'$	+4,50
$D_2 = D_2'$	+7,15

Abb. 119

Stab	t
$O_1 = O_1'$	-26,20
$O_2 = O_2'$	-20,00
$O_3 = O_3'$	-19,20
$U_1 = U_1'$	+23,60
$U_2 = U_2'$	+23,60
U_3	+13,20
$S_1 = S_1'$	0,00
$S_2 = S_2'$	-3,05
$D_1 = D_1'$	-5,50
$D_2 = D_2'$	+7,15

Abb. 114 bis 119. CREMONA-Pläne für Dreieck-Binder und verwandte Systeme mit verschiedener Ausfachung bei lotrechter Belastung

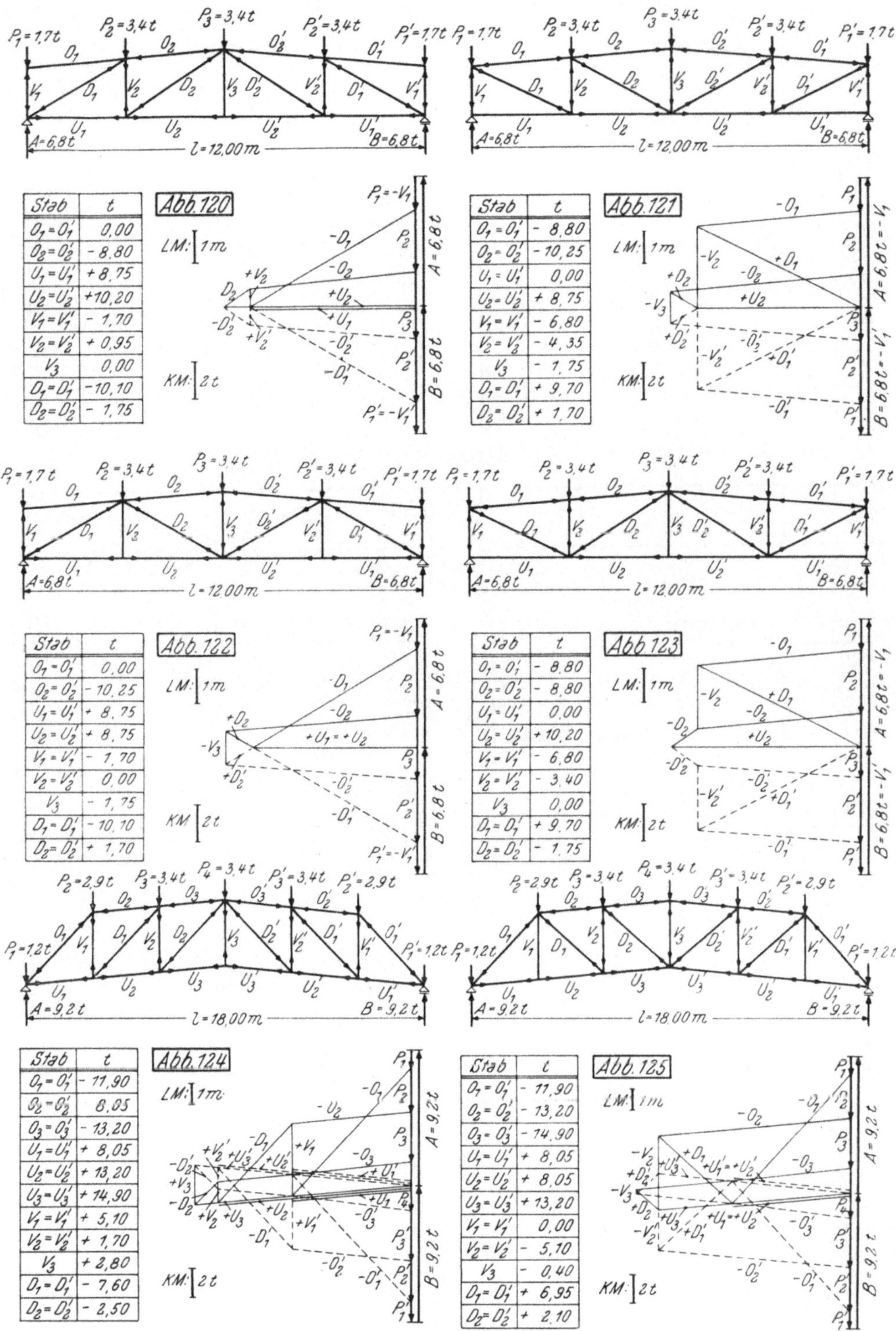

Abb. 120

Stab	t
$O_1 = O_1'$	0,00
$O_2 = O_2'$	− 8,80
$U_1 = U_1'$	+ 8,75
$U_2 = U_2'$	+10,20
$V_1 = V_1'$	− 1,70
$V_2 = V_2'$	+ 0,95
V_3	0,00
$D_1 = D_1'$	−10,10
$D_2 = D_2'$	− 1,75

Abb. 121

Stab	t
$O_1 = O_1'$	− 8,80
$O_2 = O_2'$	− 10,25
$U_1 = U_1'$	0,00
$U_2 = U_2'$	+ 8,75
$V_1 = V_1'$	− 6,80
$V_2 = V_2'$	− 4,35
V_3	− 1,75
$D_1 = D_1'$	+ 9,70
$D_2 = D_2'$	+ 1,70

Abb. 122

Stab	t
$O_1 = O_1'$	0,00
$O_2 = O_2'$	− 10,25
$U_1 = U_1'$	+ 8,75
$U_2 = U_2'$	+ 8,75
$V_1 = V_1'$	− 1,70
$V_2 = V_2'$	0,00
V_3	− 1,75
$D_1 = D_1'$	− 10,10
$D_2 = D_2'$	+ 1,70

Abb. 123

Stab	t
$O_1 = O_1'$	− 8,80
$O_2 = O_2'$	− 8,80
$U_1 = U_1'$	0,00
$U_2 = U_2'$	+ 10,20
$V_1 = V_1'$	− 6,80
$V_2 = V_2'$	− 3,40
V_3	0,00
$D_1 = D_1'$	+ 9,70
$D_2 = D_2'$	− 1,75

Abb. 124

Stab	t
$O_1 = O_1'$	− 11,90
$O_2 = O_2'$	8,05
$O_3 = O_3'$	− 13,20
$U_1 = U_1'$	+ 8,05
$U_2 = U_2'$	+ 13,20
$U_3 = U_3'$	+ 14,90
$V_1 = V_1'$	+ 5,10
$V_2 = V_2'$	+ 1,70
V_3	+ 2,80
$D_1 = D_1'$	− 7,60
$D_2 = D_2'$	− 2,50

Abb. 125

Stab	t
$O_1 = O_1'$	− 11,90
$O_2 = O_2'$	− 13,20
$O_3 = O_3'$	− 14,90
$U_1 = U_1'$	+ 8,05
$U_2 = U_2'$	+ 8,05
$U_3 = U_3'$	+ 13,20
$V_1 = V_1'$	0,00
$V_2 = V_2'$	− 5,10
V_3	− 0,40
$D_1 = D_1'$	+ 6,95
$D_2 = D_2'$	+ 2,10

Abb. 120 bis 125. **CREMONA-Pläne für Trapez-Binder und verwandte Systeme mit verschiedener Ausfachung bei lotrechter Belastung**

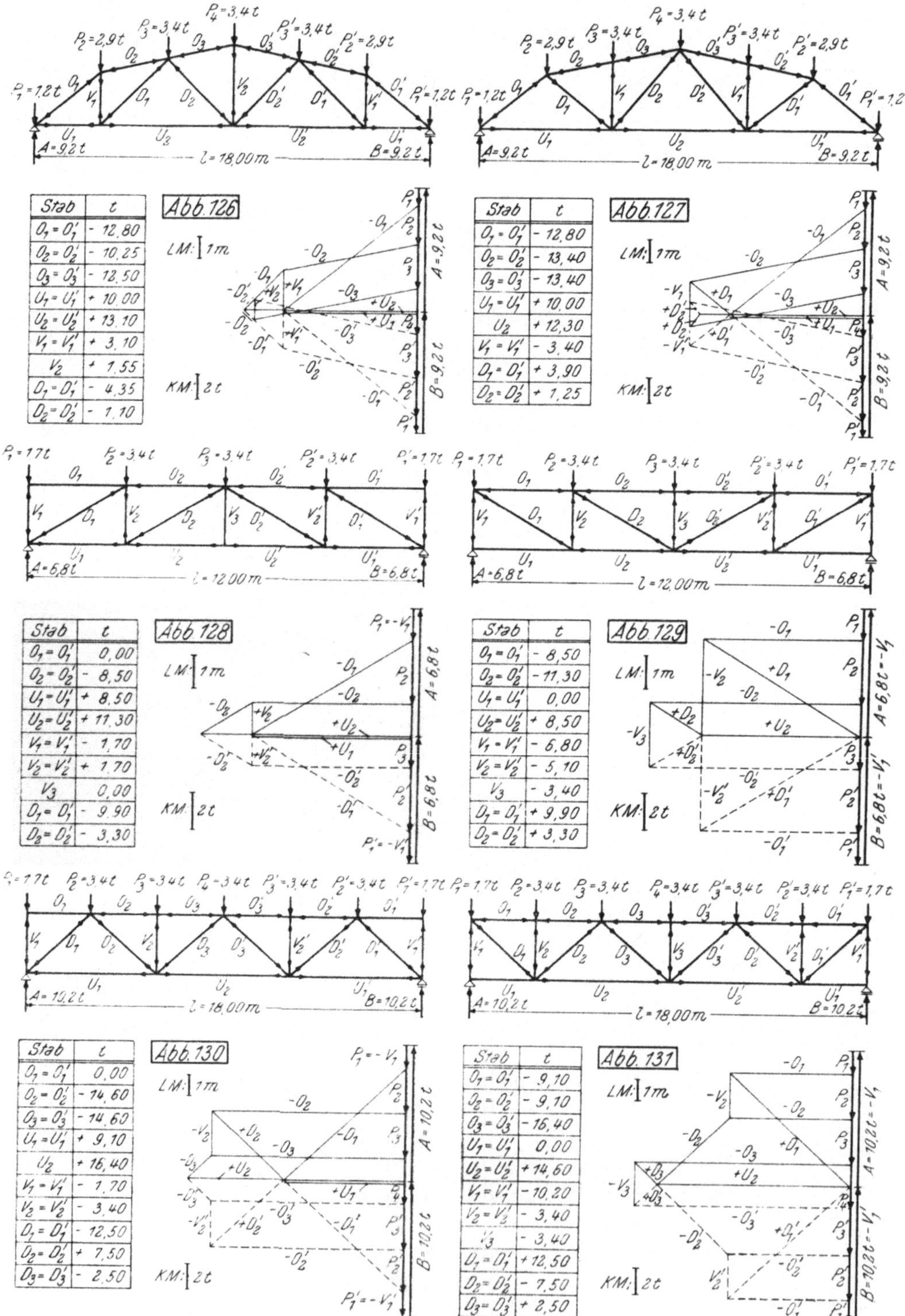

Abb. 126

Stab	t
$O_1 = O_1'$	− 12,80
$O_2 = O_2'$	− 10,25
$O_3 = O_3'$	− 12,50
$U_1 = U_1'$	+ 10,00
$U_2 = U_2'$	+ 13,10
$V_1 = V_1'$	+ 3,10
V_2	+ 1,55
$D_1 = D_1'$	− 4,35
$D_2 = D_2'$	− 1,10

Abb. 127

Stab	t
$O_1 = O_1'$	− 12,80
$O_2 = O_2'$	− 13,40
$O_3 = O_3'$	− 13,40
$U_1 = U_1'$	+ 10,00
U_2	+ 12,30
$V_1 = V_1'$	− 3,40
$D_1 = D_1'$	+ 3,90
$D_2 = D_2'$	+ 1,25

Abb. 128

Stab	t
$O_1 = O_1'$	0,00
$O_2 = O_2'$	− 8,50
$U_1 = U_1'$	+ 8,50
$U_2 = U_2'$	+ 11,30
$V_1 = V_1'$	− 1,70
$V_2 = V_2'$	+ 1,70
V_3	0,00
$D_1 = D_1'$	− 9,90
$D_2 = D_2'$	− 3,30

Abb. 129

Stab	t
$O_1 = O_1'$	− 8,50
$O_2 = O_2'$	− 11,30
$U_1 = U_1'$	0,00
$U_2 = U_2'$	+ 8,50
$V_1 = V_1'$	− 6,80
$V_2 = V_2'$	− 5,10
V_3	− 3,40
$D_1 = D_1'$	+ 9,90
$D_2 = D_2'$	+ 3,30

Abb. 130

Stab	t
$O_1 = O_1'$	0,00
$O_2 = O_2'$	− 14,60
$O_3 = O_3'$	− 14,60
$U_1 = U_1'$	+ 9,10
U_2	+ 16,40
$V_1 = V_1'$	− 1,70
$V_2 = V_2'$	− 3,40
$D_1 = D_1'$	− 12,50
$D_2 = D_2'$	+ 7,50
$D_3 = D_3'$	− 2,50

Abb. 131

Stab	t
$O_1 = O_1'$	− 9,10
$O_2 = O_2'$	− 9,10
$O_3 = O_3'$	− 16,40
$U_1 = U_1'$	0,00
$U_2 = U_2'$	+ 14,60
$V_1 = V_1'$	− 10,20
$V_2 = V_2'$	− 3,40
V_3	− 3,40
$D_1 = D_1'$	+ 12,50
$D_2 = D_2'$	− 7,50
$D_3 = D_3'$	+ 2,50

Abb. 126 bis 131. CREMONA-Pläne für Mansard-Binder und Parallelgurt-Binder mit verschiedener Ausfachung bei lotrechter Belastung

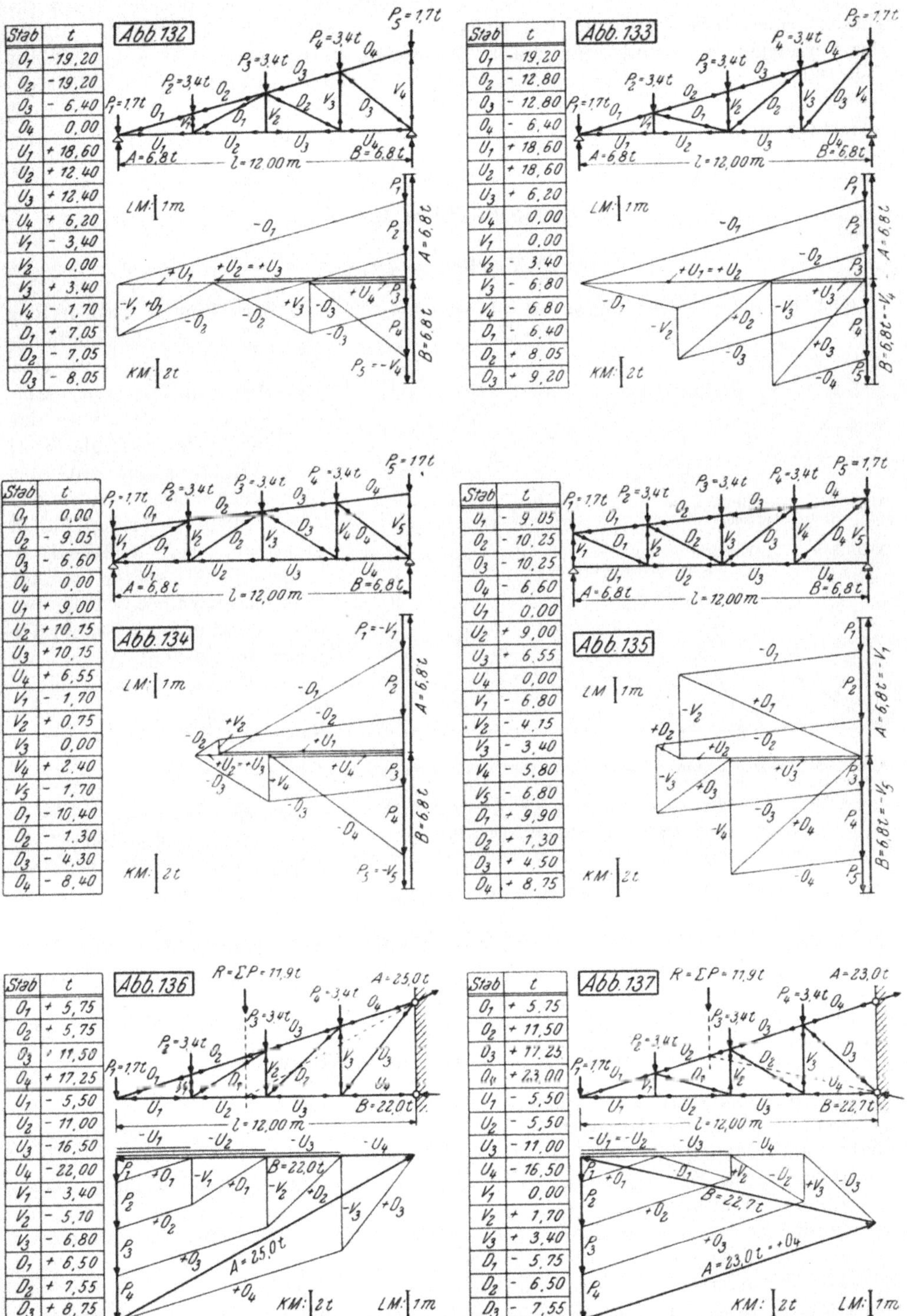

Abb. 132 bis 137. CREMONA-Pläne für verschiedene Pultdach-Binder und Kragdach-Binder bei lotrechter Belastung

Einen nützlichen Behelf bei der Beurteilung der verschiedenen Fachwerk-Binderformen in bezug auf ihr statisches Verhalten sowie auch bei der Überprüfung der Vorzeichen der ermittelten Stabkräfte bilden die in den Tafeln I und II auf Seite 80 und 82 übersichtlich zusammengestellten Bindersysteme. Es sind dort bei jedem einzelnen Fachwerkbinder die Zug- und Druckstäbe (unter Voraussetzung lotrechter Belastung) besonders gekennzeichnet.

C. CREMONA-Pläne für Wind

a) Vorbemerkung

Die Ermittlung der Stabkräfte unter dem Einfluß des Windes wird in der Regel gesondert durchgeführt. Es kommen hier zunächst zwei Fälle in Betracht, nämlich Wind auf der Seite des „festen" Auflagers (Abb. 138a) und Wind auf der Seite des „verschieblichen" Auflagers (Abb. 138b). In beiden Fällen ergeben sich verschiedene Stabkräfte. Wie später gezeigt wird, ist aber für das Auftreten der maximalen Stabkräfte meist der Lastfall „Wind vom festen Auflager" maßgebend. Nähere Erläuterungen über diese Zusammenhänge finden sich Seite 68ff. Unabhängig von diesen Überlegungen ist aber zu beachten, daß es nach den geltenden Vorschriften über die Windbelastung freigestellt wird, entweder nur den „Winddruck" in Rechnung zu stellen (vgl. Abb. 138a und 138b) oder aber eine Trennung in „Winddruck" und den gleichzeitig auf der Leeseite auftretenden „Windsog" vorzunehmen (vgl. Abb. 139a und 139b). Beide Möglichkeiten sollen bei den weiteren Darlegungen berücksichtigt werden.

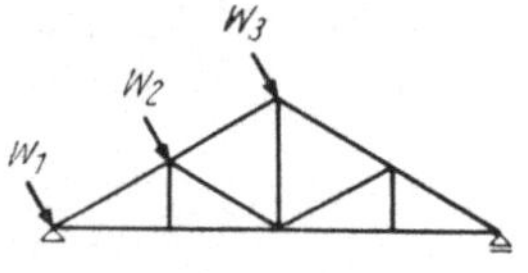

Abb. 138a. Winddruck „vom festen Auflager"

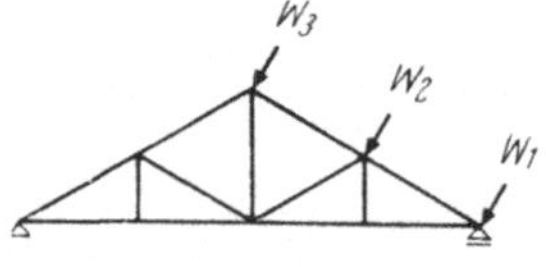

Abb. 138b. Winddruck „vom verschieblichen Auflager"

Abb. 138a, b. „Winddruck" auf der Seite des festen bzw. verschieblichen Auflagers

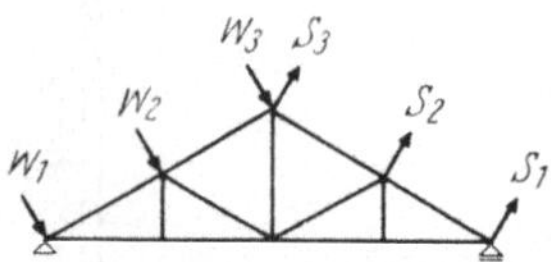

Abb. 139a. Winddruck „vom festen Auflager" mit zugehörigem Windsog

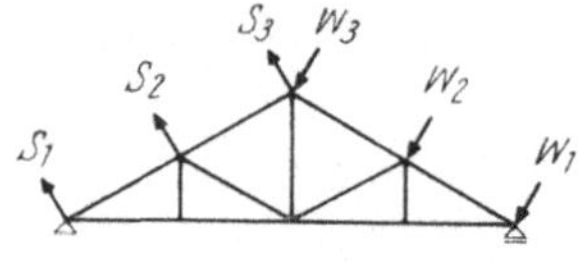

Abb. 139b. Winddruck „vom verschieblichen Auflager" mit zugehörigem Windsog

Abb. 139a, b. Trennung in „Winddruck" und „Windsog"

b) Wind vom festen Auflager

Die Konstruktion des CREMONA-Planes ist wieder nach den Seite 50f. angegebenen Regeln durchzuführen, beginnt also mit der Ermittlung der Auflagerreaktionen. Man geht dabei am zweckmäßigsten zeichnerisch vor, indem man zuerst in einem Krafteck, das auch die Grundlage des CREMONA-Planes bildet, die äußeren Windlasten aneinanderreiht und die Resultierende R der Größe, Richtung und Lage nach (wenn nötig, unter Verwendung eines Seileckes) bestimmt. Nun können für diese resultierende Einzellast R die Auflagerreaktionen A und B in gleicher Weise, wie anhand Abb. 100 bzw. 101 dargelegt worden ist, im Krafteck ermittelt werden. Der CREMONA-Plan ist sodann in üblicher Weise zu konstruieren, und zwar für das gesamte Tragwerk, weil die Belastung unsymmetrisch ist.

Die Abb. 140a bis c und 141a bis c zeigen zwei Vergleichsbeispiele für die Konstruktion eines CREMONA-Planes bei Wind vom festen Auflager. In beiden Fällen handelt es sich um den gleichen Fachwerkbinder; während aber in Abb. 140a, b nur der „Winddruck" (ohne Sog) in Rechnung gestellt wird, ist in Abb. 141a, b

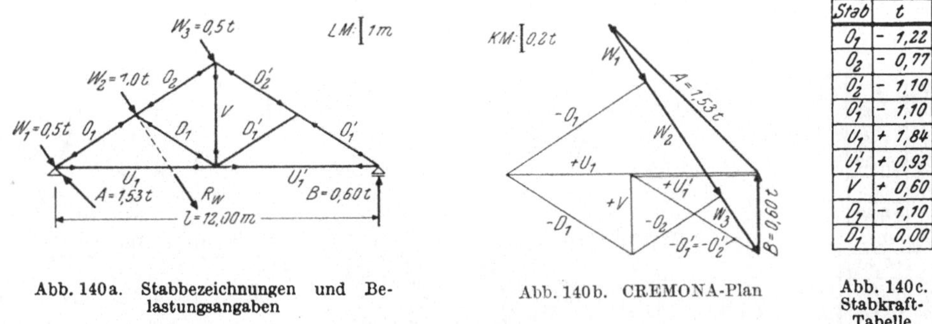

Stab	t
O_1	− 1,22
O_2	− 0,77
O_2'	− 1,10
O_1'	− 1,10
U_1	+ 1,84
U_1'	+ 0,93
V	+ 0,60
D_1	− 1,10
D_1'	0,00

Abb. 140a. Stabbezeichnungen und Belastungsangaben

Abb. 140b. CREMONA-Plan

Abb. 140c. Stabkraft-Tabelle

Abb. 140a bis c. CREMONA-Plan für einen Dreieck-Binder bei „Winddruck" vom festen Auflager

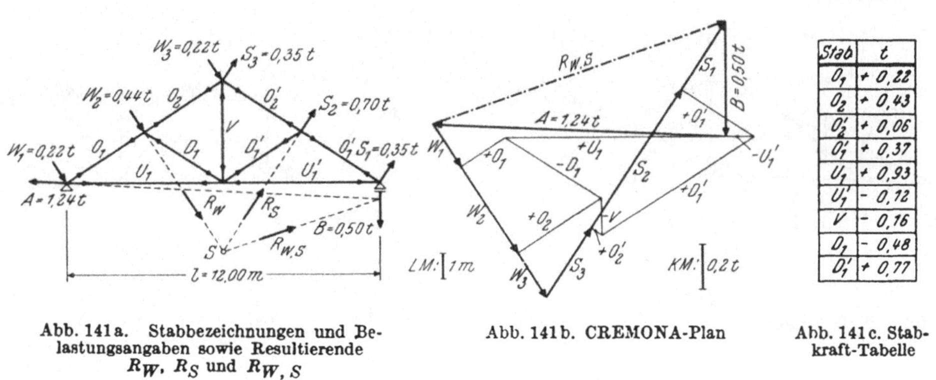

Stab	t
O_1	+ 0,22
O_2	+ 0,43
O_2'	+ 0,06
O_1'	+ 0,37
U_1	+ 0,93
U_1'	− 0,12
V	− 0,16
D_1	− 0,48
D_1'	+ 0,77

Abb. 141a. Stabbezeichnungen und Belastungsangaben sowie Resultierende R_W, R_S und $R_{W,S}$

Abb. 141b. CREMONA-Plan

Abb. 141c. Stabkraft-Tabelle

Abb. 141a bis c. CREMONA-Plan für einen Dreieck-Binder bei Trennung in „Winddruck" vom festen Auflager und „Windsog" auf der Leeseite

die Trennung in „Winddruck" und den gleichzeitig wirkenden „Windsog" auf der Leeseite vorgenommen. Ein Vergleich der Ergebnisse in den beiden Stabkraft-Tabellen Abb. 140c und 141c zeigt die dabei auftretenden erheblichen Abweichungen.

Weitere Beispiele für die Konstruktion von CREMONA-Plänen bei Wind vom festen Auflager (ohne Sog) zeigen die Abb. 142 bis 149; ferner sind in den Abb. 150 und 151 CREMONA-Pläne bei „Winddruck" vom festen Auflager mit gleichzeitigem „Windsog" gezeichnet, und zwar für die gleichen Binderformen wie in den Abb. 142 und 144, so daß sich wieder lehrreiche Vergleichsmöglichkeiten ergeben.

Schließlich sei schon hier auf die übersichtliche Zusammenstellung verschiedener Fachwerkbinder-Systeme in den Tafeln Ia und IIa auf Seite 81 und 83 verwiesen, wo für jeden einzelnen Fall die durch Winddruck vom festen Auflager hervorgerufenen Zug- und Druckkräfte in sämtlichen Stäben besonders gekennzeichnet sind.

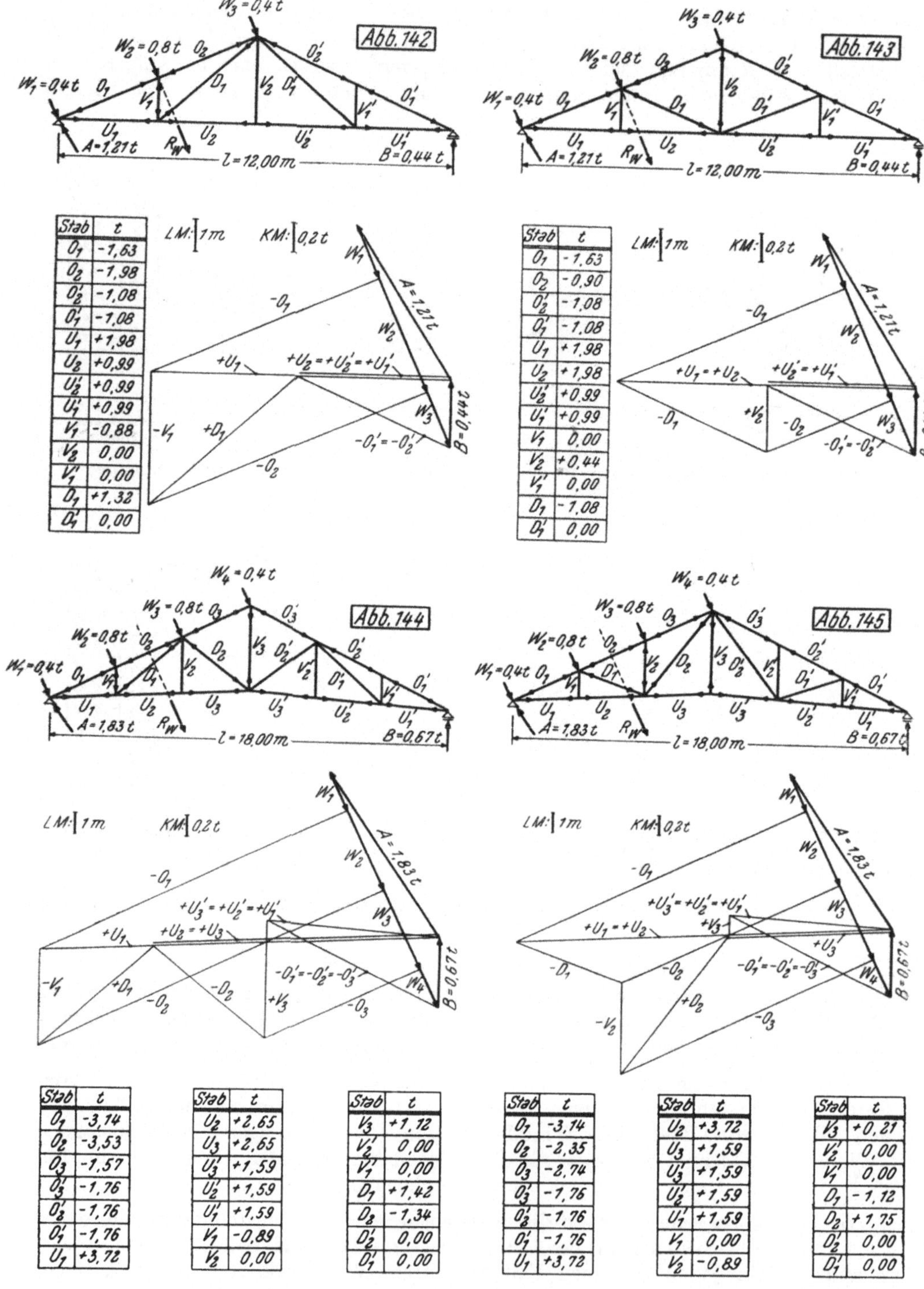

Abb. 142:

Stab	t
O_1	-1,63
O_2	-1,98
O_2'	-1,08
O_1'	-1,08
U_1	+1,98
U_2	+0,99
U_2'	+0,99
U_1'	+0,99
V_1	-0,88
V_2	0,00
V_1'	0,00
D_1	+1,32
D_1'	0,00

Abb. 143:

Stab	t
O_1	-1,63
O_2	-0,90
O_2'	-1,08
O_1'	-1,08
U_1	+1,98
U_2	+1,98
U_2'	+0,99
U_1'	+0,99
V_1	0,00
V_2	+0,44
V_1'	0,00
D_1	-1,08
D_1'	0,00

Abb. 144:

Stab	t
O_1	-3,14
O_2	-3,53
O_3	-1,57
O_3'	-1,76
O_2'	-1,76
O_1'	-1,76
U_1	+3,72

Stab	t
U_2	+2,65
U_3	+2,65
U_3'	+1,59
U_2'	+1,59
U_1'	+1,59
V_1	-0,89
V_2	0,00

Stab	t
V_3	+1,12
V_2'	0,00
V_1'	0,00
D_1	+1,42
D_2	-1,34
D_2'	0,00
D_1'	0,00

Abb. 145:

Stab	t
O_1	-3,14
O_2	-2,35
O_3	-2,74
O_3'	-1,76
O_2'	-1,76
O_1'	-1,76
U_1	+3,72

Stab	t
U_2	+3,72
U_3	+1,59
U_3'	+1,59
U_2'	+1,59
U_1'	+1,59
V_1	0,00
V_2	-0,89

Stab	t
V_3	+0,21
V_2'	0,00
V_1'	0,00
D_1	-1,12
D_2	+1,75
D_2'	0,00
D_1'	0,00

Abb. 142 bis 145. CREMONA-Pläne für Dreieck-Binder mit verschiedenen Ausfachungen bei „Winddruck" vom festen Auflager. (Vgl. auch die CREMONA-Pläne in Abb. 108, 109 für lotrechte Belastung.)

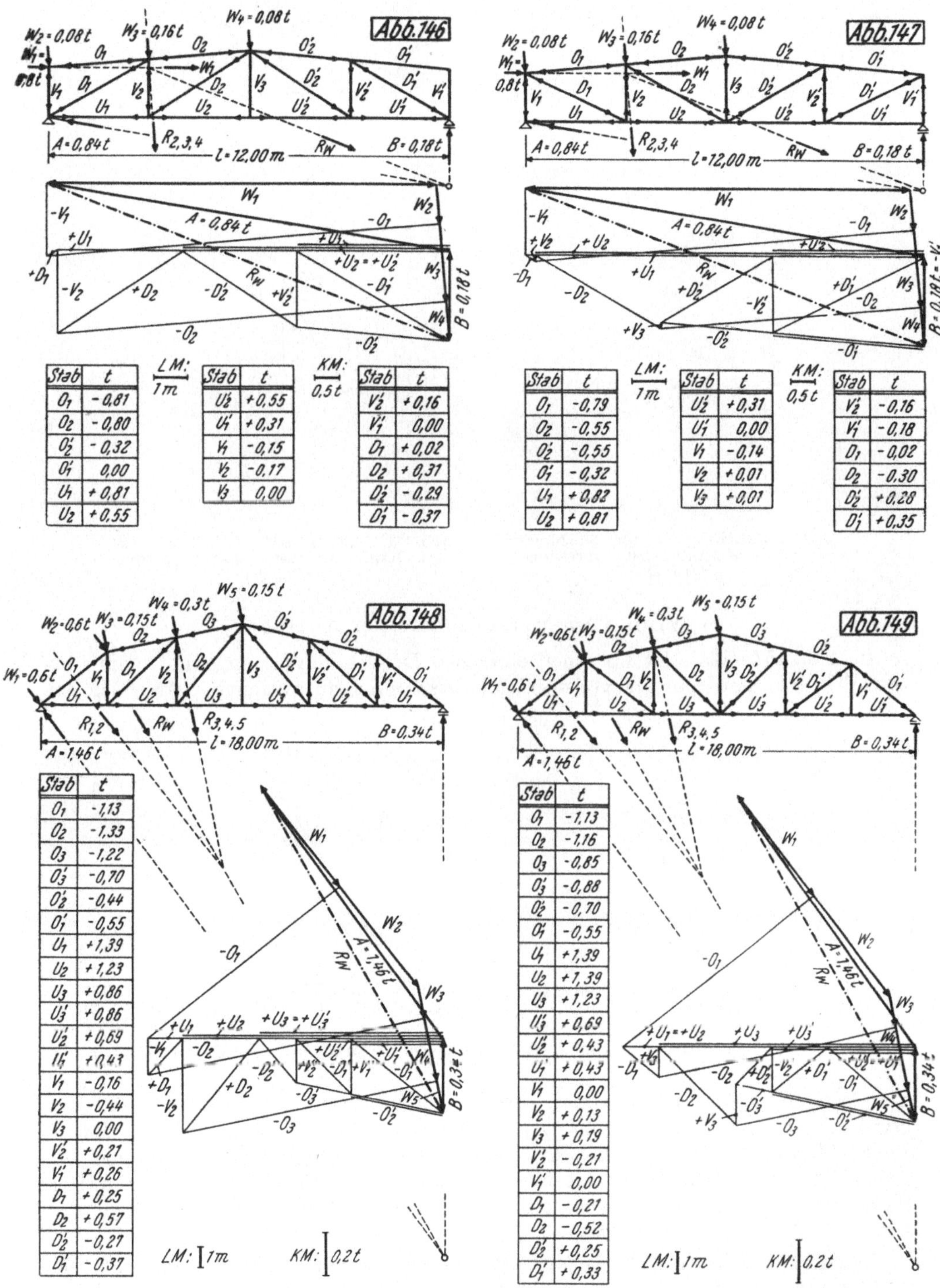

Abb. 146

Stab	t
O_1	-0,81
O_2	-0,80
O_2'	-0,32
O_1'	0,00
U_1	+0,81
U_2	+0,55
U_2'	+0,55
U_1'	+0,31
V_1	-0,15
V_2	-0,17
V_3	0,00
V_2'	+0,16
V_1'	0,00
D_1	+0,02
D_2	+0,31
D_2'	-0,29
D_1'	-0,37

Abb. 147

Stab	t
O_1	-0,79
O_2	-0,55
O_2'	-0,55
O_1'	-0,32
U_1	+0,82
U_2	+0,81
U_2'	+0,31
U_1'	0,00
V_1	-0,14
V_2	+0,01
V_3	+0,01
V_2'	-0,16
V_1'	-0,18
D_1	-0,02
D_2	-0,30
D_2'	+0,28
D_1'	+0,35

Abb. 148

Stab	t
O_1	-1,13
O_2	-1,33
O_3	-1,22
O_3'	-0,70
O_2'	-0,44
O_1'	-0,55
U_1	+1,39
U_2	+1,23
U_3	+0,86
U_3'	+0,86
U_2'	+0,69
U_1'	+0,43
V_1	-0,16
V_2	-0,44
V_3	0,00
V_2'	+0,21
V_1'	+0,26
D_1	+0,25
D_2	+0,57
D_2'	-0,27
D_1'	-0,37

Abb. 149

Stab	t
O_1	-1,13
O_2	-1,16
O_3	-0,85
O_3'	-0,88
O_2'	-0,70
O_1'	-0,55
U_1	+1,39
U_2	+1,39
U_3	+1,23
U_3'	+0,69
U_2'	+0,43
U_1'	+0,43
V_1	0,00
V_2	+0,13
V_3	+0,19
V_2'	-0,21
V_1'	0,00
D_1	-0,21
D_2	-0,52
D_2'	+0,25
D_1'	+0,33

Abb. 146 bis 149. CREMONA-Pläne für Trapez-Binder und Mansard-Binder mit verschiedenen Ausfachungen bei „Winddruck" vom festen Auflager. (Vgl. auch die CREMONA-Pläne in Abb. 120, 121 für lotrechte Belastung.)

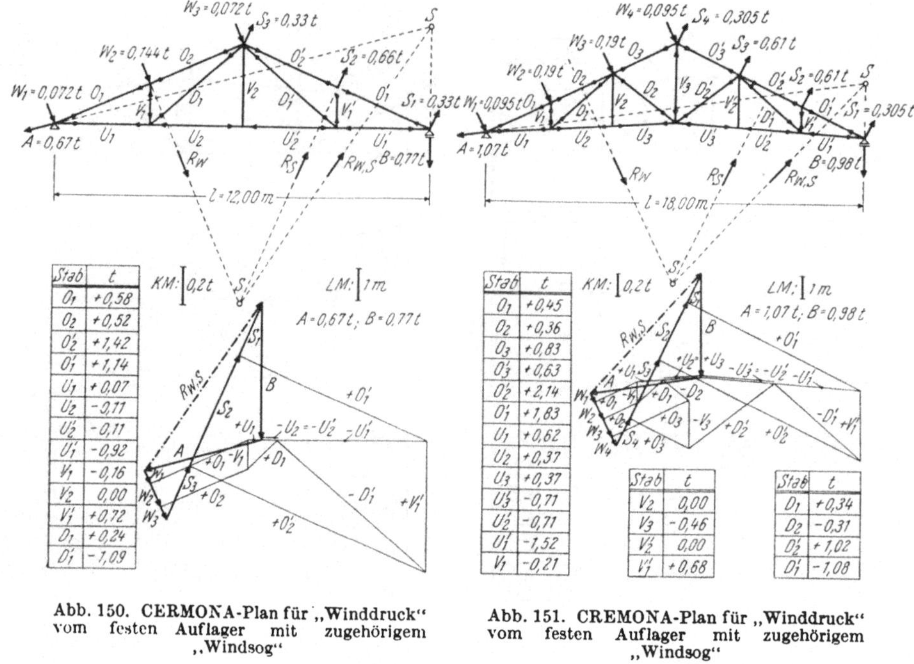

Stab	t
O_1	+0,58
O_2	+0,52
O_2'	+1,42
O_1'	+1,14
U_1	+0,07
U_2	−0,11
U_2'	−0,11
U_1'	−0,92
V_1	−0,16
V_2	0,00
V_1'	+0,72
D_1	+0,24
D_1'	−1,09

Abb. 150. CERMONA-Plan für „Winddruck" vom festen Auflager mit zugehörigem „Windsog"

Stab	t
O_1	+0,45
O_2	+0,36
O_3	+0,83
O_3'	+0,63
O_2'	+2,14
O_1'	+1,83
U_1	+0,62
U_2	+0,37
U_3	+0,37
U_3'	−0,71
U_2'	−0,71
U_1'	−1,52
V_1	−0,21

Stab	t
V_2	0,00
V_3	−0,46
V_2'	0,00
V_1'	+0,68

Stab	t
D_1	+0,34
D_2	−0,31
D_2'	+1,02
D_1'	−1,08

Abb. 151. CREMONA-Plan für „Winddruck" vom festen Auflager mit zugehörigem „Windsog"

c) Wind vom verschieblichen Auflager

In Abb. 152a bis c ist für einen einfachen Dreieck-Binder für Wind vom verschieblichen Auflager ein vollständiger CREMONA-Plan in üblicher Art nach den

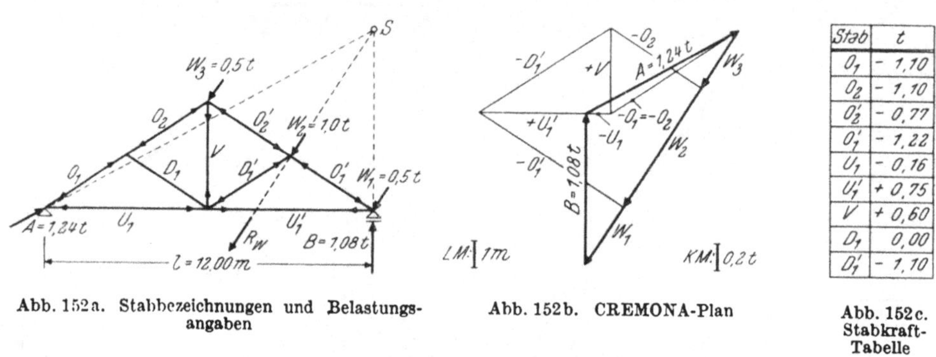

Stab	t
O_1	− 1,10
O_2	− 1,10
O_2'	− 0,77
O_1'	− 1,22
U_1	− 0,16
U_1'	+ 0,75
V	+ 0,60
D_1	0,00
D_1'	− 1,10

Abb. 152a. Stabbezeichnungen und Belastungsangaben

Abb. 152b. CREMONA-Plan

Abb. 152c. Stabkraft-Tabelle

Abb. 152a bis c. CREMONA-Plan für einen Dreieck-Binder für Wind vom verschieblichen Auflager

Anweisungen Seite 50f. gezeichnet. Wenn jedoch bereits ein CREMONA-Plan für Wind vom festen Auflager vorliegt, können — wie anschließend gezeigt wird — die Stabkräfte für Wind vom verschieblichen Auflager viel rascher und bequemer durch Kombination mit einem zusätzlichen Kräfteplan für eine fiktive Belastung erhalten werden. Die dabei maßgebenden Überlegungen sind anhand Abb. 153a bis c näher zu erläutern:

In Abb. 153a ist die Belastung „Wind vom festen Auflager" mit den zugehörigen Auflagerreaktionen dargestellt, und zwar im festen Auflager A (schräg wirkend) mit den beiden Komponenten H_A und V_A und im verschieblichen Auflager B (lotrecht wirkend); hingegen zeigt Abb. 153b nach Vertauschung der beiden Auflager den Belastungsfall „Wind vom verschieblichen Auflager" mit den zugehörigen Auflagerreaktionen, nämlich im verschieblichen Auflager A' (lotrecht wirkend) und im festen Auflager B' (schräg wirkend) mit den beiden Komponenten $H_{B'}$ und $V_{B'}$. Ein Vergleich dieser Werte mit den Auflagerreaktionen in Abb. 153a ergibt folgende wichtigen Beziehungen:

$$A' = V_A; \; V_{B'} = B; \quad H_{B'} = H_A. \tag{74}$$

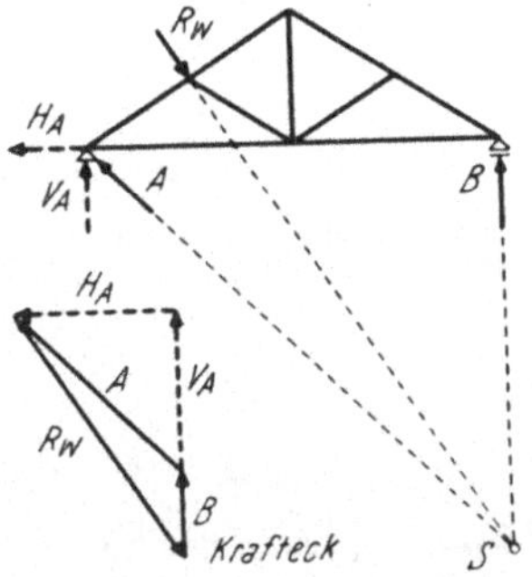

Abb. 153a. *Lastfall 1:* „Wind vom festen Auflager"

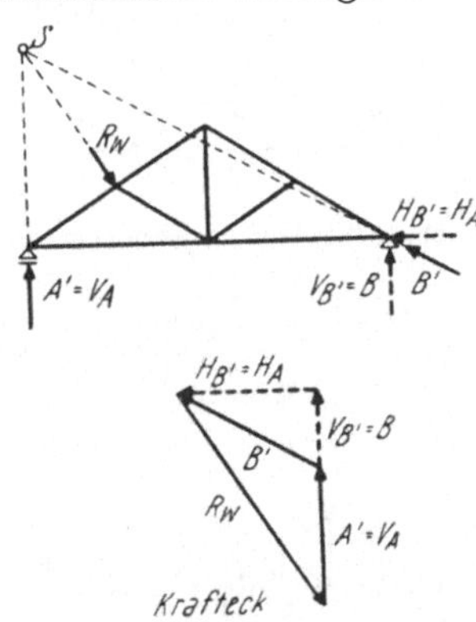

Abb. 153b. *Lastfall 2:* „Wind vom verschieblichen Auflager"

Es sind somit in beiden Fällen bei den gleichen Auflagern die gleichen lotrechten Auflagerreaktionen vorhanden; aber auch die waagrechten Komponenten $H_{B'}$ und H_A sind gleich groß, obwohl sie in verschiedenen Auflagern auftreten.

Überlagert man nun den in Abb. 153a dargestellten Lastfall „Wind vom festen Auflager" mit der in Abb. 153c dargestellten fiktiven Belastung, bestehend aus zwei in den Auflagern angreifenden horizontalen Kräften

$$-H_A \quad \text{und} \quad H_B = H_A,$$

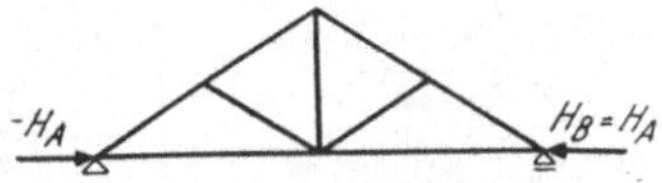

Abb. 153c. *Lastfall 3:* Horizontalkräfte $-H_A$ und H_B (Fiktive Belastung)

so erhält man den Belastungsfall in Abb. 153b, nämlich „Wind vom verschieblichen Auflager".

Die praktische Auswertung dieser Betrachtungen ergibt ein vereinfachtes Verfahren zur Ermittlung der Stabkräfte für „Wind vom verschieblichen Auflager" aus den Stabkräften für „Wind vom festen Auflager": Man bestimmt die Stabkräfte für die horizontalen Komponenten $-H_A$ und H_B gemäß Abb. 153c und addiert sie unter Beachtung ihrer Vorzeichen zu den für „Wind vom festen Auflager" ermittelten Stabkräften. Sämtliche so erhaltenen Werte sind wegen der vorgenannten Vertauschung der Auflager in Abb. 153b schließlich noch zu spiegeln, d. h. es ist in den Ergebnissen z. B. statt $O_1 \to O_1'$, statt $U_1 \to U_1'$, statt $D_1 \to D_1'$ usw. zu setzen.

In praktischen Fällen kann aber auf diese Spiegelung verzichtet werden, weil die Binder in der Regel symmetrisch ausgebildet werden und daher die Bemessung eines symmetrisch gelegenen Stabpaares ohnehin nach dem Größtwert der beiden Stabkräfte vorgenommen wird.

Die Anwendung dieses abgekürzten Verfahrens zur Bestimmung der Stabkräfte für „Wind vom verschieblichen Auflager" soll nun für das Fachwerk aus Abb. 152a bis c gezeigt werden. Dort wurde ein vollständiger Cremona-Plan gezeichnet, während nach dem hier erläuterten gekürzten Verfahren nur ein zusätzlicher Kräfteplan für die fiktive Belastung $-H_A$ und H_B in beiden Auflagern gemäß Abb. 154a gebraucht wird. Diesen „Kräfteplan" zeigt Abb. 154b; dabei ergeben sich nur in den beiden Untergurtstäben Kräfte, und zwar je eine Druckkraft $U_1 = U_1' = -H_A = 1{,}09$ t, während alle übrigen Stäbe spannungslos sind.

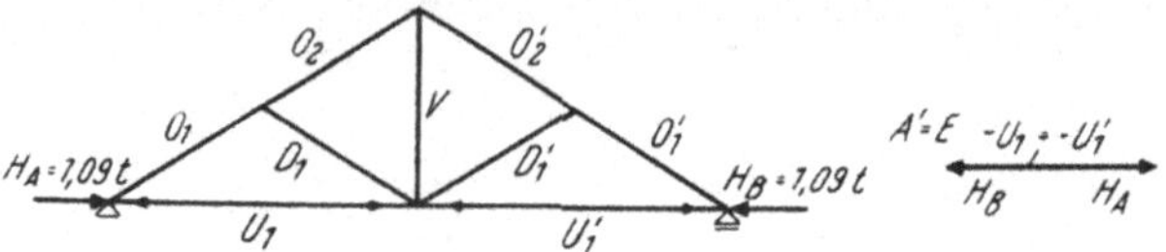

Abb. 154a. Stabbezeichnungen und fiktive Belastung

Abb. 154b. Kräfteplan

Abb. 154a, b. Zusätzlicher Kräfteplan für die fiktive Belastung $-H_A = 1{,}09$ t und $H_B = 1{,}09$ t

Die so erhaltenen Stabkräfte sind nun mit jenen aus dem Lastfall „Wind vom festen Auflager“ (Abb. 140a bis c) algebraisch zu addieren. Das geschieht zur besseren Übersicht in den Tabellen Abb. 155a bis c. Die dabei gewonnenen Resultate zeigen volle Übereinstimmung mit den in Abb. 152c zusammengestellten Stabkräften aus dem vollständigen CREMONA-Plan.

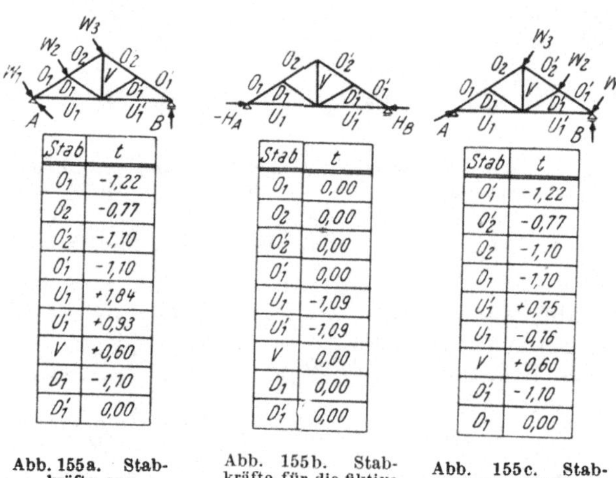

Stab	t
O_1	-1,22
O_2	-0,77
O_2'	-1,10
O_1'	-1,10
U_1	+1,84
U_1'	+0,93
V	+0,60
D_1	-1,10
D_1'	0,00

Stab	t
O_1	0,00
O_2	0,00
O_2'	0,00
O_1'	0,00
U_1	-1,09
U_1'	-1,09
V	0,00
D_1	0,00
D_1'	0,00

Stab	t
O_1'	-1,22
O_2'	-0,77
O_2	-1,10
O_1	-1,10
U_1'	+0,75
U_1	-0,16
V	+0,60
D_1'	-1,10
D_1	0,00

Abb. 155a. Stabkräfte aus Abb. 140a bis c für „Wind vom festen Auflager“

Abb. 155b. Stabkräfte für die fiktive Belastung $-H_A$ und H_B

Abb. 155c. Stabkräfte für „Wind vom verschieblichen Auflager“ (vgl. Abb. 152a bis c)

Anmerkung. Mit den Ergebnissen, die für lotrechte Belastung (Abb. 103a bis d) sowie für Wind vom festen (Abb. 140a bis c) bzw. verschieblichen Auflager (Abb. 152a bis c) erhalten wurden, können verschiedene interessante Vergleiche angestellt werden. Dabei gelangt man zu folgenden, für die praktische Berechnung von Fachwerkbindern wichtigen Feststellungen:

1. Die Stabkräfte für Wind druck vom *festen* Auflager sind nicht nur der Größe, sondern bei einigen Stäben auch dem Vorzeichen nach verschieden von jenen für Winddruck vom *verschieblichen* Auflager.

2. Für die Ermittlung der maximalen Stabkräfte ist in der Regel die gleichzeitige Wirkung der lotrechten Belastung und der Windbelastung vom *festen* Auflager maßgebend.

Es kommt somit dem Belastungsfall „Wind vom festen Auflager“ die größere Bedeutung zu. Für diesen Fall wird man daher stets den CREMONA-Plan *vollständig* zeichnen. Die Stabkräfte für „Wind vom verschieblichen Auflager“ können daraus in der oben angegebenen Art durch einen einfachen zusätzlichen Kräfteplan sehr leicht bestimmt werden.

D. Das CULMANN-Verfahren

Das Seite 30f. erläuterte sog. CULMANN-Verfahren zur Zerlegung einer Kraft in drei gegebene Wirkungslinien kann auch zur Ermittlung von Stabkräften in Fachwerken Verwendung finden. Wenn z. B. für das in Abb. 156a gegebene Fachwerk mit den lotrechten Knotenlasten P_1, P_2, P_3, P_4, P_5, P_4', P_3', P_2', P_1' die Stabkräfte U_3, D_3 und O_3 zu bestimmen sind, so denkt man sich das Fachwerk mittels eines Schnittes durch diese drei zu bestimmenden Stäbe in zwei Teile getrennt und nimmt die an den Schnittstellen vorhandenen Stabkräfte weiter als wirksam an. In Abb. 156b ist der abgetrennte linke Fachwerksteil mit sämtlichen auf ihn einwirkenden Kräften, nämlich A, P_1, P_2, P_3, O_3, D_3, U_3, gesondert herausgezeichnet. Der Tragwerksteil ist unter der Wirkung dieser sieben Kräfte, von welchen A, P_1, P_2, P_3 bekannt, hingegen O_3, D_3, U_3 unbekannt sind, weiterhin im Gleichgewicht. Man kann nun die Resultierende der bekannten Kräfte der Größe, Richtung und Lage nach mittels Krafteck (Abb. 156c) und Seileck (Abb. 156b) bestimmen und nach dem CULMANN-Verfahren in die gegebenen Wirkungslinien der drei Unbekannten O_3, D_3, U_3 zerlegen. Kehrt man die Richtungspfeile der auf diese Weise erhaltenen Kräfte um, so sind damit die gesuchten Stabkräfte bestimmt.

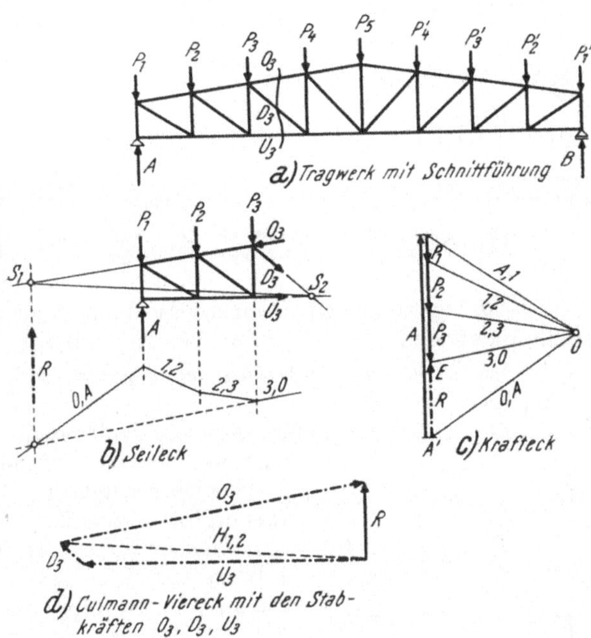

Abb. 156 a bis d. Ermittlung der Stabkräfte O_3, D_3, U_3 nach dem CULMANN-Verfahren

In Abb. 156d ist diese Konstruktion durchgeführt: Man zerlegt die Resultierende R zunächst in die Wirkungslinie von O_3 und die Richtung der Hilfsgeraden $S_1\,S_2$; die dabei erhaltene Hilfskraft $H_{1,2}$ wird weiter zerlegt in D_3 und U_3. Da die vier Kräfte R, O_3, D_3, U_3 im Gleichgewicht sein müssen, sind die im CULMANN-Viereck erhaltenen Richtungspfeile der drei unbekannten Stabkräfte umzukehren und so in den Lageplan zu übertragen. Dabei ergeben sich O_3 als Druckkraft, hingegen D_3 und U_3 als Zugkräfte.

Diese Methode der zeichnerischen Stabkraftbestimmung bringt jedoch wenig Vorteile gegenüber den CREMONA-Plänen sowie den Seite 73 ff. erläuterten rechnerischen Verfahren und wird daher auch seltener angewandt.

E. „Nullstäbe" in Fachwerken

Wie schon Seite 57 f. dargelegt wurde, treten in belasteten Fachwerken mitunter Stäbe auf, die weder Zug noch Druck erhalten, deren Stabkraft also gleich Null ist. Solche Stäbe bezeichnet man als „Nullstäbe". Sie können meist ohne besondere rechnerische oder zeichnerische Untersuchungen festgestellt werden, wie sich an verschiedenen Beispielen zeigen läßt.

Betrachtet man das unregelmäßige Fachwerk in Abb. 157a mit den beiden gleich großen, in derselben Wirkungslinie liegenden, aber in entgegengesetzter Richtung angreifenden Kräften $P_1 = -P_2$, so ist sofort ersichtlich, daß hier ein Gleichgewichtszustand vorliegt und daher die Stabkräfte durch einen Kräfteplan bestimmbar sind. Im Knoten 1 treffen nur zwei Stäbe zusammen, also könnte hier mit dem Kräfteplan begonnen werden. Da keine äußere Knotenlast vorhanden ist, müssen die beiden Stabkräfte S_1 und S_2 allein einander das Gleichgewicht halten; zwei Kräfte können jedoch nur dann im Gleichgewicht sein, wenn sie in gleicher Wirkungslinie liegen, gleich groß und entgegengesetzt gerichtet sind. Diese Forderungen treffen aber hier nicht zu, es kann daher nur Gleichgewicht herrschen, wenn sowohl $S_1 = 0$ als auch $S_2 = 0$ sind. Daß die Stabkräfte $S_1 = S_2 = 0$ sind, ergibt sich natürlich auch ganz mechanisch, wenn der CREMONA-Plan, im Knoten 5 beginnend, in üblicher Weise konstruiert wird (vgl. Abb. 157b).

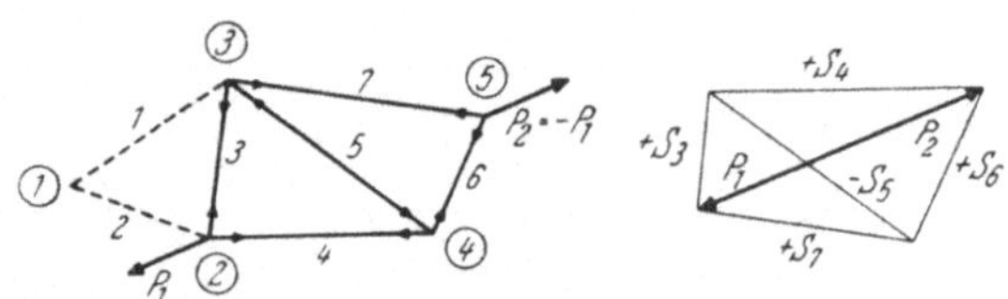

Abb. 157a. Fachwerk mit den Knotenlasten P_1 und $P_2 = -P_1$

Abb. 157b. CREMONA-Plan

Abb. 157a, b. Unregelmäßiges Fachwerk mit den „Nullstäben" 1 und 2 im unbelasteten Knoten 1

Die hier gewonnenen Erkenntnisse kann man allgemein zusammenfassen und erhält damit den „*ersten*" Satz über Nullstäbe:

Treffen in einem nicht belasteten Knoten zwei Stäbe zusammen, so sind beide spannungslos.

Es gibt noch eine andere Art von Nullstäben, die auch in belasteten Knoten auftreten können. So sind z. B. in Abb. 158 die beiden gestrichelt gezeichneten Stäbe O_1 und O_3 spannungslos. Das ergibt sich sofort, wenn man versucht, für die Knoten a und b die Kraftecke zu zeichnen. Im Knoten a kann nur Gleichgewicht herrschen, wenn die Stabkraft V_1 gleich groß und entgegengesetzt gerichtet ist wie P_1. Analog kann im Knoten b nur Gleichgewicht herrschen, wenn V_4 gleich groß und entgegengesetzt gerichtet ist wie P_4. Auch diese Zusammenhänge lassen sich verallgemeinern und ergeben den „*zweiten*" Satz über Nullstäbe:

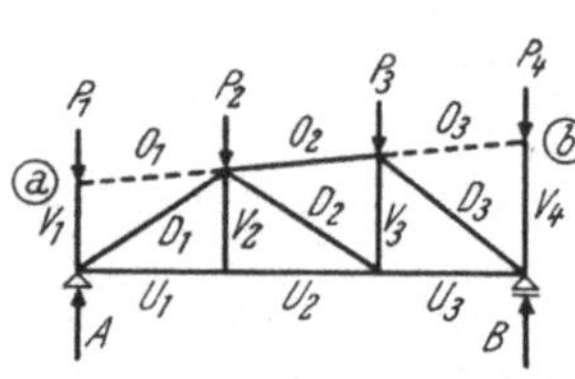

Abb. 158. Fachwerk mit den „Nullstäben" O_1 und O_3 in den belasteten Knoten a und b ($V_1 = -P_1$, $V_4 = -P_4$)

Wirkt in einem Knoten mit zwei Stäben eine äußere Kraft in der Richtung eines dieser Stäbe, so ist diese Stabkraft gleich groß und entgegengesetzt der äußeren Kraft, während der zweite Stab s p a n n u n g s l o s ist.

Das trifft z. B. auch für die Auflagerknoten des Fachwerkes in Abb. 159 zu. Dort gilt für den Auflagerknoten bei A

$$V_1 = -A \text{ und } U_1 = 0$$

und für den Auflagerknoten bei B

$$V_1' = -B \quad \text{und} \quad U_1' = 0.$$

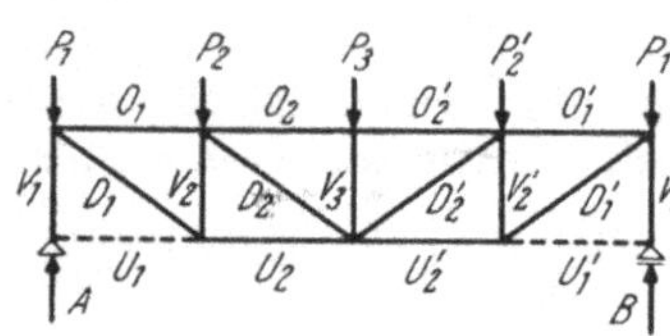

Abb. 159. Fachwerk mit den „Nullstäben" U_1 und U_1' in den Auflagerknoten A und B ($V_1 = -A$, $V_1' = -B$)

Einen anderen Fall mit Nullstäben zeigt das Fachwerk in Abb. 160. Es ist unter der Belastung der beiden in gleicher Wirkungslinie liegenden Kräfte $P_1 = -P_2$ im Gleichgewicht. Betrachtet man den Knotenpunkt a, so ist leicht erkennbar, daß hier nur dann Gleichgewicht herrschen kann, wenn $S_1 = S_2$ und gleichzeitig $S_3 = 0$ ist; nur so kann sich das Krafteck für diesen Knoten schließen. Das gleiche gilt für Knoten b; auch dort muß $S_9 = S_{10}$ und $S_8 = 0$ sein. Damit ergibt sich der „*dritte*" Satz über Nullstäbe:

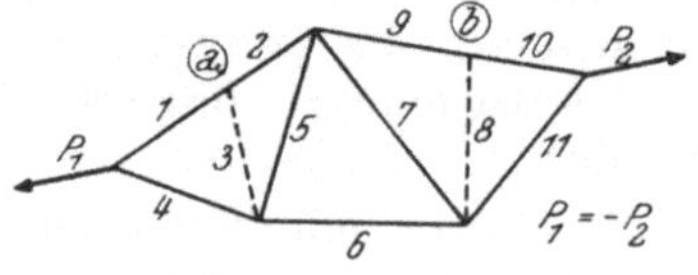

Abb. 160. Fachwerk mit den „Nullstäben" 3 und 8 in den unbelasteten Knoten a und b

Treffen in einem nicht belasteten Knoten drei Stäbe zusammen, von denen zwei in einer Geraden liegen, so sind die beiden in der Geraden liegenden Stabkräfte gleich groß, und der dritte Stab ist spannungslos.

Dieser Satz gilt z. B. für sämtliche Füllungsstäbe der in Abb. 161a und 162a gezeigten Fachwerke, wenn diese in der angegebenen Art belastet sind. Das Fachwerk in Abb. 161a trägt im Knoten 1 die äußere Last P. Es treten dort nur zwei unbekannte Stabkräfte auf, nämlich U_1 und O_1. Man kann somit gemäß Abb. 161b ein Krafteck zeichnen, das U_1 und O_1 ergibt. Für den benachbarten Knoten 2 gilt der *dritte* Satz über Nullstäbe; es ist also $V_1 = 0$ und $U_2 = U_1$. Aber auch für Knoten 3 gilt jetzt dieser Satz; denn dort ist, wie bereits festgestellt, $V_1 = 0$, also muß auch $D_1 = 0$ und $O_2 = O_1$ sein. Dieselben Überlegungen gelten der Reihe nach für die übrigen Knoten. Es sind somit hier sämtliche Füllungsstäbe spannungslos. Weiter sind $+O_1 = +O_2 = +O_3 = +O_4$ und $-U_1 = -U_2 = -U_3 = -U_4$.

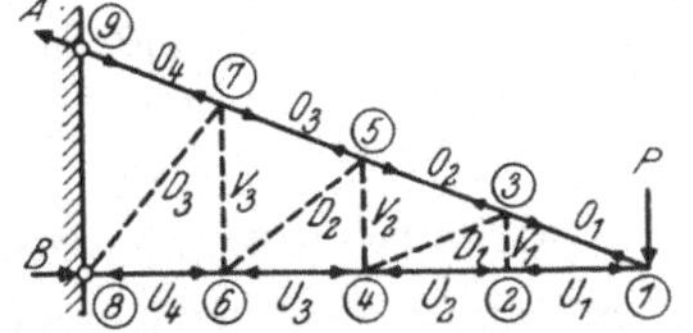

Abb. 161a. Fachwerk mit Belastung P im Knoten 1

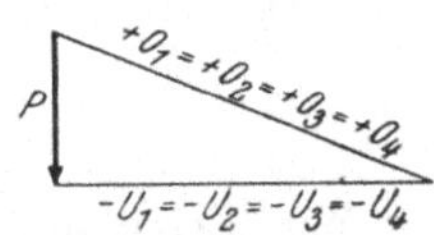

Abb. 161b. Kräfteplan

Abb. 161a, b. Fachwerk mit den spannungslosen Füllungsstäben V_1, V_2, V_3 und D_1, D_2, D_3

Ähnliche Zusammenhänge bestehen bei dem in Abb. 162a dargestellten Fachwerk mit einer Einzellast P im Firstknoten. Man kann das Krafteck für den Auflagerknoten A zeichnen (vgl. Abb. 162b), da dort nur zwei unbekannte Stabkräfte, nämlich U_1 und O_1 auftreten. Im benachbarten Untergurtknoten muß nach dem *dritten* Satz über Nullstäbe $V_1 = 0$ und $U_2 = U_1$ sein. Ebenso ergibt sich im benachbarten Obergurtknoten, daß nach diesem Satz auch $D_1 = 0$ und $O_2 = O_1$ sein muß. Aus gleichen Gründen sind auch alle übrigen Füllungsstäbe spannungslos und weiter alle Obergurt-Stabkräfte gleich O_1 und alle Untergurt-Stabkräfte gleich U_1.

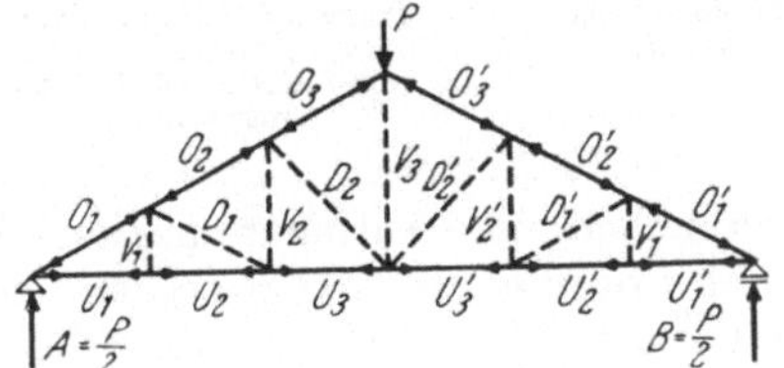

Abb. 162a. Fachwerk mit Belastung P im Firstknoten

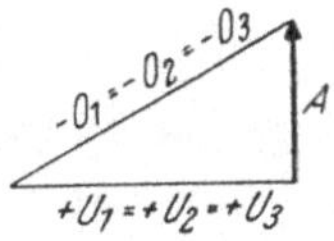

Abb. 162b. Kräfteplan

Abb. 162a, b. Dreieck-Binder mit spannungslosen Füllungsstäben

Weitere Beispiele für „Nullstäbe" sind bei einigen auf den Tafeln I und II (Seite 80 und 82) zusammengestellten Fachwerkbindern unter Voraussetzung lotrechter Belastung gegeben. Es sind dort in den Fachwerken Nr. 1—3, 7, 9—12, 14, 18, 20, 21, 24, 27—32, 35—39, 40—48, 50—52, 56, 57, 61—70, 73—75, 77 die Nullstäbe gestrichelt hervorgehoben.

6. Rechnerische Ermittlung der Stabkräfte in Fachwerken

Das zeichnerische Verfahren zur Ermittlung der Stabkräfte in Fachwerken ist dem rechnerischen im allgemeinen überlegen und wird deshalb auch häufiger angewendet. Wenn es sich jedoch darum handelt, nur e i n z e l n e Stabkräfte eines gegebenen Fachwerkes zu bestimmen, so führt das r e c h n e r i s c h e Verfahren meist rascher zum Ziel. Aber auch zur Überprüfung der auf zeichnerischem Wege gefundenen Stabkräfte ist die rechnerische Methode sehr gut geeignet. Es wird dabei in der Regel das nach RITTER benannte Berechnungsverfahren[1] benutzt.

A. Die RITTERsche Schnittmethode

Diese Methode beruht auf einer geschickten Anwendung der statischen Gleichgewichtsbedingung $\Sigma M = 0$. Das soll anhand des Fachwerkes in Abb. 163a für die Ermittlung der Stabkräfte U_3, O_3, D_3 und V_3 ausführlich gezeigt werden.

a) Ermittlung von U_3

Zur Berechnung der Stabkraft U_3 denkt man sich durch das Fachwerk in Abb. 163a einen Schnitt in der angedeuteten Art so geführt, daß der Stab U_3 mit getroffen wird. Der abgetrennte Tragwerksteil ist in Abb. 163b mit allen auf ihn einwirkenden Kräften gesondert herausgezeichnet. Die in den geschnittenen Stäben U_3, D_3, O_3 auftretenden, vorläufig noch unbekannten Stabkräfte sind zunächst willkürlich als Zugkräfte angenommen und daher durch Zugpfeile gekennzeichnet.

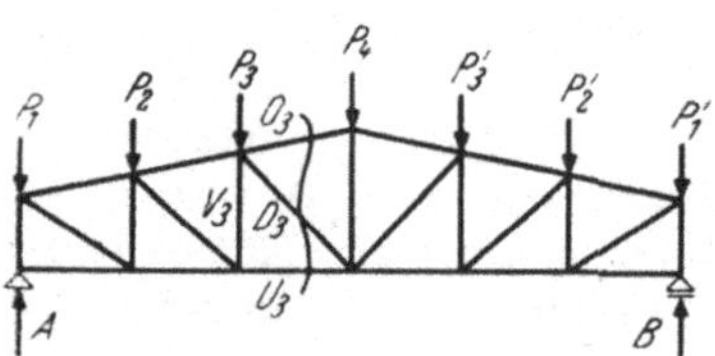

Abb. 163a. Fachwerk mit Belastung; Schnittführung zur rechnerischen Ermittlung der Stabkräfte U_3, D_3, O_3

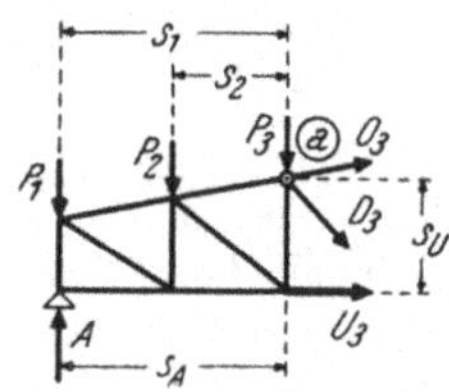

Abb. 163b. Abgetrennter Tragwerksteil samt zugehöriger Belastung mit Bezugspunkt a zur Berechnung von U_3

Unter Einwirkung der tatsächlich auftretenden äußeren Kräfte einschließlich der Auflagerreaktion A und der Stabkräfte U_3, D_3, O_3 befindet sich dieser abgetrennte Tragwerksteil im Gleichgewicht; es müssen also für ihn die drei statischen Gleichgewichtsbedingungen $\Sigma H = 0$, $\Sigma V = 0$ und $\Sigma M = 0$ anwendbar sein. Man könnte damit *drei* Gleichungen mit den *drei* Unbekannten U_3, D_3, O_3 aufstellen und diese daraus berechnen. Wesentlich einfacher gelangt man aber zum Ziel, wenn die Bedingung $\Sigma M = 0$ in geschickter Weise allein angewendet wird. Die Bedingung besagt, daß die Summe der Momente aller angreifenden Kräfte in bezug auf jeden *beliebigen* Punkt der Kraftebene gleich Null sein muß. Wenn also, wie im vorliegenden Fall, die Stabkraft U_3 ermittelt werden soll, so wählt man den Bezugspunkt im Schnittpunkt a der beiden anderen unbekannten Stabkräfte D_3 und O_3; dadurch werden die Hebelarme dieser beiden Kräfte und damit auch ihr statisches Moment M in bezug auf den Punkt a gleich Null, und es bleibt als einzige Unbekannte in der Gleichung nur U_3 übrig. Diese Gleichung $\Sigma M_a = 0$ lautet daher mit den Bezeichnungen der Abb. 163b und unter Beachtung der Vorzeichenregel Seite 16 ($\curvearrowright +$ $\curvearrowleft -$):

$$- A\, s_A + P_1\, s_1 + P_2\, s_2 + U_3\, s_U = 0.$$

Daraus erhält man

$$U_3 = \frac{A\, s_A - P_1\, s_1 - P_2\, s_2}{s_U}. \tag{75}$$

Ergibt sich bei der zahlenmäßigen Ermittlung für die Unbekannte U_3 ein **positives** Vorzeichen, so war der willkürlich angenommene Zugpfeil für diese Kraft richtig, d. h. U_3 ist dann tatsächlich eine **Zugkraft**. Erhält man jedoch für die

[1] A. RITTER: Elementare Theorie und Berechnung eiserner Dach- und Brückenkonstruktionen, Hannover 1863.

ermittelte Unbekannte ein **negatives** Vorzeichen, so ist der ursprünglich angenommene Richtungspfeil umzukehren, d. h. es handelt sich in diesem Falle um eine **Druckkraft.**

b) Ermittlung von O_3

Man kann hier den Schnitt durch das Fachwerk in gleicher Weise führen wie vorher, wählt aber nun als Bezugspunkt für die Verwendung der Bedingung $\Sigma M = 0$ den Schnittpunkt b der beiden unbekannten Stabkräfte D_3 und U_3. Die Hebelarme der einzelnen Kräfte in bezug auf diesen Punkt sind in Abb. 163c eingetragen.

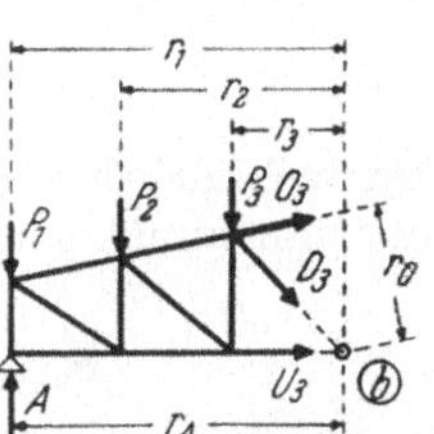

Abb. 163c. Abgetrennter Tragwerksteil aus Abb. 163a samt zugehöriger Belastung mit Bezugspunkt b zur Berechnung von O_3

Die Bedingung $\Sigma M_b = 0$ lautet also

$$-A\,r_A + P_1 r_1 + P_2 r_2 + P_3 r_3 - O_3\,r_O = 0$$

und ergibt

$$O_3 = \frac{-A\,r_A + P_1 r_1 + P_2 r_2 + P_3 r_3}{r_O}. \qquad (76)$$

Im Ergebnis ist wieder auf das Vorzeichen zu achten. Hier wird bei der zahlenmäßigen Auswertung von Gl. (76) O_3 negativ erscheinen; also ist der willkürlich angenommene Richtungssinn des Pfeiles zu ändern, d. h. daß O_3 in Wirklichkeit eine Druckkraft ist.

c) Ermittlung von D_3

Man kann hier wieder denselben abgetrennten Fachwerksteil in Betracht ziehen wie zur Bestimmung von U_3 und O_3. Als Bezugspunkt für die Anwendung der Bedingung $\Sigma M = 0$ wählt man in diesem Falle aber den Schnittpunkt c von U_3 und O_3. Die Gleichung $\Sigma M_c = 0$ lautet dann mit den Bezeichnungen der Abb. 163d

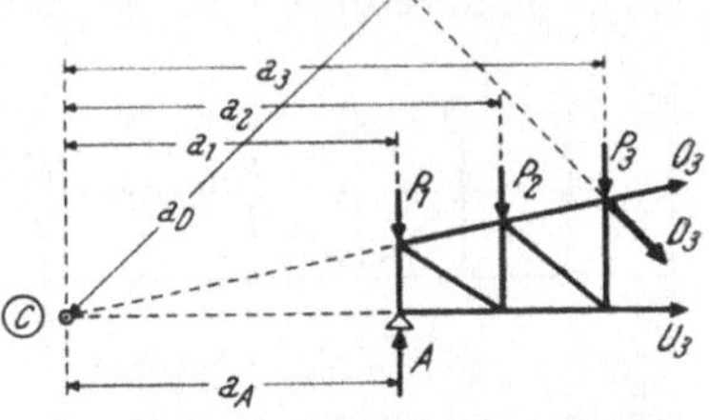

Abb. 163d. Abgetrennter Tragwerksteil aus Abb. 163a samt zugehöriger Belastung mit Bezugspunkt c zur Berechnung von D_3

$$+A\,a_A - P_1 a_1 - P_2 a_2 - P_3 a_3 - D_3\,a_D = 0.$$

Daraus wird

$$D_3 = \frac{A\,a_A - P_1 a_1 - P_2 a_2 - P_3 a_3}{a_D}. \qquad (77)$$

Erhält D_3 nach der zahlenmäßigen Auswertung von Gl. (77) ein negatives Vorzeichen, so ist der willkürlich angenommene Zugpfeil von D_3 umzukehren.

d) Ermittlung von V_3

Zur Bestimmung von V_3 muß der Schnitt gemäß Abb. 163e durch V_3 geführt

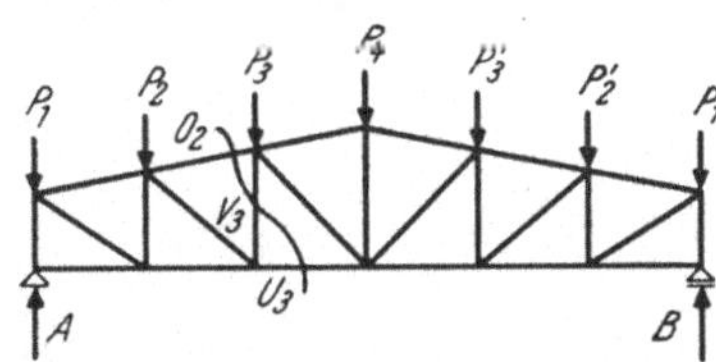

Abb. 163e. Schnittführung zur rechnerischen Ermittlung der Stabkraft V_3

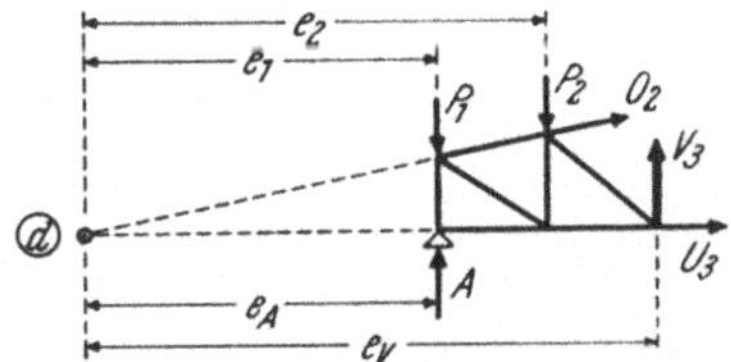

Abb. 163f. Abgetrennter Tragwerksteil samt zugehöriger Belastung mit Bezugspunkt d zur Berechnung von V_3

werden, und zwar so, daß noch ein Untergurtstab (U_3) und ein Obergurtstab (O_2) getroffen werden. Der abgetrennte Tragwerksteil ist in Abb. 163f gesondert herausgezeichnet. Die Bedingung $\Sigma M = 0$ stellt man in bezug auf den Schnittpunkt d der Stäbe U_3 und O_2 auf. Mit den Bezeichnungen der Abb. 163f lautet die Gleichung $\Sigma M_d = 0$ in ausführlicher Schreibweise, wenn V_3 zunächst wieder als Zugkraft angenommen wird,

$$+A\,e_A - P_1\,e_1 - P_2\,e_2 + V_3\,e_V = 0$$

und ergibt

$$V_3 = \frac{P_1\,e_1 + P_2\,e_2 - A\,e_A}{e_V}. \tag{78}$$

Der willkürlich angenommene Zugpfeil von V_3 ist jedoch umzukehren, wenn nach der zahlenmäßigen Auswertung von Gl. (78) V_3 ein negatives Vorzeichen erhält.

B. Anwendung der Bedingungen $\Sigma V = 0$, $\Sigma H = 0$

Die RITTERsche Schnittmethode unter Anwendung der Gleichgewichtsbedingung $\Sigma M = 0$ versagt bei der rechnerischen Ermittlung der Stabkräfte in den Diagonalen und Vertikalen von Parallelgurt-Bindern. Man müßte in beiden Fällen als Bezugspunkt den Schnittpunkt eines Obergurtstabes mit einem Untergurtstab annehmen, der im Unendlichen liegt. Hingegen führt in solchen Fällen die Bedingung $\Sigma V = 0$ sehr rasch zum Ziel, wie nachstehend anhand Abb. 164a, b und 165a, b für die Ermittlung von D_2 und V_3 gezeigt wird.

a) Ermittlung von D_2

Man führt zur Berechnung der Stabkraft D_2 in dem Fachwerk der Abb. 164a einen Schnitt durch die Stäbe O_2, D_2, U_2; der damit abgetrennte linke Tragwerksteil ist in Abb. 164b mit allen auf ihn einwirkenden Kräften, nämlich A, P_1, P_2 und den vorläufig noch unbekannten Stabkräften D_2, U_2, O_2 gesondert dargestellt. Die Kräfte müssen miteinander im Gleichgewicht sein, also auch die Bedingung $\Sigma V = 0$ erfüllen. Für diese Bedingung ergeben die unbekannten Gurtstabkräfte O_2 und U_2 keine Beiträge, weil ihre V-Komponenten gleich Null sind. Die vertikale Komponente von D_2 beträgt $D_2 \sin\alpha$, wobei α den Winkel von D_2 mit der Horizontalen bedeutet. Die Gleichung $\Sigma V = 0$ lautet also, wenn die von unten nach oben wirkenden Kräfte positiv und die von oben nach unten gerichteten negativ eingeführt werden $\left(\begin{smallmatrix} + & - \\ \uparrow & \downarrow \end{smallmatrix}\right)$:

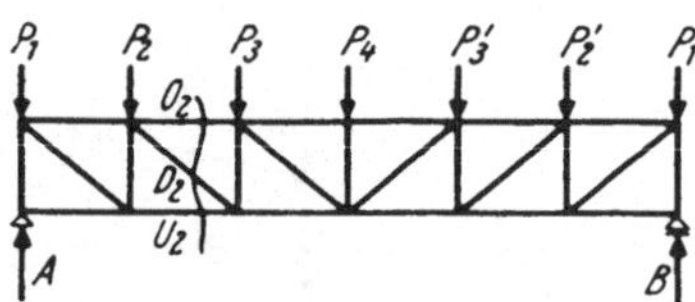

Abb. 164a. Schnittführung zur Berechnung von D_2

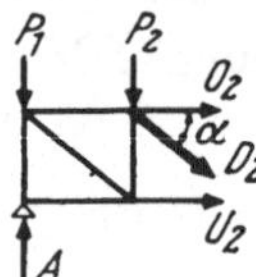

Abb. 164b. Abgetrennter Tragwerksteil mit zugehörigen Kräften

Abb. 164a, b. Rechnerische Ermittlung von D-Kräften in Parallelgurt-Bindern aus der Gleichgewichtsbedingung $\Sigma V = 0$

$$+A - P_1 - P_2 - D_2 \sin\alpha = 0.$$

Es tritt hier somit nur eine Unbekannte auf, nämlich D_2, und man erhält

$$D_2 = \frac{A - P_1 - P_2}{\sin\alpha}. \tag{79}$$

Nach der zahlenmäßigen Auswertung dieser Gleichung kann wieder leicht festgestellt werden, ob der angenommene Zugpfeil für D_2 richtig war; das trifft zu, wenn das Vorzeichen von D_2 positiv erscheint. Im anderen Falle ist der Richtungspfeil umzukehren, d. h. D_2 ist dann eine Druckkraft.

b) Ermittlung von V_3

Nach den gleichen Prinzipien wie bei D_2 kann auch V_3 berechnet werden. Man führt jetzt gemäß Abb. 165a einen Schnitt durch O_2, V_3 und U_3. Der dabei abgetrennte Tragwerksteil ist in Abb. 165b gesondert mit allen Kräften herausgezeichnet. Die Bedingung $\Sigma V = 0$ lautet für die hier vorhandene Kräftegruppe A, P_1, P_2, O_2, U_3, V_3 unter Beachtung der Vorzeichen $\left(\begin{smallmatrix} + & - \\ \uparrow & \downarrow \end{smallmatrix}\right)$

$$+A - P_1 - P_2 + V_3 = 0,$$

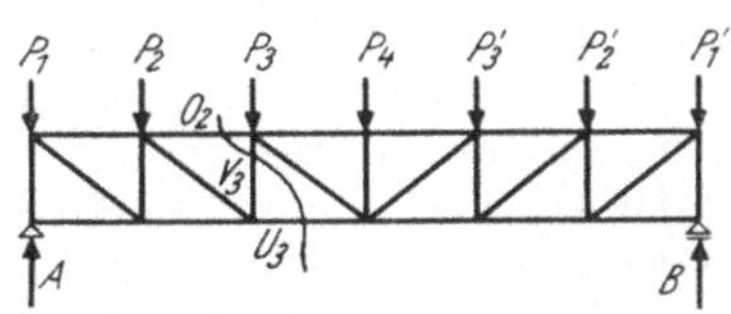

Abb. 165a. Schnittführung zur Berechnung von V_3

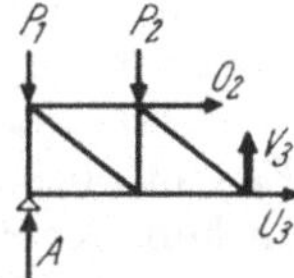

Abb. 165b. Abgetrennter Tragwerksteil mit zugehörigen Kräften

Abb. 165a, b. Rechnerische Ermittlung von V-Kräften in Parallelgurt-Bindern aus der Gleichgewichtsbedingung $\Sigma V = 0$

da die beiden Gurtkräfte O_2 und U_3 keinen Beitrag für die Projektion in vertikaler Richtung ergeben. Somit bleibt als einzige Unbekannte nur die gesuchte Kraft V_3 übrig und man erhält sehr einfach

$$V_3 = P_1 + P_2 - A. \tag{80}$$

Erscheint in der zahlenmäßigen Auswertung dieser Gleichung das Vorzeichen von V_3 negativ, so ist der willkürlich angenommene Richtungspfeil umzukehren, d. h. V_3 ist dann eine Druckkraft.

c) Verwendung der Bedingung $\Sigma H = 0$

In derselben Art kann unter Verwendung der Bedingung $\Sigma H = 0$ die Berechnung der Füllungsstäbe in einer parallelgurtigen Fachwerkstütze vorgenommen werden. In Abb. 166a ist eine solche Fachwerkstütze einer Hallenkonstruktion mit waagrechten Windlasten W und dem Binderauflagerdruck A dargestellt. Wenn hier z. B. D_2 rechnerisch ermittelt werden soll, so denkt man sich durch diesen Stab und die beiden im gleichen Fach liegenden Gurtstäbe O_3, U_3 einen Schnitt geführt. In Abb. 166b ist der dadurch abgetrennte obere Teil der Fachwerkstütze mit sämtlichen auf ihn einwirkenden Kräften, nämlich den gegebenen äußeren Lasten W_1, W_2, W_3, A und den noch unbekannten Stabkräften O_3, D_2, U_3 gesondert gezeichnet. Diese Kräftegruppe muß sich im Gleichgewicht befinden, also muß sie auch die Bedingung $\Sigma H = 0$ erfüllen. Man erhält daher, wenn die von links nach rechts gerichteten Kräfte positiv eingeführt werden $\left(\begin{smallmatrix} \rightarrow & + \\ \leftarrow & - \end{smallmatrix}\right)$ und α den Winkel von D_2 mit der Vertikalen bedeutet,

$$W_1 + W_2 + W_3 + D_2 \sin\alpha = 0.$$

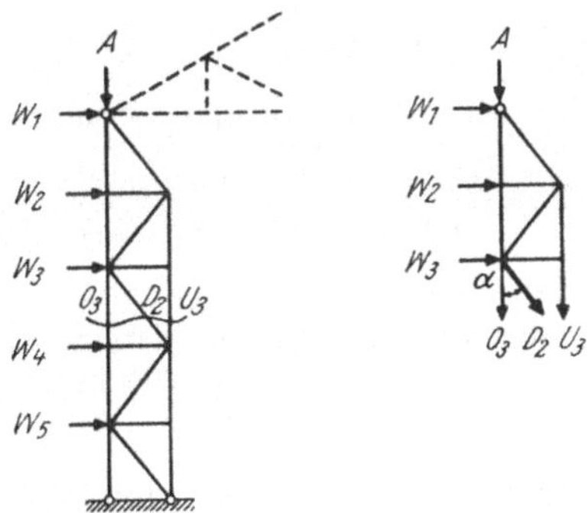

Abb. 166a. Schnittführung zur Berechnung von D_2

Abb. 166b. Abgetrennter Teil mit allen einwirkenden Kräften

Abb. 166a, b. Rechnerische Ermittlung von D-Kräften in einer parallelgurtigen Fachwerkstütze aus der Gleichgewichtsbedingung $\Sigma H = 0$

Die Kraft A und die Gurtstabkräfte O_3, U_3 ergeben keine Beiträge, weil ihre horizontalen Komponenten gleich Null sind. Es wird somit

$$D_2 = -\frac{W_1 + W_2 + W_3}{\sin\alpha}. \tag{81}$$

Das negative Vorzeichen besagt, daß die angenommene Pfeilrichtung von D_2 umzukehren ist, daß also D_2 in Wirklichkeit eine Druckkraft darstellt.

C. Sonderfälle

Die Ermittlung der Stabkräfte in Fachwerken mit Hilfe von CREMONA-Plänen setzt voraus, daß sowohl bei Beginn der Konstruktion als auch beim Fortschreiten von Knoten zu Knoten jeweils nur zwei unbekannte Stabkräfte auftreten. Es gibt aber Fachwerke, wo diese Forderung nicht erfüllt ist, weil schon von Anfang an kein Knoten mit weniger als drei unbekannten Stabkräften vorhanden ist. Das trifft z. B. für das in Abb. 167a gezeigte Tragwerk zu, das sich unter der Belastung der beiden gleich großen und in gleicher Wirkungslinie entgegengesetzt gerichteten Kräfte $P_1 = -P_2$ im Gleichgewicht befindet. Da in sämtlichen Knoten je *drei* Stäbe zusammentreffen, versagt das Kräfteplanverfahren zunächst. Es muß daher vorerst auf einem anderen Wege eine Stabkraft ermittelt werden, um dann in üblicher Weise den CREMONA-Plan zeichnen zu können. Zur Lösung dieser Aufgabe gibt es verschiedene Möglichkeiten.

Führt man z. B. gemäß Abb. 167b einen Rundschnitt durch die Stäbe S_4, S_5, S_6, so erhält man den in Abb. 167c gesondert gezeichneten Tragwerksteil mit allen auf ihn einwirkenden Kräften, nämlich den unbekannten Stabkräften S_4, S_5, S_6 und der bekannten äußeren Kraft P_1. Diese Kräftegruppe bildet einen Gleich-

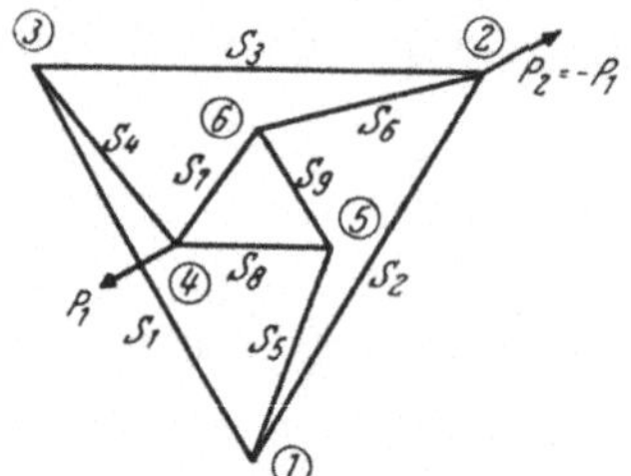

Abb. 167a. Fachwerk mit den Kräften P_1 und $P_2 = -P_1$

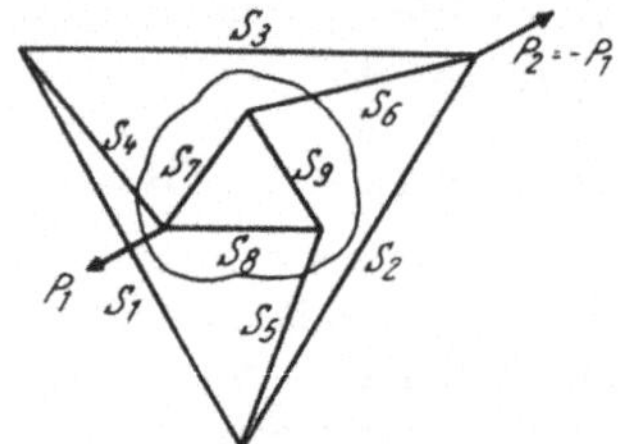

Abb. 167b. Rundschnitt zur Berechnung von S_4, S_5, S_6

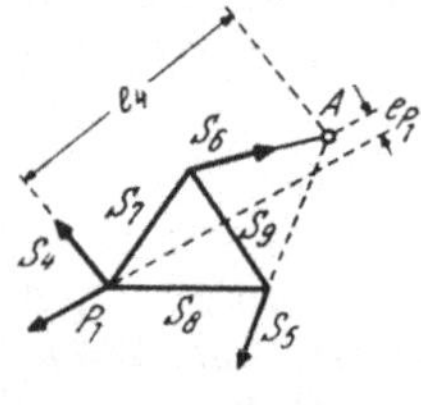

Abb. 167c. Abgetrennter Tragwerksteil samt zugehörigen Kräften mit Bezugspunkt A

Abb. 167a bis c. Rechnerische Ermittlung von Stabkräften bei Versagen des CREMONA-Planes

gewichtszustand, daher muß für sie auch die Bedingung $\Sigma M = 0$ erfüllt sein. Wählt man als Bezugspunkt den Schnittpunkt A der beiden Kräfte S_5 und S_6, so lautet die Gleichung $\Sigma M_A = 0$ mit den Bezeichnungen der Abb. 167c

$$-P_1 e_{P_1} - S_4 e_4 = 0.$$

Es tritt also auch hier nur eine Unbekannte auf, nämlich S_4, weil die übrigen Stabkräfte für diese Gleichung keinen Beitrag ergeben. Man erhält somit

$$S_4 = -\frac{P_1 e_{P_1}}{e_4}. \tag{82}$$

Das negative Vorzeichen gibt an, daß die angenommene Pfeilrichtung von S_4 in Abb. 167c umzukehren ist, daß also S_4 in Wirklichkeit eine Druckkraft ist.

Nach gleichem Prinzip könnten nun ebenfalls die beiden anderen Stabkräfte S_5 und S_6 rechnerisch ermittelt werden. Es besteht aber auch die Möglichkeit, den CREMONA-Plan bereits mit dem errechneten Wert S_4 (im Knoten 4 beginnend) zu zeichnen.

Die Ermittlung der drei Stabkräfte S_4, S_5, S_6 könnte allerdings auch mit Hilfe des CULMANN-Verfahrens (nähere Erläuterungen Seite 70f.) rein zeichnerisch vorgenommen werden, indem man die gegebene Kraft P_1 in die Richtungen der drei Stäbe S_4, S_5, S_6 zerlegt und die dabei erhaltenen Pfeilrichtungen umkehrt.

Anmerkung. Bei der Konstruktion eines CREMONA-Planes in üblicher Art kann es bei einigen Fachwerksystemen vorkommen, daß kein weiterer Knoten mehr auffindbar ist, der weniger als drei unbekannte Stabkräfte aufweist. Das trifft z. B. für den WIEGMANN-Binder in Abb. 168 zu. Man würde hier den CREMONA-Plan nach den gewohnten Regeln im Auflagerknoten 1 beginnen und käme ohne Schwierigkeiten bis zum Knoten 3. Eine Fortsetzung in der üblichen Weise ist dann aber weder bei Knoten 4 noch bei Knoten 5 möglich, da in beiden Fällen drei unbekannte Stabkräfte vorhanden sind. Es ist in diesem Fall am zweckmäßigsten, die Stabkraft U_3 im Knoten 5 rechnerisch nach der RITTERschen Schnittmethode zu bestimmen. Das geschieht in der Weise, daß man sich einen Schnitt durch die Stäbe U_3, S_7, O_4 geführt denkt und für die am linken Tragwerksteil einwirkenden Kräfte die Bedingung $\Sigma M = 0$ in bezug auf den Schnittpunkt von O_4 und S_7, also in bezug auf den Firstknoten, anschreibt. Diese Gleichung lautet mit den Bezeichnungen in Abb. 168

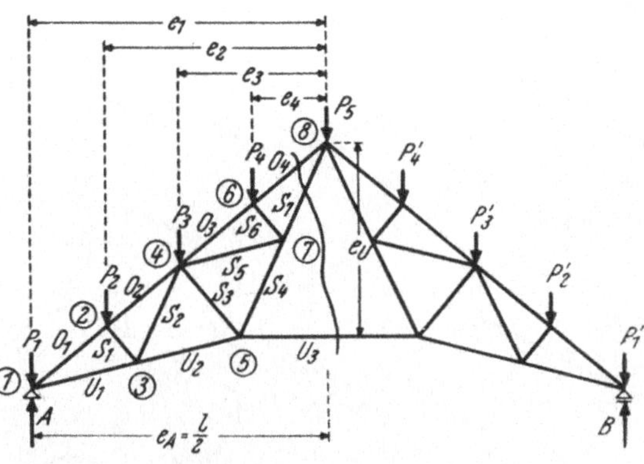

Abb. 168. Schnittführung zur rechnerischen Ermittlung der Stabkraft U_3 aus der Bedingung $\Sigma M = 0$; Momentenbezugspunkt im Firstknoten

$$-A\,e_A + P_1 e_1 + P_2 e_2 + P_3 e_3 + P_4 e_4 + U_3 e_U = 0$$

und ergibt

$$U_3 = \frac{A\,e_A - P_1 e_1 - P_2 e_2 - P_3 e_3 - P_4 e_4}{e_U}. \tag{83}$$

Nach Bestimmung von U_3 kann der CREMONA-Plan ohne Schwierigkeiten fortgesetzt werden, da jetzt im Knoten 5 nur noch zwei Unbekannte, nämlich S_3 und S_4 vorhanden sind.

7. Zusammenstellung verschiedener Fachwerkbinder mit Kennzeichnung der „Druck"-, „Zug"- und „Nullstäbe"

Für die Beurteilung der Brauchbarkeit und Zweckmäßigkeit verschiedener Binderformen und deren Ausfachungsarten ist es sehr nützlich, sofort zu erkennen, welche Stäbe auf Zug und welche auf Druck beansprucht werden. Das ist vor allem für die Bemessung der einzelnen Binderstäbe, bei Holzbindern aber auch für die Ausführung der Füllungsstab-Anschlüsse, von besonderer Wichtigkeit.

Bei einigen einfachen Binderformen ist die Unterscheidung zwischen Zug- und Druckstäben sehr leicht; so sind z. B. bei *Dreieck-Bindern* infolge lotrechter Belastung stets die zur Mitte fallenden Diagonalstäbe gedrückt und die zugehörigen Vertikalstäbe gezogen (vgl. z. B. Tafel I, Abb. 3, 6, 10, 14 und 21), hingegen die zur Mitte steigenden Diagonalen gezogen und die zugehörigen Vertikalstäbe gedrückt (vgl. z. B. Tafel I, Abb. 2, 5, 9, 13 und 20).

Die umgekehrte Erscheinung tritt bei *Parallelgurt-Bindern* auf. Die zur Mitte fallenden Diagonalstäbe werden gezogen und die zugehörigen Vertikalstäbe gedrückt, während die zur Mitte steigenden Diagonalstäbe gedrückt und die zugehörigen Vertikalstäbe gezogen werden (vgl. Tafel II, Abb. 40 und 41).

Tafel I. Dreieck-Binder und verwandte Systeme, Trapez-, Mansard- und Halbparabel-Binder bei lotrechter Belastung. „Druckstäbe" ▬; „Zugstäbe" —; „Nullstäbe" ---

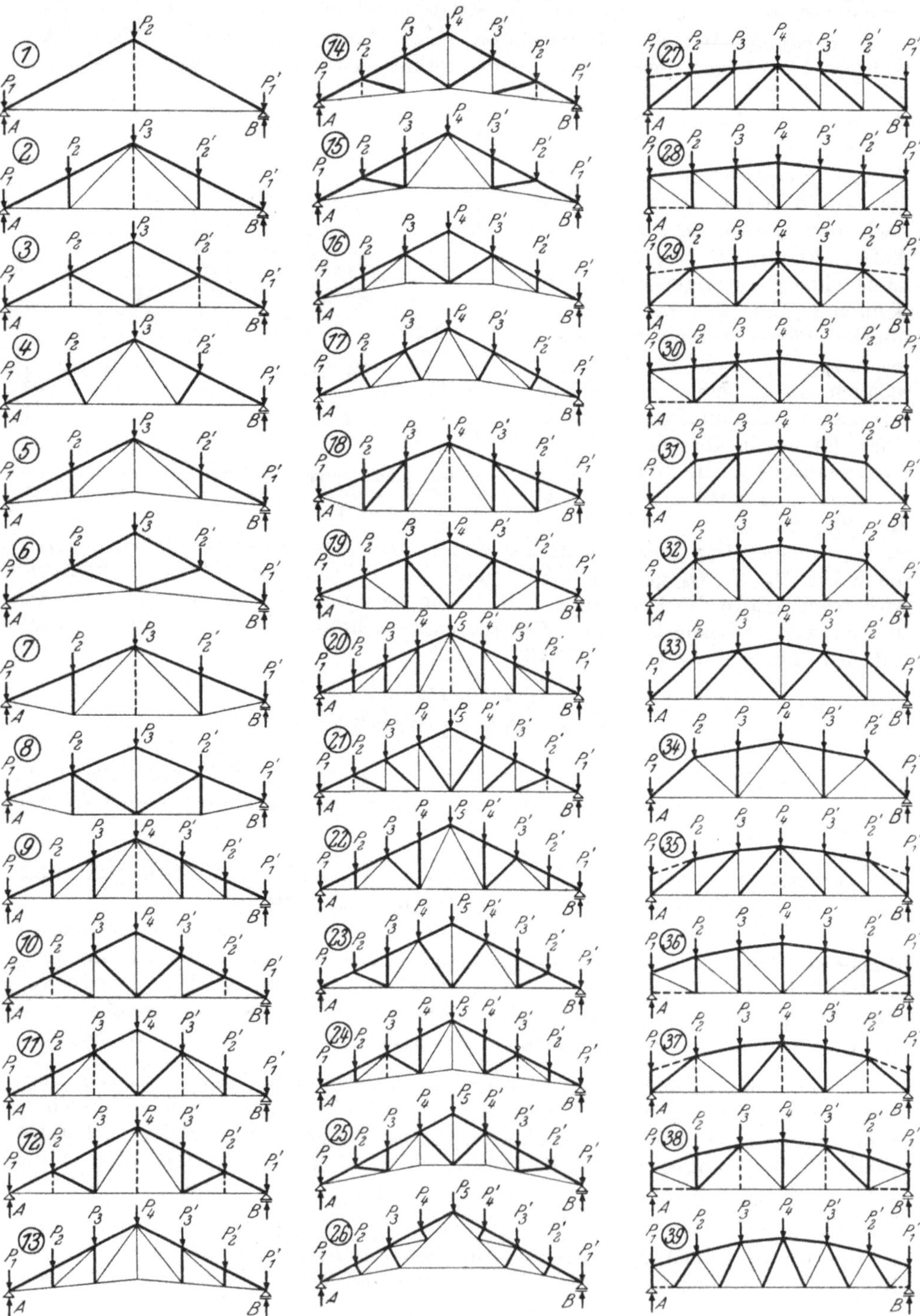

Tafel I a. Dreieck-Binder und verwandte Systeme, Trapez-, Mansard- und Halbparabel-Binder bei Windbelastung. „Druckstäbe" ▬; „Zugstäbe" —; „Nullstäbe" ---

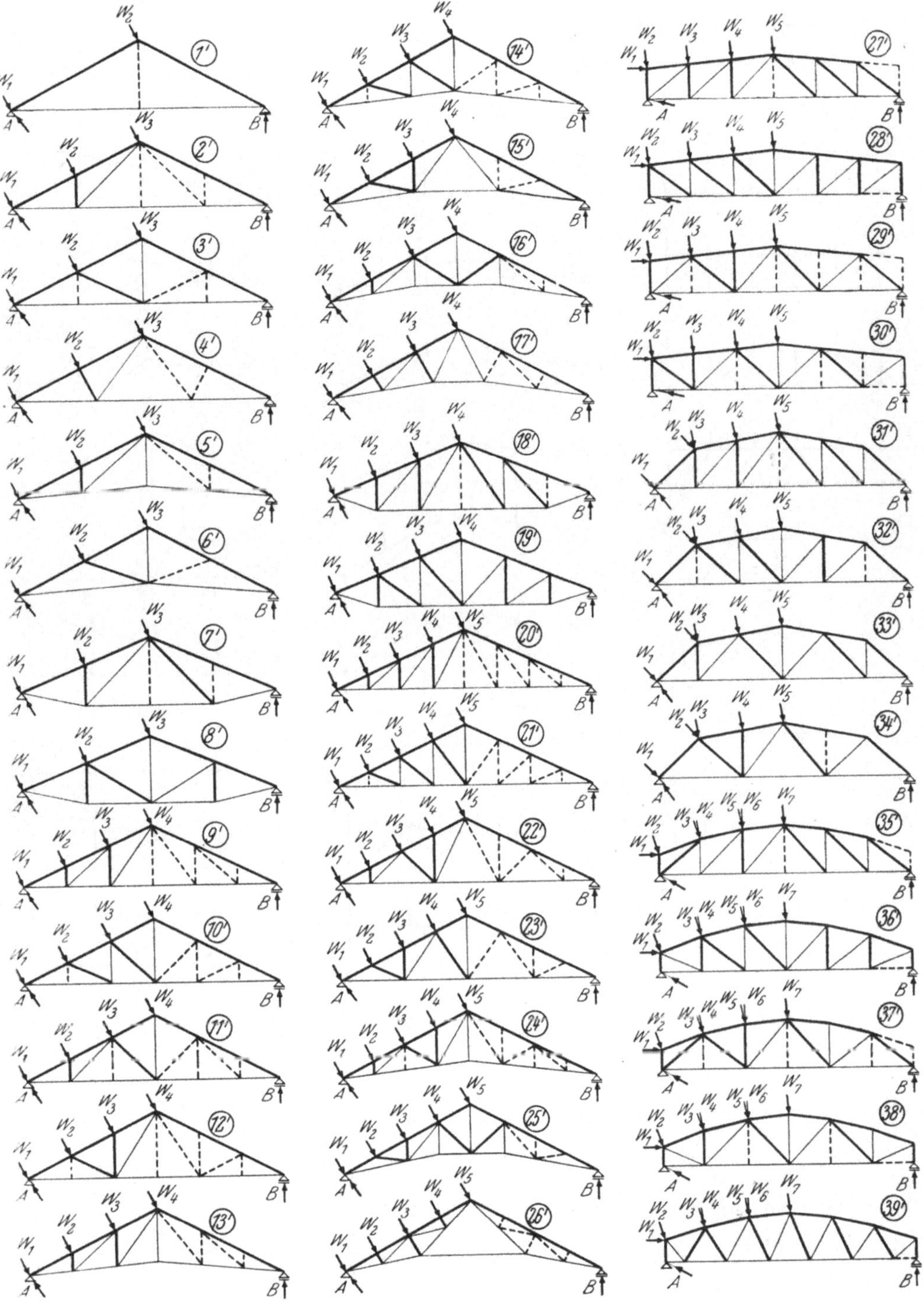

Tafel II. Parallelgurt-Binder und verwandte Systeme, Fischbauch-, Parabel- und Sichel-Binder, Pultdach-, Shed- und Kragdach-Binder bei lotrechter Belastung. „Druckstäbe" ▬; „Zugstäbe" —; „Nullstäbe" ---

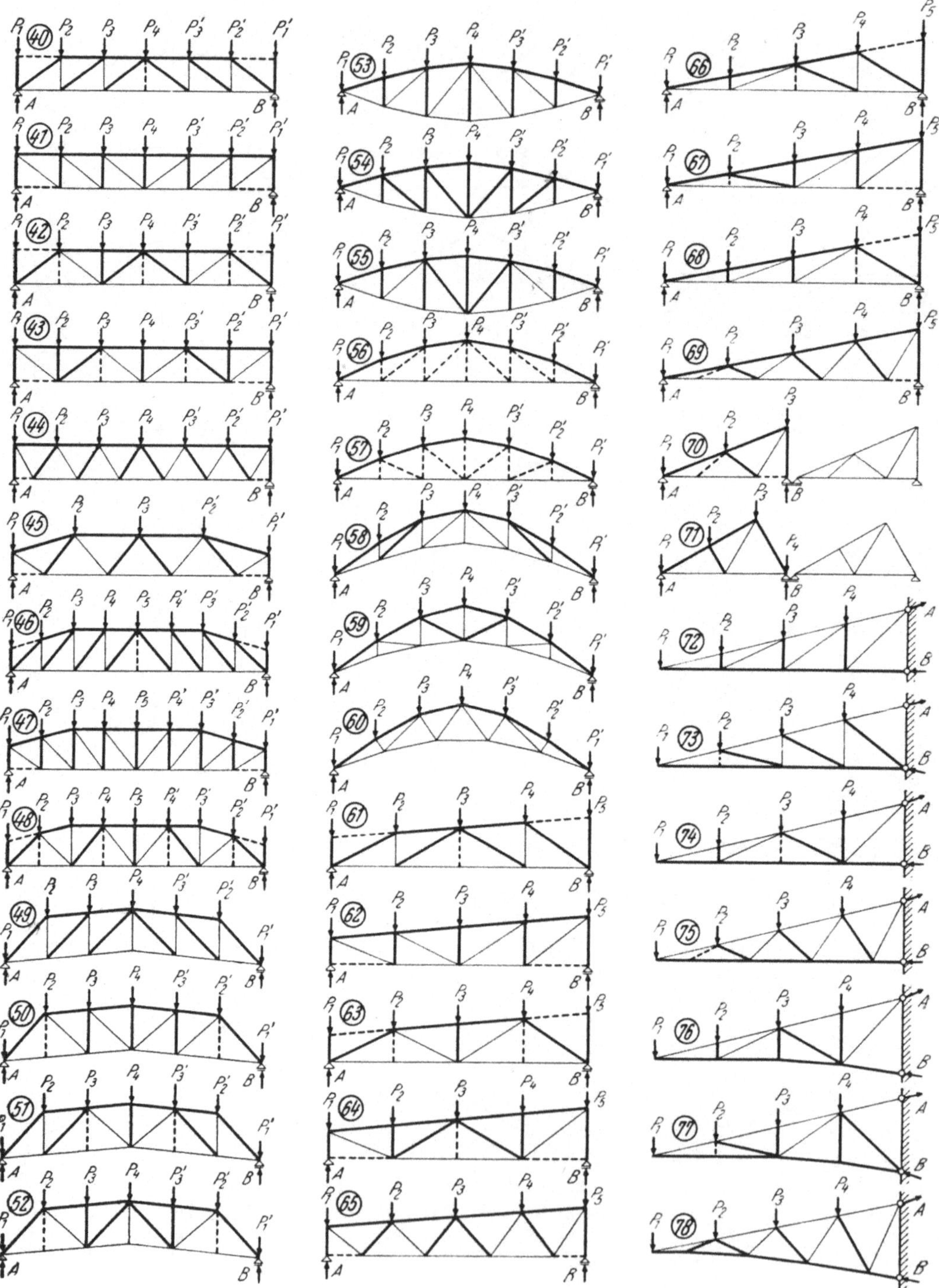

Tafel IIa. Parallelgurt-Binder und verwandte Systeme, Fischbauch-, Parabel- und Sichel-Binder, Pultdach-, Shed- und Kragdach-Binder bei Windbelastung.

„Druckstäbe" ▬; „Zugstäbe" —; „Nullstäbe" ---

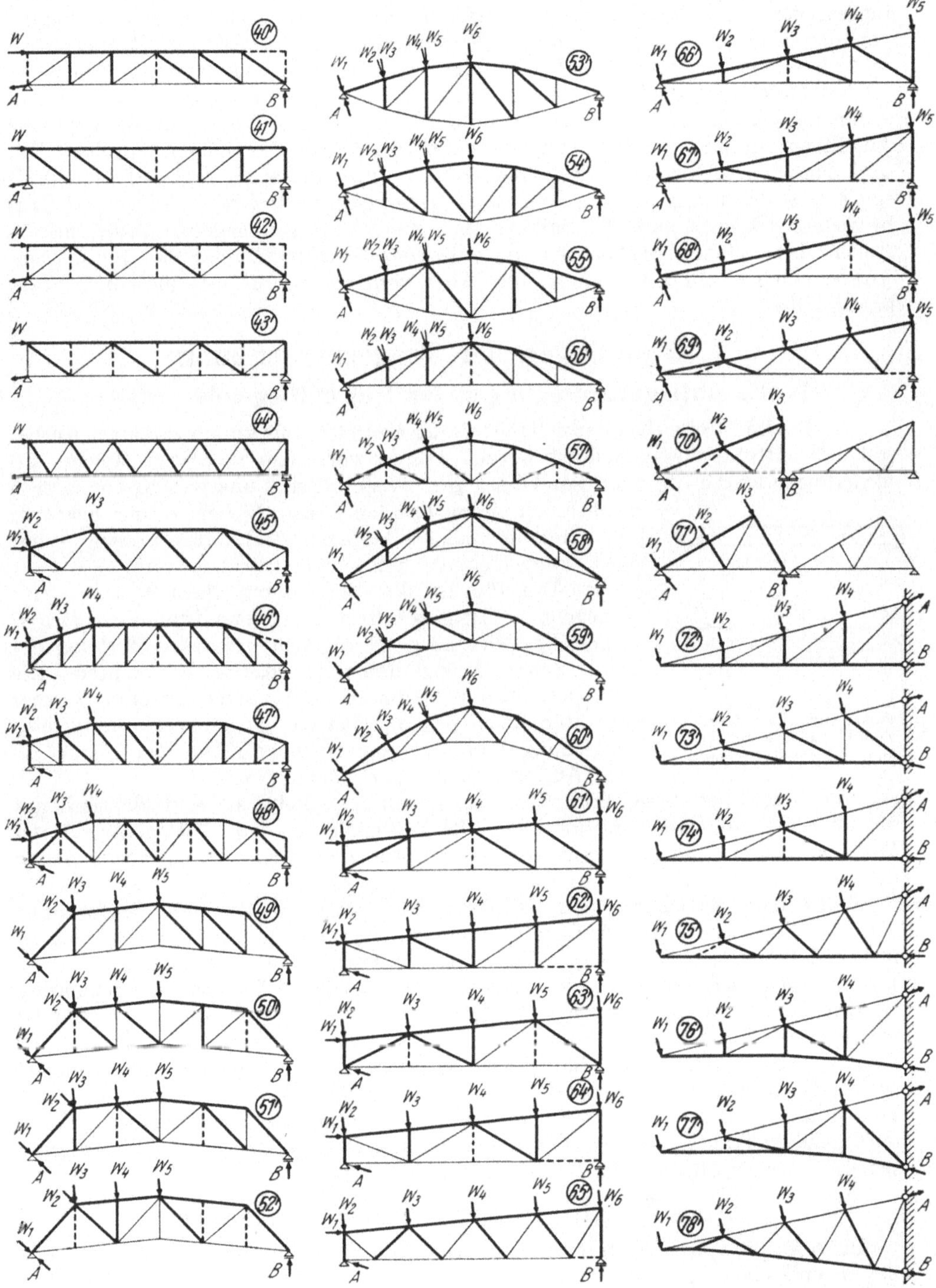

Bei vielen Binderformen ist aber die sofortige Feststellung sämtlicher Zug- und Druckstäbe in der oben angegebenen einfachen Weise nicht ohne weiteres durchzuführen, denn die Vorzeichen der Kräfte in den Füllungsstäben sind abhängig von der gegenseitigen Neigung der Systemachsen des Ober- und Untergurtes, von der Ausfachungsart und von der Verteilung der Belastung. Auch für solche Fälle bieten die in den Tafeln I und II bzw. Ia und IIa zusammengestellten Binderformen mit verschiedenen Ausfachungsarten wertvolle Anhaltspunkte und Vergleichsmöglichkeiten. Es sind dort in jedem einzelnen Fall die „Zug"-, „Druck"- und „Nullstäbe" bei lotrechter Belastung (vgl. Tafel I und II) sowie bei Belastung durch Wind vom festen Auflager (vgl. Tafel Ia und IIa) besonders gekennzeichnet. Damit ist auch die Möglichkeit gegeben, sofort festzustellen, bei welchen Stäben der verschiedenen Fachwerkbinder das Zusammenwirken von lotrechter Belastung und Wind vom festen Auflager maximale Stabkräfte liefert.

V. Grundlagen der Trägerberechnung

1. Die Auflagerbedingungen für frei aufliegende Träger

Der Begriff „frei aufliegender Träger", der Seite 32 nur knapp erläutert wurde, soll hier ausführlicher behandelt werden. Es ist vor allem zu klären, welche Anforderungen an die Auflager dieser Trägerart zu stellen sind und welche besonderen Funktionen sie zu erfüllen haben. Bisher ist nur bekannt, daß eines der beiden Auflager „fest", das andere waagrecht „verschieblich" ausgebildet werden muß.

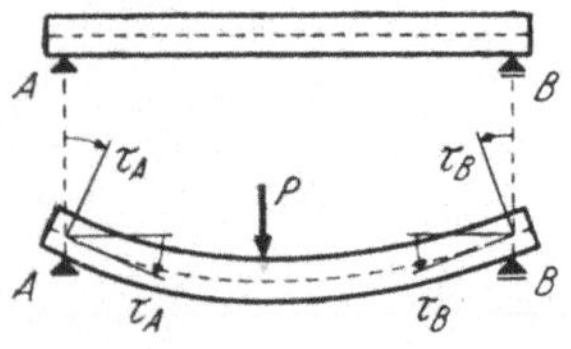

Abb. 169. „Auflagerdrehwinkel" bzw. „Endtangentenwinkel" τ_A und τ_B eines frei aufliegenden Trägers

In Abb. 169 ist die Verformung eines solchen „frei aufliegenden" Trägers infolge einer lotrechten Einzellast P dargestellt. Der Träger biegt sich unter der Wirkung der Last durch und zeigt dabei eine stetige Krümmung. Die Auflagerquerschnitte, die im unbelasteten Zustand in einer lotrechten Ebene liegen, erfahren bei der Verformung eine Verdrehung, und zwar beim Auflager A um den Winkel τ_A, beim Auflager B um den Winkel τ_B.

Man bezeichnet diese Winkel als „Auflagerdrehwinkel"; sie sind identisch mit den Winkeln, die die Tangenten an die Biegelinie in den Auflagern mit der Horizontalen einschließen, und werden deshalb auch „Endtangentenwinkel" an die Biegelinie genannt.

Die beiden Auflager sollen so beschaffen sein, daß sie diese Verformung, also die Verdrehung der Auflagerquerschnitte und die Verbiegung des Trägers, in keiner Weise behindern; die Auflager müssen daher gelenkig ausgebildet werden. Damit auch schräg wirkende Lasten von solchen Trägern aufgenommen werden können, muß eines der beiden Auflager „unverschieblich" ausgebildet werden; man bezeichnet es dann als „festes" Auflager. Das andere Auflager muß aber „verschieblich" sein, damit sich der Träger bei Temperaturänderungen, Schwindwirkung usw. ungehindert in der Längsrichtung ausdehnen bzw. verkürzen kann, ohne Widerstand zu finden; darauf beruht die Bezeichnung „frei aufliegender" Träger. Welches von den beiden Auflagern „fest" und welches „verschieblich" ausgebildet wird, ist im Prinzip gleichgültig.

2. Der Begriff „statisch bestimmte Lagerung"

In Abb. 170a ist ein frei aufliegender Träger mit einem „festen" Auflager bei A und einem „verschieblichen" bei B unter Verwendung der symbolischen Bezeichnungen dargestellt; es sind dort auch die Auflagerreaktionen eingetragen, die sich für eine schräge Einzellast P ergeben, nämlich im festen Auflager A die horizontale Komponente H_A und die vertikale Komponente V_A und im verschieblichen Auflager B die lotrecht wirkende Auflagerreaktion B.

In Abb. 170b ist umgekehrt das Auflager A „verschieblich“ und das Auflager B „fest“ angenommen; es ergeben sich also hier die unbekannten Auflagerreaktionen A, H_B und V_B. Aus diesen Betrachtungen ist zu ersehen, daß bei Ausbildung eines festen und eines waagrecht verschieblichen Auflagers bei beliebiger schräger Belastung insgesamt nur *drei* unbekannte Auflagerreaktionen auftreten, die mit Hilfe der Seite 27f. ausführlich erläuterten *drei* statischen Gleichgewichtsbedingungen

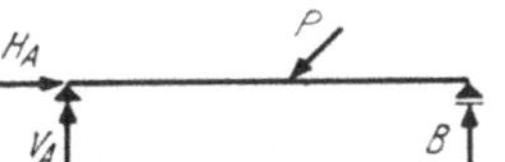

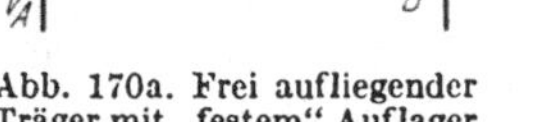

Abb. 170a. Frei aufliegender Träger mit „festem“ Auflager bei A

Abb. 170b. Frei aufliegender Träger mit „festem“ Auflager bei B

$$\Sigma H = 0, \quad \Sigma V = 0, \quad \Sigma M = 0 \tag{84}$$

ermittelt werden können. Man bezeichnet daher diese Art der Lagerung eines Trägers als „statisch bestimmte Lagerung“ und den Träger als „statisch bestimmtes“ Tragsystem.

Es taucht hier die Frage auf, welche Auswirkungen sich in statischer Hinsicht ergeben, wenn man *beide* Auflager unverschieblich ausbildet, aber doch so, daß sie einer Verdrehung der Auflagerquerschnitte und damit der Krümmung des Trägers keinerlei Widerstand entgegensetzen. In Abb. 171a ist ein solcher Träger mit zwei festen, gelenkigen Auflagern unter der Wirkung einer schrägen Einzellast P dargestellt. Man sieht sofort, daß sich beide Auflager an der Auf-

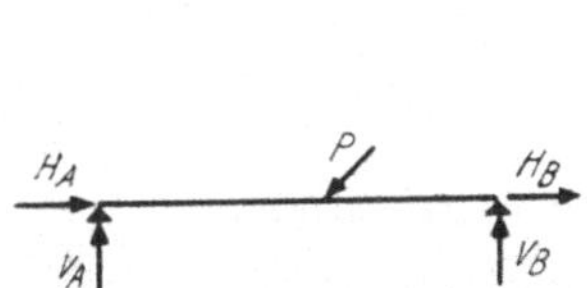

Abb. 171a. Unbekannte Auflagerreaktionen H_A, V_A, H_B, V_B

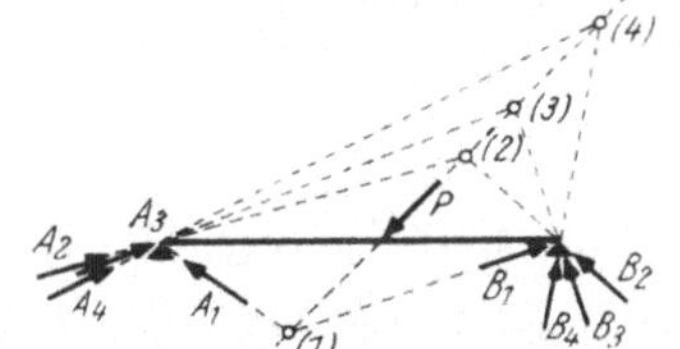

Abb. 171b. Unendlich viele Gleichgewichtsfälle zwischen P und den Auflagerreaktionen A, B

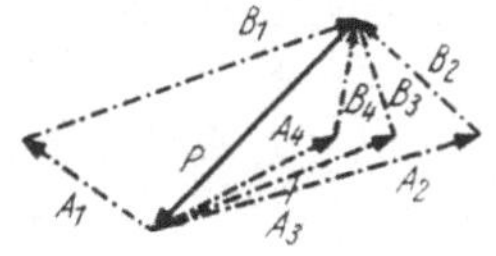

Abb. 171c. Krafteck zu Abb. 171b

Abb. 171a bis c. „Statisch unbestimmter“ Träger mit zwei festen Auflagern

nahme der horizontalen Komponente von P beteiligen, daß also in beiden Lagern sowohl horizontale als auch vertikale Auflagerreaktionen auftreten. Insgesamt sind somit *vier* unbekannte Auflagerreaktionen, nämlich H_A, V_A, H_B, V_B, vorhanden, die mit Hilfe der *drei* statischen Gleichgewichtsbedingungen $\Sigma H = 0$, $\Sigma V = 0$, $\Sigma M = 0$ nicht ermittelt werden können; man bezeichnet daher ein solches Tragsystem als „statisch unbestimmt“. Dieser Begriff wird noch besser verständlich, wenn man versucht, die Zerlegung von P in die beiden Auflagerreaktionen A und B zeichnerisch vorzunehmen. Wie Abb. 171b zeigt, hat diese Aufgabe unendlich viele Lösungen. Man kann beliebig viele Punkte auf der Wirkungslinie von P annehmen und von dort aus die Zerlegung in die Verbindungsgeraden nach den beiden Auflagern A und B vornehmen. In jedem dieser Fälle können, wie aus dem Krafteck Abb. 171c hervorgeht, zwei Komponenten ermittelt werden, die der Kraft P das Gleichgewicht halten. Mit statischen Gleichgewichtsbetrachtungen allein ist also diese Aufgabe nicht lösbar; ein solcher Träger wird daher treffend als „statisch unbestimmt" bezeichnet.

3. Ausbildung „fester" und „verschieblicher" Auflager

Die vorangehend erläuterten strengen Anforderungen an die Ausbildung der Auflager frei aufliegender Träger werden in praktischen Fällen jeweils nach der Empfindlichkeit des vorliegenden Tragwerkes mehr oder minder genau erfüllt. Bei Trägern mit großen Spannweiten oder großen Belastungen, z. B. im Brückenbau, im Hallenbau und im Industriebau wird man die statischen Erfordernisse jedoch genau einhalten müssen.

Ein „verschiebliches" Auflager wird in solchen Fällen in der Regel als Rollenlager oder als Pendellager ausgebildet (vgl. Abb. 172a bis c). Es gewährleistet in dieser Form sowohl eine unbehinderte Verdrehung als auch eine Verschiebung.

Die „festen" Auflager werden meist als Rollenkipplager gemäß Abb. 173a ausgeführt. Auch die Doppelstab-Stützen gemäß Abb. 173b erfüllen die Bedingungen eines festen, gelenkigen Auflagers.

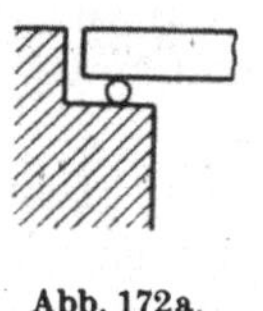
Abb. 172a. Rollenlager

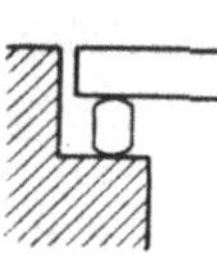
Abb. 172b. Pendelkörper

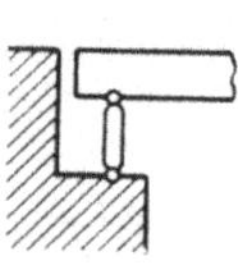
Abb. 172c. Pendelstütze

Abb. 172a bis c. „Verschiebliche" Auflager

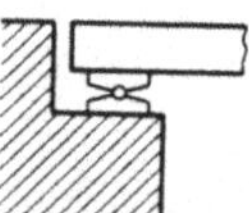
Abb. 173a. Rollenkipplager

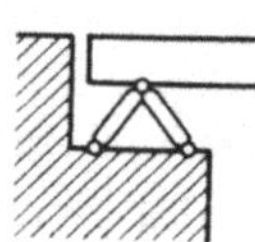
Abb. 173b. Doppelstabstütze

Abb. 173a, b. „Feste" Auflager

Bei einfachen Balken verzichtet man aber im allgemeinen auf einen besonderen konstruktiven Unterschied zwischen „festen" und „verschieblichen" Auflagern und begnügt sich mit sog. „Flächenlagern", die nach Überwindung der Reibung als Gleitlager wirken.

4. Rechnerische Ermittlung der Auflagerreaktionen

A. Zusammenstellung gebrauchsfertiger Formeln

Wie Seite 40f. bereits ausführlich dargelegt wurde, verwendet man zur Berechnung der Auflagerreaktionen A und B am zweckmäßigsten die Gleichgewichtsbedingung $\Sigma M = 0$, und zwar bildet man bei der Ermittlung von A die Summe der Momente aller Kräfte in bezug auf den Auflagerpunkt B und wählt umgekehrt bei der Ermittlung von B den Bezugspunkt im Auflager A. Als Probe muß dann in Übereinstimmung mit der Gleichgewichtsbedingung $\Sigma V = 0$ die Summe der beiden Auflagerreaktionen $(A + B)$ gleich der Summe aller lotrecht wirkenden äußeren Kräfte sein.

a) Auflagerreaktionen für eine Einzellast (Abb. 174)

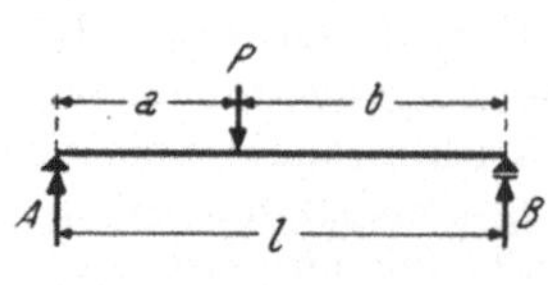

Abb. 174. Träger mit einer Einzellast P

Die oben erwähnten Beziehungen sollen zunächst am Beispiel eines frei aufliegenden Trägers mit einer Einzellast P anhand Abb. 174 noch einmal dargelegt werden.

Aus der Bedingung $\Sigma M_B = 0$ erhält man mit den Bezeichnungen der Abb. 174

$$-A \cdot l + P \cdot b = 0 \quad \text{oder} \quad A = \frac{P\,b}{l} \tag{85}$$

und aus der Bedingung $\Sigma M_A = 0$

$$+B \cdot l - P \cdot a = 0 \quad \text{oder} \quad B = \frac{P a}{l}. \tag{85a}$$

Die Auflagerreaktionen A und B können somit für eine Einzellast P aus folgenden gebrauchsfertigen Formeln ermittelt werden:

$$\boxed{A = \frac{P b}{l} \quad \text{und} \quad B = \frac{P a}{l}.} \tag{86}$$

Zur Probe gilt

$$A + B = P \tag{87}$$

oder

$$A = P - B \quad \text{bzw.} \quad B = P - A. \tag{87a}$$

b) Auflagerreaktionen für mehrere Einzellasten (Abb. 175)

Für einen Träger mit mehreren lotrecht wirkenden Einzellasten gemäß Abb. 175 erhält man durch wiederholte Anwendung der Formeln (86)

$$\begin{aligned} A &= \frac{P_1 b_1}{l} + \frac{P_2 b_2}{l} + \frac{P_3 b_3}{l} = \frac{\Sigma P b}{l} \\ B &= \frac{P_1 a_1}{l} + \frac{P_2 a_2}{l} + \frac{P_3 a_3}{l} = \frac{\Sigma P a}{l}. \end{aligned} \tag{88}$$

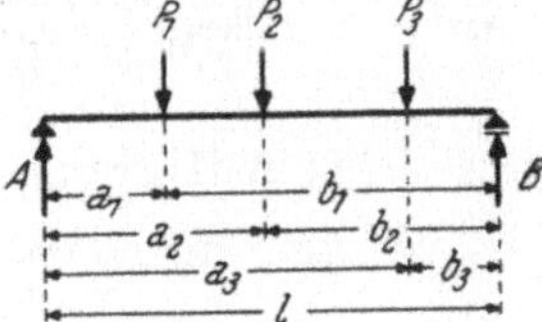

Abb. 175. Träger mit drei Einzellasten P_1, P_2, P_3

Auch hier muß wieder zur Probe die Summe $(A + B)$ gleich der Summe aller lotrecht wirkenden äußeren Kräfte sein; es gilt also

$$A + B = \Sigma P \tag{89}$$

oder

$$A = \Sigma P - B \quad \text{bzw.} \quad B = \Sigma P - A. \tag{89a}$$

c) Auflagerreaktionen für eine Streckenlast am Auflager A (Abb. 176)

Wirkt auf einen Träger eine gleichförmig verteilte Streckenlast q t/m gemäß Abb. 176 ein, so kann diese zur Ermittlung der Auflagerreaktionen A und B stets durch ihre Resultierende R ersetzt werden; es gelten dann wieder die oben angegebenen Formeln (86). Mit $R = q s$ wird also

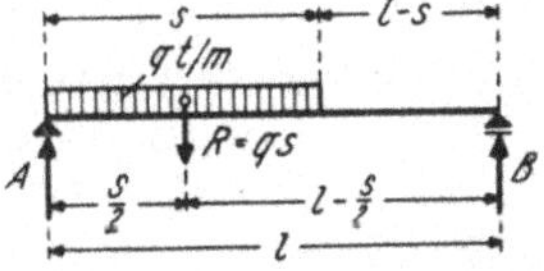

Abb. 176. Träger mit Streckenlast q am Auflager A

$$\boxed{\begin{aligned} A &= \frac{R}{l}\left(l - \frac{s}{2}\right) = \frac{q s}{l}\left(l - \frac{s}{2}\right) \\ B &= \frac{R}{l} \cdot \frac{s}{2} = \frac{q s^2}{2 l}. \end{aligned}} \tag{90}$$

Als Probe gilt

$$A + B = q s. \tag{91}$$

d) Auflagerreaktionen für eine durchgehende Gleichlast (Abb. 177)

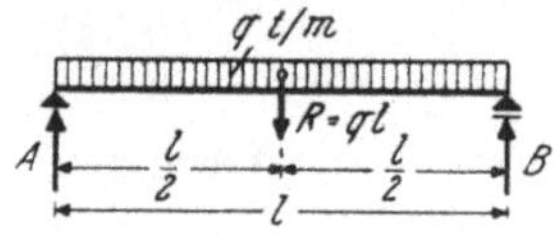

Abb. 177. Träger mit durchgehender Gleichlast q

Für eine durchgehende Gleichlast q t/m gemäß Abb. 177 beträgt die gesamte Last $R = q\,l$; infolge Symmetrie der Belastung wird $A = B = R/2$ oder

$$A = B = \frac{q\,l}{2}. \tag{92}$$

e) Auflagerreaktionen für eine Streckenlast an beliebiger Stelle (Abb. 178)

Für eine gleichmäßig verteilte Streckenlast q t/m an beliebiger Stelle des Trägers erhält man mit den Bezeichnungen der Abb. 178 gemäß Gl. (86)

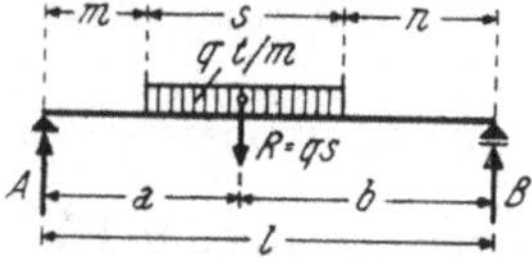

Abb. 178. Träger mit Streckenlast q an beliebiger Stelle

$$A = \frac{R\,b}{l} = \frac{q\,s\,b}{l} \quad \text{und} \quad B = \frac{R\,a}{l} = \frac{q\,s\,a}{l}. \tag{93}$$

Zur Probe gilt auch hier

$$A + B = q\,s. \tag{94}$$

f) Auflagerreaktionen für schräge Einzellasten (Abb. 179a)

Wirken auf einen Träger schräge Einzellasten ein, so zerlegt man diese in lotrechte und waagrechte Komponenten. Die Ermittlung der Auflagerreaktionen kann für die lotrechten Komponenten genau so erfolgen wie für lotrechte Lasten; die waagrechten Komponenten der schrägen Lasten ergeben durch algebraische Addition die waagrechte Komponente der Auflagerreaktion im festen Auflager.

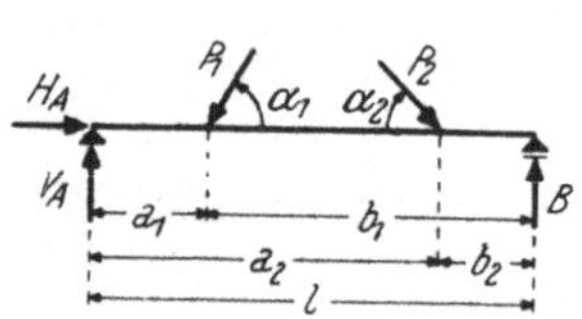

Abb. 179a. Träger mit schrägen Einzellasten P_1 und P_2

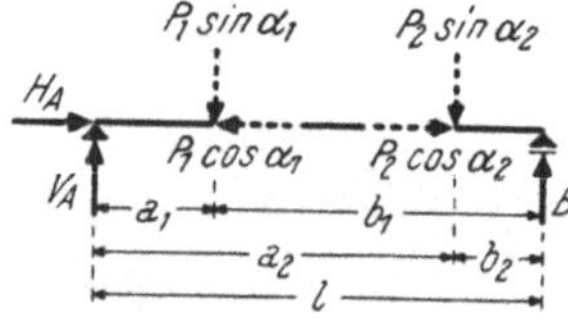

Abb. 179b. Horizontale und vertikale Komponenten von P_1 und P_2

Abb. 179a, b. Ermittlung von H_A, V_A und B für schräge Einzellasten

Auf diese Weise erhält man also z. B. für den Träger in Abb. 179a mit den beiden schrägen Einzellasten P_1 und P_2 die Vertikalkomponenten

$$V_1 = P_1 \sin\alpha_1 \quad \text{und} \quad V_2 = P_2 \sin\alpha_2 \tag{95}$$

und die Horizontalkomponenten

$$H_1 = P_1 \cos\alpha_1 \quad \text{und} \quad H_2 = P_2 \cos\alpha_2. \tag{95a}$$

Diese Werte sind in Abb. 179b eingetragen. Damit ergeben sich die vertikalen Auflagerreaktionen gemäß Gl. (88) mit

$$\begin{aligned} V_A &= \frac{V_1 b_1}{l} + \frac{V_2 b_2}{l} = \frac{P_1 \sin\alpha_1}{l} \cdot b_1 + \frac{P_2 \sin\alpha_2}{l} \cdot b_2 \\ B &= \frac{V_1 a_1}{l} + \frac{V_2 a_2}{l} = \frac{P_1 \sin\alpha_1}{l} \cdot a_1 + \frac{P_2 \sin\alpha_2}{l} \cdot a_2 \end{aligned} \tag{96}$$

und die horizontale Auflagerreaktion im festen Auflager A mit

$$H_A = H_1 - H_2 = P_1 \cos\alpha_1 - P_2 \cos\alpha_2 \tag{97}$$

oder allgemein für beliebig viele schräge Einzellasten

$$\boxed{H_A = \Sigma P \cos\alpha.} \tag{98}$$

Bei der zahlenmäßigen Anwendung der Formel (97) bzw. (98) sei für die Richtung der horizontalen Komponenten folgende Vorzeichenregel festgelegt: Die von links nach rechts gerichteten Kräfte sind *positiv*, die in umgekehrter Richtung wirkenden *negativ* ($\overleftarrow{-}\,\overrightarrow{+}$).

B. Anwendungsbeispiele

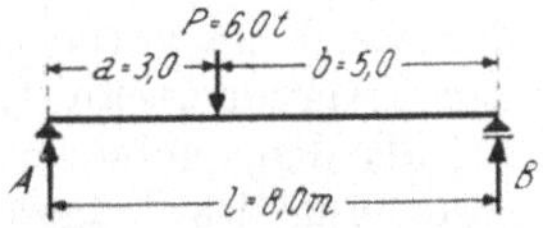

Für einen Träger mit *einer Einzellast* $P = 6{,}0$ t (Abb. 180) erhält man die Auflagerreaktionen nach Gl. (86) mit

Abb. 180. Träger mit einer Einzellast P

$$A = \frac{P\,b}{l} = \frac{6{,}0 \cdot 5{,}0}{8{,}0} = 3{,}75\ \text{t}$$

$$B = \frac{P\,a}{l} = \frac{6{,}0 \cdot 3{,}0}{8{,}0} = 2{,}25\ \text{t}.$$

Probe nach Gl. (87):

$$A + B = P = 3{,}75 + 2{,}25 = 6{,}0\ \text{t}.$$

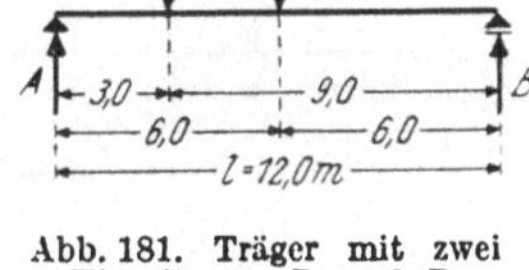

Abb. 181. Träger mit zwei Einzellasten P_1 und P_2

Für einen Träger mit *zwei Einzellasten* $P_1 = 4{,}0$ t und $P_2 = 5{,}0$ t (Abb. 181) wird gemäß Gl. (88):

$$A = \frac{P_1 b_1}{l} + \frac{P_2 b_2}{l} = \frac{4{,}0 \cdot 9{,}0}{12{,}0} + \frac{5{,}0 \cdot 6{,}0}{12{,}0} = 3{,}0 + 2{,}5 = 5{,}5\ \text{t}$$

$$B = \frac{P_1 a_1}{l} + \frac{P_2 a_2}{l} = \frac{4{,}0 \cdot 3{,}0}{12{,}0} + \frac{5{,}0 \cdot 6{,}0}{12{,}0} = 1{,}0 + 2{,}5 = 3{,}5\ \text{t}.$$

Probe nach Gl. (89):

$$A + B = 5{,}5 + 3{,}5 = 9{,}0\ \text{t}; \quad P_1 + P_2 = 4{,}0 + 5{,}0 = 9{,}0\ \text{t}.$$

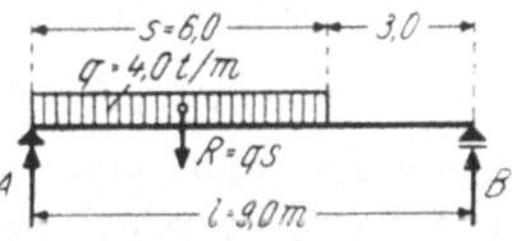

Abb. 182. Träger mit Streckenlast q am Auflager A

Für eine *Streckenlast* $q = 4{,}0$ t/m am Auflager A (Abb. 182) wird nach Gl. (90):

$$A = \frac{q\,s}{l}\left(l - \frac{s}{2}\right) = \frac{4{,}0 \cdot 6{,}0}{9{,}0}\,(9{,}0 - 3{,}0) = 16{,}0\ \text{t}$$

$$B = \frac{q\,s^2}{2\,l} = \frac{4{,}0 \cdot 6{,}0^2}{2 \cdot 9{,}0} = 8{,}0\ \text{t}.$$

Probe nach Gl. (91):

$$A + B = 16{,}0 + 8{,}0 = 24{,}0\ \text{t}; \quad q\,s = 4{,}0 \cdot 6{,}0 = 24{,}0\ \text{t}.$$

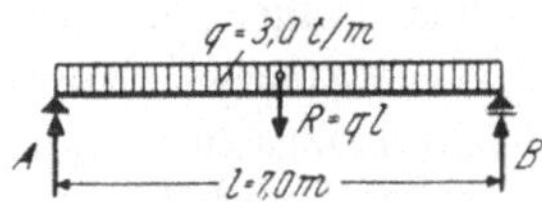

Abb. 183. Träger mit durchgehender Gleichlast q

Für eine *durchgehende Gleichlast* $q = 3{,}0$ t/m (Abb. 183) erhält man gemäß Gl. (92)

$$A = B = \frac{q\,l}{2} = \frac{3{,}0 \cdot 7{,}0}{2} = 10{,}5\ \text{t}.$$

5. Ermittlung der Biegungsmomente am frei aufliegenden Träger

A. Allgemeine Erläuterungen

Das Beispiel eines einfachen Belastungsfalles am frei aufliegenden Träger gemäß Abb. 184a soll dazu dienen, zunächst den Begriff „Biegungsmoment" zu klären.

Eine Einzellast P greift an einer beliebigen Stelle C in den Abständen a und b von den beiden Auflagern A und B an. Die Auflagerreaktionen ergeben sich nach Gl. (86) mit

$$A = \frac{P\,b}{l} \quad \text{und} \quad B = \frac{P\,a}{l}.$$

Der Träger biegt sich unter der Wirkung der drei Kräfte P, A und B durch (vgl. Abb. 184b); bei einer allmählichen Vergrößerung der Last P wird der Träger schließlich brechen, und zwar an der Stelle, wo er am meisten gekrümmt bzw. am stärksten „verbogen" wird. Es ist bereits zu vermuten, daß diese gefährdete Stelle sich im vorliegenden Falle bei der Kraft P befinden wird. Man bezeichnet den Trägerquerschnitt, in welchem der Bruch bei einer Laststeigerung zu erwarten ist, als den „gefährdeten" Querschnitt; dort erfolgt also die ungünstigste Beanspruchung des Trägers.

Es fragt sich nun, was außer der Festigkeit des Trägermaterials für den Bruch dieses Trägers noch maßgebend ist. Die Größe der äußeren Last P allein ist nicht entscheidend, weil offensichtlich auch ihre Lage einen Einfluß auf die Bruchgefahr hat; es ist ohne weiteres zu erkennen, daß die Lasteinwirkung z. B. in der Trägermitte bedeutend ungünstiger sein wird als in der Nähe der Auflager.

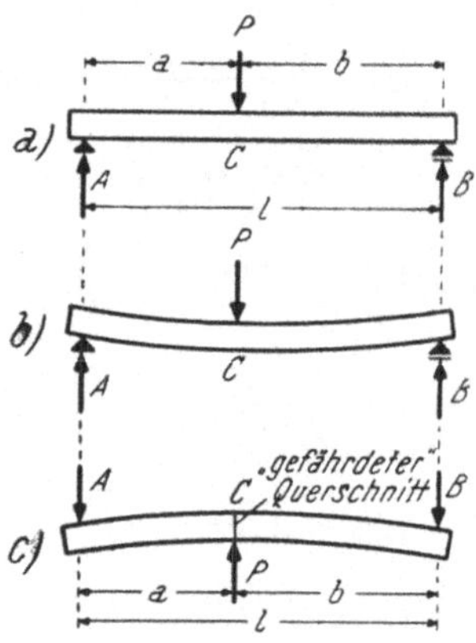

Abb. 184a bis c. Durchbiegung eines Trägers infolge einer Einzellast P

Ein guter Einblick in die hier maßgebenden Zusammenhänge ist zu gewinnen, wenn man sich den in Abb. 184b dargestellten, unter dem Einfluß der äußeren Last P durchgebogenen Träger um seine horizontale Achse um 180° gedreht denkt. Man erhält dann das in Abb. 184c dargestellte Trägerbild mit den Kräften P, A und B, die untereinander im Gleichgewicht stehen müssen. Für die nun anzustellenden Überlegungen ist wesentlich, daß die beiden Auflagerreaktionen A und B ihrer Wirkung nach genau so wie äußere Kräfte zu betrachten sind. Aus Abb. 184c wird auch deutlich, daß der Bruch bei einer verhältnisgleichen Steigerung der drei Kräfte P, A, B an der Trägerstelle bei P eintreten wird.

Denkt man sich nun unter Beibehaltung der Größen von P, A, B den Träger auf das Doppelte, also auf $2\,l$ verlängert, so nehmen die Abstände der Einzellast P von den Auflagern A und B die Werte $2\,a$ und $2\,b$ an (vgl. Abb. 185a,b). Obzwar die Last P ihren Wert nicht verändert hat, wird nun der Träger wesentlich stärker verbogen, und damit wird auch die Bruchgefahr gegenüber dem ursprünglichen Träger mit der Spannweite l bedeutend größer.

Nach diesen Überlegungen anhand Abb. 184a bis c und Abb. 185a, b ist also leicht einzusehen, daß für die Krümmung bzw. Verbiegung des Balkens im Querschnitt C und damit auch für die Bruchgefahr an dieser Stelle die Kraft A und der dazugehörige Hebelarm a bzw. die Kraft B und der zugehörige Hebelarm b, also die Produkte

$$A \cdot a \quad \text{bzw.} \quad B \cdot b,$$

von entscheidendem Einfluß sein werden.

Nun bedeutet $A \cdot a$ das statische Moment der links vom Trägerquerschnitt C angreifenden Kraft A und $B \cdot b$ das statische Moment der rechts von diesem Querschnitt angreifenden Kraft B. Da aus Gleichgewichtsgründen die Bedingung $\Sigma M = 0$ erfüllt sein muß, ergibt sich in bezug auf den Punkt C, daß auch

$$A \cdot a = B \cdot b \tag{99}$$

sein muß.

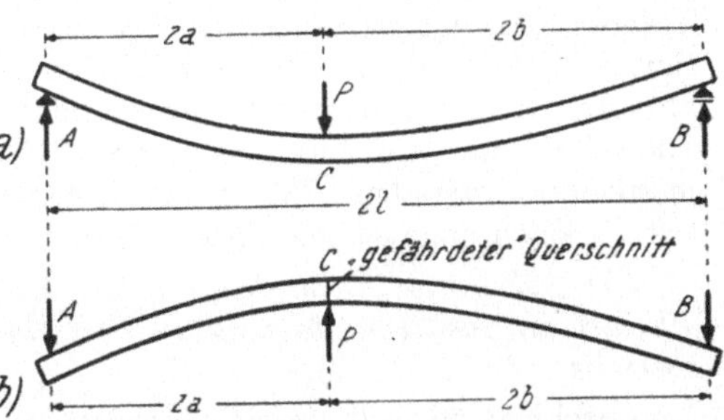

Abb. 185a, b. Träger mit doppelter Spannweite, aber gleicher Belastung P, A, B wie in Abb. 184a bis c

Man bezeichnet nun das statische Moment $A \cdot a$ bzw. $B \cdot b$, das im Querschnitt C eine Verbiegung des Trägers hervorruft, als *„Biegungsmoment"* M_C. Dieses Biegungsmoment kann somit auf zweifache Art gerechnet werden: entweder aus den Kräften links vom Querschnitt C oder aus den Kräften rechts vom Querschnitt C. Es wird demnach

$$M_C = A \cdot a \quad \text{oder} \quad M_C = B \cdot b \tag{100}$$

und somit allgemein

$$\boxed{M_C^{links} = M_C^{rechts}.} \tag{101}$$

Diese ausführlichen Erörterungen ermöglichen nun eine genaue Definition des Begriffes „Biegungsmoment".

Unter dem „Biegungsmoment" in einem bestimmten Querschnitt eines Trägers versteht man die Summe der statischen Momente aller links oder rechts von diesem Querschnitt angreifenden Kräfte in bezug auf den Schwerpunkt des betrachteten Querschnittes.

B. Vorzeichenregel für Biegungsmomente

Da nach der Seite 16 aufgestellten Vorzeichenregel die Summen der „statischen Momente" aus den Kräften links und rechts des betrachteten Querschnittes stets verschiedene Vorzeichen aufweisen, so muß für den hier festgelegten neuen Begriff „Biegungsmoment" auch eine neue, eindeutige Vorzeichenregel festgelegt werden. Sie lautet:

Ein „Biegungsmoment" bezeichnet man dann als positiv, wenn es an der Unterseite des Trägers Zug erzeugt, und negativ, wenn es an der Oberseite Zug hervorruft.

Nach dieser Vorzeichenregel ergibt sich, daß die durch eine Einzellast P in irgendeinem Querschnitt eines frei aufliegenden Trägers hervorgerufenen Biegungsmomente positiv sind, weil der Träger nach unten durchgebogen und dadurch an seiner Unterseite Zug erzeugt wird. Das gleiche gilt für die Biegungsmomente aus jeder äußeren Belastung, die von oben nach unten wirkt; sie werden bei einfachen Trägern ohne Kragarm immer positiv sein, weil sie stets an der Unterseite des Trägers Zugspannungen verursachen.

C. Ermittlung der Momentenlinie

Aus den vorangegangenen Betrachtungen wurde deutlich, daß für die Verbiegung eines Balkens und damit für die Bruchgefahr in irgendeinem Querschnitt das „Biegungsmoment" maßgebend ist. Von besonderer Bedeutung wird also der von einer Belastung hervorgerufene Größtwert der Biegungsmomente sein; man wird aber auch den Ort zu ermitteln haben, wo dieser Größtwert des Biegungsmomentes, den man als max M bezeichnet, auftritt. In vielen Fällen ist es jedoch erwünscht, die Größe der Biegungsmomente für einen gegebenen Belastungsfall auch in allen übrigen Trägerquerschnitten zu kennen. Die beste Übersicht ermöglicht die sog. „Momentenlinie", die kurz als „M-Linie" bezeichnet wird; sie ist in einem geeigneten Maßstab aufzutragen und gibt durch ihre Ordinaten das Biegungsmoment in jedem Trägerquerschnitt an. Man kann mit ihrer Hilfe auch sofort Größe und Ort des Maximalmomentes feststellen. Für das Aufzeichnen der „M-Linie" gilt unter Bezugnahme auf die oben angegebene Vorzeichenregel für „Biegungsmomente" folgende Regel:

Die „M-Linie" wird stets auf der Zugseite des Trägers aufgetragen; somit erscheinen die positiven Momente an der Trägerunterseite und die negativen an der Trägeroberseite.

Anschließend soll gezeigt werden, wie diese „Momentenlinie", deren zeichnerische Ermittlung Seite 38ff. ausführlich erläutert wurde, für verschiedene Lastfälle rechnerisch bestimmt werden kann.

a) M-Linie für eine Einzellast (Abb. 186)

Man ermittelt zunächst die Auflagerreaktionen A und B. Nach Gl. (86) erhält man

$$A = \frac{P\,b}{l}; \qquad B = \frac{P\,a}{l}. \tag{102}$$

Momente im Trägerbereich zwischen A und C: Das Biegungsmoment in der Entfernung x vom Auflager A ist nach der Definition Seite 91 gleich der Summe der Momente aller links von dieser Stelle angreifenden Kräfte. Da hier nur A vorhanden ist, wird

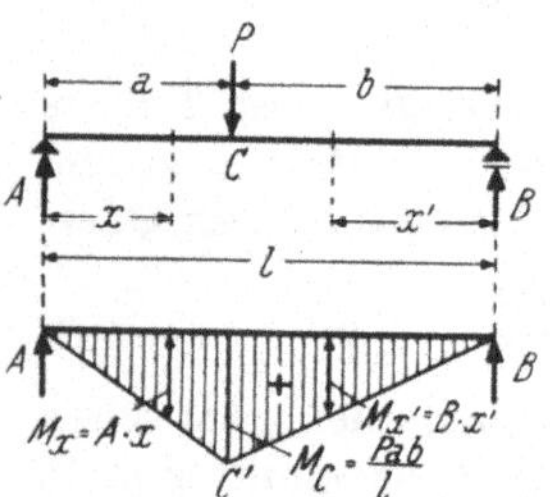

Abb. 186. M-Linie für eine Einzellast

$$M_x = A \cdot x. \tag{103}$$

Nach der vereinbarten Vorzeichenregel für Biegungsmomente ist M_x positiv, weil durch dieses Moment der Träger an seiner Unterseite Zug erhält.

Die Gl. (103) gilt aber nur im Trägerbereich zwischen A und C, also für $0 < x < a$. Da A konstant ist, muß M_x direkt proportional dem Wert x, also dem Abstand vom Auflager A sein. Das Moment M_x wächst somit linear:

$$\begin{aligned} &\text{für } x = 0 \text{ (d. i. am Auflager } A) && \text{ist } M_A = 0 \\ &\text{,, } x = a \text{ (d. i. im Querschnitt } C) && \text{,, } M_C = A \cdot a. \end{aligned} \tag{103a}$$

Trägt man diese Werte in einem geeigneten Maßstab (z. B. 1 cm = 1 tm oder 10 tm usw.) auf, so erhält man die Gerade AC'.

Momente im Trägerbereich zwischen B und C: Das Biegungsmoment eines Querschnittes im Abstand x' vom Auflager B ergibt sich aus den rechts davon angreifenden Kräften (hier nur B allein!):

$$M_{x'} = B \cdot x'. \tag{104}$$

Das ist die Gleichung einer Geraden:

$$\begin{aligned} &\text{für } x' = 0 \text{ (d. i. am Auflager } B) && \text{wird } M_B = 0 \\ &\text{,, } x' = b \text{ (d. i. im Querschnitt } C) && \text{,, } M_C = B \cdot b. \end{aligned} \tag{104a}$$

Das Moment wächst in diesem Bereich von dem Wert Null im Auflager B nach der Geraden BC' auf den Wert M_C an. Die Gl. (104) gilt hier für den Trägerbereich zwischen B und C, also für $0 < x' < b$.

Das Moment M_C an der Stelle der Last P ergibt sich somit auf zweifache Art:

aus Gl. (103a) in Verbindung mit Gl. (102) ... $M_C = A \cdot a = \frac{P\,a\,b}{l}$

„ Gl. (104a) „ „ „ Gl. (102) ... $M_C = B \cdot b = \frac{P\,a\,b}{l}$. (105)

Wie aus Abb. 186 zu ersehen ist, tritt der Größtwert des Biegungsmomentes im Querschnitt C unter der Last P auf, und zwar wird nach Gl. (105)

$$\max M = \frac{P\,a\,b}{l}. \tag{105a}$$

Sonderfall. Wenn die Last P in der Trägermitte angreift (vgl. Abb. 187), so wird

$$A = B = \frac{P}{2} \tag{106}$$

und demnach

$$M_C = \max M = A \cdot \frac{l}{2} = \frac{P}{2} \cdot \frac{l}{2} = \frac{P\,l}{4}. \tag{107}$$

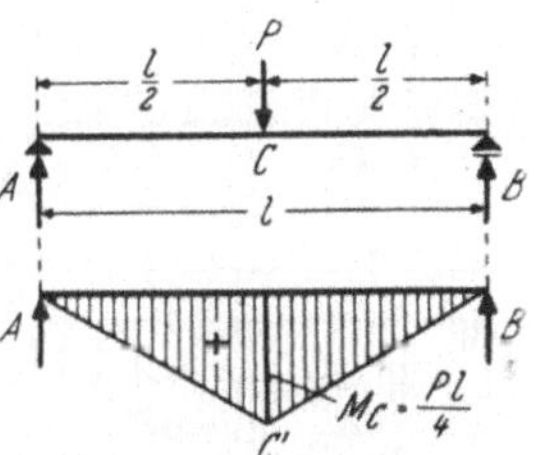

Abb. 187. M-Linie für eine Einzellast in Trägermitte

Damit kann die M-Linie gemäß Abb. 187 gezeichnet werden.

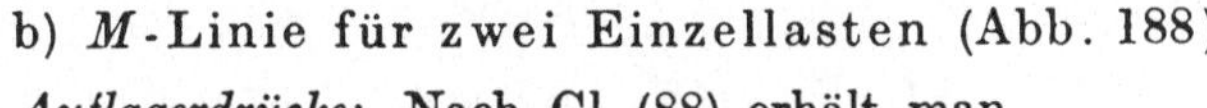

b) M-Linie für zwei Einzellasten (Abb. 188)

Auflagerdrücke: Nach Gl. (88) erhält man

$$A = \frac{P_1 b_1}{l} + \frac{P_2 b_2}{l} \quad \text{und} \quad B = \frac{P_1 a_1}{l} + \frac{P_2 a_2}{l}. \tag{108}$$

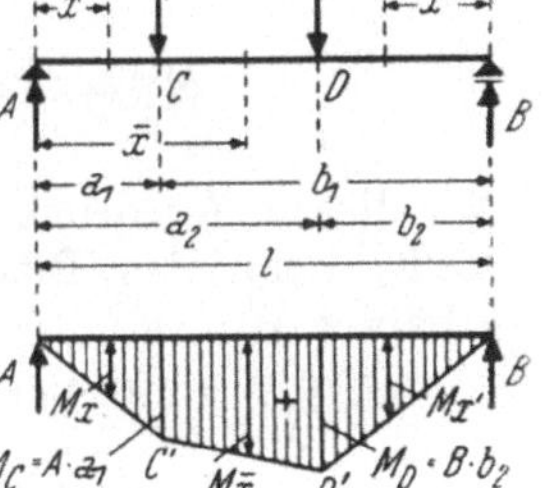

Abb. 188. M-Linie für zwei Einzellasten

M-Verlauf zwischen A und C: An der Stelle x von A ist

$$M_x = A \cdot x. \tag{109}$$

Das ist wieder die Gleichung einer Geraden; sie gilt für $0 < x < a_1$ und bildet die M-Linie zwischen A und C':

für $x = 0$ (d. i. am Auflager A) ist $M_A = 0$

„ $x = a_1$ (d. i. im Querschnitt C) „ $M_C = A \cdot a_1$. (109a)

M-Verlauf zwischen B und D: An der Stelle x' vom Auflager B ist

$$M_{x'} = B \cdot x'; \tag{110}$$

es handelt sich also wieder um die Gleichung einer Geraden, die die M-Linie zwischen B und D' bildet:

für $x' = 0$ (d. i. am Auflager B) ist $M_B = 0$

„ $x' = b_2$ (d. i. im Querschnitt D) „ $M_D = B \cdot b_2$. (110a)

M-Verlauf zwischen C und D: Da die M-Linie auch zwischen C und D eine Gerade bilden muß, M_C und M_D aber nach Gl. (109a) und (110a) bereits gegeben sind, erhält man durch Verbindung von C' und D' die M-Linie im Bereich zwischen P_1 und P_2.

Unabhängig davon kann man aber für einen beliebigen Querschnitt zwischen C und D das Biegungsmoment rechnerisch ermitteln; es ergibt sich z. B. gemäß Abb. 188 für einen Querschnitt im Abstand $\bar{x}$ vom Auflager A unter der Voraussetzung, daß $a_1 < \bar{x} < a_2$:

$$M_{\bar{x}} = A \cdot \bar{x} - P_1 (\bar{x} - a_1). \tag{111}$$

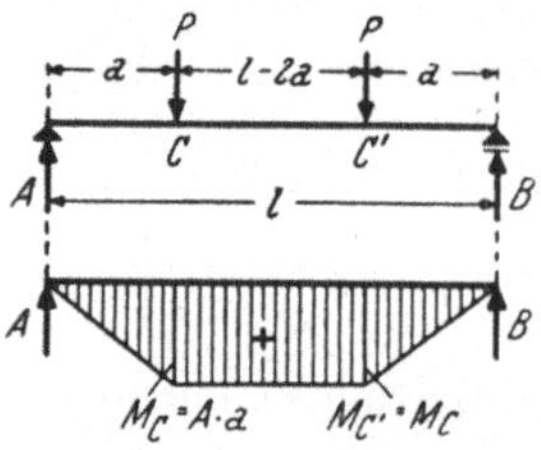

Sonderfall. Wenn die beiden Lasten gleich groß sind und auf den Träger gemäß Abb. 189 symmetrisch einwirken, dann wird $A = B = P$, und man erhält

$$M_C = M_{C'} = A \cdot a = P \cdot a. \tag{112}$$

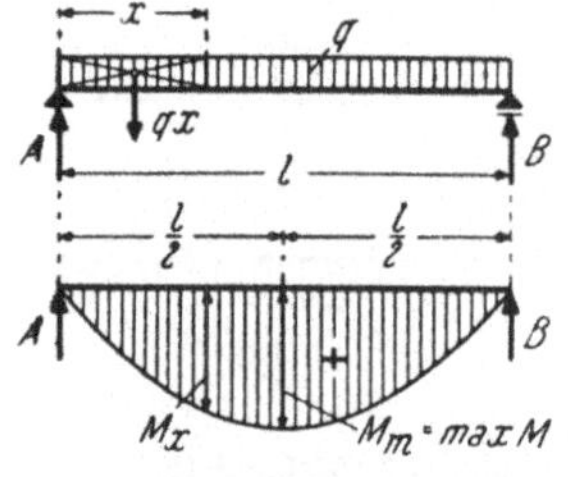

Abb. 189. M-Linie für zwei symmetrisch wirkende Einzellasten

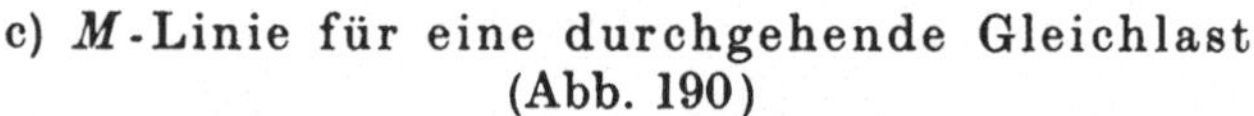

c) M-Linie für eine durchgehende Gleichlast (Abb. 190)

Auflagerdrücke: Infolge Symmetrie der Belastung wird nach Gl. (92)

$$A = B = \frac{q\,l}{2}.$$

Momente: Das Biegungsmoment an der Stelle x vom Auflager A besteht aus zwei Beiträgen, und zwar aus dem positiven Anteil der nach oben gerichteten Auflagerreaktion A mit dem zugehörigen Hebelarm x und dem negativen Anteil der nach unten gerichteten Streckenlast $q\,x$ mit dem zugehörigen Hebelarm $x/2$. Es ergibt sich somit

Abb. 190. M-Linie für eine durchgehende Gleichlast

$$M_x = A \cdot x - q\,x \cdot \frac{x}{2} = \frac{q\,l}{2} \cdot x - \frac{q\,x^2}{2} = \frac{q}{2}(l\,x - x^2). \tag{113}$$

Mit diesem Ausdruck, der die Gleichung einer Parabel mit dem Scheitel in $l/2$ darstellt, kann das Biegungsmoment an jeder Trägerstelle ermittelt werden; man erhält z. B.

$$\begin{aligned}
&\text{für } x = 0 \text{ (d. i. am Aufl. } A\text{)}: && M_A = 0 \\
&\text{,, } x = \frac{l}{4} \text{ .... }: && M_{x = l/4} = \frac{q}{2}\left(l \cdot \frac{l}{4} - \frac{l^2}{16}\right) = \frac{3\,q\,l^2}{32} \\
&\text{,, } x = \frac{l}{2} \text{ (Trägermitte) ...}: && M_m = \frac{q}{2}\left(l \cdot \frac{l}{2} - \frac{l^2}{4}\right) = \frac{q\,l^2}{8} \\
&\text{,, } x = \frac{3\,l}{4} \text{ .... }: && M_{x = 3l/4} = \frac{q}{2}\left(l \cdot \frac{3\,l}{4} - \frac{9\,l^2}{16}\right) = \frac{3\,q\,l^2}{32} \\
&\text{,, } x = l \text{ (d. i. am Aufl. } B\text{)}: && M_B = 0.
\end{aligned} \tag{113 a}$$

Vergleicht man die hier ermittelten Momentenwerte in den Viertel- bzw. Dreiviertel-Punkten des Trägers mit dem Größtwert M_m in der Trägermitte, so ergibt sich folgende Beziehung:

$$M_{x = l/4} : M_m = \frac{3\,q\,l^2}{32} : \frac{q\,l^2}{8} = 3 : 4. \tag{114}$$

Die Ordinaten der Momenten-Parabel in den Viertel- und Dreiviertel-Punkten betragen somit 3/4, d. s. 75 v. H. der Ordinate in Trägermitte. Es ist demnach (vgl. Abb. 191)

$$M_{x = l/4} = M_{x = 3l/4} = 0{,}75\,M_m. \tag{115}$$

Die in Gl. (115) gegebene Beziehung ermöglicht eine sehr zweckmäßige und einfache Parabel-Konstruktion: Aus dem Wert M_m in Trägermitte (der immer berechnet werden muß und den Scheitelpunkt I der Momenten-Parabel ergibt) erhält man sofort den Wert $0{,}75\ M_m$, der nach Abb. 191 im Viertel bzw. Dreiviertel der Trägerspannweite aufzutragen ist und damit die Parabel-Punkte II und II' ergibt. Auf diese Weise hat man insgesamt fünf Punkte A, B, I, II, II', durch welche die Parabel leicht gezeichnet werden kann (vgl. Zahlenbeispiele Seite 111 ff.).

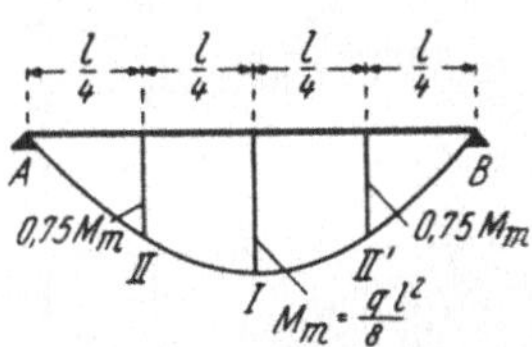

Abb. 191. Momenten-Parabel mit Ordinaten in den Viertel- und Dreiviertel-Punkten

d) M-Linie für eine Streckenlast am Auflager A (Abb. 192)

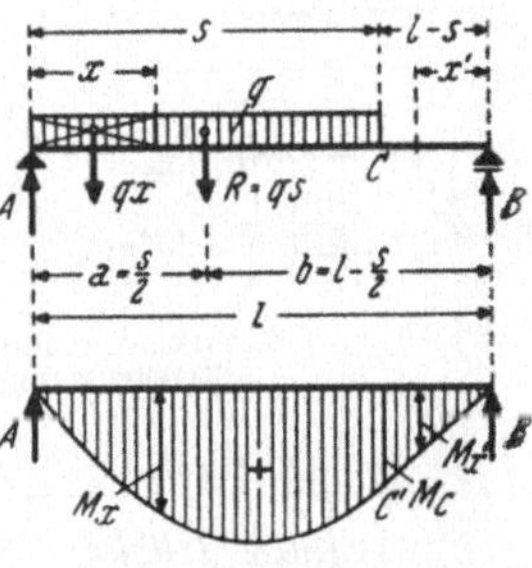

Abb. 192. M-Linie für eine Streckenlast am Auflager A

Auflagerdrücke: Zur Ermittlung der Auflagerreaktionen A und B kann die auf der Strecke s wirkende Gleichlast q durch ihre Resultierende $R = q\,s$ mit den Abständen $a = s/2$ und $b = l - s/2$ von den beiden Auflagern A und B ersetzt werden. Man erhält damit gemäß Gl. (86) bzw. (90)

$$A = \frac{R\,b}{l} = \frac{q\,s}{l}\left(l - \frac{s}{2}\right) \quad \text{und}$$

$$B = \frac{R\,a}{l} = \frac{q\,s}{l} \cdot \frac{s}{2} = \frac{q\,s^2}{2\,l}. \tag{116}$$

Zur Probe muß gelten:

$$A + B = R = q\,s. \tag{117}$$

M-Linie im Bereich zwischen A und C: Für einen Querschnitt in der Entfernung x von A ergibt sich

$$M_x = A \cdot x - \frac{q\,x^2}{2}, \tag{118}$$

also wieder die Gleichung einer Parabel, aber nur gültig für $0 < x < s$.

M-Linie im Bereich zwischen B und C: Im Abstand x' vom Auflager B erhält man

$$M_{x'} = B \cdot x'. \tag{119}$$

Das ist die Gleichung einer Geraden; sie gilt für $0 < x' < (l - s)$ und ergibt die Momentenlinie zwischen B und C'. Das Biegungsmoment im Querschnitt C erhält man aus Gl. (119) für $x' = (l - s)$ mit

$$M_C = B\,(l - s). \tag{119a}$$

Ebenso — aber umständlicher — könnte M_C auch aus Gl. (118) für $x = s$ ermittelt werden.

Die M-Linie besteht somit für den hier gegebenen Belastungsfall im Bereich zwischen A und C aus einer Parabel und im Bereich zwischen B und C aus einer Geraden. Für das Zeichnen der Parabel müßte man vorerst durch Auswertung der Gl. (118) in Verbindung mit Gl. (116) für verschiedene Werte x die zugehörigen M-Ordinaten berechnen und in dem betreffenden Querschnitt auftragen. Das Aufzeichnen der M-Linie kann aber wesentlich vereinfacht werden, wenn man jene Parabel-Konstruktion sinngemäß verwendet, die in Abb. 191 gezeigt wurde und die auch für **schräge** Parabel-Abschnitte gilt. Hat man also nach Ermittlung von M_C nach Gl. (119a) die sog. „Bezugslinie" AC' bestimmt, so kann man daran gemäß Abb. 193a,b die Momenten-Parabel antragen, die sich bei einer Gleichlast q für eine gedachte Trägerspannweite s ergeben würde; die Richtigkeit dieser Angaben läßt sich mit Hilfe der allgemein gültigen Gl. (118) für beliebige Querschnitte zwischen A und C nachprüfen. Die M-Linie des beiderseits frei aufliegenden Ersatzträgers (vgl. Abb. 193 b) wird mit $M^{(0)}$-Linie bezeichnet.

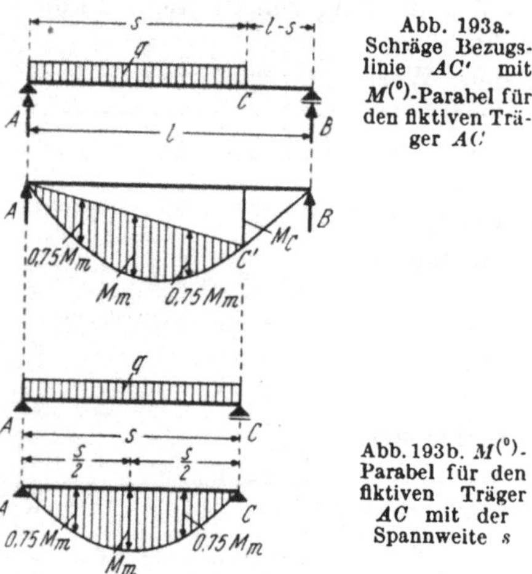

Abb. 193a. Schräge Bezugslinie AC' mit $M^{(0)}$-Parabel für den fiktiven Träger AC

Abb. 193b. $M^{(0)}$-Parabel für den fiktiven Träger AC mit der Spannweite s

Abb. 193 a, b. Zeichnen der Momenten-Parabel für Streckenlasten

Eine weitere Hilfe für die Konstruktion der Parabel ist die wichtige Tatsache, daß die Gerade BC' der M-Linie in C' zugleich Tangente an die Parabel sein muß. Die nähere Begründung hierfür wird erst Seite 106 ausführlich gegeben (vgl. auch Zahlenbeispiel Seite 111).

c) M-**Linie für eine Streckenlast an beliebiger Stelle** (Abb. 194)

Auflagerdrücke: Nach Gl. (93) ist

$$A = \frac{R\,b}{l} = \frac{q\,s\,b}{l} \qquad \text{und} \qquad B = \frac{R\,a}{l} = \frac{q\,s\,a}{l}.$$

Probe:

$$A + B = q\,s.$$

Momente: Im Bereich zwischen A und C sowie zwischen B und D ist die M-Linie eine Gerade.

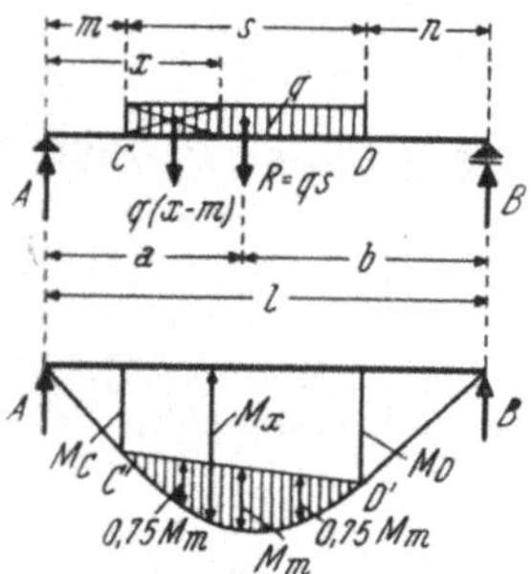

Abb. 194. M-Linie für eine Streckenlast an beliebiger Stelle

Die Biegungsmomente in den beiden Begrenzungsquerschnitten C und D der Streckenlast ergeben sich aus

$$M_C = A \cdot m \qquad \text{und} \qquad M_D = B \cdot n. \tag{120}$$

Im Bereich zwischen C und D erhält man mit den Bezeichnungen der Abb. 194 für einen Querschnitt im Abstand x vom Auflager A

$$M_x = A \cdot x - \frac{q\,(x-m)^2}{2}. \tag{121}$$

Das ist wieder die Gleichung einer Parabel; ihre Gültigkeit ist begrenzt auf $m < x < (m + s)$. Durch zahlenmäßige Auswertung können beliebig viele Ordinaten der M-Linie für diesen Bereich ermittelt werden. Viel einfacher ist aber die Konstruktion der M-Linie durchführbar, wenn das gleiche Prinzip wie beim vorher behandelten Lastfall verwendet wird. Man kann auch hier wieder nach Bestimmung von M_C und M_D an die „Bezugslinie" $C'D'$ die $M^{(0)}$-Parabel mit der Scheitelordinate $M_m = q\,s^2/8$ und der Ordinate 0,75 M_m im Viertel bzw. Dreiviertel der fiktiven Trägerspannweite s gemäß Abb. 194 antragen. Beachtet man ferner, daß die beiden Geraden AC' und BD' in den Punkten C' und D' tangential an die Parabel anschließen, so wird die Konstruktion der gesamten M-Linie noch weiter erleichtert.

Sonderfall. M-Linie für zwei symmetrisch einwirkende Streckenlasten (Abb. 195).

Auflagerdrücke: Da beide Streckenlasten auf den Träger symmetrisch einwirken, wird

$$A = B = q\,s. \tag{122}$$

Momente: Das Moment M_C erhält man aus Gl. (118), wenn für $x = s$ gesetzt wird; infolge Symmetrie ist also

$$M_C = M_{C'} = A \cdot s - \frac{q\,s^2}{2} = q\,s^2 - \frac{q\,s^2}{2} = \frac{q\,s^2}{2}. \tag{123}$$

Nach Gl. (118) gilt für die M-Linie im Bereich zwischen A und C:

$$M_x = A \cdot x - \frac{q\,x^2}{2}.$$

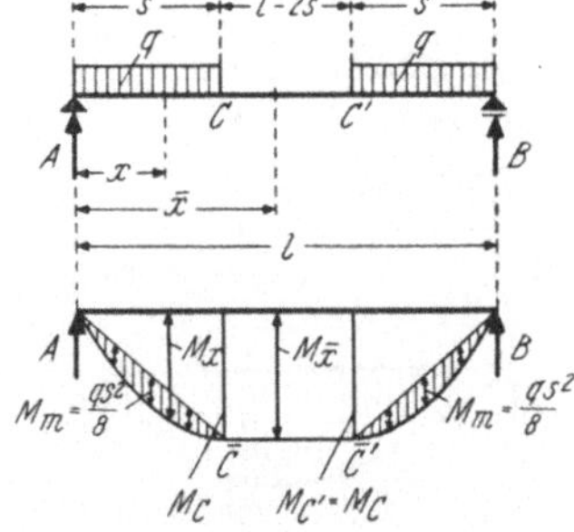

Abb. 195. M-Linie für zwei symmetrisch einwirkende Streckenlasten

Das ist die Gleichung einer Parabel, aber nur gültig für $0 < x < s$. Im Bereich zwischen C und C' wird

$$M_{\bar{x}} = A \cdot \bar{x} - q\,s\left(\bar{x} - \frac{s}{2}\right) = q\,s\,\bar{x} - q\,s\left(\bar{x} - \frac{s}{2}\right) = \frac{q\,s^2}{2}, \tag{124}$$

gültig für $s < \bar{x} < (l - s)$. Aus Gl. (124) ergibt sich, daß das Biegungsmoment für diesen Lastfall zwischen C und C' konstant ist. Die Gerade $\overline{C}\overline{C}'$ bildet auch hier eine Tangente an die beiden $M^{(0)}$-Parabeln.

f) M-Linie für eine symmetrische Dreieck-Belastung (Abb. 196)

Auflagerdrücke: Gemäß Abb. 196 beträgt die gesamte Last $R = q\,l/2$; infolge Symmetrie der Belastung wird $A = B = R/2$ oder

$$A = B = \frac{q\,l}{4}. \tag{125}$$

Momente: In Trägermitte erhält man

$$M_m = A \cdot \frac{l}{2} - \frac{q\,l}{4} \cdot \frac{l}{6} = \frac{q\,l}{4} \cdot \frac{l}{2} - \frac{q\,l^2}{24} = \frac{q\,l^2}{12}. \tag{126}$$

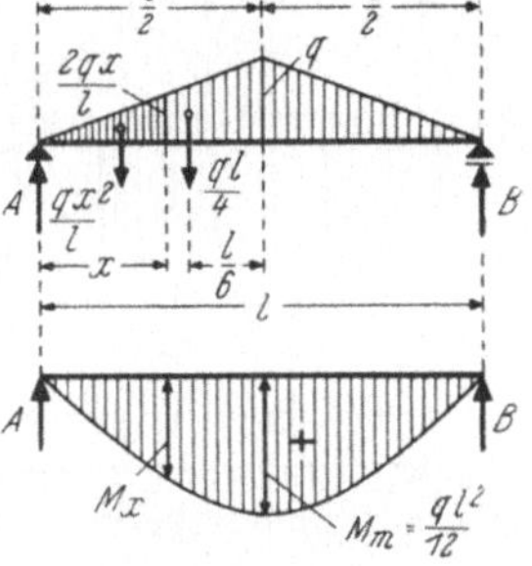

Abb. 196. M-Linie für eine symmetrische Dreieck-Belastung

Im Abstand x vom Auflager A wird

$$M_x = A \cdot x - \frac{q\,x^2}{l} \cdot \frac{x}{3} = \frac{q\,l}{4} \cdot x - \frac{q\,x^3}{3\,l} = q\left(\frac{l\,x}{4} - \frac{x^3}{3\,l}\right). \tag{127}$$

Das ist die Gleichung einer kubischen Parabel; sie gilt für $0 < x < l/2$, also für die linke Tragwerkshälfte. Die M-Linie für die rechte Tragwerkshälfte stellt das Spiegelbild des linken Teiles dar.

g) M-Linie für eine durchgehende einseitige Dreieck-Belastung (Abb. 197)

Auflagerdrücke: Zur Ermittlung der Auflagerdrücke A und B kann die durchgehende einseitige Dreieck-Belastung durch ihre Resultierende $R = q\,l/2$ mit den Abständen $2l/3$ und $l/3$ von den beiden Auflagern A und B ersetzt werden; damit ergibt sich gemäß Gl. (86)

$$A = R \cdot \frac{l}{3\,l} = \frac{q\,l}{2} \cdot \frac{1}{3} = \frac{q\,l}{6} \quad \text{und} \quad B = R \cdot \frac{2\,l}{3\,l} = \frac{q\,l}{2} \cdot \frac{2}{3} = \frac{q\,l}{3}. \tag{128}$$

Momente: Im Abstand x vom Auflager A erhält man

$$M_x = A \cdot x - \frac{q\,x^2}{2\,l} \cdot \frac{x}{3} = \frac{q\,l}{6} \cdot x - \frac{q\,x^3}{6\,l} = \frac{q}{6}\left(l\,x - \frac{x^3}{l}\right). \tag{129}$$

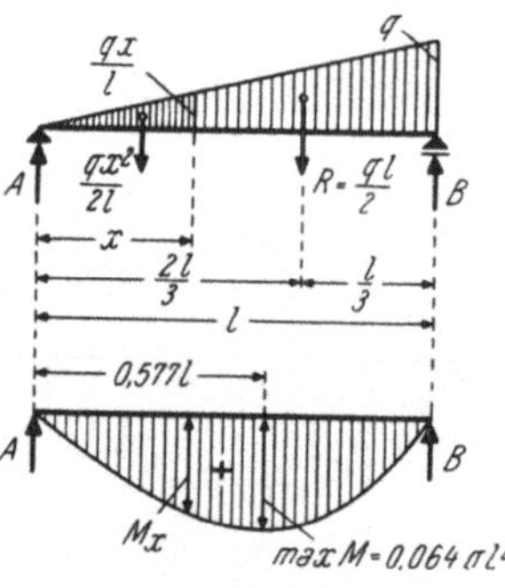

Abb. 197. M-Linie für eine durchgehende einseitige Dreieck-Belastung

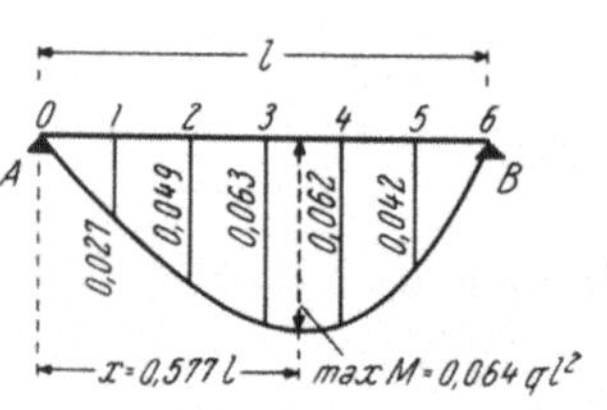

Abb. 197a. Ordinaten der einseitigen kubischen Parabel

Dieser Ausdruck gilt für den gesamten Trägerbereich. also für $0 < x < l$. Er stellt wieder die Gleichung einer kubischen Parabel dar; in Abb. 197a sind deren Ordinaten für die Sechstel-Punkte der Spannweite angegeben. Das größte Moment tritt in der Entfernung $x = 0{,}577\,l$ vom Auflager A auf und ergibt sich mit

$$\max M = 0{,}064\,q\,l^2. \tag{130}$$

h) M-Linie bei gleichzeitiger Wirkung einer durchgehenden Gleichlast q und einer Einzellast P (Abb. 198a bis e)

Zur Lösung dieser Aufgabe führen grundsätzlich *zwei* verschiedene Wege: Entweder man behandelt die beiden Belastungen zunächst gesondert und addiert dann die dabei erhaltenen Ergebnisse, oder man stellt ihre Wirkung gleichzeitig in Rechnung. Beide Möglichkeiten sollen hier erläutert werden.

1. Art. In Abb. 198a bis d ist die getrennte Behandlung der beiden Lastfälle veranschaulicht. Abb. 198b zeigt die M-Parabel für die durchgehende Gleichlast q mit $M_m = q\,l^2/8$ und den Ordinaten $0{,}75\,M_m$ in den Viertel-Punkten. Die zugehörigen Auflagerdrücke betragen $A_1 = B_1 = q\,l/2$. In Abb. 198c ist das Momenten-Dreieck für die Einzellast P gezeichnet. Nach Gl. (105) ergibt sich im Querschnitt C das Moment $M_C^{(P)} = P\,a\,b/l$; die zugehörigen Auflagerdrücke erhält man nach Gl. (86) mit $A_2 = P\,b/l$ und $B_2 = P\,a/l$.

In Abb. 198d sind die beiden in Abb. 198b und c dargestellten M-Linien überlagert, also algebraisch addiert; die endgültige M-Linie zeigt unter der Last P deutlich einen Knick.

2. Art. In Abb. 198e ist die Ermittlung der M-Linie unter gleichzeitiger Berücksichtigung beider Belastungen gezeigt. Man bestimmt zunächst die Auflagerreaktionen

$$A = \frac{q\,l}{2} + \frac{P\,b}{l} \quad \text{und} \quad B = \frac{q\,l}{2} + \frac{P\,a}{l}.$$

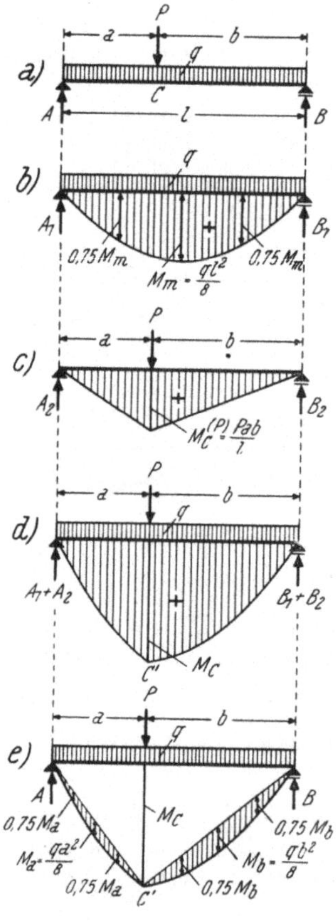

Damit kann das Moment unter der Last P im Querschnitt C auf zweifache Art berechnet werden:

Aus den Kräften links von C erhält man

$$M_C = A \cdot a - \frac{q\,a^2}{2}, \tag{131}$$

Abb. 198a bis e. Ermittlung der M-Linie für kombinierte Belastungen aus den Kräften rechts von C ergibt sich

$$M_C = B \cdot b - \frac{q\,b^2}{2}. \tag{131a}$$

Auf diese Weise sind die beiden Bezugslinien AC' und BC' der M-Linie festgelegt. Man kann daran im Bereich AC' die $M^{(0)}$-Parabel mit der Scheitelordinate $M_a = q\,a^2/8$ und im Bereich BC' die $M^{(0)}$-Parabel mit der Scheitelordinate $M_b = q\,b^2/8$ in üblicher Weise antragen (vgl. Abb. 198e), wobei in den Viertel-Punkten der beiden Parabeln auch hier wieder die entsprechenden Ordinaten $0{,}75\,M_a$ bzw. $0{,}75\,M_b$ benutzt werden können.

i) M-Linie für eine durchgehende beliebige Belastung (Abb. 199)

Auflagerdrücke: Man denkt sich die durchgehende veränderliche Belastung q in einzelne Streifen von der Breite Δx geteilt. Jeder einzelne dieser Belastungsstreifen kann durch eine in seinem Schwerpunkt angreifende Einzellast von der Größe $q_x \cdot \Delta x$ ersetzt werden. Die Abstände dieser gedachten Einzellasten von den beiden Auflagern A und B betragen x bzw. $(l - x)$; ihre Anteile ΔA bzw. ΔB für die Auflagerreaktionen erhält man gemäß Gl. (86) mit

$$\Delta A = q_x \cdot \Delta x \cdot \frac{l - x}{l}$$
$$\Delta B = q_x \cdot \Delta x \cdot \frac{x}{l}. \tag{132}$$

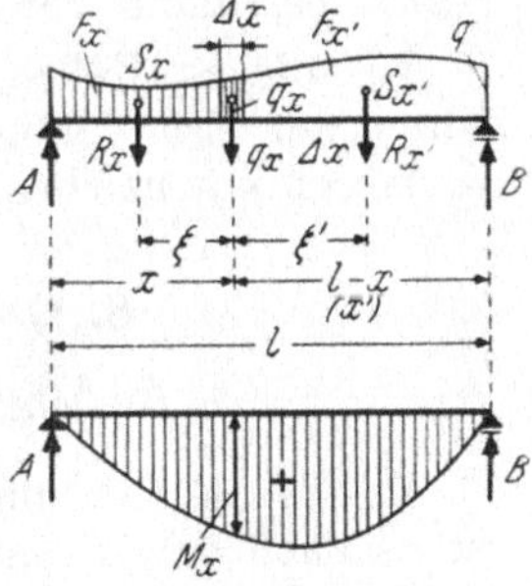

Abb. 199. M-Linie für eine durchgehende beliebige Belastung

Durch algebraische Addition der Beiträge sämtlicher Belastungsstreifen erhält man schließlich

$$\boxed{\begin{aligned} A &= \sum_0^l q_x \cdot \Delta x \cdot \frac{l - x}{l} \\ B &= \sum_0^l q_x \cdot \Delta x \cdot \frac{x}{l}. \end{aligned}} \tag{133}$$

Momente: Das Biegungsmoment im Abstand x vom Auflager A besteht aus zwei Beiträgen: Aus dem Beitrag der nach oben gerichteten Auflagerreaktion A mit dem Hebelarm x und dem der äußeren Belastung auf der Länge x. Diese äußere Belastung denkt man sich durch ihre nach unten wirkende Resultierende R_x ersetzt, deren Größe gleich ist der schraffierten Belastungsfläche F_x; die Wirkungslinie von R_x geht durch den Schwerpunkt S_x von F_x und hat von dem betrachteten Querschnitt den Abstand ξ. Man erhält daher mit den Kräften links des betrachteten Querschnittes

$$\boxed{M_x = A \cdot x - R_x \cdot \xi.} \tag{134}$$

Hierin ist also

$$R_x = F_x = \sum_0^x \Delta F = \sum_0^x q_x \cdot \Delta x. \tag{135}$$

Sinngemäß ergibt sich mit den Kräften B und $R_{x'}$ rechts vom betrachteten Querschnitt

$$M_x = B \cdot x' - R_{x'} \cdot \xi', \tag{134a}$$

wobei $R_{x'} = F_{x'}$ die Belastungsfläche auf der Länge x' des Trägers und ξ' den Abstand ihres Schwerpunktes $S_{x'}$ vom betrachteten Querschnitt bedeuten.

Anmerkung. In praktischen Fällen wird man also die gegebene Belastungsfläche in eine Anzahl kleiner Flächenstreifen ΔF teilen, ihre Schwerpunkte schätzungsweise annehmen und damit die durchgehende Belastung durch lotrecht wirkende Einzellasten $P_1 \ldots P_n$ ersetzen. Die Berechnung der Auflagerdrücke A und B kann also sinngemäß nach Gl. (88) vorgenommen werden; die Ermittlung der M-Linie auf rechnerischem Wege geschieht sodann in der Weise, daß die Biegungsmomente der Reihe nach für einzelne Querschnitte gemäß Gl. (134) bzw. (134a) bestimmt werden.

In solchen Fällen ist allerdings das Seite 38 ff. erläuterte zeichnerische Verfahren zur Ermittlung der M-Linie mit Krafteck und Seileck dem rechnerischen Verfahren vorzuziehen, weil es wesentlich einfacher ist und rascher zum Ziele führt.

6. Querkräfte am frei aufliegenden Träger

A. Allgemeine Erläuterungen und Vorzeichenregel

Bei der Ermittlung der Biegungsmomente für irgendeinen Trägerquerschnitt ist es nach den Erläuterungen Seite 91 im Prinzip gleichgültig, ob sie aus den Kräften links oder rechts des betrachteten Querschnittes berechnet werden; man muß immer den gleichen Wert für M erhalten. Das ist auch ohne weiteres einleuchtend, weil die statische Gleichgewichtsbedingung $\Sigma M = 0$ für jeden beliebigen Punkt der Kraftebene, somit auch für jeden Punkt der Trägerachse erfüllt sein muß. Schon daraus ergibt sich, daß die Summe der Momente aller Kräfte links eines Querschnittes gleiche Größe, aber entgegengesetzten Drehsinn haben muß wie die Momentensumme aller Kräfte rechts von diesem Querschnitt. Es gilt demnach in Übereinstimmung mit Gl. (101) für einen beliebigen Querschnitt C

$$M_C^{links} = M_C^{rechts}. \tag{136}$$

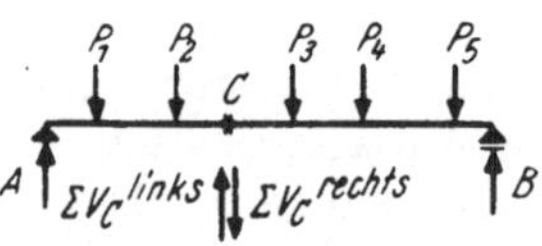

Abb. 200. Gleichgewichtsbedingung ΣV_C links $= \Sigma V_C$ rechts

Eine analoge Beziehung ergibt sich bei der Auswertung der Gleichgewichtsbedingung $\Sigma V = 0$. Bezeichnet man die Summe aller links von dem betrachteten Querschnitt C senkrecht zur Trägerachse wirkenden Kräfte mit ΣV_C^{links}, die Summe aller rechts von diesem Querschnitt senkrecht auf den Träger einwirkenden Kräfte mit ΣV_C^{rechts}, so müssen diese beiden Werte stets gleiche Größe, aber entgegengesetzte Richtung aufweisen (vgl. Abb. 200), wenn die Bedingung $\Sigma V = 0$ erfüllt sein soll. Man kann daher in sinngemäßer Übereinstimmung mit Gl. (136) schreiben:

$$\Sigma V_C^{links} = \Sigma V_C^{rechts}. \tag{137}$$

Die Summe der senkrecht zur Trägerachse wirkenden Kräfte $\Sigma V_C^{(l)}$ bzw. $\Sigma V_C^{(r)}$ bezeichnet man als *„Querkraft“* Q_C des Trägers im Querschnitt C. Es kann somit für den Begriff „Querkraft" folgende Definition gegeben werden (vgl. Abb. 201):

Die „Querkraft" für einen bestimmten Querschnitt eines Trägers ist die algebraische Summe der senkrecht zur Trägerachse wirkenden Komponenten aller links oder rechts von diesem Querschnitt angreifenden Kräfte.

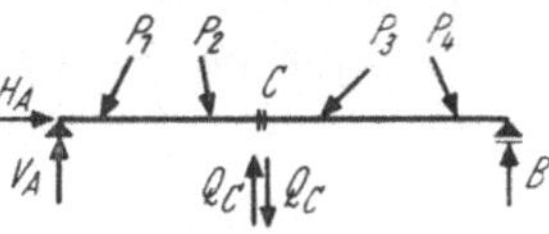

Abb. 201. Statische Deutung der Querkraft Q_C

Vorzeichenregel:

Man bezeichnet eine „Querkraft" als positiv, wenn sie links vom betrachteten Querschnitt nach oben oder rechts vom betrachteten Querschnitt nach unten wirkt (vgl. Abb. 202a, b).

Es gilt demnach auch für die Querkraft-Anteile nachstehende Regel:

Vorzeichen der Kräfte *links* des betrachteten Querschnittes: + ↑ — ↓

Vorzeichen „ „ *rechts* „ „ „ : ↓ + ↑ —

Nach diesen Erläuterungen kann die Querkraft der Größe und dem Vorzeichen nach in jedem Träger-Querschnitt für beliebige Belastungen bestimmt werden. Auch sie spielt bei der Bemessung und Überprüfung von Trägern neben den Biegungsmomenten eine wichtige Rolle. Es wird daher zweckmäßig sein, die sog. „Querkraftlinie", kurz „Q-Linie" genannt, zu ermitteln, deren Ordinaten die Querkraft in jedem Träger-Querschnitt sowohl der Größe als auch dem Vorzeichen nach angeben. Die Lösung dieser Aufgabe soll im folgenden für einige häufig auftretende Belastungsfälle ausführlich dargelegt werden.

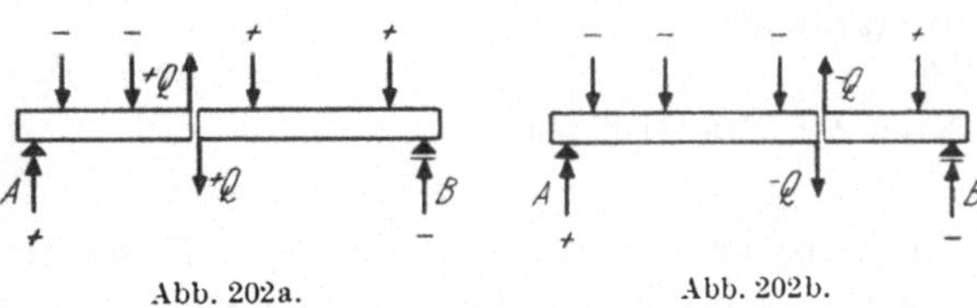

Abb. 202a. Abb. 202b.

Abb. 202a, b. Vorzeichenregel für Querkräfte

B. Ermittlung der Querkraftlinie

a) Q-Linie für eine Einzellast (Abb. 203)

Auflagerdrücke: Nach Gl. (86) ist

$$A = \frac{P\,b}{l} \quad \text{und} \quad B = \frac{P\,a}{l}.$$

Q-Linie im Bereich zwischen A und C: Nach der obigen Definition ist die Querkraft gleich der Summe aller links vom betrachteten Querschnitt senkrecht zur Trägerachse wirkenden Kräfte; es ist also für einen Querschnitt im Abstand x zwischen A und C unter Beachtung der gegebenen Vorzeichenregel (vgl. Abb. 202a, b)

$$Q_x = +A. \tag{138}$$

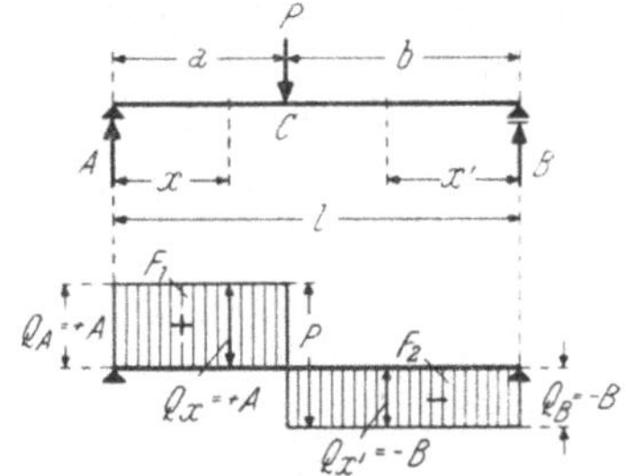

Abb. 203. Q-Linie für eine Einzellast

Dieser Wert bleibt im Bereich zwischen A und C konstant.

Die Querkraft kann natürlich auch aus den Kräften rechts des betrachteten Querschnittes berechnet werden. Unter Beachtung der Vorzeichenregel erhält man

$$Q_x = +P - B = +A. \tag{138a}$$

Es ergibt sich also sowohl der Größe als auch dem Vorzeichen nach der gleiche Wert für Q_x.

Q-Linie im Bereich zwischen B und C: Für einen Querschnitt im Abstand x' vom Auflager B erhält man aus den Kräften rechts des betrachteten Querschnittes

$$Q_{x'} = -B \tag{139}$$

oder aus den Kräften links des betrachteten Querschnittes

$$Q_{x'} = +A - P = -B. \tag{139a}$$

Damit kann die Q-Linie für den gesamten Trägerbereich gezeichnet werden, und zwar trägt man die positiven Querkräfte nach oben, die negativen nach unten auf. Die Q-Linie verläuft hier überall parallel zur Trägerachse, weist aber im Querschnitt C, also unter der Last P, eine Unstetigkeit auf; sie ändert dort ihr Vorzeichen.

Anmerkung. Es zeigt sich hier bereits ein interessanter und wichtiger Zusammenhang zwischen dem Biegungsmoment M in irgendeinem Trägerquerschnitt und der Querkraftfläche zwischen dem Auflager und diesem Querschnitt. Betrachtet man zunächst den Gesamtwert der positiven bzw. der negativen Q-Fläche, so ergibt sich

$$F_1 = A \cdot a \quad \text{und} \quad F_2 = B \cdot b. \tag{140}$$

Nach Gl. (100) ist aber

$$A \cdot a = B \cdot b = M_C; \tag{141}$$

daraus ist zu ersehen, daß auch $F_1 = F_2$ sein muß, d. h. daß die positive und die negative Q-Fläche gleiche Größe haben, und weiter, daß das Biegungsmoment M_C gleich ist dem Inhalt der Q-Fläche zwischen A und C bzw. zwischen B und C.

Diese Beziehung gilt aber auch für irgendeinen Querschnitt zwischen A und C. Nach Gl. (103) ist z. B. in einer Entfernung x vom Auflager A das Biegungsmoment $M_x = A \cdot x$; aber auch der Inhalt der Q-Fläche von A bis x hat den gleichen Wert; d. h. es ist allgemein das Biegungsmoment in einem beliebigen Trägerquerschnitt gleich dem Inhalt der Q-Fläche vom Auflager bis zu diesem Querschnitt (vgl. auch das Zahlenbeispiel Seite 110).

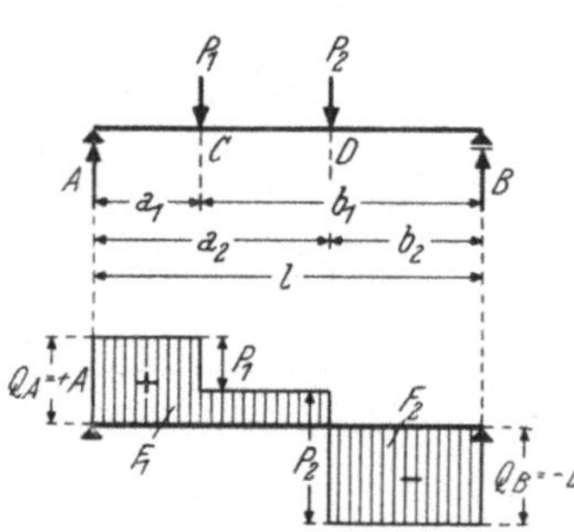

Abb. 204. Q-Linie für zwei Einzellasten

b) Q-Linie für zwei Einzellasten (Abb. 204)

Auflagerdrücke: Nach Gl. (88) erhält man

$$A = \frac{P_1 b_1}{l} + \frac{P_2 b_2}{l} \quad \text{und} \quad B = \frac{P_1 a_1}{l} + \frac{P_2 a_2}{l}.$$

Q-Linie: Auch hier wird die Q-Linie in den verschiedenen Bereichen zwischen den Einzellasten parallel zur Trägerachse verlaufen. Man braucht daher in jedem dieser Bereiche nur einen Wert der Querkraft zu berechnen, um die Q-Linie zeichnen zu können, und zwar wird

im Bereich zwischen A und C: $Q_A = Q_{C,l} = +A$
„ „ „ C „ D: $Q_{C,r} = Q_{D,l} = +A - P_1$ (142)
„ „ „ D „ B: $Q_{D,r} = Q_B = +A - P_1 - P_2 = -B$.

Die Querkraft im Bereich zwischen D und B kann auch direkt aus den Kräften rechts von dem betrachteten Querschnitt ermittelt werden. Man erhält dabei sofort $Q_{D,r} = Q_B = -B$.

Anmerkung. Die positive und die negative Q-Fläche müssen auch hier gleich groß sein, und zwar ist

$$F_1 = F_2 = M_D = B \cdot b_2. \tag{143}$$

c) Q-Linie für eine durchgehende Gleichlast (Abb. 205)

Auflagerdrücke: Nach Gl. (92) ist

$$A = B = \frac{q\,l}{2}.$$

Q-Linie: An der Stelle x vom Auflager A erhält man unter Beachtung der Vorzeichenregel

$$Q_x = + A - q\,x = + \frac{q\,l}{2} - q\,x =$$

$$= q\left(\frac{l}{2} - x\right). \tag{144}$$

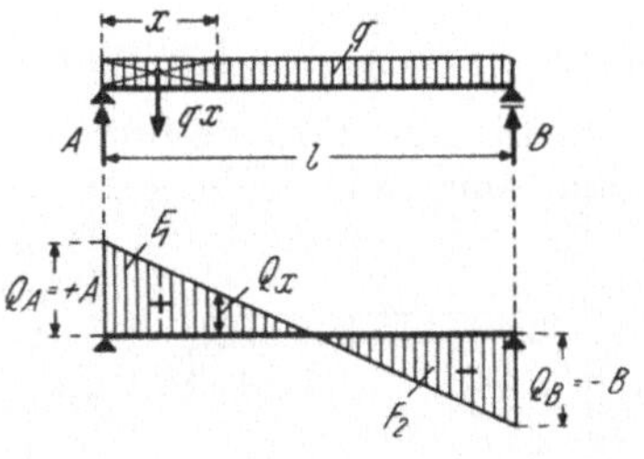

Abb. 205. Q-Linie für eine durchgehende Gleichlast

Das ist die Gleichung einer Geraden; somit wird

$$\begin{aligned} &\text{für } x = 0 \ \text{(d. i. am Auflager } A\text{)}: && Q_A = + \frac{q\,l}{2} = + A \\ &\text{,,} \quad x = \frac{l}{2} \ \text{(d. i. in Trägermitte)}: && Q_m = q\left(\frac{l}{2} - \frac{l}{2}\right) = 0 \\ &\text{,,} \quad x = l \ \text{(d. i. am Auflager } B\text{)}: && Q_B = q\left(\frac{l}{2} - l\right) = - \frac{q\,l}{2} = - B. \end{aligned} \tag{145}$$

In Abb. 205 ist der Q-Verlauf eingezeichnet. Die Querkraft ist also auf der linken Trägerhälfte positiv, auf der rechten negativ; der Vorzeichenwechsel tritt in Trägermitte ein. Es ist hier leicht zu erkennen, daß die beiden Q-Flächen F_1 und F_2 gleich groß sind.

d) Q-Linie für eine Streckenlast am Auflager A (Abb. 206)

Auflagerdrücke: Nach Gl. (90) bzw. (116) wird

$$A = \frac{q\,s}{l}\left(l - \frac{s}{2}\right) \text{ und } B = \frac{q\,s^2}{2l}.$$

Q-Linie: Für den Bereich zwischen A und C erhält man für einen Querschnitt in der Entfernung x vom Auflager A

$$Q_x = + A - q\,x. \tag{146}$$

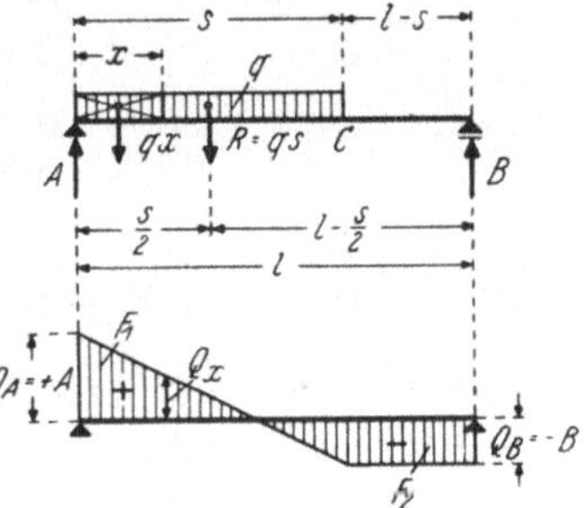

Abb. 206. Q-Linie für eine Streckenlast am Auflager A

Das ist wieder die Gleichung einer Geraden, sie gilt für $0 < x < s$.

$$\begin{aligned} &\text{Für } x = 0 \ \text{(d. i. am Auflager } A\text{)} \quad \text{wird } Q_A = + A \\ &\text{,,} \quad x = s \ \text{(d. i. im Querschnitt } C\text{)} \quad \text{,,} \quad Q_{C,l} = + A - q\,s = - B. \end{aligned} \tag{146a}$$

Im Bereich zwischen C und B ist Q wieder konstant, und zwar wird

$$Q_{C,r} = Q_B = - B. \tag{147}$$

In Abb. 206 ist der Verlauf der Q-Linie eingezeichnet. Auch hier sind die beiden Q-Flächen F_1 und F_2 gleich groß (vgl. auch Zahlenbeispiel Seite 111).

7. Beziehungen zwischen Biegungsmoment, Querkraft und Belastung

Vergleicht man die M-Linie und die Q-Linie für verschiedene Belastungsfälle, so erkennt man einige Gesetzmäßigkeiten, die stets wiederkehren. Ähnliche Beziehungen bestehen zwischen der Q-Linie und der äußeren Belastung. Es soll nun anschließend versucht werden, diese Gesetzmäßigkeiten genauer zu erfassen.

A. Beziehungen zwischen Biegungsmoment und Querkraft

In Abb. 207a sind die M-Linie und die Q-Linie für einen frei aufliegenden Träger mit einer durchgehenden Gleichlast q dargestellt. Man denke sich nun aus diesem Träger im Abstand x vom Auflager A ein unendlich kleines Stückchen von der Länge dx herausgeschnitten und an seinen Schnittstellen alle dort vorhandenen Kräfte sowie auch die auf dieses Trägerstückchen einwirkende äußere Belastung q angebracht; ein solcher Fall ist in Abb. 207b gesondert herausgezeichnet. Auf das angenommene Trägerstück wirken sonach die äußere Belastung q und folgende „Schnittkräfte“ ein: An der linken Schnittstelle M und Q, an der rechten Schnittstelle $M + dM$ sowie $Q + dQ$.

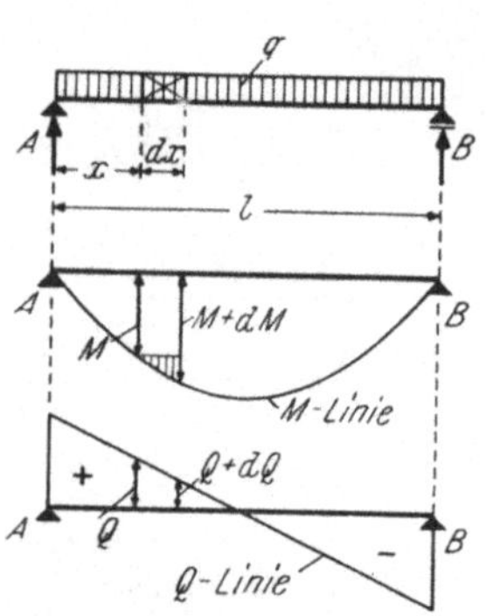

Abb. 207a. M-Linie und Q-Linie für eine durchgehende Gleichlast

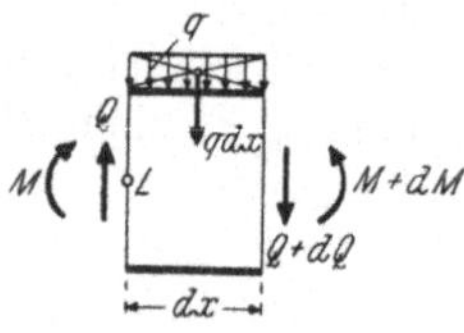

Abb. 207b. Unendlich kleines Trägerstück mit „Schnittkräften“ und äußerer Belastung

Der Wert dM bedeutet die Änderung des Biegungsmomentes in der Entfernung dx, der Wert dQ bedeutet die Änderung der Querkraft in der Entfernung dx; für die hier anzustellenden allgemeinen Betrachtungen kann in beiden Fällen zunächst das positive Vorzeichen beibehalten werden.

Das herausgeschnittene Trägerstückchen muß unter der Wirkung aller dieser Schnittkräfte und der äußeren Belastung weiterhin im Gleichgewicht bleiben, d. h. es müssen auch hier die statischen Gleichgewichtsbedingungen $\Sigma H = 0$, $\Sigma V = 0$, $\Sigma M = 0$ erfüllt sein.

Die Bedingung $\Sigma M = 0$ in bezug auf den linken Querschnittsschwerpunkt L ergibt unter Beachtung der Vorzeichenregel für Drehmomente ($\curvearrowright_{+}$ $\curvearrowleft_{-}$) folgende Gleichung:

$$-M + (M + dM) - (Q + dQ)\,dx - q \cdot \frac{(dx)^2}{2} = 0. \qquad (148)$$

Nach einer ersten Vereinfachung geht diese Gleichung über in

$$dM - Q\,dx - dQ \cdot dx - q \cdot \frac{(dx)^2}{2} = 0. \qquad (148a)$$

Hier treten unendlich kleine Größen erster Ordnung auf, nämlich dM und $Q\,dx$, sowie unendlich kleine Größen zweiter Ordnung, nämlich $dQ \cdot dx$ und $q \cdot \frac{(dx)^2}{2}$, die gegenüber den zuerst genannten ohne Beeinträchtigung der Genauigkeit vernachlässigt werden können. Man erhält somit in weiterer Vereinfachung

$$dM - Q\,dx = 0 \qquad (149)$$

und daraus die wichtige Beziehung

$$\boxed{Q = \frac{dM}{dx}.} \qquad \mathbf{(150)}$$

Die Querkraft Q ist demnach gleich der ersten Ableitung des Momentes nach x. Die geometrische Bedeutung des Quotienten $\frac{d\,M}{d\,x}$ ist aus Abb. 207a unmittelbar zu ersehen. Die dort schraffierte kleine Fläche kann wegen des unendlich kleinen Wertes $d\,x$ als rechtwinkliges Dreieck mit den beiden Katheten $d\,M$ und $d\,x$ aufgefaßt werden, das in Abb. 207c gesondert herausgezeichnet ist; daraus erhält man

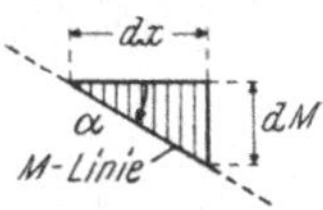

Abb. 207c. Momentenzuwachs $d\,M$ auf der Strecke $d\,x$

$$\operatorname{tg} \alpha_M = \frac{d\,M}{d\,x}. \tag{151}$$

Vergleicht man diesen Ausdruck mit Gl. (150), so erkennt man, daß

$$\boxed{Q = \operatorname{tg} \alpha_M.} \tag{152}$$

Da nun $\operatorname{tg} \alpha_M$ die „Steigung" der M-Linie darstellt, so ergibt sich aus Gl. (152) eine weitere Definition für die Querkraft, nämlich:

Die Querkraft Q an irgendeiner Stelle des Trägers ist identisch mit der Steigung der M-Linie an dieser Stelle.

Dieser Zusammenhang zwischen der M-Linie und der Querkraft, der sich auch schon unmittelbar aus Gl. (150) durch geometrische Deutung des ersten Differenzialquotienten ergibt, ist für das praktische Rechnen sehr wichtig; denn aus Gl. (152) bzw. (150) erhält man die Querkraft nicht nur der Größe, sondern auch der Richtung nach eindeutig. Man kann deshalb unter Bezugnahme auf diese beiden Gleichungen eine sehr zweckmäßige Vorzeichenregel für die Querkraft aufstellen. Sie lautet unter der Voraussetzung, daß die M-Linie stets an der Zugseite der Träger bzw. der Stäbe angetragen wird, folgendermaßen:

Fällt die Momentenlinie von links nach rechts (⟍), so ist die Querkraft positiv, d. h. links vom Querschnitt nach oben gerichtet.

Steigt die Momentenlinie von links nach rechts (⟋), so ist die Querkraft negativ, d. h. links vom Querschnitt nach unten gerichtet.

Diese Vorzeichenregel kann auch kürzer und leichter merkbar dargestellt werden:

$$\boxed{\begin{array}{ll} \text{Fallende } M\text{-Linie} \diagdown \ldots\ldots & +Q \\ \text{Steigende } M\text{-Linie} \diagup \ldots\ldots & -Q. \end{array}} \tag{153}$$

Die hier festgelegte Vorzeichenregel für die Querkräfte gilt ganz allgemein für liegende oder stehende Stäbe, und zwar unabhängig davon, ob sie von oben oder von unten bzw. von links oder rechts belastet sind. Anhand Abb. 208 bis 211, in welchen sowohl die M-Linien als auch die zugehörigen Q-Linien für einige der bisher behandelten Belastungsfälle gemeinsam dargestellt sind, können die Vorzeichen von Q nach dieser Regel zu Übungszwecken leicht nachgeprüft werden.

Aus der Gl. (150) bzw. (152), in der zum Ausdruck kommt, daß die Querkraft mit der Steigung der M-Linie identisch ist, ergeben sich noch eine Reihe sehr wichtiger Sätze, die sowohl bei der Ermittlung der Q-Linie als auch zur Überprüfung fertig vorliegender Ergebnisse gute Dienste leisten:

1. *In Trägerbereichen, wo die M-Linie eine Gerade bildet, also eine konstante Steigung zur Trägerachse aufweist, ist die Querkraft konstant, d. h. die Q-Linie verläuft in dieser Strecke parallel zur Trägerachse* (vgl. Abb. 208, 209, 211).

2. *Je steiler die M-Linie gegen die Trägerachse verläuft, d. h. je größer der Tangens ihres Steigungswinkels gegen die Trägerachse ist, desto größer ist die Querkraft an dieser Stelle* (vgl. Abb. 208 bis 211).

3. *Wo die Querkraft das Vorzeichen wechselt, liegt der tiefste Punkt der M-Linie; an dieser Stelle tritt entweder max M* (vgl. Abb. 208 bis 211) *oder min M auf.*

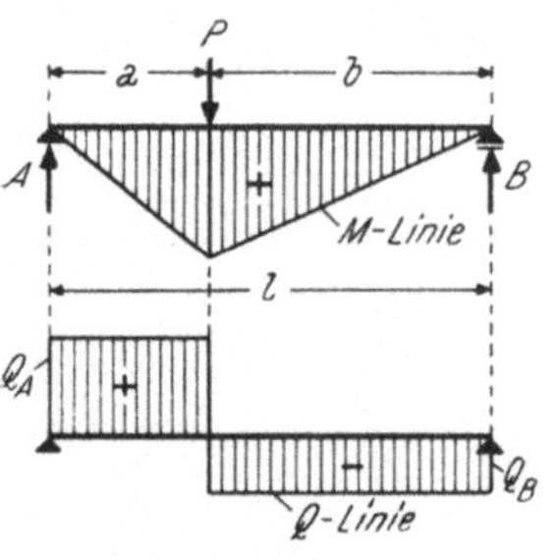

Abb. 208. Träger mit einer Einzellast

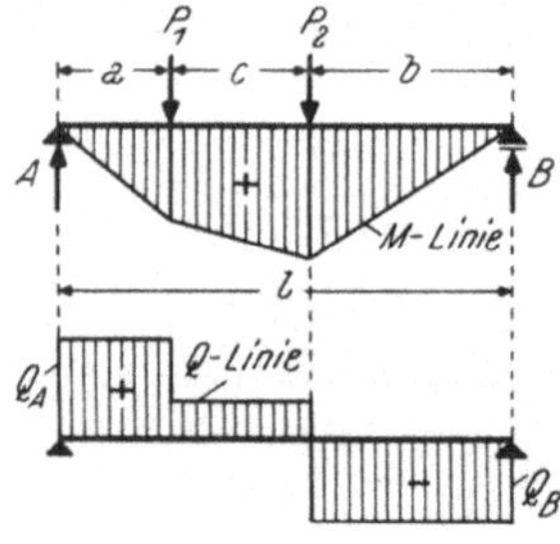

Abb. 209. Träger mit zwei Einzellasten

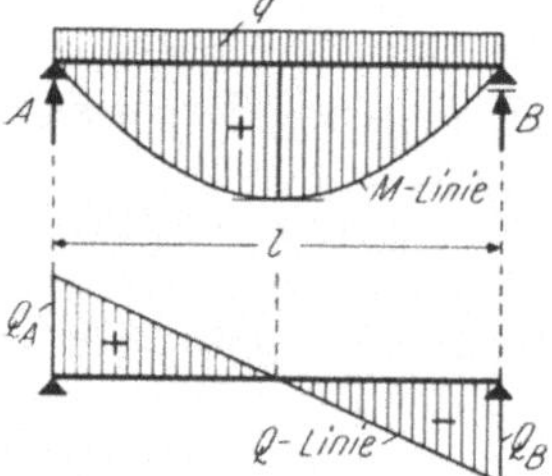

Abb. 210. Träger mit durchgehender Gleichlast

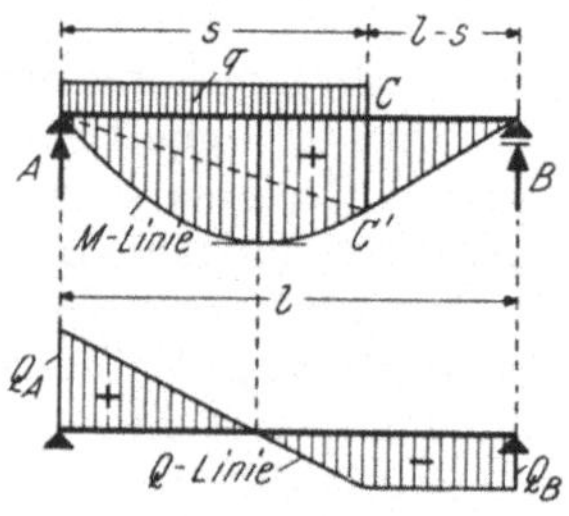

Abb. 211. Träger mit Streckenlast am Auflager A

4. *Wo die Steigung der M-Linie gegen die Trägerachse gleich Null ist, dort ist auch die Querkraft gleich Null; an dieser Stelle tritt wiederum max M* (vgl. Abb. 210 und 211) *oder min M auf.*

5. *Wo in der M-Linie ein Knick auftritt, d. h. wo sie eine plötzliche Richtungsänderung aufweist, dort muß in der Q-Linie eine Unstetigkeit vorhanden sein* (vgl. Abb. 208 und 209).

Anmerkung. Nach Klärung dieser Zusammenhänge wird auch verständlich, daß in der M-Linie in Abb. 211 die Gerade BC' bei C' tangential an die Parabel anschließt; denn die Querkraft im Trägerquerschnitt C hat unmittelbar links und rechts davon die gleiche Größe, also muß auch die Steigung der M-Linie unmittelbar links und rechts von C gleich groß sein.

Mit Hilfe des dritten Satzes der vorstehenden Zusammenfassung kann somit sehr leicht der Ort und die Größe des maximalen Biegungsmomentes ermittelt werden. Es ist nur zu beachten, daß nicht immer an der Nullstelle der Querkraft ein *Größtwert* von M auftritt; es kann auch ein *Kleinstwert* sein (vgl. Abb. 224f); immer aber wird dort der tiefste Punkt der M-Linie liegen.

Es empfiehlt sich, die hier in den fünf Sätzen aufgezeigten Zusammenhänge zwischen M-Linie und Querkraft Q auch in den folgenden Abb. 212 bis 219 aufmerksam und kritisch nachzuprüfen.

B. Beziehungen zwischen Querkraft und Belastung

Ähnliche Zusammenhänge wie zwischen der M-Linie und der Querkraft Q bestehen auch zwischen der Q-Linie und der äußeren Belastung q. Einen genauen Aufschluß hierüber erhält man durch Anwendung der Gleichgewichtsbedingung $\Sigma V = 0$ auf das in Abb. 207b mit allen einwirkenden Kräften dargestellte Trägerstückchen von der Länge $d\,x$. Man erhält hierfür mit den Bezeichnungen in Abb. 207b folgende Gleichung, wenn die nach oben wirkenden Kräfte positiv, die nach unten gerichteten negativ eingeführt werden:

$$+ Q - q\,d\,x - (Q + d\,Q) = 0 \qquad (154)$$

oder

$$\boxed{\frac{dQ}{dx} = -q.} \tag{155}$$

Der erste Differenzialquotient der Querkraft nach x ergibt also den negativen Belastungswert q an dieser Stelle. Aus Gl. (155) ergibt sich weiter, daß die Steigung der Q-Linie an jeder beliebigen Stelle des Trägers gleich ist der Belastung $(-q)$ an dieser Stelle. Man kann somit analog Gl. (152) hier schreiben

$$\boxed{\operatorname{tg} \alpha_Q = |q|.} \tag{156}$$

Aus der Beziehung (155) bzw. (156) ergibt sich, daß zwischen der Q-Linie und der äußeren Belastung q ähnliche Zusammenhänge bestehen wie zwischen der M-Linie und der Querkraft Q; die wichtigsten davon sollen unter Bezugnahme auf Abb. 208 bis 211 in den nachstehenden Sätzen kurz zusammengefaßt werden:

1. *Ist die Steigung der Q-Linie gegen die Trägerachse konstant, so muß auch die Belastung des Trägers in diesem Bereich konstant sein* (vgl. Abb. 210, 211).

2. *Ist die Steigung der Q-Linie gegen die Trägerachse gleich Null, so ist auch die Belastung in diesem Trägerbereich gleich Null* (vgl. Abb. 208, 209, 211).

Diese Merksätze haben auch in der Umkehrung Gültigkeit: In Trägerbereichen, in welchen die Belastung konstant ist, muß auch die Steigung der Q-Linie konstant sein (Abb. 210, 211); in Trägerbereichen ohne Belastung ist die Steigung der Q-Linie gleich Null, d. h. die Q-Linie verläuft dort parallel zur Trägerachse (vgl. Abb. 208, 209, 211).

Man kann demnach aus der Q-Linie die Art der zugehörigen Belastung q sofort erkennen und sie auch zahlenmäßig aus Gl. (156) leicht berechnen.

C. Ermittlung von Ort und Größe des maximalen Feldmomentes

Für die Bemessung bzw. Überprüfung eines Trägers ist der sog. „gefährdete" Querschnitt maßgebend, also in der Regel die Stelle, an welcher das Biegungsmoment einen Größtwert aufweist. Das maximale Feldmoment wird künftig kurz „max M" genannt.

a) Bestimmung des Ortes von max M

Nach den Seite 105f. über die gesetzmäßigen Zusammenhänge zwischen Biegungsmoment und Querkraft aufgestellten Merksätzen ist es nicht schwer, die Stelle innerhalb eines Trägerfeldes ausfindig zu machen, wo der Wert max M auftritt. Unter Ziffer 3 wurde hervorgehoben, daß der tiefste Punkt der M-Linie stets in jenem Querschnitt auftritt, wo die Querkraft das Vorzeichen ändert. Bei einfachen Trägern ohne Kragarme wird das Biegungsmoment an dieser Stelle stets einen Größtwert darstellen; bei Trägern mit Kragarmen und bei Mehrfeldträgern kann es aber auch einen Kleinstwert zeigen (vgl. Abb. 224f). In jedem Fall wird dort jedoch ein Extremwert auftreten.

Aus diesen Zusammenhängen ergibt sich ein brauchbares Verfahren, den Ort dieses Extremwertes zu berechnen: Man braucht nur die Stelle ausfindig zu machen, an welcher Q das Vorzeichen wechselt bzw. den Wert Null annimmt. Ist ein Träger nur mit Einzellasten belastet, so tritt der Vorzeichenwechsel der Q-Linie stets unter einer Last auf (vgl. Abb. 212).

Ein Sonderfall liegt dann vor, wenn dieser Vorzeichenwechsel der Querkraft nicht in zwei unmittelbar benachbarten Querschnitten, sondern erst in einer gewissen Entfernung stattfindet und die Querkraft in diesem Bereich den Wert Null aufweist. Das trifft z. B. bei der in Abb. 213 gezeigten Belastung zu. In diesem Fall bleibt auch max M im Bereich der Nullstrecke der Querkraft konstant.

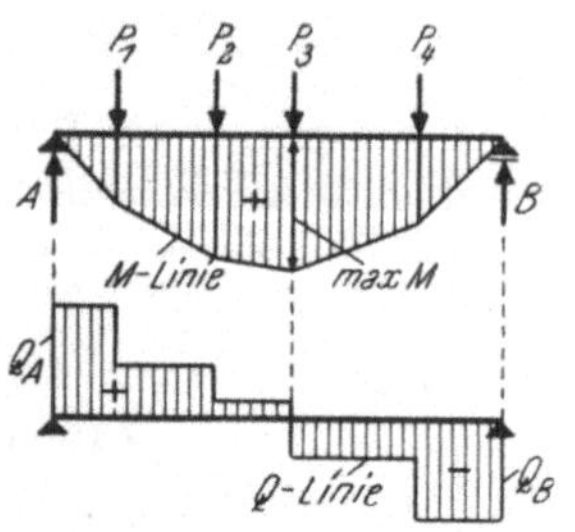

Abb. 212. Vorzeichenwechsel der Q-Linie unter einer Einzellast

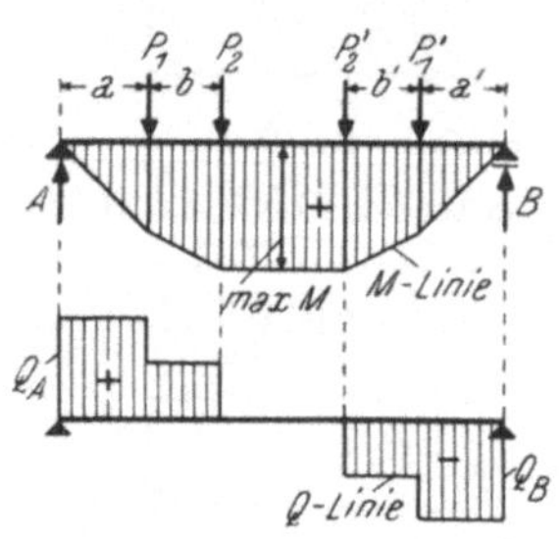

Abb. 213. Q-Linie mit Nullstrecke

Wenn Streckenlasten oder kombinierte Belastungen vorhanden sind, kann man die Nullstelle der Q-Linie aus dem allgemeinen Ansatz für die Querkraft ermitteln. Es ergibt sich z. B. für den in Abb. 214 gegebenen Lastfall an einer beliebigen Stelle x vom Auflager A:

$$Q_x = + A - q\,x. \tag{157}$$

Für einen bestimmten Wert x_0 wird dieser Ausdruck den Wert Null annehmen; man kann somit schreiben

$$+ A - q\,x_0 = 0 \tag{157a}$$

und erhält daraus

$$\boxed{x_0 = \frac{A}{q},} \tag{158}$$

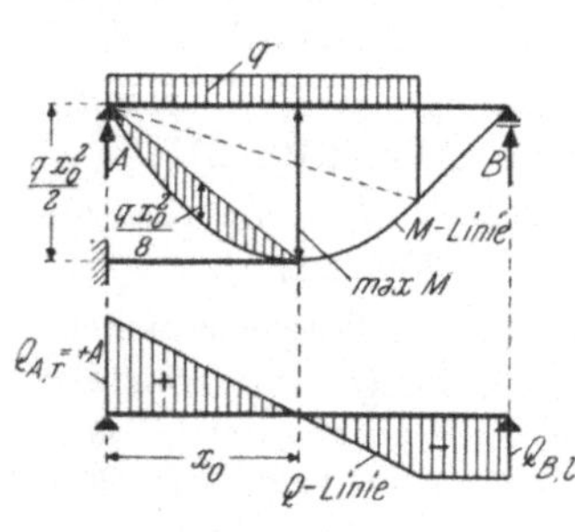

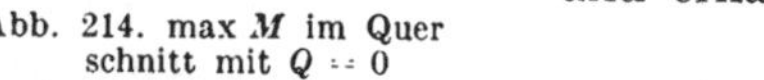

Abb. 214. max M im Querschnitt mit $Q = 0$

d. h. in der Entfernung $x_0 = A/q$ ist die Querkraft gleich Null und somit muß dort auch max M auftreten.

Anmerkung. Die vorstehende Formel kann auch noch in einer später gebrauchten allgemeineren Fassung verwendet werden, wenn anstelle von A der Wert $Q_{A,r}$ (= Querkraft unmittelbar rechts von A) geschrieben wird; denn es ist hier in Übereinstimmung mit Gl. (146a) $Q_{A,r} = + A$. Es gilt also sinngemäß auch

$$\boxed{x_0 = \frac{Q_{A,r}}{q}.} \tag{158a}$$

b) Berechnung der Größe von max M

Es gibt verschiedene Möglichkeiten, den Wert max M zahlenmäßig zu ermitteln; z. B. erhält man gemäß Gl. (118) mit dem nach Gl. (158) bzw. (158a) bestimmten Wert x_0

$$\boxed{\max M = A \cdot x_0 - \frac{q\,x_0^2}{2}.} \tag{159}$$

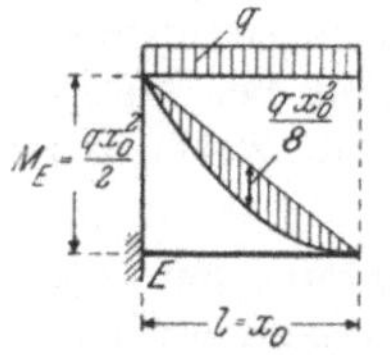

Abb. 214a. M-Linie für Gleichlast q am Kragarm mit $l = x_0$

Die Berechnung von max M läßt sich aber noch vereinfachen. Vergleicht man die in Abb. 214a dargestellte M-Parabel für einen Kragträger mit der Länge x_0 und der Belastung q mit dem in Abb. 214

im gleichen Bereich x_0 liegenden Parabelstück, so erkennt man, daß beide in der Form voll übereinstimmen, denn für beide ergibt sich die gleiche Bezugslinie und auch die gleiche $M^{(0)}$-Parabel. Es muß daher das an der Einspannstelle E des gedachten Kragarmes auftretende Moment $M_E = qx_0^2/2$ die gleiche Größe haben wie der gesuchte Wert $\max M$; somit gilt die einfache Formel

$$\boxed{\max M = \frac{q\,x_0^2}{2}.} \tag{160}$$

Setzt man in diesem Ausdruck nach Gl. (158) für $x_0 = A/q$, so erhält man eine weitere Formel zur Berechnung des größten Feldmomentes, und zwar

$$\boxed{\max M = \frac{A^2}{2\,q}.} \tag{161}$$

Auch hier kann wieder anstelle von A die Querkraft $Q_{A,r}$ gesetzt werden; es wird dann

$$\boxed{\max M = \frac{Q^2_{A,r}}{2\,q}.} \tag{161a}$$

In praktischen Fällen braucht also der Wert x_0 überhaupt nicht gesondert ermittelt zu werden.

Vergleicht man die beiden Formeln (159) und (160), so erkennt man, daß der Wert $A \cdot x_0$ in Gl. (159) doppelt so groß sein muß wie $q\,x_0^2/2$ und daher auch doppelt so groß wie $\max M$. Es gilt somit die Beziehung

$$\boxed{\max M = \frac{A\,x_0}{2},} \tag{162}$$

und wegen $Q_{A,r} = A$ auch

$$\boxed{\max M = \frac{Q_{A,r}\,x_0}{2}.} \tag{162a}$$

Diese Formeln ergeben sich übrigens ebenfalls nach dem Seite 102 aufgestellten Satz, wonach das Biegungsmoment in irgendeinem Trägerquerschnitt gleich ist dem Inhalt der Q-Fläche vom Auflager bis zu dem betrachteten Querschnitt. Die Q-Fläche ist in Abb. 214 ein rechtwinkliges Dreieck mit den beiden Katheten A bzw. $Q_{A,r}$ und x_0; sein Inhalt beträgt somit $A \cdot x_0/2$ bzw. $Q_{A,r} \cdot x_0/2$. Diese Werte sind also identisch mit $\max M$, wie auch bereits aus Gl. (162) bzw. (162a) zu ersehen ist.

In den folgenden Zahlenbeispielen werden die hier abgeleiteten Formeln zur Ermittlung von $\max M$ angewendet.

8. Zahlenbeispiele zur Ermittlung der M-Linie und Q-Linie für verschiedene Belastungsarten am einfachen Träger

A. Träger mit einer Einzellast (Abb. 215a bis c)

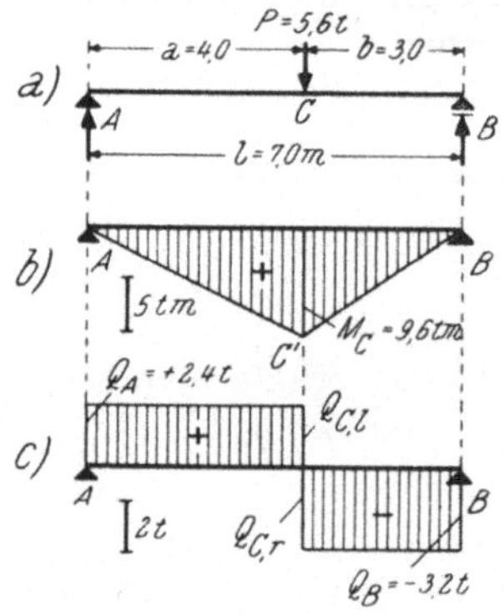

Abb. 215a bis c. M-Linie und Q-Linie für eine Einzellast

Auflagerdrücke: Nach Gl. (86) ist anhand Abb. 215a

$$A = \frac{P\,b}{l} = \frac{5{,}6\cdot 3{,}0}{7{,}0} = 2{,}4\ \text{t}$$

$$B = \frac{P\,a}{l} = \frac{5{,}6\cdot 4{,}0}{7{,}0} = 3{,}2\ \text{t}.$$

Probe: $A + B = 2{,}4 + 3{,}2 = 5{,}6\ \text{t} = P.$

M-Linie: Nach Gl. (105) wird

$$M_C = \frac{P\,a\,b}{l} = \frac{5{,}6\cdot 4{,}0\cdot 3{,}0}{7{,}0} = 9{,}6\ \text{tm}.$$

Damit kann die M-Linie gezeichnet werden (vgl. Abb. 215b).

Q-Linie: Gemäß Gl. (138) bzw. (139) wird

$$Q_A = Q_{C,l} = + A = + 2{,}4\ \text{t}; \qquad Q_{C,r} = Q_B = - B = - 3{,}2\ \text{t}.$$

Mit diesen Werten ist die Q-Linie festgelegt (vgl. Abb. 215c). Man beachte, daß das maximale Biegungsmoment an derselben Stelle des Trägers auftritt, wo die Querkraft das Vorzeichen ändert, und zwar ist hier $\max M = M_C = 9{,}6$ tm.

B. Träger mit zwei Einzellasten (Abb. 216a bis c)

Auflagerdrücke: Nach Gl. (88) ist mit den Werten in Abb. 216a

$$A = \frac{P_1 b_1}{l} + \frac{P_2 b_2}{l} = \frac{4{,}4\cdot 4{,}2}{6{,}6} + \frac{3{,}3\cdot 1{,}6}{6{,}6} = 2{,}8 + 0{,}8 = 3{,}6\ \text{t}$$

$$B = \frac{P_1 a_1}{l} + \frac{P_2 a_2}{l} = \frac{4{,}4\cdot 2{,}4}{6{,}6} + \frac{3{,}3\cdot 5{,}0}{6{,}6} = 1{,}6 + 2{,}5 = 4{,}1\ \text{t}.$$

Probe: $A + B = 3{,}6 + 4{,}1 = 7{,}7\ \text{t}; \qquad P_1 + P_2 = 4{,}4 + 3{,}3 = 7{,}7\ \text{t}.$

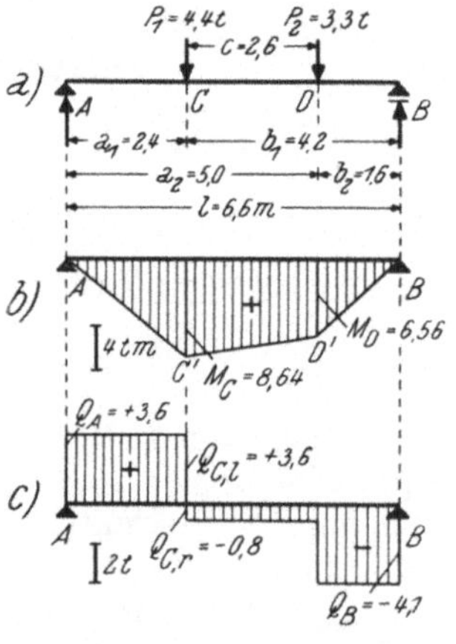

M-Linie: Gemäß Gl. (109a) bzw. (110a) wird

$$M_C = A\cdot a_1 = 3{,}6\cdot 2{,}4 = 8{,}64\ \text{tm}$$

$$M_D = B\cdot b_2 = 4{,}1\cdot 1{,}6 = 6{,}56\ \text{tm}.$$

Damit ist der gesamte M-Verlauf bestimmt (vgl. Abb. 216b).

Q-Linie: Nach Gl. (142) erhält man

$$Q_A = Q_{C,l} = + A = + 3{,}6\ \text{t}$$

$$Q_{C,r} = Q_{D,l} = + A - P_1 = + 3{,}6 - 4{,}4 = - 0{,}8\ \text{t}$$

$$Q_{D,r} = Q_B = - B = - 4{,}1\ \text{t}.$$

Mit diesen Werten ist die Q-Linie in Abb. 216c aufgezeichnet.

Zur Probe kann die Querkraft auch aus der Steigung der M-Linie ermittelt werden. Man erhält z. B. für den Bereich zwischen C und D gemäß Gl. (152):

Abb. 216a bis c. M-Linie und Q-Linie für zwei Einzellasten

$$|Q_{C,r}| = |Q_{D,l}| = \operatorname{tg}\alpha_M = \frac{M_C - M_D}{c} = \frac{8{,}64 - 6{,}56}{2{,}6} = 0{,}8\ \text{t}.$$

Nach der Vorzeichenregel (153) ist dieser Wert negativ, da die M-Linie ansteigt.

Aus Abb. 216b und c ist zu entnehmen, daß max M in demselben Trägerquerschnitt vorhanden ist, wo die Querkraft das Vorzeichen ändert; es ist hier max $M = M_C = 8{,}64$ tm.

C. Träger mit Streckenlast am Auflager A (Abb. 217a bis c)

Auflagerdrücke: Nach Gl. (90) bzw. (116) ist mit den Bezeichnungen der Abb. 217a

$$A = \frac{q\,s}{l}\left(l - \frac{s}{2}\right) = \frac{3{,}0 \cdot 4{,}5}{7{,}5}(7{,}5 - 2{,}25) = 9{,}45\ \text{t}$$

$$B = \frac{q\,s^2}{2\,l} = \frac{3{,}0 \cdot 4{,}5^2}{2 \cdot 7{,}5} = 4{,}05\ \text{t}.$$

Probe nach Gl. (91):

$$A + B = 9{,}45 + 4{,}05 = 13{,}50\ \text{t}; \quad q\,s = 3{,}0 \cdot 4{,}5 = 13{,}50\ \text{t}.$$

M-Linie: Gemäß Gl. (119a) wird

$$M_C = B\,(l - s) = 4{,}05 \cdot 3{,}0 = 12{,}15\ \text{tm}.$$

Damit ist die Bezugslinie $A\,C'$ (vgl. Abb. 217b) festgelegt, und es kann daran die $M^{(0)}$-Parabel angetragen werden. Die zugehörige Scheitelordinate ist

$$M_m = \frac{q\,s^2}{8} = \frac{3{,}0 \cdot 4{,}5^2}{8} = 7{,}59\ \text{tm}.$$

Die Ordinaten in den Viertelpunkten betragen nach Gl. (115)

$$0{,}75\,M_m = 0{,}75 \cdot 7{,}59 = 5{,}69\ \text{tm}.$$

In Abb. 217b ist der gesamte M-Verlauf maßstäblich aufgezeichnet. In C' muß die Gerade $B\,C'$ tangential an die Parabel anschließen.

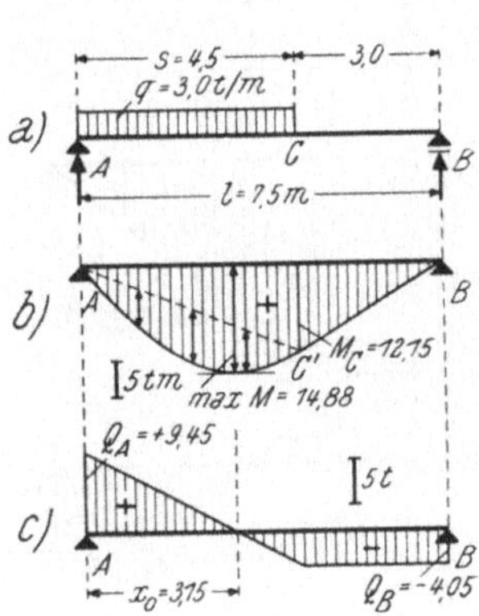

Abb. 217a bis c. M-Linie und Q-Linie für eine Streckenlast am Auflager A

Q-Linie: Nach Gl. (146a) bzw. (147) wird

$$Q_A = +A = +9{,}45\ \text{t}$$

$$Q_{C,l} = +A - q\,s = +9{,}45 - 3{,}0 \cdot 4{,}5 = +9{,}45 - 13{,}50 = -4{,}05\ \text{t}$$

$$Q_{C,r} = Q_B = -B = -4{,}05\ \text{t}.$$

In Abb. 217c ist die Q-Linie maßstäblich aufgezeichnet.

Ermittlung von max M: Der Wert max M tritt an derselben Stelle auf, wo $Q = 0$ ist. Nach Gl. (158) wird

$$x_0 = \frac{A}{q} = \frac{9{,}45}{3{,}0} = 3{,}15\ \text{m}.$$

Damit erhält man nach Gl. (160)

$$\max M = \frac{q\,x_0^2}{2} = \frac{3{,}0 \cdot 3{,}15^2}{2} = 14{,}88\ \text{tm}$$

oder auch nach Gl. (161)

$$\max M = \frac{A^2}{2\,q} = \frac{9{,}45^2}{2 \cdot 3{,}0} = 14{,}88\ \text{tm}.$$

D. Träger mit Streckenlast an beliebiger Stelle (Abb. 218a bis c)

Auflagerdrücke: Nach Gl. (93) ist mit den Bezeichnungen der Abb. 218a

$$A = \frac{q\,s\,b}{l} = \frac{4{,}5 \cdot 4{,}4 \cdot 5{,}0}{8{,}8} = 11{,}25 \text{ t}$$

$$B = \frac{q\,s\,a}{l} = \frac{4{,}5 \cdot 4{,}4 \cdot 3{,}8}{8{,}8} = 8{,}55 \text{ t}.$$

Probe: $A + B = 11{,}25 + 8{,}55 = 19{,}80$ t; $\quad q\,s = 4{,}5 \cdot 4{,}4 = 19{,}80$ t.

M-Linie: Nach Gl. (120) wird

$M_C = A \cdot m = 11{,}25 \cdot 1{,}6 = 18{,}00$ tm; $\quad M_D = B \cdot n = 8{,}55 \cdot 2{,}8 = 23{,}94$ tm.

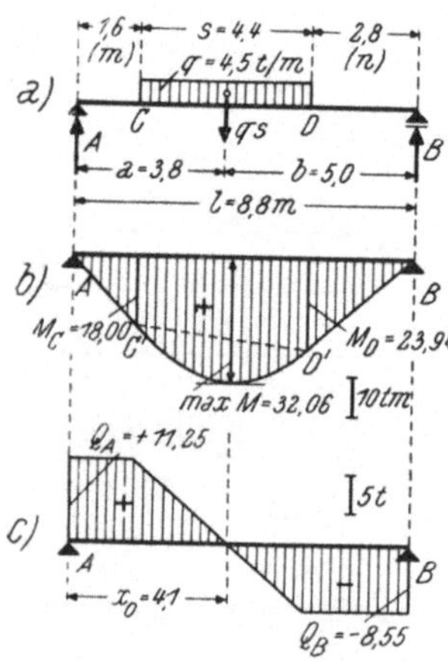

Abb. 218a bis c. *M*-Linie und *Q*-Linie für eine Streckenlast an beliebiger Stelle

Mit diesen Werten ist die Bezugslinie $C'D'$ (vgl. Abb. 218b) festgelegt, und es kann in diesem Bereich die $M^{(0)}$-Parabel eingehängt werden; ihre Scheitelordinate beträgt

$$M_m = \frac{q\,s^2}{8} = \frac{4{,}5 \cdot 4{,}4^2}{8} = 10{,}89 \text{ tm}.$$

Q-Linie: Im lastfreien Bereich zwischen A und C bzw. D und B verläuft die Q-Linie parallel zur Trägerachse; es wird also

$$Q_A = Q_{C,l} = Q_{C,r} = +A = +11{,}25 \text{ t}$$

$$Q_{D,l} = Q_{D,r} = Q_B = -B = -8{,}55 \text{ t}.$$

Damit kann die Q-Linie bereits gezeichnet werden (vgl. Abb. 218c).

Ermittlung von max M: Das maximale Biegungsmoment tritt an der Stelle x_0 auf, wo die Querkraft gleich Null ist. Den Wert x_0 erhält man also aus der Bedingung

$$Q = A - q\,(x_0 - m) = 0.$$

Daraus ergibt sich

$$x_0 = \frac{A}{q} + m = \frac{11{,}25}{4{,}5} + 1{,}6 = 2{,}5 + 1{,}6 = 4{,}1 \text{ m}$$

und damit weiter gemäß Gl. (159)

$$\max M = A \cdot x_0 - \frac{q\,(x_0 - m)^2}{2} = 11{,}25 \cdot 4{,}1 - \frac{4{,}5\,(4{,}1 - 1{,}6)^2}{2} =$$
$$= 46{,}12 - 14{,}06 = 32{,}06 \text{ tm}.$$

E. Träger mit kombinierter Belastung (Abb. 219a bis c)

Die Belastung besteht aus einer durchgehenden Gleichlast $q = 1{,}2$ t/m und einer Einzellast $P = 8{,}5$ t (vgl. Abb. 219a). Im folgenden wird die Berechnung nach den Darlegungen Seite 98f. durchgeführt.

Auflagerdrücke: Unter gleichzeitiger Berücksichtigung beider Belastungen erhält man für die Auflagerdrücke durch algebraische Addition der Gl. (86) und (92)

$$A = \frac{q\,l}{2} + \frac{P\,b}{l} = \frac{1{,}2 \cdot 10{,}0}{2} + \frac{8{,}5 \cdot 4{,}0}{10{,}0} = 6{,}0 + 3{,}4 = 9{,}4 \text{ t}$$

$$B = \frac{q\,l}{2} + \frac{P\,a}{l} = \frac{1{,}2 \cdot 10{,}0}{2} + \frac{8{,}5 \cdot 6{,}0}{10{,}0} = 6{,}0 + 5{,}1 = 11{,}1 \text{ t}.$$

Probe: $A + B = 9{,}4 + 11{,}1 = 20{,}5$ t

$$q\,l + P = 1{,}2 \cdot 10{,}0 + 8{,}5 = 12{,}0 + 8{,}5 = 20{,}5 \text{ t.}$$

M-Linie: Nach Gl. (131) bzw. (131a) wird

$$M_C = A \cdot a - \frac{q\,a^2}{2} = 9{,}4 \cdot 6{,}0 - \frac{1{,}2 \cdot 6{,}0^2}{2} = 56{,}4 - 21{,}6 = 34{,}8 \text{ tm}$$

oder

$$M_C = B \cdot b - \frac{q\,b^2}{2} = 11{,}1 \cdot 4{,}0 - \frac{1{,}2 \cdot 4{,}0^2}{2} = 44{,}4 - 9{,}6 = 34{,}8 \text{ tm.}$$

Hiermit sind die beiden Bezugslinien $A\,C'$ und $B\,C'$ (vgl. Abb. 219b) gegeben, und es können die zugehörigen $M^{(0)}$-Parabeln angetragen werden; ihre Scheitelordinaten sind

$$\frac{q\,a^2}{8} = \frac{1{,}2 \cdot 6{,}0^2}{8} = 5{,}4 \text{ tm}$$

$$\frac{q\,b^2}{8} = \frac{1{,}2 \cdot 4{,}0^2}{8} = 2{,}4 \text{ ,, .}$$

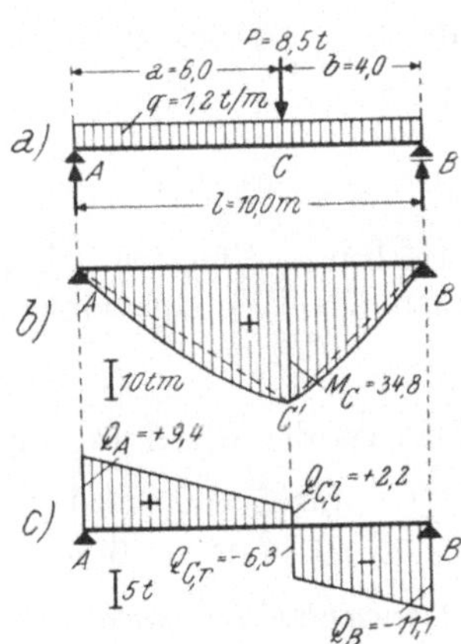

Abb. 219a bis c. **M-Linie und Q-Linie für kombinierte Belastung**

Q-Linie: Infolge durchgehender Gleichlast q ist die Steigung der Q-Linie im gesamten Trägerbereich konstant; wegen der Einzellast P tritt in der Q-Linie jedoch eine Unstetigkeit auf und es wird

$$Q_A = + A = + 9{,}4 \text{ t}$$

$$Q_{C,l} = + A - q\,a = + 9{,}4 - 1{,}2 \cdot 6{,}0 = + 9{,}4 - 7{,}2 = + 2{,}2 \text{ t}$$

$$Q_{C,r} = - B + q\,b = - 11{,}1 + 1{,}2 \cdot 4{,}0 = - 11{,}1 + 4{,}8 = - 6{,}3 \text{ t}$$

$$Q_B = - B = - 11{,}1 \text{ t.}$$

Damit ist auch die Q-Linie bestimmt (vgl. Abb. 219c).

Das maximale Biegungsmoment tritt wiederum an derselben Stelle auf, wo die Querkraft das Vorzeichen ändert; es ist hier $\max M = M_C = 34{,}8$ tm.

9. M-Linie und Q-Linie am frei aufliegenden Träger mit Kragarmen

A. Allgemeine Erläuterungen

Die Ermittlung der Auflagerdrücke und der M-Linie nach dem zeichnerischen Verfahren mit Krafteck und Seileck wurde für frei aufliegende Träger mit Kragarmen Seite 34f. ausführlich behandelt. Nun soll auch die Anwendung des rechnerischen Verfahrens für verschiedene, häufig auftretende Belastungsfälle gezeigt werden. Zunächst wird der Rechnungsgang für den in Abb. 220a dargestellten Belastungsfall mit allen Einzelheiten eingehend erläutert.

Auflagerdrücke

Zur Ermittlung von A wendet man die Gleichgewichtsbedingung $\Sigma M = 0$ in bezug auf den Auflagerpunkt B an; die Gleichung $\Sigma M_B = 0$ lautet mit den Bezeichnungen der Abb. 220a

$$- A \cdot l + P\,(l + k_1) + \frac{q_1\,l^2}{2} - \frac{q_2\,k_2^2}{2} = 0. \tag{163}$$

Daraus erhält man

$$A = \frac{1}{l}\left[P\,(l + k_1) + \frac{q_1\,l^2}{2} - \frac{q_2\,k_2^2}{2}\right]. \tag{163a}$$

Zur Ermittlung von B bildet man $\Sigma M_A = 0$; das ergibt die Gleichung

$$+ B \cdot l + P \cdot k_1 - \frac{q_1\,l^2}{2} - q_2\,k_2\left(l + \frac{k_2}{2}\right) = 0 \tag{164}$$

und weiter

$$B = \frac{1}{l}\left[\frac{q_1\,l^2}{2} + q_2\,k_2\left(l + \frac{k_2}{2}\right) - P \cdot k_1\right]. \tag{164a}$$

Probe: Aus der Bedingung $\Sigma V = 0$ ergibt sich

$$A + B = P + q_1\,l + q_2\,k_2. \tag{165}$$

M-Linie

Am linken Kragarm: Unter Berücksichtigung der Vorzeichenregel Seite 91 erhält man das Biegungsmoment an der Stelle ξ vom Kragarmende

$$M_\xi = - P \cdot \xi. \tag{166}$$

Das ist die Gleichung einer Geraden;

$$\begin{aligned} &\text{für } \xi = 0 \;\; \text{(d. i. am Kragarmende } I\text{) wird } M_I = 0 \\ &\;\;„\;\; \xi = k_1 \;\; \text{(d. i. „ Auflager } A\text{) „ } M_A = - P \cdot k_1. \end{aligned} \tag{167}$$

Am rechten Kragarm: In der Entfernung ξ' vom Kragarmende erhält man

$$M_{\xi'} = - \frac{q_2\,\xi'^2}{2}. \tag{168}$$

Das ist die Gleichung einer Parabel;

$$\begin{aligned} &\text{für } \xi' = 0 \;\; \text{(d. i. am Kragarmende } II\text{) wird } M_{II} = 0 \\ &\;\;„\;\; \xi' = k_2 \;\; \text{(d. i. „ Auflager } B\text{) „ } M_B = - \frac{q_2\,k_2^2}{2}. \end{aligned} \tag{169}$$

Das Aufzeichnen der M-Linie kann wieder in der Weise geschehen, daß man die $M^{(0)}$-Parabel mit der Scheitelordinate $M_m = q_2\,k_2^2/8$ und den Ordinaten 0,75 M_m in den Viertelpunkten an die Bezugslinie $B'\,II$ anträgt.

Im Trägerfeld: In der Entfernung x vom Auflager A erhält man mit den Kräften links dieses Querschnittes (vgl. Abb. 220a)

$$M_x = A \cdot x - P\,(k_1 + x) - \frac{q_1\,x^2}{2} \tag{170}$$

oder mit den Kräften rechts von dem betrachteten Querschnitt (im Abstand x' vom Auflager B)

$$M_{x'} = B \cdot x' - \frac{q_1\,x'^2}{2} - q_2\,k_2\left(x' + \frac{k_2}{2}\right). \tag{170a}$$

Im Sinne von Gl. (101) muß also $M_x = M_{x'}$ sein.

Das Aufzeichnen der M-Linie, die nach diesen beiden Gleichungen wieder eine Parabel darstellt, geschieht am besten unter Verwendung der Bezugslinie $A'\,B'$ und der zugehörigen $M^{(0)}$-Parabel mit der Scheitelordinate $M'_m = q_1\,l^2/8$ sowie den Ordinaten 0,75 M'_m in den Viertelpunkten.

Aus diesen Erläuterungen ergibt sich, daß für die zeichnerische Darstellung der M-Linie die Gl. (170) bzw. (170a) überhaupt nicht gebraucht wird; man kann also praktisch so vorgehen, daß man zuerst die Stützenmomente M_A und M_B ermittelt, damit die Bezugslinien $A'B'$ sowie $B'II$ festlegt, und dann die entsprechenden $M^{(0)}$-Linien einträgt (vgl. Abb. 220b).

Die Berechnung des Ortes und der Größe von max M im Trägerfeld kann im Prinzip nach den für einfache Träger Seite 107ff. abgeleiteten Beziehungen vorgenommen werden. Dabei ist jedoch zu beachten, daß das Stützenmoment M_A bzw. M_B mit dem Absolutbetrag in Abzug zu bringen ist (vgl. Gl. (214) und (215) sowie Zahlenbeispiel Seite 118f.).

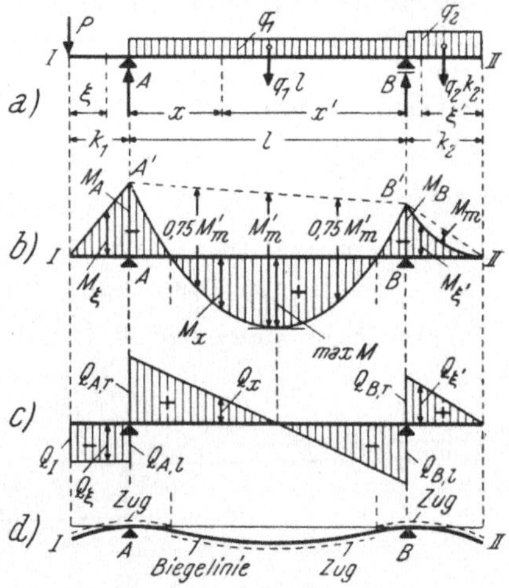

Abb. 220a bis d. M-Linie, Q-Linie und Biegelinie für einen Träger mit Kragarmen

Q-Linie

Am linken Kragarm: Die Querkraft ist hier auf der ganzen Länge des Kragarmes konstant, und zwar wird

$$Q_I = Q_{A,l} = -P. \tag{171}$$

Am rechten Kragarm: In der Entfernung ξ' vom Kragarmende II ist

$$Q_{\xi'} = +q_2\,\xi'. \tag{172}$$

Das ist die Gleichung einer Geraden;

$$\left.\begin{array}{llll} \text{für } \xi' = 0 & \text{(d. i. am Kragarmende } II\text{)} & \text{wird} & Q_{II} = 0 \\ \text{,, } \xi' = k_2 & \text{(d. i. an der Stütze } B\text{)} & \text{,,} & Q_{B,r} = +q_2\,k_2. \end{array}\right\} \tag{173}$$

Im Trägerfeld: In der Entfernung x vom Auflager A erhält man mit den Kräften links von diesem Querschnitt

$$Q_x = +A - P - q_1\,x, \tag{174}$$

somit wieder die Gleichung einer Geraden;

$$\left.\begin{array}{llll} \text{für } x = 0 & \text{(d. i. rechts vom Aufl. } A\text{)} & \text{wird} & Q_{A,r} = +A - P \\ \text{,, } x = l & \text{(d. i. links ,, ,, } B\text{)} & \text{,,} & Q_{B,l} = +A - P - q_1 l. \end{array}\right\} \tag{175}$$

In der Entfernung x' vom Auflager B erhält man mit den Kräften rechts des betrachteten Querschnittes

$$Q_x = -B + q_1\,x' + q_2\,k_2. \tag{176}$$

$$\left.\begin{array}{llll} \text{Für } x' = l & \text{(d. i. rechts vom Aufl. } A\text{)} & \text{wird} & Q_{A,r} = -B + q_1\,l + q_2\,k_2 \\ \text{,, } x' = 0 & \text{(d. i. links ,, ,, } B\text{)} & \text{,,} & Q_{B,l} = -B + q_2\,k_2. \end{array}\right\} \tag{177}$$

Die einander entsprechenden Querkräfte aus Gl. (175) und (177) müssen natürlich zahlenmäßig dieselben Werte ergeben.

Für das Aufzeichnen der Q-Linie zwischen den beiden Auflagern A und B braucht man hier aber nur die beiden Werte

$$Q_{A,r} = +A - P \tag{178}$$

und

$$Q_{B,l} = -B + q_2\,k_2 \tag{179}$$

zu berechnen (vgl. Abb. 220c).

Biegelinie

In Abb. 220d ist die sog. „Biegelinie“ des Trägers gezeichnet. Im Bereich der positiven Momente ist sie nach unten gekrümmt (weil der Träger unten Zug erhält), im Bereich der negativen Momente zeigt die Krümmung nach oben. Im Momenten-Nullpunkt, also an der Stelle, wo die Biegungsmomente ihr Vorzeichen wechseln, muß die Biegelinie einen Wendepunkt aufweisen.

B. Anwendungsbeispiele

a) Symmetrisch ausgebildeter und symmetrisch belasteter Träger mit beidseitigen Kragarmen (Abb. 221a bis c)

Die Ermittlung der M-Linie und Q-Linie ist hier infolge Symmetrie besonders einfach.

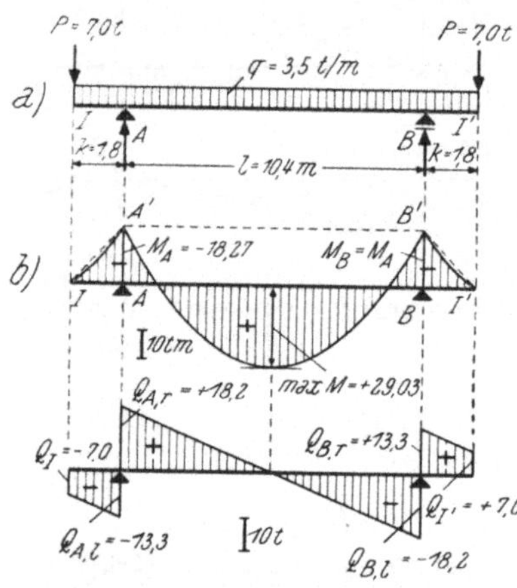

Abb. 221a bis c. *M*-Linie und *Q*-Linie für einen Träger mit Kragarmen bei symmetrischer Belastung

Auflagerdrücke

Wegen der symmetrischen Belastung (Abb. 221a) sind beide Auflagerdrücke gleich groß, und zwar gleich der halben Gesamtbelastung. Es ist also

$$A = B = \frac{1}{2}(\Sigma P + \Sigma q) = P + \frac{q}{2}(l + 2\,k) =$$

$$= 7{,}0 + \frac{3{,}5}{2}(10{,}4 + 2 \cdot 1{,}8) = 7{,}0 + 24{,}5 = 31{,}5\,\text{t}.$$

M-Linie

Man berechnet zuerst die beiden Stützenmomente

$$M_A = M_B = -P \cdot k - \frac{q\,k^2}{2} =$$

$$= -7{,}0 \cdot 1{,}8 - \frac{3{,}5 \cdot 1{,}8^2}{2} =$$

$$= -12{,}60 - 5{,}67 = -18{,}27\ \text{tm}.$$

Damit sind die Bezugslinien IA' bzw. $I'B'$ (im Bereich der beiden Kragarme) und $A'B'$ (im Trägerfeld) gegeben, und man kann daran die $M^{(0)}$-Parabeln antragen (Abb. 221b); ihre Scheitelordinaten sind

in Kragarmmitte: $M_m = \frac{q\,k^2}{8} = \frac{3{,}5 \cdot 1{,}8^2}{8} = 1{,}42$ tm

in Feldmitte: $M'_m = \frac{q\,l^2}{8} = \frac{3{,}5 \cdot 10{,}4^2}{8} = 47{,}3$ „ .

Q-Linie

Am linken Kragarm: $Q_I = -P = -7{,}0$ t

$$Q_{A,l} = -P - q\,k = -7{,}0 - 3{,}5 \cdot 1{,}8 = -13{,}3\ \text{t}.$$

Im Trägerfeld: $Q_{A,r} = +A - P - q\,k = +31{,}5 - 7{,}0 - 3{,}5 \cdot 1{,}8 = +18{,}2$ t.

Diese Werte genügen bereits, um die gesamte Q-Linie zeichnen zu können, denn die Querkräfte in den symmetrisch gelegenen Querschnitten haben stets gleiche Größe und entgegengesetztes Vorzeichen (vgl. Abb. 221c). Es ist somit

$Q_{B,l} = -Q_{A,r} = -18{,}2$ t; $Q_{B,r} = -Q_{A,l} = +13{,}3$ t; $Q_{I'} = -Q_I = +7{,}0$ t.

Ermittlung von max M

Aus Symmetriegründen liegt hier max M in Trägermitte, und es wird

$$\max M = \frac{q\,l^2}{8} - |M_A| = \frac{3{,}5 \cdot 10{,}4^2}{8} - 18{,}27 = +\,29{,}03 \text{ tm}.$$

b) Frei aufliegender Träger mit einseitigem Kragarm (Abb. 222a bis c)

Die Ermittlung der M-Linie und Q-Linie geschieht nach den anhand Abb. 220a bis d gegebenen Erläuterungen.

Auflagerdrücke

Aus der Bedingung $\Sigma M_B = 0$ erhält man mit den Bezeichnungen der Abb. 222a [vgl. auch Gl. (163)]

$$-\,A \cdot l + P\,(l + k) + q_1\,k\left(l + \frac{k}{2}\right) + \frac{q_2\,l^2}{2} = 0$$

und daraus

$$A = \frac{1}{l} \cdot \left[P\,(l + k) + q_1\,k\left(l + \frac{k}{2}\right) + \frac{q_2\,l^2}{2}\right] =$$

$$= \frac{1}{7{,}2}\left[6{,}0\,(7{,}2 + 2{,}4) + 2{,}5 \cdot 2{,}4\left(7{,}2 + \frac{2{,}4}{2}\right) + \frac{5{,}0 \cdot 7{,}2^2}{2}\right] =$$

$$= \frac{237{,}6}{7{,}2} = 33{,}0 \text{ t}.$$

Aus der Bedingung $\Sigma M_A = 0$ ergibt sich [vgl. auch Gl. (164)]

$$+\,B \cdot l + P \cdot k + \frac{q_1\,k^2}{2} - \frac{q_2\,l^2}{2} = 0$$

oder

$$B = \frac{1}{l}\left(\frac{q_2\,l^2}{2} - \frac{q_1\,k^2}{2} - P \cdot k\right) =$$

$$= \frac{1}{7{,}2}\left(\frac{5{,}0 \cdot 7{,}2^2}{2} - \frac{2{,}5 \cdot 2{,}4^2}{2} - 6{,}0 \cdot 2{,}4\right) =$$

$$= \frac{108}{7{,}2} = 15{,}0 \text{ t}.$$

Probe: $A + B = 33{,}0 + 15{,}0 = 48{,}0$ t

$P + q_1\,k + q_2\,l = 6{,}0 + 2{,}5 \cdot 2{,}4 +$

$+\,5{,}0 \cdot 7{,}2 = 48{,}0$ t.

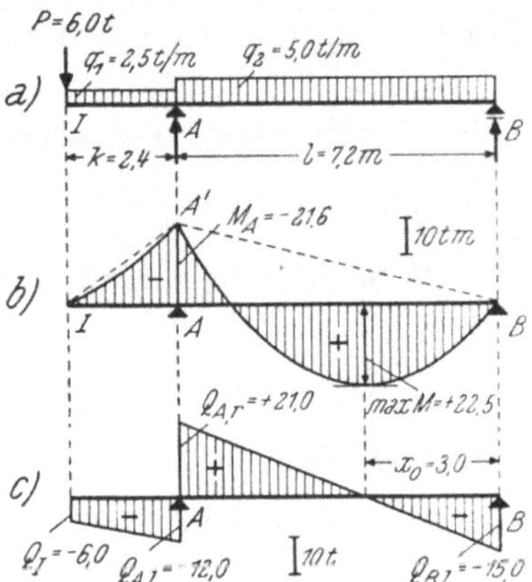

Abb. 222a bis c. M-Linie und Q-Linie für einen Träger mit einseitigem Kragarm

M-Linie

Gemäß Gl. (167) und (169) erhält man aus der Kragarmbelastung

$$M_A = -\,P \cdot k - \frac{q_1\,k^2}{2} = -\,6{,}0 \cdot 2{,}4 - \frac{2{,}5 \cdot 2{,}4^2}{2} = -\,21{,}6 \text{ tm}.$$

Damit sind die Bezugslinien IA' am Kragarm und $A'B$ im Trägerfeld festgelegt, und man kann an diese die beiden $M^{(0)}$-Parabeln antragen (vgl. Abb. 222b); ihre Scheitelordinaten sind

am Kragarm: $$M_m = \frac{q_1\,k^2}{8} = \frac{2{,}5 \cdot 2{,}4^2}{8} = 1{,}8 \text{ tm}$$

im Trägerfeld: $$M'_m = \frac{q_2 l^2}{8} = \frac{5{,}0 \cdot 7{,}2^2}{8} = 32{,}4 \text{ tm}.$$

In Abb. 222b sind die wichtigsten Ordinaten der M-Linie eingetragen.

Q-Linie

Am Kragarm: $$Q_I = -P = -6{,}0 \text{ t}$$
$$Q_{A,l} = -P - q_1 k = -6{,}0 - 2{,}5 \cdot 2{,}4 = -12{,}0 \text{ t}.$$

Im Trägerfeld: $$Q_{A,r} = +A - P - q_1 k = +33{,}0 - 6{,}0 - 2{,}5 \cdot 2{,}4 = +21{,}0 \text{ t}$$
$$Q_B = -B = -15{,}0 \text{ t}.$$

Damit kann bereits die Q-Linie gezeichnet werden (vgl. Abb. 222c).

Ermittlung von max M

Den Abstand x_0 der Querkraft-Nullstelle vom Auflager B erhält man gemäß Gl. (158), indem hier anstelle von A der Auflagerdruck B gesetzt wird, mit

$$x_0 = \frac{B}{q_2} = \frac{15{,}0}{5{,}0} = 3{,}0 \text{ m}.$$

Damit wird gemäß Gl. (160)

$$\max M = \frac{q_2 x_0^2}{2} = \frac{5{,}0 \cdot 3{,}0^2}{2} = +22{,}5 \text{ tm}$$

oder gemäß Gl. (161)

$$\max M = \frac{B^2}{2 q_2} = \frac{15{,}0^2}{2 \cdot 5{,}0} = +22{,}5 \text{ tm}.$$

c) Frei aufliegender Träger mit beidseitigen Kragarmen (Abb. 223a bis c)

Die Durchführung der Berechnung für dieses Tragsystem wurde Seite 113ff. anhand Abb. 220a bis d allgemein beschrieben.

Auflagerdrücke

Zur Berechnung von A stellt man mit den Bezeichnungen der Abb. 223a die Bedingung $\Sigma M_B = 0$ auf [vgl. auch Gl. (163)]:

$$-A \cdot l + P(l + k_1) + \frac{q l^2}{2} - \frac{q k_2^2}{2} = 0;$$

daraus erhält man

$$A = \frac{1}{l}\left[P(l + k_1) + \frac{q}{2}(l^2 - k_2^2)\right] =$$
$$= \frac{1}{6{,}0}\left[1{,}5\,(6{,}0 + 2{,}2) + \frac{3{,}6}{2}(6{,}0^2 - 2{,}0^2)\right] = 11{,}65 \text{ t}.$$

Für die Ermittlung von B verwendet man die Bedingung $\Sigma M_A = 0$ [vgl. auch Gl. (164)]:

$$+B \cdot l + P \cdot k_1 - \frac{q(l + k_2)^2}{2} = 0;$$

daraus ergibt sich

$$B = \frac{1}{l}\left[\frac{q(l + k_2)^2}{2} - P \cdot k_1\right] = \frac{1}{6{,}0}\left[\frac{3{,}6\,(6{,}0 + 2{,}0)^2}{2} - 1{,}5 \cdot 2{,}2\right] = 18{,}65 \text{ t}.$$

Probe: $$A + B = 11{,}65 + 18{,}65 = 30{,}3 \text{ t};$$
$$q(l + k_2) + P = 3{,}6\,(6{,}0 + 2{,}0) + 1{,}5 = 30{,}3 \text{ t}.$$

M-Linie

Stützenmomente: Gemäß Gl. (167) bzw. (169) wird

$$M_A = -P \cdot k_1 = -1{,}5 \cdot 2{,}2 = -3{,}3 \text{ tm}$$

$$M_B = -\frac{q\,k_2^2}{2} = -\frac{3{,}6 \cdot 2{,}0^2}{2} = -7{,}2 \text{ ,,}.$$

Damit sind die Bezugslinien $A'B'$ für das Trägerfeld und $B'II$ für den rechten Kragarm festgelegt (vgl. Abb. 223b). Die einzuhängenden $M^{(0)}$-Parabeln haben folgende Scheitelordinaten:

Im Trägerfeld:

$$M_m = \frac{q\,l^2}{8} = \frac{3{,}6 \cdot 6{,}0^2}{8} = 16{,}2 \text{ tm}$$

am Kragarm:

$$M'_m = \frac{q\,k_2^2}{8} = \frac{3{,}6 \cdot 2{,}0^2}{8} = 1{,}8 \text{ ,,}.$$

In Abb. 223b ist die M-Linie mit den wichtigsten Zahlenwerten maßstäblich aufgezeichnet.

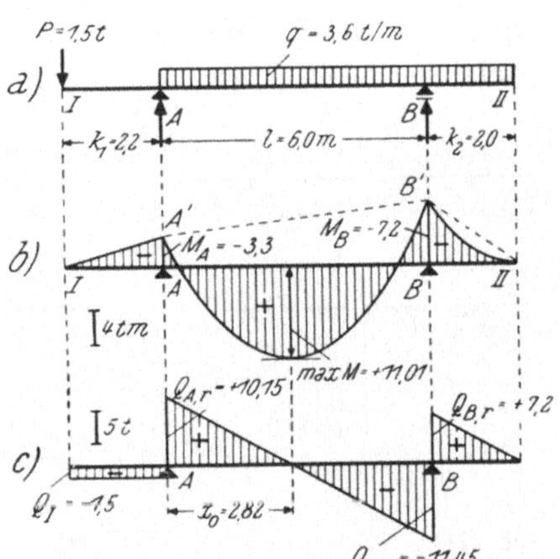

Abb. 223a bis c. M-Linie und Q-Linie für einen Träger mit beidseitigen Kragarmen

Q-Linie

Am linken Kragarm: $Q_I = -P = -1{,}5$ t

$Q_{A,l} = -P = -1{,}5$ t

im Trägerfeld: $Q_{A,r} = +A - P = +11{,}65 - 1{,}5 = +10{,}15$ t

$Q_{B,l} = +q\,k_2 - B = +3{,}6 \cdot 2{,}0 - 18{,}65 = -11{,}45$ t

am rechten Kragarm: $Q_{B,r} = +q\,k_2 = +3{,}6 \cdot 2{,}0 = +7{,}2$ t

$Q_{II} = 0.$

Mit diesen Werten ist die gesamte Q-Linie bestimmt (vgl. Abb. 223c).

Ermittlung von max M im Trägerfeld

Die Nullstelle der Querkraft erhält man hier nach Gl. (158a) aus

$$x_0 = \frac{Q_{A,r}}{q} = \frac{10{,}15}{3{,}6} = 2{,}82 \text{ m}.$$

An dieser Stelle ergibt sich also

$$\max M = A \cdot x_0 - P\,(k_1 + x_0) - \frac{q\,x_0^2}{2} = 11{,}65 \cdot 2{,}82 - 1{,}5\,(2{,}2 + 2{,}82) -$$

$$- \frac{3{,}6 \cdot 2{,}82^2}{2} = 32{,}85 - 7{,}53 - 14{,}31 = +11{,}01 \text{ tm}.$$

Man kann max M auch unter Verwendung von Gl. (160) berechnen und erhält damit unter Beachtung, daß hier aber das Stützenmoment M_A in Abzug zu bringen ist.

$$\max M = \frac{q\,x_0^2}{2} - |M_A| = \frac{3{,}6 \cdot 2{,}82^2}{2} - 3{,}3 = +11{,}01 \text{ tm}.$$

C. Einfluß der Kragarmbelastung auf die Feldmomente

Schon aus den bisherigen Zahlenbeispielen ist zu erkennen, daß der M-Verlauf im Trägerfeld wesentlich durch die Belastung und die Spannweiten der Kragarme beeinflußt wird. Man kann nämlich durch eine zusätzliche Belastung der Kragarme oder durch eine Vergrößerung ihrer Spannweiten die Stützenmomente M_A und M_B beliebig vergrößern und damit die Momente in der Feldmitte beliebig verkleinern. Davon wird der Konstrukteur häufig mit Vorteil Gebrauch machen. Man kann auf diese Weise erreichen, daß das Feldmoment und die Stützenmomente gleiche Größe erhalten; es wird dann $-M_A = -M_B = +M_F = \frac{1}{2} \cdot \frac{q\,l^2}{8} = \frac{q\,l^2}{16}$ (vgl. Abb. 224c). Man spricht in diesem Fall von einem „Momentenausgleich".

In den Abb. 224a bis f wird dieser Einfluß der Kragarmbelastung dadurch

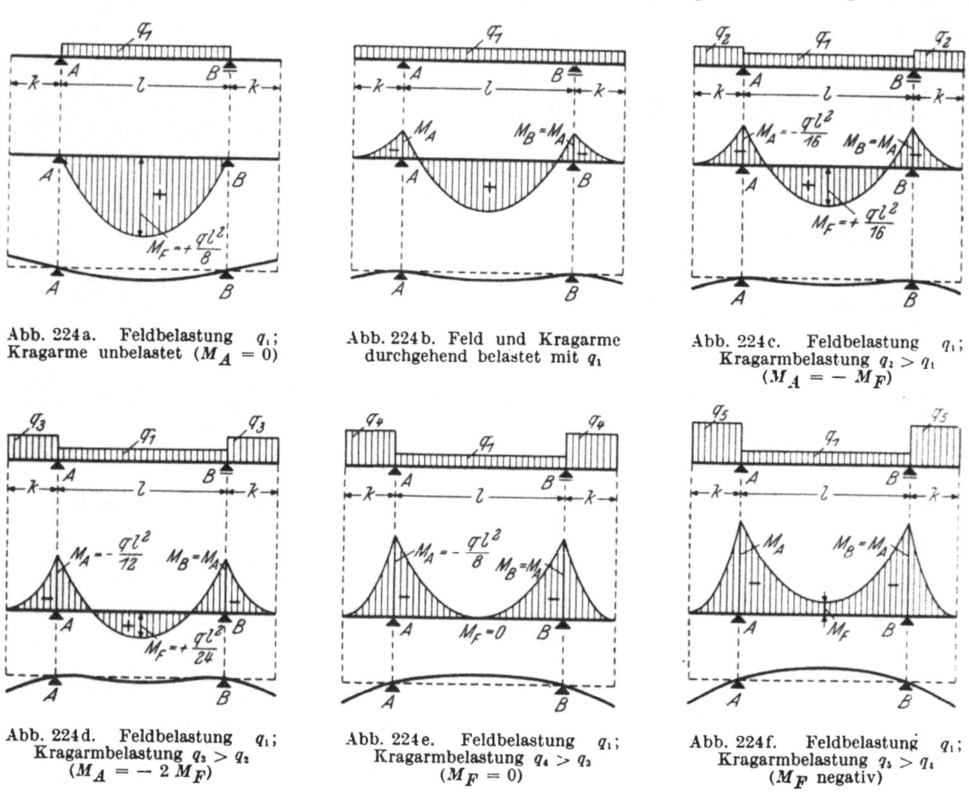

Abb. 224a. Feldbelastung q_1; Kragarme unbelastet ($M_A = 0$)

Abb. 224b. Feld und Kragarme durchgehend belastet mit q_1

Abb. 224c. Feldbelastung q_1; Kragarmbelastung $q_2 > q_1$ ($M_A = -M_F$)

Abb. 224d. Feldbelastung q_1; Kragarmbelastung $q_3 > q_2$ ($M_A = -2\,M_F$)

Abb. 224e. Feldbelastung q_1; Kragarmbelastung $q_4 > q_3$ ($M_F = 0$)

Abb. 224f. Feldbelastung q_1; Kragarmbelastung $q_5 > q_4$ (M_F negativ)

Abb. 224a bis f. Einfluß der Kragarmbelastung bzw. der Stützenmomente auf die Feldmomente

veranschaulicht, daß die M-Linien für einen symmetrischen Träger mit beidseitigen Kragarmen bei gleichbleibender Feldbelastung q_1, aber variierender Kragarmbelastung $q_1, q_2, \ldots q_5$ dargestellt werden. Die Gegenüberstellung zeigt, daß bei entsprechender Vergrößerung der Kragarmbelastung das Moment in Feldmitte bis auf den Wert Null verringert werden kann (vgl. Abb. 224e); bei einer weiteren Steigerung der Belastung auf den Kragarmen treten dann im gesamten Feldbereich nur negative Momente auf (vgl. Abb. 224f).

10. M-Linie und Q-Linie am frei aufliegenden Träger mit angreifenden Momenten

Einige der hier zu behandelnden Belastungsfälle treten zwar praktisch weniger häufig auf, sie vermitteln aber einen sehr aufschlußreichen Einblick in die wichtigen Zusammenhänge zwischen Biegungsmoment und Querkraft. In den Abb. 225a, b und 226a, b wird gezeigt, daß man sich die an beliebiger Stelle des Trägers angreifenden äußeren Momente M auch als Kräftepaare $M = P \cdot p$ vorstellen kann, die an kurzen Hebelarmen p wirken. Für die weiteren Betrachtungen werden solche angreifenden Momente in dem betreffenden Querschnitt nur symbolisch mit einem Richtungsbogen bezeichnet, der den Drehsinn des äußeren Momentes angibt (vgl. Abb. 225b und 226b).

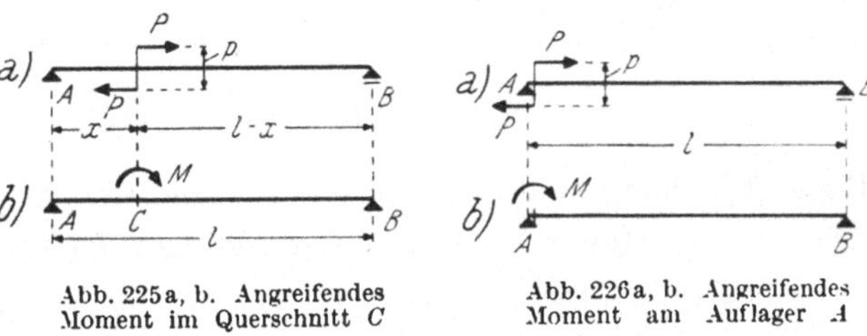

Abb. 225a, b. Angreifendes Moment im Querschnitt C

Abb. 226a, b. Angreifendes Moment am Auflager A

A. Angreifendes Moment am Auflager A (Abb. 227a bis e)

Auflagerdrücke

Die Ermittlung der Auflagerreaktionen kann hier in der gleichen Art geschehen wie für eine beliebige andere Belastung. Für die Bestimmung von A geht man von der Bedingung $\Sigma M_B = 0$ aus. In Abb. 227a ist der Richtungspfeil von A zunächst willkürlich nach oben angenommen. Damit erhält man die Momentensumme in bezug auf den Auflagerpunkt B mit

$$-A \cdot l - M = 0 \tag{180}$$

und daraus

$$A = -\frac{M}{l}. \tag{181}$$

Das negative Vorzeichen besagt, daß der angenommene Richtungspfeil von A umzudrehen ist, daß also im Auflager A eine Zugkraft entsteht. Diese Korrektur ist in Abb. 227b bereits durchgeführt.

Zur Berechnung der Auflagerreaktion B benutzt man die Bedingung $\Sigma M_A = 0$; sie ergibt

$$+B \cdot l - M = 0 \tag{182}$$

und weiter

$$B = +\frac{M}{l}. \tag{183}$$

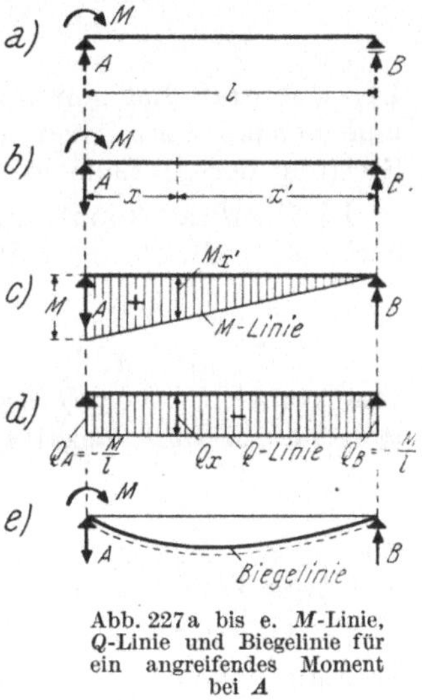

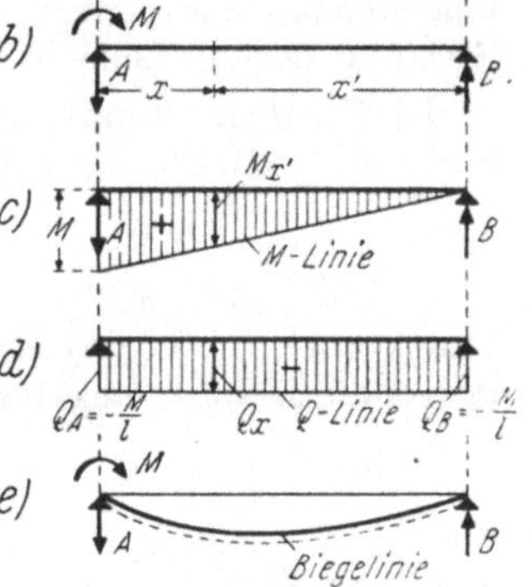

Abb. 227a bis e. M-Linie, Q-Linie und Biegelinie für ein angreifendes Moment bei A

Das positive Vorzeichen von B bedeutet, daß der angenommene Richtungssinn der Auflagerreaktion B richtig ist.

Aus Gl. (181) bzw. (183) ist ersichtlich, daß die beiden Auflagerreaktionen A und B gleiche Größe, aber entgegengesetztes Vorzeichen aufweisen; sie bilden daher ein Kräftepaar von der Größe

$$A \cdot l = B \cdot l. \tag{184}$$

Dieses Kräftepaar hat den gleichen Wert wie das angreifende Moment M, aber entgegengesetzten Richtungssinn, hält diesem somit das Gleichgewicht. Es muß demnach in Übereinstimmung mit Gl. (180) bzw. (182) gelten:

$$M = A \cdot l = B \cdot l. \tag{185}$$

M-Linie

Für den Querschnitt im Abstand x' vom Auflager B erhält man aus den Kräften rechts des betrachteten Querschnittes unter Beachtung der Vorzeichenregel für Biegungsmomente (vgl. Seite 91)

$$M_{x'} = + B \cdot x' = + \frac{M}{l} \cdot x'. \tag{186}$$

Diese Beziehung stellt die Gleichung einer Geraden dar;

$$\begin{aligned} &\text{für } x' = 0 \text{ (d. i. am Auflager } B) \text{ wird } M_B = 0 \\ &\text{,, } x' = l \text{ (d. i. ,, ,, } A) \text{ ,, } M_A = + M. \end{aligned} \tag{187}$$

Damit kann der M-Verlauf bereits gezeichnet werden (vgl. Abb. 227c).

Q-Linie

Die Querkraft an einer beliebigen Stelle x vom Auflager A (vgl. Abb. 227b) ergibt sich bei der Betrachtung des linken Trägerteiles unter Beachtung der Vorzeichenregel mit

$$Q_x = - A = - \frac{M}{l}. \tag{188}$$

Betrachtet man den rechten Trägerteil, so wird

$$Q_x = - B = - \frac{M}{l}. \tag{188a}$$

Die Querkraft hat somit auf der ganzen Länge zwischen A und B gleiche Größe und gleiches Vorzeichen; das ergibt sich übrigens auch schon aus der konstanten Steigung der M-Linie in Abb. 227c.

Die Querkraft könnte auch sofort aus der Steigung der M-Linie berechnet werden; nach Gl. (152) ist unter Bezugnahme auf Abb. 227c

$$Q = \operatorname{tg} \alpha_M = \frac{M}{l}.$$

Das Vorzeichen von Q ergibt sich nach der Regel (153) für eine nach rechts steigende M-Linie negativ; demnach wird hier in Übereinstimmung mit Gl. (188)

$$Q = - \frac{M}{l},$$

und zwar konstant auf der ganzen Trägerlänge (vgl. Abb. 227d).

In Abb. 227e ist auch die Biegelinie angedeutet, die sich unter der Wirkung eines am linken Auflager im Uhrzeigersinn angreifenden äußeren Momentes ergibt.

B. Angreifendes Moment an beliebiger Stelle (Abb. 228 a bis e)

Auflagerdrücke

Mit der Bedingung $\Sigma M_B = 0$ erhält man unter Annahme einer nach oben gerichteten Auflagerreaktion A (vgl. Abb. 228a) für ein rechtsdrehendes Angriffsmoment

$$- A \cdot l - M = 0;$$

daraus ergibt sich

$$A = - \frac{M}{l}. \tag{189}$$

Der willkürlich gewählte Richtungspfeil für A ist somit wieder umzukehren.

Aus der Bedingung $\Sigma M_A = 0$ erhält man

$$+ B \cdot l - M = 0$$

und daraus

$$B = + \frac{M}{l}. \tag{190}$$

Das positive Vorzeichen von B zeigt an, daß die angenommene Richtung von B zutrifft. In Abb. 228b ist die Richtigstellung des Wirkungssinnes der Auflagerreaktion A vollzogen.

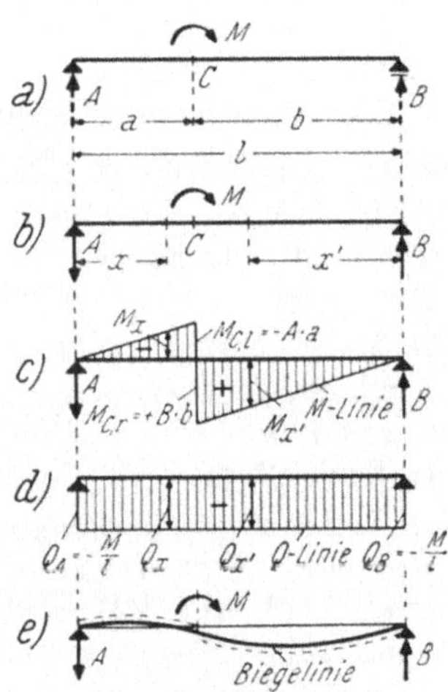

Abb. 228a bis e. M-Linie, Q-Linie und Biegelinie für ein rechtsdrehendes Angriffsmoment bei C

M-Linie

Im Bereich zwischen A und C: Für einen Querschnitt im Abstand x vom Auflager A erhält man

$$M_x = - A \cdot x, \tag{191}$$

das ist die Gleichung einer Geraden. Sie gilt für $0 < x < a$;

für $x = 0$ (d. i. am Auflager A) wird $M_A = 0$

„ $x = a$ (d. i. unmittelbar links von C) (192)

wird $M_{C,l} = - A \cdot a$.

Im Bereich zwischen B und C: Für einen Querschnitt im Abstand x' vom Auflager B erhält man

$$M_{x'} = + B \cdot x', \tag{193}$$

das ist wieder die Gleichung einer Geraden. Sie gilt für $0 < x' < b$;

für $x' = 0$ (d. i. am Auflager B) wird $M_B = 0$

„ $x' = b$ (d. i. unmittelbar rechts von C) (194)

wird $M_{C,r} = + B \cdot b$.

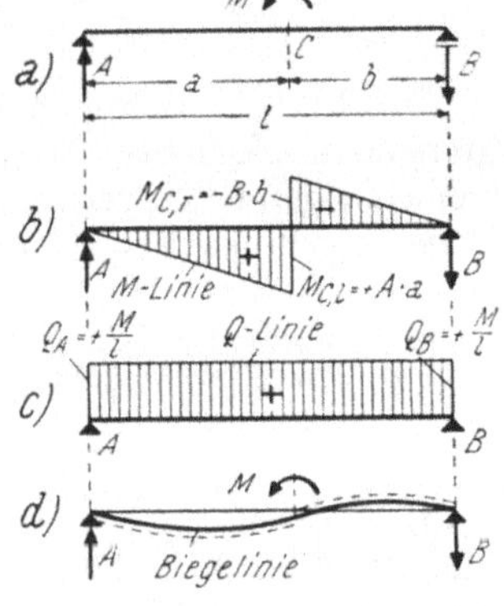

Abb. 229a bis d. M-Linie, Q-Linie und Biegelinie für ein linksdrehendes Angriffsmoment bei C

Aus den Gl. (191) und (193) ergibt sich, daß beide Geraden die gleiche Steigung haben, weil die Absolutwerte von A und B gleich groß sind. Die beiden M-Linien müssen daher im Bereich AC und BC parallel zueinander sein (vgl. Abb. 228c).

Q-Linie

Im Gesamtbereich zwischen A und B ist Q konstant, und zwar wird für einen beliebigen Trägerquerschnitt unter Bezugnahme auf Abb. 228b

$$Q = - A = - \frac{M}{l}. \tag{195}$$

Diese einfache Beziehung ergibt sich auch schon aus der Tatsache, daß die Steigung der M-Linie trotz der Unstetigkeit bei C auf der ganzen Trägerlänge konstant ist (vgl. Abb. 228c,d). Die zugehörige Biegelinie ist in Abb. 228e angedeutet.

Anmerkung. Wenn das angreifende Moment linksdrehend ist, so ergeben sich sowohl die Auflagerreaktionen A und B als auch die Biegungsmomente und

Querkräfte mit umgekehrtem Vorzeichen. In Abb. 229a bis d sind die M-Linie, Q-Linie sowie die Biegelinie für diesen Belastungsfall dargestellt.

C. Allgemeine Beziehungen zwischen angreifenden Momenten, Auflagerreaktionen, Biegungsmomenten und Querkräften

Schon aus den bisherigen Ergebnissen können anhand Abb. 227 bis 229 zwischen den angreifenden äußeren Momenten und den von ihnen hervorgerufenen Auflagerreaktionen, Biegungsmomenten und Querkräften folgende allgemeingültige Gesetzmäßigkeiten festgestellt werden:

1. *Aus der Gleichgewichtsbedingung $\Sigma V = 0$ ergibt sich, daß stets $A = -B$ sein muß, unabhängig davon, an welcher Stelle des Trägers das äußere Moment angreift.*

2. *Die beiden Auflagerreaktionen A und B bilden ein Kräftepaar mit dem Hebelarm l; aus der Gleichgewichtsbedingung $\Sigma M = 0$ ergibt sich, daß der Wert dieses Kräftepaares immer gleiche Größe, aber entgegengesetzte Richtung haben muß wie das angreifende Moment M (bzw. wie die algebraische Summe der angreifenden Momente).*

3. *Ist das angreifende Moment (bzw. die algebraische Summe der angreifenden Momente) rechtsdrehend (⌒↘), so entsteht bei A eine Zugkraft, bei B eine Druckkraft* (vgl. Abb. 227 und 228); *im anderen Falle tritt das Umgekehrte ein* (vgl. Abb. 229).

4. *Die Querkraft zwischen den beiden Auflagern A und B ist stets konstant, unabhängig davon, wo die äußeren Momente angreifen, und zwar ist die Querkraft bei rechtsdrehenden Momenten immer negativ* (vgl. Abb. 227 und 228), *bei linksdrehenden immer positiv* (vgl. Abb. 229).

5. *Die Steigung der M-Linie muß stets auf der ganzen Trägerlänge konstant sein, unabhängig davon, wo die äußeren Momente angreifen und welchen Drehsinn sie haben* (vgl. Abb. 227 bis 229).

Die hier in kurzer Zusammenfassung aufgezeigten Beziehungen zwischen angreifenden Momenten und der zugehörigen M-Linie und Q-Linie gelten auch für frei aufliegende Träger mit Kragarmen. Sie treten bei den anschließend behandelten Belastungsfällen überall in Erscheinung (vgl. Abb. 230 bis 235).

D. Zwei angreifende Momente an beliebiger Stelle (Abb. 230a bis f)

Auflagerdrücke

Um für die in den Querschnitten C und D wirkenden äußeren Momente M_1 und M_2 (vgl. Abb. 230a) die M-Linie zu ermitteln, können zunächst diese beiden rechtsdrehenden Momente getrennt in Rechnung gestellt werden. Man erhält dann gemäß Gl. (189) und (190) auch die Auflagerreaktionen getrennt, und zwar

$$\begin{aligned} &\text{für } M_1: \quad A_1 = -\frac{M_1}{l} \quad \text{und} \quad B_1 = +\frac{M_1}{l} \\ &\text{,, } M_2: \quad A_2 = -\frac{M_2}{l} \quad \text{,,} \quad B_2 = +\frac{M_2}{l}. \end{aligned} \tag{196}$$

Bei gleichzeitiger Wirkung von M_1 und M_2 wird

$$A = A_1 + A_2 = -\frac{M_1 + M_2}{l} \quad \text{und} \quad B = B_1 + B_2 = +\frac{M_1 + M_2}{l}. \tag{197}$$

M-Linie

Für das Aufzeichnen der M-Linie benötigt man nur die entsprechenden Werte in den Querschnitten C und D; gemäß Gl. (192) und (194) erhält man unter Beachtung der Vorzeichen für Biegungsmomente

$$\begin{aligned} &\text{für } M_1: \quad M_{C,l} = -A_1 a_1 \quad \text{und} \quad M_{C,r} = +B_1 b_1 \\ &\;\;\text{„} \;\; M_2: \quad M_{D,l} = -A_2 a_2 \quad \text{„} \quad M_{D,r} = +B_2 b_2. \end{aligned} \tag{198}$$

In Abb. 230b,c sind die zugehörigen M-Linien unter der Voraussetzung aufgezeichnet, daß $M_2 > M_1$ ist. Diese M-Linien weisen in den Angriffsquerschnitten C und D jeweils einen Sprung von der Größe M_1 bzw. M_2 auf. Durch Überlagerung der beiden getrennt ermittelten Momentenlinien für M_1 und M_2 erhält man die gesuchte M-Linie, die sich also unter gleichzeitiger Wirkung der beiden angreifenden Momente ergibt (vgl. Abb. 230d). Diese Überlagerung braucht man nur in den beiden Querschnitten C und D vorzunehmen. Zur Kontrolle müssen wieder sämtliche Geraden dieser M-Linie parallel zueinander sein, d. h. die Steigung muß auf der ganzen Trägerlänge konstant bleiben.

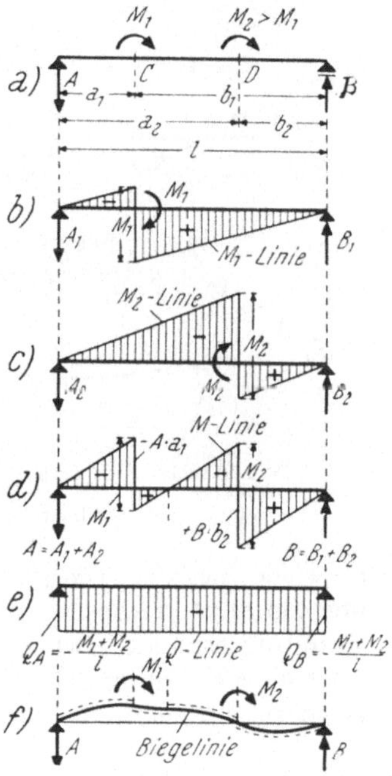

Q-Linie

Die Bestimmung der Querkraft, die somit ebenfalls auf der ganzen Trägerlänge gleich bleibt, kann entweder aus den Auflagerreaktionen oder aus der Steigung der M-Linie erfolgen. Es ist also

$$\begin{aligned} Q &= -A = -A_1 - A_2 = \\ &= -\frac{M_1}{l} - \frac{M_2}{l} = -\frac{M_1 + M_2}{l}. \end{aligned} \tag{199}$$

Damit ist die gesamte Q-Linie gegeben (vgl. Abb. 230c).

Abb. 230a bis f. M-Linie, Q-Linie und Biegelinie für zwei rechtsdrehende Angriffsmomente M_1 und M_2

In Abb. 230f ist die zugehörige Biegelinie angedeutet. Man beachte die Zug- und Druckbereiche, die mit der M-Linie in Abb. 230d übereinstimmen müssen. An allen Stellen, wo die Biegungsmomente das Vorzeichen wechseln, weist die Biegelinie einen Wendepunkt auf.

E. Angreifende Momente an Kragarmen

In den Abb. 231 bis 235 sind M-Linie, Q-Linie und Biegelinie für angreifende Momente an Kragarmen von frei aufliegenden Trägern dargestellt. Im folgenden sollen nur einige kurze Hinweise zur Ermittlung der dabei auftretenden Auflagerreaktionen A und B sowie der Biegungsmomente M und der Querkräfte Q unter Anwendung der Seite 124 aufgestellten Sätze gegeben werden.

In Abb. 231a bis d greift ein rechtsdrehendes Moment M_1 am linken Kragarm an, erzeugt also im Auflager A eine Zugkraft, im Auflager B eine Druckkraft und damit eine negative Querkraft. Die Biegungsmomente sind im Bereich des Kragarmes konstant, und zwar sind sie gleich dem angreifenden äußeren Moment M_1; im Trägerfeld wächst die M-Linie von dem Wert Null bei B nach einer Geraden bis auf den Wert M_1 bei A an. Die Querkraft im Bereich beider Kragarme ist gleich

Null. Die Biegelinie zeigt zwischen dem linken Kragarmende und B eine Krümmung nach unten, weil hier positive Momente vorhanden sind. Am rechten Kragarm treten keine Biegungsmomente auf, dieses Trägerstück bleibt also bei der vorliegenden Belastung spannungslos. Die Biegelinie erscheint daher in diesem Trägerbereich als Gerade.

In Abb. 232a bis d greift am rechten Kragarm ein rechtsdrehendes Moment M_2 an. Es tritt also auch hier bei A Zug und bei B Druck auf; die Querkraft ist wieder negativ. Die Biegungsmomente sind jetzt am linken Kragarm gleich Null und am rechten konstant. Im Feld steigt die M-Linie von Null bei A geradlinig bis B an und erreicht dort den Wert des angreifenden Momentes M_2. Die Biegelinie zeigt eine Krümmung nach oben, weil nur negative Momente auftreten. Der linke Kragarm ist spannungslos, dieses Trägerstück zeigt somit keine Krümmung.

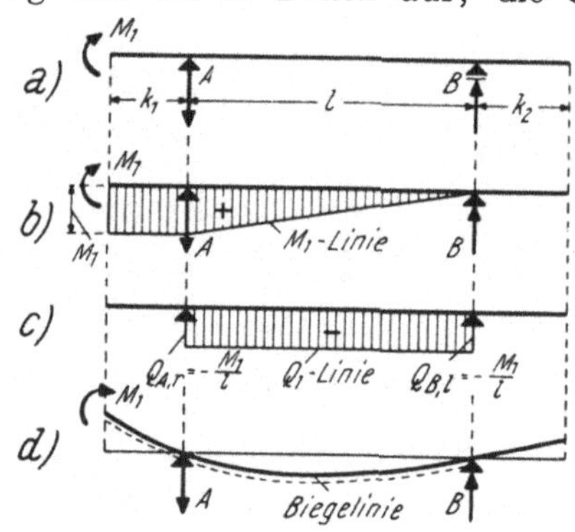

Abb. 231a bis d. M-Linie, Q-Linie und Biegelinie für ein rechtsdrehendes Moment M_1 am linken Kragarm

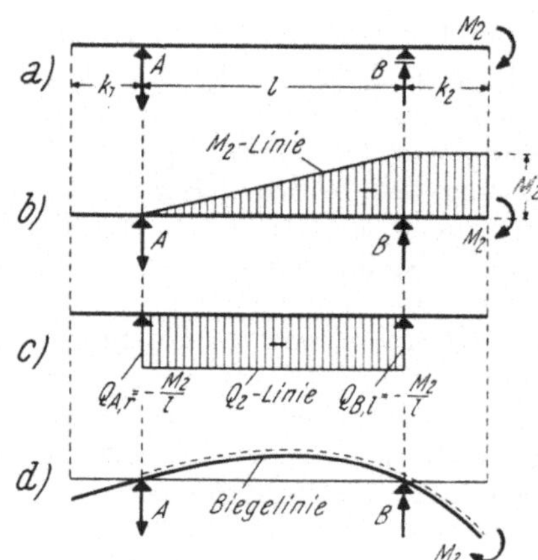

Abb. 232a bis d. M-Linie, Q-Linie und Biegelinie für ein rechtsdrehendes Moment M_2 am rechten Kragarm

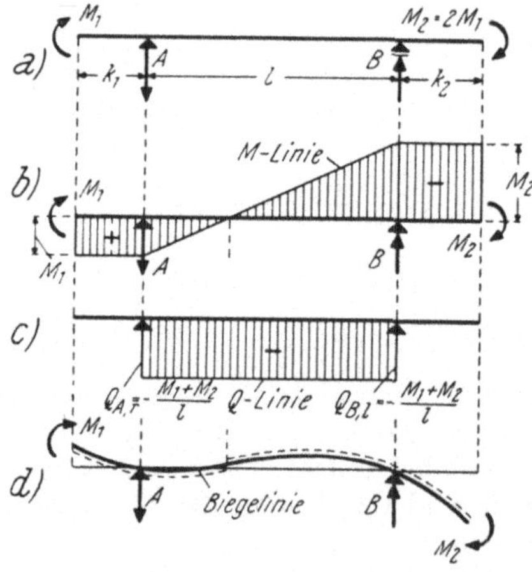

Abb. 233a bis d. M-Linie, Q-Linie und Biegelinie bei gleichzeitiger Wirkung der beiden rechtsdrehenden Momente M_1 und $M_2 = 2\,M_1$

In Abb. 233a bis d sind die M-Linie und Q-Linie sowie die Biegelinie unter der Annahme dargestellt, daß gleichzeitig ein Moment M_1 am linken und mit gleichem Drehsinn ein Moment $M_2 = 2\,M_1$ am rechten Kragarm angreifen. Dieses Ergebnis kann man auch durch Überlagerung der in den Abb. 231a bis d und 232a bis d getrennt behandelten Belastungsfälle erhalten. Es treten hier sowohl positive als auch negative Momente auf, daher muß die Biegelinie einen Wendepunkt aufweisen (vgl. Abb. 233d). Die Querkraft ist im Bereich der beiden Kragarme gleich Null; im Trägerfeld erhält man sie entweder aus den Auflagerreaktionen (hier $Q = -A$) oder aus der Steigung der M-Linie $\left(\text{hier } Q = -\frac{M_1 + M_2}{l}\right)$. Das Vorzeichen ergibt sich nach (153) negativ, weil die M-Linie von links nach rechts steigt.

Einen lehrreichen Vergleich mit den in Abb. 233a bis d erhaltenen Ergebnissen ermöglicht der in Abb. 234a bis f behandelte Belastungsfall, wo die an den beiden

Kragarmen angreifenden Momente M_1 und $M_2 = -2\,M_1$ entgegengesetzten Drehsinn aufweisen. In Abb. 234b und c sind die M-Linien für die angreifenden Momente M_1 und M_2 zunächst getrennt gezeichnet. Durch Überlagerung der beiden Teilergebnisse erhält man in Abb. 234d die M-Linie unter gleichzeitiger Wirkung von M_1 und M_2. Die zugehörige Biegelinie zeigt auf der ganzen Länge des Trägers eine Krümmung nach unten (vgl. Abb. 234f). Wie schon aus der Steigung der M-Linie hervorgeht, ist die Querkraft auf den Kragarmen gleich Null. Im Trägerfeld ist $Q = +\frac{M_2 - M_1}{l}$ (vgl. Abb. 234e); das positive Vorzeichen ergibt sich nach (153).

In Abb. 235a bis e ist noch ein interessanter Sonderfall dargestellt: Die an den beiden Kragarmen angreifenden Momente M_1 und M_2 haben gleiche Größe, aber entgegengesetzten Richtungssinn. Man erhält durch Überlagerung der Teilergebnisse aus Abb. 235b, c die M-Linie in Abb. 235d, die parallel zur Trägerachse verläuft.

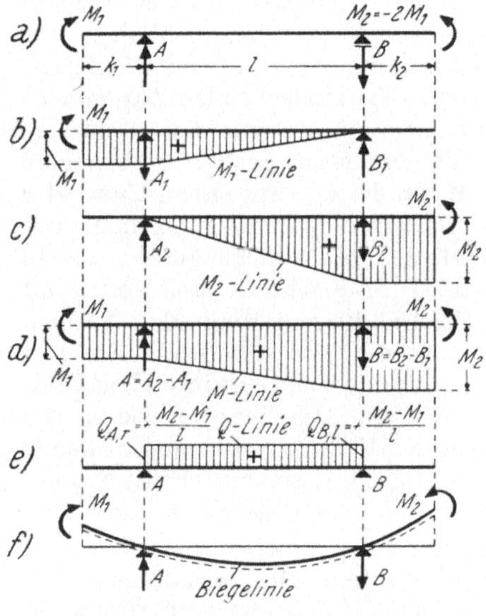

Abb. 234a bis f. M-Linie, Q-Linie und Biegelinie bei gleichzeitiger Wirkung des rechtsdrehenden Momentes M_1 und des linksdrehenden Momentes $M_2 = -2\,M_1$

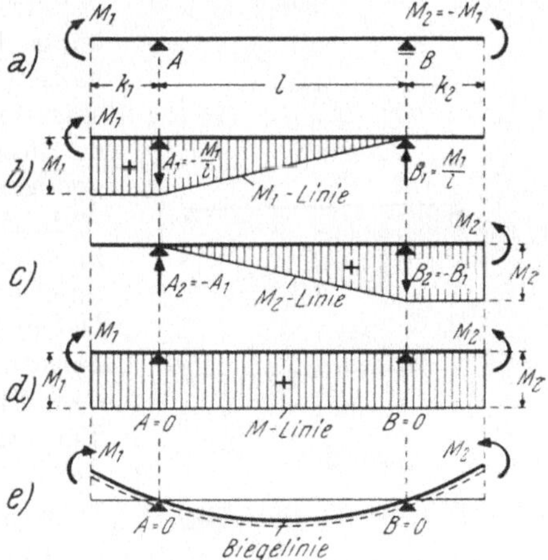

Abb. 235a bis e. M-Linie und Biegelinie bei gleichzeitiger Wirkung von zwei gleich großen, aber entgegengesetzt wirkenden Momenten $M_1 = -M_2$ an beiden Kragarmen

Da das angreifende Moment M_1 im Auflager A Zug und im Auflager B Druck erzeugt, das angreifende Moment M_2 aber umgekehrt bei A Druck und bei B Zug von je gleicher Größe hervorruft, so heben sich diese Anteile paarweise auf, und es tritt bei gleichzeitiger Wirkung von M_1 und M_2 weder bei A noch bei B eine Auflagerreaktion auf. Es ist somit auch die Querkraft auf der gesamten Länge des Trägers gleich Null. Das kommt schon durch die M-Linie zum Ausdruck, deren Steigung zur Trägerachse gleich Null ist. Die Biegelinie zeigt auf der ganzen Länge des Trägers einschließlich der Kragarme gleiche Krümmung nach unten (vgl. Abb. 235e).

Aus den Ergebnissen ist ersichtlich, daß ein gewichtslos gedachter Stab, der an seinen Enden durch zwei gleich große, entgegengesetzt drehende Momente belastet wird, sich auch ohne Auflager im Gleichgewicht befindet.

VI. Allgemeine Formeln zur Ermittlung von Querkräften und Momenten

1. Querkraft-Formel

Nach den ausführlichen Darlegungen Seite 104 ff. hat sich ergeben, daß die Steigung der M-Linie an jeder Trägerstelle mit der dort vorhandenen Querkraft identisch ist. Aus diesen gesetzmäßigen Beziehungen kann eine allgemeingültige, für praktische Berechnungen sehr zweckmäßige Formel zur Ermittlung der Querkraft in beliebigen Trägerquerschnitten aufgestellt werden.

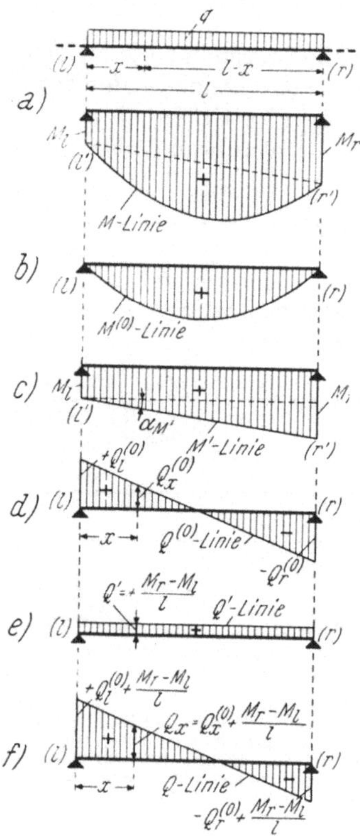

Abb. 236a bis f. Entwicklung der allgemeinen Q-Formel

Die Ableitung dieser Q-Formel soll für den in Abb. 236a angenommenen beliebigen M-Verlauf mit den positiven Stützenmomenten M_l und M_r durchgeführt werden, weil so die maßgebenden Zusammenhänge klarer in Erscheinung treten; die damit erhaltene Formel gilt natürlich auch für beliebige Vorzeichen von M_l und M_r. Zur Ermittlung der zu dieser M-Linie gehörigen Q-Linie kann man folgendermaßen vorgehen: Man zerlegt zuerst die in Abb. 236a dargestellte M-Fläche in *zwei* Teile, und zwar in die $M^{(0)}$-Fläche, die unterhalb der Bezugslinie (l'), (r') liegt und nur von der direkt auf den frei aufliegend gedachten Träger einwirkenden Feldbelastung q abhängt (vgl. Abb. 236b) sowie in die den Stützenmomenten M_r und M_l entsprechende Trapezfläche (vgl. Abb. 236c); sodann ermittelt man für die so erhaltenen M-Linien getrennt die zugehörigen Q-Linien:

Für die $M^{(0)}$-Linie in Abb. 236b erhält man die in Abb. 236d gezeichnete $Q^{(0)}$-Linie; für die in Abb. 236c dargestellte M'-Linie mit der konstanten Steigung ($\operatorname{tg} \alpha_{M'}$) ergibt sich in allen Querschnitten eine konstante Querkraft (vgl. Abb. 236e) mit dem Wert

$$Q' = \operatorname{tg} \alpha_{M'} = \frac{M_r - M_l}{l}. \tag{200}$$

Dieser Wert Q' stellt somit die Steigung der Bezugslinie (l'), (r') in Abb. 236a bzw. 236c dar. Die Querkraft Q_x in einem beliebigen Trägerquerschnitt im Abstande x von der linken Stütze kann also sehr einfach durch algebraische Addition der beiden getrennt ermittelten Teilbeträge $Q_x^{(0)}$ und Q' gewonnen werden; man erhält demnach

$$Q_x = Q_x^{(0)} + Q', \tag{201}$$

wobei Q' nach Gl. (200) aus den beiden Stützenmomenten M_r und M_l und der Feldweite l zu bestimmen ist.

In gleicher Weise kann man die der gegebenen M-Linie entsprechende Q-Linie durch Überlagerung der $Q^{(0)}$-Linie in Abb. 236d und der Q'-Linie in Abb. 236e erhalten (vgl. Abb. 236f).

Setzt man in die Formel (201) für Q' den Wert aus Gl. (200) ein, so ergibt sich die allgemeine Q-Formel in folgender, für den praktischen Gebrauch besser geeigneten Form:

$$Q_x = Q_x^{(0)} + \frac{M_r - M_l}{l}. \tag{202}$$

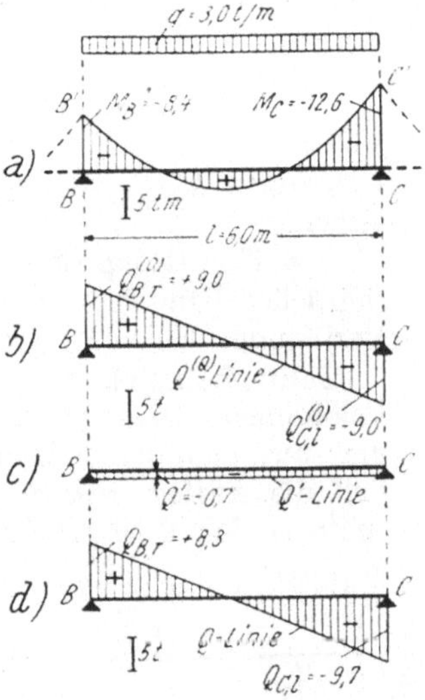

Hierin bedeuten $Q_x^{(0)}$ die Querkraft am gedachten frei aufliegenden Träger für die direkt einwirkende äußere Belastung und M_r bzw. M_l das Moment an der rechten bzw. linken Stütze des betrachteten Feldes. Das Vorzeichen von $Q_x^{(0)}$ ist nach der für Querkräfte gültigen Regel (vgl. Seite 101), die Vorzeichen von M_r und M_l sind nach der Vorzeichenregel für Biegungsmomente (vgl. Seite 91) einzuführen.

Anwendungsbeispiel. Zur Ermittlung der Q-Linie für den in Abb. 237a im Trägerfeld B—C gegebenen M-Verlauf mit der zugehörigen Belastung $q = 3{,}0$ t/m braucht man nur die Werte $Q_{B,r}$ und $Q_{C,l}$ mit Hilfe der Formel (202) zu berechnen. Man erhält

Abb. 237a bis d. Ermittlung der Q-Linie aus der M-Linie

$$Q_{B,r} = Q^{(0)}_{B,r} + \frac{M_r - M_l}{l} = + \frac{q\,l}{2} + \frac{M_r - M_l}{l} =$$

$$= + \frac{3{,}0 \cdot 6{,}0}{2} + \frac{-12{,}6 + 8{,}4}{6{,}0} = + 9{,}0 - 0{,}7 = + 8{,}3 \text{ t}$$

$$Q_{C,l} = Q^{(0)}_{C,l} + \frac{M_r - M_l}{l} = -\frac{q\,l}{2} + \frac{M_r - M_l}{l} = -9{,}0 - 0{,}7 = -9{,}7 \text{ t}.$$

Die beiden Werte $Q_{B,r} = + 8{,}3$ t und $Q_{C,l} = - 9{,}7$ t sind in Abb. 237d aufgetragen und ergeben damit bereits die gesuchte Q-Linie.

Diese Q-Linie stellt auch die Überlagerung der in Abb. 237b dargestellten $Q^{(0)}$-Linie und der in Abb. 237c gezeichneten Q'-Linie dar, die man in praktischen Fällen aber nicht gesondert aufzuzeichnen braucht.

2. Ermittlung der Momente in Feldquerschnitten

Zur Berechnung des Biegungsmomentes M_x an einer beliebigen Stelle x vom linken bzw. x' vom rechten Auflager aus den gegebenen Stützenmomenten M_l und M_r sowie den bekannten $M^{(0)}$-Werten kann anhand Abb. 238 ebenfalls eine allgemeingültige Formel aufgestellt werden. Man denkt sich die dort für ein beliebiges Trägerfeld (l), (r) gegebene M-Fläche mit den zunächst wieder positiv angenommenen Stützenmomenten M_l und M_r durch die Bezugslinie (l'), (r') in die $M^{(0)}$-Fläche und die darüber liegende Trapezfläche unterteilt und diese weiter in zwei Dreieckflächen zerlegt. Auf diese Weise erhält man für das Feldmoment M_x drei Anteile, nämlich den nur von der äußeren Belastung abhängigen und auf den frei aufliegenden Träger bezogenen Beitrag $M_x^{(0)}$ sowie die beiden von den Stützen-

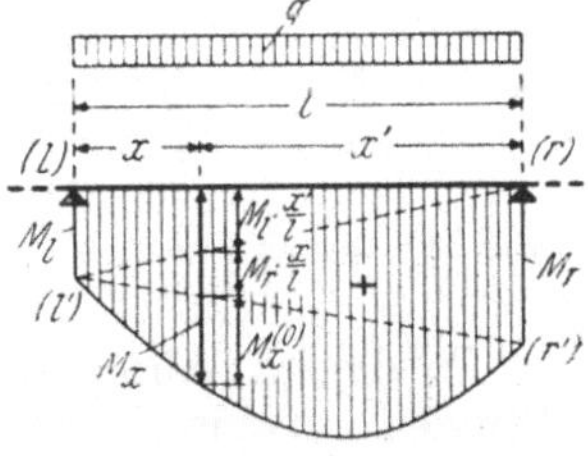

Abb. 238. Ermittlung eines Feldmomentes M_x

momenten abhängigen Werte $M_l \cdot \frac{x'}{l}$ und $M_r \cdot \frac{x}{l}$. Die allgemeine Formel zur Bestimmung des Feldmomentes M_x lautet somit:

$$M_x = M_x^{(0)} + M_l \cdot \frac{x'}{l} + M_r \cdot \frac{x}{l}. \tag{203}$$

Die Werte $M_x^{(0)}$, M_l und M_r sind mit den jeweils vorhandenen Vorzeichen einzusetzen.

Die Ermittlung des maximalen Feldmomentes wurde bereits Seite 107 ff. ausführlich behandelt; es stehen hierfür verschiedene gebrauchsfertige Formeln zur Verfügung.

Zahlenbeispiel. Für den in Abb. 239a gegebenen Belastungsfall kann das Feldmoment M_C nach Gl. (203) aus den beiden Stützenmomenten M_A und M_B und aus dem zum Querschnitt gehörigen $M^{(0)}$-Moment bestimmt werden, ohne daß die Auflagerreaktionen A und B bekannt sind. Man erhält hier unter Beachtung der Vorzeichenregel für Biegungsmomente

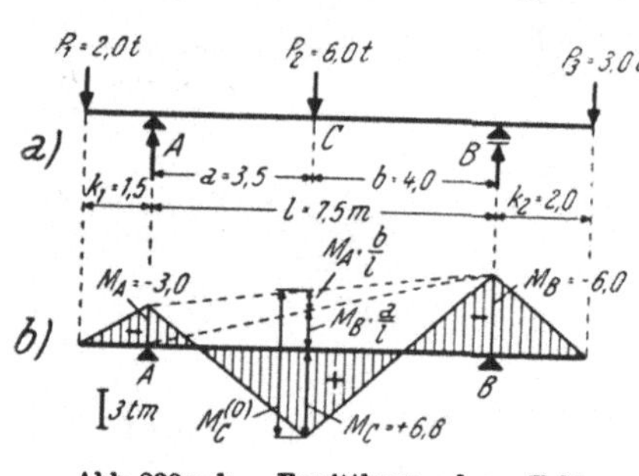

Abb. 239a, b. Ermittlung des Feldmomentes M_C

$$M_A = -P_1 k_1 = -2{,}0 \cdot 1{,}5 = -3{,}0 \text{ tm}$$
$$M_B = -P_3 k_2 = -3{,}0 \cdot 2{,}0 = -6{,}0 \text{ ,,}$$

und gemäß Gl. (105)

$$M_C^{(0)} = \frac{P_2 a b}{l} = \frac{6{,}0 \cdot 3{,}5 \cdot 4{,}0}{7{,}5} = +11{,}2 \text{ tm}.$$

Damit ergibt sich nach Gl. (203)

$$M_C = M_C^{(0)} + M_A \cdot \frac{b}{l} + M_B \cdot \frac{a}{l} =$$
$$= +11{,}2 - 3{,}0 \cdot \frac{4{,}0}{7{,}5} - 6{,}0 \cdot \frac{3{,}5}{7{,}5} =$$
$$= +11{,}2 - 1{,}6 - 2{,}8 = +6{,}8 \text{ tm}.$$

In Abb. 239b ist die M-Linie mit den wichtigsten Werten aufgezeichnet.

VII. Der durchlaufende Gelenkträger (Gerberträger)

1. Allgemeines

Bisher wurden nur sog. frei aufliegende Träger mit zwei Auflagern behandelt. Wenn eines von diesen Auflagern „fest", das andere „verschieblich" ausgebildet wird, so treten, wie Seite 84 f. ausführlich erläutert wurde, insgesamt nur drei unbekannte Auflagerreaktionen auf, die mit den drei statischen Gleichgewichtsbedingungen ermittelt werden können; ein solches Tragsystem wird daher als „statisch bestimmt" bezeichnet.

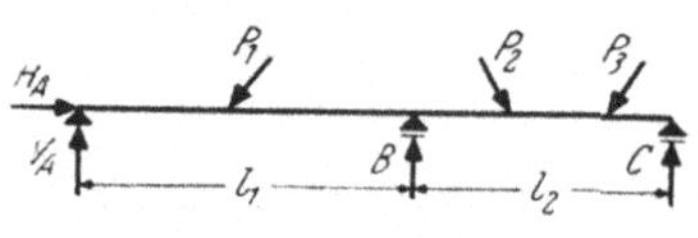

Abb. 240. Durchlaufträger über zwei Feldern

In diesem Abschnitt sollen nun Träger untersucht werden, die mehr als zwei Stützen aufweisen. Der einfachste Fall ist ein Träger mit drei Auflagern, der in Abb. 240 mit einer beliebigen Belastung schematisch dargestellt ist. Es ist leicht einzusehen, daß mindestens eines von den drei Auflagern fest auszubilden ist, damit auch schräge Kräfte aufgenommen werden können; die übrigen Auflager werden zweckmäßigerweise aber verschieblich gestaltet, damit die durch Temperaturänderungen oder durch Schwinden hervorgerufenen Längenänderungen im Tragwerk keine Spannungen erzeugen. Es sei weiter angenommen, daß sämtliche Auflager ebenso wie beim einfachen Träger freie Verdrehungen der Auflagerquerschnitte ermöglichen. Unter dieser Voraussetzung treten bei der gegebenen Belastung in den verschieblichen Auflagern B und C je eine vertikale, in dem festen Auflager A eine vertikale und eine horizontale Auflagerreaktion als Unbekannte auf. Für den Träger in Abb. 240 ergeben sich somit insgesamt vier Unbekannte, nämlich H_A, V_A, B und C. Da jedoch nur drei statische Gleichgewichtsbedingungen zur Verfügung stehen, nämlich $\Sigma H = 0$, $\Sigma V = 0$, $\Sigma M = 0$, so ist eine Unbekannte mehr vorhanden als statische Gleichgewichtsgleichungen. Man bezeichnet daher dieses Tragsystem als „1-fach statisch unbestimmt".

Führt man die gleichen Überlegungen für den in Abb. 241 gezeichneten Durchlaufträger über drei Feldern durch, der bei A, B, C verschiebliche, bei D aber ein festes Auflager besitzt, so ergeben sich insgesamt fünf unbekannte Auflagerreaktionen, nämlich A, B, C, H_D und V_D; es stehen aber nur drei statische Gleichgewichtsbedingungen zur Verfügung. Dieser Träger ist somit „2-fach statisch unbestimmt".

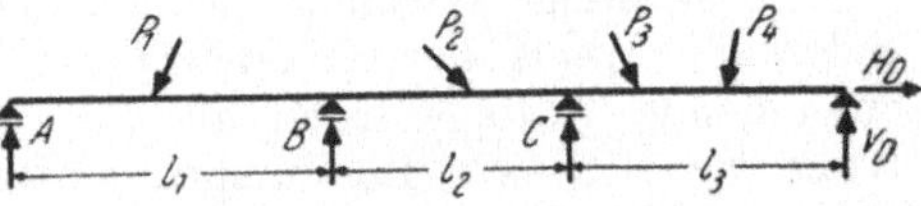

Abb. 241. Durchlaufträger über drei Feldern

Bei einem Vierfeldträger, der sich auf ein festes und vier verschiebliche Auflager stützt, treten insgesamt sechs Auflagerreaktionen auf, also ist das Tragwerk „3-fach statisch unbestimmt".

Der Grad der Unbestimmtheit eines Mehrfeldträgers, der ein festes, sonst jedoch nur verschiebliche Auflager aufweist, ist demnach von der Anzahl der Felder bzw. der Stützen abhängig. Man erkennt, daß ein solcher Träger mit n Feldern $(n-1)$-fach statisch unbestimmt ist bzw. daß der Grad der Unbestimmtheit gleich ist der Anzahl der Mittelstützen.

Für die Berechnung von statisch unbestimmten Durchlaufträgern stehen verschiedene Methoden zur Verfügung, die erst später erläutert werden. Hier sollen zunächst nur die sog. „durchlaufenden Gelenkträger" behandelt werden, die statisch bestimmt sind und durch eine kleine Veränderung aus einem gewöhnlichen Durchlaufträger entstehen. Diese Umwandlung eines „statisch unbestimmten" Durchlaufträgers in ein „statisch bestimmtes" Tragsystem geschieht durch Einschaltung von Gelenken, deren Anzahl gleich sein muß dem Grad der statischen Unbestimmtheit des ursprünglichen Tragsystems. In Abb. 242a bis c ist die Entstehung eines solchen „durchlaufenden Gelenkträgers" über zwei Feldern aus dem gewöhnlichen Zweifeldträger gezeigt. Man denkt sich das in Abb. 242a gegebene Tragsystem im ersten Feld an einer beliebigen Stelle durchschnitten und durch ein reibungsloses Gelenk G wieder verbunden; in diesem Gelenk können zwar Querkräfte, aber keine Momente übertragen werden. Auf diese Weise erhält man das in Abb. 242b schematisch dargestellte Tragsystem, dessen statische Wirkung in Abb. 242c veranschaulicht ist. Man nennt diese „durchlaufenden Gelenkträger" nach dem Ingenieur, der sie erstmals angewendet hat, auch „GERBER-Träger".

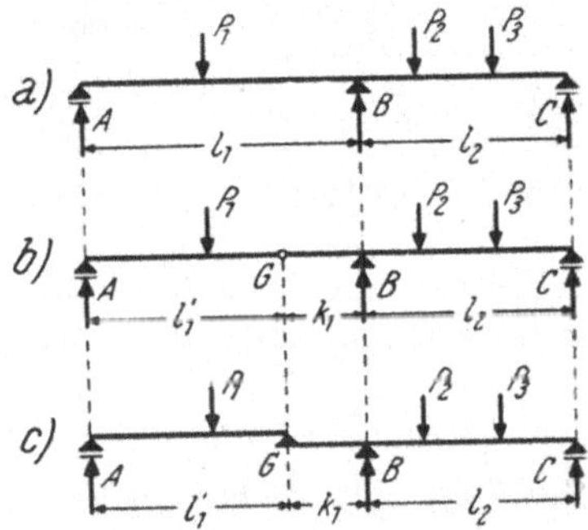

Abb. 242a bis c. Umwandlung eines gewöhnlichen Durchlaufträgers in einen Gerberträger

Aus Abb. 242c ist zu erkennen, daß der Teil $A-G$ als frei aufliegender Träger wirkt, der bei A ein verschiebliches, bei G ein festes Auflager besitzt. Er wird als „eingehängter Träger" oder als „Koppel-Träger" bezeichnet, ist statisch bestimmt und kann völlig unabhängig von dem übrigen Tragwerk für jede beliebige Belastung berechnet werden.

Aber auch der anschließende Tragwerksteil $G-C$, der sog. „Kragträger", ist statisch bestimmt. Er stellt ebenfalls einen frei aufliegenden Träger dar, der bei B ein festes, bei C ein verschiebliches Auflager aufweist und von B bis G auskragt. Es treten somit insgesamt drei unbekannte Auflagerreaktionen auf, die mit den statischen Gleichgewichtsbedingungen allein ermittelt werden können.

Die statische Wirkung dieses Tragsystems ist in Abb. 242c schematisch angedeutet: Wenn der Koppel-Träger $A-G$ belastet wird, so wirkt der bei G entstehende Auflagerdruck als Einzellast auf den Kragarm des benachbarten Kragträgers $G-C$. Der ursprüngliche Durchlaufträger ist somit in zwei miteinander bei G gelenkig verbundene frei aufliegende Träger umgewandelt worden, die nacheinander, und zwar zuerst der Koppel-Träger und anschliessend der Kragträger, nach den bereits bekannten Verfahren berechnet werden können.

Daß ein Zweifeldträger mit einem Gelenk statisch bestimmt ist, ergibt sich auch aus einer allgemeinen Betrachtung des gesamten Tragwerkes. Es treten, wie aus Abb. 243 ersichtlich ist, insgesamt vier unbekannte Auflagerreaktionen auf, nämlich H_A, V_A, B, C; zu ihrer Berechnung stehen bei diesem Tragsystem aber auch vier Gleichungen zur Verfügung, und zwar die bekannten drei statischen Gleichgewichtsbedingungen

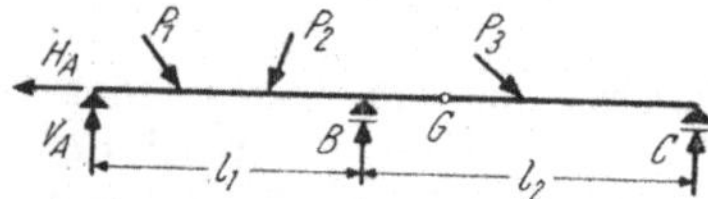

Abb. 243. Beliebig belasteter zweifeldiger Gerberträger

$$\Sigma H = 0, \quad \Sigma V = 0, \quad \Sigma M = 0$$

und weiter noch die Bedingung, daß das Biegungsmoment M_G im Gelenk G den Wert Null haben muß. Diese zusätzliche vierte Bedingung lautet also

$$M_G = 0. \tag{204}$$

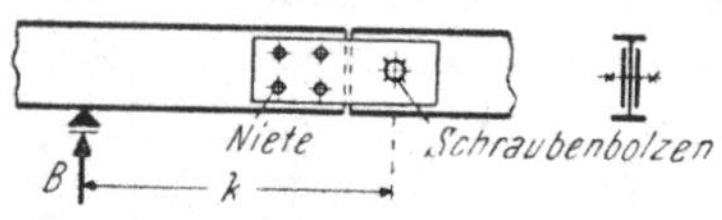

Abb. 244. Gerbergelenk für einen I-Träger

Die konstruktive Ausbildung solcher Gelenke, die allgemein als „Gerbergelenke" bezeichnet werden, geschieht im Stahlbau bei einfachen I-Trägern nach dem in Abb. 244 gezeigten Prinzip. Es sind dort zwei Laschen links des Trennungsschnittes durch vier Niete am Steg des Kragträgers starr befestigt, während sie mit dem angrenzenden Koppel-Träger nur durch einen Schraubenbolzen, der das eigentliche Gerbergelenk darstellt, frei drehbar verbunden sind.

Anschließend soll noch die Ermittlung der M-Linie und Q-Linie für verschiedene Systeme von Gerberträgern gezeigt werden.

2. Ermittlung der M-Linie und Q-Linie bei Gerberträgern

A. Zweifeldiger Gerberträger mit Einzellast am Koppelträger

Die Besonderheiten in der statischen Wirkung eines Gerberträgers treten bei diesem einfachen Lastfall (Abb. 245a) sehr anschaulich zutage. Für die Ermittlung der M-Linie und Q-Linie kann man sich nach den früheren Darlegungen den

Koppelträger $A-G$ gemäß Abb. 245b an der Stelle G des Kragträgers $G-C$ aufruhend denken. Die Berechnung ist grundsätzlich zuerst für den Koppelträger vorzunehmen. Man erhält hier das Moment M_P unter der Last P nach Gl. (105) mit $M_P = P\,a\,b'/l_1'$; damit ist die M-Linie am Koppelträger bereits bestimmt (vgl. Abb. 245c). Weiter ist der Auflagerdruck G zu ermitteln, der als Belastung auf dem Kragarm des anschließenden Kragträgers in Rechnung zu stellen ist; nach Gl. (66a) wird $G = P\,a/l_1'$. Damit erhält man $M_B = -G\,k_1$; mit diesem Wert kann die M-Linie am Kragträger bereits vollständig gezeichnet werden (vgl. Abb. 245c).

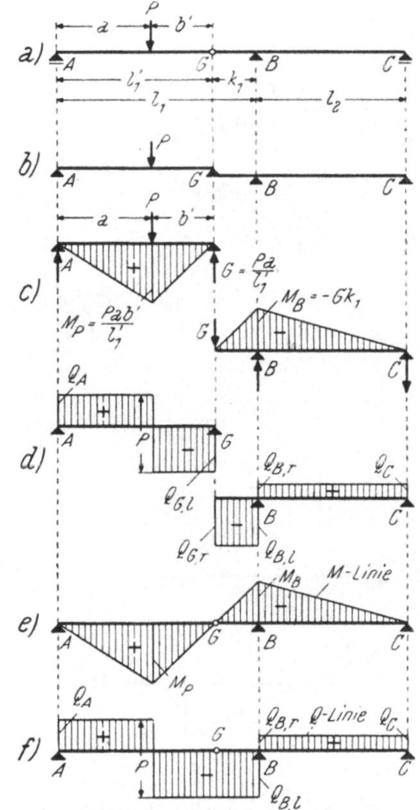

Abb. 245a bis f. M-Linie und Q-Linie für einen zweifeldigen Gerberträger mit einer Einzellast am Koppelträger

Zur Ermittlung der Q-Linie am Koppelträger benötigt man noch den Auflagerdruck $A = P\,b'/l_1'$ (vgl. Abb. 245d). Die Querkraft im Feld $B-C$ des Kragträgers kann nach Gl. (152) aus der Steigung der M-Linie ermittelt werden; man erhält unter Beachtung der Vorzeichenregel (153)

$$Q_{B,r} = Q_C = +\frac{M_B}{l_2}.$$

Von besonderem Interesse sind die Querkräfte unmittelbar links und rechts vom Gelenk G. Beide Werte haben im gesamten Bereich zwischen P und B gleiches Vorzeichen und gleiche Größe, und zwar ist

$$Q_{G,l} = Q_{G,r} = -G.$$

Es ist somit auch die Steigung der M-Linie im Bereich $P-B$ überall gleich groß.

In Abb. 245e, f sind die für den Koppelträger und den Kragträger zunächst getrennt ermittelten M-Linien und Q-Linien für das gesamte Tragsystem aufgezeichnet. Darin treten zwei wichtige Tatsachen klar in Erscheinung, die sich auch schon bei den vorangestellten Betrachtungen ergeben haben:

1. Die M-Linie, die durch das Gelenk G verläuft, dort also einen sog. „Momenten-Nullpunkt" besitzt, setzt sich vom Koppelträger mit gleicher Steigung über den Kragarm des Kragträgers fort.

2. Die Q-Linie zeigt über das Gelenk hinweg einen stetigen Verlauf.

Im übrigen können auch hier die bekannten Beziehungen zwischen M und Q bzw. zwischen Q und q ausgewertet bzw. für Rechenproben verwendet werden.

B. Zweifeldiger Gerberträger mit durchgehender Gleichlast

a) Ausführliche Berechnungsart (Abb. 246a bis f)

Wie aus den Abb. 246a bis f zu ersehen ist, kann die Berechnung für den hier vorliegenden Lastfall im Prinzip genau so vorgenommen werden wie für den soeben behandelten Fall mit einer Einzellast P. Die Ermittlung der M-Linie und

Q-Linie wird wieder getrennt durchgeführt, und zwar zuerst für den Koppelträger und dann für den Kragträger. Es genügt somit, die Einzelheiten der gesamten Berechnung nur in Schlagworten anzudeuten.

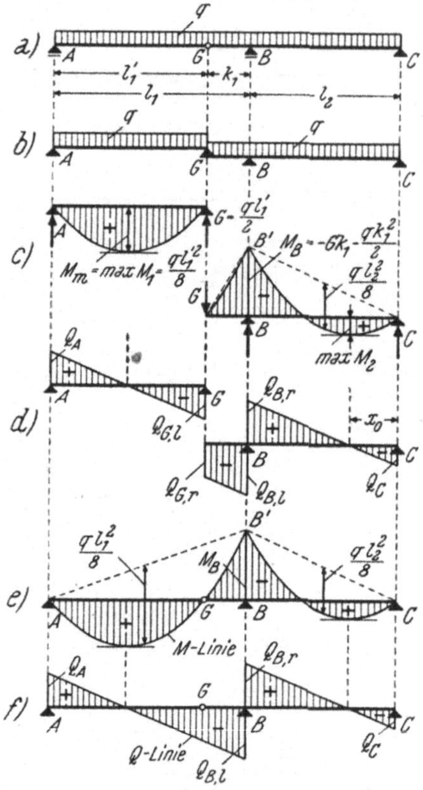

M-Linie am Koppelträger A—G: Es erscheint hier die $M^{(0)}$-Parabel mit der Scheitelordinate $M_m = q\,l'^2_1/8$. Dieser Wert ist zugleich max M_1 im ersten Feld (vgl. Abb. 246c).

M-Linie am Kragträger G—C: Die Belastung besteht aus der durchgehenden Gleichlast q und dem vom Koppelträger bei G übertragenen Auflagerdruck $G = q\,l_1'/2$. Man erhält somit das Stützenmoment

$$M_B = -G\,k_1 - \frac{q\,k_1^2}{2}. \tag{205}$$

Damit sind die Bezugslinien $B'C$ im Feld und GB' am Kragarm gegeben (vgl. Abb. 246c), und die $M^{(0)}$-Parabeln können eingezeichnet werden; ihre Scheitelordinaten betragen im Feld $q\,l_2^2/8$ und am Kragarm $q\,k_1^2/8$.

Zur Ermittlung des maximalen Feldmomentes zwischen B und C bestimmt man zuerst die Nullstelle der Querkraft gemäß Gl. (158) mit $x_0 = C/q$ und erhält damit nach Gl. (160) max $M_2 = q\,x_0^2/2$. Einfacher ergibt sich dieser Wert aus Gl. (161) mit max $M_2 = C^2/2\,q$.

Q-Linie am Koppelträger: Für eine durchgehende Gleichlast ist die Q-Linie eine Gerade (vgl. Abb. 246d), und zwar wird

$$Q_A = +\frac{q\,l_1'}{2} \quad \text{und} \quad Q_{G,l} = -\frac{q\,l_1'}{2}.$$

Abb. 246a bis f. M-Linie und Q-Linie für einen zweifeldigen Gerberträger mit durchgehender Gleichlast

Q-Linie am Kragträger: Auch hier bildet die Q-Linie sowohl im Bereich des Kragarmes als auch im Feld eine Gerade. Es ergeben sich folgende Werte:

$$Q_{G,r} = -G = -\frac{q\,l_1'}{2}; \qquad Q_{B,l} = -G - q\,k_1$$

$$Q_{B,r} = -G - q\,k_1 + B \quad \text{oder} \quad Q_{B,r} = -C + q\,l_2; \quad Q_C = -C.$$

Für die Berechnung von $Q_{B,r}$ und Q_C nach den vorstehenden Ausdrücken müssen also die Auflagerdrücke B und C zahlenmäßig bekannt sein. Sie könnten leicht in der bekannten Art mit Hilfe der statischen Gleichgewichtsbedingungen $\Sigma M_B = 0$ und $\Sigma M_C = 0$ bestimmt werden. Es besteht aber auch die Möglichkeit, die beiden Querkräfte $Q_{B,r}$ und Q_C ohne Kenntnis von B und C aus der allgemeinen Formel (202) zu ermitteln. Danach ergibt sich:

$$\left.\begin{aligned} Q_{B,r} &= Q^{(0)}_{B,r} + \frac{-M_B}{l_2} = +\frac{q\,l_2}{2} + \frac{-M_B}{l_2} \\ Q_C &= Q_C^{(0)} + \frac{-M_B}{l_2} = -\frac{q\,l_2}{2} + \frac{-M_B}{l_2}. \end{aligned}\right\} \tag{206}$$

Damit ist die gesamte Q-Linie bestimmt. Für die Prüfung der Richtigkeit der Ergebnisse ist zu beachten, daß die Nullpunkte der Q-Linie stets an der Stelle liegen müssen, an der die M-Linie eine horizontale Tangente hat, wo also max M auftritt.

Die in Abb. 246c,d aufgetragenen Teilergebnisse sind in Abb. 246e,f in je einem Bild vereinigt und ergeben damit die M-Linie und Q-Linie für das gesamte Tragwerk. Auch hier muß die M-Linie ohne Knick stetig durch den Gelenkpunkt G verlaufen, weil die Querkraft unmittelbar links und rechts von G gleiche Größe und gleiches Vorzeichen aufweist und daher auch die Steigung der M-Linie unmittelbar links und rechts von G gleiche Größe haben muß. Man kann demnach auch im ersten Trägerfeld zwischen A und B die $M^{(0)}$-Parabel mit der Scheitelordinate $q\,l_1^2/8$ an die Bezugslinie AB' antragen. Sie muß dann durch den Gelenkpunkt hindurchgehen (vgl. Abb. 246e).

Die beiden Q-Linien im Bereich $A-B$ und $B-C$ müssen gleiche Steigung haben, also parallel zueinander sein, weil in beiden Feldern die gleiche Belastung q vorhanden ist.

b) Vereinfachte Berechnungsart (Abb. 247a bis d)

Aus den Ergebnissen der bisherigen Betrachtungen und vor allem aus der Tatsache, daß die M-Linie des Feldes $A-B$ im Gelenk G einen Nullpunkt besitzt, ergibt sich ein sehr einfaches Verfahren zur Ermittlung der M-Linie für das gesamte Tragwerk. Der dabei einzuhaltende Vorgang ist in Abb. 247a bis c dargestellt: Man zeichnet zuerst gemäß Abb. 247b ohne Beachtung des Gelenkes die beiden $M^{(0)}$-Parabeln für die Felder $A-B$ und $B-C$ mit den Scheitelordinaten $q\,l_1^2/8$ und $q\,l_2^2/8$. Sodann lotet man den Gelenkpunkt G in die $M^{(0)}$-Parabel des ersten Feldes und erhält damit den Momenten-Nullpunkt G'. Die Verlängerung der Verbindungslinie AG' bis B' ergibt bereits das Stützenmoment M_B und die sog. „Schlußlinie" im ersten Feld; unterhalb der Schlußlinie erscheinen die positiven und oberhalb der Schlußlinie (rechts von G') die negativen Momente. Nun kann im zweiten Feld durch Verbindung von B' mit dem Auflagerpunkt C die Schlußlinie $B'C$ eingezeichnet werden; damit erhält man auch hier sofort die positiven und negativen Biegungsmomente. Zur Erzielung einer besseren Übersicht ist es zweckmäßig, die M-Linie gemäß Abb. 247c wieder auf die Horizontale zu beziehen, indem man M_B nach oben aufträgt und in der bekannten Art die $M^{(0)}$-Parabeln einzeichnet.

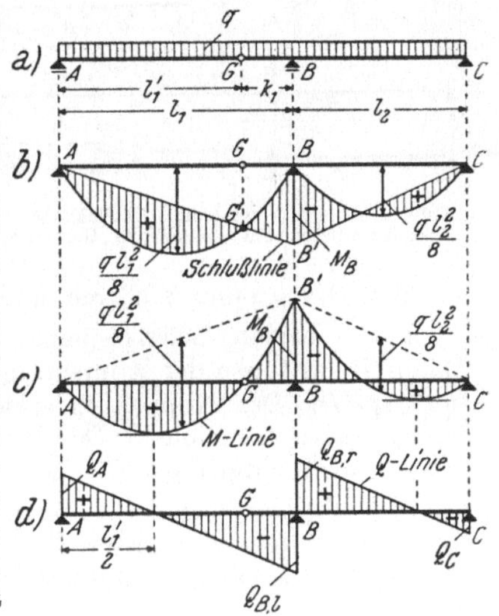

Abb. 247a bis d. Vereinfachte Ermittlung der M-Linie und Q-Linie

Um die Q-Linie rasch auftragen zu können, genügt es, nur einen Q-Wert zu berechnen, weil sämtliche Querkraft-Nullpunkte durch die Stellen von max M bereits bekannt sind. Ermittelt man also z. B. $Q_A = +\,q\,l_1'/2$ und trägt diesen Wert in A auf, so ist durch Verbindung mit dem Q-Nullpunkt in $l_1'/2$ die Q-Linie zwischen A und B bereits festgelegt. Eine Parallele zu dieser Geraden durch den Q-Nullpunkt im zweiten Feld, der durch Einloten des tiefsten Punktes der M-Linie bestimmbar ist, ergibt die Q-Linie zwischen B und C (vgl. Abb. 247d).

Die Querkräfte können aber auch aus Gl. (206) bzw. allgemein aus Gl. (202) verhältnismäßig einfach rechnerisch ermittelt werden.

C. Dreifeldiger Gerberträger

a) Allgemeines

Der Dreifeldträger ohne Gelenke ist zweifach statisch unbestimmt. Es müssen daher zwei Gelenke eingeschaltet werden, um ihn statisch bestimmt zu machen. Wie aus Abb. 248a bis d entnommen werden kann (in welchen auch die jeweilige statische Wirkung schematisch angedeutet ist), gibt es im Prinzip *vier* verschiedene Möglichkeiten für die Anordnung dieser zwei Gelenke:

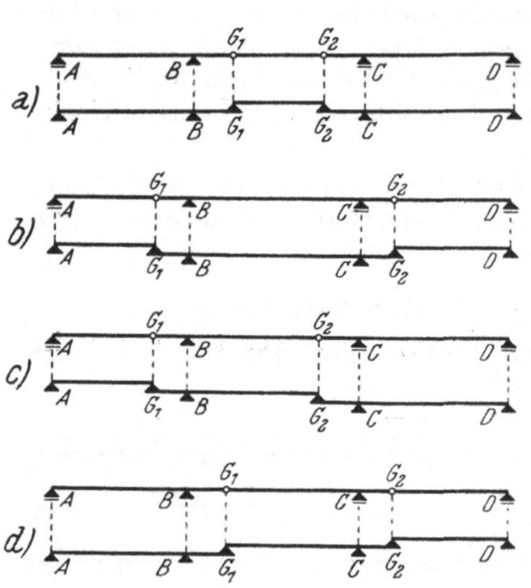

Abb. 248a bis d. Verschiedene Möglichkeiten der Gelenkanordnung am dreifeldigen Gerberträger

1. Beide Gelenke befinden sich im Mittelfeld (vgl. Abb. 248a); der ursprüngliche Dreifeldträger ist damit in zwei Kragträger $A-G_1$ und G_2-D und in den Koppelträger G_1-G_2 umgewandelt. Diese drei statisch bestimmten Einzelträger sind in den Gelenken G_1 und G_2 miteinander verbunden. Der Koppelträger stützt sich dort auf die beiden Kragträger; er muß daher zuerst berechnet werden.

2. Es liegt je ein Gelenk in den beiden Randfeldern (vgl. Abb. 248b). Auf diese Weise entstehen zwei Koppelträger $A-G_1$ und G_2-D und ein Kragträger G_1-G_2. Die beiden Koppelträger ruhen bei G_1 und G_2 auf dem Kragträger auf. Sie sind zuerst zu berechnen.

3. Die beiden Gelenke liegen im ersten und zweiten Feld (vgl. Abb. 248c). Dadurch entstehen der Koppelträger $A-G_1$ sowie die einseitigen Kragträger G_1-G_2 und G_2-D. Der Koppelträger $A-G_1$, der auf dem Kragträger G_1-G_2 aufruht, ist zuerst zu berechnen. Der Kragträger G_1-G_2 stützt sich bei G_2 auf den anschließenden Kragträger G_2-D.

4. Auch hier liegen die Gelenke in zwei aufeinanderfolgenden Feldern, und zwar im zweiten und dritten Feld (vgl. Abb. 248d). Es entsteht damit im Prinzip die gleiche Trägerart wie unter Ziffer 3, nur liegt jetzt der Koppelträger im rechten Randfeld.

Die ersten beiden Fälle sollen anschließend ausführlicher behandelt werden.

b) Dreifeldiger Gerberträger mit Gelenken im Mittelfeld

Es sind die M-Linie und Q-Linie für den in Abb. 249a gegebenen dreifeldigen Gerberträger mit je einer Einzellast in den einzelnen Feldern zu ermitteln.

α) Ausführliche Berechnungsart (Abb. 249a bis d)

Die M-Linie und Q-Linie für den Koppelträger G_1-G_2 und die beiden Kragträger $A-G_1$ und G_2-D können in der bereits bekannten Art gesondert bestimmt werden.

M-Linie am Koppelträger G_1—G_2: Das Moment unter der Last P_2 ergibt sich nach Gl. (105) mit den Bezeichnungen der Abb. 249a aus

$$M_{P_2} = \frac{P_2\, a_2'\, b_2'}{l_2'}.$$

Damit kann die M-Linie zwischen G_1 und G_2 bereits gezeichnet werden (vgl. Abb. 249b).

M-Linie für die Kragträger A—G_1 und G_2—D: Hier sind die Auflagerdrücke G_1 und G_2 des Koppelträgers in Rechnung zu stellen. Es ergeben sich damit die beiden Stützenmomente $M_B = -G_1 k_1$ und $M_C = -G_2 k_2$. Trägt man diese Werte auf, so erhält man die beiden Punkte B' und C', wodurch die Bezugslinien AB' im ersten und $C'D$ im dritten Feld festgelegt sind. Man braucht jetzt nur nach Gl. (105) die $M^{(0)}$-Ordinaten

$$M_{P_1}{}^{(0)} = \frac{P_1\, a_1\, b_1}{l_1}$$

$$M_{P_3}{}^{(0)} = \frac{P_3\, a_3\, b_3}{l_3}$$

in den Querschnitten bei P_1 und P_3 an die Bezugslinien anzutragen und hat damit auch die M-Linien für beide Kragträger bestimmt (vgl. Abb. 249b).

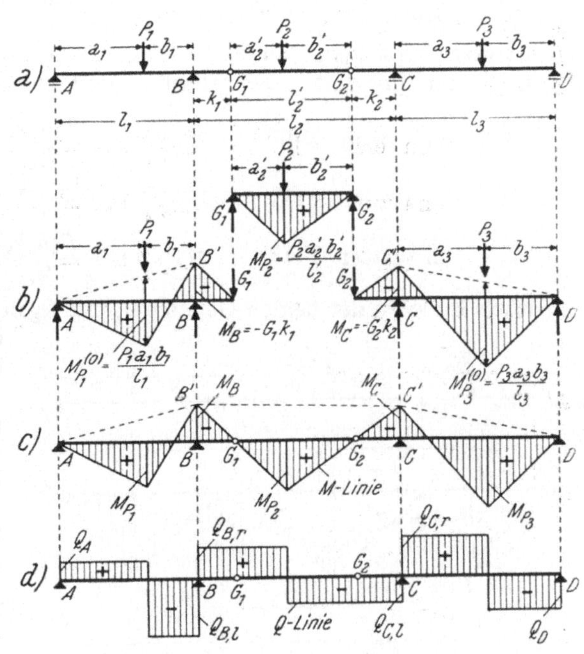

Abb. 249a bis d. M-Linie und Q-Linie für einen dreifeldigen Gerberträger mit Einzellasten

In Abb. 249c ist die M-Linie nach dem Zusammenfügen der getrennt ermittelten Ergebnisse übersichtlich für das gesamte Tragwerk dargestellt.

Q-Linie am Koppelträger G_1—G_2: Die Querkraft im Bereich zwischen G_1 und P_2 ergibt sich aus der Auflagerreaktion G_1, im Bereich zwischen P_2 und G_2 aus der Auflagerreaktion G_2; es wird also

$$Q_{G_1,r} = +G_1 = +\frac{P_2\, b_2'}{l_2'} \quad \text{und} \quad Q_{G_2,l} = -G_2 = -\frac{P_2\, a_2'}{l_2'}.$$

Damit kann die Q-Linie des Koppelträgers bereits vollständig gezeichnet werden.

Q-Linie für die Kragträger A—G_1 und G_2—D: Nach Gl. (202) erhält man sinngemäß

$$\begin{aligned}
Q_A &= Q_A{}^{(0)} + \frac{M_B}{l_1} = +\frac{P_1\, b_1}{l_1} + \frac{M_B}{l_1}\\
Q_{B,l} &= Q^{(0)}{}_{B,l} + \frac{M_B}{l_1} = -\frac{P_1\, a_1}{l_1} + \frac{M_B}{l_1}\\
Q_{B,r} &= Q_{G_1,l} = +G_1\\
Q_{C,l} &= Q_{G_2,r} = -G_2\\
Q_{C,r} &= Q^{(0)}{}_{C,r} + \frac{-M_C}{l_3} = +\frac{P_3\, b_3}{l_3} + \frac{-M_C}{l_3}\\
Q_D &= Q_D{}^{(0)} + \frac{-M_C}{l_3} = -\frac{P_3\, a_3}{l_3} + \frac{-M_C}{l_3}.
\end{aligned} \qquad (207)$$

Sehr leicht kann die Querkraft an beliebigen Stellen auch aus der Steigung der M-Linie berechnet werden. Die Q-Linie für das gesamte Tragwerk ist in Abb. 249d aufgetragen.

β) Vereinfachte Berechnungsart (Abb. 250a bis d)

Ohne die Gelenke zu beachten, zeichnet man zuerst die den drei Feldern entsprechenden $M^{(0)}$-Linien so ein, als ob drei frei aufliegende Träger mit den Spannweiten l_1, l_2, l_3 vorhanden wären. Hierzu benötigt man im vorliegenden Fall nur die jeweiligen $M^{(0)}$-Ordinaten unter den Einzellasten, und zwar wird nach Gl. (105)

$$\text{im ersten Feld} \quad M_{P_1}{}^{(0)} = \frac{P_1 a_1 b_1}{l_1}$$

$$\text{im zweiten Feld} \quad M_{P_2}{}^{(0)} = \frac{P_2 (a_2' + k_1)(b_2' + k_2)}{l_2}$$

$$\text{im dritten Feld} \quad M_{P_3}{}^{(0)} = \frac{P_3 a_3 b_3}{l_3}.$$

Durch Einloten der beiden Gelenke G_1 und G_2 in die $M^{(0)}$-Linie erhält man bereits die Momenten-Nullpunkte G_1' und G_2' (vgl. Abb. 250b); deren Verbindung ergibt die Schlußlinie im zweiten Feld, die bis B' und C' verlängert wird und dort die beiden Stützenmomente M_B und M_C herausschneidet. Durch Verbindung von B' mit dem Auflagerpunkt A und von C' mit dem Auflagerpunkt D sind auch die Schlußlinien in den beiden Randfeldern festgelegt. Damit ist bereits der gesamte M-Verlauf des Dreifeld-Gerberträgers gegeben. Die unterhalb der Schlußlinie $AB'C'D$ liegenden M-Flächen sind positiv, die darüberliegenden negativ. In Abb. 250c ist die M-Linie zur besseren Übersicht wieder in bezug auf die Horizontale umgezeichnet.

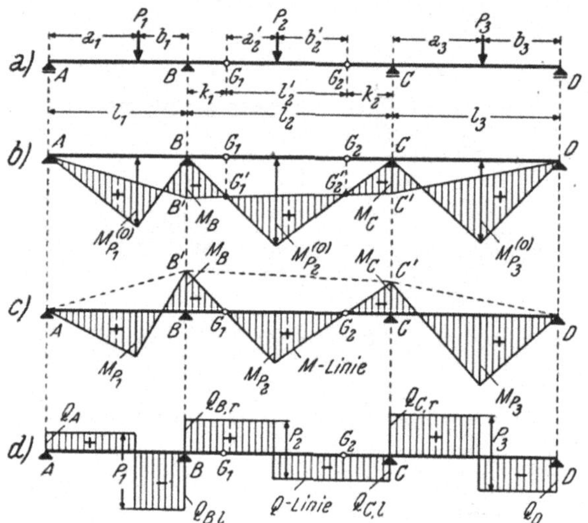

Abb. 250a bis d. Vereinfachte Ermittlung der M-Linie und Q-Linie

Die Ermittlung der Q-Linie kann in den einzelnen Trägerabschnitten aus der Steigung der M-Linien unter Beachtung der Vorzeichenregel (153) leicht vorgenommen werden. Man erhält also mit den Bezeichnungen der Abb. 250c:

$$\begin{aligned} Q_A &= +\frac{M_{P_1}}{a_1}; \quad Q_{B,l} = -\frac{M_{P_1} + M_B}{b_1}; \quad Q_{B,r} = +\frac{M_B}{k_1} \\ Q_{C,l} &= -\frac{M_C}{k_2}; \quad Q_{C,r} = +\frac{M_C + M_{P_3}}{a_3}; \quad Q_D = -\frac{M_{P_3}}{b_3}. \end{aligned} \tag{208}$$

In diese Formeln sind die M-Werte mit ihrem Absolutbetrag einzusetzen. Es brauchen jedoch nicht sämtliche hier angegebenen Q-Werte berechnet zu werden, wenn man beachtet, daß der Sprung der Q-Linie unter einer Einzellast immer gleich dieser Einzellast sein muß (vgl. Abb. 250d).

c) Dreifeldiger Gerberträger mit Gelenken in den Randfeldern

Für diesen Fall sollen unter Annahme einer durchgehenden Gleichlast q die M-Linie und Q-Linie wieder unter Verwendung beider Berechnungsarten ermittelt werden.

α) Ausführliche Berechnungsart (Abb. 251a bis d)

Die Biegungsmomente und Querkräfte werden zuerst für die beiden Koppelträger $A-G_1$ und G_2-D und anschließend für den Kragträger G_1-G_2 bestimmt.

M-Linie für die Koppelträger $A-G_1$ und G_2-D: Hier können sofort die beiden $M^{(0)}$-Parabeln mit den Scheitelordinaten $q\,l'^2_1/8$ und $q\,l'^2_3/8$ in üblicher Weise eingezeichnet werden (vgl. Abb. 251b).

M-Linie für den Kragträger G_1-G_2: Die beiden Kragarme sind hier noch zusätzlich durch die Auflagerdrücke G_1 und G_2 der anschließenden Koppelträger belastet, und zwar ist $G_1 = q\,l_1'/2$ und $G_2 = q\,l_3'/2$. Damit ergeben sich die beiden Stützenmomente

$$
\begin{aligned}
M_B &= -G_1 k_1 - \frac{q k_1^2}{2} \\
M_C &= -G_2 k_2 - \frac{q k_2^2}{2}.
\end{aligned}
\qquad (209)
$$

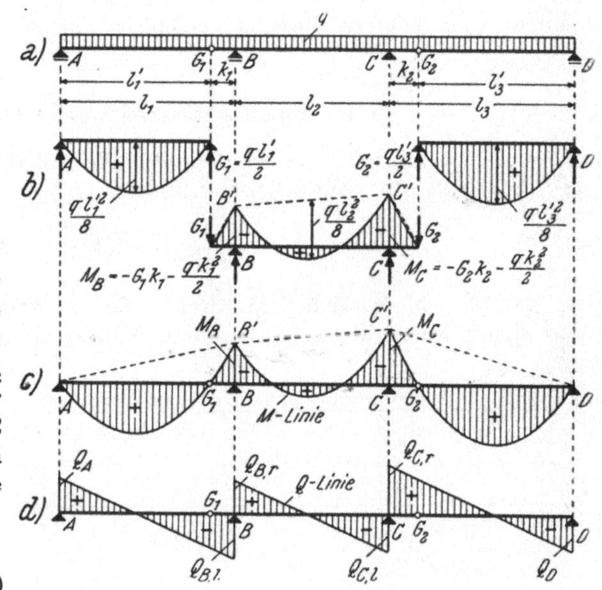

Abb. 251a bis d. M-Linie und Q-Linie für einen dreifeldigen Gerberträger mit Gelenken in den Randfeldern

Trägt man diese Werte in die Zeichnung ein (vgl. Abb. 251b), so erhält man die Bezugslinien $B'C'$ für das Feld $B-C$ sowie G_1B' und G_2C' auf den beiden Kragarmen. Daran können die drei entsprechenden $M^{(0)}$-Parabeln angetragen werden; ihre Scheitelordinaten sind $q\,l_2^2/8$ im Feld sowie $q\,k_1^2/8$ und $q\,k_2^2/8$ auf den Kragarmen. Damit ist die M-Linie für den gesamten Träger bestimmt.

In Abb. 251c sind die getrennt erhaltenen Ergebnisse wieder vereinigt.

Q-Linie für die Koppelträger $A-G_1$ und G_2-D: Man erhält

$$
\begin{aligned}
Q_A &= +\frac{q\,l_1'}{2}; \qquad & Q_{G_1,l} &= -\frac{q\,l_1'}{2} \\
Q_{G_2,r} &= +\frac{q\,l_3'}{2}; \qquad & Q_D &= -\frac{q\,l_3'}{2}.
\end{aligned}
\qquad (210)
$$

Mit diesen Werten können die Q-Linien der Koppelträger bereits gezeichnet werden.

Q-Linie für den Kragträger $G_1 - G_2$: Nach Gl. (202) wird

$$
\begin{aligned}
Q_{B,r} &= Q^{(0)}{}_{B,r} + \frac{M_C - M_B}{l_2} = +\frac{q\,l_2}{2} + \frac{M_C - M_B}{l_2} \\
Q_{C,l} &= Q^{(0)}{}_{C,l} + \frac{M_C - M_B}{l_2} = -\frac{q\,l_2}{2} + \frac{M_C - M_B}{l_2}.
\end{aligned}
\qquad (211)
$$

Im Bereich der Kragarme erhält man

$$Q_{G_1,r} = Q_{G_1,l} = -G_1 = -\frac{q\,l_1'}{2}; \qquad Q_{B,l} = -G_1 - q\,k_1$$
$$Q_{C,r} = +G_2 + q\,k_2; \qquad Q_{G_2,l} = Q_{G_2,r} = +G_2 = +\frac{q\,l_3'}{2}. \tag{212}$$

Damit kann die Q-Linie für den gesamten Träger aufgezeichnet werden (vgl. Abb. 251 d). Die Q-Linie in den einzelnen Feldern muß gleiche Steigung haben, weil in allen Feldern dieselbe Gleichlast vorhanden ist.

β) Vereinfachte Berechnungsart (Abb. 252a bis d)

Man läßt zunächst die beiden Gelenke völlig außer acht und zeichnet die drei $M^{(0)}$-Parabeln mit den Scheitelordinaten

$$\frac{q\,l_1^2}{8}; \qquad \frac{q\,l_2^2}{8}; \qquad \frac{q\,l_3^2}{8}$$

so ein, als ob es sich um drei nebeneinanderliegende einfache Träger mit den Spannweiten l_1, l_2, l_3 handeln würde. Nun lotet man die Gelenke G_1 und G_2 in die $M^{(0)}$-Linie und findet so die Momenten-Nullpunkte G_1' und G_2' in den beiden Randfeldern. Ihre Verbindung mit den beiden Auflagerpunkten A bzw. D ergibt die Schlußlinien AB' und $C'D$ sowie die Stützenmomente M_B und M_C. Durch Verbindung von B' mit C' ist auch die Schlußlinie im Mittelfeld bestimmt und damit der gesamte M-Verlauf (vgl. Abb. 252b). Die unterhalb der Schlußlinie liegenden M-Flächen sind positiv, die darüberliegenden negativ. Die Umzeichnung der M-Linie in bezug auf die ursprüngliche Trägerachse ergibt wieder die bekannte übersichtliche Darstellung (vgl. Abb. 252c).

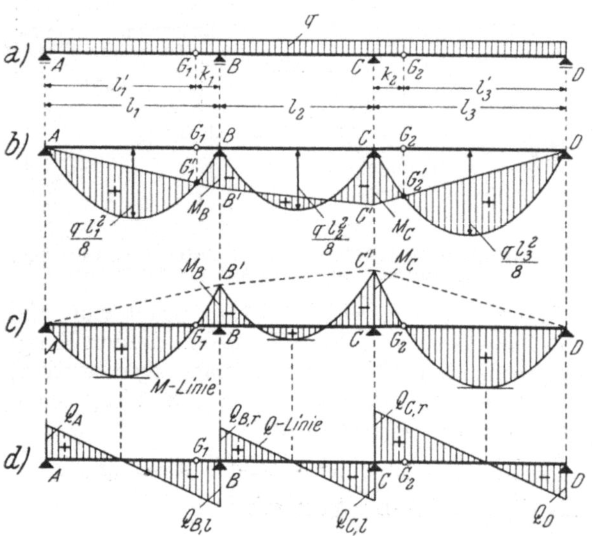

Abb. 252a bis d. Vereinfachte Ermittlung der M-Linie und Q-Linie

Für das rasche Aufzeichnen der Q-Linie können die Q-Nullpunkte in den drei Feldern benutzt werden, die jeweils an der Stelle von max M liegen. Somit braucht man nur an einer beliebigen anderen Stelle eine Q-Ordinate zu berechnen. z. B. am linken Auflager $Q_A = +q\,l_1'/2$, und kann dann durch Verbindung mit dem Querkraft-Nullpunkt im ersten Feld die Q-Linie zeichnen; zieht man dazu die Parallelen durch die übrigen bereits festliegenden Q-Nullpunkte, so ist die Q-Linie für den gesamten Träger bestimmt (vgl. Abb. 252d).

Es empfiehlt sich jedoch, zur Kontrolle auch noch einige andere Q-Werte rechnerisch, z. B. nach Gl. (202), zu ermitteln.

D. Vierfeldiger Gerberträger

a) Allgemeines

Um den dreifach statisch unbestimmten gewöhnlichen Vierfeldträger statisch bestimmt zu machen, sind drei Gelenke anzubringen. Verschiedene Möglichkeiten der Anordnung dieser drei Gelenke sind in den Abb. 253a bis d dargestellt, wobei zugleich auch die statische Wirkung der einzelnen Tragsysteme veranschaulicht wird. Es gibt hier grundsätzlich vier Varianten der Ausführung:

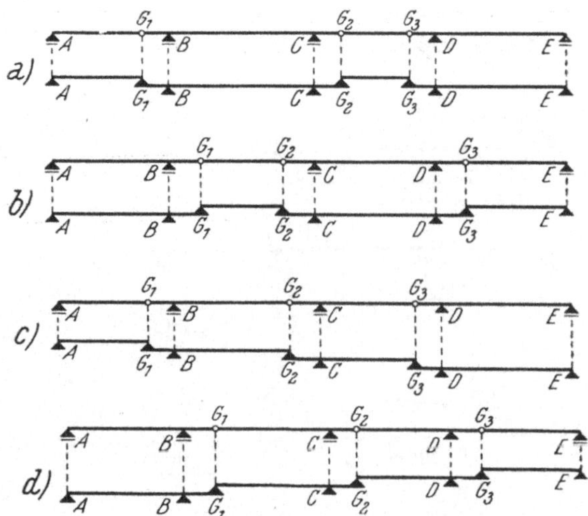

Abb. 253a bis d. Verschiedene Möglichkeiten der Gelenkanordnung am vierfeldigen Gerberträger

1. Die in Abb. 253a ersichtliche Anordnung mit einem Gelenk G_1 im linken Randfeld und zwei Gelenken G_2 und G_3 im dritten Feld; dadurch entstehen die beiden Koppelträger $A-G_1$ und G_2-G_3 sowie die Kragträger G_1-G_2 und G_3-E.

2. Die umgekehrte Anordnung mit einem Gelenk G_3 im rechten Randfeld und zwei Gelenken G_1 und G_2 im zweiten Feld (vgl. Abb. 253b).

3. Je ein Gelenk in den ersten drei Feldern. Es ergeben sich damit ein Koppelträger $A-G_1$ und drei Kragträger G_1-G_2, G_2-G_3 und G_3-E (vgl. Abb. 253c).

4. Je ein Gelenk in den letzten drei Feldern. Auch hier entstehen drei Kragträger, nämlich $A-G_1$, G_1-G_2, und G_2-G_3 und nur ein Koppelträger G_3-E (vgl. Abb. 253d).

Anschließend soll als allgemeines Beispiel die erste Ausführungsart näher behandelt werden.

b) Vierfeldiger Gerberträger mit Kragarmen bei beliebiger Belastung

Die Ermittlung der M-Linie und Q-Linie soll hier für den in Abb. 254a dargestellten beliebig belasteten Gerberträger mit Kragarmen nur unter Anwendung der vereinfachten Berechnungsart gezeigt werden. Man trägt zuerst in allen vier Feldern ohne Rücksichtnahme auf die Gelenke die $M^{(0)}$-Linien auf, also jene Momentenlinien, die sich unter der Annahme von frei aufliegenden Trägern mit den Spannweiten l_1, l_2, l_3, l_4 ergeben würden. Durch Einloten der drei Gelenke G_1, G_2, G_3 in diese $M^{(0)}$-Linien erhält man die drei Momenten-Nullpunkte G_1', G_2', G_3' (vgl. Abb. 254b). Damit kann die Schlußlinie im dritten Feld eingezeichnet werden. Aber auch im ersten Feld liegt die Schlußlinie bereits fest, weil das Stützenmoment $M_A = -P_1 k_1$ völlig unabhängig von den übrigen Momenten sofort aus der Belastung des linken Kragarmes berechnet werden kann und damit ein zweiter Punkt der Schlußlinie, nämlich A', gegeben ist. Durch Verbindung von A' mit G_1' und Verlängerung der Geraden bis B' erhält man das Stützenmoment M_B. Da die Stützenmomente M_C und M_D durch die Schlußlinie im dritten Feld bereits gegeben sind, kann B' mit C' und in gleicher Weise im vierten Feld D' mit E' verbunden werden, denn das Stützenmoment $M_E = -P_5 k_5 - q_2 k_5^2/2$ ist schon bekannt. Damit ist der gesamte M-Verlauf bestimmt. Unterhalb der Schlußlinie sind die Momente positiv, oberhalb negativ. In Abb. 254c ist die M-Linie wieder in der üblichen Art auf die horizontale Trägerachse bezogen.

Die Ermittlung der Q-Linie in Abb. 254d kann in den Feldern ohne Gelenke am besten nach der allgemeinen Formel (202) vorgenommen werden, während sie in den Koppelträgern einfacher aus den Auflagerreaktionen bestimmbar ist.

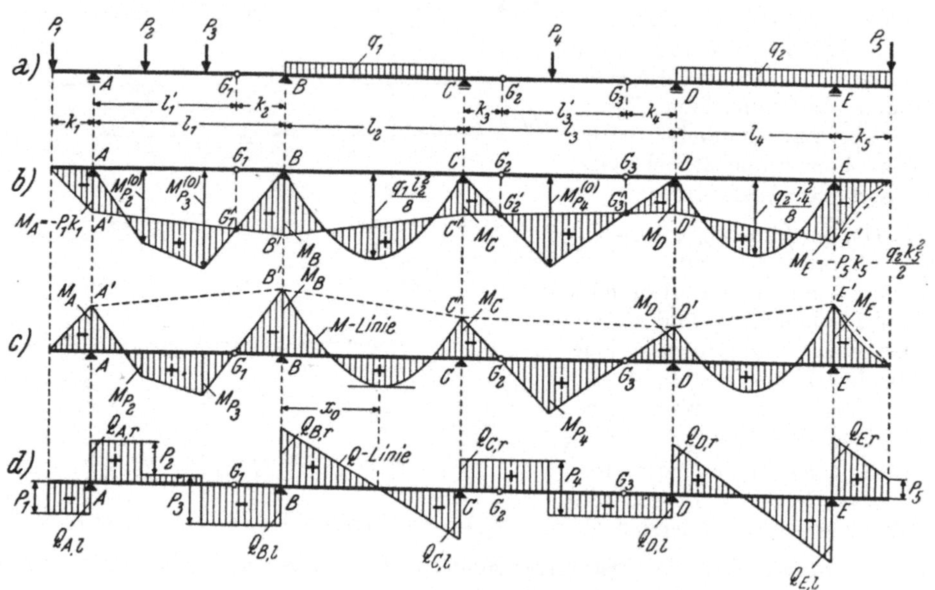

Abb. 254a bis d. Ermittlung der M-Linie und Q-Linie für einen vierfeldigen Gerberträger mit Kragarmen bei beliebiger Belastung

Das maximale Moment kann in den Feldern mit Einzellasten sofort aus der Zeichnung an jener Stelle entnommen werden, wo die Querkraft ihr Vorzeichen ändert, also immer unter einer Einzellast; es kann aber auch rechnerisch bestimmt werden. In den Feldern mit durchgehender Gleichlast bestehen für die Ermittlung von max M verschiedene Möglichkeiten. So kann man z. B. für das zweite Feld des Gerberträgers (vgl. Abb. 254d) gemäß Gl. (158a) zuerst den Wert

$$x_0 = \frac{Q_{B,r}}{q_1} \tag{213}$$

berechnen und erhält damit nach Gl. (160) unter Beachtung, daß hier aber das Stützenmoment M_B in Abzug zu bringen ist,

$$\max M = \frac{q_1 x_0^2}{2} - |M_B|. \tag{214}$$

Es ergibt sich aber auch nach Gl. (161a) sofort, ohne x_0 gesondert bestimmen zu müssen, sinngemäß

$$\max M = \frac{Q^2_{B,r}}{2\,q_1} - |M_B|. \tag{215}$$

3. Einfluß der Gelenklage auf den M-Verlauf

Schon aus den bisherigen Betrachtungen erkennt man, daß die Lage der Gerbergelenke den Verlauf der gesamten M-Linie weitgehend beeinflußt. Dieser Einfluß kann an einem dreifeldigen Gerberträger mit gleichen Feldweiten bei durchgehender Gleichlast sehr anschaulich dargestellt werden, wie aus Abb. 255 hervorgeht. Darin sind die M Linien für verschiedene Lagen der im Mittelfeld jeweils symmetrisch angeordneten Gerbergelenke gezeichnet. Aus dieser Darstellung ist zu ersehen, daß die Stützenmomente $M_B = M_C$ um so größer und zugleich die Feldmomente um so kleiner werden, je größer die Entfernung der Gelenke von den Stützen B und C gewählt wird.

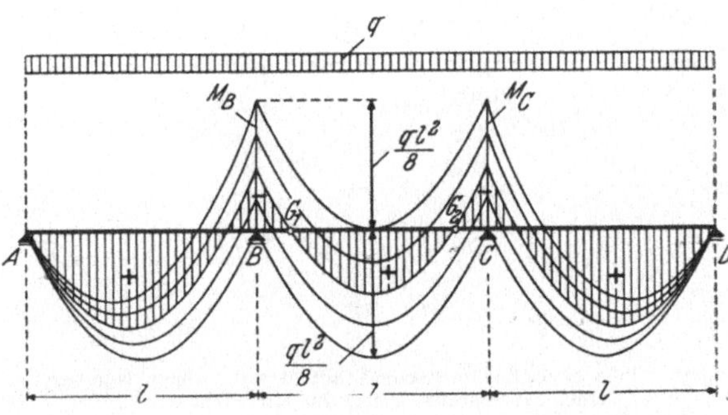

Abb. 255. Einfluß der Gelenklage auf den Momentenverlauf

Die Gelenklage kann demnach auch so angenommen werden, daß diese Stützenmomente die gleiche Größe erhalten wie das Feldmoment M_2. Man spricht dann von einem „Momentenausgleich". Dieser Fall ist in Abb. 255 durch Schraffur hervorgehoben. Die Gelenke könnten aber auch so gelegt werden, daß die Stützenmomente M_B und M_C gleiche Größe erhalten wie die Feldmomente M_1 und M_3.

Legt man die Gelenke immer näher an die Stützen, bis sie schließlich im Grenzfall mit den Auflagern B und C zusammenfallen, so werden die Stützenmomente M_B und M_C gleich Null; in diesem Falle entstehen drei nebeneinanderliegende einfache Träger, und die drei Feldmomente erhalten den Wert $q\,l^2/8$.

Läßt man umgekehrt die Gelenke immer weiter gegen die Feldmitte vorrücken, bis sie im Grenzfall dort zusammentreffen, so wachsen die beiden Stützenmomente bis auf den Wert $M_B = M_C = q\,l^2/8$ an, und das Moment im Mittelfeld sinkt auf den Wert $M_2 = 0$ ab.

Diese mögliche Beeinflussung des M-Verlaufes durch entsprechende Anordnung der Gelenke ist für die Praxis von großer Bedeutung und stellt einen beachtlichen Vorteil der Gerberträger dar.

4. Ermittlung der Gelenklage für einen Momentenausgleich

A. Zeichnerisches Verfahren

Die Ermittlung der Gelenklage für einen gewünschten Ausgleich des M-Verlaufes im Mittelfeld eines dreifeldigen Gerberträgers mit gleichen Feldweiten bei durchgehender Gleichlast q (vgl. Abb. 256a) kann sehr leicht zeichnerisch geschehen, wie aus Abb. 256b ersichtlich ist. Man zeichnet zunächst die drei $M^{(0)}$-Parabeln mit den Scheitelordinaten $M^{(0)} = q\,l^2/8$ auf und zieht im Mittelfeld die Schlußlinie waagrecht durch die halbe Scheitelordinate; es wird dann, wie gefordert,

$$M_B = M_C = M_2 = \frac{M^{(0)}}{2} = \frac{q\,l^2}{16}.$$

Damit liegen die Momenten-Nullpunkte G_1' und G_2' im zweiten Trägerfeld bereits fest; lotet man sie in die Trägerachse ein, so ist auch die Lage der beiden Gelenke G_1 und G_2 bestimmt. Die Schlußlinie kann dann in der bekannten Art auch in den Randfeldern eingezeichnet werden; man erhält dort AB' und $C'D$. Zur besseren Übersicht ist die M-Linie in Abb. 256c auf die horizontale Trägerachse bezogen.

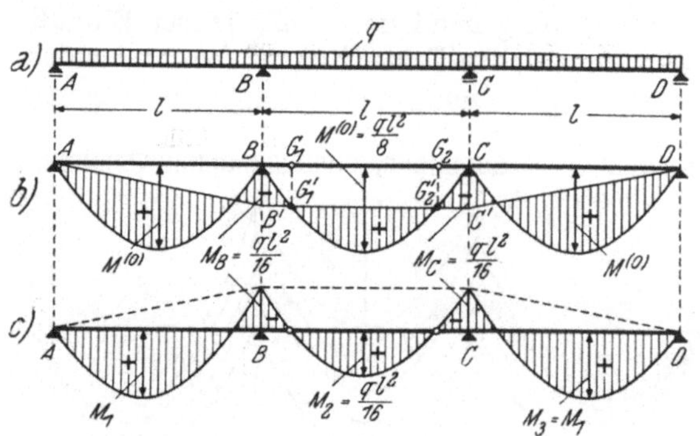

Abb. 256a bis c. Zeichnerische Ermittlung der Gelenklage für einen Momentenausgleich im Mittelfeld

In Abb. 257a bis c wird gezeigt, wie nach gleichem Prinzip auf zeichnerischem Wege die Lage der Gelenke in einem vierfeldigen Gerberträger ermittelt werden kann, wenn die drei Stützenmomente M_B, M_C, M_D sowie die Momente M_2 und M_3 in den Mittelfeldern gleiche Größe erhalten sollen. Man geht wieder von den $M^{(0)}$-Parabeln mit den Scheitelordinaten $q\,l^2/8$ aus und zeichnet die Schlußlinie in den beiden Mittelfeldern so ein, daß dort die Stützen- und Feldmomente gleiche Größe, also $q\,l^2/16$ erreichen. Damit sind die Schlußlinien AB' und $D'E$ festgelegt und gleichzeitig auch die Gelenke G_1 und G_2 im zweiten Feld sowie G_3 im vierten Feld ihrer Lage nach fixiert, indem man die Momenten-Nullpunkte in diesen Feldern in die Trägerachse einlotet (vgl. Abb. 257b).

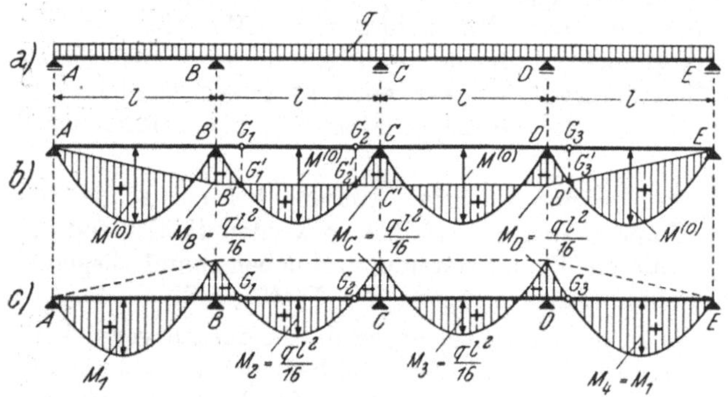

Abb. 257a bis c. Zeichnerische Ermittlung der Gelenklage für den Momentenausgleich $M_B = M_C = M_D = M_1 = M_2$

Ebenso könnten aber G_1 im Momenten-Nullpunkt des ersten Feldes und G_2 sowie G_3 in den Momenten-Nullpunkten des dritten Feldes angenommen werden; bei dieser Gelenkanordnung würde sich für durchgehende Gleichlast derselbe M-Verlauf ergeben wie in Abb. 257b,c.

B. Rechnerisches Verfahren

Es soll hier für einen Dreifeldträger mit gleichen Spannweiten und durchgehender Gleichlast q (vgl. Abb. 258a) gezeigt werden, wie die Lage der Gelenke für einen gewünschten Momentenausgleich rechnerisch bestimmt werden kann.

Wenn z. B. die Aufgabe gestellt ist, die Gelenke in den beiden Randfeldern so anzuordnen, daß die beiden Stützenmomente M_B und M_C gleiche Größe erhalten wie das Feldmoment M_2, so ist leicht einzusehen, daß dann alle drei Momente den Wert $q\,l^2/16$ annehmen müssen. Für diesen Fall ist der in Abb. 258a mit x bezeichnete Abstand des Gelenkes G_1 von der Stütze B zu ermitteln. Das Stützenmoment M_B, dessen Wert also bereits bekannt ist, kann aber auch durch die Kragarmbelastung (vgl. Abb. 258b) ausgedrückt werden, und zwar wird

$$M_B = G_1\,x + \frac{q\,x^2}{2}. \tag{216}$$

Nach den getroffenen Annahmen muß somit die Bedingung gelten

$$G_1\, x + \frac{q\, x^2}{2} = \frac{q\, l^2}{16}; \tag{217}$$

setzt man darin für $G_1 = \frac{q\,(l-x)}{2}$, so ergibt sich

$$\frac{q\,(l-x)\,x}{2} + \frac{q\,x^2}{2} = \frac{q\,l^2}{16}$$

oder

$$l x - x^2 + x^2 = \frac{l^2}{8}$$

und weiter

$$x = \frac{l}{8} = 0{,}125\, l. \tag{218}$$

Wenn daher die Entfernung der Gelenke G_1 und G_2 im ersten und dritten Feld von den Stützen B und C mit 0,125 l gewählt wird, erzielt man für eine durchgehende Gleichlast gleiche Momente

$$M_B = M_C = M_2 = = \frac{q\,l^2}{16} = 0{,}0625\, q\, l^2. \tag{219}$$

Nun interessiert aber auch das Moment M_1 im ersten Feld: Mit den Bezeichnungen in Abb. 258a erhält man unter Verwendung des bereits ermittelten Wertes $x = 0{,}125\, l$

$$M_1 = \frac{q\,(l-x)^2}{8} = \frac{q\,(l - 0{,}125\, l)^2}{8} = 0{,}0957\, q\, l^2. \tag{220}$$

Diese Werte sind in Abb. 258c eingetragen.

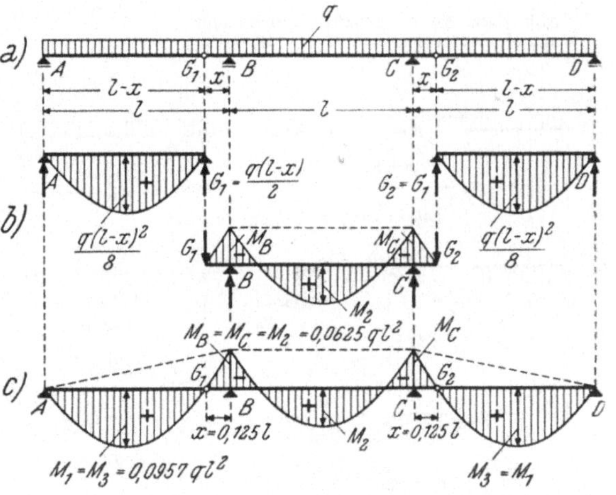

Abb. 258a bis c. Rechnerische Ermittlung der Gelenklage in den Randfeldern für den Momentenausgleich $M_B = M_C = M_2$

In dieser Weise kann die Lage der Gelenke für jeden gewünschten Momentenausgleich bei Gerberträgern mit beliebig vielen Feldern rechnerisch ermittelt werden.

5. Zusammenstellung von Gerberträgern über zwei bis fünf Feldern mit Momentenausgleich für durchgehende Gleichlast

Hier sollen alle jene zahlenmäßigen Angaben übersichtlich zusammengestellt werden, die bei der praktischen Anwendung von Gerberträgern über zwei bis fünf Feldern mit gleichen Spannweiten l gebraucht werden. Es handelt sich dabei sowohl um die Lage der Gelenke bei verschiedenartigen Momentenausgleichen als auch um die Größe der zugehörigen Feld- und Stützenmomente und Querkräfte bei durchgehender Gleichlast. Zur besseren Übersicht werden in jedem einzelnen Fall die zugehörige M-Linie und Q-Linie angegeben.

Abb. 259a bis c zeigt den zweifeldigen Gerberträger, bei dem die beiden Feldmomente M_1 und M_2 sowie das Stützenmoment M_B gleiche Größe aufweisen. Der M-Verlauf ist somit symmetrisch.

Für den **dreifeldigen** Gerberträger gibt es sowohl für die Lage der Gelenke als auch für die Art des Momentenausgleiches verschiedene Möglichkeiten. In Abb. 260a bis c sind die Gelenke in den Randfeldern so angeordnet, daß die beiden Stützenmomente M_B und M_C gleiche Größe erhalten wie das Feldmoment M_2 im Mittelfeld. In Abb. 261a bis c sind die Gelenke hingegen in das Mittelfeld verlegt, und zwar so, daß hier die beiden Stützenmomente M_B und M_C die gleiche Größe haben wie die Feldmomente M_1 und M_3 in den Randfeldern.

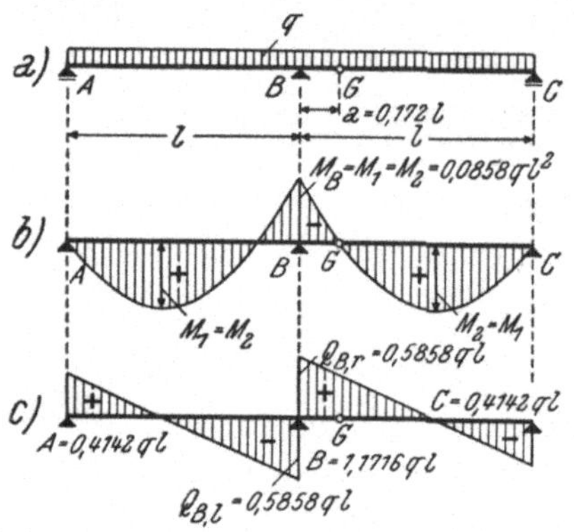

Abb. 259a bis c. Zweifeld-Gerberträger mit Momentenausgleich $M_B = M_1 = M_2$

Der **vierfeldige** Gerberträger in Abb. 262a bis c wird durch den Einbau von drei Gelenken im vorliegenden Fall unsymmetrisch, und zwar sind ein Gelenk in einem Randfeld und zwei Gelenke im übernächsten Mittelfeld so angeordnet, daß folgende Momente gleiche Größe erhalten: $M_B = M_1$ und $M_C = M_D = M_3$.

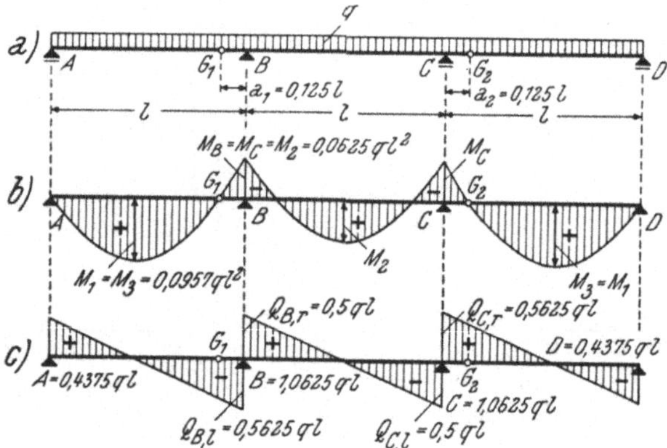

Abb. 260a bis c. Dreifeld-Gerberträger mit Gelenken in den Randfeldern; Momentenausgleich $M_B = M_C = M_2$, $M_1 = M_3$

Der **fünffeldige** Gerberträger in Abb. 263a bis c bleibt durch die Anordnung von vier Gelenken symmetrisch. Davon sind je eines in den beiden Randfeldern und zwei im dritten Feld in solcher Lage vorgesehen, daß **sämtliche** Stützenmomente und alle Feldmomente der **mittleren** Felder gleiche Größe erhalten. Allerdings werden auf diese Weise die Feldmomente in den beiden Außenfeldern verhältnismäßig groß. Auch bei der in Abb. 264a bis c gezeigten Gelenkanordnung bleibt die Symmetrie des Tragwerks erhalten. Die Lage dieser Gelenke wird dort aber so gewählt, daß die beiden Randfeldmomente M_1 und M_5 sowie die beiden Stützenmomente M_B und M_E gleiche Größe erhalten; ferner sind auch die beiden Stützenmomente M_C und M_D und das Feldmoment M_3 gleich groß und ebenso die Feldmomente M_2 und M_4. Auf diese Weise wird ein günstigerer Momentenverlauf in den beiden Randfeldern erzielt als bei der Gelenkanordnung in Abb. 263 a bis c.

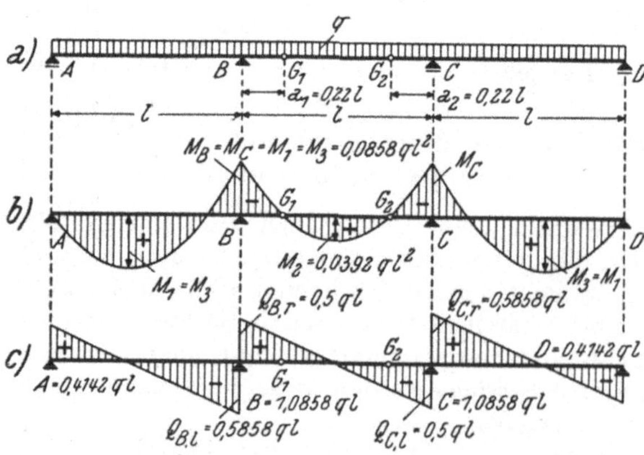

Abb. 261a bis c. Dreifeld-Gerberträger mit Gelenken im Mittelfeld; Momentenausgleich $M_B = M_C = M_1 = M_3$

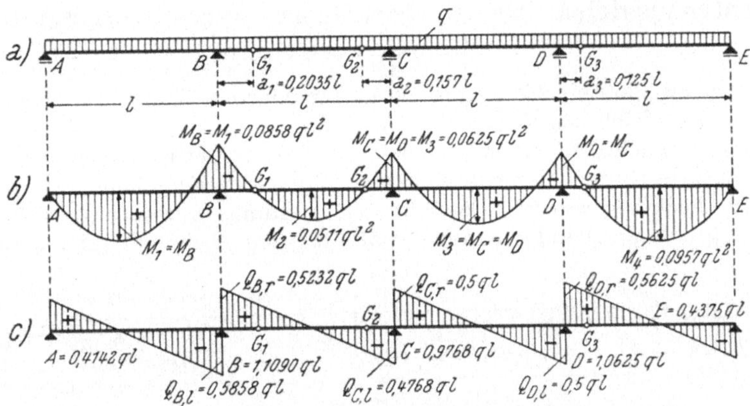

Abb. 262a bis c. Vierfeld-Gerberträger mit Momentenausgleich $M_B = M_1$, $M_C = M_D = M_3$

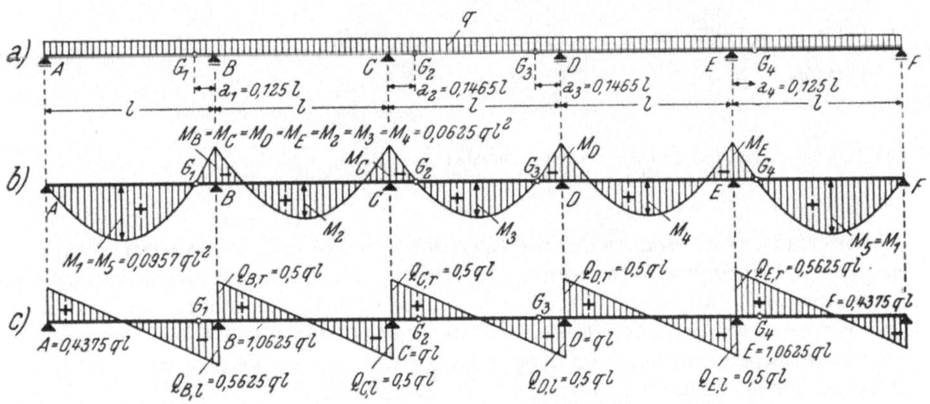

Abb. 263a bis c. Fünffeld-Gerberträger mit Gelenken in den Randfeldern und im Mittelfeld; Momentenausgleich $M_B = M_C = M_D = M_E = M_2 = M_3 = M_4$, $M_1 = M_5$

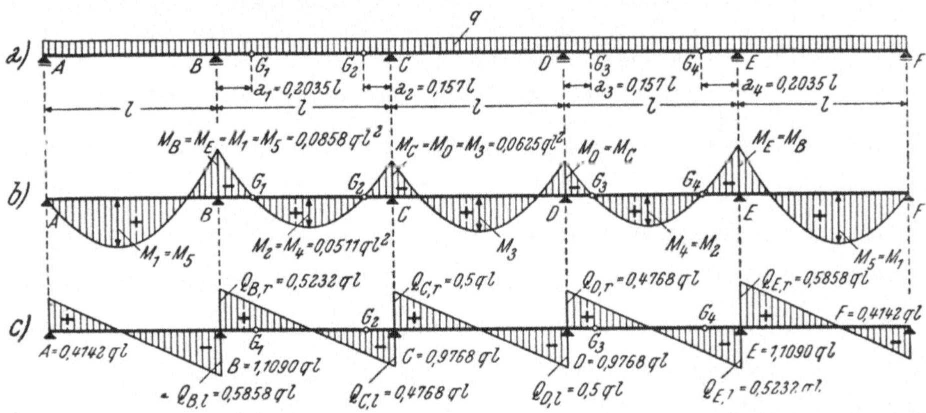

Abb. 264a bis c. Fünffeld-Gerberträger mit Gelenken im zweiten und vierten Feld; Momentenausgleich $M_B = M_E = M_1 = M_5$, $M_C = M_D = M_3$, $M_2 = M_4$

6. Momentenausgleich bei Gerberträgern durch Verringerung der Randfeld-Spannweiten

Aus der in Abb. 260 bis 264 gegebenen Zusammenstellung ist zu ersehen, daß ein vollständiger Ausgleich sämtlicher Feld- und Stützenmomente bei gleichen Spannweiten nicht möglich ist. Es wäre aber für die Trägerbemessung von großem Vorteil, wenn alle Stützenmomente und alle maximalen Feldmomente den gleichen Wert $q\,l^2/16$ annehmen würden. Das läßt sich allerdings nur dann erreichen, wenn die Randfelder entsprechend kleiner gewählt werden. Dies soll anhand Abb. 265a

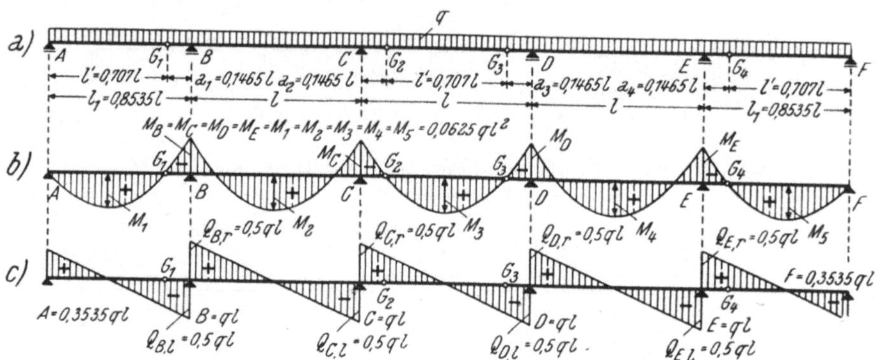

Abb. 265a bis c. Fünffeld-Gerberträger mit verkürzten Randfeldern; vollständiger Momentenausgleich $M_B = M_C = M_D = M_E = M_1 = M_2 = M_3 = M_4 = M_5$

bis c näher erläutert werden, in der die Lage der Gelenke und die reduzierten Spannweiten in den Randfeldern für einen fünffeldigen Gerberträger bei vollständigem Momentenausgleich angegeben sind. Aus Abb. 265b ist sofort zu erkennen, daß die Werte max M in den beiden Koppelträgern der Randfelder nur dann die gleiche Größe haben wie jener im Koppelträger des dritten Feldes, wenn auch ihre Spannweiten gleich groß sind. Damit ist die Länge der Koppelträger in den Randfeldern bereits gegeben, nämlich $l' = l - 2 \cdot 0{,}1465\, l = 0{,}707\, l$. Auf diese Weise entsteht im Gelenk G_1 bzw. G_4 der gleiche Auflagerdruck wie in den Gelenken G_2 und G_3. Wenn nun das Stützenmoment M_B gleiche Größe haben soll wie M_C bzw. M_D, dann muß auch der Kragarm G_1—B gleiche Länge haben wie C—G_2 bzw. G_3—D, also $0{,}1465\, l$. Damit ist die erforderliche Spannweite l_1 der Randfelder gegeben, nämlich $l_1 = 0{,}707\, l + 0{,}1465\, l = 0{,}8535\, l$.

Da sich der Momentenverlauf nicht ändert, wenn die Gelenke gemäß Abb. 264a in die Momenten-Nullpunkte des zweiten und vierten Feldes verlegt werden, bleibt auch die Länge l_1 des Randfeldes bei dieser Gelenkanordnung unverändert. Daraus ergibt sich, daß für durchgehende Gleichlast mit einer Randfeld-Spannweite $l_1 = 0{,}8535\, l$ bei Gerberträgern mit mehr als zwei Feldern stets ein vollständiger Momentenausgleich erzielbar ist.

VIII. Formänderung von Trägern

Bei der praktischen Bemessung von Trägern sind in der Regel zwei Forderungen zu berücksichtigen: **Erstens** muß der Träger einen gewissen Sicherheitsgrad gegen Bruch aufweisen, d. h. die in den gefährdeten Querschnitten auftretenden Beanspruchungen dürfen jene durch baupolizeiliche Bestimmungen für die verschiedenen Werkstoffe festgelegten zulässigen Spannungen nicht überschreiten. und **zweitens** darf auch die von der Gebrauchslast hervorgerufene Trägerdurchbiegung nicht größer sein als der ebenfalls in den Bauvorschriften angegebene

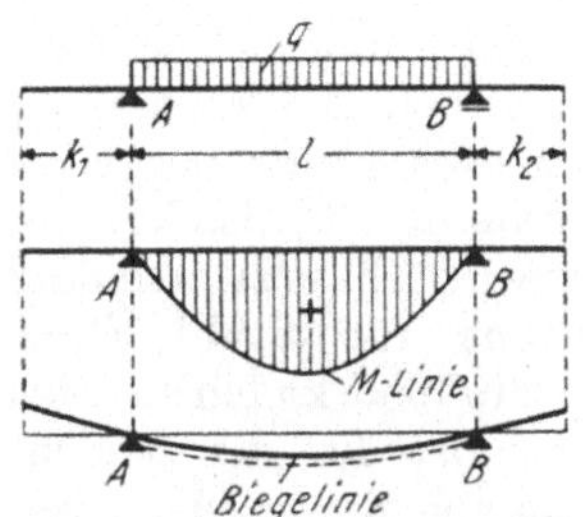

Abb. 266. *M*-Linie und Biegelinie eines frei aufliegenden Trägers mit Kragarmen bei Feldbelastung

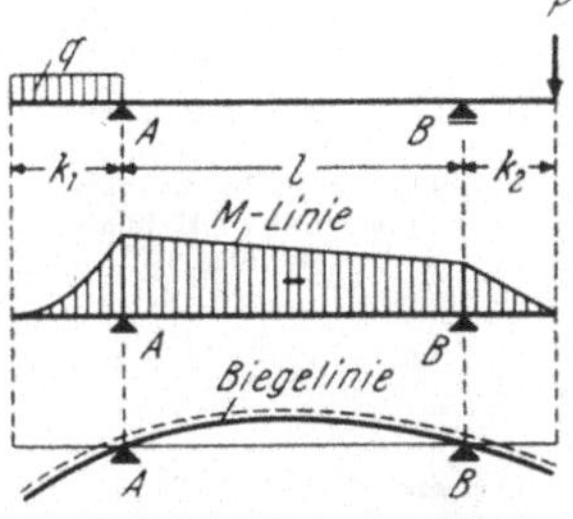

Abb. 267. *M*-Linie und Biegelinie eines frei aufliegenden Trägers bei Kragarmbelastung

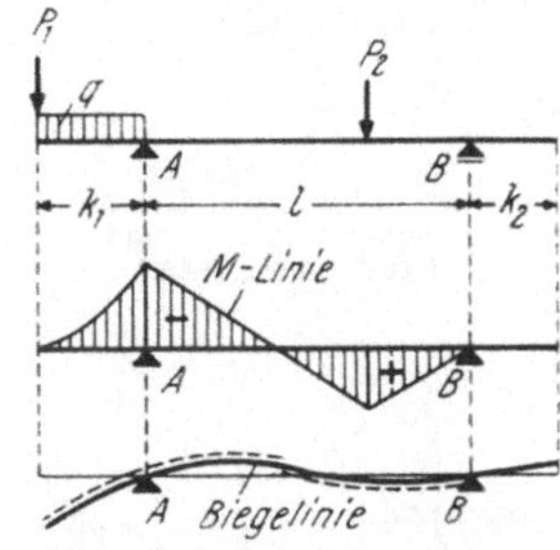

Abb. 268. *M*-Linie und Biegelinie eines frei aufliegenden Trägers bei Kragarm- und Feldbelastung

Grenzwert. Schon aus den früheren Darlegungen geht hervor, daß sowohl die maßgebenden Beanspruchungen in den einzelnen Trägerquerschnitten als auch die Formänderungen im wesentlichen von den **Biegungsmomenten** abhängig sind. Man kann daher aus der bekannten *M*-Linie auch die Form der **Biegelinie** schon ungefähr skizzieren, ohne die zahlenmäßige Größe der Durchbiegung zu kennen. In den Abb. 266 bis 268 ist dies für einen frei aufliegenden Träger mit Kragarmen bei verschiedenen Belastungen gezeigt.

Im folgenden soll nun erläutert werden, wie auch die **Größe** der Durchbiegungen eines Trägers an beliebiger Stelle rechnerisch und zeichnerisch ermittelt werden kann.

1. Durchbiegung und Biegelinie

A. Allgemeines

Es ist leicht einzusehen, daß die wahre Form der Biegelinie und damit auch die Größe der Durchbiegungen an den einzelnen Trägerstellen nicht nur vom Biegungsmoment abhängig sind, sondern auch von den Dehnungseigenschaften des Werkstoffes und von der Form bzw. Lage des Trägerquerschnittes.

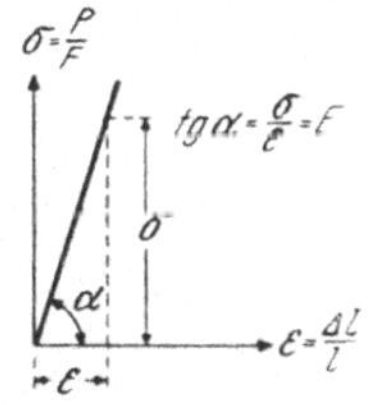

Die Dehnungseigenschaften der Werkstoffe kommen durch den sog. „Elastizitätsmodul“ E zum Ausdruck. Seine Bedeutung geht aus der „Spannungs-Dehnungs-Linie“ in Abb. 269 hervor. Dort sind in einem rechtwinkligen Koordinatensystem die Versuchsergebnisse für einen Zugstab von der Länge l und dem Querschnitt F dargestellt. Die auf die ursprüngliche Stablänge l bezogenen Dehnungen $\varepsilon = \Delta l / l$ (wobei Δl die bei den einzelnen Laststufen gemessenen tatsächlichen Längenänderungen bedeutet) sind als Abszissen, die zugehörigen Spannungen $\sigma = P/F$ als Ordinaten aufgetragen.

Abb. 269. „Spannungs-Dehnungs-Linie“ im Gültigkeitsbereich des HOOKEschen Gesetzes

Für die Berechnung der verschiedenen Tragkonstruktionen wird in der Regel vorausgesetzt, daß die bei den einzelnen Laststufen auftretenden Spannungen σ und Dehnungen ε einander proportional sind. Die „Spannungs-Dehnungs-Linie" ist bei dieser Annahme, die als HOOKEsches Gesetz bezeichnet wird, eine Gerade (vgl. Abb. 269); für die Steigung dieser Geraden gilt die Beziehung

$$\operatorname{tg} \alpha = \frac{\sigma}{\varepsilon} = E. \tag{221}$$

Daraus ergibt sich, daß die Dimension des konstanten Wertes E gleich der einer Spannung ist, also kg/cm². Dieser Elastizitätsmodul beträgt für Stahl $E_s =$ $= 2100000$ kg/cm²; bei Beton ist für die Berechnung von Formänderungen nach den maßgebenden Vorschriften $E_b = 210000$ kg/cm² und für Holz $E = 100000$ kg/cm² anzunehmen.

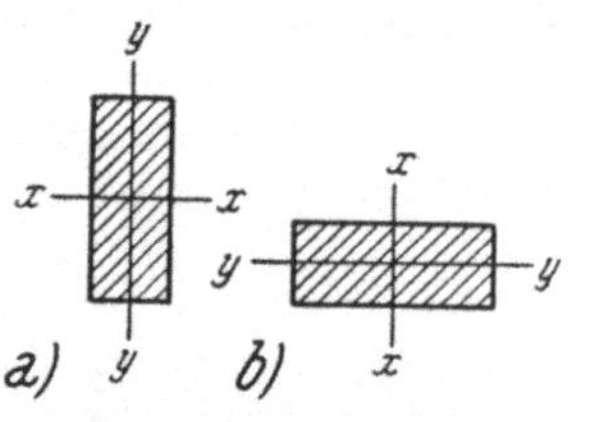

Abb. 270a, b. Rechteckquerschnitt „hochkant" und „flach"

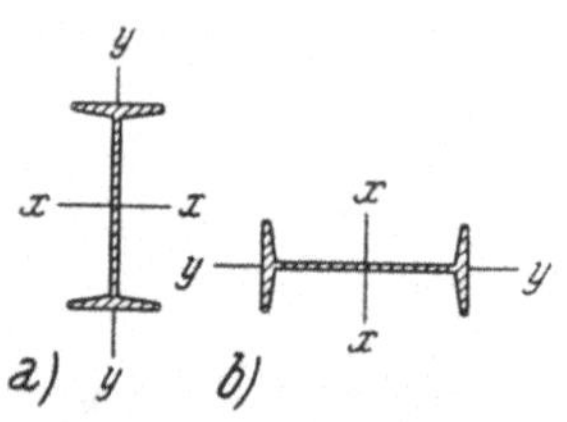

Abb. 271a, b. I-Trägerquerschnitt „stehend" und „liegend"

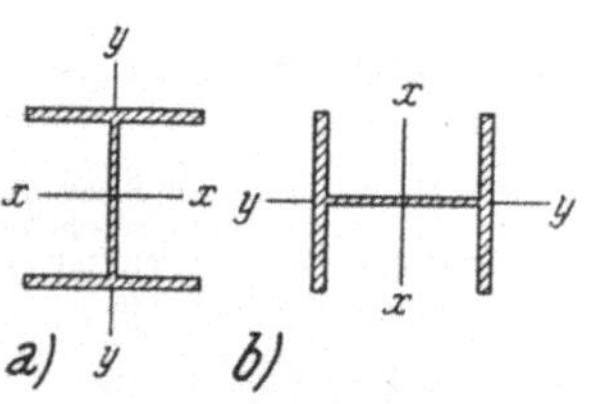

Abb. 272a, b. IP-Querschnitt „stehend" und „liegend"

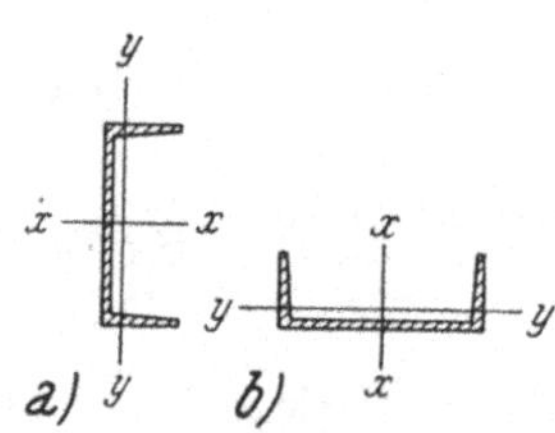

Abb. 273a, b. [-Querschnitt „stehend" und „liegend"

Daß auch die Form des Trägerquerschnittes und dessen Lage zur Kraftrichtung die Größe der Durchbiegung beeinflussen, geht schon aus folgenden einfachen Betrachtungen hervor: Ein Holzbalken mit einem Hochkantquerschnitt gemäß Abb. 270a wird bei lotrechter Belastung in dieser Stellung eine wesentlich kleinere Durchbiegung erfahren als in der um 90° gedrehten Lage gemäß Abb. 270b. Dasselbe gilt für die I- und [-Querschnitte in Abb. 271a,b bis 273a,b. Es ist auch schon gefühlsmäßig zu erwarten, daß ein gewöhnlicher I-Träger bei gleicher Spannweite und Belastung eine größere Durchbiegung aufweisen wird als ein Breitflansch-Träger oder P-Träger von gleicher Querschnittshöhe.

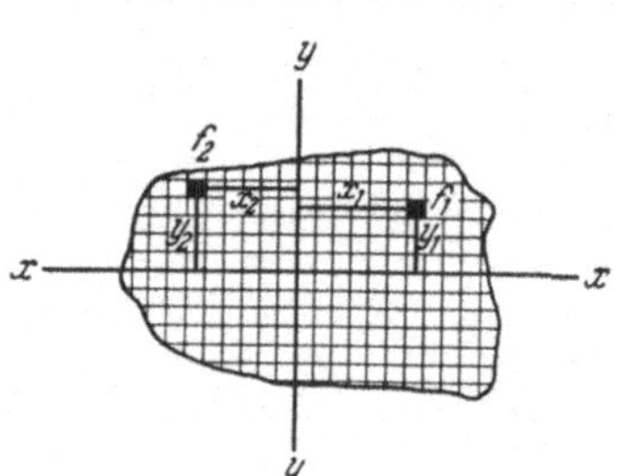

Abb. 274. „Achsiales Trägheitsmoment" einer beliebig geformten Fläche

Der Einfluß der Querschnittsgestaltung auf die Steifigkeit eines Trägers kommt durch den Begriff „achsiales Trägheitsmoment" zum Ausdruck, für den hier unter Bezugnahme auf Abb. 274 nur eine kurze Definition seiner mathematischen Bedeutung gegeben werden soll: Unter dem „achsialen Trägheitsmoment" J_x eines Querschnittes in bezug auf eine Gerade $x-x$ versteht man die Summe der Produkte aus den unendlich kleinen Flächenteilchen f und den Quadraten ihrer Abstände y in bezug auf die Gerade $x-x$, also

$$J_x = \Sigma f\, y^2; \tag{222}$$

analog gilt auch für das achsiale Trägheitsmoment in bezug auf die Achse $y-y$

$$J_y = \Sigma f\, x^2. \tag{222a}$$

Für die meisten der bei den verschiedenen Trägern und Konstruktionen vorkommenden Querschnittsformen im Stahlbau und im Holzbau sind diese Trägheitsmomente bereits zahlenmäßig aus den Profiltafeln und Querschnittstabellen der einschlägigen Handbücher zu entnehmen.

Schon aus der oben gegebenen Definition bzw. aus den Ausdrücken (222) und (222a) ist klar zu erkennen, daß das Trägheitsmoment J_x für den Rechtecksquerschnitt in Abb. 270a, b wesentlich größer sein muß als J_y; weiter ist ersichtlich, daß bei I-Querschnitten stets $J_x > J_y$ sein muß, weil die Anteile der von der x-Achse weit abstehenden Trägerflansche große y-Werte aufweisen, die in Gl. (222) in zweiter Potenz vorkommen.

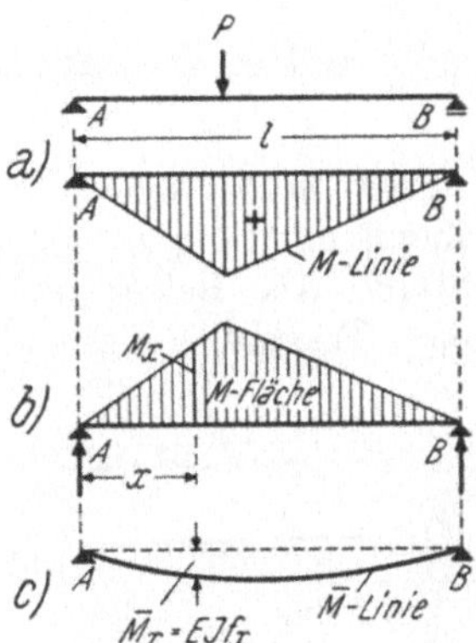

Abb. 275a bis c. Ermittlung der $\overline{M}$-Linie aus der M-Fläche

Auf die Durchbiegung bzw. die Biegelinie übt bei strenger Untersuchung auch die Querkraft Q einen Einfluß aus, der aber gegenüber den übrigen Einflüssen M, E und J so stark zurücktritt, daß es vertretbar ist, ihn in der Regel überhaupt zu vernachlässigen.

Die zahlenmäßige Ermittlung der Durchbiegungen und der Biegelinie geschieht bei Vernachlässigung der Querkraftwirkung in verhältnismäßig einfacher Weise nach einem Satz von MOHR:

Die Durchbiegung f_x an einer beliebigen Stelle des Trägers wird erhalten, wenn man die aus der gegebenen Belastung ermittelte Momentenfläche des Trägers als Belastung auffaßt, hierfür an der betrachteten Stelle neuerlich das Moment $\overline{M}_x$ bestimmt und durch EJ dividiert.

Es ist also mit Bezug auf Abb. 275 a bis c die Durchbiegung

$$f_x = \frac{\overline{M}_x}{EJ} \tag{223}$$

oder

$$EJ\, f_x = \overline{M}_x. \tag{223a}$$

Die Beziehung (223a) besagt, daß die sog. „zweite Momentenlinie" $\overline{M}$ identisch ist mit der EJ-fach verzerrten Biegelinie. Der Satz von MOHR kann also auch folgendermaßen formuliert werden:

Die EJ-fach verzerrte Biegelinie eines Trägers erhält man als zweite Momentenlinie $\overline{M}$ für die als Belastung aufgefaßte Momentenfläche des Trägers.

Mit Hilfe der Formel (223) bzw. (223a) ist die Durchbiegung eines Trägers an beliebigen Stellen bestimmbar. Man kann daraus aber auch sofort die größte Durchbiegung ermitteln, indem man anstelle von $\overline{M}_x$ einfach max $\overline{M}$ einsetzt. Es gilt dann

$$\max f = \frac{\max \overline{M}}{EJ}. \tag{224}$$

Die Anwendung der Formeln (223), (223a) und (224) zur Ermittlung der Biegelinie und der maximalen Durchbiegung geschieht entweder rechnerisch oder zeichnerisch, wie im folgenden noch näher dargelegt wird.

B. Rechnerisches Verfahren zur Bestimmung von Durchbiegungen

Bei praktischen Berechnungen ist in erster Linie die größte Durchbiegung $\max f$ zu ermitteln. Für die häufiger vorkommenden Belastungsfälle stehen hierfür gebrauchsfertige Formeln zur Verfügung, deren Ableitung anschließend für zwei besonders oft auftretende Fälle gezeigt werden soll.

a) Der frei aufliegende Träger bei durchgehender Gleichlast (Abb. 276a bis c)

Die größte Durchbiegung tritt hier infolge Symmetrie in der Trägermitte auf. Zur Ermittlung von $\max f$ braucht man daher nach Gl. (224) den Wert $\overline{M}$ an dieser Stelle. Als Belastung ist die Momentenfläche aus der gegebenen Belastung des Trägers, hier also die Parabelfläche mit der Scheitelordinate $q\,l^2/8$ gemäß Abb. 276b in Rechnung zu stellen. Die Auflagerdrücke aus dieser fiktiven Belastung sind gleich dem halben Flächeninhalt der Parabel; mit den Bezeichnungen der Abb. 276b wird daher

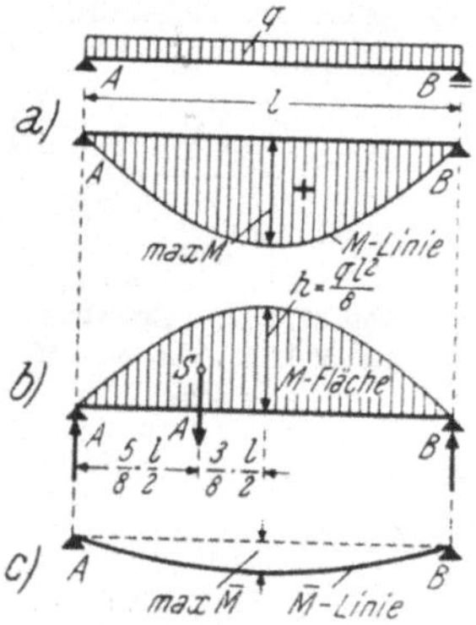

$$A = B = \frac{F}{2} = \frac{l}{2} \cdot \frac{2}{3} \cdot h = \frac{l}{3} \cdot \max M. \tag{225}$$

Um das Moment $\overline{M}$ in Trägermitte zu bestimmen, benötigt man die Lage des Schwerpunktes der halben Parabelfläche; er ist durch die in Abb. 276b eingetragenen Abstände $\frac{5}{8} \cdot \frac{l}{2}$ bzw. $\frac{3}{8} \cdot \frac{l}{2}$ gegeben. Das Moment $\max \overline{M}$ in bezug auf die Trägermitte ergibt sich unter Beachtung, daß der halbe Inhalt der Parabelfläche gleich A ist, aus

$$\max \overline{M} = A \cdot \frac{l}{2} - A \cdot \frac{3}{8} \cdot \frac{l}{2} = \frac{5\,A\,l}{16}. \tag{226}$$

Abb. 276a bis c. Ermittlung der $\overline{M}$-Linie bei durchgehender Gleichlast q

Diesen Wert erhält man auch direkt aus Abb. 276b für das Kräftepaar A mit dem Hebelarm $\frac{5}{8} \cdot \frac{l}{2}$. Setzt man aus Gl. (225) für $A = \frac{l}{3} \cdot \max M$, so wird

$$\max \overline{M} = \frac{5\,l^2}{48} \cdot \max M. \tag{227}$$

Da nach Gl. (224) allgemein $\max f = \frac{\max \overline{M}}{EJ}$ ist, ergibt sich mit Gl. (227) bereits die gebrauchsfertige Durchbiegungsformel

$$\boxed{\max f = \frac{5}{48} \cdot \frac{l^2}{EJ} \cdot \max M} \tag{228}$$

oder, wenn noch für $\max M = \frac{q\,l^2}{8}$ gesetzt wird,

$$\boxed{\max f = \frac{5}{384} \cdot \frac{q\,l^4}{EJ}.} \tag{229}$$

Zahlenbeispiel 1. Ermittlung der Durchbiegung eines frei aufliegenden Stahlträgers I 28 mit einer Spannweite $l = 7{,}50$ m und einer Belastung $q = 0{,}9$ t/m.

Lösung: Aus Profiltafeln entnimmt man $J_x = 7590\ \text{cm}^4$. Damit ergibt sich aus Gl. (229) mit $E = 2100000\ \text{kg/cm}^2$ und unter Beachtung, daß auch für alle übrigen Werte einheitlich die Dimension kg und cm zu wählen ist:

$$\max f = \frac{5}{384} \cdot \frac{q\,l^4}{EJ} = \frac{5}{384} \cdot \frac{9 \cdot 750^4}{2100000 \cdot 7590} = 2{,}33\ \text{cm}.$$

Nach den Stahlbauvorschriften ist in solchen Fällen die zulässige Durchbiegung $f_{zul} = \frac{l}{300} = \frac{750}{300} = 2{,}5$ cm.

Zahlenbeispiel 2. Ermittlung der Durchbiegung für einen Holzbalken 16/24 mit einer Spannweite $l = 5{,}40$ m und einer Belastung von $q = 290$ kg/m.

Lösung: Das Trägheitsmoment für den vorliegenden Balkenquerschnitt $b/h = 16/24$ kann aus den Holzbautafeln entnommen oder aus der gebrauchsfertigen Formel $J_x = b\,h^3/12$ berechnet werden; damit wird $J_x = 18430\ \text{cm}^4$. Da für Holz $E = 100000\ \text{kg/cm}^2$ in Rechnung zu stellen ist, ergibt sich aus Gl. (229)

$$\max f = \frac{5}{384} \cdot \frac{q\,l^4}{EJ} = \frac{5}{384} \cdot \frac{2{,}9 \cdot 540^4}{100000 \cdot 18430} = 1{,}74\ \text{cm}.$$

Nach den Holzbauvorschriften ist im vorliegenden Fall $f_{zul} = \frac{l}{300} = \frac{540}{300} = 1{,}8$ cm.

b) Der frei aufliegende Träger mit Einzellast in Trägermitte (Abb. 277a bis c)

Aus der fiktiven Dreiecksbelastung mit der Mittelordinate $h = \max M = \frac{P\,l}{4}$ erhält man die beiden Auflagerdrücke

$$A = B = \frac{l}{2} \cdot \frac{1}{2} \cdot \max M = \frac{l}{4} \cdot \max M. \tag{230}$$

Damit wird

$$\max \overline{M} = A \cdot \frac{l}{2} - A \cdot \frac{l}{6} = \frac{A\,l}{3}. \tag{231}$$

Dieser Wert ergibt sich auch direkt aus Abb. 277b für das Kräftepaar $A \cdot \frac{l}{3}$. Mit $A = \frac{l}{4} \cdot \max M$ aus Gl. (230) wird weiter

$$\max \overline{M} = \frac{l^2}{12} \cdot \max M \tag{232}$$

und damit gemäß Gl. (224)

$$\boxed{\max f = \frac{1}{12} \cdot \frac{l^2}{EJ} \cdot \max M;} \tag{233}$$

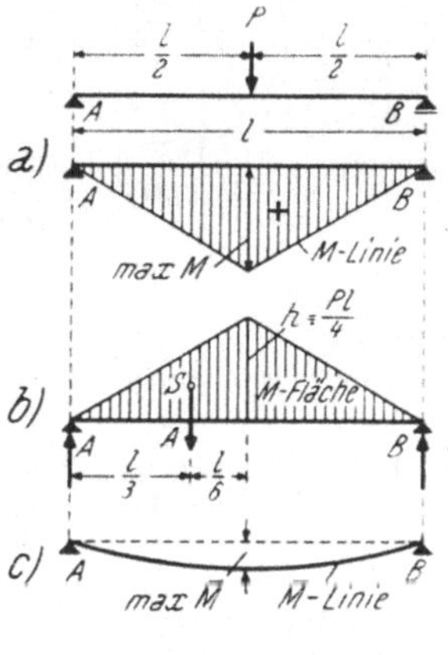

Abb. 277a bis c. Ermittlung der $\overline{M}$-Linie für eine Einzellast P in Trägermitte

setzt man hier für $\max M = \frac{P\,l}{4}$ ein, so erhält man die gebräuchliche Formel

$$\boxed{\max f = \frac{P\,l^3}{48\,EJ}.} \tag{234}$$

Zahlenbeispiel 3. Ermittlung der Durchbiegung eines IP 32 mit einer Spannweite $l = 8{,}20$ m; die Belastung besteht aus einer durchgehenden Gleichlast $q = 2{,}5$ t/m und einer Einzellast $P = 2{,}8$ t in Trägermitte (Abb. 278).

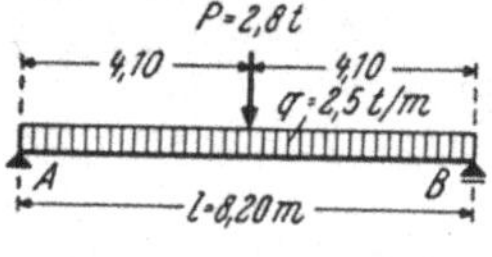

Abb. 278. Belastungsangaben

Lösung: Man entnimmt aus den Profiltafeln für einen IP 32 das Trägheitsmoment $J_x = 32250$ cm^4. Die Durchbiegungen für beide Belastungsarten sind nach den entsprechenden Formeln (229) und (234) zunächst getrennt zu ermitteln und dann zu addieren. Mit $E = 2100000$ kg/cm^2 ergibt sich somit die Gesamtdurchbiegung

$$\max f = \frac{5}{384} \cdot \frac{q\,l^4}{EJ} + \frac{P\,l^3}{48\,EJ} = \frac{5}{384} \cdot \frac{25 \cdot 820^4}{2100000 \cdot 32250} + \frac{2800 \cdot 820^3}{48 \cdot 2100000 \cdot 32250} = $$
$$= 2{,}17 + 0{,}47 = 2{,}64 \text{ cm.}$$

Nach den Stahlbauvorschriften ist im vorliegenden Fall $f_{zul} = \frac{l}{300} = \frac{820}{300} =$
$= 2{,}73$ cm.

C. Zeichnerisches Verfahren zur Ermittlung der Biegelinie

a) Allgemeine Erläuterungen

In vielen Fällen ist es zweckmäßig, die $\overline{M}$-Linie mit Hilfe des Seileckverfahrens zu ermitteln, das Seite 35ff. ausführlich erläutert wurde. Dabei ist im Prinzip folgendermaßen vorzugehen (vgl. Abb. 279a bis c): Man zerlegt zunächst die aus der gegebenen Belastung ermittelte M-Fläche in einzelne Streifen mit den Flächeninhalten $F_1 \ldots F_n$, die man sich als Kräfte in ihren Schwerpunkten wirkend denken kann (Abb. 279a). Sodann zeichnet man in einem geeigneten Maßstab ein Krafteck, wählt einen runden Wert H als Polweite (vgl. Abb. 279b) und zeichnet das zugehörige Seileck (Abb. 279c). Durch die Schnittpunkte (a) und (b) der äußeren Seilstrahlen 0,1 und 4,0 mit den Auflagerlotrechten ist die Schlußlinie A, B des Seileckes gegeben. Dieses Seileck stellt die M-Linie der Flächenkräfte $F_1 \ldots F_n$ dar und kann bei hinreichend enger Flächenteilung als $\overline{M}$-Linie aufgefaßt werden. Es ergibt sich somit gemäß Gl. (60) das Moment $\overline{M}_x$ an beliebiger Stelle im Abstand x vom Auflager A mit

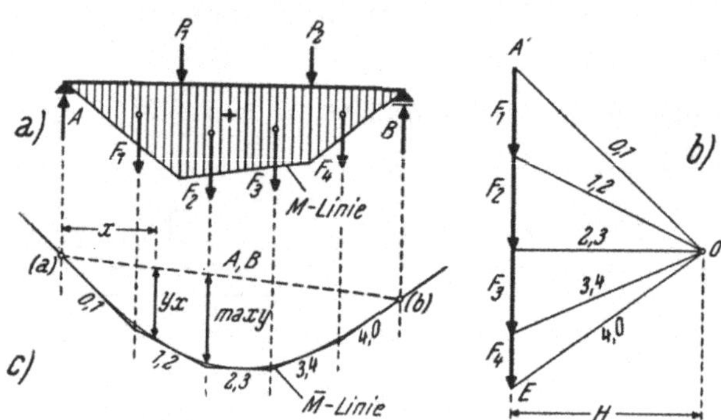

Abb. 279a bis c. Ermittlung der $\overline{M}$-Linie mit Krafteck und Seileck

$$\overline{M}_x = H \cdot y_x, \tag{235}$$

wobei y_x die an dieser Stelle vorhandene Ordinate des Seileckes (genauer: der eingeschriebenen Kurve) in bezug auf die Schlußlinie A, B bedeutet. Nach Gl. (223) ist hier die Durchbiegung

$$f_x = \frac{\overline{M}_x}{EJ} = \frac{H}{EJ} \cdot y_x. \tag{236}$$

Setzt man für y_x den Wert max y ein, so ergibt sich die maximale Durchbiegung mit

$$\boxed{\max f = \frac{H}{EJ} \cdot \max y.} \qquad (237)$$

Bei der praktischen Durchführung des zeichnerischen Verfahrens ist es zweckmäßig, für die Polweite H ein Vielfaches von EJ zu wählen, weil damit die Auswertung der Formeln (236) und (237) besonders einfach wird. Man erhält dann aus Gl. (236)

$$f_x = c \cdot y_x \qquad (238)$$

und aus Gl. (237)

$$\max f = c \cdot \max y, \qquad (239)$$

wobei

$$c = \frac{H}{EJ} \qquad (240)$$

bedeutet und bei entsprechender Wahl von H einen runden Wert ergibt.

Bei der Festlegung der Maßstäbe ist folgendes zu beachten: Die fiktiven Kräfte F und damit auch die Polweite H haben die Dimension einer Momentenfläche, also tm² oder kgcm². Da auch das Produkt EJ die Dimension tm² oder kgcm² aufweist, so wird der Ausdruck $c = H/EJ$ dimensionslos; das ergibt sich aber auch direkt aus den Formeln (238) und (239), weil f und y die gleiche Dimension haben, nämlich die einer Länge. Der Wert y_x bzw. max y ist im Längenmaßstab aus der Zeichnung zu entnehmen.

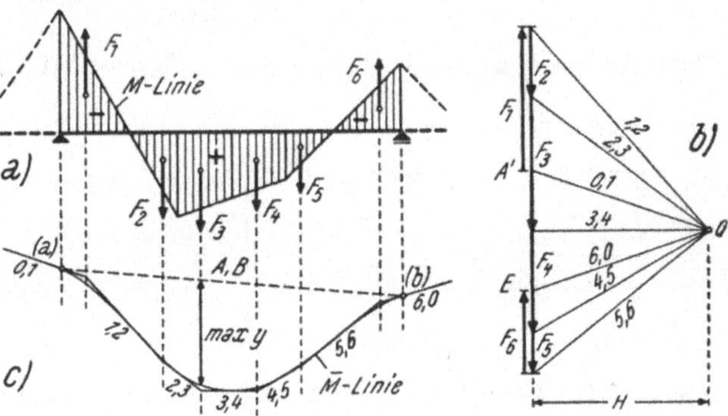

Abb. 280a bis c. Ermittlung der $\overline{M}$-Linie für ein Trägerfeld mit positiven und negativen M-Flächen

Bei der Beurteilung der Genauigkeit dieses Verfahrens ist zu beachten, daß die wirkliche Biegelinie eine stetige Kurve ist, hier aber wegen der als Ersatz eingeführten Einzelkräfte $F_1 \ldots F_n$ ein Polygon entsteht. Die einzelnen Seiten dieses Polygons bilden Tangenten an die wirkliche Biegelinie, die somit die eingeschriebene Kurve des erhaltenen Seileckes darstellt. Die Berührungspunkte liegen immer an jenen Stellen, wo die einzelnen Teilflächen $F_1 \ldots F_n$ aneinandergrenzen. Dort erscheinen auch die genauen Werte der $\overline{M}$-Ordinaten. Je enger also die gegebene M-Fläche unterteilt wird, umso geringer wird die Entfernung der Ersatzkräfte $F_1 \ldots F_n$ voneinander und umso mehr schmiegt sich das erhaltene Seilpolygon der genauen Biegelinie an.

Anmerkung. Wenn die Biegelinie für ein Trägerfeld zu ermitteln ist, in dem sowohl positive als auch negative Momentenflächen vorkommen, dann sind die den negativen M-Flächen entsprechenden Flächenkräfte nach oben, die den positiven M-Flächen entsprechenden Flächenkräfte nach unten wirkend anzunehmen (vgl. Abb. 280a bis c). Im übrigen ist das Verfahren in der oben beschriebenen Art durchzuführen.

b) Anwendungsbeispiel

Für den in Abb. 281a gegebenen Träger I 30 mit zwei Einzellasten $P_1 = 2{,}4$ t und $P_2 = 4{,}5$ t ist die Biegelinie mittels Krafteck und Seileck zu ermitteln. Die Lösung dieser Aufgabe kann nach den vorangegangenen Erläuterungen erfolgen.

Auflagerdrücke: Nach Gl. (88) wird

$$A = \frac{P_1 b_1}{l} + \frac{P_2 b_2}{l} = \frac{2{,}4 \cdot 5{,}4}{7{,}2} + \frac{4{,}5 \cdot 2{,}4}{7{,}2} = 1{,}8 + 1{,}5 = 3{,}3 \text{ t}$$

$$B = \frac{P_1 a_1}{l} + \frac{P_2 a_2}{l} = \frac{2{,}4 \cdot 1{,}8}{7{,}2} + \frac{4{,}5 \cdot 4{,}8}{7{,}2} = 0{,}6 + 3{,}0 = 3{,}6 \text{ t}.$$

M-Linie: Nach Gl. (109a) bzw. (110a) erhält man

$$M_C = A \cdot a_1 = 3{,}3 \cdot 1{,}8 = 5{,}94 \text{ tm}$$

$$M_D = B \cdot b_2 = 3{,}6 \cdot 2{,}4 = 8{,}64 \text{ ,, }.$$

Damit kann die M-Linie gezeichnet werden (Abb. 281b); die Flächeninhalte der einzelnen Dreiecke bzw. Trapeze F_1, F_2, F_3, F_4 ergeben sich folgendermaßen:

$$F_1 = \frac{M_C a_1}{2} = \frac{5{,}94 \cdot 1{,}8}{2} = 5{,}35 \text{ tm}^2$$

$$F_2 = \frac{M_C + M_E}{2} \cdot 1{,}5 = \frac{5{,}94 + 7{,}29}{2} \cdot 1{,}5 = 9{,}92 \text{ tm}^2$$

$$F_3 = \frac{M_E + M_D}{2} \cdot 1{,}5 = \frac{7{,}29 + 8{,}64}{2} \cdot 1{,}5 = 11{,}95 \text{ tm}^2$$

$$F_4 = \frac{M_D \cdot b_2}{2} = \frac{8{,}64 \cdot 2{,}4}{2} = 10{,}37 \text{ tm}^2.$$

Diese Werte können als Kräfte aufgefaßt werden, deren Wirkungslinien durch die Schwerpunkte der einzelnen Flächen gehen. Es genügt hierbei in der Regel, die Schwerlinien der Trapezflächen schätzungsweise anzunehmen.

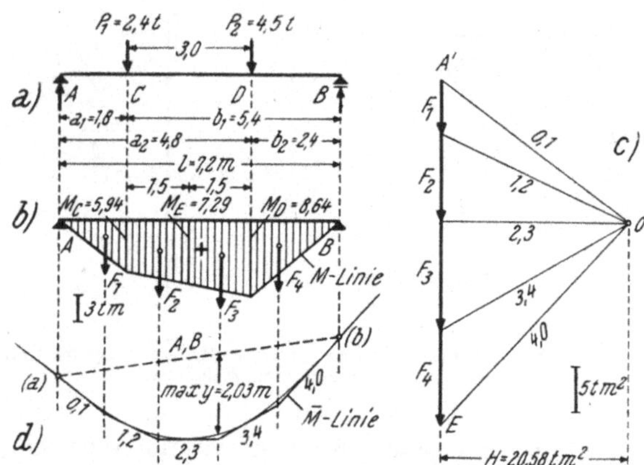

Abb. 281a bis d. Ermittlung der Biegelinie für einen frei aufliegenden Träger mit zwei Einzellasten

Aus Profiltafeln ist für einen I 30 das Trägheitsmoment $J_x = 9800 \text{ cm}^4$ zu entnehmen. Mit $E_e = 2100000$ kg/cm² oder 2100 t/cm² erhält man

$$EJ = 9800 \cdot 2100 = = 20580000 \text{ tcm}^2 = = 2058 \text{ tm}^2.$$

Für die Polweite H wird ein Vielfaches von EJ angenommen, damit sich der Wert EJ aus der Formel (236) bzw. (237) wegkürzt. Man wählt hier z. B.

$$H = EJ \cdot 0{,}01 = 2058 \cdot 0{,}01 = 20{,}58 \text{ tm}^2.$$

Dieser Wert ist im gleichen Maßstab wie die Flächenkräfte $F_1 \ldots F_4$ in einem Krafteck aufzutragen (vgl. Abb. 281c). Sodann zeichnet man das zugehörige Seileck (Abb. 281d); die diesem Seileck eingeschriebene Kurve stellt bereits die verzerrte Biegelinie dar.

Die maximale Durchbiegung erhält man nach Gl. (237) mit

$$\max f = \frac{H}{EJ} \cdot \max y = \frac{EJ \cdot 0{,}01}{EJ} \cdot \max y,$$

also einfach

$$\max f = 0{,}01 \cdot \max y. \tag{241}$$

Im vorliegenden Fall wird daher mit dem aus der Zeichnung (Abb. 281d) zu entnehmenden Wert $\max y = 2{,}03$ m

$$\max f = 0{,}01 \cdot \max y = 0{,}01 \cdot 203 = 2{,}03 \text{ cm}.$$

D. Durchbiegung und Biegelinien bei Kragträgern

Auch hier kann die Biegelinie nach dem MOHRschen Satz mit Hilfe der als Belastung aufgefaßten M-Fläche zeichnerisch und rechnerisch ermittelt werden.

a) Zeichnerisches Verfahren (Abb. 282a bis d)

In Abb. 282a ist ein links eingespannter Kragträger mit zwei Einzellasten P_1 und P_2 gegeben. Die zugehörige M-Linie ist in Abb. 282b dargestellt. Man teilt die M-Fläche in einzelne Streifen F_1, F_2, F_3 auf, die als Flächenkräfte — in den Schwerpunkten dieser Teilflächen wirkend — aufgefaßt und nach oben gerichtet angenommen werden, weil die Momentenfläche negativ ist.

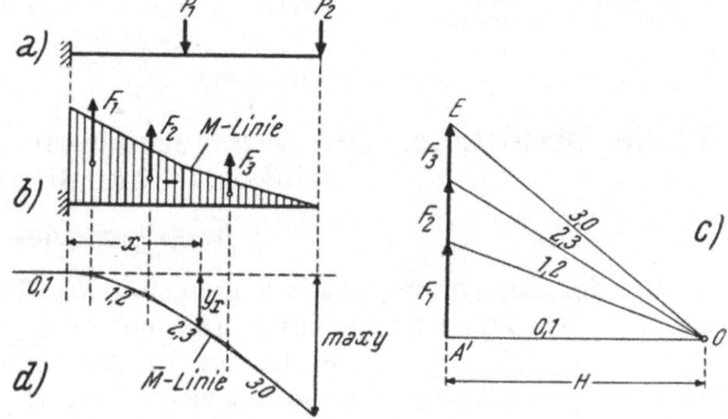

Abb. 282a bis d. Zeichnerische Ermittlung der Biegelinie eines Kragträgers

Nun zeichnet man in bekannter Weise das Krafteck (vgl. Abb. 282c) und konstruiert mit einer passend gewählten Polweite H (am besten wieder als Vielfaches von EJ) und waagrechtem Polstrahl 0,1 das zugehörige Seileck (vgl. Abb. 282d). Die Ordinaten der eingeschriebenen Kurve dieses Seileckes, bezogen auf den waagrechten ersten Seilstrahl 0,1, geben bereits die verzerrten Biegelinien-Ordinaten an. Die wirkliche Durchbiegung in irgendeinem Querschnitt x von der Einspannstelle ist auch hier wieder nach Gl. (236)

$$f_x = \frac{H}{EJ} \cdot y_x. \tag{242}$$

Die größte Durchbiegung erhält man an der Kragarmspitze mit

$$\max f = \frac{H}{EJ} \cdot \max y. \tag{242a}$$

b) Rechnerisches Verfahren (Abb. 283a, b)

Aus Abb. 282d ist zu ersehen, daß das dort gezeichnete Seileckpolygon identisch ist mit der $1/H$-fach verzerrten $\overline{M}$-Linie für den rechts eingespannt gedachten Kragträger. Darauf gründet sich das rechnerische Verfahren zur Ermittlung der Biegelinie von Kragträgern. Man faßt die M-Fläche des gegebenen links eingespannten Kragträgers als Belastung auf (Abb. 283a) und berechnet nach Unterteilung dieser M-Fläche in einzelne Streifen F_1, F_2, F_3 die $\overline{M}$-Linie für einen gedachten Kragträger mit der Einspannung auf der **rechten** Seite (Abb. 283b). Die so erhaltene $\overline{M}$-Linie stellt angenähert die EJ-fach verzerrte Biegelinie dar; mit Hilfe der eingeschriebenen Kurve kann man auch hier wieder die genaueren Durchbiegungswerte erhalten. Die Durchbiegung f_x an irgendeiner Stelle x ergibt sich daher wieder aus

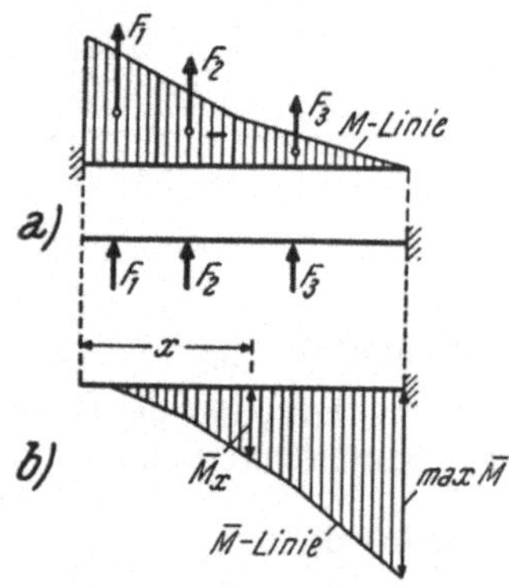

Abb. 283a, b. Rechnerische Ermittlung der Biegelinie eines Kragträgers

$$f_x = \frac{\overline{M}_x}{EJ}. \tag{243}$$

Den genauen Wert der maximalen Durchbiegung am Kragarmende erhält man aus

$$\boxed{\max f = \frac{\max \overline{M}}{EJ}.} \tag{243a}$$

Es gilt also allgemein der Satz:

Die Durchbiegung am freien Ende eines Kragträgers ist gleich dem 1/EJ-fachen Moment des mit der M-Fläche belastet gedachten Kragträgers in bezug auf das freie Trägerende.

2. Die Drehwinkel der Auflagerquerschnitte bzw. die Endtangentenwinkel an die Biegelinie

A. Allgemeines

Bei der Berechnung statisch unbestimmter Tragwerke sind die „Verdrehungswinkel" der Trägerquerschnitte an den Auflagern von erheblicher Bedeutung. Wie aus der in Abb. 284 dargestellten Verformung eines frei aufliegenden Trägers zu ersehen ist, haben diese Verdrehungswinkel α_A und α_B der Auflagerquerschnitte die gleiche Größe wie jene Winkel, welche die Tangenten an die Biegelinie in den Auflagern mit der ursprünglichen Stabachse einschließen. Diese Winkel werden daher auch als „Endtangentenwinkel" α_A und α_B bezeichnet. Die zahlenmäßige Ermittlung dieser Verdrehungswinkel geschieht wieder verhältnismäßig einfach nach einem Satz von Mohr, der folgendermaßen lautet:

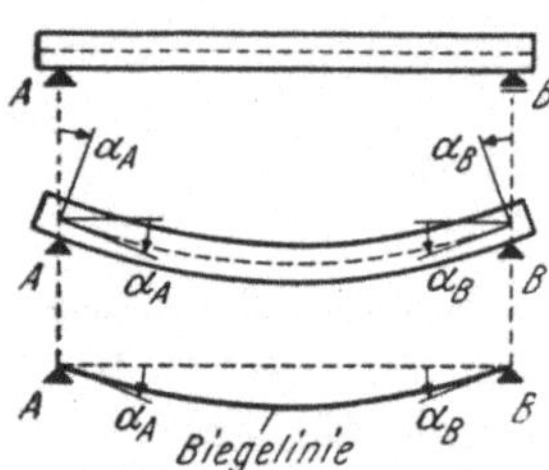

Abb. 284. Verdrehungswinkel der Auflagerquerschnitte bzw. Endtangentenwinkel α_A und α_B

Die Auflagerdrehwinkel oder Endtangentenwinkel α_A und α_B eines Trägers sind identisch mit den 1/EJ-fachen Auflagerdrücken der als Belastung aufgefaßten M-Fläche des Trägers.

Wenn also die Auflagerdrehwinkel oder Endtangentenwinkel α_A und α_B für die in Abb. 285a gegebene Belastung zu bestimmen sind, so betrachtet man die den beiden Einzellasten P_1 und P_2 entsprechende M-Fläche als Belastung (Abb. 285b) und ermittelt die zugehörigen Auflagerdrücke $\mathfrak{A}$ und $\mathfrak{B}$. Die $1/EJ$-fachen Beträge dieser beiden Werte sind bereits die gesuchten Endtangentenwinkel α_A und α_B an die Biegelinie (Abb. 285c).

Es wird somit allgemein

$$\boxed{\alpha_A = \frac{\mathfrak{A}}{EJ} \quad \text{und} \quad \alpha_B = \frac{\mathfrak{B}}{EJ}} \tag{244}$$

oder

$$EJ\,\alpha_A = \mathfrak{A} \quad \text{und} \quad EJ\,\alpha_B = \mathfrak{B}. \tag{244a}$$

Diese Formeln gelten für einen beliebigen Momentenverlauf zwischen den Auflagern A und B; damit können also auch die Endtangentenwinkel bei frei aufliegenden Trägern mit Kragarmen oder bei Durchlaufträgern, Gerberträgern usw. ermittelt werden.

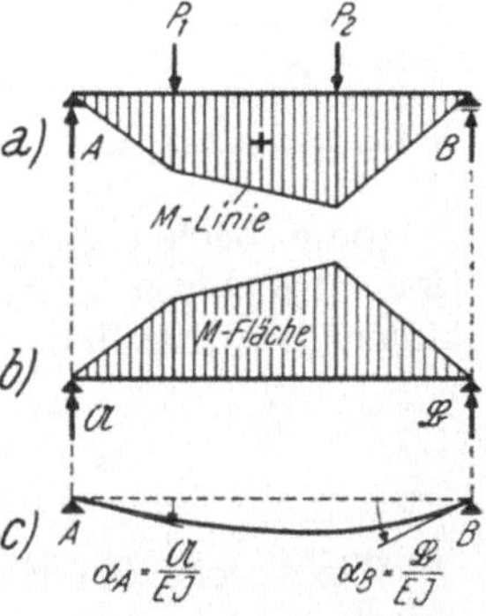

Abb. 285a bis c. Ermittlung der Endtangentenwinkel α_A und α_B

B. Auflagerdrehwinkel eines frei aufliegenden Trägers mit Kragarmen

Es wird hier nur ein Sonderfall behandelt, dessen Ergebnisse allgemeine Bedeutung haben und später auch bei der Ableitung der sog. „Dreimomentengleichungen" zur Berechnung des Durchlaufträgers unmittelbar Verwendung finden können.

Die Aufgabe lautet: Ermittlung der Auflagerdrehwinkel α_A und α_B für den in Abb. 286a gegebenen frei aufliegenden Träger mit zwei belasteten Kragarmen, aber unbelastetem Feld. Die zugehörige M-Linie, die zwischen den Auflagern A und B geradlinig verläuft, sei gegeben (Abb. 286b). Die zu erwartende Form der Biegelinie mit den zu bestimmenden Endtangentenwinkeln ist in Abb. 286c dargestellt.

Zur Berechnung der Winkel α_A und α_B nach Gl. (244) benötigt man die Auflagerkräfte $\mathfrak{A}$ und $\mathfrak{B}$ der in Abb. 286d gesondert herausgezeichneten und als Belastung aufzufassenden M-Fläche zwischen den beiden Auflagern A und B. Man zerlegt die Trapezfläche in zwei Dreiecke, deren Schwerpunkte in den Entfernungen $l/3$ und $2\,l/3$ von A und B liegen. Ihre Flächeninhalte sind F_1 und F_2 und ergeben sich unmittelbar aus der Zeichnung mit

$$F_1 = M_A \cdot \frac{l}{2} \quad \text{und} \quad F_2 = M_B \cdot \frac{l}{2}. \tag{245}$$

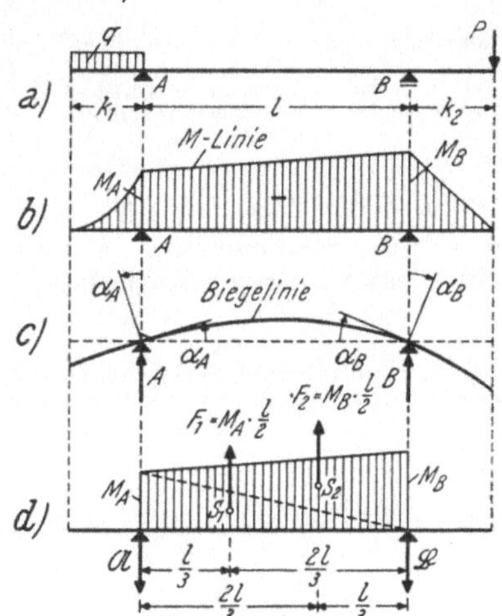

Abb. 286a bis d. Ermittlung der Endtangentenwinkel α_A und α_B für einen frei aufliegenden Träger mit belasteten Kragarmen

Diese nach oben gerichteten Flächenkräfte bewirken Auflagerkräfte $\mathfrak{A}$ und $\mathfrak{B}$, und zwar erhält man mit den Bezeichnungen der Abb. 286d

$$\mathfrak{A} = \frac{F_1}{l} \cdot \frac{2\,l}{3} + \frac{F_2}{l} \cdot \frac{l}{3} = \frac{2\,F_1}{3} + \frac{F_2}{3}. \tag{246}$$

Setzt man hier für F_1 und F_2 die Werte aus Gl. (245) ein, so wird

$$\mathfrak{A} = M_A \cdot \frac{l}{3} + M_B \cdot \frac{l}{6} \tag{247}$$

und in gleicher Weise auch

$$\mathfrak{B} = M_B \cdot \frac{l}{3} + M_A \cdot \frac{l}{6}. \tag{247a}$$

In weiterer Vereinfachung erhält man

$$\mathfrak{A} = \frac{l}{6}(2\,M_A + M_B) \quad \text{und} \quad \mathfrak{B} = \frac{l}{6}(2\,M_B + M_A). \tag{248}$$

Da nach Gl. (244a) für $\mathfrak{A} = EJ\,\alpha_A$ und für $\mathfrak{B} = EJ\,\alpha_B$ gesetzt werden kann, so wird schließlich

$$EJ\,\alpha_A = \frac{l}{6}(2\,M_A + M_B) \quad \text{und} \quad EJ\,\alpha_B = \frac{l}{6}(2\,M_B + M_A). \tag{249}$$

Diese beiden Ausdrücke, mit denen die EJ-fachen Endtangentenwinkel in einem beliebigen Trägerfeld mit geradliniger M-Linie ermittelt werden können, bilden die Grundlage für die rechnerische Behandlung der Durchlaufträger.

IX. Der Durchlaufträger

Wie bereits bei der Behandlung der Gerberträger Seite 130f. ausführlich dargelegt worden ist, gehört der Durchlaufträger zu den „statisch unbestimmten" Tragwerken. Wenn nur ein „festes" Auflager vorhanden ist, alle übrigen jedoch „verschieblich" ausgebildet werden, so ist der Grad der statischen Unbestimmtheit immer gleich der Anzahl der Mittelstützen oder bei n Feldern gleich $(n-1)$. Der Grad der statischen Unbestimmtheit r ergibt sich allgemein aus

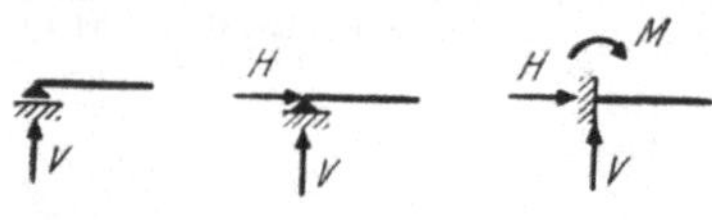

Abb. 287a Abb. 287b Abb. 287c

Abb. 287a bis c. Unbekannte Auflagerreaktionen bei verschiedenen Lagerungsarten

$$r = z - 3, \tag{250}$$

wobei z die Zahl der unbekannten Auflagerreaktionen bedeutet. Beachtet man, daß ein „verschiebliches" Auflager eine unbekannte Auflagerreaktion (Abb. 287a), ein „festes", aber frei drehbares Lager zwei (Abb. 287b) und eine „volle Ein-

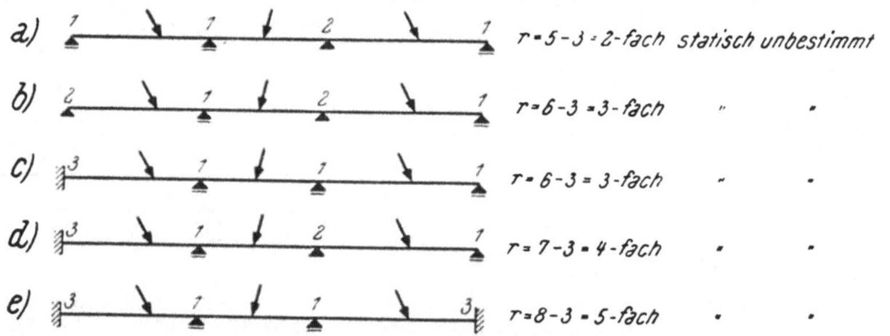

Abb. 288a bis e. Grad der statischen Unbestimmtheit bei verschiedenen Lagerungsarten eines Dreifeldträgers

spannung", also eine unverdrehbare und unverschiebbare Lagerung, drei unbekannte Auflagerreaktionen ergibt (Abb. 287c), so kann der Grad der statischen Unbestimmtheit nach Gl. (250) für alle Lagerungsarten leicht bestimmt werden (vgl. Abb. 288a bis e).

Die Ermittlung der M-Linie und Q-Linie kann auch beim Durchlaufträger auf zeichnerischem und rechnerischem Wege oder auch durch geschickte Verbindung beider Verfahren erfolgen. Zunächst soll die rechnerische Methode behandelt werden.

1. Die Dreimomentengleichungen (Clapeyronsche Gleichungen) zur Ermittlung der M-Linie

A. Vorbemerkung

Wenn ein Tragwerk r-fach statisch unbestimmt ist, so fehlen zu seiner Berechnung r Gleichungen, die nicht aus den statischen Gleichgewichtsbedingungen aufgestellt werden können. Man muß daher versuchen, die fehlenden r Gleichungen unter Zuhilfenahme der Formänderungsgrößen zu beschaffen. Das geschieht am besten unter Verwendung der aus Gl. (249) bestimmbaren Endtangentenwinkel α an die Biegelinie der einzelnen Trägerfelder.

B. Ableitung der Dreimomentengleichungen

Als Voraussetzung für diese Ableitung wird zunächst angenommen, daß der Elastizitätsmodul E und das Querschnittsträgheitsmoment J in allen Feldern konstant sind und daß keine Stützensenkungen auftreten.

In Abb. 289a bis c ist die M-Linie und die zugehörige Biegelinie für einen Fünffeldträger bei beliebiger Belastung schematisch dargestellt. Es ist leicht einzusehen, daß der gesamte M-Verlauf für dieses vierfach statisch unbestimmte Tragwerk sofort eingezeichnet werden kann, wenn die vier Stützenmomente M_2, M_3, M_4, M_5

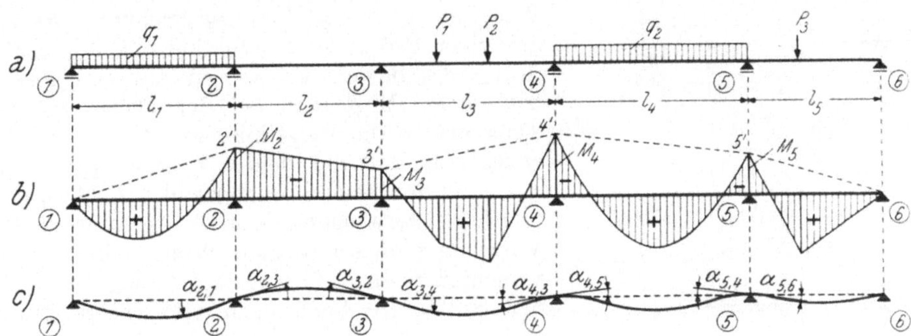

Abb. 289a bis c. M-Linie und Biegelinie für einen beliebig belasteten Fünffeldträger

ermittelt sind. Dann brauchen nämlich nur die den einzelnen Feldern entsprechenden $M^{(0)}$-Linien in der bekannten Art an die durch die Stützenmomente festgelegten Bezugslinien 1 - 2′ - 3′ - 4′ - 5′ - 6 angetragen zu werden. Das Hauptziel der Berechnung wird somit die Ermittlung dieser unbekannten Stützenmomente sein, deren Anzahl mit dem Grad der statischen Unbestimmtheit r übereinstimmt. Man muß also r Gleichungen aufstellen, um diese unbekannten Stützenmomente berechnen zu können.

Betrachtet man nun die Tangenten an die Biegelinie in den vier Mittelstützen (2), (3), (4), (5), so erkennt man, daß die Winkel α, die diese Tangenten mit der ursprünglichen Trägerachse einschließen, links und rechts einer jeden Stütze in Erscheinung treten. Diese Winkel sind in Abb. 289c eingeschrieben und stets mit zwei Indizes versehen, wovon der erste jene Stütze bedeutet, an welcher der Winkel auftritt, und der zweite die jeweilige benachbarte Stütze. Es bezeichnen demnach z. B. $\alpha_{2,1}$ den Tangentenwinkel links der Stütze (2) und $\alpha_{2,3}$ den Tangentenwinkel rechts der Stütze (2).

Da die Biegelinie auch an den Stützen keinen Knick aufweisen darf, müssen die Absolutbeträge dieser Tangentenwinkel links und rechts einer jeden Stütze gleiche Größe haben; es wird sonach

$$\begin{aligned} \text{bei Stütze } (2)&: \; |\alpha_{2,1}| = |\alpha_{2,3}| \\ \text{,, ,, } (3)&: \; |\alpha_{3,2}| = |\alpha_{3,4}| \\ \text{,, ,, } (4)&: \; |\alpha_{4,3}| = |\alpha_{4,5}| \\ \text{,, ,, } (5)&: \; |\alpha_{5,4}| = |\alpha_{5,6}|. \end{aligned} \tag{251}$$

Wie anschließend gezeigt wird, kann jeder der hier vorkommenden Tangentenwinkel nach Gl. (244) in Verbindung mit Gl. (249) als Funktion der äußeren Belastung und der unbekannten Stützenmomente M_2, M_3, M_4, M_5 ausgedrückt werden. Damit ergeben sich vier einfache Gleichungen mit diesen vier unbekannten Stützenmomenten, die daraus zahlenmäßig berechnet werden können.

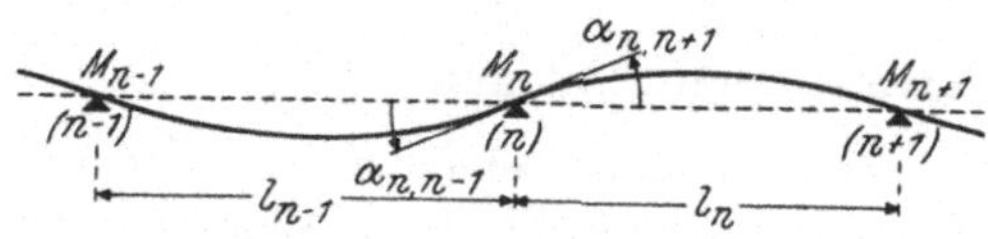

Abb. 290. Teil eines Durchlaufträgers mit Biegelinie

Die Ableitung der allgemeinen Form einer solchen Momentengleichung soll nun anhand Abb. 290 durchgeführt werden. Dort sind zwei Felder eines Durchlaufträgers mit den drei aufeinanderfolgenden Stützen $(n-1)$, (n), $(n+1)$ und die einer beliebigen Belastung entsprechende Biegelinie gesondert herausgezeichnet. Die zugehörigen Stützenmomente sind mit M_{n-1}, M_n, M_{n+1}, die beiden Feldweiten mit l_{n-1} und l_n bezeichnet. Legt man bei der Stütze (n) die Tangente an die Biegelinie, so ist wieder klar ersichtlich, daß die beiden Winkel $\alpha_{n,n-1}$ und $\alpha_{n,n+1}$ in den beiden angrenzenden Feldern l_{n-1} und l_n gleiche absolute Größe haben müssen. Die Vorzeichen dieser beiden Winkel sind jedoch verschieden einzuführen, da die Biegelinie links der Stütze (n) Senkungen und rechts davon Hebungen zeigt. Unter Beachtung dieser Vorzeichen gilt daher die Beziehung

$$\alpha_{n,n-1} = -\alpha_{n,n+1}. \tag{252}$$

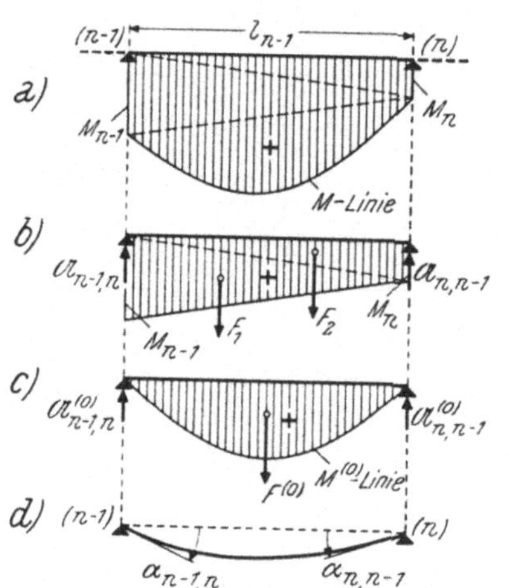

Abb. 291a bis d. Ermittlung des Winkels $\alpha_{n,n-1}$

Die vorstehende Bedingung wird als „Kontinuitätsbedingung" bezeichnet, weil durch sie zum Ausdruck kommt, daß die Biegelinie auch über den Stützen keinen Knick aufweist, also „kontinuierlich" verläuft.

Mit Hilfe des MOHRschen Satzes kann nun der Winkel $\alpha_{n,n-1}$ durch die beiden Stützenmomente M_n und M_{n-1} sowie durch die äußere Belastung des Feldes l_{n-1} und ebenso der Winkel $\alpha_{n,n+1}$ durch die beiden Stützenmomente M_n und M_{n+1} und durch die äußere Belastung des Feldes l_n ausgedrückt werden.

Das soll mit allen Einzelheiten für $\alpha_{n,n-1}$, also den Winkel links von der Stütze (n), gezeigt werden. Man braucht hier nur das Feld l_{n-1} zwischen den beiden Stützen $(n-1)$ und (n) in Betracht zu ziehen. In diesem Feld wird zunächst eine beliebige positive M-Fläche gemäß Abb. 291a angenommen. Diese M-Fläche teilt man in die Trapezfläche gemäß Abb. 291b und die $M^{(0)}$-Fläche gemäß Abb. 291c.

Für die Trapezfläche erhält man nach Gl. (248) den Auflagerdruck links der Stütze (n) mit den hier gewählten Bezeichnungen aus

$$\mathfrak{A}_{n,n-1} = \frac{l_{n-1}}{6} (2\,M_n + M_{n-1}); \tag{253}$$

der entsprechende Anteil für die $M^{(0)}$-Fläche sei $\mathfrak{A}^{(0)}{}_{n,n-1}$. Somit ergibt sich der EJ-fache Endtangentenwinkel $\alpha_{n,n-1}$ (vgl. Abb. 291 d) links der Stütze (n) nach Gl. (244a) sinngemäß durch Summieren dieser beiden Anteile, und man erhält

$$EJ\,\alpha_{n,n-1} = \mathfrak{A}_{n,n-1} + \mathfrak{A}^{(0)}{}_{n,n-1}; \tag{254}$$

setzt man hier den Wert aus Gl. (253) ein, so wird

$$EJ\,\alpha_{n,n-1} = \frac{l_{n-1}}{6} (2\,M_n + M_{n-1}) + \mathfrak{A}^{(0)}{}_{n,n-1}. \tag{255}$$

In gleicher Weise erhält man für den Tangentenwinkel $\alpha_{n,n+1}$ **rechts** der Stütze (n), also im Feld l_n, ohne besondere Ableitung

$$EJ\,\alpha_{n,n+1} = \frac{l_n}{6} (2\,M_n + M_{n+1}) + \mathfrak{A}^{(0)}{}_{n,n+1}. \tag{255a}$$

Da nun die durch diese beiden Ausdrücke festgelegten EJ-fachen Winkelwerte $\alpha_{n,n-1}$ und $\alpha_{n,n+1}$ gemäß Gl. (252) gleiche Größe, aber entgegengesetztes Vorzeichen haben, so gilt:

$$EJ\,\alpha_{n,n-1} + EJ\,\alpha_{n,n+1} = 0. \tag{256}$$

Führt man hier die Ausdrücke aus Gl. (255) bzw. (255a) ein, so erhält man

$$\frac{l_{n-1}}{6} (2\,M_n + M_{n-1}) + \mathfrak{A}^{(0)}{}_{n,n-1} + \frac{l_n}{6} (2\,M_n + M_{n+1}) + \mathfrak{A}^{(0)}{}_{n,n+1} = 0 \tag{257}$$

oder nach kurzer Umformung

$$\boxed{l_{n-1} M_{n-1} + 2\,(l_{n-1} + l_n)\,M_n + l_n\,M_{n+1} + 6\,(\mathfrak{A}^{(0)}{}_{n,n-1} + \mathfrak{A}^{(0)}{}_{n,n+1}) = 0.} \tag{258}$$

In dieser Gleichung bedeuten somit M_{n-1}, M_n und M_{n+1} die Stützenmomente an **drei** aufeinanderfolgenden Stützen, l_{n-1} und l_n die Stützweiten links und rechts der Stütze (n), und die Werte $\mathfrak{A}^{(0)}{}_{n,n-1}$ und $\mathfrak{A}^{(0)}{}_{n,n+1}$ die Auflagerdrücke der als Belastung aufgefaßten $M^{(0)}$-Fläche links bzw. rechts der Stütze (n).

Die $\mathfrak{A}^{(0)}$-Werte, die sich auf den frei aufliegenden Träger beziehen, hängen somit nur von der äußeren Belastung und den Spannweiten ab und können zahlenmäßig für die häufig vorkommenden Belastungsfälle aus gebrauchsfertigen Formeln berechnet werden (vgl. Tafel 1 bis 3).

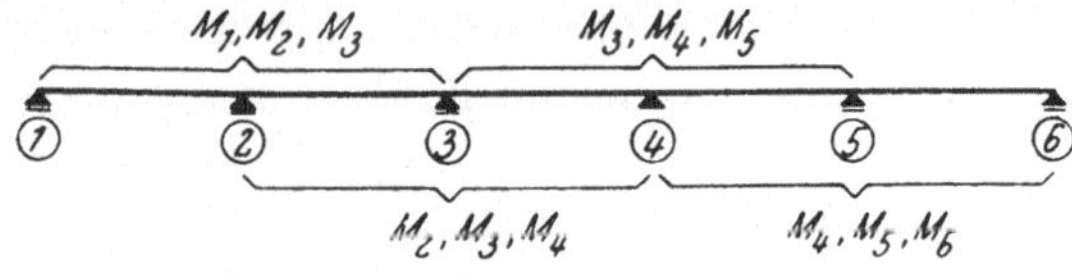

Abb. 292. Trägerbereiche für die den Stützen (2), (3), (4), (5) entsprechenden Dreimomentengleichungen

Die Gleichung (258), in welcher **drei** aufeinanderfolgende Stützenmomente eines Durchlaufträgers in eine Beziehung zueinander gebracht werden, bezeichnet man als „Dreimomentengleichung" oder auch als „CLAPEYRONsche Gleichung".

Die Dreimomentengleichungen in der Form von Gl. (258) lassen sich für jeden Durchlaufträger so oft aufstellen, wie unbekannte Stützenmomente vorhanden sind; die Anzahl der Dreimomentengleichungen stimmt daher für jeden Durchlaufträger mit dem Grad der statischen Unbestimmtheit überein. Man kann somit z. B. für den **vierfach** statisch unbestimmten Fünffeldträger der Abb. 292 die Dreimomentengleichungen viermal aufstellen, nämlich für die Stützen (2), (3), (4), (5), und daraus die vier unbekannten Stützenmomente M_2, M_3, M_4, M_5 berechnen. In Abb. 292 sind auch die Trägerbereiche angedeutet, auf welche sich die einzelnen Dreimomentengleichungen beziehen, und zugleich die darin jeweils gemeinsam auftretenden drei Momente als Gruppe besonders hervorgehoben.

Nach Ermittlung der unbekannten Stützenmomente durch Auflösung der Dreimomentengleichungen ist der gesamte M-Verlauf bestimmt; es brauchen nur die $M^{(0)}$-Linien in den einzelnen Feldern an die nun bekannten Bezugslinien angetragen zu werden.

C. Anwendung der Dreimomentengleichungen

a) Allgemeines

Für die praktische Anwendung ist es zweckmäßig, die ausführlich angeschriebene Gl. (258) auf eine etwas einfachere Form zu bringen. Aus diesem Grunde setzt man darin für das nur von den Spannweiten abhängige Glied

$$2\,(l_{n-1} + l_n) = d_n \tag{259}$$

und für das nur von der äußeren Belastung abhängige Glied

$$6\,(\mathfrak{A}^{(0)}{}_{n,\,n-1} + \mathfrak{A}^{(0)}{}_{n,\,n+1}) = S_n, \tag{260}$$

wobei der Wert S_n künftig als „Belastungsglied“ und der Wert d_n als „Hauptglied“ oder „Diagonalglied“ der Dreimomentengleichung bezeichnet wird, weil dieses d-Glied bei der Aufstellung des Gleichungssystems stets automatisch in die von links nach rechts fallende Diagonale zu stehen kommt. Mit den vereinfachenden Bezeichnungen (259) und (260) lautet nun die allgemeine Form der Dreimomentengleichungen in übersichtlicher Schreibweise:

$$l_{n-1}\,M_{n-1} + d_n\,M_n + l_n\,M_{n+1} + S_n = 0. \tag{261}$$

Das Diagonalglied d_n für eine Stütze (n) ist nach Gl. (259) immer gleich der doppelten Summe der beiden angrenzenden Spannweiten.

Die beiden Nebenglieder $l_{n-1}\,M_{n-1}$ und $l_n\,M_{n+1}$, die links bzw. rechts des Hauptgliedes $d_n\,M_n$ stehen, stellen die einfachen Produkte aus der linken Stützweite und dem linken Stützenmoment bzw. der rechten Stützweite und dem rechten Stützenmoment dar.

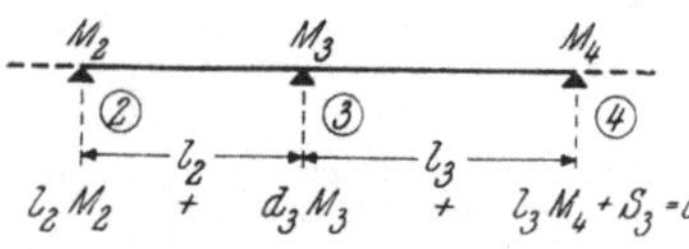

Abb. 293. Dreimomentengleichung für Stütze (3)

Die in Gl. (260) vorkommenden $\mathfrak{A}^{(0)}$-Werte zur Berechnung des Belastungsgliedes S_n können für die wichtigsten Belastungsfälle nach Tafel 1 bis 3 aus gebrauchsfertigen Formeln zahlenmäßig ermittelt werden.

Es ist somit sehr einfach, die Dreimomentengleichung für eine beliebige Stütze eines Durchlaufträgers anzuschreiben; in Abb. 293 ist dies für die Stütze (3) mit den beiden angrenzenden Stützweiten l_2 und l_3 gezeigt.

Nun folgen verschiedene Beispiele, teils nur in allgemeiner Behandlung, teils auch in zahlenmäßiger Durchführung.

b) Zweifeldträger

Für den in Abb. 294 mit beliebiger Belastung dargestellten Zweifeldträger sind die Momente in den beiden Randstützen gleich Null und es bleibt als Unbekannte nur das Stützenmoment M_2. Die Dreimomentengleichung ist demnach hier nur einmal, und zwar für die mittlere Stütze (2), aufzustellen. Sie lautet gemäß Gl. (261) in allgemeiner Schreibweise:

$$l_1 M_1 + d_2 M_2 + l_2 M_3 + S_2 = 0.$$

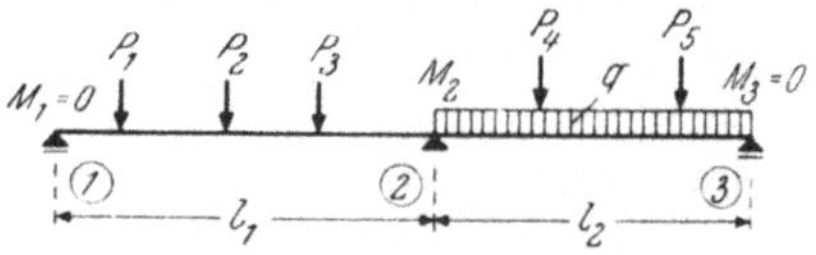

Abb. 294. Zweifeldträger mit beliebiger Belastung

Wegen $M_1 = 0$ und $M_3 = 0$ fallen hier aber die beiden Nebenglieder $l_1 M_1$ und $l_2 M_3$ fort und die Gleichung vereinfacht sich zu

$$d_2 M_2 + S_2 = 0. \tag{262}$$

Daraus erhält man sofort

$$\boxed{M_2 = \frac{-S_2}{d_2},} \tag{263}$$

wobei nach Gl. (259) bzw. (260)

$$d_2 = 2(l_1 + l_2) \qquad \text{und} \qquad S_2 = 6(\mathfrak{A}^{(0)}_{2,1} + \mathfrak{A}^{(0)}_{2,3}). \tag{263a}$$

Das Stützenmoment eines Zweifeldträgers läßt sich somit sehr einfach aus der gebrauchsfertigen Formel (263) bestimmen. Ein Zahlenbeispiel soll die praktische Durchführung der Rechnung zeigen.

Zahlenbeispiel. *Ermittlung der M-Linie und Q-Linie für einen Zweifeldträger.* Spannweiten und Belastung siehe Abb. 295a. Nach Gl. (261) lautet die Dreimomentengleichung unter Beachtung, daß hier $M_1 = 0$ und $M_3 = 0$ ist, in Übereinstimmung mit Gl. (262):

$$d_2 M_2 + S_2 = 0.$$

Das Diagonalglied d_2 erhält man nach Gl. (259) mit

$$d_2 = 2(l_1 + l_2) = 2(5{,}5 + 7{,}5) = 26{,}0 \text{ m}$$

und das Belastungsglied S_2 nach Gl. (260) mit

$$S_2 = 6(\mathfrak{A}^{(0)}_{2,1} + \mathfrak{A}^{(0)}_{2,3}).$$

Die hier benötigten $\mathfrak{A}^{(0)}$-Werte sind identisch mit den $\alpha^{(0)}$-Werten in Tafel 1, und zwar ist

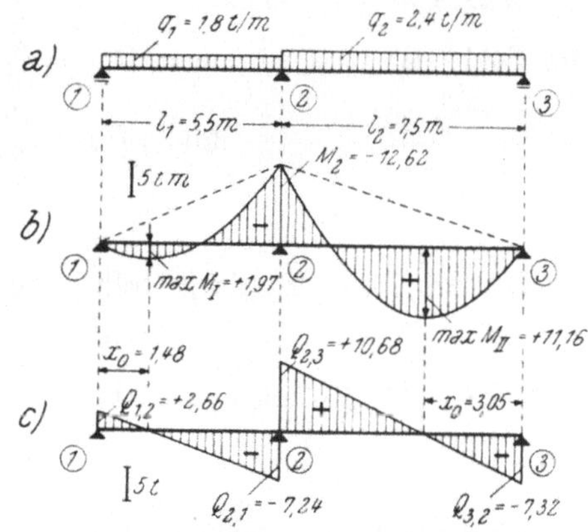

Abb. 295a bis c. M-Linie und Q-Linie für einen Zweifeldträger

$$\mathfrak{A}^{(0)}_{2,1} = \frac{q_1 l_1^3}{24} = \frac{1{,}8 \cdot 5{,}5^3}{24} = 12{,}48 \text{ tm}^2$$

$$\mathfrak{A}^{(0)}_{2,3} = \frac{q_2 l_2^3}{24} = \frac{2{,}4 \cdot 7{,}5^3}{24} = 42{,}20 \text{ ,, .}$$

Somit wird

$$S_2 = 6(12{,}48 + 42{,}20) = 328{,}0 \text{ tm}^2.$$

Durch Einsetzen der zahlenmäßig ermittelten Werte d_2 und S_2 in die oben aufgestellte Gleichung erhält man

$$26{,}0\, M_2 + 328{,}0 = 0$$

und daraus gemäß Gl. (263)

$$M_2 = \frac{-328{,}0}{26{,}0} = -12{,}62 \text{ tm}.$$

Zum Aufzeichnen der M-Linie benötigt man schließlich noch die $M^{(0)}$-Werte

$$M_I^{(0)} = \frac{q_1 l_1^2}{8} = \frac{1{,}8 \cdot 5{,}5^2}{8} = 6{,}81 \text{ tm}$$

und

$$M_{II}^{(0)} = \frac{q_2 l_2^2}{8} = \frac{2{,}4 \cdot 7{,}5^2}{8} = 16{,}88 \text{ ,, }.$$

In Abb. 295b ist der gesamte M-Verlauf maßstäblich aufgetragen.

Querkräfte. Nach Gl. (202) ist allgemein

$$Q_x = Q_x^{(0)} + \frac{M_r - M_l}{l}.$$

Daraus erhält man

$$Q_{1,2} = Q^{(0)}_{1,2} + \frac{M_2}{l_1} = + \frac{1{,}8 \cdot 5{,}5}{2} - \frac{12{,}62}{5{,}5} = +4{,}95 - 2{,}29 = +\ 2{,}66 \text{ t}$$

$$Q_{2,1} = Q^{(0)}_{2,1} + \frac{M_2}{l_1} = \qquad = -4{,}95 - 2{,}29 = -\ 7{,}24 \text{ ,,}$$

$$Q_{2,3} = Q^{(0)}_{2,3} + \frac{-M_2}{l_2} = + \frac{2{,}4 \cdot 7{,}5}{2} + \frac{12{,}62}{7{,}5} = +9{,}00 + 1{,}68 = +10{,}68 \text{ ,,}$$

$$Q_{3,2} = Q^{(0)}_{3,2} + \frac{-M_2}{l_2} = \qquad = -9{,}00 + 1{,}68 = -\ 7{,}32 \text{ ,,}.$$

In Abb. 295c ist die Q-Linie maßstäblich gezeichnet.

Maximale Feldmomente. Gemäß Gl. (161) erhält man

im Feld (I): $$\max M_I = \frac{Q^2_{1,2}}{2 q_1} = \frac{2{,}66^2}{2 \cdot 1{,}8} = +\ 1{,}97 \text{ tm}$$

,, ,, (II): $$\max M_{II} = \frac{Q^2_{3,2}}{2 q_2} = \frac{7{,}32^2}{2 \cdot 2{,}4} = +11{,}16 \text{ ,, }.$$

c) Dreifeldträger

Der in Abb. 296 dargestellte, beliebig belastete Dreifeldträger ist zweifach statisch unbestimmt. Die Dreimomentengleichungen sind für die Stützen (2) und (3) aufzustellen. Nach Gl. (261) ergibt sich für Stütze (2) unter Beachtung, daß hier das erste Glied $l_1 M_1$ wegen $M_1 = 0$ entfällt:

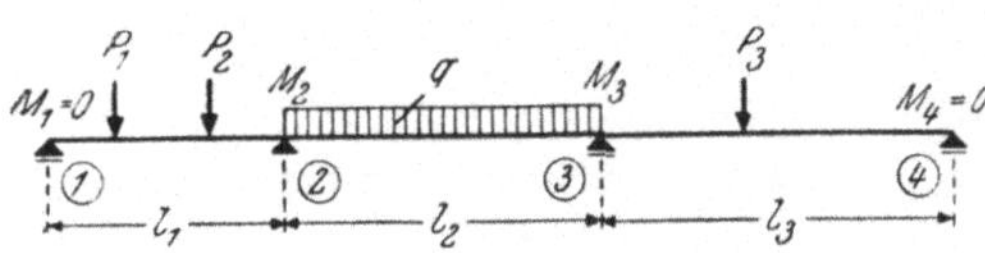

Abb. 296. Dreifeldträger mit beliebiger Belastung

$$d_2 M_2 + l_2 M_3 + S_2 = 0. \quad (264)$$

In der Dreimomentengleichung für Stütze (3) entfällt wegen $M_4 = 0$ das letzte Glied $l_3 M_4$ und man erhält

$$l_2 M_2 + d_3 M_3 + S_3 = 0. \quad (264\text{a})$$

Die in den beiden Gleichungen vorkommenden Diagonalglieder d_2 und d_3 ergeben sich nach Gl. (259) aus

$$d_2 = 2\,(l_1 + l_2) \quad \text{und} \quad d_3 = 2\,(l_2 + l_3) \quad (265)$$

und die Belastungsglieder S_2 und S_3 nach Gl. (260) aus

$$S_2 = 6\,(\mathfrak{A}^{(0)}_{2,1} + \mathfrak{A}^{(0)}_{2,3}) \quad \text{und} \quad S_3 = 6\,(\mathfrak{A}^{(0)}_{3,2} + \mathfrak{A}^{(0)}_{3,4}). \qquad (265\text{a})$$

Nach Auflösung der beiden Gleichungen (264) und (264a) mit den zwei unbekannten Momenten M_2 und M_3 kann der gesamte M-Verlauf durch Einhängen der $M^{(0)}$-Linien in den drei Feldern gezeichnet werden.

Sonderfall. *Symmetrisch ausgebildeter und symmetrisch belasteter Dreifeldträger* (Abb. 297a bis c). Da hier $M_2 = M_{2'}$ sein muß, ist nur ein unbekanntes Stützenmoment vorhanden; die Dreimomentengleichung braucht somit nur für die Stütze (2) angeschrieben zu werden und lautet nach Gl. (261) unter Beachtung, daß $M_1 = 0$ ist,

$$d_2 M_2 + l_2 M_{2'} + S_2 = 0. \qquad (266)$$

Wegen $M_{2'} = M_2$ wird weiter

$$(d_2 + l_2)\, M_2 + S_2 = 0 \qquad (266\text{a})$$

oder

$$\boxed{M_2 = \frac{-S_2}{d_2 + l_2};} \qquad (\mathbf{266\,b})$$

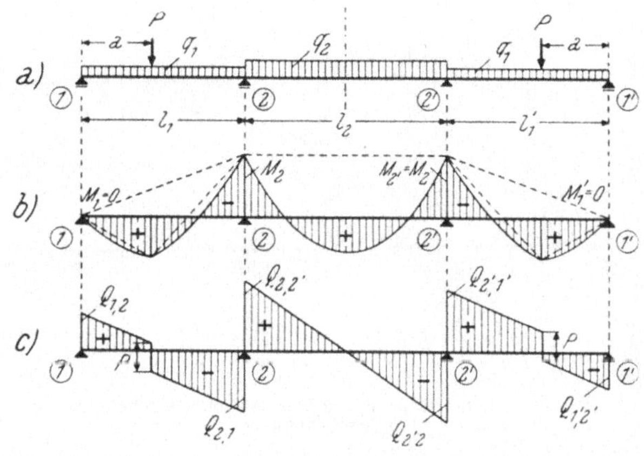

Abb. 297a bis c. M-Linie und Q-Linie für einen symmetrischen Dreifeldträger mit symmetrischer Belastung

hierin ist nach Gl. (259) bzw. (260) $d_2 = 2\,(l_1 + l_2)$ und $S_2 = 6\,(\mathfrak{A}^{(0)}_{2,1} + \mathfrak{A}^{(0)}_{2,3})$. Die vorstehenden Formeln gelten für alle symmetrischen Lastfälle des symmetrisch ausgebildeten Dreifeldträgers. In Abb. 297b und c sind M-Linie und Q-Linie für ein solches Tragsystem dargestellt.

Zahlenbeispiel. *Ermittlung der M-Linie und Q-Linie für einen unsymmetrischen Dreifeldträger.* Die Spannweiten und Belastungsangaben sind aus Abb. 298a zu entnehmen.

Ermittlung der M-Linie

Die beiden Dreimomentengleichungen für die Stützen (2) und (3) können nach Gl. (261) aufgestellt werden; die zugehörigen Diagonalglieder d_2 und d_3 ergeben sich nach Gl. (259) mit

$$d_2 = 2\,(l_1 + l_2) = 2\,(6{,}4 + 8{,}8) = 30{,}4 \text{ m}$$
$$d_3 = 2\,(l_2 + l_3) = 2\,(8{,}8 + 7{,}2) = 32{,}0 \text{ ,, }.$$

Damit erhält man unter Beachtung, daß hier wegen freier Auflagerung an den Endstützen $M_1 = 0$ und $M_4 = 0$ ist, nach Gl. (264) und (264a)

für Stütze (2): $30{,}4\, M_2 + 8{,}8\, M_3 + S_2 = 0$

,, ,, (3): $8{,}8\, M_2 + 32{,}0\, M_3 + S_3 = 0.$

Die Belastungsglieder S_2 und S_3 ergeben sich nach Gl. (260) aus

$$S_2 = 6\,(\mathfrak{A}^{(0)}_{2,1} + \mathfrak{A}^{(0)}_{2,3}) \qquad \text{und} \qquad S_3 = 6\,(\mathfrak{A}^{(0)}_{3,2} + \mathfrak{A}^{(0)}_{3,4}).$$

Die hier auftretenden $\mathfrak{A}^{(0)}$-Werte können für die vorliegenden Belastungen aus folgenden gebrauchsfertigen Formeln (vgl. Tafel 1 und 3) ermittelt werden:

$$\mathfrak{A}^{(0)}_{2,1} = \frac{3\,P_1\,l_1^2}{32} = \frac{3 \cdot 12{,}0 \cdot 6{,}4^2}{32} = 46{,}1 \text{ tm}^2$$

$$\mathfrak{A}^{(0)}_{2,3} = \mathfrak{A}^{(0)}_{3,2} = \frac{q\,l_2^3}{24} = \frac{3{,}5 \cdot 8{,}8^3}{24} = 99{,}4 \text{ tm}^2$$

$$\mathfrak{A}^{(0)}_{3,4} = \frac{P_2\,l_3^2}{16} = \frac{18{,}0 \cdot 7{,}2^2}{16} = 58{,}3 \text{ tm}^2.$$

Somit wird $S_2 = 6\,(46{,}1 + 99{,}4) = 873{,}0 \text{ tm}^2$

und $S_3 = 6\,(99{,}4 + 58{,}3) = 946{,}0$ „ .

Nach Einführung dieser Werte in die oben aufgestellten Gleichungen erhält man

$$30{,}4\,M_2 + 8{,}8\,M_3 + 873{,}0 = 0$$
$$8{,}8\,M_2 + 32{,}0\,M_3 + 946{,}0 = 0.$$

Die Auflösung ergibt

$$M_2 = -21{,}90 \text{ tm}$$
$$M_3 = -23{,}54 \text{ „ .}$$

Nun sind noch die zum Aufzeichnen der M-Linie benötigten $M^{(0)}$-Werte zu berechnen; es wird

im Feld (I):

$$M^{(0)}{}_{P_1} = P_1 \cdot a = 12{,}0 \cdot 1{,}6 = 19{,}20 \text{ tm}$$

im Feld (II):

$$M^{(0)}{}_{II} = \frac{q\,l_2^2}{8} = \frac{3{,}5 \cdot 8{,}8^2}{8} = 33{,}90 \text{ tm}$$

im Feld (III):

$$M^{(0)}{}_{P_2} = \frac{P_2\,l_3}{4} = \frac{18{,}0 \cdot 7{,}2}{4} = 32{,}40 \text{ tm.}$$

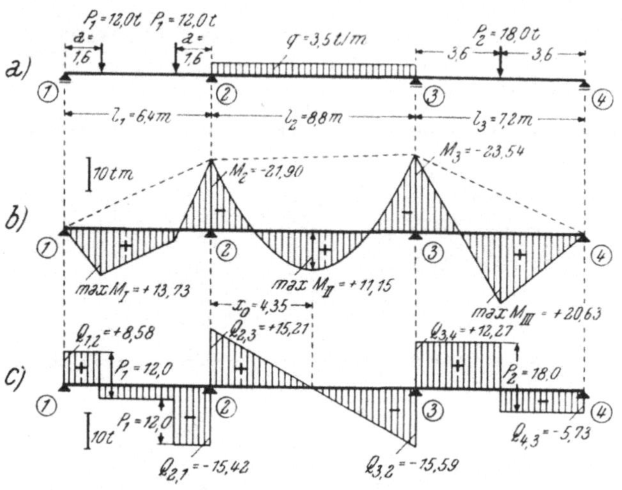

Abb. 298a bis c. M-Linie und Q-Linie für einen unsymmetrischen Dreifeldträger

In Abb. 298b ist der gesamte M-Verlauf maßstäblich aufgezeichnet.

Ermittlung der Q-Linie

Nach Gl. (202) ist allgemein

$$Q_x = Q_x^{(0)} + \frac{M_r - M_l}{l};$$

damit werden für den vorliegenden Fall:

$$Q_{1,2} = +P_1 + \frac{M_2}{l_1} = +12{,}0 - \frac{21{,}90}{6{,}4} = +12{,}0 - 3{,}42 = +8{,}58 \text{ t}$$

$$Q_{2,1} = -P_1 + \frac{M_2}{l_1} = \qquad = -12{,}0 - 3{,}42 = -15{,}42 \text{ t}$$

$$Q_{2,3} = +\frac{q\,l_2}{2} + \frac{M_3 - M_2}{l_2} = +\frac{3{,}5 \cdot 8{,}8}{2} + \frac{-23{,}54 + 21{,}90}{8{,}8} = +15{,}40 - 0{,}19 = +15{,}21 \text{ t}$$

$$Q_{3,2} = -\frac{q\,l_2}{2} + \frac{M_3 - M_2}{l_2} = \qquad = -15{,}40 - 0{,}19 = -15{,}59 \text{ t}$$

$$Q_{3,4} = +\frac{P_2}{2} + \frac{-M_3}{l_3} = +\frac{18{,}0}{2} + \frac{23{,}54}{7{,}2} = +9{,}0 + 3{,}27 = +12{,}27 \text{ t}$$

$$Q_{4,3} = -\frac{P_2}{2} + \frac{-M_3}{l_3} = \qquad = -9{,}0 + 3{,}27 = -5{,}73 \text{ t.}$$

Mit diesen Werten kann die Q-Linie in sämtlichen Feldern aufgezeichnet werden (Abb. 298c).

Ermittlung der maximalen Feldmomente

Man erhält im Feld (I) unter der linken Last P_1 gemäß Gl. (141):

$$\max M_I = Q_{1,2} \cdot a = 8{,}58 \cdot 1{,}6 = +13{,}73 \text{ tm}$$

im Feld (II) gemäß Gl. (215):

$$\max M_{II} = \frac{Q^2_{2,3}}{2\,q} - |M_2| = \frac{15{,}21^2}{2 \cdot 3{,}5} - 21{,}90 = +11{,}15 \text{ tm}$$

im Feld (III) unter der Last P_2 gemäß Gl. (141):

$$\max M_{III} = Q_{4,3} \cdot \frac{l_3}{2} = 5{,}73 \cdot 3{,}6 = +20{,}63 \text{ tm.}$$

d) Vierfeldträger

Die Dreimomentengleichungen für den in Abb. 299a mit beliebiger Belastung dargestellten Vierfeldträger ergeben sich nach Gl. (261) unter Beachtung, daß hier wegen freier Lagerung in den beiden Randstützen $M_1 = 0$ und $M_5 = 0$ ist,

$$\begin{aligned}
&\text{für Stütze (2):} && d_2 M_2 + l_2 M_3 + S_2 = 0 \\
&\text{„ „ (3):} && l_2 M_2 + d_3 M_3 + l_3 M_4 + S_3 = 0 \qquad (267)\\
&\text{„ „ (4):} && l_3 M_3 + d_4 M_4 + S_4 = 0.
\end{aligned}$$

Die Diagonalglieder d_2, d_3, d_4 sind in üblicher Weise nach Gl. (259) und die Belastungsglieder S_2, S_3, S_4 nach Gl. (260) unter Verwendung der gebrauchsfertigen Formeln auf Tafel 1 bis 3 zu berechnen. Nach Auflösung der drei Gleichungen (267) mit den Unbekannten M_2, M_3, M_4 kann die M-Linie mit Hilfe der $M^{(0)}$-Werte aufgezeichnet werden (Abb. 299b). Die Q-Linie (Abb. 299c) ist in üblicher Weise zu ermitteln.

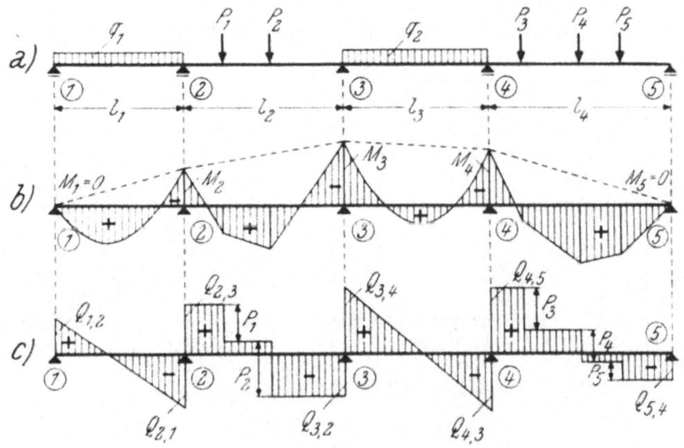

Abb. 299a bis c. Ermittlung der M-Linie und Q-Linie für einen Vierfeldträger mit beliebiger Belastung

Sonderfall. *Symmetrisch ausgebildeter und symmetrisch belasteter Vierfeldträger* (Abb. 300a bis c). Unter Beachtung, daß hier $M_1 = 0$ und $M_{2'} = M_2$ ist, ergeben sich die Dreimomentengleichungen nach Gl. (261)

für Stütze (2):

$$d_2 M_2 + l_2 M_3 + S_2 = 0$$

für Stütze (3): (268)

$$2\, l_2 M_2 + d_3 M_3 + S_3 = 0.$$

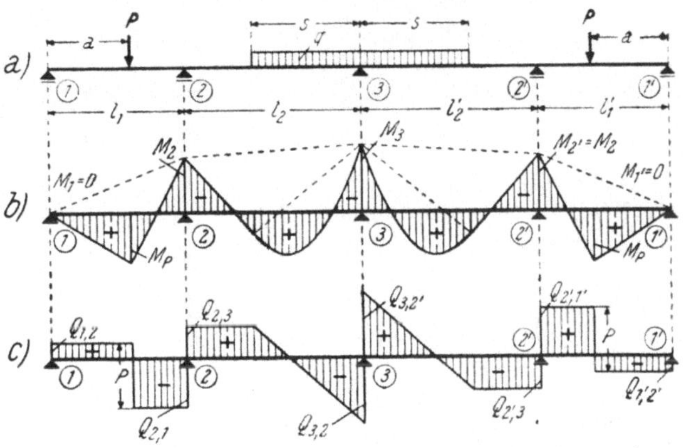

Abb. 300a bis c. Symmetrisch ausgebildeter und symmetrisch belasteter Vierfeldträger

Die Werte d_2, d_3 bzw. S_2, S_3 sind wieder nach Gl. (259) bzw. (260) zu ermitteln. Mit den durch Auflösen der beiden Gleichungen erhaltenen Werten M_2 und M_3 und den $M^{(0)}$-Werten in den Feldern (I) und (II) kann die gesamte M-Linie (Abb. 300b) aufgezeichnet werden. In Abb. 300c ist die zugehörige Q-Linie dargestellt.

Zahlenbeispiel. *Ermittlung der M-Linie und Q-Linie für einen Vierfeldträger.* Die Spannweiten und Belastungsangaben sind aus Abb. 301a zu entnehmen.

Ermittlung der M-Linie

Die Aufstellung der Dreimomentengleichungen für die Mittelstützen (2), (3), (4) kann nach der allgemeinen Gleichung (261) geschehen; sie lautet

$$l_{n-1} M_{n-1} + d_n M_n + l_n M_{n+1} + S_n = 0.$$

Man benötigt also hier die den Stützen (2), (3), (4) entsprechenden Diagonalglieder d_2, d_3, d_4 und die Belastungsglieder S_2, S_3, S_4.

Nach Gl. (259) wird

$$d_2 = 2\,(l_1 + l_2) = 2\,(7{,}5 + 8{,}2) = 31{,}4 \text{ m}$$
$$d_3 = 2\,(l_2 + l_3) = 2\,(8{,}2 + 5{,}5) = 27{,}4 \text{ ,,}$$
$$d_4 = 2\,(l_3 + l_4) = 2\,(5{,}5 + 6{,}8) = 24{,}6 \text{ ,, .}$$

Die Belastungsglieder S_2, S_3 und S_4 erhält man nach Gl. (260) aus

$$S_2 = 6\,(\mathfrak{A}^{(0)}_{2,1} + \mathfrak{A}^{(0)}_{2,3}); \qquad S_3 = 6\,(\mathfrak{A}^{(0)}_{3,2} + \mathfrak{A}^{(0)}_{3,4}); \qquad S_4 = 6\,(\mathfrak{A}^{(0)}_{4,3} + \mathfrak{A}^{(0)}_{4,5}).$$

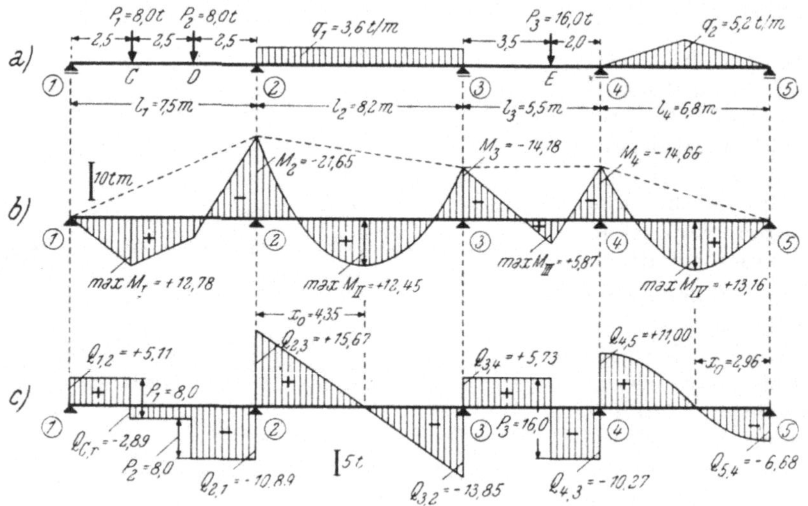

Abb. 301a bis c. *M*-Linie und *Q*-Linie für einen Vierfeldträger

Die $\mathfrak{A}^{(0)}$-Werte ergeben sich nach Tafel 1 bis 3, und zwar

$$\mathfrak{A}^{(0)}_{2,1} = \frac{P_1\,l_1^2}{9} = \frac{8{,}0 \cdot 7{,}5^2}{9} = 50{,}0 \text{ tm}^2$$

$$\mathfrak{A}^{(0)}_{2,3} = \mathfrak{A}^{(0)}_{3,2} = \frac{q_1\,l_2^3}{24} = \frac{3{,}6 \cdot 8{,}2^3}{24} = 82{,}7 \text{ tm}^2$$

$$\mathfrak{A}^{(0)}_{3,4} = \frac{P_3\,a\,b}{6\,l_3}\,(b + l_3) = \frac{16{,}0 \cdot 3{,}5 \cdot 2{,}0}{6 \cdot 5{,}5}\,(2{,}0 + 5{,}5) = 25{,}5 \text{ tm}^2$$

$$\mathfrak{A}^{(0)}_{4,3} = \frac{P_3\,a\,b}{6\,l_3}\,(a + l_3) = \frac{16{,}0 \cdot 3{,}5 \cdot 2{,}0}{6 \cdot 5{,}5}\,(3{,}5 + 5{,}5) = 30{,}5 \text{ tm}^2$$

$$\mathfrak{A}^{(0)}_{4,5} = \frac{5\,q_2\,l_4^3}{192} = \frac{5 \cdot 5{,}2 \cdot 6{,}8^3}{192} = 42{,}6 \text{ tm}^2.$$

Damit wird

$$S_2 = 6\,(50{,}0 + 82{,}7) = 796{,}0 \text{ tm}^2$$
$$S_3 = 6\,(82{,}7 + 25{,}5) = 649{,}0 \text{ ,,}$$
$$S_4 = 6\,(30{,}5 + 42{,}6) = 439{,}0 \text{ ,, .}$$

Führt man diese Werte in die oben zitierte allgemeine Form der Dreimomentengleichungen ein, so erhält man unter Beachtung, daß infolge freier Lagerung der Trägerenden $M_1 = 0$ und $M_5 = 0$ ist,

für Stütze (2): $31{,}4\,M_2 + 8{,}2\,M_3 + 796{,}0 = 0$

„ „ (3): $8{,}2\,M_2 + 27{,}4\,M_3 + 5{,}5\,M_4 + 649{,}0 = 0$

„ „ (4): $5{,}5\,M_3 + 24{,}6\,M_4 + 439{,}0 = 0.$

Die Auflösung ergibt:

$$M_2 = -21{,}65\ \text{tm};\quad M_3 = -14{,}18\ \text{tm};\quad M_4 = -14{,}66\ \text{tm}.$$

Die zum Auftragen der gesamten M-Linie erforderlichen $M^{(0)}$-Werte können mit Hilfe der auf den Tafeln 1 bis 3 enthaltenen Angaben leicht ermittelt werden. In Abb. 301b ist der M-Verlauf maßstäblich dargestellt.

Ermittlung der Q-Linie

Die erforderlichen Q-Werte links bzw. rechts der einzelnen Stützen sowie der einzelnen Lastangriffspunkte C, D, E ergeben sich unter Anwendung der Formel (202) bzw. nach der Definition Seite 101, und zwar

im Feld (I):

$$Q_{1,2} = Q_{C,l} = +P_1 + \frac{M_2}{l_1} = +8{,}0 - \frac{21{,}65}{7{,}5} = +5{,}11\ \text{t}$$

$$Q_{C,r} = Q_{D,l} = Q_{C,l} - P_1 = +5{,}11 - 8{,}0 = -2{,}89\ \text{t}$$

$$Q_{D,r} = Q_{2,1} = Q_{D,l} - P_2 = -2{,}89 - 8{,}0 = -10{,}89\ \text{t}$$

im Feld (II):

$$Q_{2,3} = +\frac{q_1 l_2}{2} + \frac{M_3 - M_2}{l_2} = +\frac{3{,}6 \cdot 8{,}2}{2} + \frac{-14{,}18 + 21{,}65}{8{,}2} = +14{,}76 + 0{,}91 = +15{,}67\,\text{t}$$

$$Q_{3,2} = -\frac{q_1 l_2}{2} + \frac{M_3 - M_2}{l_2} = \quad = -14{,}76 + 0{,}91 = -13{,}85\,\text{t}$$

im Feld (III):

$$Q_{3,4} = Q_{E,l} = +\frac{P_3 b}{l_3} + \frac{M_4 - M_3}{l_3} = +\frac{16{,}0 \cdot 2{,}0}{5{,}5} + \frac{-14{,}66 + 14{,}18}{5{,}5} =$$

$$= +5{,}82 - 0{,}09 = +5{,}73\ \text{t}$$

$$Q_{E,r} = Q_{4,3} = Q_{E,l} - P_3 = \quad = +5{,}73 - 16{,}0 = -10{,}27\ \text{t}$$

im Feld (IV):

$$Q_{4,5} = +\frac{q_2 l_4}{4} + \frac{-M_4}{l_4} = +\frac{5{,}2 \cdot 6{,}8}{4} + \frac{14{,}66}{6{,}8} = +8{,}84 + 2{,}16 = +11{,}00\ \text{t}$$

$$Q_{5,4} = -\frac{q_2 l_4}{4} + \frac{-M_4}{l_4} = \quad = -8{,}84 + 2{,}16 = -6{,}68\ \text{t}.$$

In Abb. 301c ist die Q-Linie mit den vorstehenden Werten maßstäblich aufgetragen.

Ermittlung der maximalen Feldmomente

Im Feld (I) erhält man gemäß Gl. (141) unter der Last P_1:

$$\max M_I = Q_{1,2} \cdot \frac{l_1}{3} = 5{,}11 \cdot 2{,}5 = +12{,}78\ \text{tm}.$$

Im Feld (II) wird gemäß Gl. (215):

$$\max M_{II} = \frac{Q^2_{2,3}}{2\,q_1} - |M_2| = \frac{15{,}67^2}{2 \cdot 3{,}6} - 21{,}65 = 34{,}10 - 21{,}65 = +12{,}45\ \text{tm}.$$

Im Feld (III) erhält man gemäß Gl. (203) unter der Last P_3:

$$\max M_{III} = \frac{P_3\,a\,b}{l_3} + M_3 \cdot \frac{b}{l_3} + M_4 \cdot \frac{a}{l_3} = \frac{16{,}0 \cdot 3{,}5 \cdot 2{,}0}{5{,}5} - \frac{14{,}18 \cdot 2{,}0}{5{,}5} - \frac{14{,}66 \cdot 3{,}5}{5{,}5} =$$

$$= 20{,}36 - 5{,}16 - 9{,}33 = +5{,}87\ \text{tm}.$$

Im Feld (IV): Hier muß zuerst die Nullstelle der Querkraft ermittelt werden. Mit dem Abstand x_0 vom Auflager (5) erhält man (vgl. Erläuterungen Seite 107f.)

$$Q = Q_{5,4} - \frac{q_2\,x_0^2}{l_4} = 0$$

und daraus

$$x_0 = \sqrt{\frac{Q_{5,4} \cdot l_4}{q_2}} = \sqrt{\frac{6{,}68 \cdot 6{,}8}{5{,}2}} = 2{,}96 \text{ m}.$$

Damit wird

$$\max M_{IV} = Q_{5,4} \cdot x_0 - \frac{q_2\, x_0^3}{3\, l_4} = 6{,}68 \cdot 2{,}96 - \frac{5{,}2 \cdot 2{,}96^3}{3 \cdot 6{,}8} = 19{,}77 - 6{,}61 = +13{,}16 \text{ tm}.$$

Die Werte für max M können natürlich bei maßstäblichem Auftragen der M-Linie in der Regel mit einer für praktische Zwecke genügenden Genauigkeit aus der Zeichnung entnommen werden.

e) Fünffeldträger

Für den in Abb. 302a gegebenen beliebig belasteten Fünffeldträger mit freien Randlagern sind $M_1 = 0$ und $M_6 = 0$; die Dreimomentengleichungen lauten daher nach Gl. (261)

$$\begin{aligned}
&\text{für Stütze (2):} \quad d_2 M_2 + l_2 M_3 + S_2 = 0\\
&\text{,, \quad ,, \quad (3):} \quad l_2 M_2 + d_3 M_3 + l_3 M_4 + S_3 = 0\\
&\text{,, \quad ,, \quad (4):} \quad l_3 M_3 + d_4 M_4 + l_4 M_5 + S_4 = 0\\
&\text{,, \quad ,, \quad (5):} \quad l_4 M_4 + d_5 M_5 + S_5 = 0.
\end{aligned} \tag{269}$$

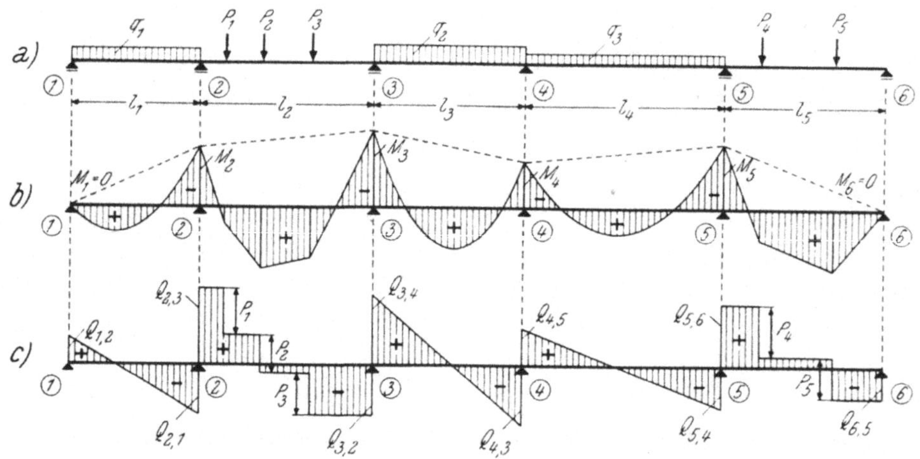

Abb. 302a bis c. Ermittlung der M-Linie und Q-Linie für einen Fünffeldträger mit beliebiger Belastung

Die in den Gleichungen auftretenden Diagonalglieder d_2, d_3, d_4, d_5 ergeben sich nach Gl. (259) mit

$$d_2 = 2\,(l_1 + l_2); \qquad d_3 = 2\,(l_2 + l_3)$$
$$d_4 = 2\,(l_3 + l_4); \qquad d_5 = 2\,(l_4 + l_5)$$

und die Belastungsglieder S_2, S_3, S_4, S_5 nach Gl. (260) mit

$$S_2 = 6\,(\mathfrak{A}^{(0)}{}_{2,1} + \mathfrak{A}^{(0)}{}_{2,3}); \qquad S_3 = 6\,(\mathfrak{A}^{(0)}{}_{3,2} + \mathfrak{A}^{(0)}{}_{3,4})$$
$$S_4 = 6\,(\mathfrak{A}^{(0)}{}_{4,3} + \mathfrak{A}^{(0)}{}_{4,5}); \qquad S_5 = 6\,(\mathfrak{A}^{(0)}{}_{5,4} + \mathfrak{A}^{(0)}{}_{5,6}).$$

Die $\mathfrak{A}^{(0)}$-Werte sind für die verschiedenen Lastfälle mit Hilfe der gebrauchsfertigen Formeln auf Tafel 1 bis 3 zu berechnen. Nach Auflösung der Gleichungen und Ermittlung der $M^{(0)}$-Werte kann der gesamte M-Verlauf gezeichnet werden (Abb. 302b).

Die zum Aufzeichnen der zugehörigen Q-Linie (Abb. 302c) erforderlichen Werte können durch wiederholte Anwendung der allgemeinen Q-Formel (202) ermittelt werden.

D. Ermittlung der Maximalmomentenlinie mit Hilfe der Dreimomentengleichungen

a) Allgemeine Erläuterungen

Wie bei allen Tragwerken, so sind auch bei der Berechnung von Durchlaufträgern stets die ungünstigsten Einflüsse der Belastung zu erfassen, d. h. es sind die in den einzelnen Querschnitten unter der Wirkung der äußeren Belastung auftretenden Größtwerte der Biegungsmomente M und der Querkräfte Q festzustellen. Hier ist daher zu unterscheiden zwischen der „ständigen Belastung" und der sog. „Nutzlast" oder „Verkehrslast", die abwechselnd nur in einzelnen oder auch in sämtlichen Feldern gleichzeitig wirken kann. Die gesamte Gleichlast q eines Feldes besteht in der Regel aus der „ständigen Last" g und der „Nutzlast" p; es ist somit $q = g + p$. Setzt sich eine Einzellast P_q aus ständiger Last P_g und Nutzlast P_p zusammen, so gilt sinngemäß $P_q = P_g + P_p$.

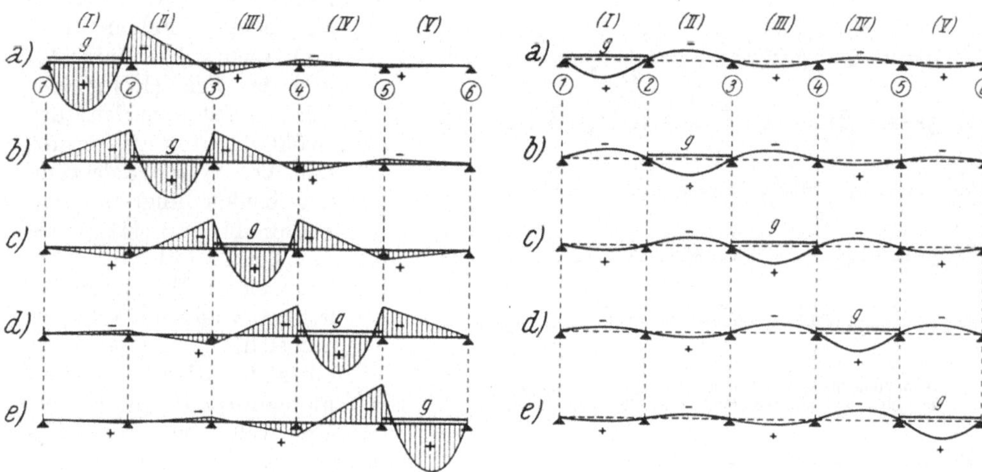

Abb. 303a bis e. M-Linien eines Fünffeldträgers bei Belastung nur je *eines* Feldes

Abb. 304a bis e. Biegelinien eines Fünffeldträgers bei Belastung nur je *eines* Feldes

Um einen klaren Einblick in das Verhalten eines Durchlaufträgers bei verschiedenen Belastungen zu gewinnen, ist es zweckmäßig, den Einfluß der Belastung irgendeines Feldes auf alle übrigen Felder gesondert zu verfolgen. Dabei ist leicht zu erkennen, daß durch Belastung eines beliebigen Feldes in den übrigen unbelasteten Feldern abwechselnd positive und negative Momente auftreten. Diese Zusammenhänge sind in Abb. 303a bis e für einen Fünffeldträger dargestellt, und zwar zeigt Abb. 303a den M-Verlauf, wenn nur das erste Feld allein mit einer durchgehenden Gleichlast g belastet ist; analog ist in Abb. 303b bis e jeweils der M-Verlauf wiedergegeben, wenn der Reihe nach je ein weiteres Feld allein mit g belastet wird. In Abb. 304a bis e sind für die in Abb. 303a bis e dargestellten Lastfälle und M-Linien die zugehörigen Biegelinien schematisch gezeichnet.

Anhand dieser beiden Abbildungsgruppen ist leicht herauszufinden, daß beispielsweise im *ersten* Feld nur dann die größten positiven Momente auftreten, wenn sowohl das *erste* (Abb. 304a) als auch das *dritte* (Abb. 304c) und *fünfte* Feld

(Abb. 304e) mit der Nutzlast p belastet werden, denn jeder dieser Lastfälle ruft im *ersten* Feld ein positives Feldmoment hervor. Hingegen ergibt sich im *zweiten* Feld immer dann das größte positive Moment, wenn gleichzeitig das *zweite* und das *vierte* Feld (vgl. Abb. 304b und d) mit p belastet werden.

Bei genauer Betrachtung erkennt man aber weiter, daß bei gleichzeitiger Belastung der Felder (I), (III), (V) nicht nur im Feld (I) das größte positive Moment erzeugt wird, sondern auch in den Feldern (III) und (V) je ein maximales positives Moment auftritt. Ebenso erhält man bei gleichzeitiger Belastung der Felder (II) und (IV) sowohl im Feld (II) als auch im Feld (IV) Größtwerte der positiven Momente.

Daraus folgt die wichtige Feststellung, daß mit nur zwei Belastungsfällen sämtliche maximalen Feldmomente ermittelt werden können, und zwar ergibt die gleichzeitige Belastung der Felder mit den ungeraden Zahlen (I), (III), (V) usw. in allen diesen Feldern Größtwerte der positiven Momente, und ebenso erzeugt die gleichzeitige Belastung der Felder mit den geraden Zahlen (II), (IV), (VI) usw. in diesen Feldern größte positive Momente.

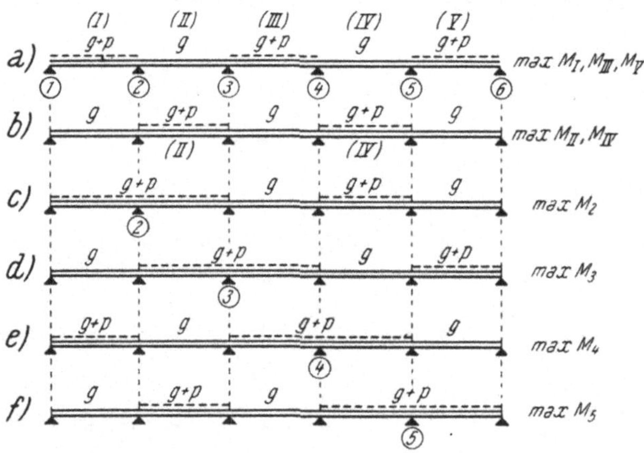

Abb. 305a bis f. Belastungs-Kombinationen zur Ermittlung der größten Feld- und Stützenmomente

Der Größtwert des negativen Stützenmomentes M_2 entsteht, wenn die beiden Felder links und rechts der Stütze (2) und das Feld (IV) gleichzeitig belastet werden; der Größtwert für M_3 ergibt sich bei voller Belastung der beiden angrenzenden Felder (II) und (III) sowie des Feldes (V) (vgl. Abb. 303a bis e). Man kann daher ganz allgemein sagen, daß sich der maximale Wert eines negativen Stützenmomentes M_n immer ergibt, wenn die Felder links und rechts dieser Stütze (n) sowie auf beiden Seiten abwechselnd jedes weitere zweite Feld gleichzeitig voll belastet werden.

Das Ergebnis dieser allgemeinen Betrachtungen ist in Abb. 305a bis f übersichtlich dargestellt; sie zeigen die Belastungsanordnungen für die Nutzlast p, bei welcher die verschiedenen maximalen Feld- und Stützenmomente auftreten.

Bei der zahlenmäßigen Ermittlung der Maximalmomentenlinie ist zu beachten, daß von der gegebenen Gesamtbelastung $q = g + p$ der Anteil der ständigen Belastung g stets in allen Feldern vorhanden ist und daß nur die Nutzlast p nach dem in Abb. 305a bis f dargestellten Schema abwechselnd in den einzelnen Feldern wirkend anzunehmen ist. Die Anzahl der hierbei in Rechnung zu stellenden Last-Kombinationen ist nach dem Schema der Abb. 305a bis f sehr einfach feststellbar: Für die Ermittlung sämtlicher Größtwerte der positiven Feldmomente sind nur zwei Lastfälle erforderlich, während für jedes maximale Stützenmoment je ein besonderer Lastfall maßgebend ist. Insgesamt sind also für einen Durchlaufträger mit r Innenstützen

$$z = r + 2 \tag{270}$$

Belastungsfälle zur Ermittlung sämtlicher Größtwerte bzw. Kleinstwerte der

Biegungsmomente erforderlich. Bezeichnet man die Anzahl der Felder mit (n), so kann die Anzahl der erforderlichen Last-Kombinationen auch aus

$$z = n + 1 \tag{270a}$$

bestimmt werden.

b) Rechnungsgang für einen Dreifeldträger

Das allgemeine Berechnungsverfahren zur Ermittlung der Maximalmomentenlinie soll hier für einen Dreifeldträger, dessen Belastung aus einer durchgehenden Gleichlast g und der Nutzlast p besteht, mit allen Einzelheiten eingehend erläutert werden. Nach Gl. (270) sind insgesamt vier Belastungsfälle in Rechnung zu stellen:

Belastungsfall 1: Zur Ermittlung von max M_I und max M_{III} (Abb. 306).

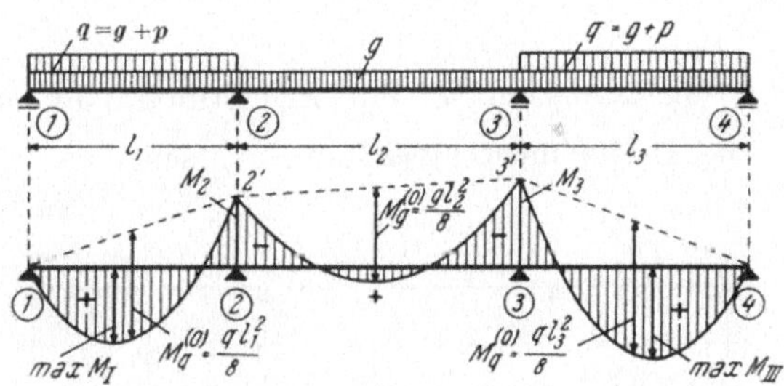

Abb. 306. Belastungsfall für max M_I und max M_{III}

Nach Gl. (261) lauten die Dreimomentengleichungen unter Beachtung, daß hier $M_1 = 0$ und $M_4 = 0$ ist, mit den Bezeichnungen der Abb. 306

$$\begin{aligned} d_2 M_2 + l_2 M_3 + S_2^{(1)} &= 0 \\ l_2 M_2 + d_3 M_3 + S_3^{(1)} &= 0. \end{aligned} \tag{271}$$

Hierin ist nach Gl. (260) gemäß Abb. 306 und der gebrauchsfertigen Formel aus Tafel 1

$$S_2^{(1)} = 6\,(\mathfrak{A}^{(0)}_{2,1} + \mathfrak{A}^{(0)}_{2,3}) = 6\left(\frac{q\,l_1^3}{24} + \frac{g\,l_2^3}{24}\right) = \frac{q\,l_1^3}{4} + \frac{g\,l_2^3}{4}$$

und

$$S_3^{(1)} = 6\,(\mathfrak{A}^{(0)}_{3,2} + \mathfrak{A}^{(0)}_{3,4}) = \frac{g\,l_2^3}{4} + \frac{q\,l_3^3}{4}. \tag{271a}$$

Belastungsfall 2: Zur Ermittlung von max M_{II} (Abb. 307).

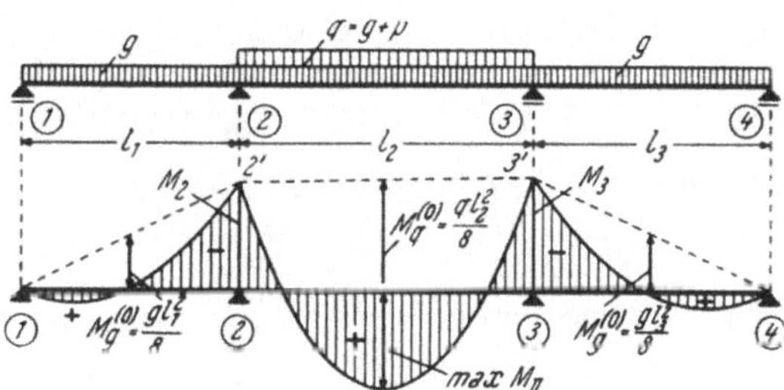

Abb. 307. Belastungsfall für max M_{II}

Die Dreimomentengleichungen für den vorliegenden Belastungsfall unterscheiden sich von jenen des vorher behandelten nur durch die Belastungsglieder $S_2^{(2)}$ und $S_3^{(2)}$; man erhält

$$\begin{aligned} d_2 M_2 + l_2 M_3 + S_2^{(2)} &= 0 \\ l_2 M_2 + d_3 M_3 + S_3^{(2)} &= 0. \end{aligned} \tag{272}$$

Gemäß Abb. 307 ergeben sich die $S^{(2)}$-Glieder mit

$$S_2^{(2)} = 6\,(\mathfrak{A}^{(0)}_{2,1} + \mathfrak{A}^{(0)}_{2,3}) = 6\left(\frac{g\,l_1^3}{24} + \frac{q\,l_2^3}{24}\right) = \frac{g\,l_1^3}{4} + \frac{q\,l_2^3}{4}$$

und

$$S_3^{(2)} = 6\,(\mathfrak{A}^{(0)}_{3,2} + \mathfrak{A}^{(0)}_{3,4}) = \frac{q\,l_2^3}{4} + \frac{g\,l_3^3}{4}. \tag{272a}$$

Belastungsfall 3: Zur Ermittlung von max M_2 (Abb. 308).
Die Dreimomentengleichungen lauten gemäß Gl. (261)

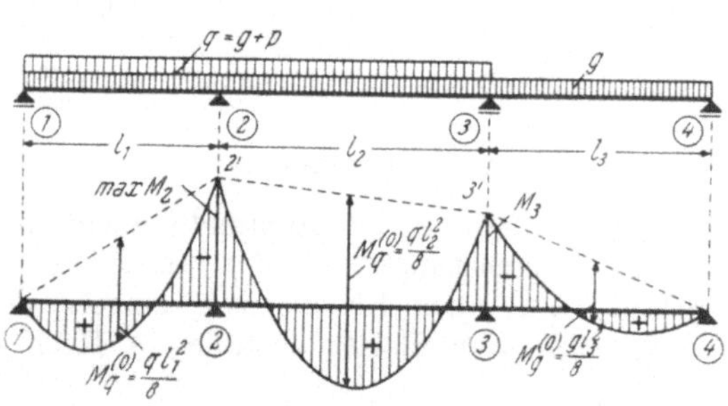

Abb. 308. Belastungsfall für max M_2

$$\begin{aligned} d_2 M_2 + l_2 M_3 + S_2^{(3)} &= 0 \\ l_2 M_2 + d_3 M_3 + S_3^{(3)} &= 0. \end{aligned} \tag{273}$$

Die hier maßgebenden $S^{(3)}$-Glieder erhält man anhand Abb. 308 mit

$$S_2^{(3)} = 6\,(\mathfrak{A}^{(0)}_{2,1} + \mathfrak{A}^{(0)}_{2,3}) = 6\left(\frac{q\,l_1^3}{24} + \frac{q\,l_2^3}{24}\right) = \frac{q\,l_1^3}{4} + \frac{q\,l_2^3}{4}$$

und (273a)

$$S_3^{(3)} = 6\,(\mathfrak{A}^{(0)}_{3,2} + \mathfrak{A}^{(0)}_{3,4}) = \frac{q\,l_2^3}{4} + \frac{g\,l_3^3}{4}.$$

Belastungsfall 4: Zur Ermittlung von max M_3 (Abb. 309).
Die Dreimomentengleichungen erscheinen wieder in der gleichen Form

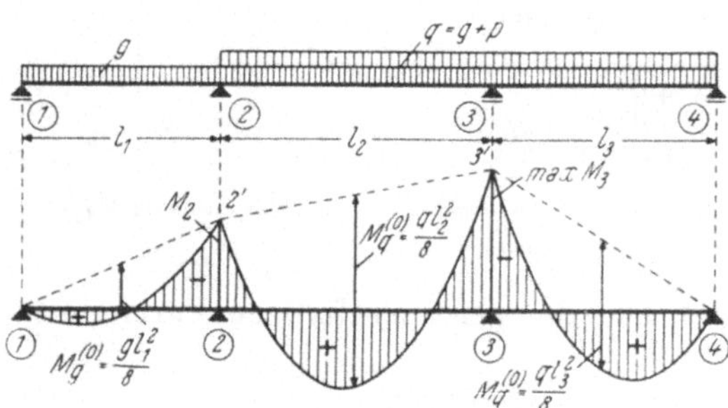

Abb. 309. Belastungsfall für max M_3

$$\begin{aligned} d_2 M_2 + l_2 M_3 + S_2^{(4)} &= 0 \\ l_2 M_2 + d_3 M_3 + S_3^{(4)} &= 0. \end{aligned} \tag{274}$$

Die $S^{(4)}$-Glieder ergeben sich gemäß Abb. 309 mit

$$S_2^{(4)} = 6\,(\mathfrak{A}^{(0)}_{2,1} + \mathfrak{A}^{(0)}_{2,3}) = 6\left(\frac{g\,l_1^3}{24} + \frac{q\,l_2^3}{24}\right) = \frac{g\,l_1^3}{4} + \frac{q\,l_2^3}{4}$$

und (274a)

$$S_3^{(4)} = 6\,(\mathfrak{A}^{(0)}_{3,2} + \mathfrak{A}^{(0)}_{3,4}) = \frac{q\,l_2^3}{4} + \frac{q\,l_3^3}{4}.$$

Durch getrennte Auflösung dieser vier Gleichungsgruppen (271) bis (274) sind sämtliche den vier Belastungsfällen entsprechenden Stützenmomente M_2 und M_3 bestimmt; damit können auch die zugehörigen M-Linien aufgezeichnet werden (vgl. Abb. 306 bis 309). Man benötigt hierzu aber wieder die entsprechenden $M^{(0)}$-Werte, und zwar für die voll belasteten Felder $M_q^{(0)} = q\,l^2/8$ und für die nur mit g belasteten die Werte $M_g^{(0)} = g\,l^2/8$.

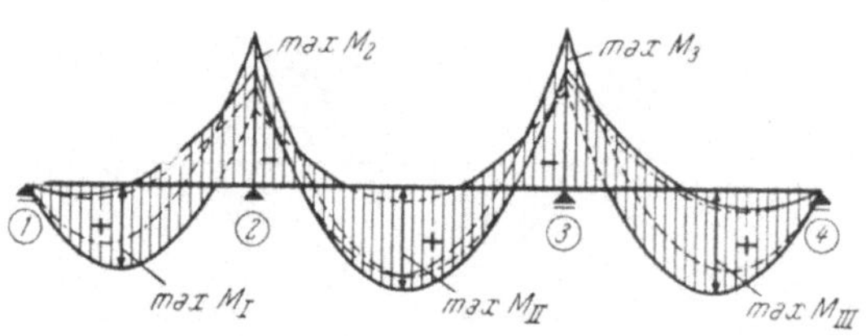

Abb. 310. Maximalmomentenlinie durch Überlagerung der M-Linien aus Abb. 306 bis 309

Durch Vereinigung dieser vier M-Linien aus den Abb. 306 bis 309 in einer einzigen Zeichnung erhält man die in Abb. 310 schematisch dargestellte Maximalmomentenlinie.

Die praktische Durchführung dieses Berechnungsverfahrens zur Ermittlung der Maximalmomentenlinie läßt sich aber noch erheblich vereinfachen. Es ist nicht notwendig, die Dreimomentengleichungen für die vier zu behandelnden Belastungsfälle getrennt anzuschreiben. Betrachtet man die gesondert aufgestellten vier Gleichungsgruppen (271) bis (274), so erkennt man, daß sie sich nur durch die Belastungsglieder S unterscheiden, während die M-Glieder in allen vier Fällen unverändert bleiben. Diese Tatsache kann vorteilhaft ausgenutzt werden, wenn man die den vier Belastungsfällen entsprechenden Gleichungsgruppen **tabellarisch** aufstellt; für den vorliegenden Fall ist das in der folgenden Gleichungstabelle geschehen. Sie enthält in der ersten Zeile, also im Tabellenkopf, die den M-Gliedern entsprechenden Werte M_2 und M_3 sowie die Bezeichnung der einzelnen Belastungsfälle (B_1, B_2, B_3, B_4). In die erste Spalte schreibt man die Bezeichnung der Stützen, zu welchen die in der betreffenden Zeile stehenden Dreimomentengleichungen gehören. In den Spalten unter den Bezeichnungen B_1, B_2, B_3, B_4 stehen die diesen Belastungsfällen entsprechenden Belastungsglieder $S^{(1)}$, $S^{(2)}$, $S^{(3)}$, $S^{(4)}$.

Gleichungstabelle

Stütze	M_2	M_3	B_1	B_2	B_3	B_4
(2)	d_2	l_2	$S_2^{(1)}$	$S_2^{(2)}$	$S_2^{(3)}$	$S_2^{(4)}$
(3)	l_2	d_3	$S_3^{(1)}$	$S_3^{(2)}$	$S_3^{(3)}$	$S_3^{(4)}$

Diese Gleichungen haben die besondere Eigenschaft, daß sie in bezug auf die von links nach rechts fallende Diagonale, die hier von den „Diagonalgliedern" d_2 und d_3 gebildet wird, stets symmetrisch gebaut sind. Im vorliegenden Fall liegen also die beiden Glieder l_2 symmetrisch.

Wie anschließend an einem Zahlenbeispiel mit allen Einzelheiten ausführlich gezeigt wird, kann die Auflösung dieser vier Gleichungsgruppen gemeinsam durchgeführt werden, wodurch sich der Gesamtumfang der Rechenarbeiten wesentlich vermindert.

c) Zahlenbeispiel

Es ist die Maximalmomentenlinie für einen Dreifeldträger rechnerisch zu ermitteln. Die Spannweiten und Belastungsangaben sind aus Abb. 311 zu entnehmen. Zur Lösung dieser Aufgabe sind nach Gl. (270a) insgesamt $z = 3 + 1 = 4$ Belastungsfälle zu behandeln; sie sind in Abb. 312 schematisch dargestellt. Als Vorarbeit für die Aufstellung der Dreimomentengleichungen sind die d-Glieder und die Belastungsglieder S zu ermitteln.

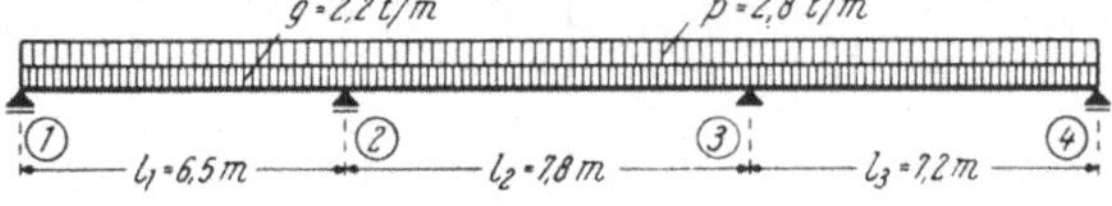

Abb. 311. Dreifeldträger mit Spannweiten und Belastungsangaben

Nach Gl. (259) wird gemäß Abb. 311

$$d_2 = 2\,(l_1 + l_2) = 2\,(6{,}5 + 7{,}8) = 28{,}6 \text{ m}$$
$$d_3 = 2\,(l_2 + l_3) = 2\,(7{,}8 + 7{,}2) = 30{,}0 \;\text{,,}\;.$$

Die Belastungsglieder S erhält man allgemein aus Gl. (260), und zwar ergeben sich gemäß Abb. 312 für

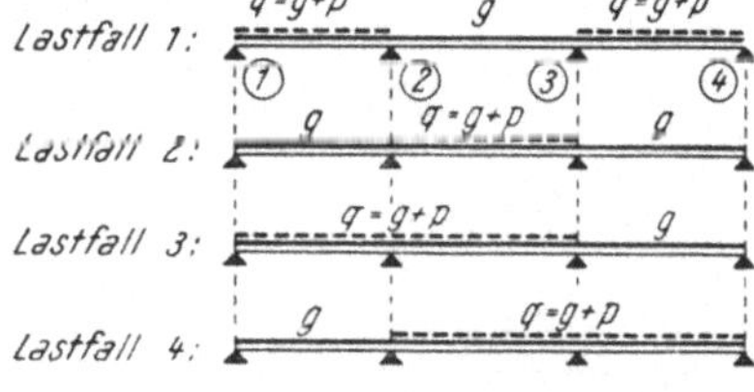

Abb. 312. Belastungs-Kombinationen zur Ermittlung der max M-Linie

Lastfall 1 nach Gl. (271a):

$$S_2^{(1)} = \frac{q\,l_1^3}{4} + \frac{g\,l_2^3}{4} = \frac{5{,}0 \cdot 6{,}5^3}{4} + \frac{2{,}2 \cdot 7{,}8^3}{4} = 343{,}0 + 261{,}0 = 604{,}0 \text{ tm}^2$$

$$S_3^{(1)} = \frac{g\,l_2^3}{4} + \frac{q\,l_3^3}{4} = \frac{2{,}2 \cdot 7{,}8^3}{4} + \frac{5{,}0 \cdot 7{,}2^3}{4} = 261{,}0 + 467{,}0 = 728{,}0 \;\text{,,}\;.$$

Lastfall 2 nach Gl. (272a):

$$S_2^{(2)} = \frac{q\,l_1^3}{4} + \frac{q\,l_2^3}{4} = \frac{2{,}2 \cdot 6{,}5^3}{4} + \frac{5{,}0 \cdot 7{,}8^3}{4} = 151{,}0 + 593{,}0 = 744{,}0 \text{ tm}^2$$

$$S_3^{(2)} = \frac{q\,l_2^3}{4} + \frac{q\,l_3^3}{4} = \frac{5{,}0 \cdot 7{,}8^3}{4} + \frac{2{,}2 \cdot 7{,}2^3}{4} = 593{,}0 + 205{,}3 = 798{,}3 \text{ ,, } .$$

Lastfall 3 nach Gl. (273a):

$$S_2^{(3)} = \frac{q\,l_1^3}{4} + \frac{q\,l_2^3}{4} = \frac{5{,}0 \cdot 6{,}5^3}{4} + \frac{5{,}0 \cdot 7{,}8^3}{4} = 343{,}0 + 593{,}0 = 936{,}0 \text{ tm}^2$$

$$S_3^{(3)} = \frac{q\,l_2^3}{4} + \frac{q\,l_3^3}{4} = \frac{5{,}0 \cdot 7{,}8^3}{4} + \frac{2{,}2 \cdot 7{,}2^3}{4} = 593{,}0 + 205{,}3 = 798{,}3 \text{ ,, } .$$

Lastfall 4 nach Gl. (274a):

$$S_2^{(4)} = \frac{q\,l_1^3}{4} + \frac{q\,l_2^3}{4} = \frac{2{,}2 \cdot 6{,}5^3}{4} + \frac{5{,}0 \cdot 7{,}8^3}{4} = 151{,}0 + 593{,}0 = 744{,}0 \text{ tm}^2$$

$$S_3^{(4)} = \frac{q\,l_2^3}{4} + \frac{q\,l_3^3}{4} = \frac{5{,}0 \cdot 7{,}8^3}{4} + \frac{5{,}0 \cdot 7{,}2^3}{4} = 593{,}0 + 467{,}0 = 1060{,}0 \text{ ,, } .$$

Damit kann die Aufstellung der Dreimomentengleichungen gemeinsam für alle vier Belastungsfälle anschließend tabellarisch vorgenommen werden.

Gleichungstabelle

	M_2	M_3	B_1	B_2	B_3	B_4
Für Stütze (2)	+ 28,6	+ 7,8	+ 604,0	+ 744,0	+ 936,0	+ 744,0
,, ,, (3)	+ 7,8	+ 30,0	+ 728,0	+ 798,3	+ 798,3	+ 1060,0

Auflösung der Gleichungen

Nr.	Rechnungsgang	M_2	M_3	B_1	B_2	B_3	B_4
(1)		+ 28,6	+ 7,8	+ 604,0	+ 744,0	+ 936,0	+ 744,0
(2)		+ 7,8	+ 30,0	+ 728,0	+ 798,3	+ 798,3	+ 1060,0
(3)	$-\frac{7{,}8}{28{,}6} \cdot (1)$	— 7,8	— 2,13	— 164,7	— 202,9	— 255,3	— 202,9
(4)	(2) + (3)	0	+ 27,87	+ 563,3	+ 595,4	+ 543,0	+ 857,1

Ermittlung der M_3-Werte: Aus Zeile (4) erhält man für

Lastfall 1: $$M_3 = -\frac{563{,}3}{27{,}87} = -20{,}21 \text{ tm}$$

,, 2: $$M_3 = -\frac{595{,}4}{27{,}87} = -21{,}36 \text{ ,,}$$

,, 3: $$M_3 = -\frac{543{,}0}{27{,}87} = -19{,}48 \text{ ,,}$$

,, 4: $$M_3 = -\frac{857{,}1}{27{,}87} = -30{,}75 \text{ ,, } .$$

Ermittlung der M_2-Werte: Aus Zeile (1) ergibt sich für

Lastfall 1: $$M_2 = \frac{-604{,}0 + 7{,}8 \cdot 20{,}21}{28{,}6} = -15{,}61 \text{ tm}$$

,, 2: $$M_2 = \frac{-744{,}0 + 7{,}8 \cdot 21{,}36}{28{,}6} = -20{,}19 \text{ ,,}$$

Lastfall 3: $$M_2 = \frac{-936{,}0 + 7{,}8 \cdot 19{,}48}{28{,}6} = -27{,}42 \text{ tm}$$

„ 4: $$M_2 = \frac{-744{,}0 + 7{,}8 \cdot 30{,}75}{28{,}6} = -17{,}63 \text{ „ .}$$

Erläuterungen zur Gleichungsauflösung. Der Vorgang bei der Auflösung der Gleichungen ist folgender: Man multipliziert die Gl. (1) einschließlich aller S-Glieder mit $-7{,}8/28{,}6$ und erhält damit den gleichen Koeffizienten wie im ersten Glied der Gl. (2), aber mit entgegengesetztem Vorzeichen. Dieser Vorgang kann mit einer einzigen Rechenschieberstellung durchgeführt werden. Durch Addition der beiden Gl. (2) und (3) entfällt das erste Glied mit der Unbekannten M_2, und es bleibt in Gl. (4) nur die Unbekannte M_3 übrig. Aus dieser Gleichung kann daher bereits für sämtliche Belastungsfälle B_1 bis B_4 das Stützenmoment M_3 berechnet werden; dies ist ebenfalls mit einer Rechenschieberstellung möglich, indem man $1/27{,}87$ einstellt und der Reihe nach mit den im Zähler stehenden Werten multipliziert. Mit den nun bekannten Werten M_3 ergibt sich sofort aus Gl. (1), und zwar wieder der Reihe nach für alle Belastungsfälle, das Stützenmoment M_2.

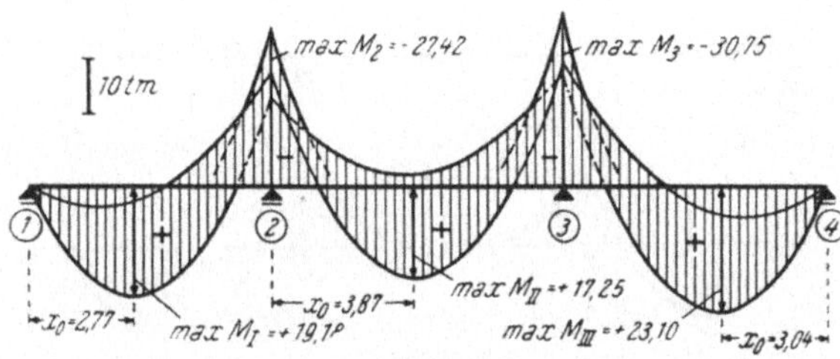

Abb. 313. Maximalmomentenlinie

Nach Ermittlung sämtlicher Stützenmomente M_2 und M_3 kann die Maximalmomentenlinie aufgetragen werden; man benötigt hierzu in den einzelnen Feldern abwechselnd die $M^{(0)}$-Werte für die ständige Belastung g und für die Gesamtbelastung q.

Ermittlung der $M^{(0)}$-Werte.

Für Gesamtbelastung q: / Für ständige Last g:

Feld (I): $M_q^{(0)} = \frac{q\,l_1^2}{8} = \frac{5{,}0 \cdot 6{,}5^2}{8} = 26{,}41$ tm; $M_g^{(0)} = \frac{g\,l_1^2}{8} = \frac{2{,}2 \cdot 6{,}5^2}{8} = 11{,}62$ tm

„ (II): $M_q^{(0)} = \frac{q\,l_2^2}{8} = \frac{5{,}0 \cdot 7{,}8^2}{8} = 38{,}03$ „ ; $M_g^{(0)} = \frac{g\,l_2^2}{8} = \frac{2{,}2 \cdot 7{,}8^2}{8} = 16{,}73$ „

„ (III): $M_q^{(0)} = \frac{q\,l_3^2}{8} = \frac{5{,}0 \cdot 7{,}2^2}{8} = 32{,}40$ „ ; $M_g^{(0)} = \frac{g\,l_3^2}{8} = \frac{2{,}2 \cdot 7{,}2^2}{8} = 14{,}26$ „ .

Für das Auftragen der Maximalmomentenlinie (Abb. 313) braucht man aber in den einzelnen Feldern nicht sämtliche den verschiedenen Belastungsfällen entsprechenden Parabeln zu zeichnen, sondern nur jene Teile, die tatsächlich zur Maximalmomentenlinie gehören. Aus den Abb. 306 bis 309 bzw. 310 ist leicht zu ersehen, welche Lastfälle in den einzelnen Trägerbereichen Anteile für die max M-Linie ergeben.

Ermittlung der maximalen Feldmomente: Die Berechnung der maximalen Feldmomente kann nach den Erläuterungen Seite 107 ff. bzw. nach Gl. (215) erfolgen.

Für Feld (I): (Lastfall 1)

$$Q_{1,2} = +\frac{q\,l_1}{2} - \frac{M_2}{l_1} = \frac{5{,}0 \cdot 6{,}5}{2} - \frac{15{,}61}{6{,}5} = +16{,}25 - 2{,}40 = +13{,}85 \text{ t};$$

$$\max M_I = \frac{Q^2_{1,2}}{2q} = \frac{13{,}85^2}{2 \cdot 5{,}0} = +19{,}18 \text{ tm}$$

oder

$$x_0 = \frac{Q_{1,2}}{q} = \frac{13{,}85}{5{,}0} = 2{,}77 \text{ m}; \qquad \max M_I = \frac{q\,x_0^2}{2} = \frac{5{,}0 \cdot 2{,}77^2}{2} = +19{,}18 \text{ tm}.$$

Für Feld (II): (Lastfall 2)

$$Q_{2,3} = +\frac{q\,l_2}{2} + \frac{M_3 - M_2}{l_2} = +\frac{5{,}0 \cdot 7{,}8}{2} + \frac{-21{,}36 + 20{,}19}{7{,}8} = +\frac{5{,}0 \cdot 7{,}8}{2} - \frac{1{,}17}{7{,}8} =$$
$$= +19{,}50 - 0{,}15 = +19{,}35 \text{ t};$$

$$\max M_{II} = \frac{Q^2_{2,3}}{2\,q} - |M_2| = \frac{19{,}35^2}{2 \cdot 5{,}0} - 20{,}19 = 37{,}44 - 20{,}19 = +\,17{,}25 \text{ tm}$$

oder

$$x_0 = \frac{Q_{2,3}}{q} = \frac{19{,}35}{5{,}0} = 3{,}87 \text{ m}; \qquad \max M_{II} = \frac{q\,x_0^2}{2} - |M_2| = \frac{5{,}0 \cdot 3{,}87^2}{2} - 20{,}19 =$$

$$= 37{,}44 - 20{,}19 = +\,17{,}25 \text{ tm}.$$

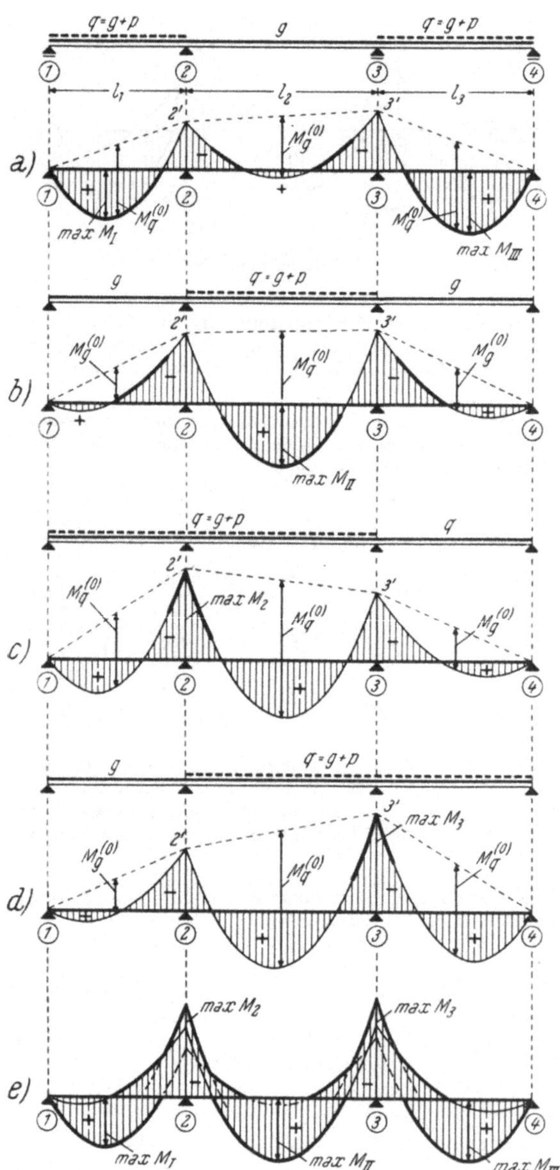

Abb. 314a bis e. Erläuterung der Maximalmomentenlinie

Für Feld (III): (Lastfall 1)

$$Q_{4,3} = -\frac{q\,l_3}{2} + \frac{-M_3}{l_3} =$$

$$= -\frac{5{,}0 \cdot 7{,}2}{2} + \frac{20{,}21}{7{,}2} =$$

$$= -\,18{,}00 + 2{,}81 = -\,15{,}19 \text{ t};$$

$$\max M_{III} = \frac{Q^2_{4,3}}{2\,q} = \frac{15{,}19^2}{2 \cdot 5{,}0} =$$

$$= +\,23{,}10 \text{ tm}$$

oder

$$x_0 = \frac{Q_{4,3}}{q} = \frac{15{,}19}{5{,}0} = 3{,}04 \text{ m};$$

$$\max M_{III} = \frac{q\,x_0^2}{2} = \frac{5{,}0 \cdot 3{,}04^2}{2} =$$

$$= +\,23{,}10 \text{ tm}.$$

Über das systematische Aufzeichnen der Maximalmomentenlinie sollen anschließend noch Erläuterungen und Regeln gegeben werden.

E. Praktisches Aufzeichnen der Maximalmomentenlinie

Wenn die den verschiedenen Belastungsfällen entsprechenden Stützenmomente ermittelt sind, dann könnte für jeden dieser Lastfälle der gesamte M-Verlauf gesondert gezeichnet werden, wie dies in Abb. 314a bis d für einen Dreifeldträger durchgeführt ist. Der dabei einzuhaltende Vorgang ist bekannt: Man trägt zunächst die Stützenmomente auf und erhält damit die Bezugslinien 1 — 2′ — 3′ — 4, an welche dann die entsprechenden $M^{(0)}$-Parabeln anzutragen sind. Hier ist aber zu beachten, daß in den einzelnen Feldern je nach der vorliegenden Belastung g oder q die flache Parabel mit $M_g^{(0)} = g\,l^2/8$ bzw. die tiefe Parabel mit $M_q^{(0)} = q\,l^2/8$ zu zeichnen ist. Man könnte auf diese Weise ganz mechanisch, allerdings sehr umständlich, die Maximalmomentenlinie erhalten, indem man die in Abb. 314a bis d getrennt gezeichneten M-Linien in einer einzigen Zeichnung vereinigt. Die sich dabei ergebende äußere Umrißlinie aus dem Gewirr der vielen Parabeln wäre dann die gesuchte Maximalmomentenlinie. Es ist aber offensichtlich, daß die den einzelnen Belastungsfällen entsprechenden M-Linien nur streckenweise Teile der Maximalmomentenlinie bilden. Diese Parabelteile sind in den Abb. 314a bis d durch starke Linien besonders gekennzeichnet.

Bei der praktischen Durchführung dieser Aufgabe ist es daher überhaupt nicht erforderlich, die M-Linien für die verschiedenen Belastungsfälle getrennt und vollständig zu zeichnen; man kann vielmehr sofort die Maximalmomentenlinie konstruieren, und zwar nach folgenden Regeln (vgl. Abb. 314e):

1. Die beiden M-Linien für die Lastfälle 1 und 2, die in den vollbelasteten Feldern die größten positiven Momente und in den nur mit g belasteten Feldern die kleinsten positiven, gegebenenfalls sogar negative Momente hervorrufen, werden in sämtlichen Feldern durchgezeichnet.

2. Die M-Linien für die übrigen Lastfälle, die nur bei je einer Stütze das größte negative Moment erzeugen, werden auch nur im Bereich dieser Stütze aufgetragen.

Anmerkung. Bei sehr großen Unterschieden der benachbarten Spannweiten kommt es allerdings vor, daß mit den angegebenen vereinfachten Regeln die Maximalmomentenlinie nicht in allen Bereichen erfaßt wird. Es können dann in Wirklichkeit noch kleine positive Momente auftreten, die ein Abschwenken der positiven Maximalmomentenlinie gegen die Stützen zu ergeben. Für praktische Trägerbemessungen sind diese Werte aber meist belanglos.

F. Ermittlung der max Q-Linie

Nach den für Hochbaukonstruktionen geltenden Bestimmungen ist es in der Regel nicht erforderlich, die max Q-Linie zu ermitteln; meist genügt die Ermittlung der Q-Linie für gleichzeitige Vollbelastung in sämtlichen Trägerfeldern. Es soll hier aber doch gezeigt werden, wie die max Q-Linie für gegebene Gleichlasten g und p ermittelt werden kann. In Abb. 315 ist die charakteristische Form der max Q-Linie für einen Vierfeldträger dargestellt. Daraus ist zu ersehen, daß man im allgemeinen in jedem Feld *vier* Q-Werte braucht, um die max Q-Linie zeichnen zu können. So benötigt man z. B. im ersten Feld max $Q_{1,2}$ bei der Stütze (1) und den diesem Belastungsfall zugehörigen Wert $Q_{2,1}$ an der Stütze (2). Die Verbindungsgerade der so bestimmten Punkte ergibt bereits die max Q-Linie im positiven Bereich des ersten Feldes. Sodann muß der Wert max $Q_{2,1}$ an der Stütze (2) und der zum gleichen Lastfall gehörige Wert $Q_{1,2}$ an der Stütze (1) bekannt sein. Die Verbindungsgerade der damit bestimmten Punkte stellt die max Q-Linie im negativen Bereich des ersten Feldes dar. In der gleichen Art ist auch in den übrigen Feldern vorzugehen.

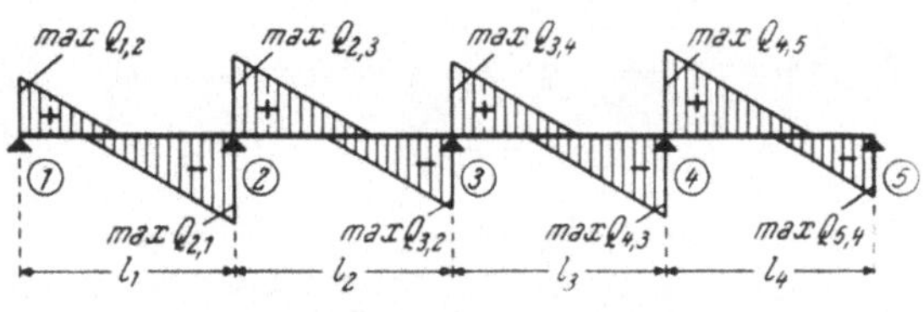

Abb. 315. max Q-Linie für einen Vierfeldträger bei durchgehender Gleichlast

Für die zahlenmäßige Ermittlung der hier benötigten Q-Werte benutzt man zweckmäßigerweise die allgemeine Formel (202) in der einfachen Schreibart

$$Q = Q^{(0)} + \frac{M_r - M_l}{l}. \tag{275}$$

Den Hauptanteil für max Q wird — wenn die benachbarten Spannweiten nicht allzu verschieden sind — in der Regel der Wert $Q^{(0)}$, also die Querkraft für den gedachten frei aufliegenden Träger ergeben. Wenn somit in irgendeinem Feld max Q gesucht wird, so muß dort die Belastung so angenommen werden, daß auch max $Q^{(0)}$ auftritt; das ist aber nur dann der Fall, wenn in diesem Feld die Vollbelastung q wirkt. Unter dieser Voraussetzung kann man also die Formel (275) für die Ermittlung von max Q auch folgendermaßen schreiben:

$$\boxed{\max Q = \max Q^{(0)} + \frac{M_r - M_l}{l}.} \qquad \textbf{(275a)}$$

Es ist aber noch zu überlegen, wie die übrigen Felder zu belasten sind, damit der Wert $\frac{M_r - M_l}{l}$, der die Steigung der Bezugslinie in dem betrachteten Feld bedeutet, das gleiche Vorzeichen erhält wie max $Q^{(0)}$ und zugleich einen Größtwert annimmt. Über die hierbei maßgebenden Belastungsfälle geben die Abb. 314a bis d einen guten Aufschluß. Man erkennt daraus sofort, daß der jeweils benötigte Wert $\frac{M_r - M_l}{l}$ stets bei jenem Belastungsfall einen Größtwert erreicht, für welchen bei der betrachteten Stütze auch das größte Stützenmoment auftritt. Damit steht aber bereits die wichtige Tatsache fest, daß für die Ermittlung der max Q-Linie keine neue Lastkombination durchzuführen ist, sondern daß hierfür die schon zur Ermittlung der Maximalmomentenlinie in Rechnung gestellten Lastfälle benutzt werden können, und zwar jene, welche die größten Stützenmomente ergeben.

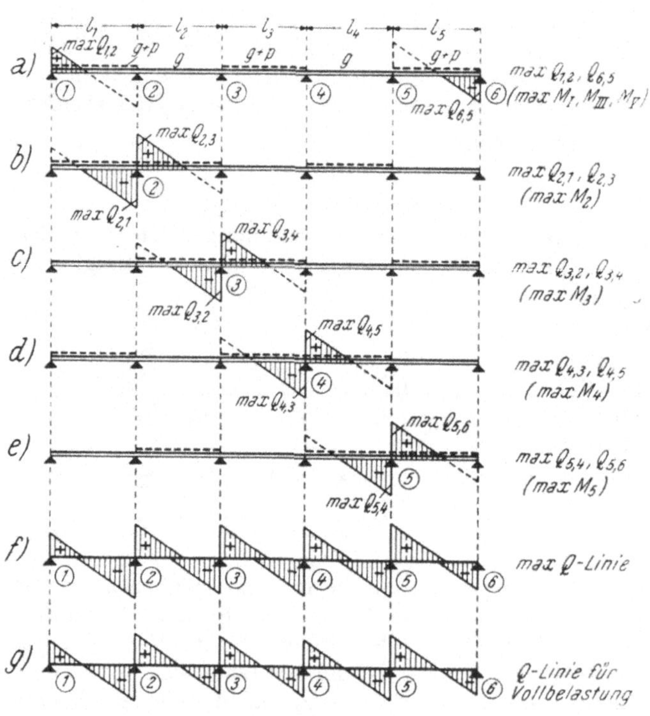

Abb. 316a bis g. Ermittlung der max Q-Linie und Q-Linie für Vollbelastung

Zur besseren Übersicht sind die maßgebenden Belastungs-Kombinationen für die Ermittlung der max Q-Linie in Abb. 316a bis e für einen Fünffeldträger noch einmal dargestellt und darin auch die gleichzeitig auftretenden max M-Werte vermerkt. Ein Vergleich mit Abb. 305a bis f zeigt die Übereinstimmung der entsprechenden Lastfälle.

In Abb. 316f ist die gesamte max Q-Linie und zum Vergleich in Abb. 316g auch die Q-Linie für Vollbelastung gezeichnet. Wenn die Vollast q in sämtlichen Feldern gleich groß ist, so müssen sämtliche Geraden der max Q-Linie und der

Q-Linie für Vollbelastung in den einzelnen Feldern parallel zueinander verlaufen. weil die Steigung der Q-Linien nach Gl. (156) identisch ist mit der vorhandenen Belastung an dieser Stelle.

G. Durchlaufträger mit Kragarmen

Der Grad der statischen Unbestimmtheit eines Durchlaufträgers wird durch vorhandene Kragarme nicht beeinflußt, weil die Zahl der unbekannten Auflagerreaktionen davon völlig unabhängig ist. Unter der Voraussetzung, daß nur ein Auflager fest, alle übrigen aber verschieblich ausgebildet sind, wird auch hier die Anzahl der erforderlichen Dreimomentengleichungen gleich der Anzahl der Mittelstützen sein.

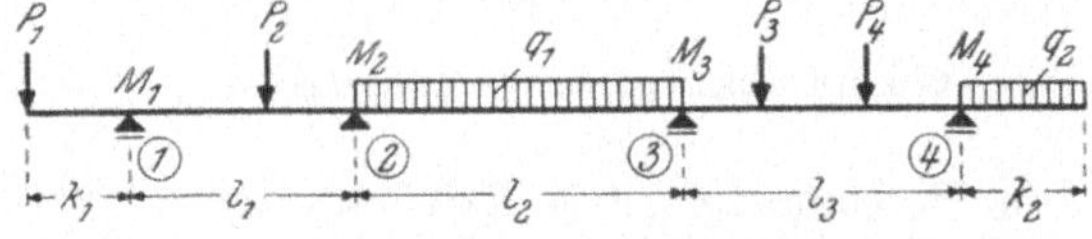

Abb. 317. Dreifeldträger mit Kragarmen

Für den in Abb. 317 gegebenen *zwei*fach statisch unbestimmten Dreifeldträger mit beidseitigen Kragarmen sind die Dreimomentengleichungen somit nur für die beiden Stützen (2) und (3) aufzustellen; sie lauten nach Gl. (261) unter Annahme einer beliebigen Belastung

$$\begin{aligned} &\text{für Stütze (2):} \quad l_1 M_1 + d_2 M_2 + l_2 M_3 + S_2 = 0 \\ &\quad .. \quad .. \quad (3): \quad l_2 M_2 + d_3 M_3 + l_3 M_4 + S_3 = 0. \end{aligned} \tag{276}$$

Die beiden Stützenmomente M_1 und M_4 sind aber als Kragmomente unabhängig von der übrigen Trägerbelastung sofort bestimmbar, und zwar wird für den vorliegenden Fall

$$M_1 = -P_1 k_1 \quad \text{und} \quad M_4 = -\frac{q_2 k_2^2}{2}.$$

Damit sind auch die beiden Glieder $l_1 M_1$ und $l_3 M_4$ in den Gl. (276) bekannt und können mit den zugehörigen S-Gliedern zusammengezogen werden; man erhält also

$$S_2' = S_2 + l_1 M_1$$

und

$$S_3' = S_3 + l_3 M_4. \tag{277}$$

Mit diesen neuen „Belastungsgliedern“ S' gehen die beiden Gl. (276) über in

$$\begin{aligned} d_2 M_2 + l_2 M_3 + S_2' &= 0 \\ l_2 M_2 + d_3 M_3 + S_3' &= 0 \end{aligned} \tag{278}$$

und erscheinen damit in der gleichen äußeren Form wie die früher aufgestellten Gl. (264) bzw. (264a) für einen Dreifeldträger ohne Kragarme. Der Unterschied besteht sonach nur in der Größe der Belastungsglieder S und S'. Bei der zahlenmäßigen Ermittlung der S'-Werte nach Gl. (277) ist zu beachten, daß die dort auftretenden Stützenmomente M_1 und M_4 mit ihrem Vorzeichen, also negativ einzuführen sind.

Sonderfall. *Zweifeldträger mit Kragarmen* (Abb. 318). Dieses Tragwerk ist *ein*fach statisch unbestimmt; die Dreimomentengleichung ist somit nur für die Mittelstütze aufzustellen. Sie lautet nach Gl. (261) allgemein:

$$l_1 M_1 + d_2 M_2 + l_2 M_3 + S_2 = 0. \tag{279}$$

Auch hier können die beiden Stützenmomente M_1 und M_3 als Kragmomente unabhängig von der übrigen Belastung sofort ermittelt und in Rechnung gestellt werden. Durch Zusammenziehen der beiden in Gl. (279) vorkommenden Glieder $l_1 M_1$ und $l_2 M_3$ mit S_2 erhält man

$$S_2'' = S_2 + l_1 M_1 + l_2 M_3. \tag{280}$$

Damit lautet die Gl. (279) in vereinfachter Form

$$d_2 M_2 + S_2'' = 0. \tag{281}$$

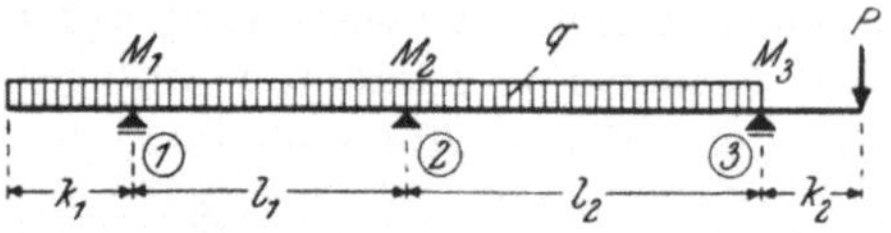

Abb. 318. Zweifeldträger mit Kragarmen

Daraus ergibt sich sofort das Stützenmoment

$$\boxed{M_2 = \frac{-S_2''}{d_2}.} \tag{281a}$$

Die Berechnung eines Zweifeldträgers mit beidseitigen Kragarmen ist somit nach diesem Verfahren sehr einfach.

Zahlenbeispiel: *Ermittlung der M-Linie und Q-Linie für einen Zweifeldträger mit beidseitigen Kragarmen.* Die Spannweiten und Belastungsangaben sind aus Abb. 319a zu entnehmen.

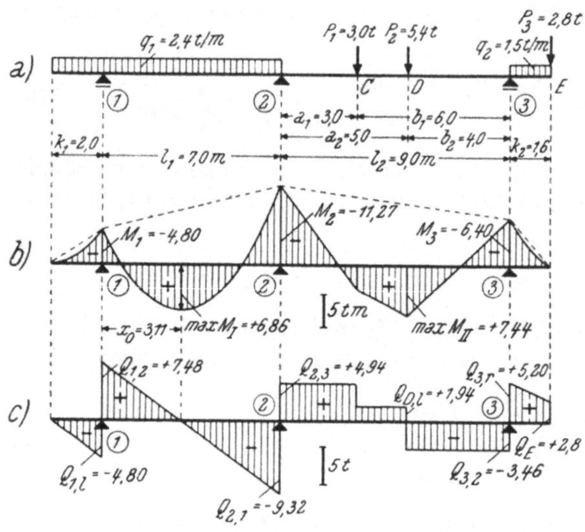

Abb. 319a bis c. *M*-Linie und *Q*-Linie für einen Zweifeldträger mit beidseitigen Kragarmen

Ermittlung der M-Linie

Als Vorarbeit sind zu berechnen. Das d_2-Glied, das S_2-Glied, die Kragmomente M_1 und M_3 und das S_2''-Glied:

Nach Gl. (259) wird

$$d_2 = 2\,(l_1 + l_2) = 2\,(7,0 + 9,0) = 32,0 \text{ m};$$

nach Gl. (260) wird

$$S_2 = 6\,(\mathfrak{A}^{(0)}_{2,1} + \mathfrak{A}^{(0)}_{2,3}),$$

wobei nach Tafel 1

$$\mathfrak{A}^{(0)}_{2,1} = \frac{q_1 l_1^3}{24} = \frac{2,4 \cdot 7,0^3}{24} = 34,3 \text{ tm}^2$$

und nach Tafel 3

$$\mathfrak{A}^{(0)}_{2,3} = \frac{P_1 a_1 b_1}{6\,l_2}(b_1 + l_2) + \frac{P_2 a_2 b_2}{6\,l_2}(b_2 + l_2) = \frac{3,0 \cdot 3,0 \cdot 6,0}{6 \cdot 9,0}(6,0 + 9,0) + \frac{5,4 \cdot 5,0 \cdot 4,0}{6 \cdot 9,0}(4,0 + 9,0) = 15,0 + 26,0 = 41,0 \text{ tm}^2.$$

Damit wird

$$S_2 = 6\,(34,3 + 41,0) = 451,8 \text{ tm}^2.$$

Die beiden Kragmomente ergeben sich wie folgt:

$$M_1 = -\frac{q_1 k_1^2}{2} = -\frac{2,4 \cdot 2,0^2}{2} = -4,80 \text{ tm}$$

$$M_3 = -\frac{q_2 k_2^2}{2} - P_3 k_2 = -\frac{1,5 \cdot 1,6^2}{2} - 2,8 \cdot 1,6 = -1,92 - 4,48 = -6,40 \text{ tm}.$$

Somit erhält man nach Gl. (280)

$$S_2'' = l_1 M_1 + l_2 M_3 + S_2 = -7,0 \cdot 4,80 - 9,0 \cdot 6,40 + 451,8 = +360,6 \text{ tm}^2.$$

Setzt man die Werte für S_2'' und d_2 in Gl. (281a) ein, so ergibt sich

$$M_2 = \frac{-S_2''}{d_2} = -\frac{360,6}{32,0} = -11,27 \text{ tm}.$$

Nun sind noch die $M^{(0)}$-Werte zu ermitteln, und zwar

$$\text{im Feld (I): } M_I^{(0)} = \frac{q_1 l_1^2}{8} = \frac{2{,}4 \cdot 7{,}0^2}{8} = 14{,}70 \text{ tm}$$

$$\text{im Feld (II): } M_C^{(0)} = \left(\frac{P_1 b_1}{l_2} + \frac{P_2 b_2}{l_2}\right) a_1 = \left(\frac{3{,}0 \cdot 6{,}0}{9{,}0} + \frac{5{,}4 \cdot 4{,}0}{9{,}0}\right) 3{,}0 = 13{,}20 \text{ tm}$$

$$M_D^{(0)} = \left(\frac{P_1 a_1}{l_2} + \frac{P_2 a_2}{l_2}\right) b_2 = \left(\frac{3{,}0 \cdot 3{,}0}{9{,}0} + \frac{5{,}4 \cdot 5{,}0}{9{,}0}\right) 4{,}0 = 16{,}00 \text{ tm}$$

$$\text{am linken Kragarm: } M^{(0)} = \frac{q_1 k_1^2}{8} = \frac{2{,}4 \cdot 2{,}0^2}{8} = 1{,}20 \text{ tm}$$

$$\text{am rechten Kragarm: } M^{(0)} = \frac{q_2 k_2^2}{8} = \frac{1{,}5 \cdot 1{,}6^2}{8} = 0{,}48 \text{ tm.}$$

Damit kann die M-Linie in üblicher Weise aufgezeichnet werden (Abb. 319b).

Ermittlung der Q-Linie

Zum Aufzeichnen der Q-Linie benötigt man die Querkräfte links und rechts der Stützen (1), (2), (3) sowie der Einzelkräfte bei C, D und E. Zur Ermittlung dieser Querkräfte benutzt man die allgemeine Definition Seite 101 bzw. die Formel (202); man erhält

$$Q_{1,l} = -q_1 k_1 = -2{,}4 \cdot 2{,}0 = -4{,}80 \text{ t}$$

$$Q_{1,2} = +\frac{q_1 l_1}{2} + \frac{M_2 - M_1}{l_1} = +\frac{2{,}4 \cdot 7{,}0}{2} + \frac{-11{,}27 + 4{,}80}{7{,}0} = +8{,}40 - 0{,}92 = +7{,}48 \text{ t}$$

$$Q_{2,1} = -\frac{q_1 l_1}{2} + \frac{M_2 - M_1}{l_1} = \qquad = -8{,}40 - 0{,}92 = -9{,}32 \text{ t}$$

$$Q_{2,3} = Q_{C,l} = +\frac{P_1 b_1}{l_2} + \frac{P_2 b_2}{l_2} + \frac{M_3 - M_2}{l_2} = +\frac{3{,}0 \cdot 6{,}0}{9{,}0} + \frac{5{,}4 \cdot 4{,}0}{9{,}0} + \frac{-6{,}40 + 11{,}27}{9{,}0} =$$
$$= +2{,}00 + 2{,}40 + 0{,}54 = +4{,}94 \text{ t}$$

$$Q_{C,r} = Q_{D,l} = Q_{C,l} - P_1 = +4{,}94 - 3{,}0 = +1{,}94 \text{ t}$$
$$Q_{D,r} = Q_{3,2} = Q_{D,l} - P_2 = +1{,}94 - 5{,}4 = -3{,}46 \text{ t}$$
$$Q_{3,r} = +q_2 k_2 + P_3 = +1{,}5 \cdot 1{,}6 + 2{,}8 = +5{,}20 \text{ t}$$
$$Q_E = +P_3 = +2{,}8 \text{ t.}$$

Damit kann die Q-Linie (Abb. 319c) aufgezeichnet werden.

Ermittlung der maximalen Feldmomente

Im Feld (I) wird nach Gl. (158a)

$$x_0 = \frac{Q_{1,2}}{q} = \frac{7{,}48}{2{,}4} = 3{,}11 \text{ m}$$

und damit nach Gl. (214)

$$\max M_I = \frac{q_1 x_0^2}{2} - |M_1| = \frac{2{,}4 \cdot 3{,}11^2}{2} - 4{,}80 = +6{,}81 \text{ tm}$$

oder nach Gl. (215)

$$\max M_I = \frac{Q^2_{1,2}}{2 q_1} - |M_1| = \frac{7{,}48^2}{2 \cdot 2{,}4} - 4{,}80 = +6{,}86 \text{ tm.}$$

Im Feld (II) tritt max M unter der Last P_2 auf; man erhält also gemäß Gl. (141) unter Beachtung, daß hier das Kragmoment M_3 in Abzug zu bringen ist,

$$\max M_{II} = Q_{3,2} \cdot b_2 - |M_3| = 3{,}46 \cdot 4{,}0 - 6{,}40 = +7{,}44 \text{ tm.}$$

H. Der Durchlaufträger mit eingespannten Enden

Dieser Fall unterscheidet sich grundsätzlich von dem vorher behandelten dadurch, daß hier die Momente in den Endstützen nicht sofort bestimmbar sind, sondern als Unbekannte gemeinsam mit den übrigen Stützenmomenten berechnet werden müssen. Es sind also beispielsweise für den in Abb. 320 gezeichneten Dreifeldträger insgesamt vier unbekannte Stützenmomente, nämlich M_1, M_2, M_3, M_4 gemeinsam zu ermitteln. Man benötigt hierzu somit vier Gleichungen. Die Dreimomentengleichungen für die beiden Mittelstützen (2) und (3) erhält man in üblicher Weise nach Gl. (261). Aber auch für die beiden Randstützen können diese Gleichungen nach demselben Prinzip aufgestellt werden. Man kann hier unmittelbar von Gl. (255a) ausgehen; sie lautet

$$E J \alpha_{n,n+1} = \frac{l_n}{6}(2 M_n + M_{n+1}) + \mathfrak{A}^{(0)}_{n,n+1} \tag{282}$$

und gibt eine Beziehung an zwischen dem Endtangentenwinkel $\alpha_{n,n+1}$, den beiden Stützenmomenten M_n, M_{n+1} und der äußeren Belastung. Diese Beziehung gilt allgemein, somit auch für den in Abb. 321 gezeichneten Endteil eines Durchlaufträgers mit eingespannter Randstütze (n). Dort ist aber der Endtangentenwinkel $\alpha_{n,n+1} = 0$, und Gl. (282) nimmt für diesen Fall folgende Form an:

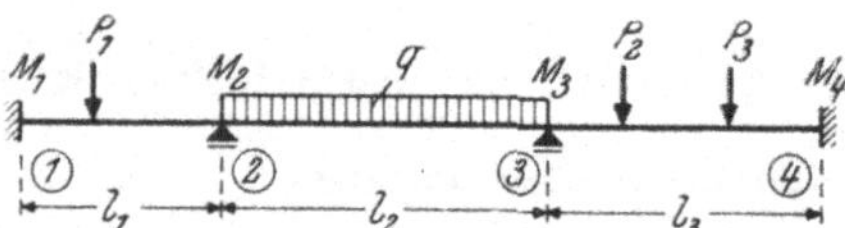

Abb. 320. Durchlaufträger mit eingespannten Randstützen

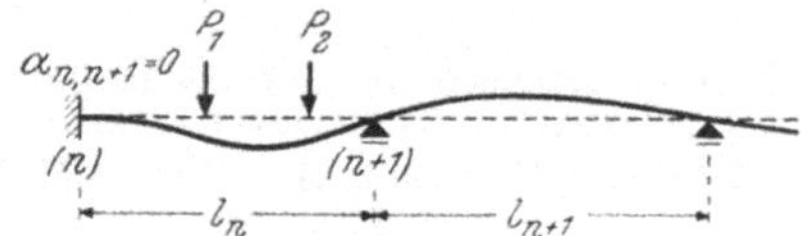

Abb. 321. Biegelinie eines Durchlaufträgers mit eingespannter Randstütze (n)

$$0 = \frac{l_n}{6}(2 M_n + M_{n+1}) + \mathfrak{A}^{(0)}_{n,n+1} \tag{282a}$$

oder nach entsprechender Umformung

$$2 l_n M_n + l_n M_{n+1} + 6 \mathfrak{A}^{(0)}_{n,n+1} = 0. \tag{283}$$

Damit ist die spezielle Form der Dreimomentengleichung für eine voll eingespannte Randstütze bereits gefunden. Sie kann auch wieder in der allgemeinen Form gemäß Gl. (261) geschrieben werden und lautet dann

$$\boxed{d_n M_n + l_n M_{n+1} + S_n = 0.} \tag{284}$$

Hierin bedeuten aber

$$d_n = 2 l_n \quad \text{und} \quad S_n = 6 \mathfrak{A}^{(0)}_{n,n+1}. \tag{284a}$$

Das Diagonalglied d_n für eine Randstütze (n) ist demnach gleich der doppelten Spannweite des angrenzenden Feldes, und das Belastungsglied S_n ist gleich dem sechsfachen $\mathfrak{A}^{(0)}$-Wert für diese Stütze.

Die *vier* Gleichungen für den in Abb. 320 gezeichneten Dreifeldträger mit eingespannten Enden bei (1) und (4) können sonach folgendermaßen geschrieben werden:

$$\left.\begin{array}{llllll} \text{für Stütze (1):} & d_1 M_1 + l_1 M_2 & & & + S_1 = 0 \\ \quad\text{,,} \quad\text{,,} \quad (2): & l_1 M_1 + d_2 M_2 + l_2 M_3 & & & + S_2 = 0 \\ \quad\text{,,} \quad\text{,,} \quad (3): & & l_2 M_2 + d_3 M_3 + l_3 M_4 & & + S_3 = 0 \\ \quad\text{,,} \quad\text{,,} \quad (4): & & & l_3 M_3 + d_4 M_4 & + S_4 = 0. \end{array}\right\} \tag{285}$$

Für die Auflösung dieser Gleichungen ist es zweckmäßig, die tabellarische Schreibweise zu wählen. Im vorliegenden Fall ergibt sich nebenstehende Anordnung.

Gleichungstabelle

	M_1	M_2	M_3	M_4	B
Für Stütze (1)	d_1	l_1			S_1
„ „ (2)	l_1	d_2	l_2		S_2
„ „ (3)		l_2	d_3	l_3	S_3
„ „ (4)			l_3	d_4	S_4

Die Werte d_1 und d_4 sowie S_1 und S_4 sind nach Gl. (284a). die übrigen Werte nach Gl. (259) bzw. (260) zahlenmäßig zu ermitteln.

Es ist zu erkennen, daß bei diesem Berechnungsverfahren mit Hilfe der Dreimomentengleichungen der Arbeitsaufwand für Durchlaufträger mit eingespannten Randstützen erheblich zunimmt.

J. Der Durchlaufträger mit gleichen Spannweiten

Dieser Fall bringt zwar für die rechnerische Behandlung nach den Dreimomentengleichungen im Prinzip nichts Neues, ergibt aber doch gewisse Vereinfachungen in der zahlenmäßigen Durchführung der gesamten Rechnung. Mit den in Abb. 322 für einen Durchlaufträger mit gleichen Feldweiten l gewählten Bezeichnungen lautet die Dreimomentengleichung gemäß Gl. (261) für die Stütze (n):

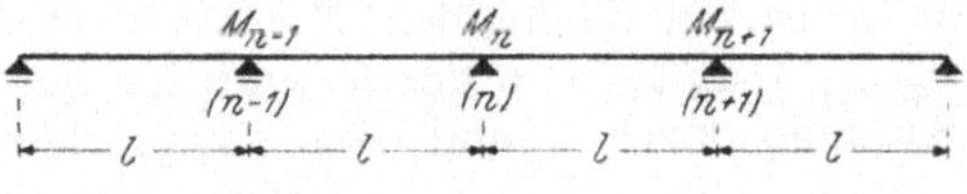

Abb. 322. Durchlaufträger mit gleichen Spannweiten

$$l\, M_{n-1} + 4\, l\, M_n + l\, M_{n+1} + S_n = 0. \tag{286}$$

Dividiert man diese Gleichung durch l, so erhält man die vereinfachte Form

$$M_{n-1} + 4\, M_n + M_{n+1} + \frac{S_n}{l} = 0. \tag{287}$$

Das Belastungsglied S_n ist hierbei wieder nach Gl. (260) aus $S_n = 6\,(\mathfrak{A}^{(0)}_{n,\,n-1} + \mathfrak{A}^{(0)}_{n,\,n+1})$ zu bestimmen.

K. Durchlaufträger mit feldweise verschiedenen Trägheitsmomenten

a) Aufstellung der Dreimomentengleichungen

Bei allen bisher auf Grund der Dreimomentengleichungen (261) behandelten Durchlaufträgern wurde in Übereinstimmung mit der bei der Ableitung dieser Gleichungen gemachten Voraussetzung angenommen, daß die Querschnittsträgheitsmomente in allen Feldern durchgehend den gleichen Wert haben. Wenn dies aber nicht zutrifft, dann muß die Veränderlichkeit der Querschnittsträgheitsmomente bei der Berechnung berücksichtigt werden, da sie bei allen statisch unbestimmten Tragwerken einen wesentlichen Einfluß auf den M-Verlauf und damit auch auf die Größe der Querkräfte und Auflagerdrücke ausübt. Dieser Einfluß ist auch dann vorhanden, wenn die Querschnitte zwar innerhalb eines Feldes konstant bleiben, von Feld zu Feld aber verschieden sind. Für diesen Fall sollen nun die Dreimomentengleichungen in einer praktisch brauchbaren Form aufgestellt werden.

In Abb. 323 ist die Biegelinie eines Durchlaufträgerteiles mit drei aufeinanderfolgenden Stützen $(n-1)$, (n), $(n+1)$ gesondert herausgezeichnet; die Querschnittsträgheitsmomente werden im Feld l_{n-1} mit J_{n-1} und im Feld l_n mit J_n bezeichnet. Die Endtangentenwinkel links und rechts der Stütze (n) erhalten die in Abb. 323 gewählten Bezeichnungen $\alpha_{n,n-1}$ und $\alpha_{n,n+1}$; sie können für den vorliegenden Fall aus den Ausdrücken (255) bzw. (255a) ermittelt werden, wenn an die Stelle des dort vorhandenen konstanten Wertes J jetzt entsprechend J_{n-1} bzw. J_n gesetzt wird. Nach Division beider Gleichungen durch EJ_{n-1} bzw. EJ_n ergibt sich

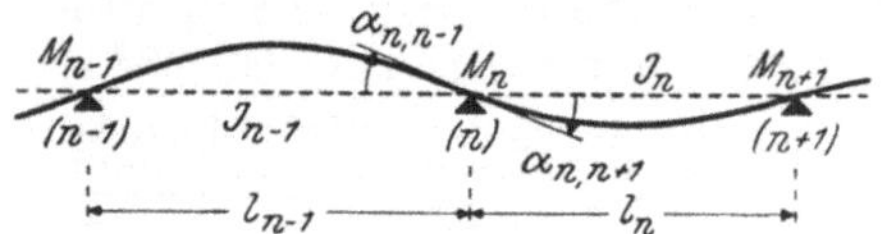

Abb. 323. Teil eines Durchlaufträgers mit den Stützen $(n-1)$, (n), $(n+1)$; Biegelinie in den benachbarten Feldern l_{n-1} und l_n

$$\begin{aligned} \alpha_{n,n-1} &= \frac{l_{n-1}}{6\,EJ_{n-1}}(2\,M_n + M_{n-1}) + \frac{\mathfrak{A}^{(0)}{}_{n,n-1}}{EJ_{n-1}} \\ \alpha_{n,n+1} &= \frac{l_n}{6\,EJ_n}(2\,M_n + M_{n+1}) + \frac{\mathfrak{A}^{(0)}{}_{n,n+1}}{EJ_n}. \end{aligned} \tag{288}$$

Aus gleichen Gründen wie bei Gl. (256) muß auch hier die algebraische Summe dieser beiden Winkel den Wert Null ergeben; man erhält somit aus der Bedingung $\alpha_{n,n-1} + \alpha_{n,n+1} = 0$ durch Addition der beiden Ausdrücke (288) bei gleichzeitiger Kürzung durch E und nach entsprechender Vereinfachung:

$$\frac{l_{n-1}}{J_{n-1}} M_{n-1} + 2\left(\frac{l_{n-1}}{J_{n-1}} + \frac{l_n}{J_n}\right) M_n + \frac{l_n}{J_n} M_{n+1} + 6\left(\frac{\mathfrak{A}^{(0)}{}_{n,n-1}}{J_{n-1}} + \frac{\mathfrak{A}^{(0)}{}_{n,n+1}}{J_n}\right) = 0. \tag{289}$$

In der vorstehenden Gleichung würden die Werte l_{n-1}/J_{n-1} bzw. l_n/J_n beim praktischen Rechnen unübersichtliche Zahlenwerte ergeben. Dem ist aber leicht abzuhelfen, wenn die gesamte Gl. (289) mit einem willkürlich wählbaren Wert J_0 multipliziert wird, dessen Größenordnung etwa jener von J_{n-1} bzw. J_n entsprechen soll; für den Wert J_0, der als „Vergleichsträgheitsmoment" aufzufassen ist, kann aber ebenso das in irgendeinem Feld auftretende Trägheitsmoment oder auch ein beliebiger runder Wert gewählt werden.

Führt man also die Multiplikation der Gl. (289) mit J_0 durch, so erhält man

$$\begin{aligned} &\frac{J_0}{J_{n-1}} l_{n-1} M_{n-1} + 2\left(\frac{J_0}{J_{n-1}} l_{n-1} + \frac{J_0}{J_n} l_n\right) M_n + \frac{J_0}{J_n} l_n M_{n+1} + \\ &\quad + 6\left(\frac{J_0}{J_{n-1}} \mathfrak{A}^{(0)}{}_{n,n-1} + \frac{J_0}{J_n} \mathfrak{A}^{(0)}{}_{n,n+1}\right) = 0. \end{aligned} \tag{290}$$

Auch diese Gleichung kann wieder in eine übersichtliche Form übergeführt werden, wenn man in sinngemäßer Übereinstimmung mit Gl. (259) und (260) folgende vereinfachenden Bezeichnungen verwendet:

$$b_{n-1} = \frac{J_0}{J_{n-1}} l_{n-1}; \qquad b_n = \frac{J_0}{J_n} l_n \tag{291}$$

$$d_n = 2\left(\frac{J_0}{J_{n-1}} l_{n-1} + \frac{J_0}{J_n} l_n\right) = 2\,(b_{n-1} + b_n) \tag{292}$$

$$S_n = 6\left(\frac{J_0}{J_{n-1}} \mathfrak{A}^{(0)}{}_{n,n-1} + \frac{J_0}{J_n} \mathfrak{A}^{(0)}{}_{n,n+1}\right). \tag{293}$$

Damit lautet die Gl. (290) wieder in der gewohnten übersichtlichen Schreibart

$$\boxed{b_{n-1}\,M_{n-1} + d_n\,M_n + b_n\,M_{n+1} + S_n = 0.} \tag{294}$$

Die praktische Anwendung dieser Form der Dreimomentengleichungen, die für Durchlaufträger mit feldweise verschiedenen Trägheitsmomenten gilt, soll anschließend in zwei Zahlenbeispielen gezeigt werden.

b) Anwendungsbeispiele

Zahlenbeispiel 1. *Ermittlung der M-Linie und Q-Linie für einen Zweifeldträger in Stahlbeton mit verschiedenen Trägheitsmomenten J_1 und J_2.* Die Tragwerksabmessungen und Belastungsangaben sind aus Abb. 324a zu entnehmen.

Ermittlung der M-Linie

Wegen $M_1 = 0$ und $M_3 = 0$ vereinfacht sich die hier anzuwendende Gl. (294) mit den Bezeichnungen aus Abb. 324a zu

$$d_2\,M_2 + S_2 = 0.$$

Die darin vorkommenden Werte d_2 und S_2 sind nach Gl. (292) und (293) zu berechnen. Hierzu benötigt man zunächst die Trägheitsmomente J_1 und J_2 in den beiden Feldern.

Im Feld (I) wird

$$J_1 = \frac{b\,h^3}{12} = \frac{25 \cdot 40^3}{12} = 133\,300\ \text{cm}^4 = 13{,}33\ \text{dm}^4$$

Im Feld (II) wird

$$J_2 = \frac{b\,h^3}{12} = \frac{25 \cdot 80^3}{12} = 1\,067\,000\ \text{cm}^4 = 106{,}70\ \text{dm}^4.$$

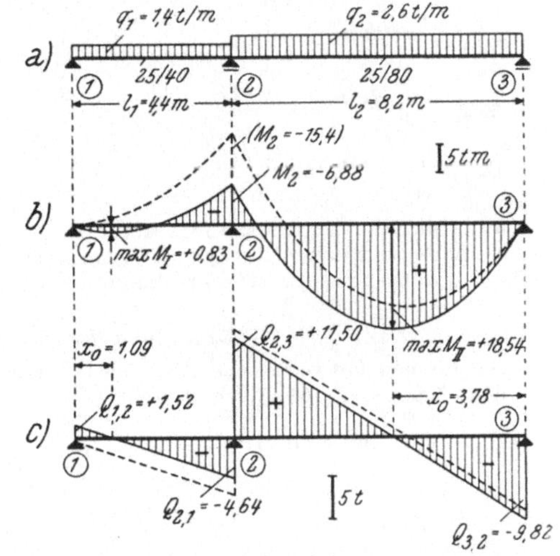

Abb. 324a bis c. M-Linie und Q-Linie für einen Zweifeldträger mit verschiedenen Trägheitsmomenten J_1 und J_2

Wählt man für das Vergleichsträgheitsmoment $J_0 = J_2 = 106{,}70$ dm^4, so ergibt sich nach Gl. (292)

$$d_2 = 2\left(\frac{J_0}{J_1}\,l_1 + \frac{J_0}{J_2}\,l_2\right) = 2\left(\frac{106{,}70}{13{,}33} \cdot 4{,}4 + \frac{106{,}70}{106{,}70} \cdot 8{,}2\right) = 2\,(8 \cdot 4{,}4 + 8{,}2) = 86{,}8\ \text{m}.$$

Weiter ist nach Gl. (293)

$$S_2 = 6\left(\frac{J_0}{J_1}\,\mathfrak{A}^{(0)}_{2,1} + \frac{J_0}{J_2}\,\mathfrak{A}^{(0)}_{2,3}\right),$$

wobei nach Tafel 1

$$\mathfrak{A}^{(0)}_{2,1} = \frac{q_1\,l_1^3}{24} = \frac{1{,}4 \cdot 4{,}4^3}{24} = 4{,}97\ \text{tm}^2; \quad \mathfrak{A}^{(0)}_{2,3} = \frac{q_2\,l_2^3}{24} = \frac{2{,}6 \cdot 8{,}2^3}{24} = 59{,}7\ \text{tm}^2.$$

Somit wird

$$S_2 = 6\,(8 \cdot 4{,}97 + 59{,}7) = 6\,(39{,}8 + 59{,}7) = 6 \cdot 99{,}5 = 597{,}0\ \text{tm}^2.$$

Durch Einsetzen der nun zahlenmäßig ermittelten Werte d_2 und S_2 in die oben aufgestellte Gleichung erhält man

$$86{,}8\,M_2 + 597{,}0 = 0$$

oder

$$M_2 = \frac{-597{,}0}{86{,}8} = -6{,}88\ \text{tm}.$$

Die zum Auftragen der M-Linie (vgl. Abb. 324b) erforderlichen $M^{(0)}$-Werte sind

$$\text{im Feld (I):} \qquad M_I^{(0)} = \frac{q_1 l_1^2}{8} = \frac{1{,}4 \cdot 4{,}4^2}{8} = 3{,}39 \text{ tm}$$

$$\text{„ „ (II):} \qquad M_{II}^{(0)} = \frac{q_2 l_2^2}{8} = \frac{2{,}6 \cdot 8{,}2^2}{8} = 21{,}85 \text{ „ .}$$

Zum Vergleich ist in Abb. 324b auch die M-Linie gestrichelt eingetragen, die sich für den Träger bei gleicher Belastung, aber mit **konstantem** Trägheitsmoment in beiden Feldern, ergeben würde.

Ermittlung der Q-Linie

Die Ermittlung der Q-Werte geschieht am besten nach Gl. (202); sie lautet in allgemeiner Schreibweise

$$Q = Q^{(0)} + \frac{M_r - M_l}{l};$$

damit wird

$$Q_{1,2} = + \frac{q_1 l_1}{2} - \frac{M_2}{l_1} = \frac{1{,}4 \cdot 4{,}4}{2} - \frac{6{,}88}{4{,}4} = + 3{,}08 - 1{,}56 = + 1{,}52 \text{ t}$$

$$Q_{2,1} = - \frac{q_1 l_1}{2} - \frac{M_2}{l_1} = - 3{,}08 - 1{,}56 = - 4{,}64 \text{ t}$$

$$Q_{2,3} = + \frac{q_2 l_2}{2} + \frac{-M_2}{l_2} = \frac{2{,}6 \cdot 8{,}2}{2} + \frac{6{,}88}{8{,}2} = + 10{,}66 + 0{,}84 = + 11{,}50 \text{ t}$$

$$Q_{3,2} = - \frac{q_2 l_2}{2} + \frac{-M_2}{l_2} = - 10{,}66 + 0{,}84 = - 9{,}82 \text{ t.}$$

In Abb. 324c ist die Q-Linie unter Verwendung dieser Werte maßstäblich aufgezeichnet. Zum Vergleich ist auch die Q-Linie gestrichelt eingetragen, die sich für den Träger unter Annahme durchgehend konstanter Trägheitsmomente ergibt.

Ermittlung der maximalen Feldmomente

Sie können entweder aus Abb. 324b maßstäblich entnommen oder rechnerisch ermittelt werden. Nach Gl. (161a) erhält man

$$\text{im Feld (I):} \qquad \max M_I = \frac{Q^2_{1,2}}{2\, q_1} = \frac{1{,}52^2}{2 \cdot 1{,}4} = + 0{,}83 \text{ tm}$$

$$\text{„ „ (II).} \qquad \max M_{II} = \frac{Q^2_{3,2}}{2\, q_2} = \frac{9{,}82^2}{2 \cdot 2{,}6} = + 18{,}54 \text{ „ .}$$

Zahlenbeispiel 2. *Ermittlung der M-Linie und Q-Linie für einen symmetrisch ausgebildeten und symmetrisch belasteten Dreifeldträger mit verschiedenen Trägheitsmomenten J_1 und J_2.* Tragwerksabmessungen und Belastungsangaben siehe Abb. 325a. Wegen $M_2 = M_{2'}$ braucht die Dreimomentengleichung nur für Stütze (2) aufgestellt zu werden. Man erhält nach Gl. (294) unter Beachtung, daß $M_1 = 0$ ist,

$$d_2 M_2 + b_2 M_{2'} + S_2 = 0 \tag{295}$$

und wegen $M_{2'} = M_2$

$$(d_2 + b_2)\, M_2 + S_2 = 0. \tag{296}$$

Daraus ergibt sich sofort

$$M_2 = \frac{-S_2}{d_2 + b_2}. \tag{296a}$$

Ermittlung der M-Linie

Zur zahlenmäßigen Ermittlung der in Gl. (296a) auftretenden Werte b_2, d_2 und S_2 nach Gl. (291) bis (293) benötigt man die Trägheitsmomente J_1 und J_2. Mit den Angaben in Abb. 325a erhält man

$$J_1 = \frac{b\, h^3}{12} = \frac{40 \cdot 45^3}{12} = 303\,700 \text{ cm}^4 = 30{,}4 \text{ dm}^4$$

$$J_2 = \frac{b\, h^3}{12} = \frac{40 \cdot 100^3}{12} = 3\,333\,000 \text{ „ } = 333{,}3 \text{ „ .}$$

Wählt man als Vergleichsträgheitsmoment $J_0 = J_2 = 333{,}3\ \text{dm}^4$, so wird nach Gl. (291)

$$b_1 = \frac{J_0}{J_1}\, l_1 = \frac{333{,}3}{30{,}4} \cdot 5{,}6 = 61{,}3\ \text{m}$$

$$b_2 = \frac{J_0}{J_2}\, l_2 = \frac{333{,}3}{333{,}3} \cdot 12{,}0 = 12{,}0\ \text{,,}$$

und nach Gl. (292)

$$d_2 = 2\,(b_1 + b_2) = 2\,(61{,}3 + 12{,}0) = 146{,}6\ \text{m}.$$

Nach Gl. (293) ist

$$S_2 = 6\left(\frac{J_0}{J_1}\,\mathfrak{A}^{(0)}_{2,1} + \frac{J_0}{J_2}\,\mathfrak{A}^{(0)}_{2,2'}\right);$$

die $\mathfrak{A}^{(0)}$-Werte erhält man nach Tafel 1 bzw. 3 mit

$$\mathfrak{A}^{(0)}_{2,1} = \frac{q_1\, l_1^3}{24} = \frac{2{,}2 \cdot 5{,}6^3}{24} = 16{,}10\ \text{tm}^2$$

$$\mathfrak{A}^{(0)}_{2,2'} = \frac{q_2\, l_2^3}{24} + \frac{P\, l_2^2}{16} = \frac{2{,}6 \cdot 12{,}0^3}{24} + \frac{13{,}0 \cdot 12{,}0^2}{16} = 187{,}2 + 117{,}0 = 304{,}2\ \text{tm}^2.$$

Damit wird

$$S_2 = 6\left(\frac{333{,}3}{30{,}4} \cdot 16{,}10 + 304{,}2\right) = 6 \cdot 480{,}5 = 2880\ \text{tm}^2.$$

Setzt man nun die Zahlenwerte für S_2, d_2, b_2 in Gl. (296a) ein, so ergibt sich

$$M_2 = \frac{-S_2}{d_2 + b_2} = -\frac{2880}{146{,}6 + 12{,}0} = -18{,}16\ \text{tm}.$$

Die zum Auftragen der M-Linie benötigten $M^{(0)}$-Werte sind

$$\text{für Feld (I):}\quad M_I{}^{(0)} = \frac{q_1\, l_1^2}{8} = \frac{2{,}2 \cdot 5{,}6^2}{8} = 8{,}62\ \text{tm}$$

$$\text{,, ,, (II):}\quad M_{II}{}^{(0)} = \frac{q_2\, l_2^2}{8} + \frac{P\, l_2}{4} = \frac{2{,}6 \cdot 12{,}0^2}{8} + \frac{13{,}0 \cdot 12{,}0}{4} = 46{,}8 + 39{,}0 = 85{,}8\ \text{tm}.$$

In Abb. 325b ist die gesamte M-Linie maßstäblich aufgetragen.

Ermittlung der Q-Linie

Für die zahlenmäßige Ermittlung der Q-Werte benutzt man am besten wieder die Formel (202); sie lautet allgemein

$$Q = Q^{(0)} + \frac{M_r - M_l}{l}.$$

Damit erhält man

$$Q_{1,2} = \frac{q_1\, l_1}{2} + \frac{M_2}{l_1} = \frac{2{,}2 \cdot 5{,}6}{2} - \frac{18{,}16}{5{,}6} = 6{,}16 - 3{,}24 = +2{,}92\ \text{t}$$

$$Q_{2,1} = -\frac{q_1\, l_1}{2} + \frac{M_2}{l_1} = -\frac{2{,}2 \cdot 5{,}6}{2} - \frac{18{,}16}{5{,}6} = -6{,}16 - 3{,}24 = -9{,}40\ \text{t}$$

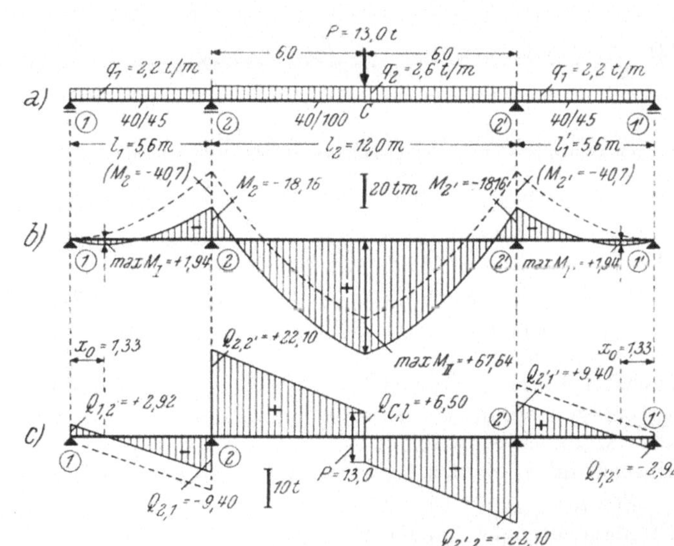

Abb. 325a bis c. Symmetrisch belasteter und symmetrisch ausgebildeter Dreifeldträger mit verschiedenen Trägheitsmomenten J_1 und J_2

$$Q_{2,2'} = + \frac{q_2 l_2}{2} + \frac{P}{2} = + \frac{2{,}6 \cdot 12{,}0}{2} + \frac{13{,}0}{2} = + 15{,}60 + 6{,}50 = + 22{,}10 \text{ t}$$

$$Q_{C,l} = Q_{2,2'} - \frac{q_2 l_2}{2} = + 22{,}10 - \frac{2{,}6 \cdot 12{,}0}{2} = + 22{,}10 - 15{,}60 = + 6{,}50 \text{ t}.$$

In Abb. 325c ist die Q-Linie maßstäblich aufgezeichnet.

Ermittlung der maximalen Feldmomente

Im Feld (I) wird nach Gl. (161a)

$$\max M_I = \frac{Q^2_{1,2}}{2 q_1} = \frac{2{,}92^2}{2 \cdot 2{,}2} = + 1{,}94 \text{ tm},$$

im Feld (II) erhält man infolge Symmetrie

$$\max M_{II} = \frac{q_2 l_2^2}{8} + \frac{P l_2}{4} - |M_2| = \frac{2{,}6 \cdot 12{,}0^2}{8} + \frac{13{,}0 \cdot 12{,}0}{4} - 18{,}16 =$$

$$= 46{,}8 + 39{,}0 - 18{,}16 = + 67{,}64 \text{ tm}.$$

Anmerkung. Um den großen Einfluß der verschiedenen Trägheitsmomente in den einzelnen Feldern auf die Rechenergebnisse besser in Erscheinung treten zu lassen, sind in den Abb. 325b und c wieder die M-Linie und Q-Linie für dieselbe Belastung, aber unter Annahme gleicher Trägheitsmomente in beiden Feldern, gestrichelt eingezeichnet.

L. Schlußbemerkung

Die bisher behandelten Typen von Durchlaufträgern mit konstanten Trägheitsmomenten in allen Feldern bzw. mit nur feldweise verschiedenen Trägheitsmomenten werden bei Decken- und Dachkonstruktionen im Hochbau bevorzugt verwendet. Im Industrie- und Hallenbau sowie im Brückenbau kommen aber auch noch verschiedene Sonderformen dieses wichtigen Tragsystems vor, und zwar vor allem die Durchlaufträger mit sog. „Vouten". In Abb. 326a, b ist ein solches Tragwerk mit dem M-Verlauf für eine durchgehende Gleichlast q dargestellt; es ist darin die M-Linie für den Träger mit Vouten in vollen Linien, hingegen für den Träger ohne Vouten, aber mit gleichen Trägheitsmomenten in allen Feldern, gestrichelt gezeichnet.

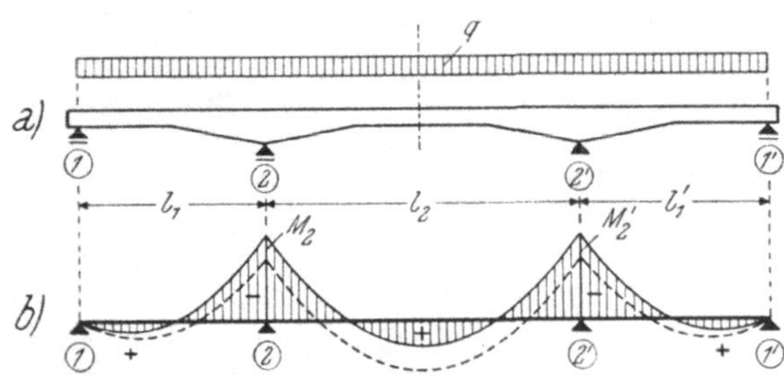

Abb. 326a, b. M-Linie für einen symmetrischen Dreifeldträger mit Vouten (——) und ohne Vouten (- - - -) bei durchgehender Gleichlast

Durch derartige Vouten ergeben sich demnach die Feldmomente wesentlich kleiner, so daß man im Feld mit viel geringeren Querschnittshöhen auskommt; dadurch erhält man bedeutend schlankere Konstruktionen von geringerem Eigengewicht, die meist sowohl aus ästhetischen als auch aus wirtschaftlichen Gründen bevorzugt werden. Die entsprechende Zunahme der Stützenmomente bringt dabei aber keinerlei Schwierigkeiten mit sich, weil dort zu ihrer Aufnahme (Deckung) hinreichend große Querschnitte zur Verfügung stehen.

Für die Berechnung solcher Durchlaufträger mit Vouten können wiederum die Dreimomentengleichungen benutzt werden, die auch für den ganz allgemeinen Fall beliebig veränderlicher Stabquerschnitte in der gleichen äußeren Form wie bei Gl. (294) erscheinen. Allerdings nehmen dann die einzelnen Glieder b_{n-1}, d_n, b_n

sowie S_n zahlenmäßig andere Werte an. Die Ermittlung dieser Werte wird aber beim praktischen Rechnen für Durchlaufträger mit Vouten durch Zahlen- und Kurventafeln wesentlich erleichtert.

Auf eine eingehende Behandlung dieser Trägerform und aller damit zusammenhängenden Probleme, die nicht mehr zur „elementaren“ Baustatik gehören, muß hier verzichtet werden. Es sei aber auf das Buch „Rahmentragwerke und Durchlaufträger“ verwiesen, wo die Berechnung dieser Trägerart unter Verwendung der Dreimomentengleichungen nach den gleichen Grundsätzen wie hier ausführlich gezeigt wird; dort sind auch die erforderlichen Hilfstafeln zur Berechnung der verschiedenen Zahlenwerte b und d sowie der Belastungsglieder S vorhanden[1].

2. Das Festpunktverfahren zur Ermittlung der M-Linie

A. Vorbemerkung

Die Festpunkt-Methode ermöglicht die Ermittlung des Momentenverlaufes bei Durchlaufträgern für beliebige Belastungen ohne Aufstellung von Gleichungen. Auch der Grad der statischen Unbestimmtheit tritt nirgends direkt in Erscheinung. Die praktische Anwendung dieses Verfahrens kann zeichnerisch oder rechnerisch oder auch in einer zweckmäßigen Kombination beider Möglichkeiten erfolgen. Seine besonderen Vorzüge bestehen vor allem in der Einfachheit und Anschaulichkeit. Es führt bei rationeller Anwendung mindestens ebenso rasch zum Ziel wie die übrigen Methoden und besitzt überdies den bedeutenden Vorteil, ohne Mehraufwand an Rechenarbeit den besonders bei Stahlbetonkonstruktionen in der Regel auftretenden Fall der sog. „teilweisen Einspannung“ in den Endauflagern leicht berücksichtigen zu können. Während bei Verwendung der Dreimomentengleichungen und anderer verwandter Methoden der Statiker meist in willkürlicher Vereinfachung in den Endauflagern nur zwischen den beiden extremen Möglichkeiten wählt, nämlich zwischen einer „gelenkigen Lagerung“ und einer „vollen Einspannung“, kann hier sehr leicht auch eine etwa vorhandene „teilweise Einspannung“ in den Randstützen in Rechnung gestellt werden. Dadurch erhält man den M-Verlauf nicht nur in besserer Annäherung an die Wirklichkeit, sondern es ergibt sich damit auch in konstruktiver und wirtschaftlicher Hinsicht ein beachtlicher Vorteil; denn eine teilweise Einspannung vermindert sowohl die positiven Momente im ersten Feld als auch das negative Moment bei der benachbarten zweiten Stütze. Dadurch ergeben sich oft willkommene Erleichterungen und Ersparnisse bei der Bemessung des maßgebenden Stützenquerschnittes. Der Einfluß einer Einspannung auf den M-Verlauf wird Seite 196 anhand Abb. 331a bis c ausführlich dargelegt.

Die Festpunkt-Methode ist ganz allgemein auch für Tragsysteme mit veränderlichen Stabquerschnitten verwendbar. Zunächst sollen jedoch nur Durchlaufträger mit konstanten Werten E und J in sämtlichen Feldern behandelt werden.

B. Statische Deutung der Festpunkte

Die Bedeutung der sog. „Festpunkte“ läßt sich am einfachsten anhand der in Abb. 327a bis d und 328a bis d für einen Durchlaufträger mit Kragarmen gezeigten M-Linien und der zugehörigen Biegelinien erläutern. Die beim Festpunktverfahren übliche Bezeichnung der Stützen mit A, B, C . . . usw. wird auch hier beibehalten.

[1] GULDAN: „Rahmentragwerke und Durchlaufträger“, 5. Aufl., Wien 1952, S. 116 bis 132, S. 240 bis 251, S. 322 bis 351.

Es sei zunächst angenommen, daß nur am linken Kragarm eine Einzellast P_1 wirke, alle übrigen Felder und auch der rechte Kragarm aber unbelastet seien Die unter dieser Lastannahme auftretende M-Linie ist in Abb. 327a und die zugehörige Biegelinie in Abb. 327b dargestellt. Man erkennt, daß die Biegelinie entsprechend den nach rechts abklingenden, abwechselnd positiven und negativen Biegungsmomenten wellenförmig verläuft; sie muß an den Stellen, wo die Momenten-Nullpunkte liegen, stets einen Wendepunkt aufweisen, denn dort befindet sich immer ein Übergang von den positiven zu den negativen Momenten und damit auch der Wechsel zwischen Zugzone und Druckzone im Träger. Um diese Zusammenhänge besser in Erscheinung treten zu lassen, ist in der Biegelinie der Abb. 327b stets die Seite, auf welcher der Träger gezogen wird, durch eine gestrichelte Linie gekennzeichnet.

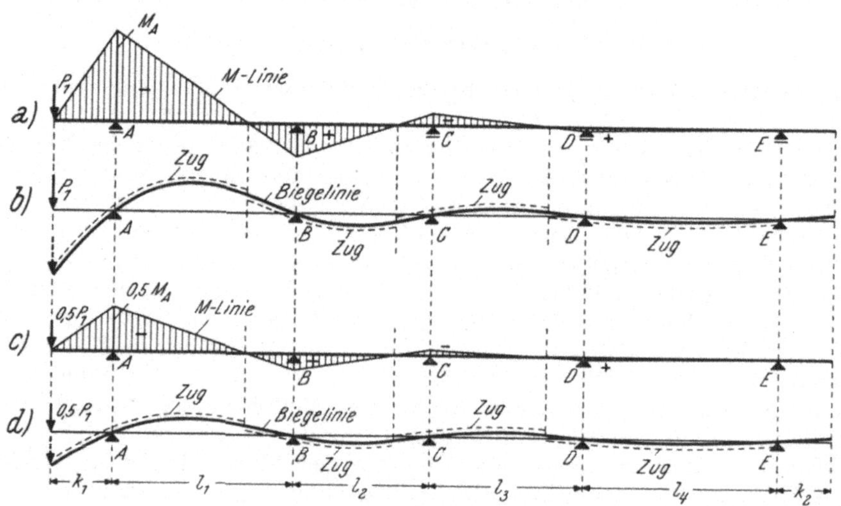

Abb. 327a bis d. M-Linien und Biegelinien eines Vierfeldträgers mit Kragarmen bei Belastung des *linken* Kragarmes mit P_1 bzw. $0{,}5\,P_1$

Denkt man sich nun gemäß Abb. 327c nur die halbe Last P_1 wirksam, so werden nach dem allgemein gültigen Proportionalitätsgesetz auch die Biegungsmomente an allen Stellen der einzelnen Trägerfelder auf die Hälfte vermindert. Die Lage der Momenten-Nullpunkte — und damit auch die Lage der Wendepunkte in der zugehörigen Biegelinie (Abb. 327d) — bleibt aber unverändert. Das gilt auch für eine beliebige andere Belastung auf dem linken Kragarm. Man bezeichnet nun diese Momenten-Nullpunkte, deren Lage von der äußeren Belastung völlig unabhängig ist, als „Festpunkte" des Durchlaufträgers.

Wird der rechte Kragarm mit P_2 belastet, während alle übrigen Felder und der linke Kragarm unbelastet bleiben, so erhält man die in Abb. 328a dargestellte M-Linie und die in Abb. 328b angedeutete Biegelinie. Vermindert man die Last P_2 auf die Hälfte, so vermindern sich auch die nun auftretenden Biegungsmomente auf den halben Wert und ergeben das in Abb. 328c ersichtliche Bild. Die Momenten-Nullpunkte bleiben wieder unverändert und damit auch die Wendepunkte der zugehörigen Biegelinie in Abb. 328d.

Wie aus Abb. 327a bis d und 328a bis d hervorgeht, treten in jedem Feld stets zwei Festpunkte auf. Im vorliegenden Fall, in dem freie Auflagerung in den Randstützen vorausgesetzt wird, fällt in den Randfeldern je ein Festpunkt mit dem Endauflager zusammen. Man bezeichnet den linken Festpunkt eines Feldes (n) mit J_n, den rechten mit K_n. Diese Bezeichnungen sind in Abb. 329 benutzt, in der die Festpunkte aus Abb. 327a bis d und 328a bis d nochmals gesondert eingezeichnet sind.

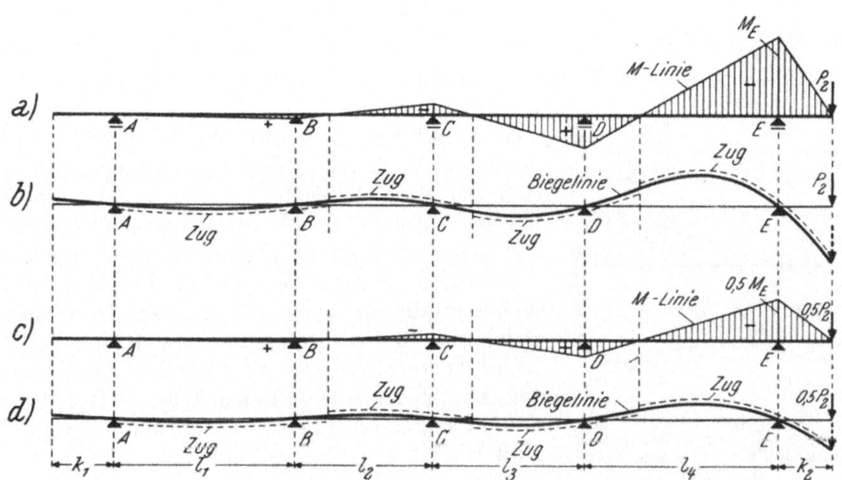

Abb. 328a bis d. M-Linien und Biegelinien eines Vierfeldträgers mit Kragarmen bei Belastung des *rechten* Kragarmes mit P_2 bzw. 0,5 P_2

Wenn die Lage der Festpunkte J und K in jedem Feld bekannt ist, so kann der gesamte M-Verlauf für eine beliebige Belastung des linken Kragarmes sehr einfach in folgender Weise bestimmt werden: Man berechnet das Kragmoment, das zugleich das Stützenmoment M_A darstellt, und leitet es gemäß Abb. 327a nach rechts durch die rechten Festpunkte K bis zur Stütze E weiter. Ebenso kann ein bei Stütze E durch Kragarmbelastung auftretendes Stützenmoment M_E gemäß Abb. 328a nach links durch die linken Festpunkte J bis zur Stütze A weitergeleitet werden.

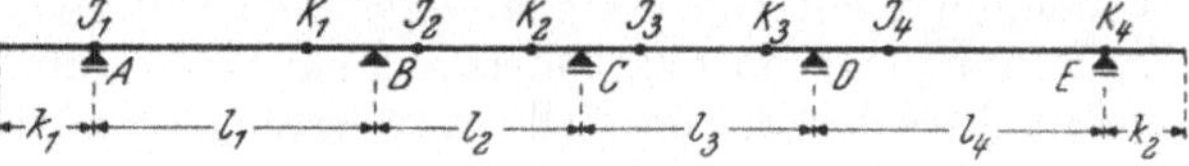

Abb. 329. Bezeichnung der Festpunkte in den einzelnen Feldern

In der gleichen Art kann jedes andere Stützenmoment über die unbelasteten Felder durch die Festpunkte weitergeleitet werden. Wenn also z. B. ein beliebiges Mittelfeld allein belastet ist (Abb. 330) und die zugehörigen Stützenmomente M_l

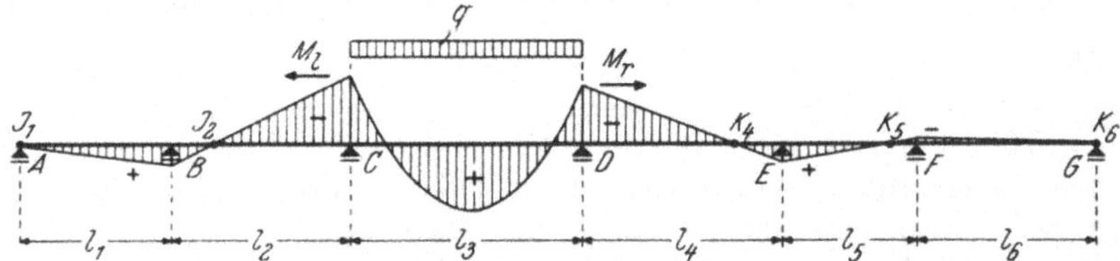

Abb. 330. Ermittlung der M-Linie durch Weiterleitung der Stützenmomente M_l und M_r durch die Festpunkte

und M_r auf irgendeinem Wege bereits zahlenmäßig ermittelt sind, so kann man das linke Moment M_l durch die linken Festpunkte J und das rechte Moment M_r

durch die **rechten** Festpunkte K in den unbelasteten Feldern des Durchlaufträgers weiterleiten. Damit ist die gesamte M-Linie für diesen Lastfall bestimmt.

C. Lage der Festpunkte in voll eingespannten Randfeldern

Die Lage des äußeren Festpunktes in einem Randfeld mit voller Einspannung kann sehr leicht an dem Tragwerk in Abb. 331a bestimmt werden; es stellt einen bei A voll eingespannten, bei B frei aufliegenden Träger mit Kragarm dar. Wenn nur der Kragarm allein belastet, das Feld aber lastfrei ist, so ergibt sich der in Abb. 331b gezeichnete M-Verlauf. Das Einspannmoment M_A ist in diesem Fall halb so groß wie das Kragmoment M_B an der Stütze B und hat das entgegengesetzte Vorzeichen von M_B. Diese Tatsache ergibt sich sofort aus der Dreimomentengleichung für die eingespannte Stütze A; nach Gl. (284) und (284a) wird mit den Bezeichnungen der Abb. 331a unter Beachtung, daß hier wegen des unbelasteten Feldes $A-B$ der S-Wert gleich Null ist,

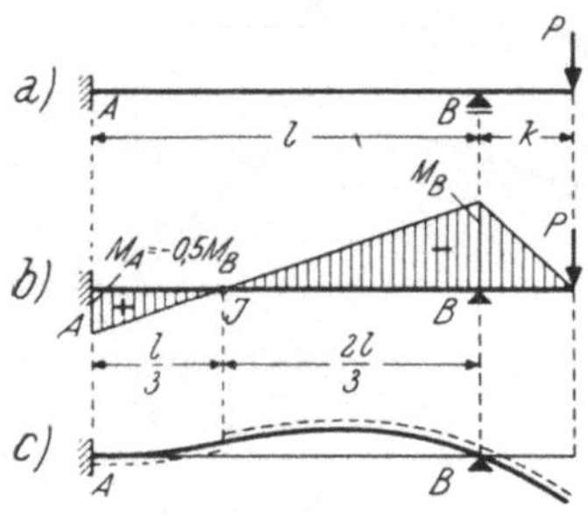

Abb. 331a bis c. M-Linie und Biegelinie für einen bei A voll eingespannten, bei B auskragenden Träger

$$2\,l\,M_A + l\,M_B = 0 \tag{297}$$

und daraus

$$M_A = -\frac{M_B}{2}. \tag{298}$$

Aus diesem Ergebnis folgt, daß der Momenten-Nullpunkt und damit auch der Wendepunkt der zugehörigen Biegelinie (Abb. 331c) für diesen Lastfall stets in der Entfernung $l/3$ von der Einspannstelle liegen muß. Damit ist auch die Lage des Festpunktes für diesen Fall bestimmt.

Anmerkung. Aus den bisherigen Betrachtungen kann festgestellt werden, daß die Lage eines Festpunktes stets von dem Einspanngrad des benachbarten Stabendes abhängig ist, und zwar ist der Festpunktabstand vom Stabende bei freier Lagerung gleich Null (d. h. er fällt mit dem Stabende zusammen) und bei voller Einspannung gleich $l/3$. Das sind die beiden äußersten Lagen, die ein Festpunkt eines Stabes mit konstantem Querschnitt überhaupt einnehmen kann. Bei „teilweiser" Einspannung eines Stabes liegt demnach der Festpunkt zwischen diesen beiden Grenzfällen, also innerhalb der Entfernung $l/3$ vom Stabende.

D. Zeichnerische Ermittlung der Festpunkte

Zur Bestimmung der Lage der Festpunkte bestehen drei Möglichkeiten: Die zeichnerische und die rechnerische Methode und die Verwendung von Hilfstafeln. Zuerst soll die zeichnerische Methode gezeigt werden, die für Durchlaufträger mit durchgehend konstantem Trägheitsmoment leicht anwendbar ist. Auf eine Ableitung dieses Verfahrens, die in den verschiedenen Lehr- und Handbüchern ausführlich wiedergegeben wird[1], für die Anwendung jedoch ohne Bedeutung ist, kann hier verzichtet werden. Hingegen soll eine eingehende Beschreibung der

[1] K. BEYER: Die Statik im Stahlbetonbau, 2. Aufl., S. 253ff., Berlin 1948. — E. MÖRSCH: Der durchlaufende Träger, 4. Aufl., S. 10ff., Stuttgart 1951. — E. SUTER-TRAUB: Die Methode der Festpunkte, 3. Aufl., Berlin 1951. — Betonkalender; u. a. m.

praktischen Durchführung dieser Methode anhand Abb. 332a bis e für einen Fünffeldträger gegeben werden.

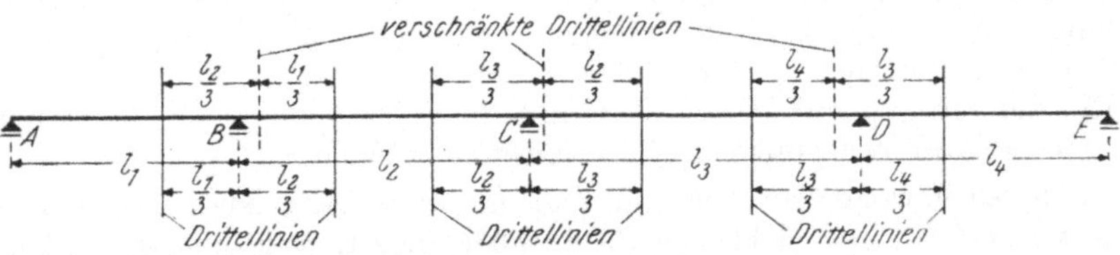

Abb. 332a. „Drittellinien" und „verschränkte Drittellinien"

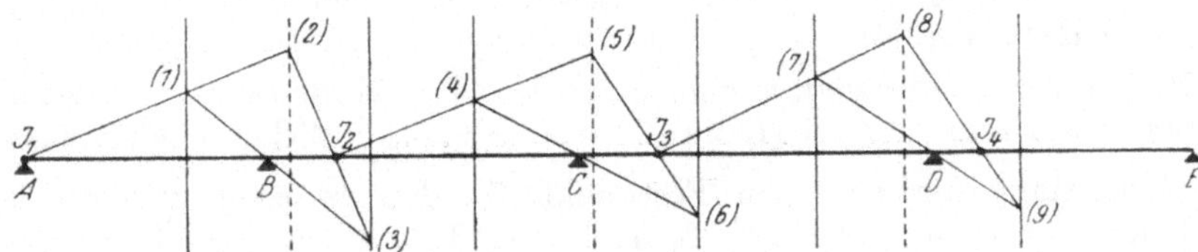

Abb. 332b. Konstruktion zur Ermittlung der *linken* Festpunkte J

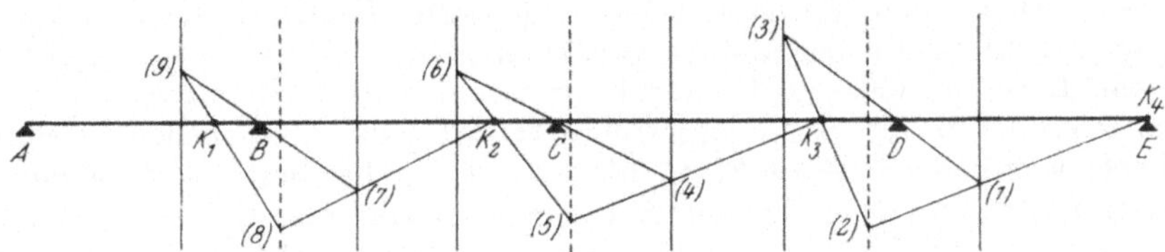

Abb. 332c. Konstruktion zur Ermittlung der *rechten* Festpunkte K

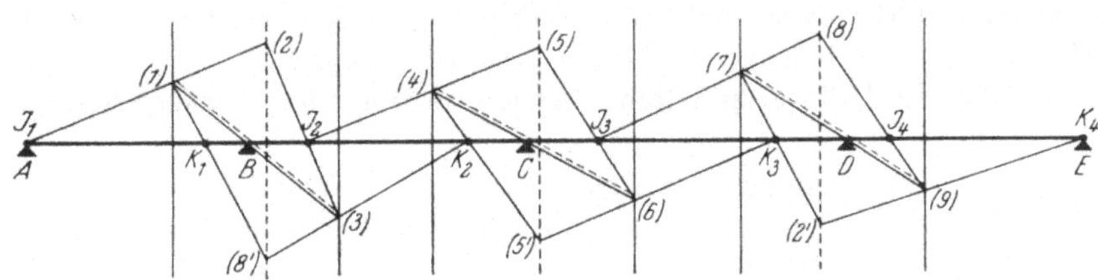

Abb. 332d. Konstruktion zur Ermittlung der *linken* und *rechten* Festpunkte J und K in *einer* Zeichnung

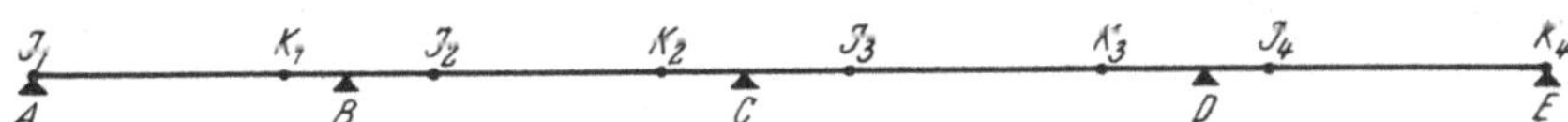

Abb. 332e. Gesonderte Darstellung der ermittelten Festpunkte J und K

Abb. 332a bis e. Ausführliche Darstellung der zeichnerischen Ermittlung der Festpunkte

Man zeichnet zuerst gemäß Abb. 332a in jedem Feld die sog. „Drittellinien", das sind lotrechte Hilfslinien, die durch die Drittelpunkte der Feldweiten verlaufen, und ebenso die sog. „verschränkten Drittellinien" (gestrichelt), die z. B. bei Stütze B durch Vertauschung der Abstände $l_1/3$ und $l_2/3$, bei Stütze C durch Vertauschung von $l_2/3$ und $l_3/3$ usw. festgelegt werden.

Nun zieht man gemäß Abb. 332b, am linken Festpunkt J_1 des ersten Feldes beginnend (der hier wegen freier Lagerung mit der Randstütze A zusammenfällt), unter beliebigem Winkel zur Trägerachse eine Gerade bis zur ersten verschränkten Drittellinie; man erhält damit die Schnittpunkte (1) und (2). Durch Verbindung von (1) mit dem Auflager B ergibt sich auf der nächsten Drittellinie der Schnittpunkt (3), der mit (2) verbunden wird und im Schnittpunkt mit der Trägerachse bereits den linken Festpunkt J_2 im zweiten Feld liefert.

Von dem so gewonnenen Festpunkt J_2 aus wiederholt man die Konstruktion in der gleichen Art: Man zieht von J_2 eine beliebige Gerade bis zur nächsten verschränkten Drittellinie und erhält die Schnittpunkte (4) und (5); verbindet man (4) mit dem Auflager C, so ergibt sich auf der nächsten Drittellinie der Schnittpunkt (6). Durch Verbindung von (6) mit (5) gewinnt man den nächsten linken Festpunkt J_3 im dritten Feld.

In gleicher Weise fährt man von J_3 aus fort und erhält den linken Festpunkt J_4 im vierten Feld. Damit sind die linken Festpunkte in sämtlichen Feldern bestimmt.

Zur Ermittlung der rechten Festpunkte in den einzelnen Feldern beginnt man bei dem rechten Festpunkt K_4 im letzten Feld (der wegen freier Lagerung mit der Endstütze E zusammenfällt) und führt die gesamte Konstruktion gemäß Abb. 332c, nach links fortschreitend, sinngemäß in derselben Weise durch, wie sie zur Ermittlung der linken Festpunkte J_2 bis J_4 beschrieben wurde.

Betrachtet man die beiden getrennt durchgeführten Konstruktionen in Abb. 332b und c, so erkennt man leicht, daß es zweckmäßig ist, beide in einer Zeichnung zu vereinigen. Diese gemeinsame Konstruktion ist in Abb. 332d durchgeführt. Darin wird zunächst der in Abb. 332b dargestellte Teil nach der angegebenen Beschreibung gezeichnet, womit die linken Festpunkte J_2, J_3, J_4 bestimmt sind; sodann zieht man vom Festpunkt K_4 (fällt mit E zusammen) eine Gerade durch den bereits gegebenen Punkt (9) bis zur verschränkten Drittellinie. Die Verbindung von (9) mit dem Auflager D bis zur nächsten Drittellinie liegt bereits vor; sie wird in Abb. 332d durch eine Doppellinie angedeutet. Durch Verbindung von (2') mit (7) erhält man den rechten Festpunkt K_3. In der gleichen Art ergeben sich die übrigen K-Punkte.

In Abb. 332e sind die ermittelten Festpunkte gesondert herausgezeichnet.

E. Rechnerische Ermittlung der Festpunkte

a) Allgemeine Zusammenhänge

Wie aus Abb. 327a bis d hervorgeht, stimmen die rechten Festpunkte eines Durchlaufträgers mit den Momenten-Nullpunkten überein, die sich für ein von der linken Randstütze nach rechts weitergeleitetes Moment ergeben. Ebenso sind gemäß Abb. 328a bis d die linken Festpunkte identisch mit den Momenten-Nullpunkten für ein von der rechten Randstütze nach links weitergeleitetes Moment.

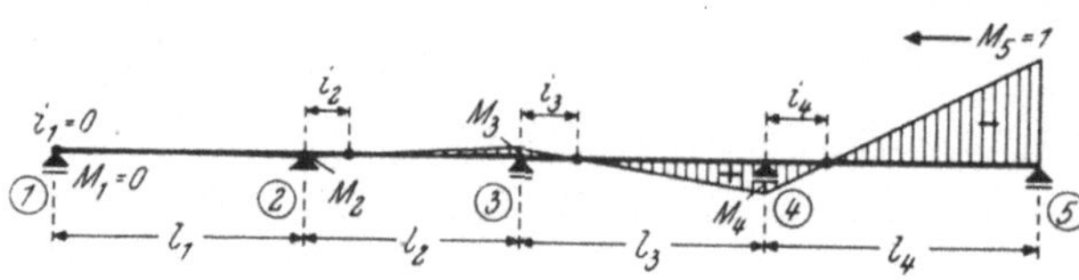

Abb. 333. M-Linie eines Vierfeldträgers mit angreifendem Moment $M_5 = 1$

Aus dieser Tatsache lassen sich leicht die allgemeinen Formeln zur Berechnung der Festpunkte ableiten. Man braucht nur mit Hilfe der Dreimomentengleichungen für diese beiden Belastungsfälle gemäß Abb. 327a und 328a die Stützenmomente sowie den zugehörigen Momentenverlauf zu ermitteln und kann dann sofort in jedem Feld aus der Ähnlichkeit der dort vorhandenen positiven und negativen Momentendreiecke den entsprechenden Festpunktabstand bestimmen. Es ergeben sich also beispielsweise nach Abb. 333, in der die Weiterleitung eines Momentes M_5 vom rechten Auflager (5) nach links dargestellt ist, die linken Festpunktabstände i folgendermaßen:

Im Feld (1): $i_1 = 0$ (wegen freier Randlagerung)

„ „ (2): $$i_2 = \frac{M_2}{M_2 + M_3} \cdot l_2$$

„ „ (3): $$i_3 = \frac{M_3}{M_3 + M_4} \cdot l_3 \qquad (299)$$

„ „ (4): $$i_4 = \frac{M_4}{M_4 + M_5} \cdot l_4$$

oder allgemein im Feld (n):

$$i_n = \frac{M_n}{M_n + M_{n+1}} \cdot l_n. \qquad (300)$$

In gleicher Weise würden sich gemäß Abb. 334, in der die Weiterleitung eines Momentes M_1 von der linken Stütze (1) nach rechts gezeigt wird, die rechten Festpunktabstände k aus folgenden Beziehungen ergeben:

Im Feld (4): $k_4 = 0$ (wegen freier Randlagerung)

„ „ (3): $$k_3 = \frac{M_4}{M_4 + M_3} \cdot l_3$$

„ „ (2): $$k_2 = \frac{M_3}{M_3 + M_2} \cdot l_2 \qquad (301)$$

„ „ (1): $$k_1 = \frac{M_2}{M_2 + M_1} \cdot l_1$$

oder allgemein im Feld (n):

$$k_n = \frac{M_{n+1}}{M_{n+1} + M_n} \cdot l_n. \qquad (302)$$

Die in den Formeln (299) bis (302) vorkommenden M-Werte sind lediglich von dem an der linken bzw. rechten Randstütze eingeleiteten Moment sowie von der Spannweite des betrachteten Trägerfeldes abhängig. Mit Hilfe der Dreimomentengleichungen können hierfür leicht allgemeine Ausdrücke gefunden werden, so daß die Aufstellung gebrauchsfertiger Gleichungen für die Festpunktabstände keine besonderen Schwierigkeiten bereitet. Anschließend soll dies für den einfachen Fall eines Zweifeldträgers sowohl bei durchgehend gleichen als auch bei feldweise verschiedenen Trägheitsmomenten gezeigt werden.

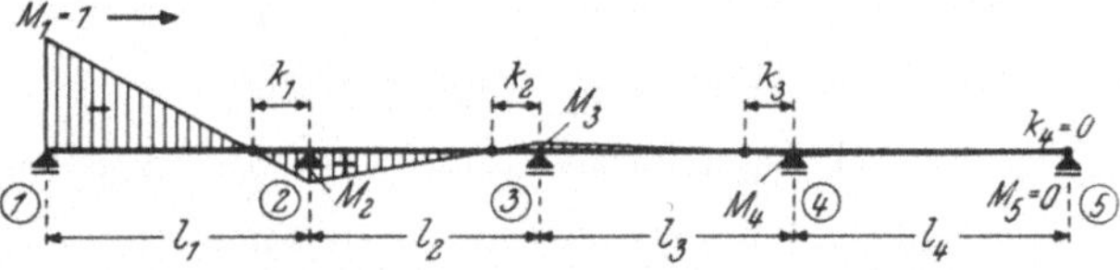

Abb. 334. M-Linie eines Vierfeldträgers mit angreifendem Moment $M_1 = 1$

b) Festpunkte des Zweifeldträgers

α) *Bei konstanten Trägheitsmomenten in beiden Feldern*

Denkt man sich an der rechten Randstütze eines Zweifeldträgers mit konstanten Trägheitsmomenten das Moment $M_3 = 1$ angreifend, so ergibt sich der in Abb. 335

ersichtliche M-Verlauf. Die Dreimomentengleichung für die Mittelstütze (2) lautet dann nach Gl. (261), wenn $M_1 = 0$ und $S_2 = 0$ gesetzt werden, einfach

$$d_2 M_2 + l_2 M_3 = 0. \qquad (303)$$

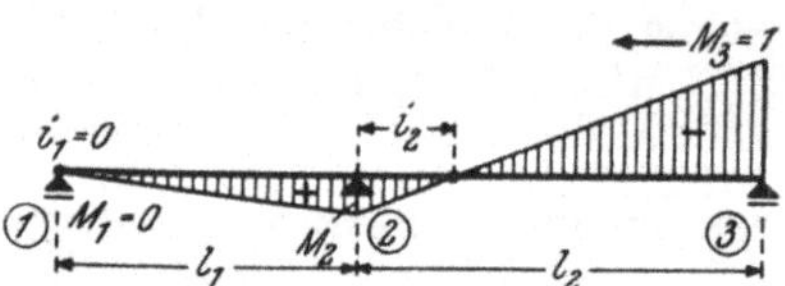

Abb. 335. M-Linie eines Zweifeldträgers mit angreifendem Moment $M_3 = 1$

Nun ist hier $M_3 = 1$ und nach Gl. (259) $d_2 = 2(l_1 + l_2)$, also wird

$$M_2 = -\frac{l_2}{2(l_1 + l_2)}. \qquad (304)$$

Nach Gl. (300) erhält man den linken Festpunktabstand i_2 unter Verwendung der hier gewählten Bezeichnungen mit

$$i_2 = \frac{M_2}{M_2 + M_3} \cdot l_2 ,$$

wobei für M_2 und M_3 die Absolutwerte einzuführen sind, und zwar M_2 nach Gl. (304) und $M_3 = 1$. Damit ergibt sich für den linken Festpunkt im zweiten Feld

$$i_2 = \frac{l_2}{2(l_1 + l_2) + l_2} \cdot l_2$$

oder

$$i_2 = \frac{l_2}{3 + \frac{2\,l_1}{l_2}}. \qquad (305)$$

In gleicher Weise erhält man für den rechten Festpunkt im ersten Feld die Formel

$$k_1 = \frac{l_1}{3 + \frac{2\,l_2}{l_1}}. \qquad (305\,\mathrm{a})$$

Die übrigen Festpunktabstände, nämlich i_1 und k_2, sind hier wegen freier Lagerung der Randstützen gleich Null.

Für den Sonderfall gleicher Spannweiten, also für $l_1 = l_2 = l$, wird aus Gl. (305) bzw. (305a)

$$i_2 = k_1 = \frac{l}{5}. \qquad (305\,\mathrm{b})$$

β) Bei feldweise verschiedenen Trägheitsmomenten J_1 und J_2

Hier ist Gl. (294) zu verwenden, und man erhält unter den gleichen Voraussetzungen wie bei Gl. (303)

$$d_2 M_2 + b_2 M_3 = 0. \qquad (306)$$

Wählt man als „Vergleichsträgheitsmoment" $J_0 = J_1$, so ergibt sich nach Gl. (291)

$$b_2 = \frac{J_1}{J_2} \cdot l_2$$

und nach Gl. (292)

$$d_2 = 2\left(\frac{J_1}{J_1} \cdot l_1 + \frac{J_1}{J_2} \cdot l_2\right) = 2\left(l_1 + \frac{J_1}{J_2} \cdot l_2\right).$$

Führt man diese Werte b_2 und d_2 in Gl. (306) ein, so erhält man, wenn wieder $M_3 = 1$ gesetzt wird,

$$2\left(l_1 + \frac{J_1}{J_2} \cdot l_2\right) M_2 + \frac{J_1}{J_2} \cdot l_2 = 0$$

und daraus

$$M_2 = -\frac{\frac{J_1}{J_2} \cdot l_2}{2\left(l_1 + \frac{J_1}{J_2} \cdot l_2\right)}. \tag{307}$$

Damit ergibt sich der linke Festpunktabstand i_2 aus Gl. (299) mit

$$i_2 = \frac{M_2}{M_2 + M_3} \cdot l_2 = \frac{l_2}{3 + \frac{2\,l_1}{l_2} \cdot \frac{J_2}{J_1}}. \tag{308}$$

Bei Durchlaufträgern über mehr als zwei Feldern kann die Ableitung der Formeln für die Festpunktabstände unter Verwendung der Dreimomentengleichungen nach gleichem Prinzip geschehen.

c) Festpunkte in einem beliebigen Feld eines Durchlaufträgers

Wertet man die Formeln (300) und (302) unter Zuhilfenahme der Dreimomentengleichungen in der gleichen Art für einen Durchlaufträger mit beliebig vielen Feldern aus, so erhält man zur Ermittlung der Festpunktabstände i_n und k_n im Feld (n) allgemein gültige Formeln, und zwar wird mit den Bezeichnungen der Abb. 336

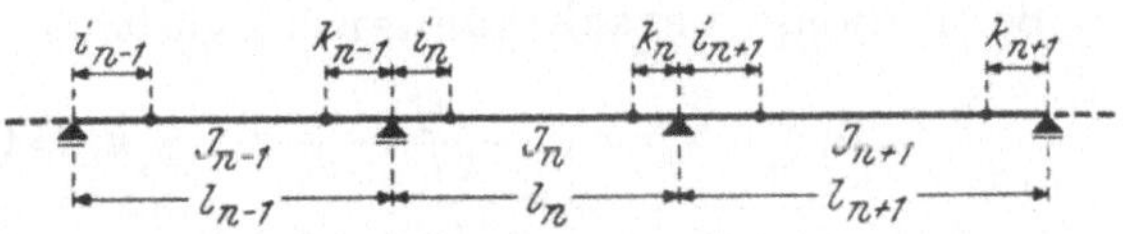

Abb. 336. Festpunktabstände i und k in beliebigen Feldern eines Durchlaufträgers

1. bei konstanten Trägheitsmomenten in sämtlichen Feldern:

$$i_n = \frac{l_n}{3 + \frac{l_{n-1}}{l_n}\left(2 - \frac{i_{n-1}}{l_{n-1} - i_{n-1}}\right)}; \quad k_n = \frac{l_n}{3 + \frac{l_{n+1}}{l_n}\left(2 - \frac{k_{n+1}}{l_{n+1} - k_{n+1}}\right)}; \tag{309}$$

2. bei feldweise verschiedenen Trägheitsmomenten:

$$\begin{aligned} i_n &= \frac{l_n}{3 + \frac{l_{n-1}}{l_n} \cdot \frac{J_n}{J_{n-1}}\left(2 - \frac{i_{n-1}}{l_{n-1} - i_{n-1}}\right)} \\ k_n &= \frac{l_n}{3 + \frac{l_{n+1}}{l_n} \cdot \frac{J_n}{J_{n+1}}\left(2 - \frac{k_{n+1}}{l_{n+1} - k_{n+1}}\right)}. \end{aligned} \tag{310}$$

Es ergibt sich somit der linke Festpunktabstand i_n im Felde l_n aus dem linken Festpunktabstand i_{n-1} des vorangehenden Feldes l_{n-1}; analog erhält man den rechten Festpunktabstand im Felde l_n aus dem rechten Festpunktabstand k_{n+1} des darauffolgenden Feldes l_{n+1}.

Mit Hilfe dieser Ausdrücke werden nachstehend gebrauchsfertige Formeln zur Ermittlung der Festpunktabstände bei Durchlaufträgern über *zwei, drei, vier* und *fünf* Feldern mit frei drehbaren bzw. voll eingespannten Randlagern aufgestellt, und zwar unter Annahme sowohl durchgehend konstanter als auch feldweise verschiedener Querschnittsträgheitsmomente.

d) Gebrauchsfertige Formeln für die Festpunktabstände von Durchlaufträgern

1. *Zweifeldträger mit freien Randlagern* (Abb. 337)

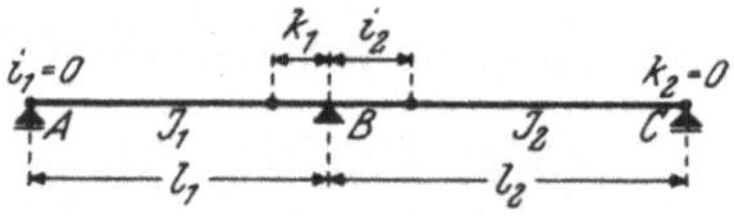

Abb. 337. Festpunktabstände i und k für einen Zweifeldträger mit freien Randlagern

a) Bei konstanten Trägheitsmomenten $J_1 = J_2$:

$$i_1 = 0; \qquad i_2 = \frac{l_2}{3 + \dfrac{2\,l_1}{l_2}}; \qquad k_2 = 0; \qquad k_1 = \frac{l_1}{3 + \dfrac{2\,l_2}{l_1}}. \tag{311}$$

b) Bei feldweise verschiedenen Trägheitsmomenten J_1 und J_2:

$$i_1 = 0; \qquad i_2 = \frac{l_2}{3 + \dfrac{2\,l_1}{l_2} \cdot \dfrac{J_2}{J_1}}; \qquad k_2 = 0; \qquad k_1 = \frac{l_1}{3 + \dfrac{2\,l_2}{l_1} \cdot \dfrac{J_1}{J_2}}. \tag{312}$$

c) Sonderfall ($l_1 = l_2 = l$; $J_1 = J_2$):

$$i_1 = k_2 = 0; \qquad i_2 = k_1 = \frac{l}{5}. \tag{313}$$

2. *Zweifeldträger mit voll eingespannten Trägerenden* (Abb. 338)

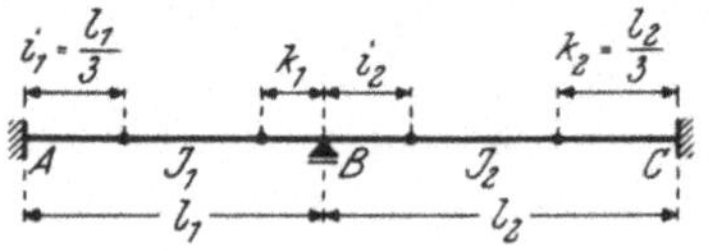

Abb. 338. Festpunktabstände i und k für einen Zweifeldträger mit voll eingespannten Trägerenden

a) Bei konstanten Trägheitsmomenten $J_1 = J_2$:

$$i_1 = \frac{l_1}{3}; \qquad i_2 = \frac{l_2}{3 + \dfrac{1{,}5\,l_1}{l_2}}; \qquad k_2 = \frac{l_2}{3}; \qquad k_1 = \frac{l_1}{3 + \dfrac{1{,}5\,l_2}{l_1}}. \tag{314}$$

b) Bei feldweise verschiedenen Trägheitsmomenten J_1 und J_2:

$$i_1 = \frac{l_1}{3}; \qquad i_2 = \frac{l_2}{3 + \dfrac{1{,}5\,l_1}{l_2} \cdot \dfrac{J_2}{J_1}}; \qquad k_2 = \frac{l_2}{3}; \qquad k_1 = \frac{l_1}{3 + \dfrac{1{,}5\,l_2}{l_1} \cdot \dfrac{J_1}{J_2}}. \tag{315}$$

c) Sonderfall ($l_1 = l_2 = l$; $J_1 = J_2$):

$$i_1 = k_2 = \frac{l}{3}; \qquad i_2 = k_1 = \frac{l}{4{,}5}. \tag{316}$$

3. *Dreifeldträger mit freien Randlagern* (Abb. 339)

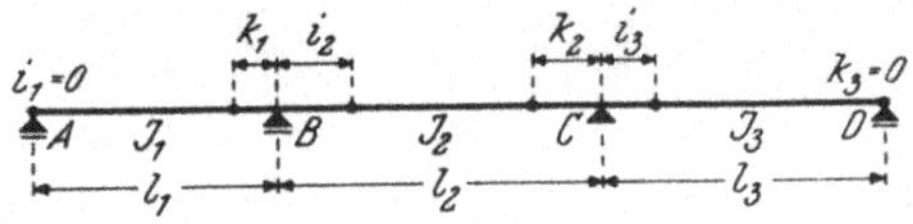

Abb. 339. Festpunktabstände i und k für einen Dreifeldträger mit freien Randlagern

a) Bei konstanten Trägheitsmomenten $J_1 = J_2 = J_3$:

$$i_1 = 0; \qquad k_3 = 0;$$

$$i_2 = \frac{l_2}{3 + \frac{2\,l_1}{l_2}}; \qquad k_2 = \frac{l_2}{3 + \frac{2\,l_3}{l_2}}; \tag{317}$$

$$i_3 = \frac{l_3}{3 + \frac{l_2}{l_3}\left[2 - \frac{l_2}{2\,(l_1 + l_2)}\right]}; \qquad k_1 = \frac{l_1}{3 + \frac{l_2}{l_1}\left[2 - \frac{l_2}{2\,(l_2 + l_3)}\right]};$$

oder

$$i_3 = \frac{l_3}{3 + \frac{l_2}{l_3}\left(2 - \frac{i_2}{l_2 - i_2}\right)}; \qquad k_1 = \frac{l_1}{3 + \frac{l_2}{l_1}\left(2 - \frac{k_2}{l_2 - k_2}\right)}.$$

b) Bei feldweise verschiedenen Trägheitsmomenten J_1, J_2, J_3:

$$i_1 = 0; \qquad k_3 = 0;$$

$$i_2 = \frac{l_2}{3 + \frac{2\,l_1}{l_2} \cdot \frac{J_2}{J_1}}; \qquad k_2 = \frac{l_2}{3 + \frac{2\,l_3}{l_2} \cdot \frac{J_2}{J_3}}; \tag{318}$$

$$i_3 = \frac{l_3}{3 + \frac{l_2}{l_3} \cdot \frac{J_3}{J_2}\left[2 - \frac{l_2}{2\,(l_1 + l_2)}\right]}; \qquad k_1 = \frac{l_1}{3 + \frac{l_2}{l_1} \cdot \frac{J_1}{J_2}\left[2 - \frac{l_2}{2\,(l_2 + l_3)}\right]};$$

oder

$$i_3 = \frac{l_3}{3 + \frac{l_2}{l_3} \cdot \frac{J_3}{J_2}\left(2 - \frac{i_2}{l_2 - i_2}\right)}; \qquad k_1 = \frac{l_1}{3 + \frac{l_2}{l_1} \cdot \frac{J_1}{J_2}\left(2 - \frac{k_2}{l_2 - k_2}\right)}.$$

c) Sonderfall ($l_1 = l_2 = l_3 = l$; $J_1 = J_2 = J_3$):

$$i_1 = k_3 = 0\,; \qquad i_2 = k_2 = \frac{l}{5}; \qquad i_3 = k_1 = \frac{l}{4{,}75}. \tag{319}$$

4. *Dreifeldträger mit voll eingespannten Trägerenden* (Abb. 340)

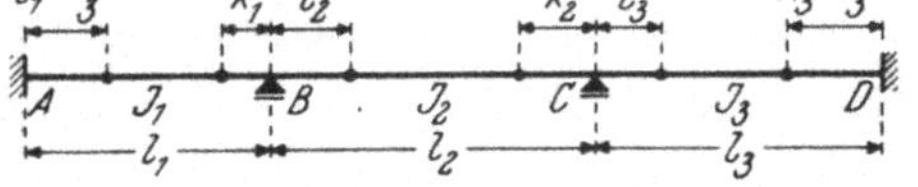

Abb. 340. Festpunktabstände i und k für einen Dreifeldträger mit voll eingespannten Trägerenden

a) Bei konstanten Trägheitsmomenten $J_1 = J_2 = J_3$:

$$i_1 = \frac{l_1}{3}; \qquad k_3 = \frac{l_3}{3};$$

$$i_2 = \frac{l_2}{3 + \dfrac{1{,}5\, l_1}{l_2}}; \qquad k_2 = \frac{l_2}{3 + \dfrac{1{,}5\, l_3}{l_2}}; \tag{320}$$

$$i_3 = \frac{l_3}{3 + \dfrac{l_2}{l_3}\left(2 - \dfrac{l_2}{1{,}5\, l_1 + 2\, l_2}\right)}; \qquad k_1 = \frac{l_1}{3 + \dfrac{l_2}{l_1}\left(2 - \dfrac{l_2}{2\, l_2 + 1{,}5\, l_3}\right)};$$

oder

$$i_2 = \frac{l_3}{3 + \dfrac{l_2}{l_3}\left(2 - \dfrac{i_2}{l_2 - i_2}\right)}; \qquad k_1 = \frac{l_1}{3 + \dfrac{l_2}{l_1}\left(2 - \dfrac{k_2}{l_2 - k_2}\right)}.$$

b) Bei feldweise verschiedenen Trägheitsmomenten J_1, J_2, J_3:

$$i_1 = \frac{l_1}{3}; \qquad k_3 = \frac{l_3}{3};$$

$$i_2 = \frac{l_2}{3 + \dfrac{1{,}5\, l_1}{l_2} \cdot \dfrac{J_2}{J_1}}; \qquad k_2 = \frac{l_2}{3 + \dfrac{1{,}5\, l_3}{l_2} \cdot \dfrac{J_2}{J_3}}; \tag{321}$$

$$i_3 = \frac{l_3}{3 + \dfrac{l_2}{l_3} \cdot \dfrac{J_3}{J_2}\left(2 - \dfrac{l_2}{1{,}5\, l_1 + 2\, l_2}\right)}; \qquad k_1 = \frac{l_1}{3 + \dfrac{l_2}{l_1} \cdot \dfrac{J_1}{J_2}\left(2 - \dfrac{l_2}{2\, l_2 + 1{,}5\, l_3}\right)};$$

oder

$$i_3 = \frac{l_3}{3 + \dfrac{l_2}{l_3} \cdot \dfrac{J_3}{J_2}\left(2 - \dfrac{i_2}{l_2 - i_2}\right)}; \qquad k_1 = \frac{l_1}{3 + \dfrac{l_2}{l_1} \cdot \dfrac{J_1}{J_2}\left(2 - \dfrac{k_2}{l_2 - k_2}\right)}.$$

c) Sonderfall ($l_1 = l_2 = l_3 = l$; $J_1 = J_2 = J_3$):

$$i_1 = k_3 = \frac{l}{3}; \qquad i_2 = k_2 = \frac{l}{4{,}5}; \qquad i_3 = k_1 = \frac{l}{4{,}71}. \tag{322}$$

5. *Vierfeldträger mit freien Randlagern* (Abb. 341)

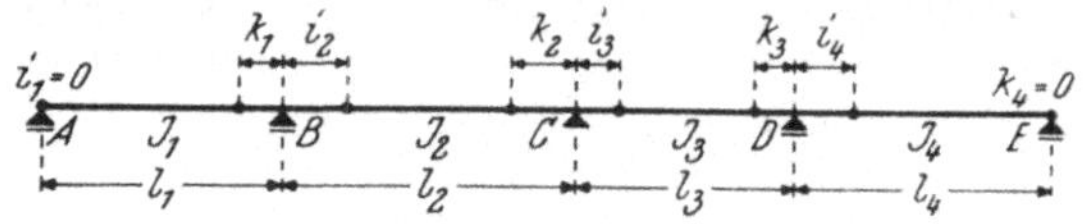

Abb. 341. Festpunktabstände i und k für einen Vierfeldträger mit freien Randlagern

a) Bei konstanten Trägheitsmomenten $J_1 = J_2 = J_3 = J_4$:

$$i_1 = 0; \qquad k_4 = 0;$$

$$i_2 = \frac{l_2}{3 + \dfrac{2\, l_1}{l_2}}; \qquad k_3 = \frac{l_3}{3 + \dfrac{2\, l_4}{l_3}};$$

$$i_3 = \frac{l_3}{3 + \dfrac{l_2}{l_3}\left(2 - \dfrac{i_2}{l_2 - i_2}\right)}; \qquad k_2 = \frac{l_2}{3 + \dfrac{l_3}{l_2}\left(2 - \dfrac{k_3}{l_3 - k_3}\right)}; \tag{323}$$

$$i_4 = \frac{l_4}{3 + \dfrac{l_3}{l_4}\left(2 - \dfrac{i_3}{l_3 - i_3}\right)}; \qquad k_1 = \frac{l_1}{3 + \dfrac{l_2}{l_1}\left(2 - \dfrac{k_2}{l_2 - k_2}\right)}.$$

b) Bei feldweise verschiedenen Trägheitsmomenten J_1, J_2, J_3, J_4:

$$i_1 = 0; \qquad k_4 = 0;$$

$$i_2 = \frac{l_2}{3 + \frac{2\,l_1}{l_2} \cdot \frac{J_2}{J_1}}; \qquad k_3 = \frac{l_3}{3 + \frac{2\,l_4}{l_3} \cdot \frac{J_3}{J_4}};$$

$$i_3 = \frac{l_3}{3 + \frac{l_2}{l_3} \cdot \frac{J_3}{J_2}\left(2 - \frac{i_2}{l_2 - i_2}\right)}; \qquad k_2 = \frac{l_2}{3 + \frac{l_3}{l_2} \cdot \frac{J_2}{J_3}\left(2 - \frac{k_3}{l_3 - k_3}\right)}; \tag{324}$$

$$i_4 = \frac{l_4}{3 + \frac{l_3}{l_4} \cdot \frac{J_4}{J_3}\left(2 - \frac{i_3}{l_3 - i_3}\right)}; \qquad k_1 = \frac{l_1}{3 + \frac{l_2}{l_1} \cdot \frac{J_1}{J_2}\left(2 - \frac{k_2}{l_2 - k_2}\right)}.$$

c) Sonderfall ($l_1 = l_2 = l_3 = l_4 = l$; $J_1 = J_2 = J_3 = J_4$):

$$i_1 = k_4 = 0; \qquad i_2 = k_3 = \frac{l}{5}; \qquad i_3 = k_2 = \frac{l}{4{,}75}; \qquad i_4 = k_1 = \frac{l}{4{,}73}. \tag{325}$$

6. *Vierfeldträger mit voll eingespannten Trägerenden* (Abb. 342)

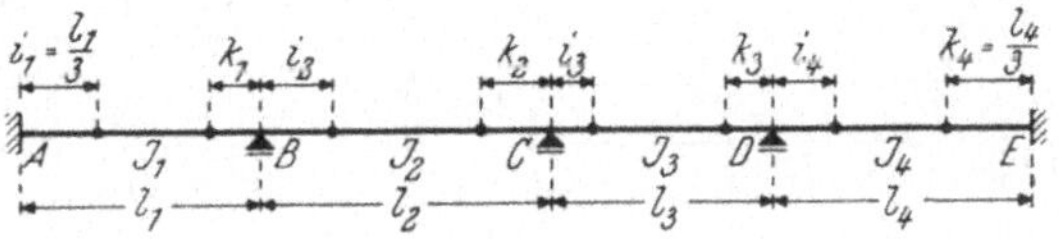

Abb. 342. Festpunktabstände i und k für einen Vierfeldträger mit voll eingespannten Trägerenden

a) Bei konstanten Trägheitsmomenten $J_1 = J_2 = J_3 = J_4$:

$$i_1 = \frac{l_1}{3}; \qquad k_4 = \frac{l_4}{3};$$

$$i_2 = \frac{l_2}{3 + \frac{1{,}5\,l_1}{l_2}}; \qquad k_3 = \frac{l_3}{3 + \frac{1{,}5\,l_4}{l_3}};$$

$$i_3 = \frac{l_3}{3 + \frac{l_2}{l_3}\left(2 - \frac{i_2}{l_2 - i_2}\right)}; \qquad k_2 = \frac{l_2}{3 + \frac{l_3}{l_2}\left(2 - \frac{k_3}{l_3 - k_3}\right)}; \tag{326}$$

$$i_4 = \frac{l_4}{3 + \frac{l_3}{l_4}\left(2 - \frac{i_3}{l_3 - i_3}\right)}; \qquad k_1 = \frac{l_1}{3 + \frac{l_2}{l_1}\left(2 - \frac{k_2}{l_2 - k_2}\right)}.$$

b) Bei feldweise verschiedenen Trägheitsmomenten J_1, J_2, J_3, J_4:

$$i_1 = \frac{l_1}{3}; \qquad k_4 = \frac{l_4}{3};$$

$$i_2 = \frac{l_2}{3 + \frac{1{,}5\,l_1}{l_2} \cdot \frac{J_2}{J_1}}; \qquad k_3 = \frac{l_3}{3 + \frac{1{,}5\,l_4}{l_3} \cdot \frac{J_3}{J_4}};$$

$$i_3 = \frac{l_3}{3 + \frac{l_2}{l_3} \cdot \frac{J_3}{J_2}\left(2 - \frac{i_2}{l_2 - i_2}\right)}; \qquad k_2 = \frac{l_2}{3 + \frac{l_3}{l_2} \cdot \frac{J_2}{J_3}\left(2 - \frac{k_3}{l_3 - k_3}\right)}; \tag{327}$$

$$i_4 = \frac{l_4}{3 + \frac{l_3}{l_4} \cdot \frac{J_4}{J_3}\left(2 - \frac{i_3}{l_3 - i_3}\right)}; \qquad k_1 = \frac{l_1}{3 + \frac{l_2}{l_1} \cdot \frac{J_1}{J_2}\left(2 - \frac{k_2}{l_2 - k_2}\right)}.$$

c) Sonderfall ($l_1 = l_2 = l_3 = l_4 = l$; $J_1 = J_2 = J_3 = J_4$):

$$i_1 = k_4 = \frac{l}{3}; \quad i_2 = k_3 = \frac{l}{4{,}5}; \quad i_3 = k_2 = \frac{l}{4{,}71}; \quad i_4 = k_1 = \frac{l}{4{,}73}. \qquad (328)$$

7. *Fünffeldträger mit freien Randlagern* (Abb. 343)

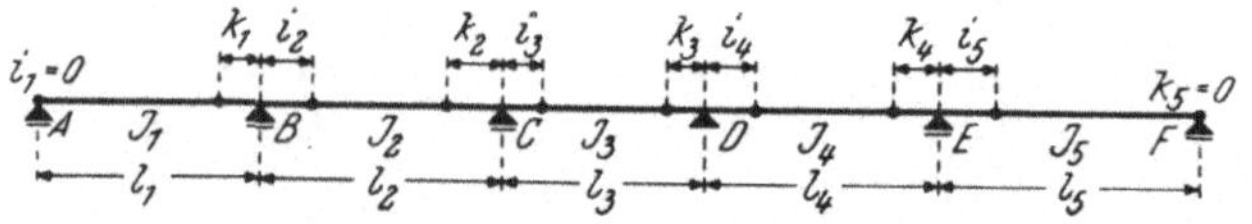

Abb. 343. Festpunktabstände i und k für einen Fünffeldträger mit freien Randlagern

a) Bei konstanten Trägheitsmomenten $J_1 = J_2 = J_3 = J_4 = J_5$:

$$i_1 = 0; \qquad k_5 = 0;$$

$$i_2 = \frac{l_2}{3 + \frac{2\,l_1}{l_2}}; \qquad k_4 = \frac{l_4}{3 + \frac{2\,l_5}{l_4}};$$

usw. nach Gl. (309) usw. nach Gl. (309)

$$i_n = \frac{l_n}{3 + \frac{l_{n-1}}{l_n}\left(2 - \frac{i_{n-1}}{l_{n-1} - i_{n-1}}\right)}; \qquad k_n = \frac{l_n}{3 + \frac{l_{n+1}}{l_n}\left(2 - \frac{k_{n+1}}{l_{n+1} - k_{n+1}}\right)}. \qquad (329)$$

b) Bei feldweise verschiedenen Trägheitsmomenten J_1, J_2, J_3, J_4, J_5:

$$i_1 = 0; \qquad k_5 = 0;$$

$$i_2 = \frac{l_2}{3 + \frac{2\,l_1}{l_2} \cdot \frac{J_2}{J_1}}; \qquad k_4 = \frac{l_4}{3 + \frac{2\,l_5}{l_4} \cdot \frac{J_4}{J_5}};$$

usw. nach Gl. (310) usw. nach Gl. (310)

$$i_n = \frac{l_n}{3 + \frac{l_{n-1}}{l_n} \cdot \frac{J_n}{J_{n-1}}\left(2 - \frac{i_{n-1}}{l_{n-1} - i_{n-1}}\right)}; \qquad k_n = \frac{l_n}{3 + \frac{l_{n+1}}{l_n} \cdot \frac{J_n}{J_{n+1}}\left(2 - \frac{k_{n+1}}{l_{n+1} - k_{n+1}}\right)}. \qquad (330)$$

c) Sonderfall ($l_1 = l_2 = l_3 = l_4 = l_5 = l$; $J_1 = J_2 = J_3 = J_4 = J_5$):

$$i_1 = k_5 = 0; \quad i_2 = k_4 = \frac{l}{5}; \quad i_3 = k_3 = \frac{l}{4{,}75};$$
$$i_4 = k_2 = \frac{l}{4{,}73}; \quad i_5 = k_1 = \frac{l}{4{,}73}. \qquad (331)$$

8. *Fünffeldträger mit voll eingespannten Trägerenden* (Abb. 344)

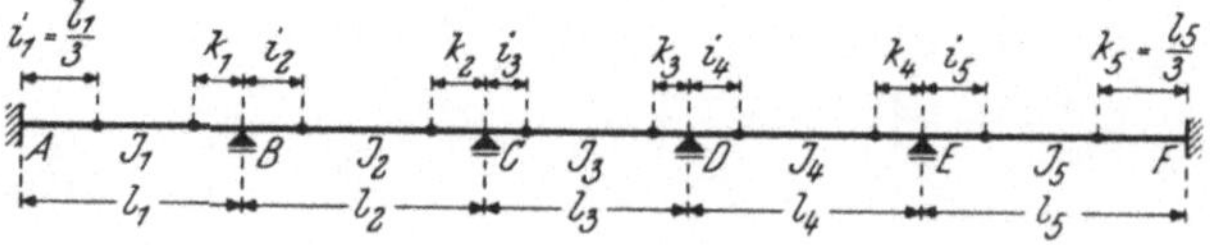

Abb. 344. Festpunktabstände i und k für einen Fünffeldträger mit voll eingespannten Trägerenden

a) Bei konstanten Trägheitsmomenten $J_1 = J_2 = J_3 = J_4 = J_5$:

$$i_1 = \frac{l_1}{3}; \qquad k_5 = \frac{l_5}{3};$$

$$i_2 = \frac{l_2}{3 + \frac{1,5\,l_1}{l_2}}; \qquad k_4 = \frac{l_4}{3 + \frac{1,5\,l_5}{l_4}}; \tag{332}$$

usw. nach Gl. (309) usw. nach Gl. (309)

$$i_n = \frac{l_n}{3 + \frac{l_{n-1}}{l_n}\left(2 - \frac{i_{n-1}}{l_{n-1} - i_{n-1}}\right)}; \quad k_n = \frac{l_n}{3 + \frac{l_{n+1}}{l_n}\left(2 - \frac{k_{n+1}}{l_{n+1} - k_{n+1}}\right)}.$$

b) Bei feldweise verschiedenen Trägheitsmomenten J_1, J_2, J_3, J_4, J_5:

$$i_1 = \frac{l_1}{3}; \qquad k_5 = \frac{l_5}{3};$$

$$i_2 = \frac{l_2}{3 + \frac{1,5\,l_1}{l_2} \cdot \frac{J_2}{J_1}}; \qquad k_4 = \frac{l_4}{3 + \frac{1,5\,l_5}{l_4} \cdot \frac{J_4}{J_5}}; \tag{333}$$

usw. nach Gl. (310) usw. nach Gl. (310)

$$i_n = \frac{l_n}{3 + \frac{l_{n-1}}{l_n} \cdot \frac{J_n}{J_{n-1}}\left(2 - \frac{i_{n-1}}{l_{n-1} - i_{n-1}}\right)}; \quad k_n = \frac{l_n}{3 + \frac{l_{n+1}}{l_n} \cdot \frac{J_n}{J_{n+1}}\left(2 - \frac{k_{n+1}}{l_{n+1} - k_{n+1}}\right)}.$$

c) Sonderfall ($l_1 = l_2 = l_3 = l_4 = l_5 = l$; $J_1 = J_2 = J_3 = J_4 = J_5$):

$$i_1 = k_5 = \frac{l}{3}; \quad i_2 = k_4 = \frac{l}{4,5}; \quad i_3 = k_3 = \frac{l}{4,71}; \tag{334}$$

$$i_4 = k_2 = \frac{l}{4,73}; \quad i_5 = k_1 = \frac{l}{4,73}.$$

Anmerkung. Vergleicht man die einzelnen Festpunktabstände, die sich für den Sonderfall gleicher Spannweiten und gleicher Trägheitsmomente in sämtlichen Feldern ergeben, so erkennt man, daß der Einfluß der Lagerungsart in den Randstützen sehr bald abnimmt und daß in den Mittelfeldern die Festpunktabstände etwa $l/4,73 = 0,212\,l$ betragen.

Im übrigen sei noch darauf hingewiesen, daß die Festpunktabstände bei Durchlaufträgern mit durchgehend konstanten oder mit feldweise verschiedenen Trägheitsmomenten auch mit Hilfe von Zahlen- und Kurventafeln sehr rasch bestimmt werden können.[1] Auf eine Wiedergabe dieser Tafeln, mit welchen auch die Festpunktabstände von Rahmenstäben bestimmbar sind, wird hier verzichtet.

F. Ermittlung der „Ausgangsmomente" mit Hilfe der „Kreuzlinienabschnitte" K_l und K_r

Bei der Ermittlung der Stützenmomente mit Hilfe der Dreimomentengleichungen wird die äußere Belastung nach Gl. (260) durch die sog. „Belastungsglieder" S in Rechnung gestellt, die von den Auflagerdrehwinkeln $\alpha^{(0)}$ abhängig sind. Diese $\alpha^{(0)}$-Werte sind, wie Seite 162f. ausführlich dargelegt worden ist, identisch mit den Auflagerdrücken $\mathfrak{A}^{(0)}$ der als Belastung aufgefaßten $M^{(0)}$-Fläche am frei aufliegend gedachten Träger.

Auch bei der Festpunktmethode wird die äußere Belastung mit Hilfe der $\alpha^{(0)}$-Werte in die Rechnung eingeführt, und zwar verwendet man hier die sog. „Kreuzlinienabschnitte"

$$K_l = \frac{6\,\alpha^{(0)}_r}{l} \quad \text{und} \quad K_r = \frac{6\,\alpha^{(0)}_l}{l}. \tag{335}$$

[1] GULDAN: „Rahmentragwerke und Durchlaufträger", 5. Aufl., Zahlentafel 32 und Kurventafel 32a.

Hierin bedeuten K_l den linken Kreuzlinienabschnitt, der gleich ist dem $6/l$-fachen Auflagerdrehwinkel $\alpha^{(0)}{}_r$ am rechten Auflager, und K_r den rechten Kreuzlinienabschnitt, der gleich ist dem $6/l$-fachen Auflagerdrehwinkel $\alpha^{(0)}{}_l$ am linken Auflager. Die Dimension der Werte K_l und K_r ist gleich der eines Momentes, da in Gl. (335) die $\alpha^{(0)}$-Werte in tm^2 und l in m erscheinen. Die zahlenmäßige Ermittlung der Kreuzlinienabschnitte K_l und K_r geschieht am besten mit Hilfe der gebrauchsfertigen Formeln auf den Tafeln 1 bis 3.

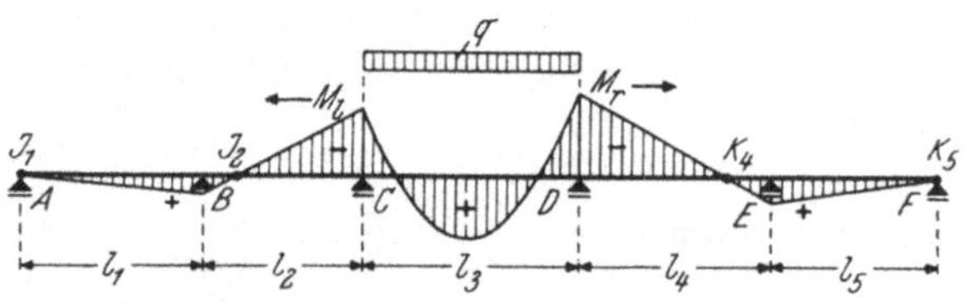

Abb. 345. Weiterleitung der „Ausgangsmomente" M_l und M_r

Wenn nur ein Feld eines Durchlaufträgers belastet ist, so können die dadurch an der linken und rechten Stütze des belasteten Feldes hervorgerufenen Stützenmomente M_l und M_r, die sog. „Ausgangsmomente", gemäß Abb. 345 nach links bzw. rechts durch die Festpunkte der unbelasteten Felder bis zu den beiden Trägerenden weitergeleitet werden.

Wie anschließend gezeigt wird, kann die Ermittlung dieser Ausgangsmomente M_l und M_r mit Hilfe der Kreuzlinienabschnitte K_l und K_r zeichnerisch und rechnerisch durchgeführt werden.

a) Zeichnerische Ermittlung der Ausgangsmomente M_l und M_r

In Abb. 346a ist ein Teil eines Durchlaufträgers gezeichnet, der in einem Feld mit einer Gleichlast q belastet sei. Die zugehörigen Kreuzlinienabschnitte ergeben

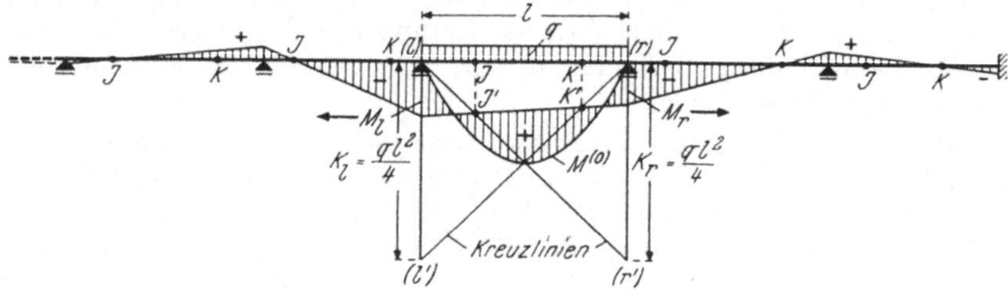

Abb. 346a. Zeichnerische Ermittlung der Ausgangsmomente M_l und M_r mit Hilfe der Kreuzlinienabschnitte und Weiterleitung durch die Festpunkte

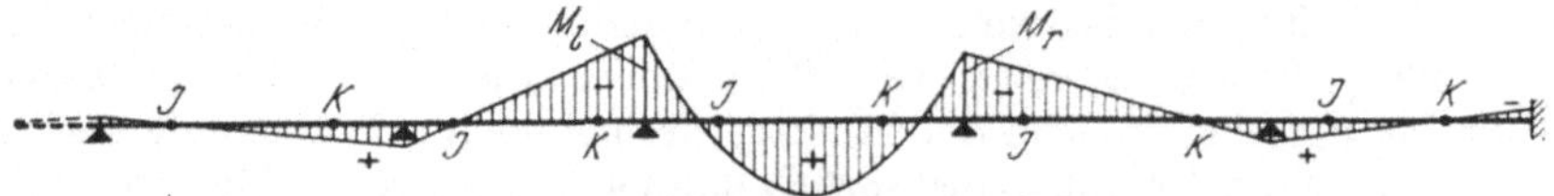

Abb. 346b. M-Verlauf aus Abb. 346a, auf die horizontale Trägerachse bezogen

sich nach Tafel 1 mit $K_l = K_r = q\,l^2/4$. Trägt man diese Werte im Momentenmaßstab auf den Lotrechten unterhalb der beiden Stützen (l) und (r) des belasteten Feldes auf, so erhält man die beiden Kreuzlinien $(l')-(r)$ und $(r')-(l)$. Sie schneiden die $M^{(0)}$-Parabel im Scheitel (weil die Werte K_l und K_r doppelt so groß sind wie die Scheitelordinate der $M^{(0)}$-Parabel). Durch Einloten der beiden Festpunkte J und K des belasteten Feldes in die Kreuzlinien ergeben sich die Punkte J' und K', deren Verbindung bereits die „Schlußlinie" in dem belasteten Feld darstellt und auf den Stützen-Lotrechten die gesuchten Ausgangsmomente M_l und M_r herausschneidet. Durch Weiterleitung dieser Momente nach links bzw. rechts durch die linken bzw. rechten Festpunkte ergibt sich bereits der gesamte M-Verlauf für die gegebene Belastung (vgl. Abb. 346a). In Abb. 346b ist dieser M-Verlauf auf die horizontale Trägerachse bezogen.

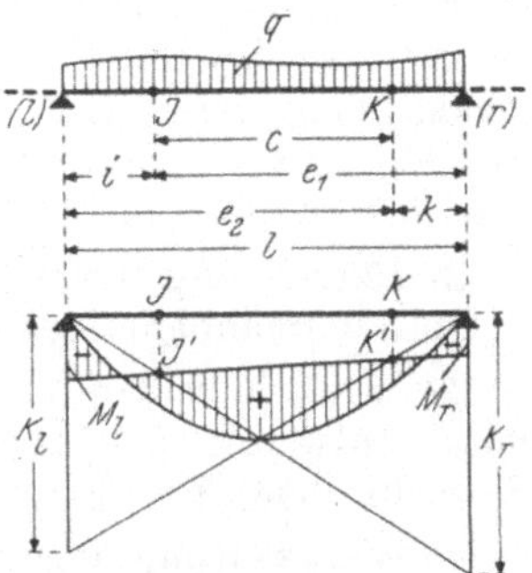

Abb. 347. Grundwerte zur rechnerischen Ermittlung der Ausgangsmomente M_l und M_r

In gleicher Art sind die Ausgangsmomente M_l und M_r und damit der zugehörige M-Verlauf für die beliebige Belastung eines anderen Feldes zeichnerisch zu bestimmen.

b) Rechnerische Ermittlung der Ausgangsmomente M_l und M_r

Die Werte M_l und M_r können unter Verwendung der Bezeichnungen in Abb. 347 rechnerisch für eine beliebige Belastung aus den Festpunktabständen i und k im belasteten Feld und aus den zugehörigen Kreuzlinienabschnitten K_l und K_r aus folgenden Formeln bestimmt werden:

$$M_l = \frac{i}{c\,l}(K_r e_2 - K_l k) \quad \text{und} \quad M_r = \frac{k}{c\,l}(K_l e_1 - K_r i) \tag{336}$$

oder

$$M_l = \frac{i}{c}\left[K_r - \frac{k}{l}(K_l + K_r)\right] \quad \text{und} \quad M_r = \frac{k}{c}\left[K_l - \frac{i}{l}(K_l + K_r)\right], \tag{336a}$$

wobei nach Abb. 347

$$c = l - i - k. \tag{336b}$$

Für eine symmetrische Belastung ist $K_l = K_r = K$; damit vereinfachen sich die vorstehenden Formeln zu

$$M_l = \frac{i\,K}{c\,l}(l - 2\,k) \quad \text{und} \quad M_r = \frac{k\,K}{c\,l}(l - 2\,i). \tag{337}$$

Wenn in diesem Feld auch die beiden Festpunktabstände gleich groß sind, also $k = i$ ist, so erhält man in weiterer Vereinfachung mit $c = l - 2\,i$

$$M_l = M_r = \frac{i\,K}{(l - 2\,i)\,l}(l - 2\,i) = \frac{i\,K}{l}. \tag{338}$$

Bei durchgehender Gleichlast q wird z. B. $K = \frac{q\,l^2}{4}$ und damit

$$M_l = M_r = \frac{i}{l} \cdot \frac{q\,l^2}{4} = \frac{i\,q\,l}{4}. \tag{338a}$$

G. Praktische Durchführung der Festpunktmethode

Das Prinzip der Festpunktmethode ist nach den vorangegangenen ausführlichen Darlegungen bereits klargestellt. Zur Gewinnung einer guten Übersicht für die praktische Anwendung soll hier die Reihenfolge der einzelnen Rechenoperationen noch einmal in einer knappen Zusammenfassung mit schlagwortartigen Hinweisen beschrieben werden:

1. Ermittlung der Festpunkte, und zwar entweder zeichnerisch nach Abb. 332d oder rechnerisch nach den gebrauchsfertigen Formeln Seite 202 ff. In allen Fällen müssen die äußeren Festpunkte in den beiden Randfeldern bekannt sein. (Bei gelenkiger Lagerung wird $i = 0$ bzw. $k = 0$, bei voller Einspannung $i = l/3$ bzw. $k = l/3$, bei teilweiser Einspannung sind Zwischenwerte vorhanden: $0 < i < l/3$ bzw. $0 < k < l/3$).

2. Berechnung der Kreuzlinienabschnitte K_l und K_r für die in den einzelnen Feldern vorhandene Belastung nach den Formeln in Tafel 1 bis 3.

3. Ermittlung der Ausgangsmomente M_l und M_r in jedem einzelnen Feld, und zwar entweder zeichnerisch gemäß Abb. 346a oder rechnerisch nach den Formeln (336) bis (338).

4. Weiterleitung der Ausgangsmomente M_l und M_r gesondert für jedes belastete Feld, und zwar M_l nach links durch die linken Festpunkte der unbelasteten Felder und M_r nach rechts durch die rechten Festpunkte der unbelasteten Felder. Damit erhält man die jedem Belastungsfall entsprechenden Stützenmomente abwechselnd positiv und negativ (vgl. Abb. 346a,b).

5. Algebraische Addition der für die einzelnen Feldbelastungen getrennt erhaltenen Stützenmomente; hiermit sind in sämtlichen Feldern die „Bezugslinien" für das Auftragen der $M^{(0)}$-Momente festgelegt.

6. Antragen der den einzelnen Feldbelastungen entsprechenden $M^{(0)}$-Linien an die nach Ziffer 5 bestimmten „Bezugslinien"; dadurch ist der gesamte M-Verlauf bei gleichzeitiger Wirkung der Belastungen in sämtlichen Feldern ermittelt.

H. Einführungsbeispiele

a) Zweifeldträger mit voller Einspannung bei A

Spannweiten und Belastungsangaben sind aus Abb. 348 zu entnehmen. Die Trägheitsmomente seien in beiden Feldern gleich groß. Die Durchführung der Berechnung kann nach den oben gegebenen Anweisungen geschehen.

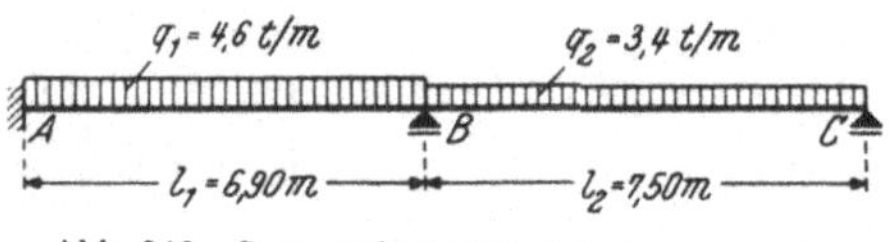

Abb. 348. Spannweiten und Belastungsangaben

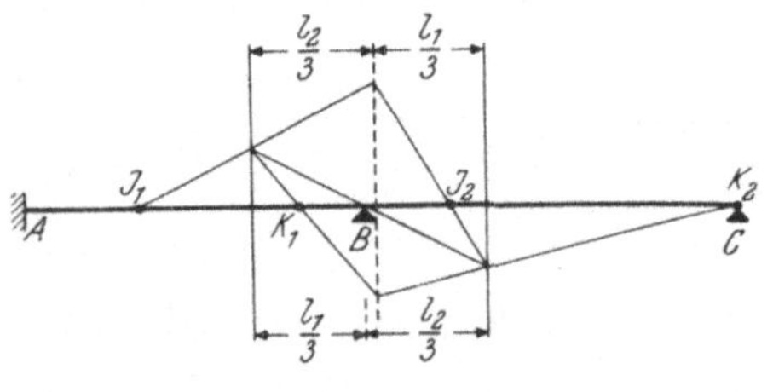

Abb. 349a. Zeichnerische Ermittlung der Festpunkte

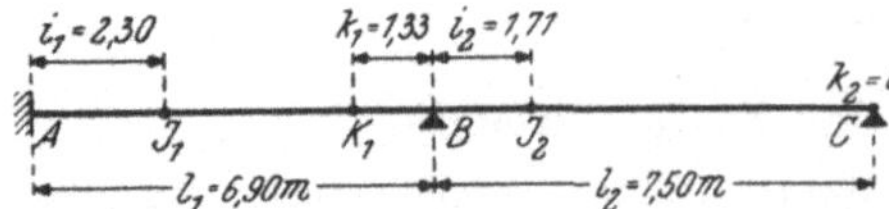

Abb. 349b. Rechnerische Ermittlung der Festpunktabstände

Ermittlung der Festpunktabstände i und k

Wegen fester Einspannung bei der linken Randstütze A ist

$$i_1 = \frac{l_1}{3} = \frac{6,90}{3} = 2,30 \text{ m}.$$

Infolge gelenkiger Lagerung bei der rechten Randstütze C ist $k_2 = 0$. Die Ermittlung der übrigen Festpunktabstände i_2 und k_1 kann zeichnerisch oder rechnerisch erfolgen. Zum Vergleich sollen hier beide Arten in Anwendung kommen. In Abb. 349a ist die zeichnerische Festpunktbestimmung nach den Erläuterungen Seite 196 ff. durchgeführt; rechnerisch erhält man mit den Bezeichnungen in Abb. 349b nach Gl. (314)

$$i_2 = \frac{l_2}{3 + \frac{1,5\, l_1}{l_2}} = \frac{7,50}{3 + \frac{1,5 \cdot 6,90}{7,50}} = 1,71 \text{ m}$$

und nach Gl. (311)

$$k_1 = \frac{l_1}{3 + \frac{2\,l_2}{l_1}} = \frac{6{,}90}{3 + \frac{2 \cdot 7{,}50}{6{,}90}} = 1{,}33 \text{ m.}$$

Ermittlung der Kreuzlinienabschnitte K_l und K_r

Nach Tafel 1 wird

im Feld (1): $$K_l = K_r = K = \frac{q_1\,l_1^2}{4} = \frac{4{,}6 \cdot 6{,}90^2}{4} = 54{,}8 \text{ tm}$$

im Feld (2): $$K_l = K_r = K = \frac{q_2\,l_2^2}{4} = \frac{3{,}4 \cdot 7{,}50^2}{4} = 47{,}8 \text{ ,,.}$$

Ermittlung der Ausgangsmomente M_l und M_r und Weiterleitung

Die Ausgangsmomente können rechnerisch und zeichnerisch bestimmt werden; beide Arten sollen hier behandelt werden.

Rechnerische Ermittlung: Nach Gl. (337) erhält man in Verbindung mit Gl. (336b) für Feld (1)

$$c_1 = l_1 - i_1 - k_1 = 6{,}90 - 2{,}30 - 1{,}33 = 3{,}27 \text{ m}$$

und damit

$$M_l = M_A = \frac{i_1\,K}{c_1\,l_1}(l_1 - 2\,k_1) = \frac{2{,}30 \cdot 54{,}8}{3{,}27 \cdot 6{,}90}(6{,}90 - 2 \cdot 1{,}33) = -23{,}68 \text{ tm}$$

sowie

$$M_r = M_B = \frac{k_1\,K}{c_1\,l_1}(l_1 - 2\,i_1) = \frac{1{,}33 \cdot 54{,}8}{3{,}27 \cdot 6{,}90}(6{,}90 - 2 \cdot 2{,}30) = -7{,}43 \text{ tm.}$$

Für Feld (2) wird gemäß Gl. (336b) unter Beachtung, daß $k_2 = 0$ ist,

$$c_2 = l_2 - i_2 = 7{,}50 - 1{,}71 = 5{,}79 \text{ m}$$

und weiter nach Gl. (337)

$$M_l = M_B = \frac{i_2\,K}{c_2} = \frac{1{,}71 \cdot 47{,}8}{5{,}79} = -14{,}12 \text{ tm;}$$

wegen freier Lagerung bei C ist $M_r = M_C = 0$.

Nach Gl. (298) ergibt sich dann für

$$M_A = -\frac{M_B}{2} = -\frac{-14{,}12}{2} = -7{,}06 \text{ tm.}$$

Zeichnerische Ermittlung: In Abb. 350a ist die Ermittlung von M_l und M_r bei Belastung des ersten Feldes mit q_1 sowie die Weiterleitung nach C durchgeführt; man erhält $M_A = -23{,}68$ tm und $M_B = -7{,}43$ tm. In Abb. 350b ist der damit festgelegte M-Verlauf der besseren Übersicht wegen auf die Horizontale bezogen. In gleicher Weise zeigt Abb. 351a die Ermittlung des Ausgangsmomentes M_B im zweiten Feld für die Belastung dieses Feldes mit q_2 und die Weiterleitung von M_B nach A. Es ergibt sich für diesen Lastfall $M_A = +7{,}06$ tm und $M_B = -14{,}12$ tm. In Abb. 351b ist die M-Linie wieder auf die Horizontale bezogen.

Diese aus Abb. 350a und 351a zu entnehmenden Ergebnisse sind in der nachstehenden Tabelle (Abb. 352) in Zeile 1 und 2 übersichtlich zusammengestellt. In Zeile 3 ist die Überlagerung der beiden Lastfälle durchgeführt, d. h. es sind dort die in den Zeilen 1 und 2 enthaltenen Werte algebraisch addiert.

In Abb. 353a ist die zum Lastfall 3 gehörige M-Linie, die also den M-Verlauf für die Gesamtbelastung des Trägers darstellt, maßstäblich aufgezeichnet.

Anmerkung. Bei der praktischen Anwendung der Festpunktmethode ergeben sich noch wesentliche Vereinfachungen. Es ist natürlich nicht erforderlich, die in Zeile 1 und 2 der

Momenten-Tabelle eingetragenen Werte für die Stützenmomente M_A und M_B in getrennten Zeichnungen (vgl. Abb. 350a und 351a) zu ermitteln; es ist auch nicht nötig, die zugehörigen

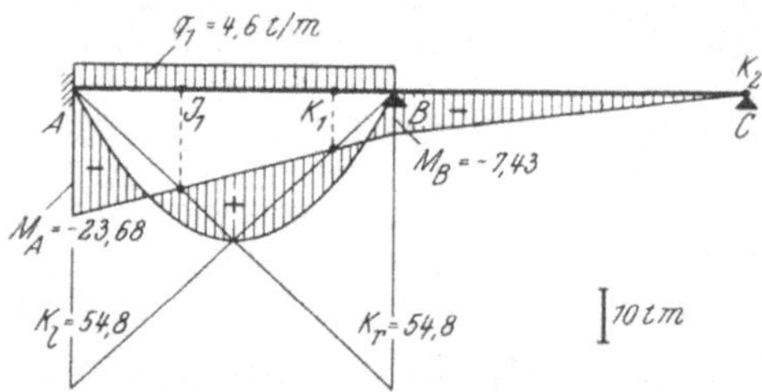

Abb. 350a. *Lastfall 1:* Ermittlung der Ausgangsmomente M_A und M_B für q_1 im Feld (1) und Weiterleitung

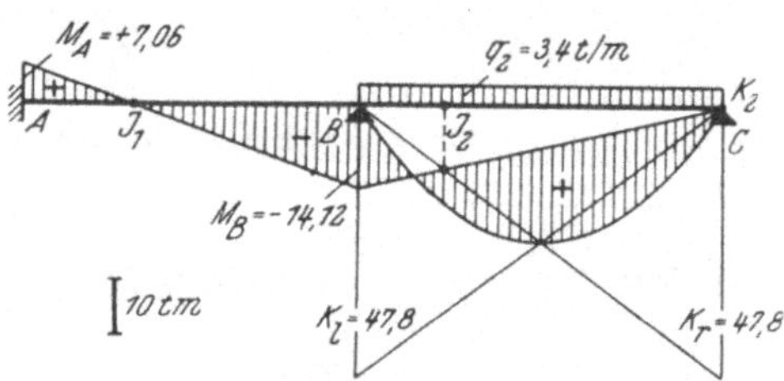

Abb. 351a. *Lastfall 2:* Ermittlung des Ausgangsmomentes M_B für q_2 im Feld (2) und Weiterleitung

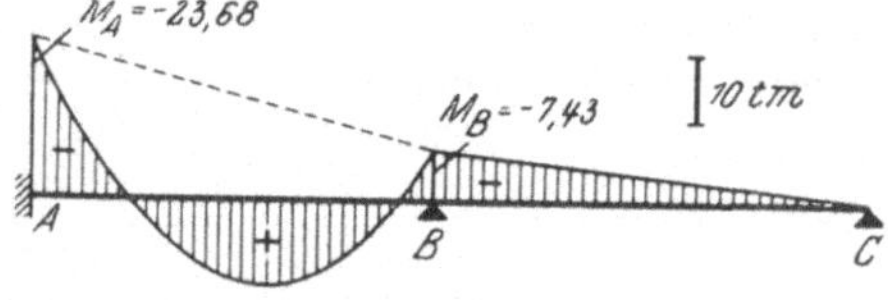

Abb. 350b. Auf die Trägerachse bezogene M-Linie aus Abb. 350a

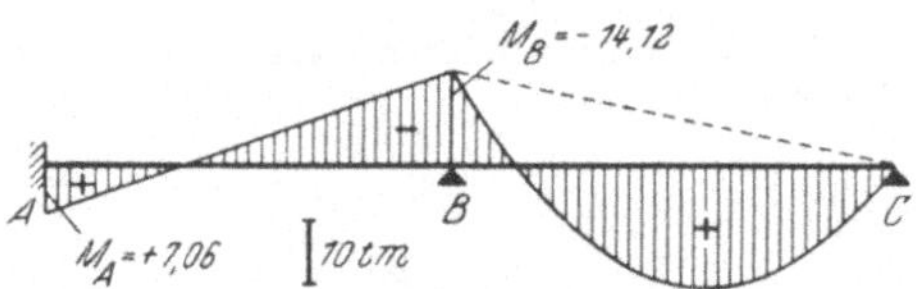

Abb. 351b. Auf die Trägerachse bezogene M-Linie aus Abb. 351a

Nr.	Belastungsfall	M_A (tm)	M_B (tm)	Anmerkungen
1	q_1	−23,68	− 7,43	nur Feld (1) belastet
2	q_2	+ 7,06	−14,12	nur Feld (2) belastet
3	q_1 q_2	−16,62	−21,55	Feld (1) und (2) belastet

Abb. 352. Momenten-Tabelle

$M^{(0)}$-Parabeln zu zeichnen und die M-Linien auf die Horizontale zu beziehen. Man braucht lediglich die den einzelnen Lastfällen entsprechenden Stützenmomente M_A und M_B aus den Zeichnungen maßstäblich abzugreifen und in die Tabelle einzutragen. Es genügt also, anstelle der vier getrennt angefertigten Abb. 350a, b und 351a, b nur eine einzige Zeichnung anzulegen und in dieser nacheinander in der bekannten Art (vgl. Abb. 350a bzw. 351a) die Ermittlung der gesuchten Stützenmomente vorzunehmen.

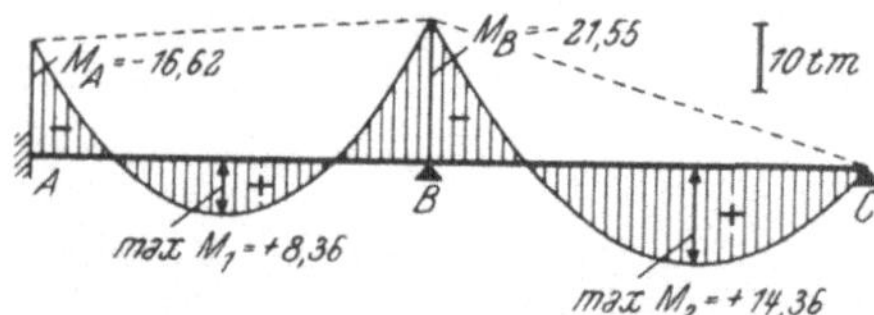

Abb. 353a. M-Linie für die Gesamtbelastung gemäß Abb. 348

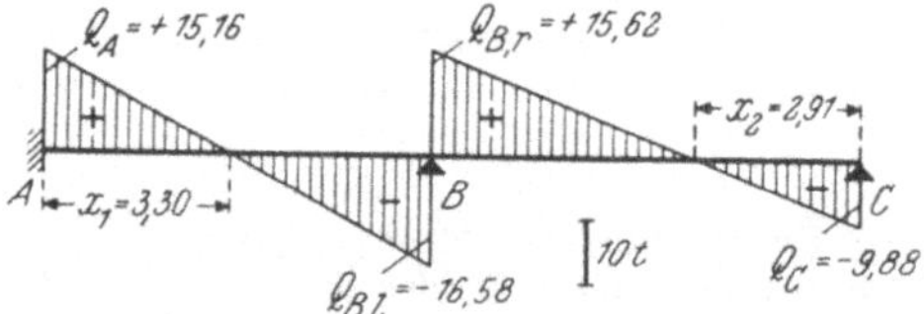

Abb. 353b. Q-Linie für die Gesamtbelastung gemäß Abb. 348

Ermittlung der Q-Linie für Vollbelastung

Die zum Auftragen der Q-Linie benötigten Q-Werte können nach der allgemeinen Formel (202) ermittelt werden. Man erhält

$$Q_A = Q_A{}^{(0)} + \frac{M_B - M_A}{l_1} = + \frac{4,6 \cdot 6,90}{2} + \frac{-21,55 + 16,62}{6,90} = +15,87 - 0,71 = +15,16 \text{ t}$$

$$Q_{B,l} = Q^{(0)}{}_{B,l} + \frac{M_B - M_A}{l_1} = \qquad = -15,87 - 0,71 = -16,58 \text{ t}$$

$$Q_{B,r} = Q^{(0)}_{B,r} + \frac{-M_B}{l_2} = + \frac{3{,}4 \cdot 7{,}50}{2} + \frac{21{,}55}{7{,}50} = + 12{,}75 + 2{,}87 = + 15{,}62 \text{ t}$$

$$Q_C = Q_C^{(0)} + \frac{-M_B}{l_2} = \qquad = - 12{,}75 + 2{,}87 = - \ 9{,}88 \text{ t.}$$

Mit diesen Werten ist die Q-Linie in Abb. 353b maßstäblich aufgetragen.

Ermittlung der maximalen Feldmomente

Im Feld (1) wird nach Gl. (215)

$$\max M_1 = \frac{Q_A^2}{2\, q_1} - | M_A | = \frac{15{,}16^2}{2 \cdot 4{,}6} - 16{,}62 = 24{,}98 - 16{,}62 = + 8{,}36 \text{ tm;}$$

im Feld (2) erhält man gemäß Gl. (161) bzw. (161a)

$$\max M_2 = \frac{Q_C^2}{2\, q_2} = \frac{9{,}88^2}{2 \cdot 3{,}4} = + 14{,}36 \text{ tm.}$$

Die Werte für $\max M_1$ und $\max M_2$ könnten auch mit ausreichender Genauigkeit maßstäblich aus der Zeichnung (Abb. 353a) entnommen werden.

b) Dreifeldträger mit voller Einspannung bei D

Die Ermittlung der M-Linie und Q-Linie soll wieder unter Voraussetzung gleicher Trägheitsmomente in sämtlichen Feldern erfolgen. Die Spannweiten und Belastungsangaben sind aus Abb. 354 zu entnehmen. Die Berechnung kann nach den Anweisungen Seite 210 durchgeführt werden.

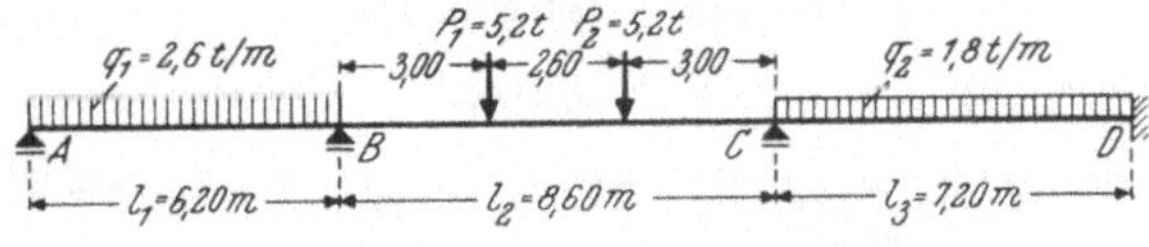

Abb. 354. Spannweiten und Belastungsangaben

Bestimmung der Festpunktabstände i und k

Wegen gelenkiger Lagerung bei A ist $i_1 = 0$, wegen voller Einspannung bei D ist $k_3 = l_3/3$. Mit diesen Ausgangswerten sind die übrigen Festpunktabstände in Abb. 355a nach den Erläuterungen Seite 196ff. zeichnerisch ermittelt. Vergleichsweise sollen sie hier aber auch noch rechnerisch bestimmt werden; mit den Bezeichnungen in Abb. 355b erhält man nach Gl. (317)

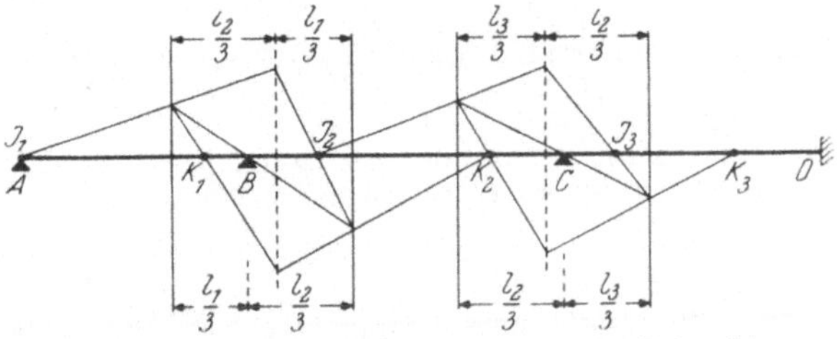

Abb. 355a. Zeichnerische Ermittlung der Festpunkte

$$i_1 = 0; \qquad i_2 = \frac{l_2}{3 + \frac{2\, l_1}{l_2}} = \frac{8{,}60}{3 + \frac{2 \cdot 6{,}20}{8{,}60}} = 1{,}94 \text{ m}$$

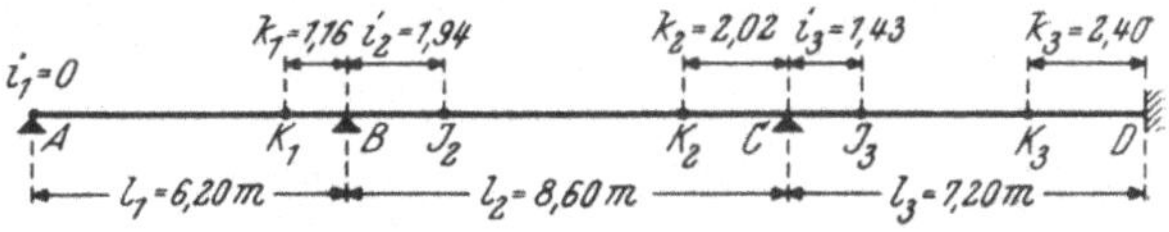

Abb. 355b. Rechnerische Ermittlung der Festpunktabstände

$$i_3 = \frac{l_3}{3 + \frac{l_2}{l_3}\left[2 - \frac{l_2}{2\,(l_1 + l_2)}\right]} = \frac{7{,}20}{3 + \frac{8{,}60}{7{,}20}\left[2 - \frac{8{,}60}{2\,(6{,}20 + 8{,}60)}\right]} = 1{,}43 \text{ m}$$

und nach Gl. (320)

$$k_3 = \frac{l_3}{3} = \frac{7{,}20}{3} = 2{,}40 \text{ m;} \qquad k_2 = \frac{l_2}{3 + \frac{1{,}5\, l_3}{l_2}} = \frac{8{,}60}{3 + \frac{1{,}5 \cdot 7{,}20}{8{,}60}} = 2{,}02 \text{ m}$$

$$k_1 = \frac{l_1}{3 + \frac{l_2}{l_1}\left(2 - \frac{l_2}{2\, l_2 + 1{,}5\, l_3}\right)} = \frac{6{,}20}{3 + \frac{8{,}60}{6{,}20}\left(2 - \frac{8{,}60}{2 \cdot 8{,}60 + 1{,}5 \cdot 7{,}20}\right)} = 1{,}16 \text{ m.}$$

Ermittlung der Kreuzlinienabschnitte K_l und K_r

Nach den Formeln aus Tafel 1 und 3 erhält man

im Feld (1): $$K_l = K_r = \frac{q_1\, l_1^2}{4} = \frac{2{,}6 \cdot 6{,}20^2}{4} = 24{,}99 \text{ tm}$$

im Feld (2): $$K_l = K_r = \frac{3\, Pa\,(l_2 - a)}{l_2} = \frac{3 \cdot 5{,}2 \cdot 3{,}00\,(8{,}60 - 3{,}00)}{8{,}60} = 30{,}47 \text{ tm}$$

im Feld (3): $$K_l = K_r = \frac{q_2\, l_3^2}{4} = \frac{1{,}8 \cdot 7{,}20^2}{4} = 23{,}33 \text{ tm.}$$

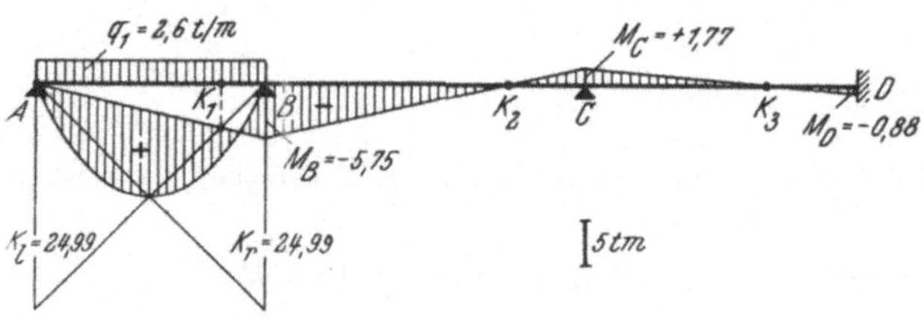

Abb. 356a. *Lastfall 1:* Ermittlung des Ausgangsmomentes M_B für q_1 im Feld (1) und Weiterleitung

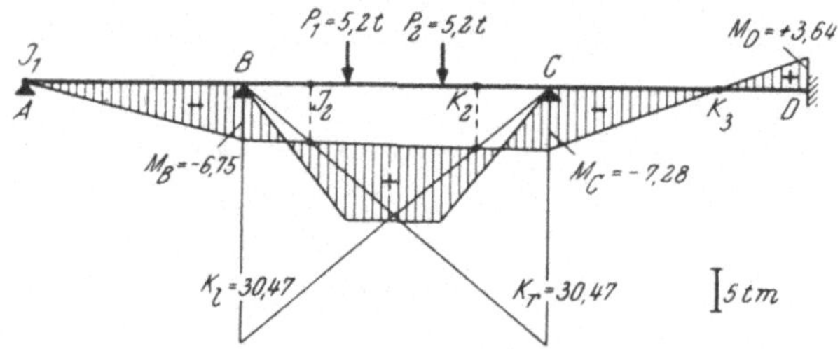

Abb. 356b. *Lastfall 2:* Ermittlung der Ausgangsmomente M_B und M_C für P_1 und P_2 im Feld (2) und Weiterleitung

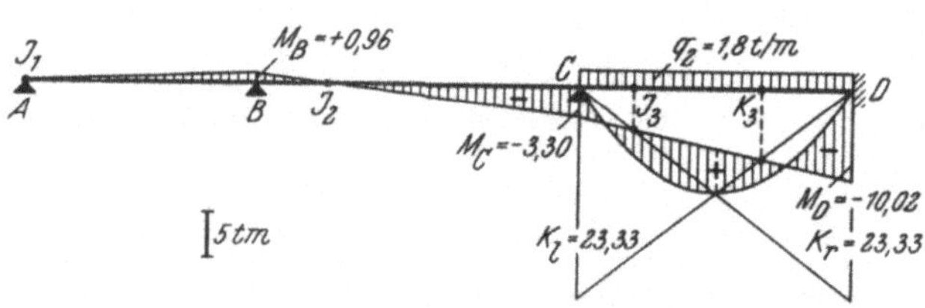

Abb. 356c. *Lastfall 3:* Ermittlung der Ausgangsmomente M_C und M_D für q_2 im Feld (3) und Weiterleitung

Nr.	Belastungsfall	M_B (tm)	M_C (tm)	M_D (tm)	Anmerkungen
1	q_1	-5,75	+1,77	-0,88	Feld (1) belastet
2	P_1 P_2	-6,75	-7,28	+3,64	Feld (2) belastet
3	q_2	+0,96	-3,30	-10,02	Feld (3) belastet
4	q_1 P_1 P_2 q_2	-11,54	-8,81	-7,26	Vollbelastung

Abb. 356d. Momenten-Tabelle

Zeichnerische Bestimmung der M-Linie

Die den drei Lastfällen entsprechenden Stützenmomente M_B, M_C, M_D sind in den Abb. 356a bis c mit Hilfe der Kreuzlinienabschnitte ermittelt (siehe Erläuterungen Seite 207 ff.) und zwecks besserer Übersicht in die Zeilen 1, 2, 3 der Momenten-Tabelle (Abb. 356d) eingetragen. Durch algebraische Addition dieser Werte erhält man in Zeile 4 die Stützenmomente für gleichzeitige Belastung aller Felder gemäß Abb. 354.

Zum Aufzeichnen der zugehörigen M-Linie (Abb. 357a) benötigt man noch die $M^{(0)}$-Werte in den einzelnen Feldern, und zwar

im Feld (1):

$$M_1^{(0)} = \frac{q_1\, l_1^2}{8} = \frac{2{,}6 \cdot 6{,}20^2}{8} = 12{,}49 \text{ tm}$$

im Feld (2):

$$M_2^{(0)} = P \cdot a = 5{,}2 \cdot 3{,}00 = 15{,}60 \text{ tm}$$

im Feld (3):

$$M_3^{(0)} = \frac{q_2\, l_3^2}{8} = \frac{1{,}8 \cdot 7{,}20^2}{8} = 11{,}66 \text{ tm.}$$

Ermittlung der Q-Linie für Vollbelastung

Die hierzu erforderlichen Q-Werte ergeben sich nach Gl. (202) mit

$$Q_A = + \frac{q_1\, l_1}{2} + \frac{M_B}{l_1} = + \frac{2{,}6 \cdot 6{,}20}{2} - \frac{11{,}54}{6{,}20} = + 8{,}06 - 1{,}86 = + 6{,}20 \text{ t}$$

$$Q_{B,l} = -\frac{q_1 l_1}{2} + \frac{M_B}{l_1} = -\frac{2{,}6 \cdot 6{,}20}{2} - \frac{11{,}54}{6{,}20} = -8{,}06 - 1{,}86 \doteq -9{,}92 \text{ t}$$

$$Q_{B,r} = +P_1 + \frac{M_C - M_B}{l_2} = +5{,}2 + \frac{-8{,}81 + 11{,}54}{8{,}60} = +5{,}20 + 0{,}32 = +5{,}52 \text{ t}$$

$$Q_{C,l} = -P_2 + \frac{M_C - M_B}{l_2} = \qquad = -5{,}20 + 0{,}32 = -4{,}88 \text{ t}$$

$$Q_{C,r} = +\frac{q_2 l_3}{2} + \frac{M_D - M_C}{l_3} = +\frac{1{,}8 \cdot 7{,}20}{2} + \frac{-7{,}26 + 8{,}81}{7{,}20} = +6{,}48 + 0{,}22 = +6{,}70 \text{ t}$$

$$Q_D = -\frac{q_2 l_3}{2} + \frac{M_D - M_C}{l_3} = \qquad = -6{,}48 + 0{,}22 = -6{,}26 \text{ t.}$$

In Abb. 357b ist die Q-Linie maßstäblich aufgezeichnet.

Die Berechnung der maximalen Feldmomente kann nach den Formeln (161a) bzw. (215) oder (203) erfolgen; die Werte können aber auch aus der Zeichnung maßstäblich abgegriffen werden.

Abb. 357a. M-Linie für die Gesamtbelastung gemäß Abb. 354

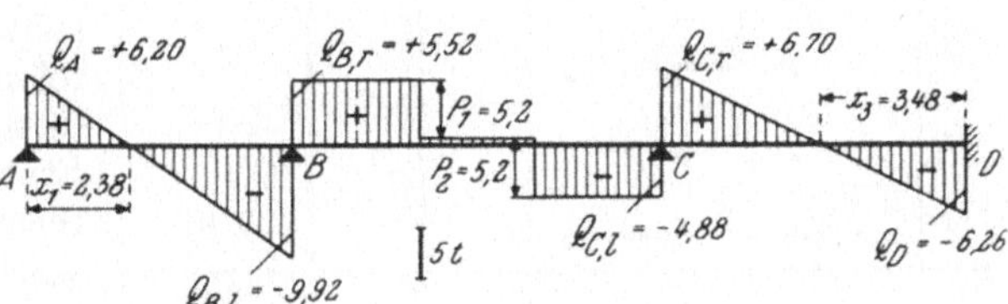

Abb. 357b. Q-Linie für die Gesamtbelastung gemäß Abb. 354

J. Ermittlung der Maximalmomentenlinie nach dem Festpunktverfahren

a) Allgemeines

Die allgemeinen Zusammenhänge, die bei der Ermittlung der Maximalmomentenlinie maßgebend sind, wurden bereits Seite 173 ff. anhand Abb. 303a bis e bis 305a bis f ausführlich erläutert. Die Belastungs-Kombinationen, die die größten Feld- bzw. Stützenmomente erzeugen, sind mit den für das Festpunktverfahren üblichen Bezeichnungen auch aus Abb. 358a bis f zu entnehmen. Daraus ergeben sich folgende einfache Regeln:

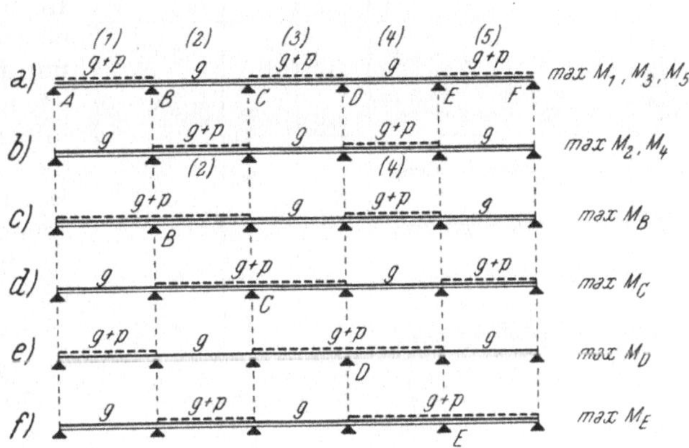

Abb. 358a bis f. Belastungs-Kombinationen für die Größtwerte der Feld- und Stützenmomente

1. *Die Größtwerte der positiven Momente in den Feldern mit ungeraden Zahlen erhält man, wenn diese Felder* (1), (3), (5) *usw. gleichzeitig mit* $q = g + p$ *voll belastet werden* (Abb. 358a). *Dieser Lastfall ergibt zugleich die kleinsten positiven, ggf. sogar negative Momente in den nur mit g belasteten Feldern* (2), (4), (6) *usw.*

2. *Die Größtwerte der positiven Momente in den Feldern mit geraden Zahlen ergeben sich bei gleichzeitiger Vollbelastung dieser Felder* (2), (4), (6) *usw. mit* $q = g + p$ (Abb. 358b). *Dieser Lastfall ergibt zugleich die kleinsten positiven, ggf. sogar negative Momente in den nur mit g belasteten Feldern* (1), (3), (5) *usw.*

3. *Der Größtwert eines negativen* ***Stützenmomentes*** *tritt auf, wenn die beiden angrenzenden Felder mit $q = g + p$ voll belastet werden und gleichzeitig in den übrigen rechts und links anschließenden Feldern abwechselnd ständige Last g und Vollast q wirken* (Abb. 358c bis f).

Die zahlenmäßige Ermittlung der Maximalmomentenlinie mit Hilfe der Festpunkte geschieht am besten unter Anwendung einer Tabelle, in welcher die zeichnerisch oder rechnerisch erhaltenen Teilergebnisse eingetragen und sodann nach dem maßgebenden Belastungsschema entsprechend kombiniert werden. Die praktische Durchführung dieser Berechnungsart soll anschließend für einen Dreifeldträger ausführlich beschrieben werden.

b) Rechen-Schema zur Ermittlung der max M-Linie

In Abb. 359 ist das Rechen-Schema angegeben, nach welchem die max$M$-Linie für einen Dreifeldträger bestimmt werden kann, der eine ständige Last g und eine Nutzlast p aufzunehmen hat. Es zeigt folgenden Aufbau:

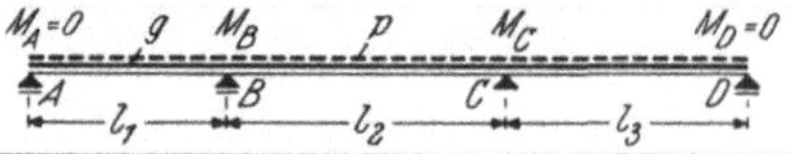

$M_A = 0$ g M_B p M_C $M_D = 0$

A B C D

l_1 l_2 l_3

Nr.	Belastungsfall	M_B	M_C	Anmerkung
1	g			M_{g_1}
2	g			M_{g_2}
3	g			M_{g_3}
4	g			ΣM_g
5	p			$\frac{p}{g} \cdot M_{g_1}$
6	p			$\frac{p}{g} \cdot M_{g_2}$
7	p			$\frac{p}{g} \cdot M_{g_3}$
8	$g+p$ g $g+p$			$\max M_1, M_3$
9	g $g+p$ g			$\max M_2$
10	$g+p$ g			$\max M_B$
11	g $g+p$			$\max M_C$
12	$q = g+p$			$\frac{q}{g} \cdot M_g$

Abb. 359. Rechen-Schema für einen Dreifeldträger

In der linken Spalte sind die fortlaufenden Nummern der einzelnen Lastfälle angegeben, anschließend ist der jeweilige Belastungsfall schematisch dargestellt; die beiden folgenden Spalten enthalten die diesen Lastfällen entsprechenden Stützenmomente M_B und M_C. Die rechte Spalte enthält noch schlagwortartige Erläuterungen, die bei der praktischen Anwendung solcher Tabellen jedoch entfallen können. In Zeile 1 sind die Stützenmomente eingetragen, die sich ergeben, wenn nur das Feld (1) allein mit g belastet ist, in Zeile 2 stehen die M-Werte infolge g im Feld (2) und in Zeile 3 die infolge g im Feld (3). Diese *drei* Lastfälle werden nach den Anweisungen Seite 210 in üblicher Weise mit Hilfe der Festpunkte und Kreuzlinienabschnitte behandelt.

Im übrigen Teil der Tabelle treten die Festpunkte aber nicht mehr in Erscheinung; sie wird durch einfache Umrechnung der Zeilen 1 bis 3 mit festen Multiplikatoren bzw. durch algebraische Addition ausgefüllt: In Zeile 4 stehen die Werte, die durch algebraisches Summieren aller in den gleichen Spalten stehenden M-Werte erhalten werden; es sind dies also bereits die Stützenmomente für die gleichzeitige Belastung sämtlicher Felder mit der ständigen Belastung g. Aus den M-Werten der ersten *drei* Zeilen der Tabelle können durch einfache Multiplikation mit der Verhältniszahl p/g die Werte der Zeilen 5 bis 7 ermittelt werden; hierzu ist nur eine einzige Rechenschieberstellung erforderlich. Damit sind bereits die Momentenwerte für die getrennte Belastung der einzelnen Felder mit der Nutzlast p bestimmt.

Die Zeilen 8 bis 11 enthalten die Lastkombinationen, die zu den Größtwerten der Feld- und Stützenmomente führen, und zwar ergibt der Lastfall in Zeile 8 die Größtwerte der positiven Feldmomente in den Feldern (1) und (3) (und zugleich im Feld (2) den Kleinstwert des positiven bzw. Größtwert des negativen Momentes), der Lastfall in Zeile 9 den Größtwert des Feldmomentes im Feld (2) (und zugleich in den Feldern (1) und (3) die Kleinstwerte der positiven bzw. Größtwerte der negativen Momente), während die Lastfälle 10 und 11 die größten Stützenmomente M_B und M_C ergeben. In Zeile 12 ist der Fall der durchgehenden Vollbelastung mit $q = g + p$ aufgenommen, der auch durch Multiplikation der Momentenwerte in Zeile 4 mit der Verhältniszahl q/g erhalten werden kann. Dieser Lastfall wird häufig zur Berechnung der Querkräfte benötigt.

Für das Aufzeichnen der Maximalmomentenlinie aus den Tabellenwerten der Zeilen 8 bis 11 sind dieselben Regeln und Richtlinien maßgebend, die bereits Seite 181 angegeben worden sind. Man wird daher auch hier wieder nur die M-Linien aus den Lastfällen in Zeile 8 und 9 (mit den größten bzw. kleinsten positiven und negativen Feldmomenten) vollständig durchzeichnen, während die M-Linien für die Lastfälle in Zeile 10 und 11 (mit den größten negativen Stützenmomenten M_B bzw. M_C) nur im Bereich der Stütze B bzw. C gebraucht werden.

Die rechnerische Ermittlung der größten Feldmomente kann in den Randfeldern nach den Formeln (160) oder (161) bzw. (161a), in den Mittelfeldern nach den Formeln (214) oder (215) vorgenommen werden.

K. Anwendungsbeispiele

Unter Benutzung des vorstehend beschriebenen Rechen-Schemas werden hier drei verschiedene Beispiele zur Ermittlung der Maximalmomentenlinie durchgeführt. Besondere Erläuterungen sind dabei nicht mehr erforderlich, sie sind in der Tabelle unter „Anmerkungen" in der letzten Spalte enthalten. Bei der praktischen Anwendung können aber auch diese Anmerkungen entfallen, da die Bedeutung der in den einzelnen Zeilen auftretenden Momentenwerte aus den schematischen Belastungsbildern bereits klar hervorgeht. Im übrigen gelten auch hier die Seite 210 gegebenen allgemeinen Anweisungen zur Durchführung der Berechnung.

a) max M-Linie für einen Zweifeldträger mit voller Einspannung bei C (Abb. 360)

Als Vorarbeit für die Ermittlung der Maximalmomentenlinie sind die Festpunkte zu bestimmen sowie die Kreuzlinienabschnitte K_l und K_r für die ständige

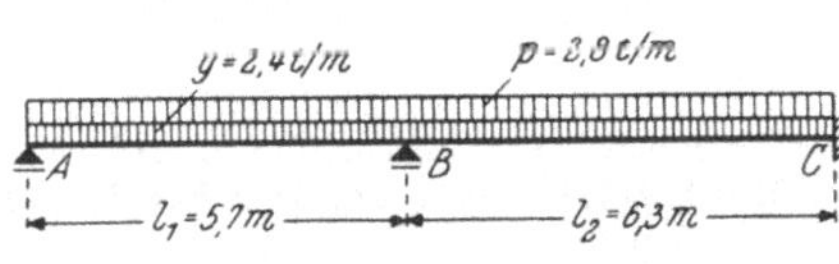

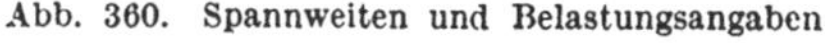

Abb. 360. Spannweiten und Belastungsangaben

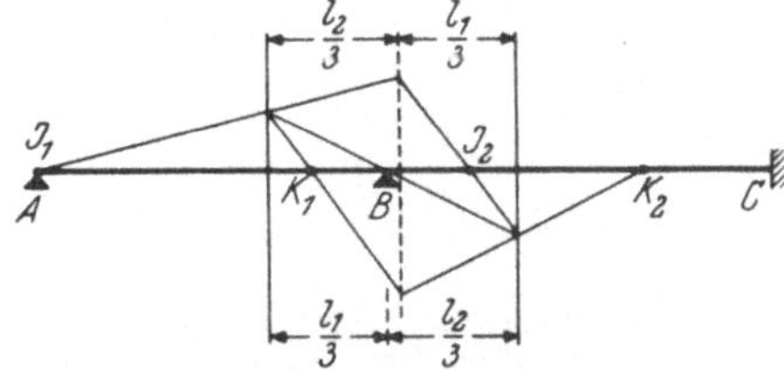

Abb. 361. Zeichnerische Ermittlung der Festpunkte

Belastung g zu berechnen. Die Festpunktkonstruktion ist nach der Beschreibung Seite 196ff. in Abb. 361 durchgeführt.

Ermittlung der Werte K_l und K_r für ständige Belastung g

Nach Tafel 1 wird

im Feld (1): $$K_l = K_r = \frac{g\,l_1^2}{4} = \frac{2{,}4 \cdot 5{,}7^2}{4} = 19{,}49 \text{ tm}$$

im Feld (2): $$K_l = K_r = \frac{g\,l_2^2}{4} = \frac{2{,}4 \cdot 6{,}3^2}{4} = 23{,}81 \;\text{,,}.$$

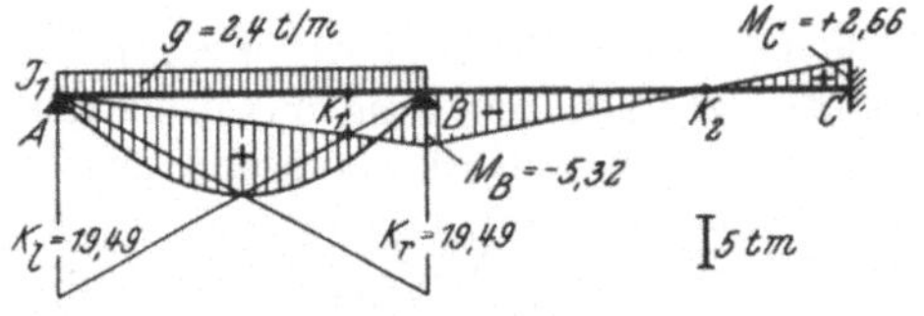

Abb. 362a. *Lastfall 1:* Ermittlung des Ausgangsmomentes M_B für g im Feld (1) und Weiterleitung

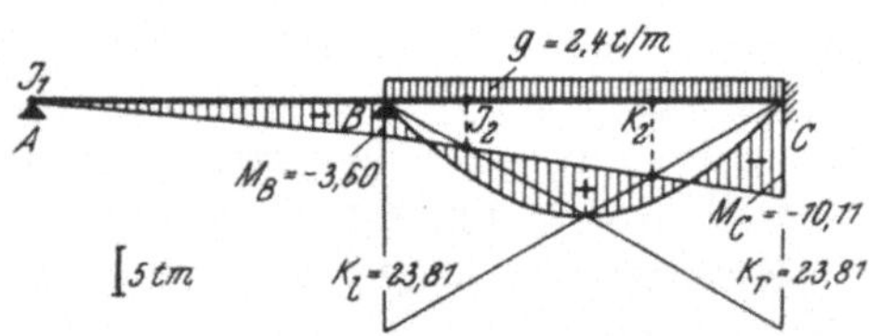

Abb. 362b. *Lastfall 2:* Ermittlung der Ausgangsmomente M_B und M_C für g im Feld (2) und Weiterleitung

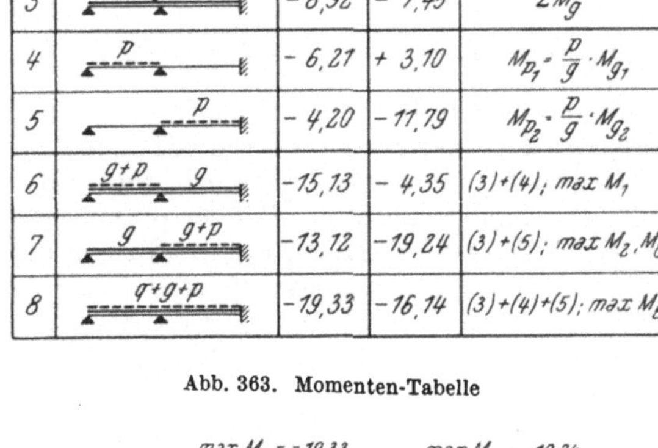

Nr.	Belastungsfall	M_B (tm)	M_C (tm)	Anmerkungen
1	g	− 5,32	+ 2,66	M_{g_1}
2	g	− 3,60	− 10,11	M_{g_2}
3	g	− 8,92	− 7,45	ΣM_g
4	p	− 6,21	+ 3,10	$M_{p_1} = \frac{p}{g} \cdot M_{g_1}$
5	p	− 4,20	− 11,79	$M_{p_2} = \frac{p}{g} \cdot M_{g_2}$
6	g+p g	−15,13	− 4,35	(3)+(4); max M_1
7	g g+p	−13,12	−19,24	(3)+(5); max M_2, M_C
8	q+g+p	−19,33	−16,14	(3)+(4)+(5); max M_B

Abb. 363. Momenten-Tabelle

Mit den K-Werten können nun gemäß Abb. 362a, b die Stützenmomente M_B und M_C für den Lastfall 1 (= Feld (1) mit g belastet) und den Lastfall 2 (= Feld (2) mit g belastet) zeichnerisch ermittelt und in die Tabelle (Abb. 363) in Zeile 1 und 2 eingeschrieben werden. Der weitere Vorgang ist aus der Tabelle selbst ersichtlich.

Für das Aufzeichnen der Maximalmomentenlinie nach den Anweisungen Seite 180f. benötigt man noch die $M^{(0)}$-Werte für g bzw. q in den beiden Feldern; man erhält

für Feld (1):

$$M_g^{(0)} = \frac{g\,l_1^2}{8} = \frac{2{,}4 \cdot 5{,}7^2}{8} = 9{,}75 \text{ tm}$$

$$M_q^{(0)} = \frac{q\,l_1^2}{8} = \frac{5{,}2 \cdot 5{,}7^2}{8} = 21{,}12 \text{ tm}$$

für Feld (2):

$$M_g^{(0)} = \frac{g\,l_2^2}{8} = \frac{2{,}4 \cdot 6{,}3^2}{8} = 11{,}91 \text{ tm}$$

$$M_q^{(0)} = \frac{q\,l_2^2}{8} = \frac{5{,}2 \cdot 6{,}3^2}{8} = 25{,}80 \;\text{,,}.$$

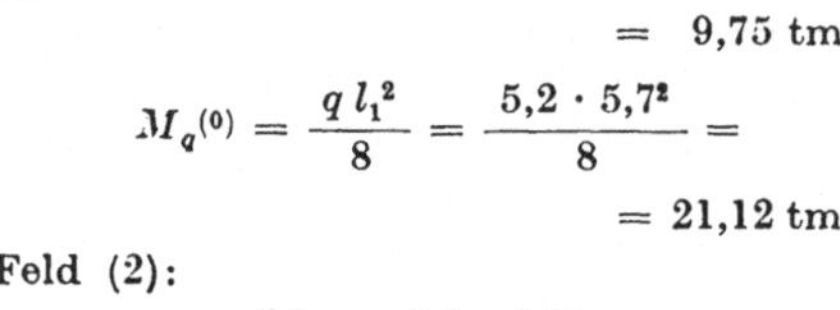

Abb. 364. Maximalmomentenlinie

Damit kann die max M-Linie in Abb. 364 maßstäblich aufgetragen werden. Die Werte max M in den einzelnen Feldern können entweder nach Gl. (161a) bzw. (215) rechnerisch ermittelt oder aus der Zeichnung maßstäblich abgegriffen werden. In Abb. 365a ist zum Vergleich die M-Linie für Vollbelastung aufgetragen.

Q-Linie für Vollbelastung

Die Q-Werte in den einzelnen Stützen erhält man nach Gl. (202), und zwar:

$$Q_A = + \frac{q\,l_1}{2} + \frac{M_B}{l_1} = + \frac{5{,}2 \cdot 5{,}7}{2} - \frac{19{,}33}{5{,}7} = + 14{,}82 - 3{,}39 = + 11{,}43 \text{ t}$$

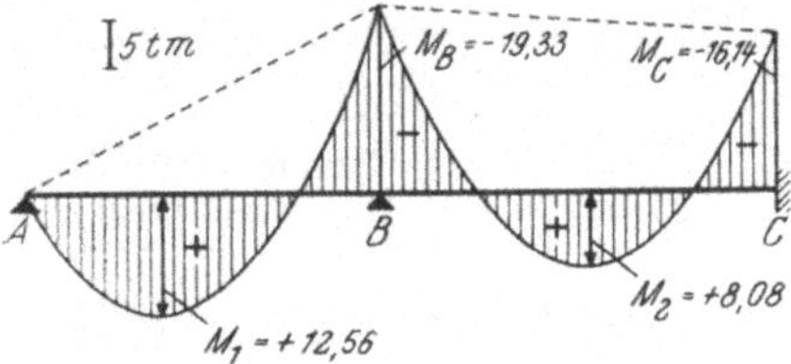

Abb. 365a. M-Linie für Vollbelastung q

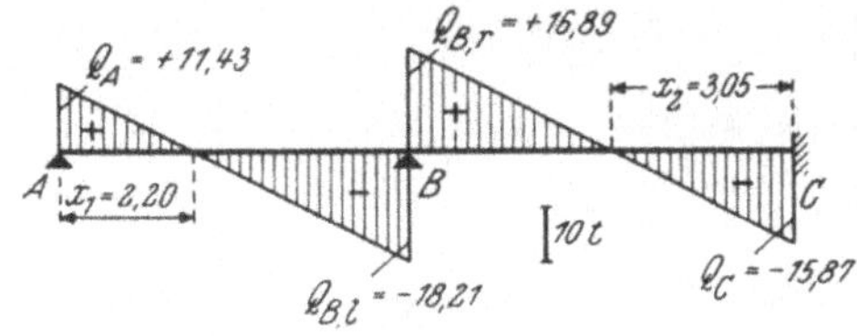

Abb. 365b. Q-Linie für Vollbelastung q

$$Q_{B,l} = -\frac{q\,l_1}{2} + \frac{M_B}{l_1} = -\frac{5{,}2 \cdot 5{,}7}{2} - \frac{19{,}33}{5{,}7} = -14{,}82 - 3{,}39 = -18{,}21\ \text{t}$$

$$Q_{B,r} = +\frac{q\,l_2}{2} + \frac{M_C - M_B}{l_2} = +\frac{5{,}2 \cdot 6{,}3}{2} + \frac{-16{,}14 + 19{,}33}{6{,}3} = +16{,}38 + 0{,}51 = +16{,}89\ \text{t}$$

$$Q_C = -\frac{q\,l_2}{2} + \frac{M_C - M_B}{l_2} = \qquad = -16{,}38 + 0{,}51 = -15{,}87\ \text{t}.$$

Mit diesen Werten kann die Q-Linie in Abb. 365b aufgezeichnet werden.

b) max M-Linie für einen Dreifeldträger

Die Spannweiten und Belastungsangaben sind aus Abb. 366a zu entnehmen. Die Ermittlung der Festpunkte ist in Abb. 366b nach den Anweisungen Seite 196ff. durchgeführt.

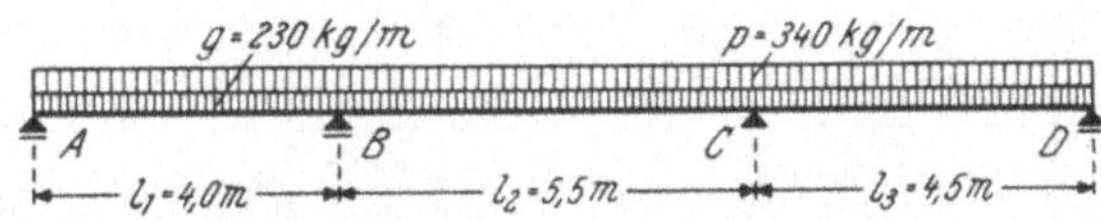

Abb. 366a. Spannweiten und Belastungsangaben

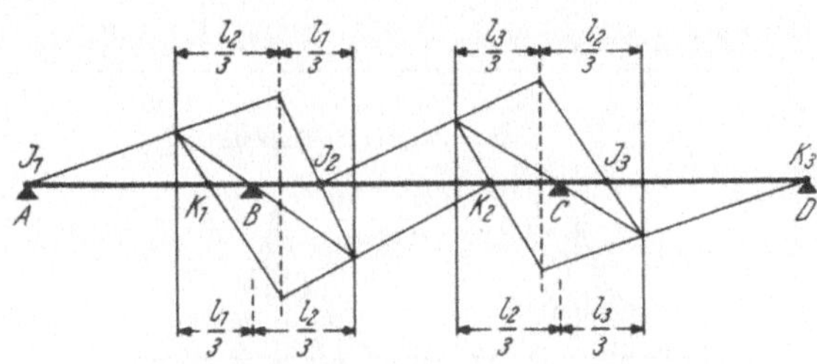

Abb. 366b. Zeichnerische Ermittlung der Festpunkte

Kreuzlinienabschnitte K_l und K_r

Nach Tafel 1 wird

für Belastungsfall 1 (Abb. 366c):

$$K_l = K_r = \frac{g\,l_1^2}{4} = \frac{230 \cdot 4{,}0^2}{4} = = 920\ \text{kgm}$$

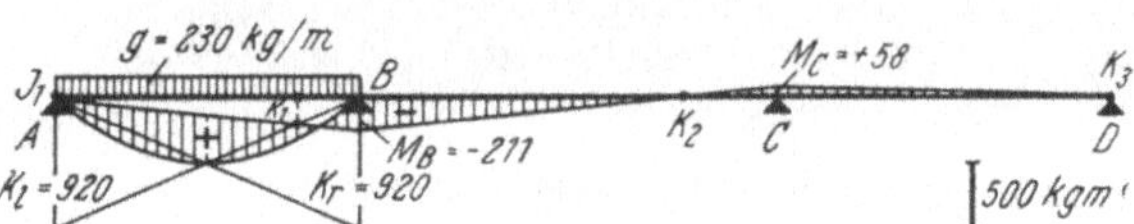

Abb. 366c. *Lastfall 1:* Ermittlung des Ausgangsmomentes M_B für g im Feld (1) und Weiterleitung

für Belastungsfall 2 (Abb. 366d):

$$K_l = K_r = \frac{g\,l_2^2}{4} = \frac{230 \cdot 5{,}5^2}{4} = = 1740\ \text{kgm}$$

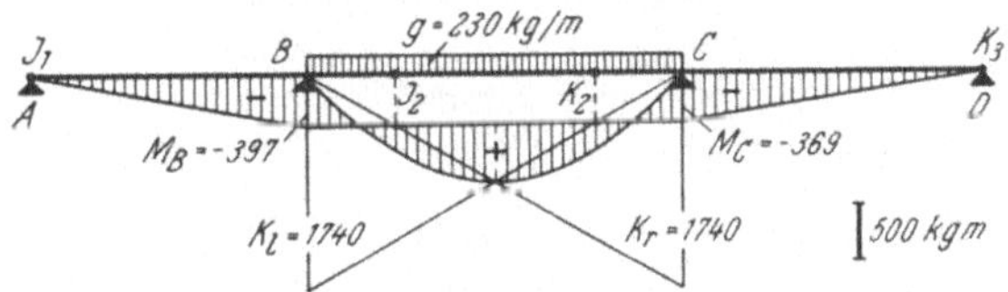

Abb. 366d. *Lastfall 2:* Ermittlung der Ausgangsmomente M_B und M_C für g im Feld (2) und Weiterleitung

für Belastungsfall 3 (Abb. 366e):

$$K_l = K_r = \frac{g\,l_3^2}{4} = \frac{230 \cdot 4{,}5^2}{4} = = 1165\ \text{kgm}.$$

Die mit diesen Kreuzlinienabschnitten in den Abb. 366c bis e zeichnerisch ermittelten Stützenmomente M_B und M_C werden in die Tabelle (Abb. 367) in die Zeilen 1, 2, 3 eingetragen. Die weitere Berechnung erfolgt nur in der Tabelle und ist dort leicht zu verfolgen: In Zeile 4 ergeben sich die Momente für durchgehende Gleichlast g. In den Zeilen 5 bis 7 erhält man durch Multiplikation

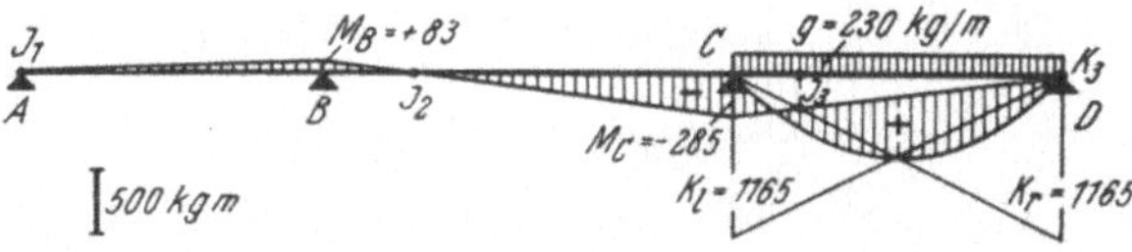

Abb. 366e. *Lastfall 3:* Ermittlung des Ausgangsmomentes M_C für g im Feld (3) und Weiterleitung

Nr.	Belastungsfall	M_B (kgm)	M_C (kgm)	Anmerkungen
1	g	− 211	+ 58	M_{g_1}
2	g	− 397	− 369	M_{g_2}
3	g	+ 83	− 285	M_{g_3}
4	g	− 525	− 596	ΣM_g
5	p	− 372	+ 86	$M_{p_1} = \frac{p}{g} \cdot M_{g_1}$
6	p	− 587	− 545	$M_{p_2} = \frac{p}{g} \cdot M_{g_2}$
7	p	+ 123	− 421	$M_{p_3} = \frac{p}{g} \cdot M_{g_3}$
8	$g+p$ g $g+p$	− 714	− 931	(4)+(5)+(7); $\max M_1, M_3$
9	g $g+p$ g	−1112	−1141	(4)+(6); $\max M_2$
10	$g+p$ g	−1424	−1055	(4)+(5)+(6); $\max M_B$
11	g $g+p$	− 989	−1562	(4)+(6)+(7); $\max M_C$
12	$q = g+p$	−1301	−1476	$M_q = \frac{q}{g} M_g$

Abb. 367. Momenten-Tabelle

aller in den Zeilen 1 bis 3 stehenden Werte mit der Verhältniszahl $p/g = 340/230 = 1,478$ die Momente für die feldweise Belastung des Trägers mit der Nutzlast p; diese Rechnung ist mit einer einzigen Rechenschieberstellung durchführbar. In den Zeilen 8 bis 11 sind die erforderlichen Kombinationen für die Ermittlung der maximalen Feld- und Stützenmomente enthalten. In Zeile 12 stehen die durch Umrechnung der Werte aus Zeile 4 sich ergebenden Momente für durchgehende Vollbelastung q; der Umrechnungsfaktor ist hierbei $q/g = 570/230 = 2,478$.

Die Maximalmomentenlinie ist nach den Anweisungen Seite 180f. in Abb. 368 aufgetragen. Die hierfür noch erforderlichen $M^{(0)}$-Werte für die Belastungen g bzw. q in den einzelnen Feldern sind

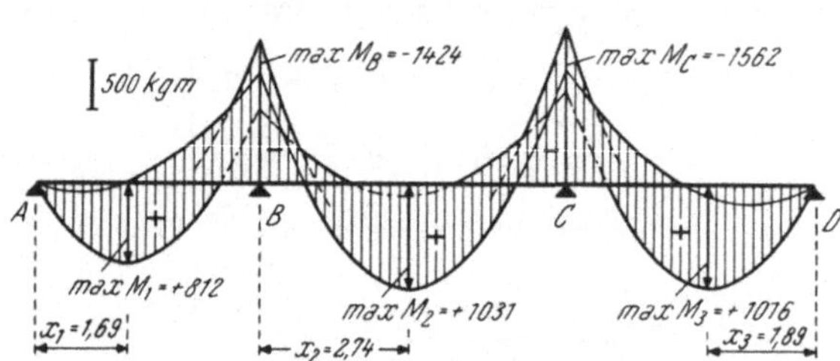

Abb. 368. Maximalmomentenlinie

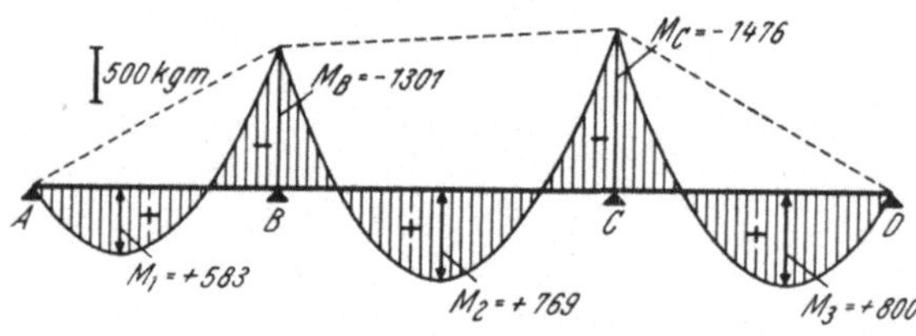

Abb. 369a. M-Linie für Vollbelastung q

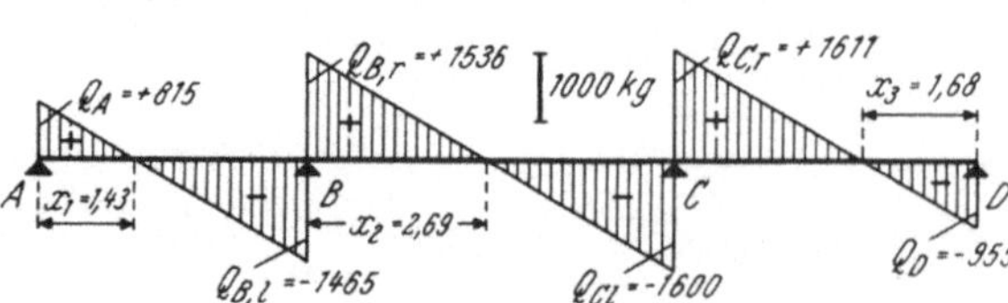

Abb. 369b. Q-Linie für Vollbelastung q

für Feld (1):

$$M_g^{(0)} = \frac{g\,l_1^2}{8} = \frac{230 \cdot 4{,}0^2}{8} = 460 \text{ kgm}$$

$$M_q^{(0)} = \frac{q\,l_1^2}{8} = \frac{570 \cdot 4{,}0^2}{8} = 1140 \text{ kgm}$$

für Feld (2):

$$M_g^{(0)} = \frac{g\,l_2^2}{8} = \frac{230 \cdot 5{,}5^2}{8} = 870 \text{ kgm}$$

$$M_q^{(0)} = \frac{q\,l_2^2}{8} = \frac{570 \cdot 5{,}5^2}{8} = 2155 \text{ kgm}$$

für Feld (3):

$$M_g^{(0)} = \frac{g\,l_3^2}{8} = \frac{230 \cdot 4{,}5^2}{8} = 582 \text{ kgm}$$

$$M_q^{(0)} = \frac{q\,l_3^2}{8} = \frac{570 \cdot 4{,}5^2}{8} = 1443 \text{ kgm};$$

Die Werte der größten Feldmomente können aus der Zeichnung maßstäblich entnommen oder nach Gl. (161a) bzw. (215) rechnerisch ermittelt werden.

In Abb. 369a ist vergleichsweise die M-Linie für Vollbelastung unter Verwendung der Werte aus Zeile 12 gezeichnet. Die zugehörige Q-Linie ist in Abb. 369b dargestellt.

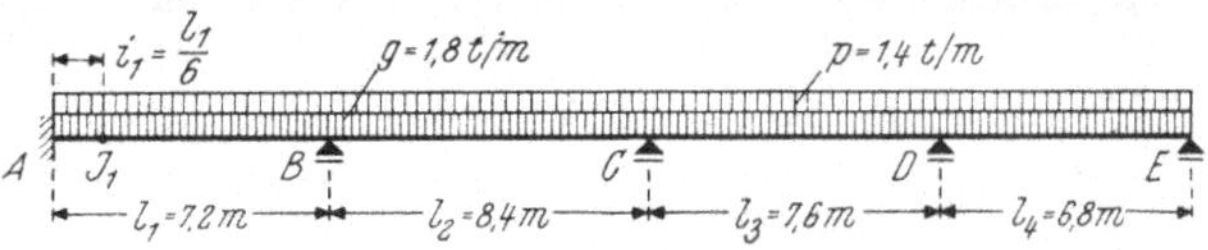

Abb. 370a. Spannweiten und Belastungsangaben

c) max M-Linie für einen Vierfeldträger

Die Spannweiten und Belastungsangaben sind aus Abb. 370a zu ersehen. Der Träger ist bei A teilweise eingespannt ($i_1 = l_1/6$) und bei E gelenkig gelagert. In Abb. 370b ist die Konstruktion der Festpunkte nach den Anweisungen Seite 196ff. durchgeführt.

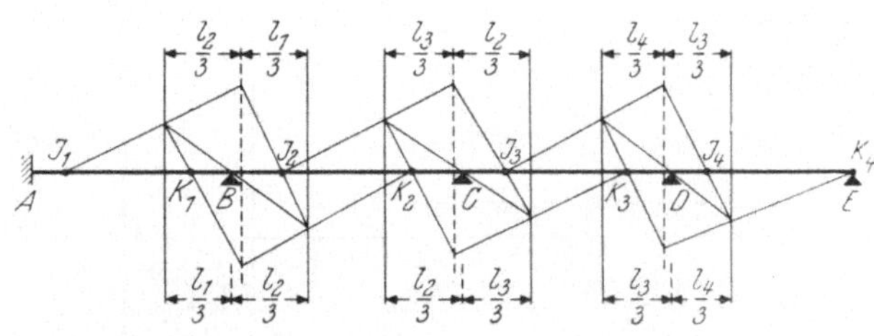

Abb. 370b. Zeichnerische Ermittlung der Festpunkte

Kreuzlinienabschnitte K_l und K_r

Man erhält hier nach der Formel aus Tafel 1

für Belastungsfall 1 (Abb. 370c):

$$K_l = K_r = \frac{g\, l_1^2}{4} = \frac{1{,}8 \cdot 7{,}2^2}{4} = 23{,}34 \text{ tm}$$

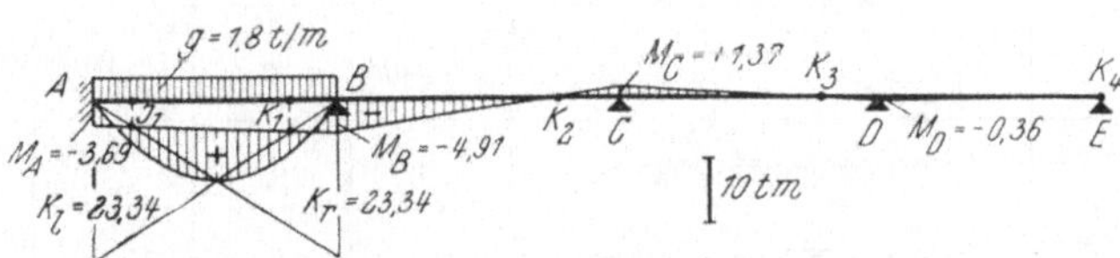

Abb. 370c. *Lastfall 1:* Ermittlung der Ausgangsmomente M_A und M_B für g im Feld (1) und Weiterleitung

für Belastungsfall 2 (Abb. 370d):

$$K_l = K_r = \frac{g\, l_2^2}{4} = \frac{1{,}8 \cdot 8{,}4^2}{4} = 31{,}75 \text{ tm}$$

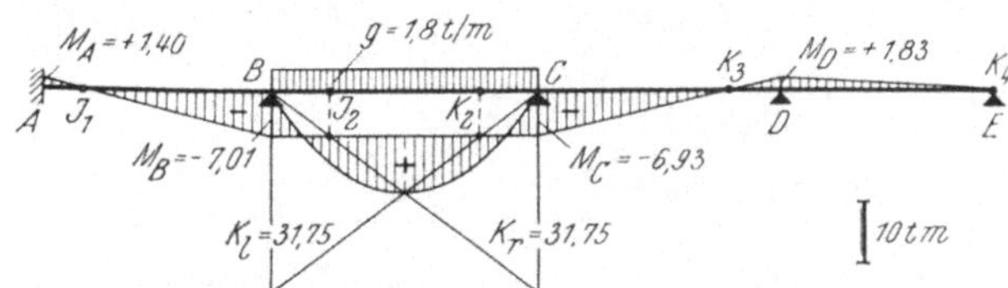

Abb. 370d. *Lastfall 2:* Ermittlung der Ausgangsmomente M_B und M_C für g im Feld (2) und Weiterleitung

für Belastungsfall 3 (Abb. 370e):

$$K_l = K_r = \frac{g\, l_3^2}{4} = \frac{1{,}8 \cdot 7{,}6^2}{4} = 25{,}99 \text{ tm}$$

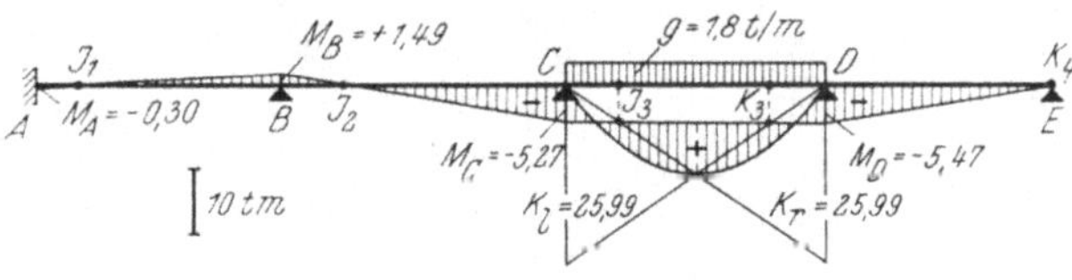

Abb. 370e. *Lastfall 3:* Ermittlung der Ausgangsmomente M_C und M_D für g im Feld (3) und Weiterleitung

für Belastungsfall 4 (Abb. 370f):

$$K_l = K_r = \frac{g\, l_4^2}{4} = \frac{1{,}8 \cdot 6{,}8^2}{4} = 20{,}81 \text{ tm.}$$

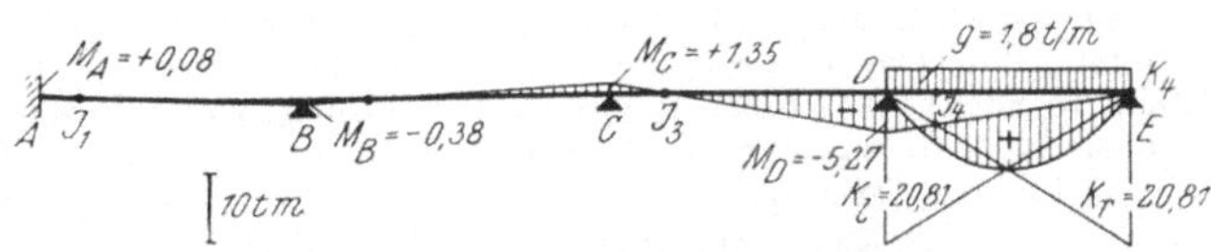

Abb. 370f. *Lastfall 4:* Ermittlung des Ausgangsmomentes M_D für g im Feld (4) und Weiterleitung

Die in Abb. 370c bis f ermittelten Stützenmomente M_A, M_B, M_C, M_D werden in die Momenten-Tabelle (Abb. 371) in die Zeilen 1 bis 4 eingetragen. Mit diesen Werten können alle zur Ermittlung der Maximalmomente erforderlichen Kombinationen nach den Angaben Seite 215f. in der Tabelle

Nr.	Belastungsfall	M_A (tm)	M_B (tm)	M_C (tm)	M_D (tm)	Anmerkungen
1	g	− 3,69	− 4,91	+ 1,37	− 0,36	M_{g_1}
2	g	+ 1,40	− 7,01	− 6,93	+ 1,83	M_{g_2}
3	g	− 0,30	+ 1,49	− 5,27	− 5,47	M_{g_3}
4	g	+ 0,08	− 0,38	+ 1,35	− 5,27	M_{g_4}
5	g	− 2,51	− 10,81	− 9,48	− 9,27	ΣM_g
6	p	− 2,87	− 3,82	+ 1,07	− 0,28	$M_{p_1} = \frac{p}{g} \cdot M_{g_1}$
7	p	+ 1,09	− 5,45	− 5,39	+ 1,42	$M_{p_2} = \frac{p}{g} \cdot M_{g_2}$
8	p	− 0,23	+ 1,16	− 4,10	− 4,25	$M_{p_3} = \frac{p}{g} \cdot M_{g_3}$
9	p	+ 0,06	− 0,30	+ 1,05	− 4,10	$M_{p_4} = \frac{p}{g} \cdot M_{g_4}$
10	$g+p$ g $g+p$ g	− 5,61	− 13,47	− 12,51	− 13,80	(5)+(6)+(8); max M_1, M_3, M_A
11	g $g+p$ g $g+p$	− 1,36	− 16,56	− 13,82	− 11,95	(5)+(7)+(9); max M_2, M_4
12	$g+p$ g $g+p$	− 4,23	− 20,38	− 12,75	− 12,23	(5)+(6)+(7)+(9); max M_B
13	g $g+p$ g	− 1,65	− 15,10	− 18,97	− 12,10	(5)+(7)+(8); max M_C
14	$g+p$ g $g+p$	− 5,55	− 13,77	− 11,46	− 17,90	(5)+(6)+(8)+(9); max M_D
15	$q = g+p$	− 4,46	− 19,22	− 16,85	− 16,48	$M_q = \frac{q}{g} \cdot M_g$

Abb. 371. Momenten-Tabelle

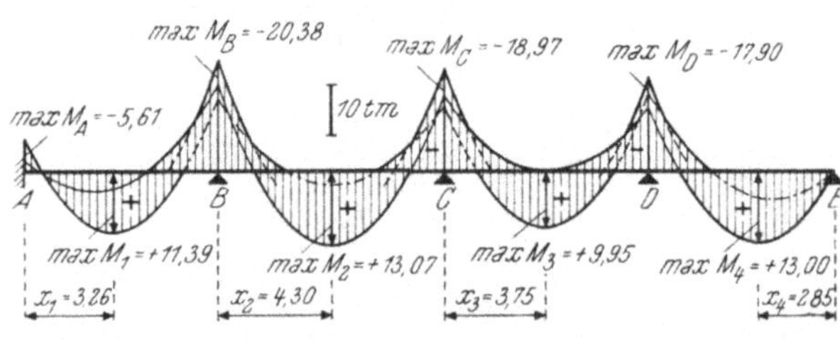

Abb. 372. Maximalmomentenlinie

selbst vorgenommen werden: Die Werte in Zeile 5 erhält man durch algebraische Addition der Momentenwerte in Zeile 1 bis 4; man gewinnt damit die Stützenmomente für durchgehende Gleichlast g. Die Werte in Zeile 6 bis 9 ergeben sich durch einfache Multiplikation der in Zeile 1 bis 4 stehenden Momentenwerte mit der Verhältniszahl $p/g = 1{,}4/1{,}8 = 0{,}778$; diese Umrechnung ist mit einer einzigen Rechenschieberstellung durchführbar. In den Zeilen 10 bis 14 sind sodann die für die maximalen Feld- und Stützenmomente maßgebenden Belastungs-Kombinationen durchgeführt. Es sind hierbei die jeweils zusammengehörigen Werte der einzelnen Spalten algebraisch zu addieren. Schließlich sind in Zeile 15 noch die Stützenmomente für durchgehende Vollbelastung q angegeben; sie werden am einfachsten aus den Werten in Zeile 5 durch Umrechnen mit der Verhältniszahl $q/g = 3{,}2/1{,}8 = 1{,}778$ erhalten.

In Abb. 372 ist die Maximalmomentenlinie nach den Anweisungen Seite 180f. aufgezeichnet; man benötigt hierzu noch die $M^{(0)}$-Werte für $g = 1{,}8$ t/m bzw. $q = 3{,}2$ t/m in den einzelnen Feldern, und zwar für Feld (1): $M_g^{(0)} = \frac{1,8 \cdot 7,2^2}{8} = 11,67$ tm; $M_q^{(0)} = \frac{3,2 \cdot 7,2^2}{8} = 20,74$ tm

für Feld (2): $M_g^{(0)} = \frac{1,8 \cdot 8,4^2}{8} = 15,88$ tm; $M_q^{(0)} = \frac{3,2 \cdot 8,4^2}{8} = 28,22$ tm

für Feld (3): $M_g^{(0)} = \frac{1,8 \cdot 7,6^2}{8} = 13,00$ tm; $M_q^{(0)} = \frac{3,2 \cdot 7,6^2}{8} = 23,10$ tm

für Feld (4):

$$M_g^{(0)} = \frac{1,8 \cdot 6,8^2}{8} = 10,40 \text{ tm}$$

$$M_q^{(0)} = \frac{3,2 \cdot 6,8^2}{8} = 18,50 \text{ tm}.$$

Die größten Feldmomente können entweder maßstäblich aus der Zeichnung entnommen oder nach Gl. (161a) bzw. (215) rechnerisch bestimmt werden. Vergleichsweise ist in Abb. 373a die M-Linie für Vollbelastung q mit Hilfe der Werte aus Zeile 15 der Tabelle (Abb. 371) aufgetragen, während Abb. 373b die zugehörige Q-Linie zeigt.

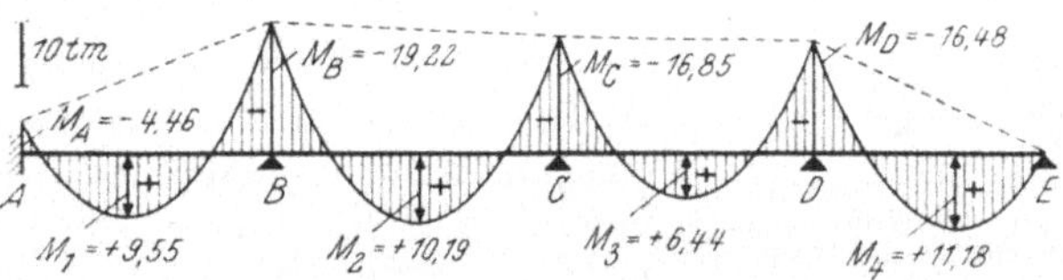

Abb. 373a. M-Linie für Vollbelastung q

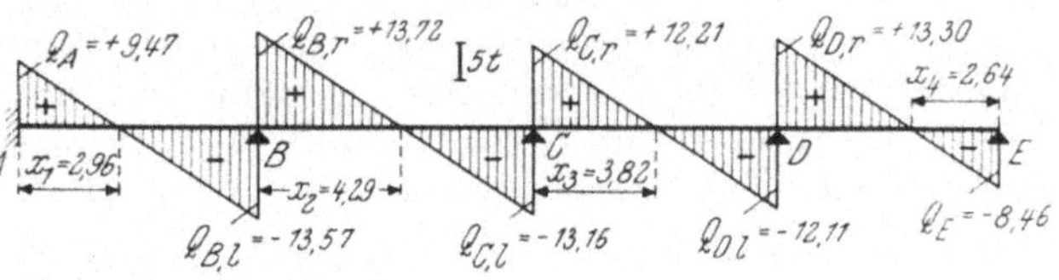

3. Die CROSS-Methode zur Berechnung von Durchlaufträgern

A. Vorbemerkung

Das CROSS-Verfahren zur Berechnung von Rahmentragwerken und Durchlaufträgern, das in einem Spezialwerk des Verfassers[1] eingehend behandelt wurde, soll in diesem Buche nur soweit dargelegt werden, wie es für das Verständnis dieses Berechnungsverfahrens und für seine praktische Anwendung auf den Sonderfall des Durchlaufträgers zweckmäßig erscheint.

B. Vorzeichenregel für Stabendmomente, Stützenmomente und Volleinspannmomente

Die Vorzeichen der Stützenmomente eines Durchlaufträgers werden bei der CROSS-Methode nach dem Drehsinn festgelegt. Der Grund hierfür besteht darin, daß dieses Berechnungsverfahren auf der wiederholten Anwendung der Gleichgewichtsbedingung $\Sigma M = 0$ in den einzelnen Stützen beruht. Die nach dem Drehsinn bestimmten Vorzeichen der Stützenmomente, der Stabendmomente und der Volleinspannmomente sind somit gänzlich unabhängig von der Seite 91 aufgestellten Vorzeichenregel für Biegungsmomente.

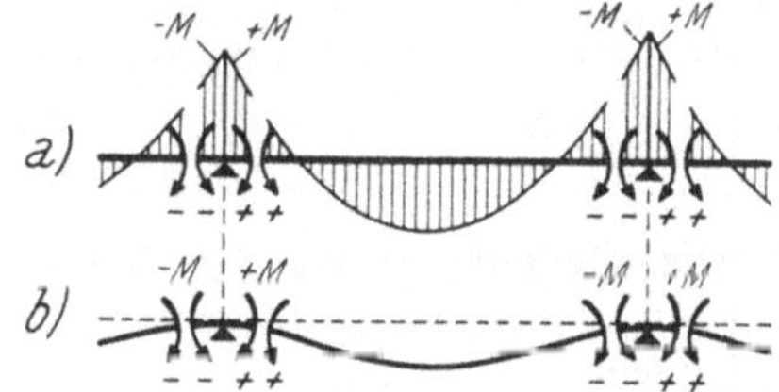

Abb. 374a, b. Vorzeichenregel für „Stützenmomente“ bzw. „Stabendmomente“

Bei der praktischen Anwendung der CROSS-Methode gilt also folgende Regel (vgl. Abb. 374a, b):

1. *Die „Stützenmomente“ eines Durchlaufträgers sind positiv, wenn sie in bezug auf die Stütze im Uhrzeigersinn drehen (↻), und negativ, wenn sie in bezug auf die Stütze entgegen dem Uhrzeigersinn wirken (↺).*

[1] GULDAN: „Die CROSS-Methode und ihre praktische Anwendung“, Wien 1955.

2. *Die „Stabendmomente“ am herausgeschnittenen Stab sind positiv, wenn sie das Stabende entgegen dem Uhrzeigersinn drehen, und negativ, wenn das Umgekehrte zutrifft.*

Nach dieser Vorzeichenregel haben die unmittelbar links und rechts einer jeden Stütze auftretenden Momente entgegengesetztes Vorzeichen. Wegen der Gleichgewichtsbedingung $\Sigma M = 0$ für den im Bereich einer Stütze herausgeschnittenen Trägerteil ist dies ohne weiteres begreiflich (Abb. 375).

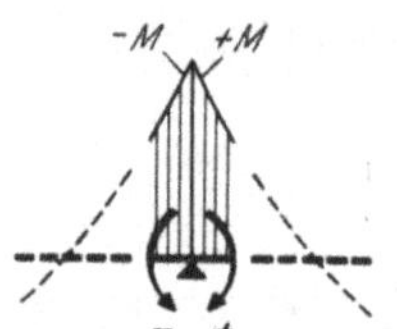

Abb. 375. Drehsinn und Vorzeichen der Momente unmittelbar links und rechts einer Stütze

Die festgelegte Vorzeichenregel gilt auch für die „Volleinspannmomente“, die bei der Berechnung nach CROSS eine besondere Rolle spielen. Sie werden mit $\mathfrak{M}$ bezeichnet, und zwar für einen beidseitig voll eingespannten Stab $m-n$ gemäß Abb. 376 mit $\mathfrak{M}_{m,n}$ am Stabende (m) und $\mathfrak{M}_{n,m}$ am Stabende (n). Bei einem nur einseitig eingespannten, auf der anderen Seite gelenkig angeschlossenen Stab bezeichnet man das Einspannmoment mit $\mathfrak{M}^0$, also mit $\mathfrak{M}^0_{m,n}$, wenn das Stabende (m) voll eingespannt ist (Abb. 377a), bzw. mit $\mathfrak{M}^0_{n,m}$, wenn die volle Einspannung bei (n) liegt (Abb. 377b).

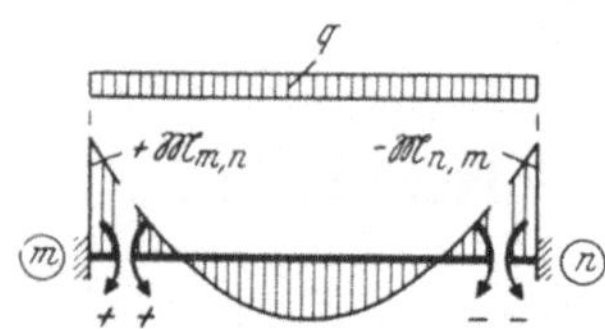

Abb. 376. M-Linie für einen beidseitig voll eingespannten Stab; Vorzeichen für $\mathfrak{M}_{m,n}$ und $\mathfrak{M}_{n,m}$

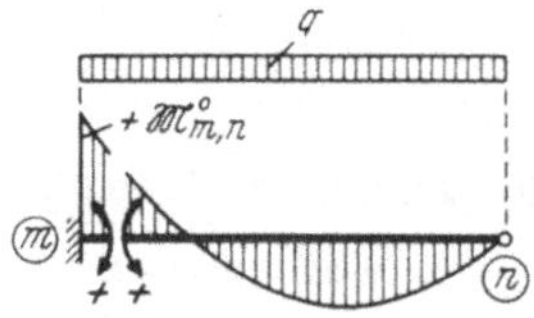

Abb. 377a. M-Linie für einen *links* voll eingespannten Stab; Vorzeichen für $\mathfrak{M}^0_{m,n}$

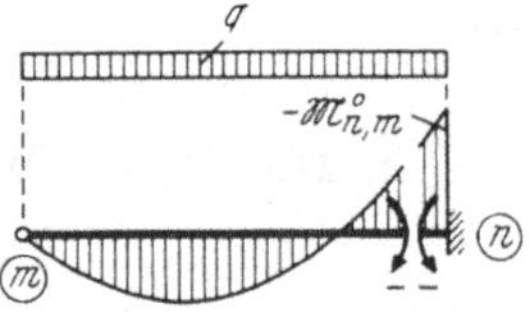

Abb. 377b. M-Linie für einen *rechts* voll eingespannten Stab; Vorzeichen für $\mathfrak{M}^0_{n,m}$

Es ist somit nach Abb. 376 für einen beidseitig voll eingespannten Stab das am linken Stabende auftretende Volleinspannmoment $\mathfrak{M}_{m,n}$ positiv und das am rechten Stabende vorhandene Moment $\mathfrak{M}_{n,m}$ negativ. Für einen nur am linken Stabende eingespannten Stab ergibt sich gemäß Abb. 377a ein positives Einspannmoment $\mathfrak{M}^0_{m,n}$, für einen rechts eingespannten Stab gemäß Abb. 377b ein negatives Einspannmoment $\mathfrak{M}^0_{n,m}$.

C. Das Prinzip der CROSS-Methode

Der Gedankengang, der dem CROSS-Verfahren zugrunde liegt, soll zunächst anhand eines Zweifeldträgers (Abb. 378a) mit einem links gelenkig gelagerten und einem rechts voll eingespannten Ende erläutert werden.

Man nimmt zuerst an, daß der Träger an der Mittelstütze (2) unverdrehbar festgehalten, also dort voll eingespannt sei. Diese willkürliche Annahme ist in Abb. 378b dargestellt. Das Tragsystem besteht demnach jetzt aus zwei einzelnen, voneinander vollkommen unabhängigen Trägern, und zwar im Feld (I) aus dem an der linken Randstütze (1) gelenkig gelagerten und bei Stütze (2) voll eingespannten Träger, im Feld (II) aus dem bei (2) und (3) voll eingespannten Träger. Für diese beiden Trägerarten können die Volleinspannmomente $\mathfrak{M}$ aus fertigen Formeln (siehe Tafel 1 bis 6) sofort angegeben werden; man erhält unter Beachtung der aufgestellten Vorzeichenregel im Feld (I) aus Tafel 4 (Gelenkstab 1—2, bei (2) volle Einspannung):

$$\mathfrak{M}^0_{2,1} = -\frac{q\,l_1^2}{8} = -\frac{2{,}0 \cdot 6{,}0^2}{8} = -9{,}0 \text{ tm},$$

im Feld (II) aus Tafel 1 (Stab 2—3, beidseitig voll eingespannt):

$$\mathfrak{M}_{2,3} = +\frac{q\,l_2^2}{12} = +\frac{2{,}0 \cdot 9{,}0^2}{12} = +13{,}5 \text{ tm}; \qquad \mathfrak{M}_{3,2} = -\frac{q\,l_2^2}{12} = -13{,}5 \text{ tm}.$$

In Abb. 378c ist der zu Abb. 378b gehörige M-Verlauf mit den vorstehenden Werten dargestellt.

Das links der Stütze (2) auftretende Volleinspannmoment $\mathfrak{M}^0_{2,1} = -9{,}0$ tm ist bestrebt, den Stützenquerschnitt des Trägers nach links zu drehen, während das rechts von (2) vorhandene Volleinspannmoment $\mathfrak{M}_{2,3} = +13{,}5$ tm diesen Querschnitt nach rechts zu drehen versucht. Wären die beiden Momente $\mathfrak{M}^0_{2,1}$ und $\mathfrak{M}_{2,3}$ gleich groß, so würden sie einander das Gleichgewicht halten; es würden sich dann nach Beseitigung der bei Stütze (2) willkürlich angenommenen Volleinspannungen keine Veränderungen in der Trägerform und damit auch keine Veränderungen im M-Verlauf mehr ergeben. Nun überwiegt hier aber das rechtsdrehende Moment $\mathfrak{M}_{2,3}$, weshalb nach Beseitigung der gedachten vollen Einspannung bei Stütze (2) dort eine Verdrehung nach rechts eintreten muß. Es ist leicht einzusehen, daß diese Verdrehung und die dadurch in den beiden angrenzenden Feldern erzeugte Biegelinie (vgl. Abb. 378d) sowie die zugehörige M-Linie (vgl. Abb. 378e) abhängig sind von der Differenz der beiden Volleinspannmomente $\mathfrak{M}^0_{2,1}$ und $\mathfrak{M}_{2,3}$. Diese Momentendifferenz an der voll eingespannt angenommenen Stütze (2) bezeichnet man als „Stützenrestmoment“ M_2. Es wird zahlenmäßig mit dem richtigen Vorzeichen als algebraische Summe der beiden dort wirkenden Momente erhalten; man kann also schreiben

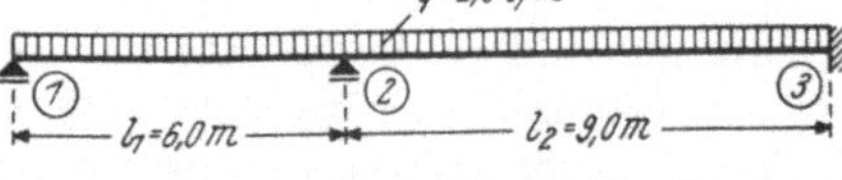

Abb. 378a. Zweifeldträger mit gelenkiger Lagerung bei Randstütze (1) und voller Einspannung bei Randstütze (3)

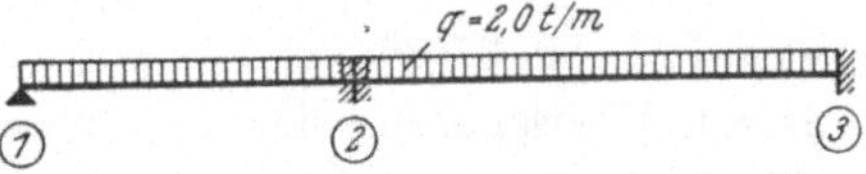

Abb. 378b. Träger mit gedachter voller Einspannung bei der Mittelstütze (2)

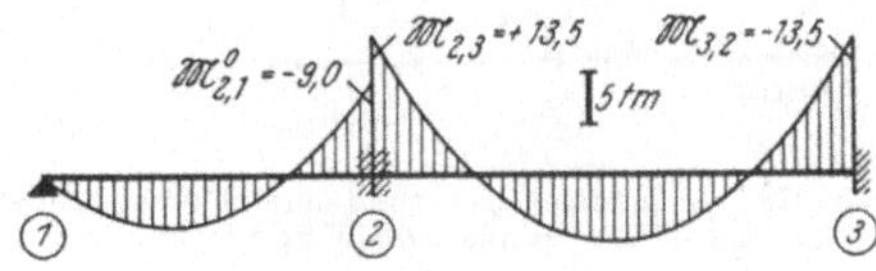

Abb. 378c. M-Verlauf für das in Abb. 378b angenommene Tragsystem

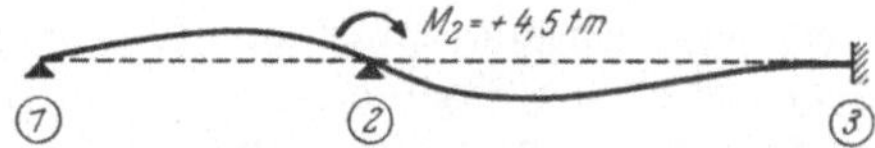

Abb. 378d. Biegelinie des Trägers unter der Wirkung des „Stützenrestmomentes“ $M_2 = +4{,}5$ tm aus Abb. 378c nach Beseitigung der gedachten vollen Einspannung bei Stütze (2)

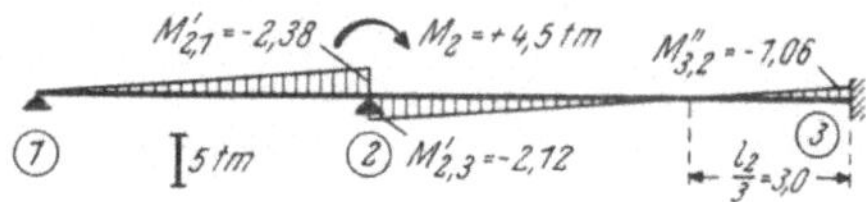

Abb. 378e. M-Verlauf infolge des „Stützenrestmomentes“ $M_2 = +4{,}5$ tm nach Beseitigung der vollen Einspannung bei Stütze (2)

$$M_2 = \mathfrak{M}^0_{2,1} + \mathfrak{M}_{2,3} = -9{,}0 + 13{,}5 = +4{,}5 \text{ tm} \tag{339}$$

oder in allgemeiner Schreibweise

$$\boxed{M_n = \Sigma \mathfrak{M}_{n,i},} \tag{340}$$

wobei sich $\Sigma \mathfrak{M}_{n,i}$ auf die beiden links und rechts der eingespannt gedachten Stütze (n) auftretenden Volleinspannmomente bezieht.

Nach Beseitigung der gedachten Einspannung bei Stütze (2) wird sich das hier vorhandene „Restmoment“ M_2 auf die beiden Stäbe 2—1 und 2—3 im Verhältnis der Widerstände verteilen, welche diese Stäbe der Verdrehung ihrer Endquerschnitte bei Stütze (2) entgegensetzten. Hierbei ergeben sich die in Abb. 378e eingetragenen Momentenanteile $M'_{2,1}$ und $M'_{2,3}$, deren Summe gleich sein muß dem verteilten Restmoment M_2, aber mit umgekehrtem Vorzeichen. Damit ist der „Momentenausgleich“ bei Stütze (2) durchgeführt.

Die M'-Momente sind mit Hilfe der anschließend noch näher zu erläuternden sog. „Verteilungszahlen“ μ leicht zu berechnen. Auch die Weiterleitung der M'-Momente auf das andere Stabende ist sehr einfach: Das Moment $M'_{2,1}$ verläuft im Feld (I) geradlinig bis zum Gelenk bei (1) und nimmt dort den Wert Null an, während das im Feld (II) weiterzuleitende Moment $M'_{2,3}$ durch den im Abstand $l_2/3$ von der voll eingespannten Stütze (3) liegenden Festpunkt hindurchgeht und somit bei (3) ein Moment

$$M''_{3,2} = 0{,}5\, M'_{2,3} \tag{341}$$

hervorruft (Abb. 378e).

Durch Überlagerung der M-Linien aus Abb. 378c und Abb. 378e ergibt sich im vorliegenden Fall bereits der in Abb. 378f gezeichnete endgültige M-Verlauf.

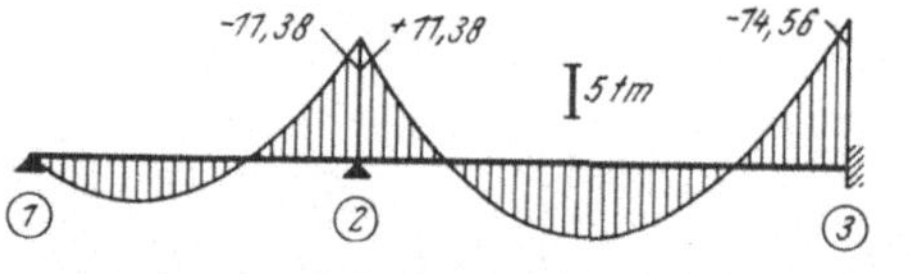

Abb. 378f. Endgültiger M-Verlauf durch Überlagerung der M-Linien aus Abb. 378c und e

Bei Durchlaufträgern mit mehr als zwei Feldern ist in gleicher Weise vorzugehen. Der „Momentenausgleich“, d. h. die Verteilung der Stützenrestmomente und die Weiterleitung auf die gegenüberliegenden Stabenden, ist dann bei jeder einzelnen Stütze gesondert vorzunehmen und abwechselnd so oft zu wiederholen, bis die M'-Momente hinreichend kleine Werte ergeben und daher ihre Weiterleitung unterbleiben kann, ohne die angestrebte Genauigkeit der Ergebnisse zu beeinträchtigen.

Für die zahlenmäßige Durchführung der gesamten Berechnung benötigt man verschiedene Hilfswerte, die von den Spannweiten und Querschnittsabmessungen der einzelnen Stäbe abhängig sind. Die Ermittlung dieser Hilfswerte und deren statische Bedeutung werden anschließend eingehend dargelegt.

D. Hilfswerte zur CROSS-Methode

a) Steifigkeitszahlen k, k^0, k', k''

Schon aus der allgemeinen Erläuterung des Prinzips der CROSS-Methode ging hervor, daß die Widerstände der einzelnen Tragwerksstäbe gegen eine Verdrehung ihrer Endquerschnitte eine wichtige Rolle spielen. Um diese Widerstände der einzelnen Stäbe zahlenmäßig vergleichen zu können, führt man den Begriff „Stabsteifigkeit“ oder einfach „Steifigkeit“ ein; man versteht darunter jenes Moment, das erforderlich ist, ein Stabende um den Winkel $\alpha = 1$ zu verdrehen. Dieses Moment hängt nicht nur von den Querschnittsabmessungen (Trägheitsmoment J) des betrachteten Stabes, seiner Länge l und von den Werkstoffeigenschaften (Elastizitätsmodul E) ab, sondern auch davon, ob der Stab am gegenüberliegenden Ende gelenkig gelagert oder voll eingespannt ist. Für symmetrisch bzw. antimetrisch belastete Stäbe werden in gewissen Fällen besondere Steifigkeitswerte in Rechnung gestellt.

Die hier in Betracht kommenden Stabarten und ihre Steifigkeitszahlen k sollen nun getrennt betrachtet werden.

α) *Steifigkeitszahl k für einen Stab* 1—2 *mit voller Einspannung bei* (2)

Greift gemäß Abb. 379a am Stabende (1) ein Moment M_1 an, so erzeugt dieses den in Abb. 379b ersichtlichen M-Verlauf und die zugehörige Biegelinie in Abb. 379c. Wegen der vorhandenen Volleinspannung bei (2) liegt der Festpunkt in $l/3$; das Moment M_2 ist daher halb so groß wie M_1. Nach den Formeln (249), die aus dem MOHRschen Satz abgeleitet worden sind, ergibt sich der am Stabende (1) auftretende Auflagerdrehwinkel bzw. Endtangentenwinkel α_1 mit den Bezeichnungen der Abb. 379 a bis c allgemein aus folgender Beziehung:

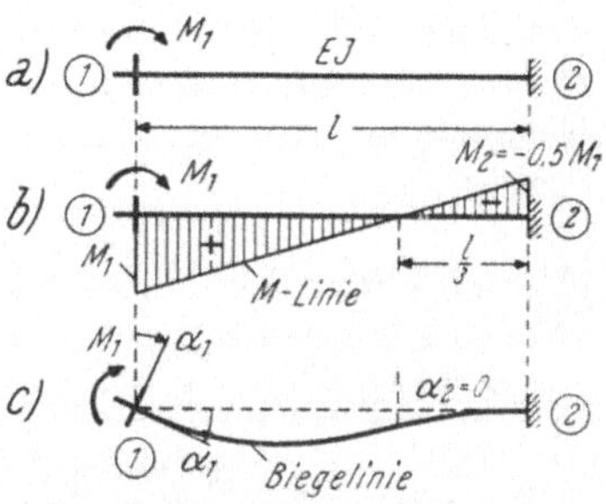

$$\boxed{\alpha_1 = \frac{l}{6\,EJ}(2\,M_1 + M_2).} \qquad \textbf{(342)}$$

Abb. 379a bis c. M-Linie und Biegelinie für ein angreifendes Moment M_1, wenn bei (2) volle Einspannung vorhanden ist

Die Werte M_1 und M_2 sind hier jedoch nach der Seite 91 aufgestellten Vorzeichenregel für Biegungsmomente einzusetzen; somit wird nach Abb. 379b $M_2 =$ $= -0{,}5\,M_1$ und damit

$$\alpha_1 = \frac{l}{6\,EJ}(2\,M_1 - 0{,}5\,M_1) = M_1\frac{l}{4\,EJ}. \qquad (343)$$

Für $\alpha_1 = 1$ ergibt sich daraus

$$M_1 = \frac{4\,EJ}{l}. \qquad (344)$$

Nach den vorangegangenen Erläuterungen bezeichnet man dieses Moment M_1, das bei (1) eine Stabendverdrehung $\alpha_1 = 1$ erzeugt, als Steifigkeitszahl k des Stabes 1—2; somit ist in diesem Fall

$$\boxed{k = \frac{4\,EJ}{l}.} \qquad \textbf{(345)}$$

β) *Steifigkeitszahl* k^0 *für einen Stab* 1—2 *mit Gelenk bei* (2)

Für das am Stabende (1) angreifende Moment M_1 (Abb. 380a) ergeben sich der in Abb. 380b dargestellte M-Verlauf und die zugehörige Biegelinie in Abb. 380c. Der Stabenddrehwinkel α_1 kann allgemein wieder nach Gl. (342) ermittelt werden; man erhält unter Beachtung, daß hier $M_2 = 0$ ist,

$$\alpha_1 = \frac{l}{6\,EJ}\,2\,M_1 = M_1\frac{l}{3\,EJ}. \qquad (346)$$

Daraus wird für $\alpha_1 = 1$

$$M_1 = \frac{3\,EJ}{l}. \qquad (347)$$

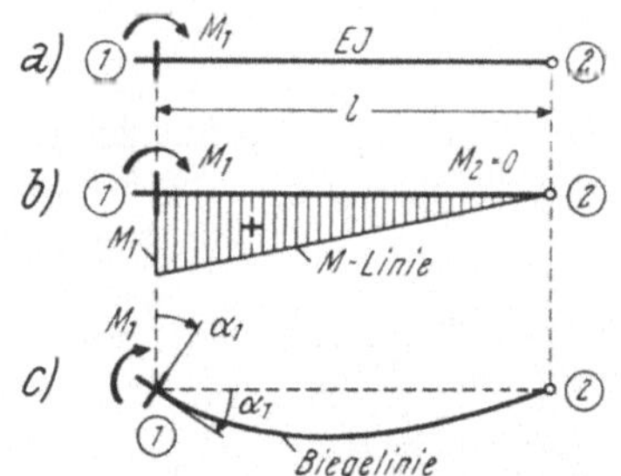

Abb. 380a bis c. M-Linie und Biegelinie für ein angreifendes Moment M_1, wenn bei (2) gelenkige Lagerung vorhanden ist

Dieser Wert ist identisch mit der Steifigkeitszahl eines „Gelenkstabes“ und wird mit k^0 bezeichnet; es ist somit

$$\boxed{k^0 = \frac{3\,EJ}{l}.} \tag{348}$$

Vergleicht man diese Steifigkeitszahl k^0 mit der nach Gl. (345) bestimmten Zahl k, so erkennt man, daß sich die beiden Werte wie 3:4 verhalten; die Steifigkeit eines Gelenkstabes beträgt sonach nur 3/4, also 75% der eines voll eingespannten Stabes.

γ) Steifigkeitszahl k' eines Stabes 1—2 mit symmetrisch wirkenden Momenten $M_1 = M_2$

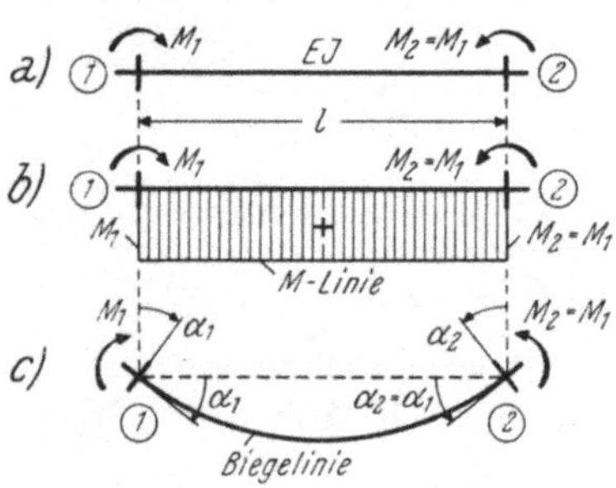

Abb. 381a bis c. M-Linie und Biegelinie für die symmetrisch angreifenden Momente $M_1 = M_2$

Die beiden symmetrisch angreifenden Momente $M_1 = M_2$ (Abb. 381a) ergeben eine symmetrische M-Linie (Abb. 381b) und damit auch eine symmetrische Biegelinie (Abb. 381c). Die Stabenddrehwinkel $\alpha_1 = \alpha_2$ erhält man wieder aus Gl. (342), wenn dort $M_1 = M_2$ gesetzt wird; es wird dann

$$\alpha_1 = \frac{l}{6\,EJ}\,3\,M_1 = M_1\,\frac{l}{2\,EJ}. \tag{349}$$

Für $\alpha_1 = 1$ (und damit auch für $\alpha_2 = 1$) ergibt sich daraus

$$M_1 = \frac{2\,EJ}{l}. \tag{350}$$

Das ist die Steifigkeitszahl eines symmetrisch verformten Stabes, die mit k' bezeichnet werden soll; es gilt somit

$$\boxed{k' = \frac{2\,EJ}{l}.} \tag{351}$$

δ) Steifigkeitszahl k'' eines Stabes 1—2 mit antimetrisch wirkenden Momenten $M_1 = M_2$

Die antimetrisch angreifenden Momente $M_1 = M_2$ (Abb. 382a) rufen auch einen antimetrischen M-Verlauf (Abb. 382b) und eine antimetrische Biegelinie (Abb. 382c) hervor. Die Stabenddrehwinkel ergeben sich aus Gl. (342), wenn dort nach der Vorzeichenregel für Biegungsmomente $M_2 = - M_1$ gesetzt wird, mit

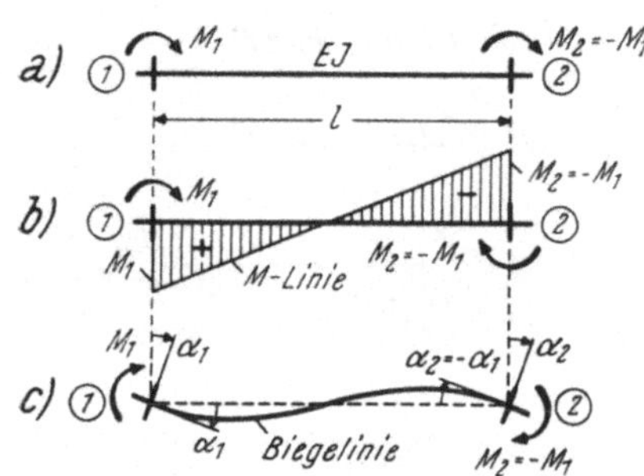

Abb. 382a bis c. M-Linie und Biegelinie für die antimetrisch angreifenden Momente $M_1 = M_2$

$$\alpha_1 = \frac{l}{6\,EJ}(2\,M_1 - M_1) = M_1\,\frac{l}{6\,EJ}. \tag{352}$$

Für $\alpha_1 = 1$ (und damit auch für $-\alpha_2 = 1$) wird weiter

$$M_1 = \frac{6\,EJ}{l}. \tag{353}$$

Dieser Wert ist zugleich die Steifigkeitszahl für einen antimetrisch verformten Stab, die mit k'' bezeichnet wird; also ist

$$k'' = \frac{6\,EJ}{l}. \tag{354}$$

Anmerkung. Mit den hier aufgestellten Formeln für die Steifigkeitszahlen k, k^0, k', k'' können in jedem Fall die wahren Werte der Steifigkeiten ermittelt werden. Diese wahre Größe der Steifigkeitszahlen benötigt man jedoch nur in Ausnahmefällen, z. B. bei der Berechnung der Momente infolge ungleicher Temperatur- oder Schwindwirkungen und bei der Ermittlung von Formänderungsgrößen. Bei der Berechnung von Biegungsmomenten und Querkräften für ständige Belastungen und Nutzlasten aller Art genügt es, anstelle dieser wahren Werte nur „relative" Steifigkeitszahlen zu verwenden; man kann also stets sämtliche Steifigkeitszahlen mit einem beliebigen Faktor multiplizieren oder durch eine beliebige Zahl dividieren. Es ist daher naheliegend, alle Formeln für die Steifigkeitszahlen durch den bei Tragwerken aus gleichem Baustoff konstanten Wert $4\,E$ zu dividieren. Auf diese Weise erhält man die in folgender Tabelle zusammengestellten vereinfachten Formeln für die „relativen" Steifigkeitszahlen.

Relative Steifigkeitszahlen

Nr.	Stabart	Steifigkeitswerte	Anmerkungen
1		$k = \frac{J}{l}$	Beidseitig voll oder teilweise eingespannter Stab; siehe auch Formel (345)
2		$k^0 = \frac{0{,}75\,J}{l}$	Einseitig voll oder teilweise eingespannter, am anderen Ende gelenkig gelagerter Stab; siehe auch Formel (348)
3		$k' = \frac{0{,}5\,J}{l}$	Symmetrisch verformter Stab; siehe auch Formel (351)
4		$k'' = \frac{1{,}5\,J}{l}$	Antimetrisch verformter Stab; siehe auch Formel (354)

Die in vorstehender Tabelle angegebenen Formeln für die relativen Steifigkeitszahlen k, k^0, k', k'' ergeben, wenn J in m^4 und l in m eingeführt werden, meist unübersichtlich kleine Zahlenwerte; führt man jedoch J in cm^4 und l in cm ein, so erhält man in der Regel sehr große Werte, die beim praktischen Rechnen ebenfalls unbequem sind. Es empfiehlt sich daher, sämtliche Steifigkeitszahlen mit einem entsprechenden Faktor zu multiplizieren, damit sie in einer besser überblickbaren Größenordnung erscheinen; drückt man also z. B. J in m^4 und l in m aus, so erhält man in der Regel mit dem Faktor 1000 übersichtlichere Steifigkeitswerte. Damit nehmen die in vorstehender Tabelle enthaltenen Formeln folgende gebrauchsfertige Form an:

1. Für gewöhnliche Stäbe $k = \frac{1000\,J}{l}$ (355)
2. „ Gelenkstäbe $k^0 = \frac{750\,J}{l}$ (356)
3. „ symmetrisch verformte Stäbe $k' = \frac{500\,J}{l}$ (357)
4. „ antimetrisch verformte Stäbe $k'' = \frac{1500\,J}{l}$. (358)

Bei Durchlaufträgern mit verhältnismäßig kleinen Querschnitten, also kleinen J-Werten (z. B. bei Rippendecken oder Stahlsteindecken und gewöhnlichen Deckenträgern), wird es zweckmäßiger sein, einen entsprechend größeren Faktor, z. B. 10000 zu wählen. Man erhält dann

$$k = \frac{10\,000\,J}{l}, \quad k^0 = \frac{7\,500\,J}{l}, \quad k' = \frac{5000\,J}{l}, \quad k'' = \frac{15\,000\,J}{l}. \tag{359}$$

Sonderfall: *Der Durchlaufträger mit konstantem Trägheitsmoment J in sämtlichen Feldern.* In diesem Fall lassen sich die Formeln in der vorstehenden Tabelle noch weiter vereinfachen, indem man sie mit $10/J$ multipliziert; man erhält so für diesen sehr häufig auftretenden Sonderfall:

1. Für gewöhnliche Stäbe $\quad k = \frac{10}{l}$ (355a)
2. „ Gelenkstäbe $\quad k^0 = \frac{7{,}5}{l}$ (356a)
3. „ symmetrisch verformte Stäbe $\quad k' = \frac{5}{l}$ (357a)
4. „ antimetrisch verformte Stäbe $\quad k'' = \frac{15}{l}$. (358a)

b) Verteilungszahlen μ und Überleitungszahlen γ

Eine häufig durchzuführende Zwischenrechnung bei der praktischen Anwendung der CROSS-Methode besteht darin, das jeweils vorhandene Stützenrestmoment — z. B. gemäß Abb. 383a das Moment M_2 bei der Mittelstütze (2) — auf die beiden anschließenden, an den gegenüberliegenden Enden voll eingespannten Stäbe zu verteilen. Die Lösung dieser immer wiederkehrenden Grundaufgabe geschieht sehr einfach mit den sog. „Verteilungszahlen" μ, deren Bedeutung leicht zu klären ist.

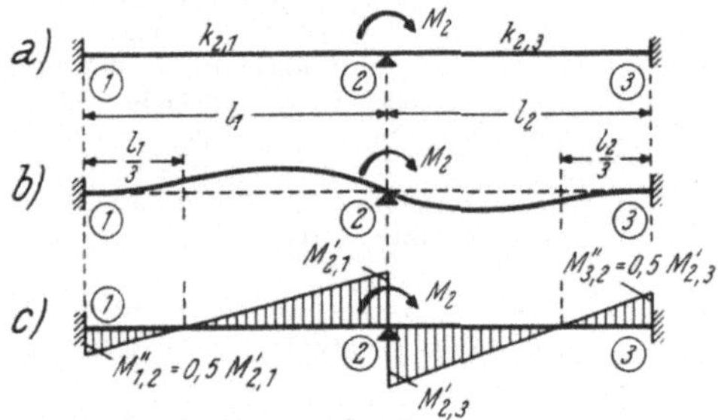

Abb. 383a bis c. Verteilung und Weiterleitung des Stützenrestmomentes M_2 bei voll eingespannten Nachbarstützen (1) und (3)

Das Moment M_2 in Abb. 383a ruft die in Abb. 383b dargestellte Biegelinie hervor und erzeugt den in Abb. 383c ersichtlichen M-Verlauf. Es ist unmittelbar einzusehen, daß sich die durch M_2 links und rechts der Stütze (2) erzeugten Momentenanteile $M'_{2,1}$ und $M'_{2,3}$ so verhalten müssen wie die Steifigkeitszahlen $k_{2,1}$ und $k_{2,3}$ der beiden Stäbe 2—1 und 2—3; somit wird unter Berücksichtigung der Vorzeichenregel für die Stützenmomente bzw. Stabendmomente (siehe Seite 223f.)

$$M'_{2,1} = -\frac{k_{2,1}}{k_{2,1}+k_{2,3}}\,M_2 \quad \text{und} \quad M'_{2,3} = -\frac{k_{2,3}}{k_{2,1}+k_{2,3}}\,M_2 \tag{360}$$

oder

$$M'_{2,1} = -\mu_{2,1}\,M_2 \quad \text{und} \quad M'_{2,3} = -\mu_{2,3}\,M_2, \tag{361}$$

wobei

$$\mu_{2,1} = \frac{k_{2,1}}{k_{2,1}+k_{2,3}} \quad \text{und} \quad \mu_{2,3} = \frac{k_{2,3}}{k_{2,1}+k_{2,3}}. \tag{362}$$

Diese Beziehung der „Verteilungszahlen“ μ kann mit den allgemeinen Bezeichnungen der Abb. 384a für eine beliebige Stütze (n) auch in folgender Form geschrieben werden:

$$\mu_{n,n-1} = \frac{k_{n,n-1}}{\Sigma k} \quad \text{und} \quad \mu_{n,n+1} = \frac{k_{n,n+1}}{\Sigma k}, \tag{363}$$

wobei

$$\Sigma k = k_{n,n-1} + k_{n,n+1}. \tag{364}$$

Es bedeutet also Σk die Summe der Steifigkeitszahlen der beiden in der Stütze (n) zusammentreffenden Stäbe.

Damit erhält man in Übereinstimmung mit Gl. (361) die sog. „Verteilungsmomente“ bzw. „Momentenanteile“ M' (vgl. Abb. 384b):

$$\begin{aligned} M'_{n,n-1} &= -\mu_{n,n-1} M_n \\ M'_{n,n+1} &= -\mu_{n,n+1} M_n. \end{aligned} \tag{365}$$

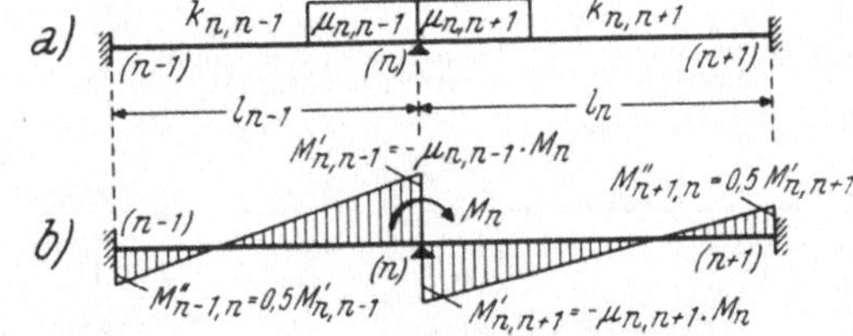

Abb. 384a, b. Verteilung des Stützenrestmomentes M_n mit Hilfe der μ-Zahlen und Weiterleitung der Verteilungsmomente M' auf die gegenüberliegenden Stabenden

Die Summe der zu einer Stütze (n) gehörigen Verteilungszahlen muß stets den Wert 1 ergeben; es gilt also die Bedingung

$$\mu_{n,n-1} + \mu_{n,n+1} = 1 \tag{366}$$

oder einfacher

$$\Sigma \mu = 1. \tag{366a}$$

Daraus folgt, daß die Summe der nach Gl. (365) für eine Stütze (n) erhaltenen M'-Momente wieder gleich dem zur Verteilung gelangenden Restmoment M_n sein muß, aber mit umgekehrtem Vorzeichen, also

$$\Sigma M'_{n,i} = -M_n. \tag{367}$$

Die Momentenanteile $M'_{2,1}$ und $M'_{2,3}$ werden nun gemäß Abb. 383c durch die Festpunkte $l_1/3$ und $l_2/3$ auf die gegenüberliegenden Stabenden geleitet und ergeben dort die sog. „Übergangsmomente“ bzw. „Überleitungsmomente“ M'', also nach Gl. (341)

$$M''_{1,2} = 0{,}5\, M'_{2,1} \quad \text{und} \quad M''_{3,2} = 0{,}5\, M'_{2,3}. \tag{368}$$

In allgemeiner Schreibweise erhält man mit den Bezeichnungen der Abb. 384b

$$M''_{n-1,n} = 0{,}5\, M'_{n,n-1} \quad \text{und} \quad M''_{n+1,n} = 0{,}5\, M'_{n,n+1}. \tag{369}$$

Den Wert 0,5 bezeichnet man als „Übergangszahl“ bzw. „Überleitungszahl“ γ. Es ist für Stäbe mit konstantem Trägheitsmoment und voller Einspannung am gegenüberliegenden Ende stets

$$\gamma = 0{,}5. \tag{370}$$

Bei der praktischen Anwendung der CROSS-Methode kommen außer der in Abb. 383 bzw. 384 getroffenen Annahme zweier voll eingespannter Nachbarstützen

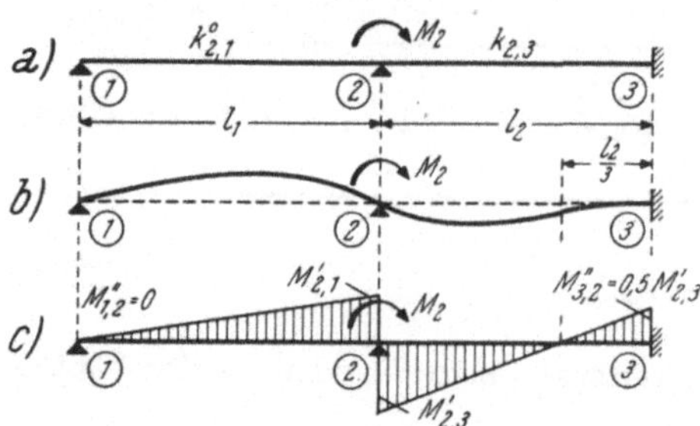

Abb. 385a bis c. Verteilung und Weiterleitung des Stützenrestmomentes M_2 bei gelenkiger Randstütze (1) und voll eingespannter Randstütze (3)

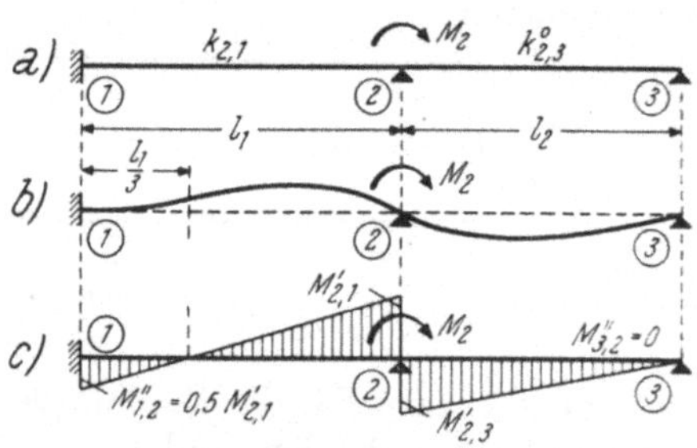

Abb. 386a bis c. Verteilung und Weiterleitung des Stützenrestmomentes M_2 bei voll eingespannter Randstütze (1) und gelenkiger Randstütze (3)

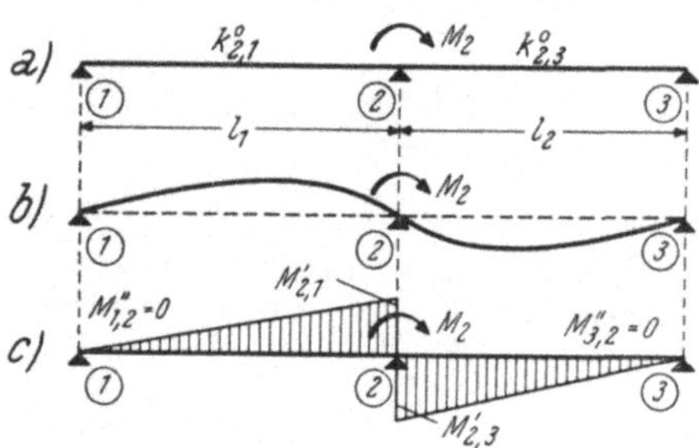

Abb. 387a bis c. Verteilung und Weiterleitung des Stützenrestmomentes M_2 bei gelenkiger Lagerung der beiden Randstützen (1) und (3)

auch noch die in den Abb. 385 bis 387 dargestellten Rechnungsfälle in Betracht, die sich bei Randfeldern ergeben können. Die rechnerische Behandlung ist hier im Prinzip genau so vorzunehmen wie bei dem ausführlich erläuterten Fall mit zwei voll eingespannten Nachbarstützen. Es ist nur zu beachten, daß bei Gelenkstäben die k^0-Werte in Rechnung zu stellen sind.

Für den in Abb. 385a bis c dargestellten Trägerteil ergeben sich die Verteilungszahlen mit

$$\mu_{2,1} = \frac{k^0_{2,1}}{\Sigma k} \quad \text{und} \quad \mu_{2,3} = \frac{k_{2,3}}{\Sigma k},$$

wobei

$$\Sigma k = k^0_{2,1} + k_{2,3}.$$

Für den Trägerteil in Abb. 386a bis c erhält man

$$\mu_{2,1} = \frac{k_{2,1}}{\Sigma k} \quad \text{und} \quad \mu_{2,3} = \frac{k^0_{2,3}}{\Sigma k};$$

hierin ist

$$\Sigma k = k_{2,1} + k^0_{2,3}.$$

Für den Träger in Abb. 387a bis c wird

$$\mu_{2,1} = \frac{k^0_{2,1}}{\Sigma k} \quad \text{und} \quad \mu_{2,3} = \frac{k^0_{2,3}}{\Sigma k},$$

wobei

$$\Sigma k = k^0_{2,1} + k^0_{2,3}.$$

E. Volleinspannmomente $\mathfrak{M}$ und $\mathfrak{M}^0$

Wie aus den vorangegangenen Darlegungen hervorgeht, werden bei der Berechnung eines Tragwerkes nach der CROSS-Methode die Volleinspannmomente als Ausgangswerte verwendet. Dabei sind zu unterscheiden die Werte $\mathfrak{M}$ für *beidseitig* voll eingespannte Stäbe und $\mathfrak{M}^0$ für Stäbe, die nur auf *einer* Seite voll eingespannt, auf der anderen aber gelenkig gelagert sind.

Für die zahlenmäßige Ermittlung dieser Grundwerte können für die meisten vorkommenden Belastungsfälle die Tafeln 1 bis 3 (für beidseitig voll eingespannte Stäbe) bzw. die Tafeln 4 bis 6 (für Gelenkstäbe) benutzt werden. In diesen Tafeln sind auch die zum Aufzeichnen der $M^{(0)}$-Linien erforderlichen Werte angegeben.

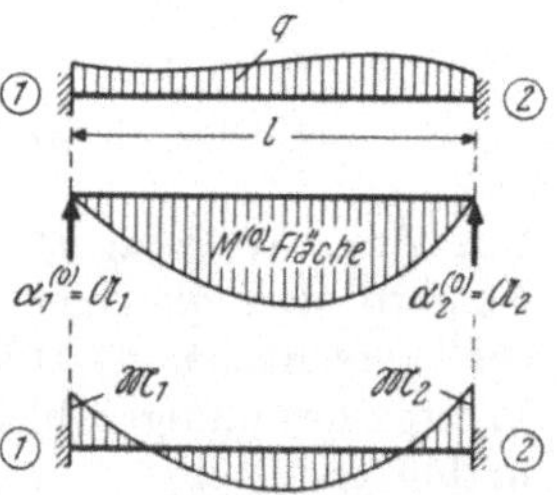

Abb. 388a. Volleinspannmomente $\mathfrak{M}_1$ und $\mathfrak{M}_2$ eines beidseitig voll eingespannten Trägers sowie $M^{(0)}$-Fläche bei beliebiger Belastung

Für beliebige Belastungen können die $\mathfrak{M}$-Werte aus allgemeinen Formeln berechnet werden, wobei die folgenden zwei Fälle zu unterscheiden sind.

Beidseitig voll eingespannter Träger

Mit den Bezeichnungen der Abb. 388a und unter Beachtung der Vorzeichenregel Seite 223f. erhält man

$$\mathfrak{M}_1 = +2\,\frac{2\,\alpha^{(0)}_1 - \alpha^{(0)}_2}{l}$$
$$\mathfrak{M}_2 = -2\,\frac{2\,\alpha^{(0)}_2 - \alpha^{(0)}_1}{l}. \qquad (371)$$

Darin bedeuten die Werte $\alpha^{(0)}_1$ und $\alpha^{(0)}_2$ die EJ-fachen Auflagerdrehwinkel des frei aufliegend gedachten Stabes 1—2 infolge der äußeren Belastung. Sie ergeben sich nach dem Satz von MOHR aus Gl. (244a) als Auflagerdrücke $\mathfrak{A}_1$ und $\mathfrak{A}_2$ der als Belastung aufgefaßten Momentenfläche $M^{(0)}$. Es können also anstelle der in Gl. (371) auftretenden Winkelwerte $\alpha^{(0)}$ die entsprechenden Auflagerdrücke $\mathfrak{A}_1$ und $\mathfrak{A}_2$ der $M^{(0)}$-Fläche gesetzt werden.

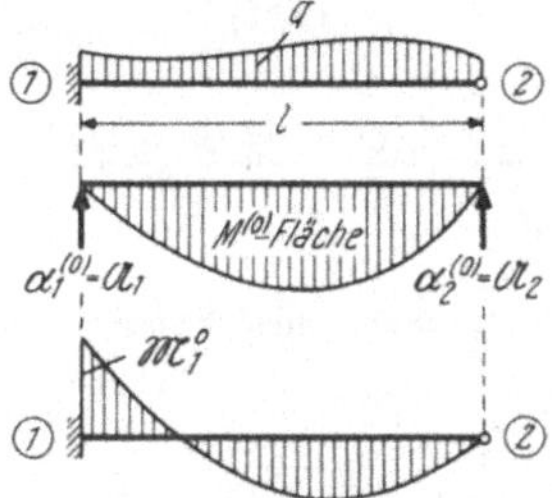

Abb. 388b. Volleinspannmoment $\mathfrak{M}^0_1$ eines einseitig voll eingespannten Trägers sowie $M^{(0)}$-Fläche bei beliebiger Belastung

Einseitig voll eingespannter, auf der Gegenseite gelenkig angeschlossener Träger

Hierfür wird mit den Bezeichnungen der Abb. 388b

$$\mathfrak{M}^0_1 = +\frac{3\,\alpha^{(0)}_1}{l}. \qquad (372)$$

Der Wert $\alpha^{(0)}_1$ hat hier die gleiche Bedeutung wie in Gl. (371).

F. Einführungsbeispiel mit statischen Erläuterungen

Aus den bisherigen Darlegungen ist der Gang der Berechnung nach der CROSS-Methode und die Ermittlung der hierzu erforderlichen Hilfswerte im Prinzip bereits bekannt. Um aber den Sinn dieses Berechnungsverfahrens und die statische Bedeutung der einzelnen Rechnungsabschnitte eingehender klarzustellen, soll nun anhand Abb. 389a bis m ein Dreifeldträger als Einführungsbeispiel mit allen Einzelheiten behandelt werden. Die praktische Durchführung der Rechnung, die wesentlich kürzer ist und weitgehend mechanisiert werden kann, wird zum Vergleich Seite 247 in der „Rechnungs-Skizze" (Abb. 419) noch einmal gesondert vorgenommen.

Die verschiedenen Teilergebnisse der gesuchten endgültigen Momente, nämlich die „Volleinspannmomente" $\mathfrak{M}$ bzw. $\mathfrak{M}^0$, die von den „Stützenrestmomenten" M_n hervorgerufenen „Verteilungsmomente" M' und die „Übergangsmomente" M''

sind in den Abb. 389d bis l zahlenmäßig eingetragen und maßstäblich dargestellt, damit die Zusammenhänge zwischen diesen einzelnen Werten besser in Erscheinung treten und auch das Abklingen der M'-Momente verständlicher wird.

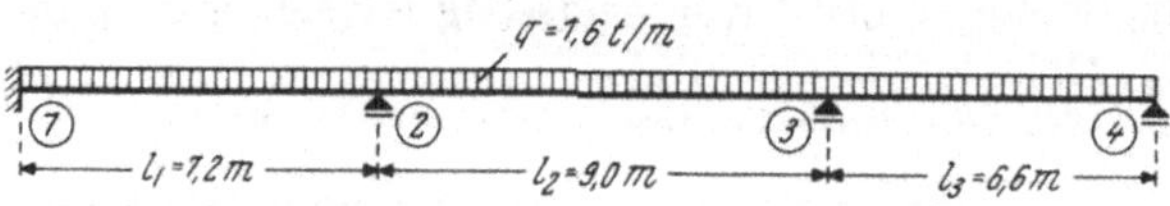

Abb. 389a. Spannweiten und Belastungsangaben

Die Belastungsangaben und Spannweiten des Trägers sind aus Abb. 389a zu entnehmen. Das linke Ende (1) ist voll eingespannt, das rechte Trägerende (4) ist verschieblich und frei drehbar gelagert. Die Querschnittsträgheitsmomente haben in sämtlichen Feldern den gleichen Wert J. Als Vorarbeit zur eigentlichen Berechnung werden die verschiedenen Hilfswerte, nämlich die Steifigkeitswerte k bzw. k^0, die Momentenverteilungszahlen μ und die Volleinspannmomente $\mathfrak{M}$ bzw. $\mathfrak{M}^0$ zahlenmäßig ermittelt.

Steifigkeitszahlen k bzw. k^0

Da hier die Trägheitsmomente in sämtlichen Feldern den gleichen Wert J haben, können die vereinfachten Formeln (355a) bzw. (356a) angewendet werden; man erhält

für Feld (I) nach Gl. (355a): $k_{1,2} = k_{2,1} = \frac{10}{l_1} = \frac{10}{7,2} = 1,389$

„ „ (II) „ „ (355a): $k_{2,3} = k_{3,2} = \frac{10}{l_2} = \frac{10}{9,0} = 1,111$

„ „ (III) „ „ (356a): $k^0_{3,4} = \frac{7,5}{l_3} = \frac{7,5}{6,6} = 1,136.$

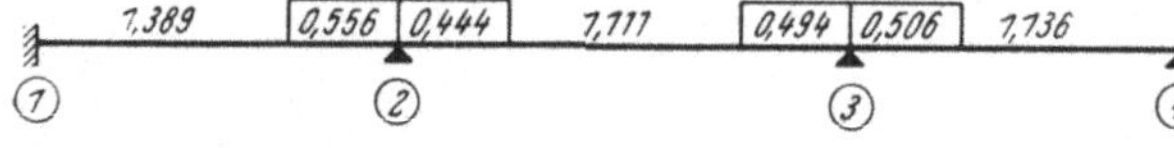

Abb. 389b. Steifigkeitszahlen k und k^0 sowie Verteilungszahlen μ

Diese Steifigkeitszahlen k und k^0 sind in Abb. 389b jeweils in der Stabmitte angeschrieben.

Verteilungszahlen μ

Für Stütze (2) ergibt sich nach Gl. (364)

$$\Sigma k = k_{2,1} + k_{2,3} = 1,389 + 1,111 = 2,500$$

und damit nach Gl. (363)

$$\mu_{2,1} = \frac{k_{2,1}}{\Sigma k} = \frac{1,389}{2,500} = 0,556; \qquad \mu_{2,3} = \frac{k_{2,3}}{\Sigma k} = \frac{1,111}{2,500} = 0,444.$$

Probe nach Gl. (366a): $\Sigma \mu = 1$, also $0,556 + 0,444 = 1$.

Für Stütze (3) wird in gleicher Weise

$$\Sigma k = k_{3,2} + k^0_{3,4} = 1,111 + 1,136 = 2,247$$

und damit

$$\mu_{3,2} = \frac{k_{3,2}}{\Sigma k} = \frac{1,111}{2,247} = 0,494; \qquad \mu_{3,4} = \frac{k^0_{3,4}}{\Sigma k} = \frac{1,136}{2,247} = 0,506.$$

Probe: $\Sigma \mu = 0,494 + 0,506 = 1$.

Die hier ermittelten Verteilungszahlen sind in Abb. 389b links und rechts der betreffenden Stütze eingetragen.

Volleinspannmomente $\mathfrak{M}$ bzw. $\mathfrak{M}^0$

Man nimmt nun willkürlich an, daß der Träger auch bei den Mittelstützen (2) und (3) vollkommen eingespannt sei (Abb. 389c). Unter dieser Voraussetzung werden für die gegebene Belastung die Volleinspannmomente berechnet.

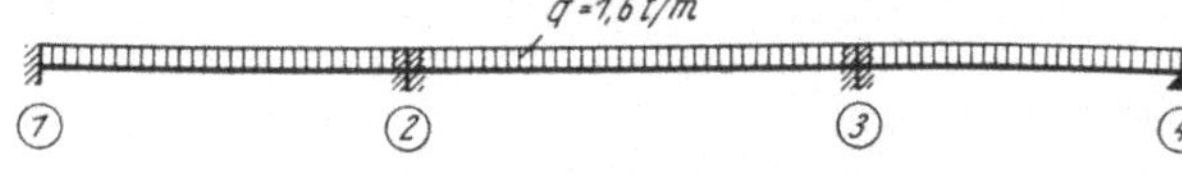

Abb. 389c. Träger mit angenommener voller Einspannung bei den Stützen (2) und (3)

Nach Tafel 1 wird im Feld (I)

$$\mathfrak{M}_{1,2} = + \frac{q\,l_1^2}{12} = + \frac{1{,}6 \cdot 7{,}2^2}{12} = + \,6{,}91 \text{ tm}; \qquad \mathfrak{M}_{2,1} = - \,6{,}91 \text{ tm}.$$

im Feld (II)

$$\mathfrak{M}_{2,3} = + \frac{q\,l_2^2}{12} = + \frac{1{,}6 \cdot 9{,}0^2}{12} = + \,10{,}80 \text{ tm}; \qquad \mathfrak{M}_{3,2} = - \,10{,}80 \text{ tm}.$$

Im Feld (III) erhält man für den Gelenkstab 3—4 nach Tafel 4

$$\mathfrak{M}^0_{3,4} = + \frac{q\,l_3^2}{8} = + \frac{1{,}6 \cdot 6{,}6^2}{8} = + \,8{,}71 \text{ tm}.$$

Durchführung des Momentenausgleiches

In Abb. 389d ist der zu den Volleinspannmomenten $\mathfrak{M}$ bzw. $\mathfrak{M}^0$ gehörige M-Verlauf in sämtlichen Feldern eingezeichnet. Nun denkt man sich die angenommene Volleinspannung bei Stütze (2) beseitigt. In diesem Zustand ist das dort vorhandene Stützenrestmoment M_2 gemäß Gl. (340)

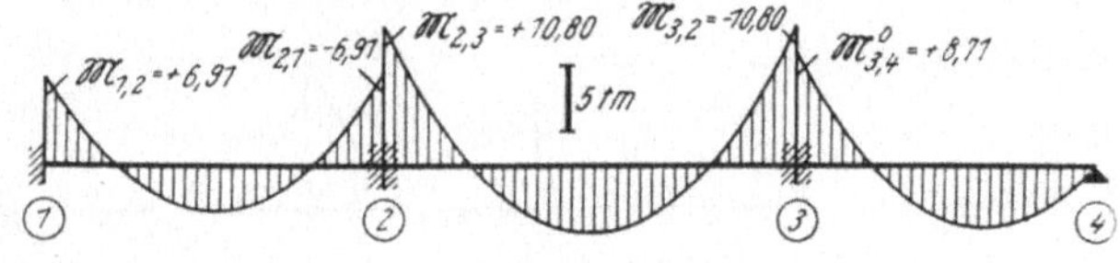

Abb. 389d. M-Verlauf bei voller Einspannung an den Stützen (2) und (3)

$$M_2 = \Sigma \mathfrak{M}_{2,i} = \mathfrak{M}_{2,1} + \mathfrak{M}_{2,3} = \\ = - \,6{,}91 + 10{,}80 = \\ = + \,3{,}89 \text{ tm}.$$

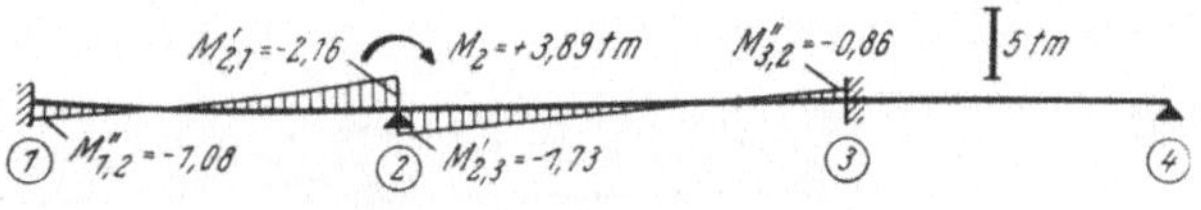

Abb. 389e. M-Verlauf für das Restmoment $M_2 = + 3{,}89$ tm

Dieses Restmoment verteilt man mit Hilfe der μ-Zahlen auf die beiden in der Stütze (2) zusammentreffenden Stäbe. Mit den in Abb. 389b enthaltenen μ-Zahlen ergibt sich nach Gl. (365)

$$M'_{2,1} = - \mu_{2,1}\, M_2 = - \,0{,}556 \cdot 3{,}89 = - \,2{,}16 \text{ tm}$$
$$M'_{2,3} = - \mu_{2,3}\, M_2 = \quad 0{,}444 \cdot 3{,}89 = - \,1{,}73 \text{ „ }.$$

Zur Probe muß nach Gl. (367) die Summe dieser beiden Teilmomente gleiche Größe und entgegengesetzes Vorzeichen haben wie das ausgeglichene Restmoment M_2; mit den vorstehenden Werten wird

$$\Sigma M'_{2,i} = M'_{2,1} + M'_{2,3} = - \,2{,}16 - 1{,}73 = - \,3{,}89 \text{ tm} = - \,M_2.$$

Die M'-Momente sind in Abb. 389e eingeschrieben. Es folgt ihre Weiterleitung auf die gegenüberliegenden Stabenden (1) und (3).

Man erhält gemäß Gl. (369) mit $\gamma = 0{,}5$

$$M''_{1,2} = 0{,}5\, M'_{2,1} = 0{,}5\,(- \,2{,}16) = - \,1{,}08 \text{ tm}$$
$$M''_{3,2} = 0{,}5\, M'_{2,3} = 0{,}5\,(- \,1{,}73) = - \,0{,}86 \text{ „ }.$$

In Abb. 389e ist der zugehörige M-Verlauf maßstäblich eingezeichnet.

Überlagert man diese M-Linie mit jener in Abb. 389d, so ergibt sich der in Abb. 389 f ersichtliche M-Verlauf, und zwar wird

$$\begin{aligned} M_{1,2} &= \mathfrak{M}_{1,2} + M''_{1,2} = + 6{,}91 - 1{,}08 = + 5{,}83 \text{ tm} \\ M_{2,1} &= \mathfrak{M}_{2,1} + M'_{2,1} = - 6{,}91 - 2{,}16 = - 9{,}07 \text{ ,,} \\ M_{2,3} &= \mathfrak{M}_{2,3} + M'_{2,3} = + 10{,}80 - 1{,}73 = + 9{,}07 \text{ ,,} \\ M_{3,2} &= \mathfrak{M}_{3,2} + M''_{3,2} = - 10{,}80 - 0{,}86 = - 11{,}66 \text{ ,,} \\ M_{3,4} &= \mathfrak{M}^0_{3,4} = + 8{,}71 \text{ ,,} . \end{aligned}$$

Die Momente bei Stütze (2) sind damit ausgeglichen; man denkt sich nun die hier zusammentreffenden Stäbe wieder unverdrehbar festgehalten. Es folgt jetzt die Verteilung des Restmomentes an der Stütze (3); man erhält aus Abb. 389 f

$$M_3 = - 11{,}66 + 8{,}71 = - 2{,}95 \text{ tm}.$$

Nach Beseitigung der bei Stütze (3) angenommenen Einspannung verteilt sich dieses Restmoment auf die beiden anschließenden Stäbe und es wird nach Gl. (365) mit den in Abb. 389b eingetragenen μ-Zahlen

$$\begin{aligned} M'_{3,2} &= - \mu_{3,2} M_3 = - 0{,}494 (- 2{,}95) = + 1{,}46 \text{ tm} \\ M'_{3,4} &= - \mu_{3,4} M_3 = - 0{,}506 (- 2{,}95) = + 1{,}49 \text{ ,,} . \end{aligned}$$

Probe nach Gl. (367):

$$\Sigma M'_{3,i} = M'_{3,2} + M'_{3,4} = + 1{,}46 + 1{,}49 = + 2{,}95 \text{ tm} = - M_3.$$

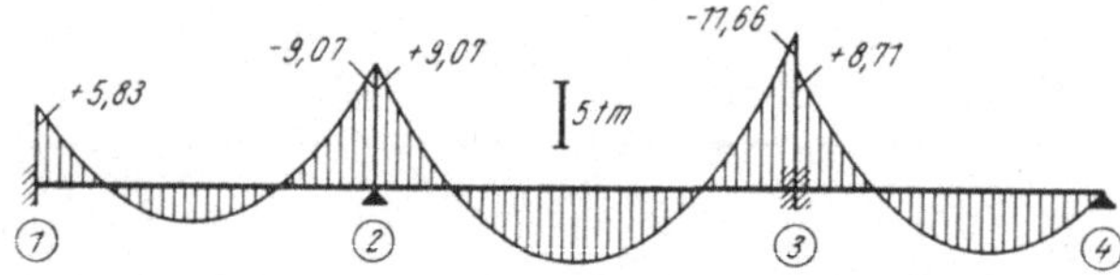

Abb. 389f. M-Verlauf nach Überlagerung der M-Linien aus Abb. 389d und e

Diese M'-Werte sind in Abb. 389g eingeschrieben. Ihre Weiterleitung auf die Stabenden (2) und (4) liefert gemäß Gl. (369)

$$M''_{2,3} = 0{,}5\, M'_{3,2} = 0{,}5 \cdot 1{,}46 = + 0{,}73 \text{ tm}$$

$$M''_{4,3} = 0 \quad \text{(bei Stütze (4) gelenkige Lagerung)}.$$

In Abb. 389g ist der zugehörige M-Verlauf maßstäblich dargestellt.

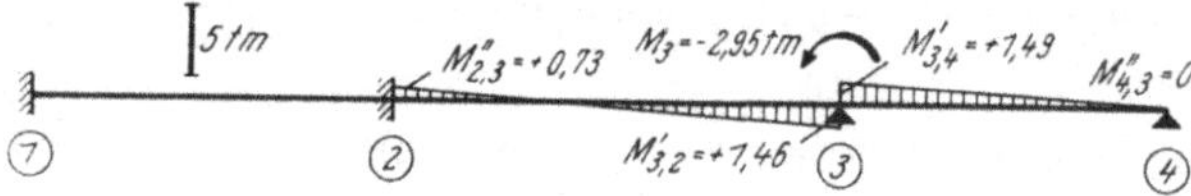

Abb. 389g. M-Verlauf für das Restmoment $M_3 = - 2{,}95$ tm

Überlagert man die M-Linie aus Abb. 389 f mit der aus Abb. 389g, so ergibt sich der in Abb. 389h ersichtliche M-Verlauf, und zwar erhält man dabei folgende Anschlußmomente:

$$\begin{aligned} M_{1,2} &= &&= + 5{,}83 \text{ tm} \\ M_{2,1} &= &&= - 9{,}07 \text{ ,,} \\ M_{2,3} &= + 9{,}07 + 0{,}73 &&= + 9{,}80 \text{ ,,} \\ M_{3,2} &= - 11{,}66 + 1{,}46 &&= - 10{,}20 \text{ ,,} \\ M_{3,4} &= + 8{,}71 + 1{,}49 &&= + 10{,}20 \text{ ,,} \\ M_{4,3} &= &&= 0 \text{ (Gelenk!)}. \end{aligned}$$

Nun sind die Momente bei Stütze (3) ausgeglichen, während bei Stütze (2) wieder ein Restmoment vorhanden ist, und zwar ist nach Abb. 389h

$$M_2 = - 9{,}07 + 9{,}80 = + 0{,}73 \text{ tm}.$$

Denkt man sich jetzt die hier angenommene Volleinspannung beseitigt, so verteilt sich dieses Restmoment M_2 auf die beiden anschließenden Stäbe 2—1 und 2—3; mit den μ-Zahlen in Abb. 389b erhält man nach Gl. (365)

$$M'_{2,1} = -\mu_{2,1} M_2 = -0{,}556 \cdot 0{,}73 = -0{,}41 \text{ tm}$$

$$M'_{2,3} = -\mu_{2,3} M_2 = -0{,}444 \cdot 0{,}73 = -0{,}32 \text{ tm}\,.$$

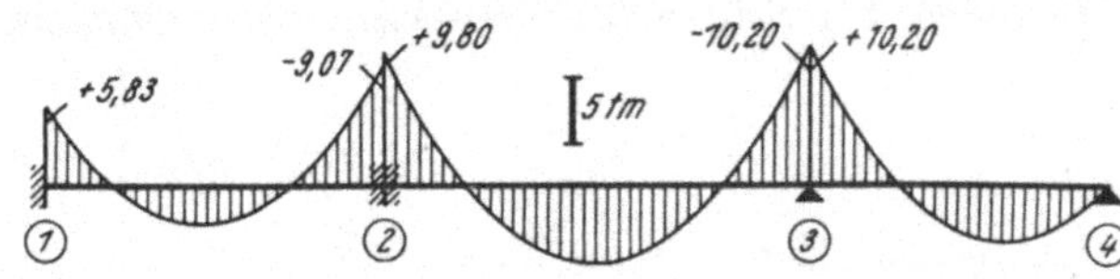

Abb. 389h. M-Verlauf nach Überlagerung der M-Linien aus Abb. 389f und g

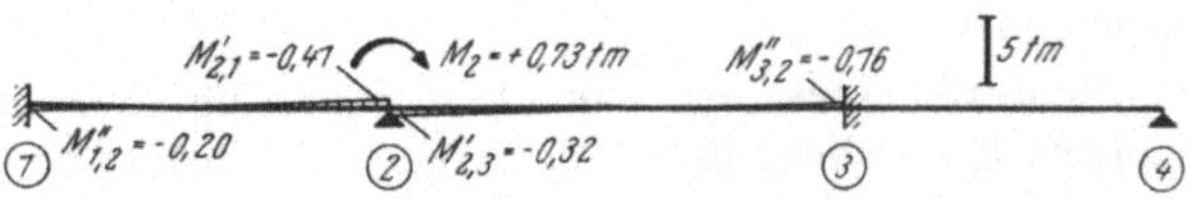

Abb. 389i. M-Verlauf für das Restmoment $M_2 = +0{,}73$ tm

Probe nach Gl. (367):

$$\Sigma M'_{2,i} = M'_{2,1} + M'_{2,3} = -0{,}41 - 0{,}32 = -0{,}73 \text{ tm} = -M_2.$$

Die Weiterleitung der M'-Momente ergibt gemäß Gl. (369)

$$M''_{1,2} = 0{,}5\,(-0{,}41) = -0{,}20 \text{ tm}$$
$$M''_{3,2} = 0{,}5\,(-0{,}32) = -0{,}16 \text{ ,,}\,.$$

In Abb. 389 i ist der zugehörige M-Verlauf maßstäblich eingezeichnet.

Die Überlagerung der M-Linien aus Abb. 389h und i ergibt den M-Verlauf in Abb. 389k mit folgenden Stabendmomenten:

$$\begin{aligned}
M_{1,2} &= +\ 5{,}83 - 0{,}20 = +\ 5{,}63 \text{ tm}\\
M_{2,1} &= -\ 9{,}07 - 0{,}41 = -\ 9{,}48 \text{ ,,}\\
M_{2,3} &= +\ 9{,}80 - 0{,}32 = +\ 9{,}48 \text{ ,,}\\
M_{3,2} &= -\ 10{,}20 - 0{,}16 = -\ 10{,}36 \text{ ,,}\\
M_{3,4} &= \phantom{-\ 10{,}20 - 0{,}16} = +\ 10{,}20 \text{ ,,}\\
M_{4,3} &= \phantom{-\ 10{,}20 - 0{,}16} = 0 \quad \text{(Gelenk!)}.
\end{aligned}$$

Jetzt sind die Momente bei (2) ausgeglichen; bei Stütze (3) ist nur noch ein kleines Restmoment vorhanden, und zwar nach Abb. 389k

$$M_3 = -10{,}36 + 10{,}20 = -0{,}16 \text{ tm}.$$

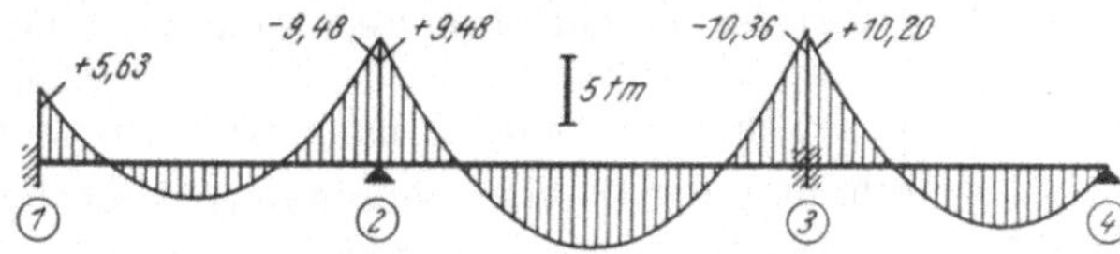

Abb. 389k. M-Verlauf nach Überlagerung der M-Linien aus Abb. 389h und i

Beseitigt man die gedachte Einspannung bei Stütze (3) und verteilt dieses Moment auf die benachbarten Stäbe, so ergibt sich mit den μ-Zahlen der Abb. 389b nach Gl. (365)

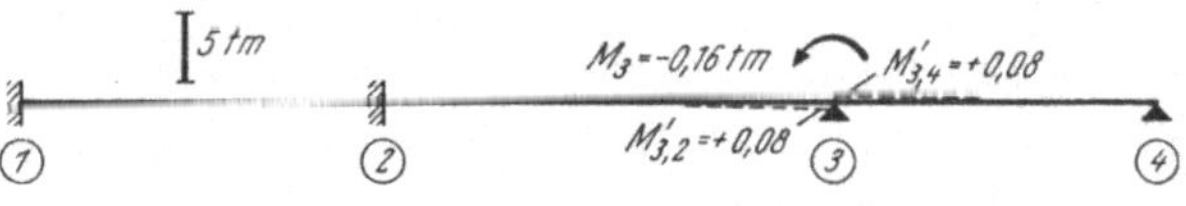

Abb. 389l. Verteilung des Restmomentes $M_3 = -0{,}16$ tm

$$M'_{3,2} = -\mu_{3,2} M_3 = -0{,}494\,(-0{,}16) = +0{,}08 \text{ tm}$$

$$M'_{3,4} = -\mu_{3,4} M_3 = -0{,}506\,(-0{,}16) = +0{,}08 \text{ tm}.$$

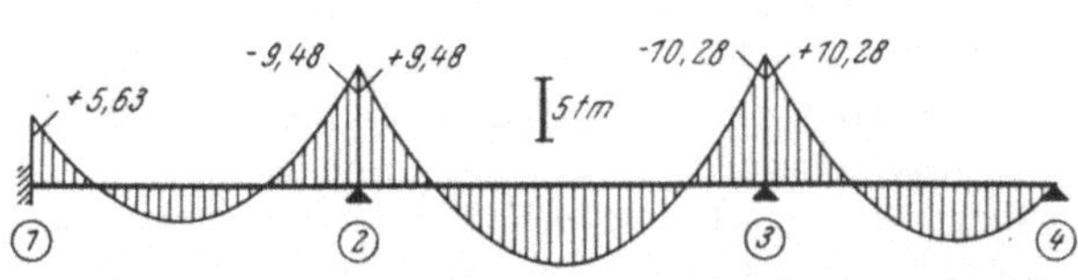

Abb. 389m. Endgültiger M-Verlauf (nach Überlagerung der M-Werte aus Abb. 389k und l)

Auf eine Weiterleitung dieser bereits sehr kleinen M'-Momente, die in Abb. 389 l angedeutet sind, kann verzichtet werden; man überlagert sie nur mit den in Abb. 389k bei Stütze (3) eingeschriebenen Momenten und erhält

$$M_{3,2} = -10{,}36 + 0{,}08 = -10{,}28 \text{ tm}$$
$$M_{3,4} = +10{,}20 + 0{,}08 = +10{,}28 \text{ ,, }.$$

Alle übrigen Momente in Abb. 389k bleiben unverändert.

Damit sind sämtliche Stützenmomente ausgeglichen; die Rechnung kann abgeschlossen werden. In Abb. 389m ist der endgültige M-Verlauf maßstäblich eingezeichnet.

Schlußbemerkung. In allen Fällen der Praxis, wo es nur auf die rasche und sichere Ermittlung der endgültigen M-Linie ankommt, läßt sich die zahlenmäßige Durchführung der gesamten Berechnung in einer Rechnungs-Skizze wesentlich vereinfachen (vgl. die Anwendungsbeispiele Seite 241ff.). Der dabei einzuhaltende Vorgang wird im folgenden kurz beschrieben.

G. Beschreibung des praktischen Rechnungsganges

Die Berechnung eines Durchlaufträgers nach der CROSS-Methode gliedert sich in folgende Abschnitte:

1. Festlegung der Spannweiten und Querschnittsabmessungen in den einzelnen Feldern.

2. Ermittlung der Trägheitsmomente J sowie der „relativen" Steifigkeitszahlen k bzw. k^0, und zwar für die Mittelfelder und voll eingespannten Randfelder $k = J/l$ bzw. nach Gl. (355) $k = 1000\,J/l$ und für Randfelder mit frei drehbaren Endlagern $k^0 = 0{,}75\,J/l$ bzw. nach Gl. (356) $k^0 = 750\,J/l$; bei Trägern mit gleichem Wert J in sämtlichen Feldern wird nach Gl. (355a) bzw. (356a) $k = 10/l$ bzw. $k^0 = 7{,}5/l$.

3. Ermittlung der „Verteilungszahlen" μ nach Gl. (363) mit $\mu_{n,n-1} = k_{n,n-1}/\Sigma k$ bzw. $\mu_{n,n+1} = k_{n,n+1}/\Sigma k$, wobei Σk die Summe der Steifigkeitszahlen in den Feldern links und rechts der betrachteten Stütze (n) bedeutet. Bei Randfeldern mit gelenkigen Endlagern ist hierbei k^0 in Rechnung zu stellen. Die erhaltenen μ-Zahlen sind in die Trägerskizze einzutragen. Die „Überleitungszahlen" γ sind bei feldweise konstantem Trägheitsmoment J nach Gl. (370) stets $\gamma = 0{,}5$.

4. Berechnung der Volleinspannmomente $\mathfrak{M}$ bzw. $\mathfrak{M}^0$ aus der gegebenen Belastung, und zwar in den Mittelfeldern und voll eingespannten Randfeldern nach den Tafeln 1 bis 3, in den Randfeldern mit gelenkigen Endlagern nach den Tafeln 4 bis 6.

5. Ermittlung des „Stützenrestmomentes" $M_n = \mathfrak{M}_{n,n-1} + \mathfrak{M}_{n,n+1}$ bei jener Stütze (n), bei welcher dieser Wert am größten ist. Hierin bedeuten $\mathfrak{M}_{n,n-1}$ und $\mathfrak{M}_{n,n+1}$ gemäß Gl. (340) die Volleinspannmomente links bzw. rechts der betrachteten Stütze (n). Bei Trägern, die von oben nach unten belastet sind, wird nach der Vorzeichenregel (vgl. Seite 223f.) $\mathfrak{M}_{n,n-1}$ immer negativ und $\mathfrak{M}_{n,n+1}$ immer positiv sein. In der Rechnungs-Skizze wird das Stützenrestmoment M_n in eine eckige Klammer gesetzt.

6. Verteilung des Stützenrestmomentes M_n nach Gl. (365) auf die bei Stütze (n) zusammentreffenden Stäbe mit Hilfe der in der Rechnungs-Skizze eingetragenen μ-Zahlen. Die so erhaltenen Momentenanteile $M'_{n,n-1}$ und $M'_{n,n+1}$ sind mit entgegengesetztem Vorzeichen von M_n in die Rechnungs-Skizze einzuschreiben und zum Zeichen des vollzogenen Ausgleiches zu unterstreichen.

7. Überleitung dieser „Momentenanteile“ $M'_{n,i}$ auf das andere Stabende unter Beibehaltung des Vorzeichens. Man erhält gemäß Gl. (369) die „Übergangsmomente“ $M''_{i,n} = 0{,}5\, M'_{n,i}$.

8. Ermittlung des Restmomentes M_n für eine andere Stütze (n), wobei die dorthin bereits weitergeleiteten, aber noch nicht ausgeglichenen M''-Momente mit in Rechnung zu stellen sind. Es wird somit allgemein

$$M_n = \Sigma \mathfrak{M}_{n,i} + \Sigma M''_{n,i}. \qquad (373)$$

9. Verteilung dieses Stützenrestmomentes M_n nach Ziffer 6 auf die beiden in der betrachteten Stütze (n) zusammentreffenden Stäbe und Überleitung der so erhaltenen Momentenanteile $M'_{n,i}$ nach Ziffer 7; Ermittlung des Restmomentes bei einer weiteren Stütze nach Ziffer 8 und Verteilung auf die hier zusammentreffenden beiden Stäbe nach Ziffer 6. Dieser Vorgang ist so lange fortzusetzen, bis die in den einzelnen Stützen verteilten Momente M' hinreichend kleine Werte ergeben und ihre Weiterleitung unterbleiben kann, ohne die gewünschte Genauigkeit zu beeinträchtigen.

10. Ermittlung der endgültigen Stützenmomente durch algebraische Addition aller jeweils links bzw. rechts einer jeden Stütze vorhandenen Teilbeträge, also der Volleinspannmomente $\mathfrak{M}$, der Verteilungsmomente M' und der Übergangsmomente M''. Es ergibt sich daher für eine beliebige Stütze (n) das Moment $M_{n,i}$ aus

$$M_{n,i} = \mathfrak{M}_{n,i} + \Sigma M'_{n,i} + \Sigma M''_{n,i}. \qquad (374)$$

Zur Probe müssen die so erhaltenen Momentenwerte links und rechts einer jeden Stütze gleiche Größe, aber entgegengesetztes Vorzeichen haben. Es empfiehlt sich, die endgültige M-Linie maßstäblich aufzuzeichnen.

Die größten Feldmomente können schließlich entweder aus der Zeichnung entnommen oder nach den Seite 107 ff. bzw. Seite 142 gegebenen Erläuterungen in üblicher Weise rechnerisch ermittelt werden.

H. Vereinfachungen bei symmetrischen Durchlaufträgern

Bei symmetrisch ausgebildeten und symmetrisch belasteten Durchlaufträgern ergeben sich auch nach der CROSS-Methode wesentliche Vereinfachungen in der zahlenmäßigen Durchführung der Berechnung. Wie anschließend noch näher erläutert wird, ist dabei grundsätzlich zu unterscheiden, ob die Symmetrale durch eine Stütze oder durch ein Feld verläuft.

a) Durchlaufträger mit „Stützen-Symmetrale“

Die Abb. 390 bis 395 zeigen verschiedene Beispiele für diese Art von Durchlaufträgern. Es sind dies also Träger mit einer geraden Anzahl von Feldern bei frei gelagerten oder voll eingespannten Randstützen, mit Kragarmen oder ohne Kragarme. Wie aus den Abb. 396 bis 399 hervorgeht, muß die Biegelinie solcher Träger bei symmetrischer Belastung an der Mittelstütze stets eine waagrechte Tangente haben; der über dieser Stütze liegende Trägerquerschnitt erfährt somit keine Verdrehung, d. h. der Träger verhält sich so, als ob er dort voll eingespannt wäre.

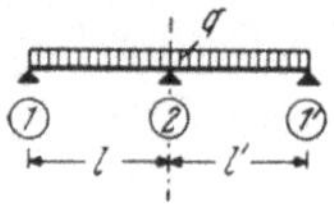

Abb. 390 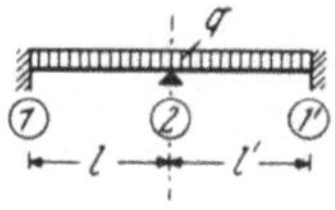 Abb. 391 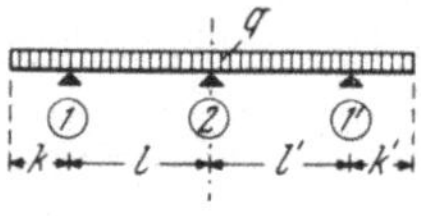 Abb. 392 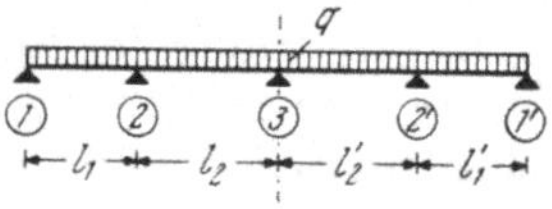 Abb. 393

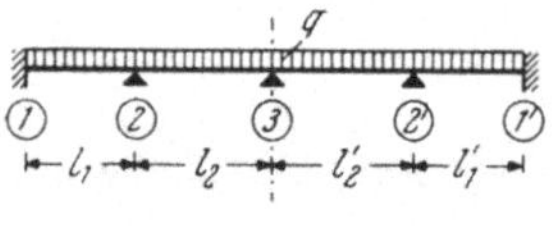

Abb. 394 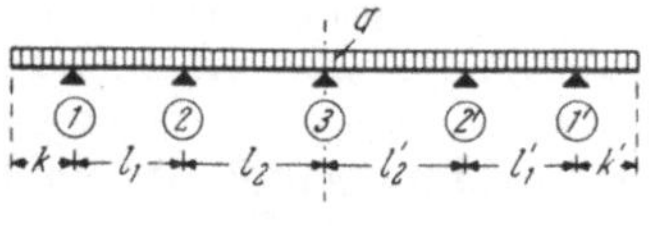 Abb. 395

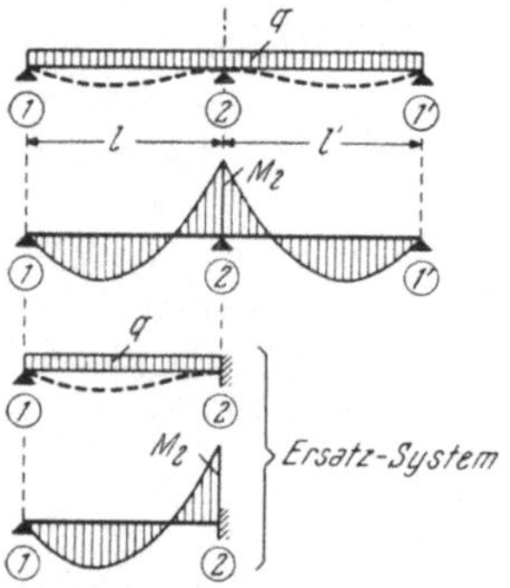

Abb. 396. „Ersatz-System" für einen symmetrisch ausgebildeten und symmetrisch belasteten Zweifeldträger mit gelenkigen Randlagern

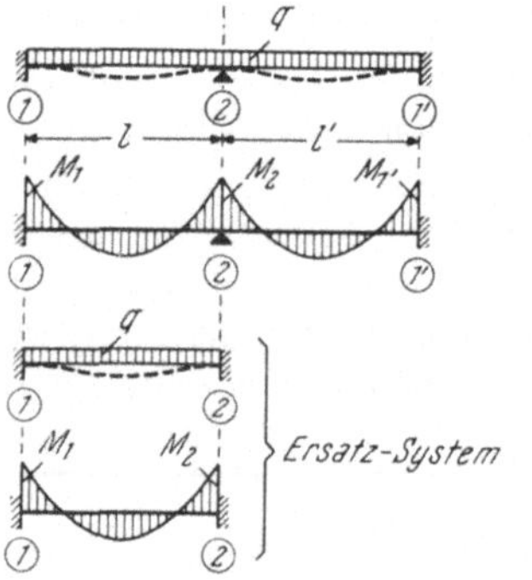

Abb. 397. „Ersatz-System" für einen symmetrisch ausgebildeten und symmetrisch belasteten Zweifeldträger mit voll eingespannten Trägerenden

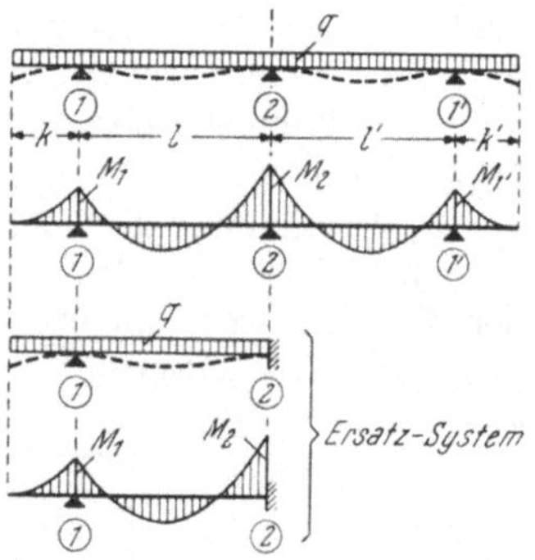

Abb. 398. „Ersatz-System" für einen symmetrisch ausgebildeten und symmetrisch belasteten Zweifeldträger mit Kragarmen

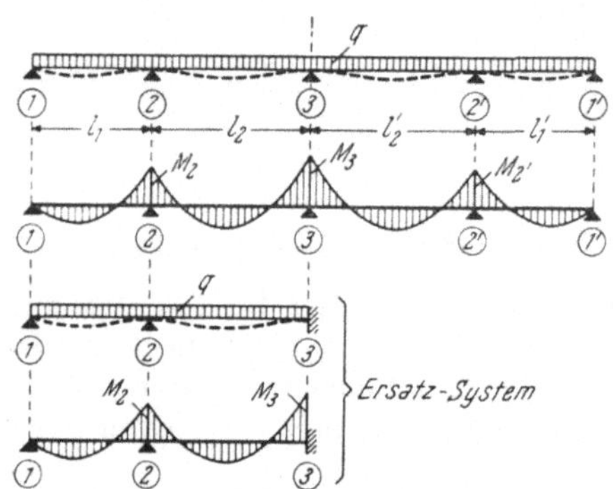

Abb. 399. „Ersatz-System" für einen symmetrisch ausgebildeten und symmetrisch belasteten Vierfeldträger mit gelenkigen Randlagern

Man kann daher die Berechnung auf das halbe Tragwerk beschränken, wenn gemäß Abb. 396 bis 399 bei der Mittelstütze eine volle Einspannung angenommen wird. Für die zahlenmäßige Durchführung der Rechnung gelten hierbei wieder die Anweisungen Seite 238f. (vgl. Anwendungsbeispiel Seite 245ff.).

b) Durchlaufträger mit „Feld-Symmetrale"

Es handelt sich hier um symmetrische Durchlaufträger mit einer ungeraden Anzahl von Feldern; in den Abb. 400 bis 404 sind einige Beispiele solcher Trägerformen zusammengestellt. Wiederum braucht für die Berechnung nur das halbe Tragwerk in Betracht gezogen zu werden, wenn für die Steifigkeit des Symmetriestabes gemäß Gl. (357) bzw. (357a) die Steifigkeitszahl $k' = 0{,}5\,k$ eingeführt wird. Die statische Bedeutung dieses k'-Wertes, der für einen symmetrisch verformten

Stab gilt, wurde bereits Seite 228 ausführlich erläutert. Die Steifigkeitszahl k' ist also für die Ermittlung der Verteilungszahlen μ bei der linken Stütze des Mittelfeldes maßgebend. Die dort auftretenden Stützenrestmomente werden mit diesen μ-Zahlen in üblicher Weise verteilt; der so erhaltene M'-Anteil für den Symmetriestab braucht aber nicht mehr auf das andere Stabende weitergeleitet zu werden (vgl. Anwendungsbeispiel Seite 244f.).

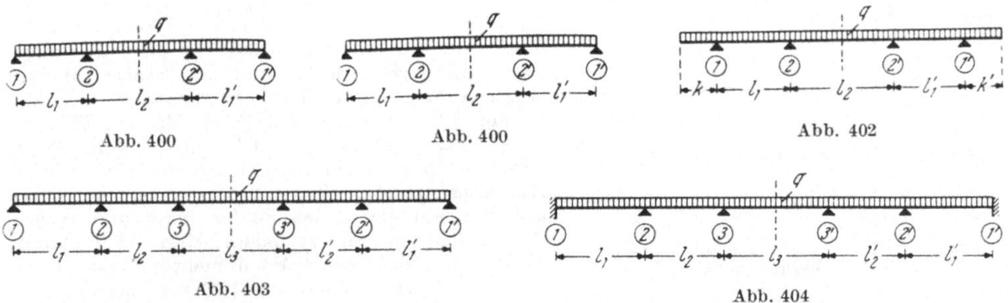

Abb. 400 Abb. 400 Abb. 402

Abb. 403 Abb. 404

Abb. 400 bis 404. Symmetrische Durchlaufträger mit „Feld-Symmetrale"

J. Zahlenbeispiele

a) Unsymmetrischer Zweifeldträger mit voller Einspannung bei (3)

Die Spannweiten und Belastungsangaben sind aus Abb. 405 zu entnehmen. Die Querschnittsträgheitsmomente sind in beiden Feldern gleich groß.

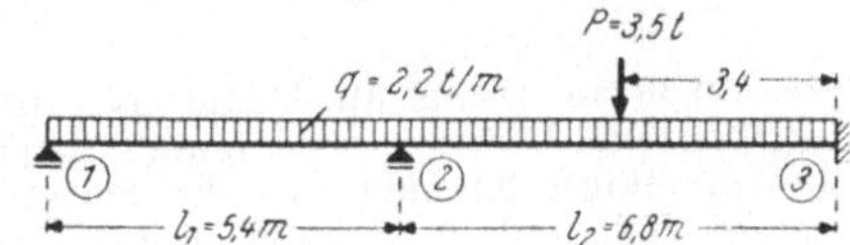

Abb. 405. Spannweiten und Belastungsangaben

Steifigkeitszahlen k bzw. k^0

Wegen der gleich großen Werte J in beiden Feldern können hier die vereinfachten Formeln verwendet werden.

Feld (I): Nach Gl. (356a) wird

$$k^0_{2,1} = \frac{7,5}{l_1} = \frac{7,5}{5,4} = 1,389.$$

Feld (II): Nach Gl. (355a) ergibt sich

$$k_{2,3} = \frac{10}{l_2} = \frac{10}{6,8} = 1,471.$$

Die k- bzw. k^0-Werte sind in der Systemskizze (Abb. 406) jeweils in Stabmitte eingetragen.

Momentenverteilungszahlen μ

Die μ-Werte werden hier nur für die Mittelstütze (2) gebraucht. Gemäß Gl. (364) erhält man

$$\Sigma k = k^0_{2,1} + k_{2,3} = 1,389 + 1,471 = 2,860$$

und nach Gl. (363)

$$\mu_{2,1} = \frac{k^0_{2,1}}{\Sigma k} = \frac{1,389}{2,860} = 0,486; \qquad \mu_{2,3} = \frac{k_{2,3}}{\Sigma k} = \frac{1,471}{2,860} = 0,514.$$

Probe nach Gl. (366a): $\Sigma \mu = 0,486 + 0,514 = 1.$

Diese μ-Zahlen sind in Abb. 406 bei Stütze (2) eingeschrieben.

Volleinspannmomente $\mathfrak{M}$ bzw. $\mathfrak{M}^0$

Feld (I): Für den Gelenkstab 1—2 wird nach Tafel 4

$$\mathfrak{M}^0_{2,1} = -\frac{q\,l_1^2}{8} = -\frac{2,2 \cdot 5,4^2}{8} = -8,02 \text{ tm}.$$

Feld (II): Nach Tafel 1 und 3 erhält man

$$\mathfrak{M}_{2,3} = + \frac{q\,l_2^2}{12} + \frac{P\,l_2}{8} = + \frac{2{,}2 \cdot 6{,}8^2}{12} + \frac{3{,}5 \cdot 6{,}8}{8} = + 11{,}46 \text{ tm}$$

$$\mathfrak{M}_{3,2} = -\,11{,}46 \text{ tm}.$$

Momentenausgleich (Abb. 406)

Zuerst schreibt man die Werte $\mathfrak{M}$ und $\mathfrak{M}^0$, die zur Unterscheidung von den übrigen M-Werten mit einem * versehen werden, in Zeile 1 an. Der Ausgleich ist hier nur bei Stütze (2) durchzuführen, da bei Stütze (1) eine gelenkige Lagerung vorhanden ist und die Stütze (3) voll eingespannt bleibt. Das Restmoment M_2 bei Stütze (2) ist nach Gl. (340) $M_2 = \Sigma \mathfrak{M}_{2,i} = -\,8{,}02 + 11{,}46 = +\,3{,}44$ tm. Dieser Wert wird in der Rechnungs-Skizze in eine eckige Klammer gesetzt (Zeile 2) und ist mit den μ-Zahlen auf die beiden Felder links und rechts der Stütze (2) zu verteilen. Man erhält damit nach Gl. (365) die M'-Momente, und zwar $M'_{2,1} = -\,0{,}486 \cdot 3{,}44 = -\,1{,}67$ tm und $M'_{2,3} = -\,0{,}514 \cdot 3{,}44 = -\,1{,}77$ tm. Zum Zeichen des vollzogenen Ausgleichs werden diese M'-Werte in der Rechnungs-Skizze je einmal unterstrichen. Als Verteilungsprobe muß die Summe dieser Momentenanteile gleich sein dem verteilten Restmoment und entgegengesetztes Vorzeichen haben hier also $\Sigma M'_{2,i} = -\,1{,}67 - 1{,}77 = -\,3{,}44$ tm $= -\,M_2$. Die durch einen Pfeil angedeutete Weiterleitung von $M'_{2,3}$ auf das Stabende (3) ergibt nach Gl. (369) $M''_{3,2} = 0{,}5\,(-\,1{,}77) = -\,0{,}88$ tm (Zeile 3). Damit ist der Momentenausgleich bereits abgeschlossen. Durch algebraische Addition aller jeweils in einer Kolonne stehenden Teilbeträge, mit Ausnahme des in eckiger Klammer geschriebenen Restmomentes, erhält man nach Gl. (374) bereits die in Zeile 4 doppelt unterstrichenen endgültigen Momente. Zur Probe muß $M_{2,1} = -\,M_{2,3}$ sein.

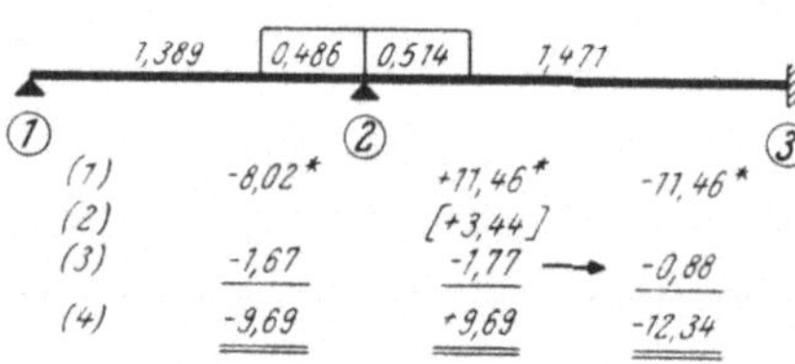

Abb. 406. Rechnungs-Skizze

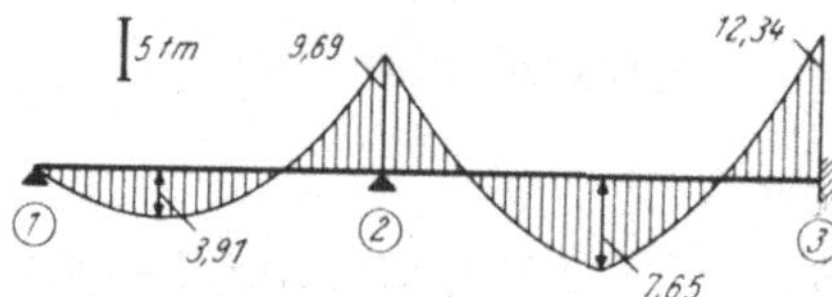

Abb. 407. Endgültiger M-Verlauf

In Abb. 407 ist der gesamte M-Verlauf maßstäblich aufgezeichnet. Die maximalen Feldmomente können entweder aus der M-Linie entnommen oder nach Gl. (160) bzw. (203) ermittelt werden.

b) Unsymmetrischer Zweifeldträger mit Kragarm bei (3)

Die Spannweiten und Belastungsangaben des Trägers, dessen Querschnitt in den beiden Feldern gleich groß sei, sind aus Abb. 408 ersichtlich.

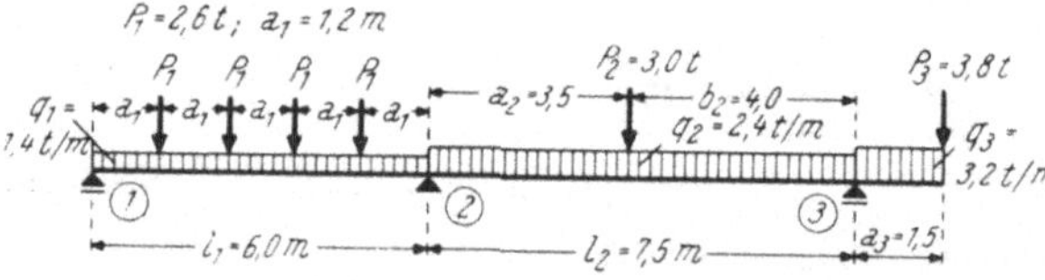

Abb. 408. Spannweiten und Belastungsangaben

Steifigkeitszahlen k^0

Wegen frei drehbarer Lagerung bei (1) und (3) wird nach Gl. (356a)

$$k^0_{2,1} = \frac{7{,}5}{l_1} = \frac{7{,}5}{6{,}0} = 1{,}250$$

$$k^0_{2,3} = \frac{7{,}5}{l_2} = \frac{7{,}5}{7{,}5} = 1{,}000.$$

Diese Werte sind in Abb. 409 eingetragen.

Momentenverteilungszahlen μ

Nach Gl. (364) wird für die in der Mittelstütze (2) zusammentreffenden Stäbe

$$\Sigma k = k^0_{2,1} + k^0_{2,3} = 1{,}250 + 1{,}000 = 2{,}250,$$

und nach Gl. (363) erhält man

$$\mu_{2,1} = \frac{k^0_{2,1}}{\Sigma k} = \frac{1,250}{2,250} = 0,556; \qquad \mu_{2,3} = \frac{k^0_{2,3}}{\Sigma k} = \frac{1,000}{2,250} = 0,444.$$

Probe nach Gl. (366a): $\Sigma \mu = 0,556 + 0,444 = 1.$

Diese μ-Werte sind in Abb. 409 bei Stütze (2) eingetragen.

Volleinspannmomente $\mathfrak{M}$ *bzw.* $\mathfrak{M}^0$

Feld (I): Für den Gelenkstab 1—2 wird nach Tafel 4 und 5

$$\mathfrak{M}^0_{2,1} = -\frac{q_1 l_1^2}{8} - \frac{3 P_1 l_1}{5} = -\frac{1,4 \cdot 6,0^2}{8} - \frac{3 \cdot 2,6 \cdot 6,0}{5} = -6,30 - 9,36 = -15,66 \text{ tm}.$$

Feld (II): Nach den Tafeln 4 und 5 ergibt sich

$$\mathfrak{M}^0_{2,3} = +\frac{q_2 l_2^2}{8} + \frac{P_2 a_2 b_2}{2 l_2^2}(b_2 + l_2) = +\frac{2,4 \cdot 7,5^2}{8} + \frac{3,0 \cdot 3,5 \cdot 4,0}{2 \cdot 7,5^2}(4,0 + 7,5) =$$

$$= +16,88 + 4,29 = +21,17 \text{ tm}.$$

Kragarm:

$$\mathfrak{M}_{3,K} = +\frac{q_3 a_3^2}{2} + P_3 a_3 = +\frac{3,2 \cdot 1,5^2}{2} + 3,8 \cdot 1,5 = +3,60 + 5,70 = +9,30 \text{ tm}.$$

Momentenausgleich (Abb. 409)

Man schreibt die $\mathfrak{M}$- und $\mathfrak{M}^0$-Werte in eine Trägerskizze (Abb. 409) ein und kennzeichnet sie durch einen * (Zeile 1). Es ist sofort ersichtlich, daß bei Stütze (3) das größte Restmoment auftritt, nämlich $M_3 = +9,30$ tm. Dieser Wert wird in eine eckige Klammer gesetzt und mit der Ziffer 1 versehen (1. Ausgleich!). Als Verteilungsmoment ergibt sich hier $M'_{3,2} = -9,30$ tm. Die Weiterleitung zu Stütze (2) ist in gleicher Zeile mit einem Pfeil angedeutet, und man erhält aus Gl. (369) das Übergangsmoment $M''_{2,3} = 0,5\, M'_{3,2} = -4,65$ tm (Zeile 2). Bei Stütze (2) beträgt nun das Restmoment nach Gl. (373) $M_2 = \Sigma \mathfrak{M}_{2,i} + \Sigma M''_{2,i} = -15,66 + 21,17 - 4,65 = +0,86$ tm. In der Rechnungs-Skizze wird dieser Wert in eine eckige Klammer gesetzt (Zeile 3) und durch die Ziffer 2 gekennzeichnet (2. Ausgleich!). Die Verteilung mit den μ-Zahlen ergibt gemäß Gl. (365) $M'_{2,1} = -0,48$ tm und $M'_{2,3} = -0,38$ tm; diese Werte werden als Hinweis auf den vollzogenen Ausgleich einmal unterstrichen (Zeile 4). Zur Probe muß die Summe dieser beiden M'-Werte gleiche Größe, aber entgegengesetztes Vorzeichen wie das verteilte Stützenrestmoment M_2 haben, also $\Sigma M'_{2,i} = -0,48 - 0,38 = -0,86 \text{ tm} = -M_2$. Die Weiterleitung der M'-Werte nach den Stützen (1) und (3) entfällt, da dort gelenkige Lagerung vorhanden ist. Somit ist der gesamte Ausgleich bereits abgeschlossen; durch algebraische Addition der in den einzelnen Kolonnen untereinander stehenden Momentenanteile erhält man nach Gl. (374) die doppelt unterstrichenen endgültigen M-Werte (Zeile 5).

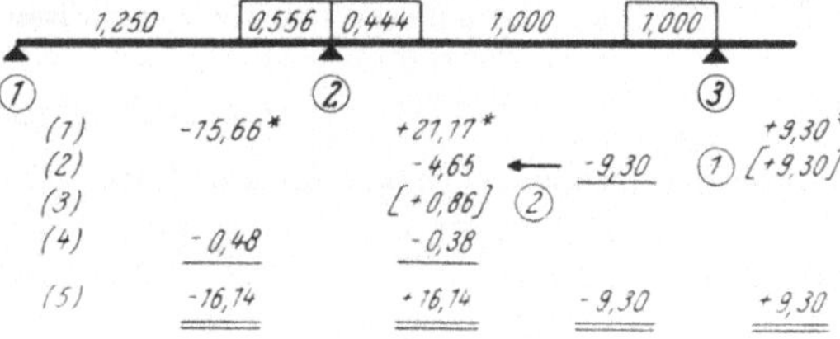

Abb. 409. Rechnungs-Skizze

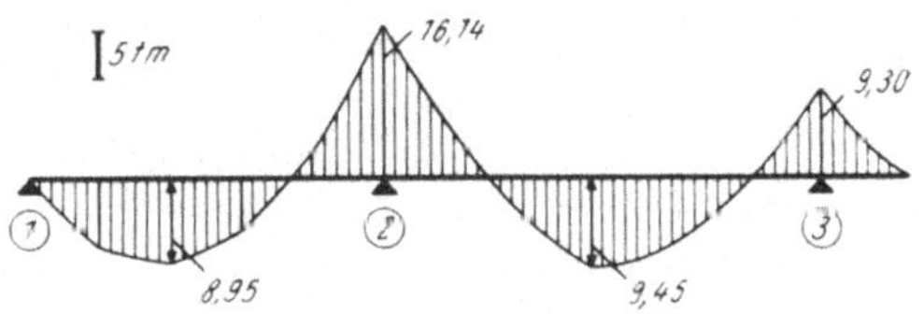

Abb. 410. Endgültiger M-Verlauf

In Abb. 410 ist die zugehörige M-Linie maßstäblich aufgezeichnet. Die Größtwerte der Feldmomente können entweder nach den Erläuterungen Seite 107ff. bzw. gemäß Gl. (215) ermittelt oder maßstäblich aus der M-Linie entnommen werden.

c) Symmetrischer Dreifeldträger mit symmetrischer Belastung

Die Tragwerksabmessungen und Belastungsangaben sind aus Abb. 411 zu entnehmen. Die Berechnung erstreckt sich infolge Symmetrie nur auf das halbe Tragwerk.

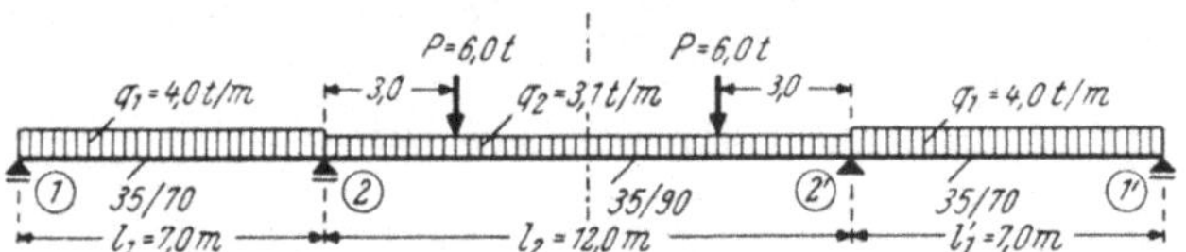

Abb. 411. Tragwerksabmessungen und Belastungsangaben

Zunächst werden die Trägheitsmomente in den einzelnen Feldern ermittelt. Man erhält nach der allgemeinen Formel für

Feld (I): $$J_1 = \frac{b\,h^3}{12} = \frac{0{,}35 \cdot 0{,}70^3}{12} = 0{,}01000\,\text{m}^4$$

Feld (II): $$J_2 = \frac{b\,h^3}{12} = \frac{0{,}35 \cdot 0{,}90^3}{12} = 0{,}02126 \text{ ,,}.$$

Steifigkeitszahlen k^0 bzw. k'

Wegen Verschiedenheit der Querschnitte in den einzelnen Feldern sind die „relativen“ Steifigkeitszahlen nach den allgemeinen Formeln zu bestimmen.

Feld (I): Nach Gl. (356) wird wegen gelenkiger Lagerung bei (1)

$$k^0_{2,1} = \frac{750\,J_1}{l_1} = \frac{750 \cdot 0{,}01000}{7{,}0} = 1{,}071.$$

Feld (II): Für den Symmetriestab ist nach den Erläuterungen Seite 240 f. die Steifigkeitszahl k' in Rechnung zu stellen. Es ergibt sich nach Gl. (357)

$$k'_{2,2'} = \frac{500\,J_2}{l_2} = \frac{500 \cdot 0{,}02126}{12{,}0} = 0{,}886.$$

Die Werte k' und k^0 schreibt man in der Systemskizze (Abb. 412) jeweils im Feld an.

Momentenverteilungszahlen μ

Die μ-Zahlen sind hier nur für die Stütze (2) zu ermitteln. Man erhält nach Gl. (364)

$$\Sigma\,k = k^0_{2,1} + k'_{2,2'} = 1{,}071 + 0{,}886 = 1{,}957$$

und nach Gl. (363)

$$\mu_{2,1} = \frac{k^0_{2,1}}{\Sigma\,k} = \frac{1{,}071}{1{,}957} = 0{,}547; \qquad \mu_{2,2'} = \frac{k'_{2,2'}}{\Sigma\,k} = \frac{0{,}886}{1{,}957} = 0{,}453.$$

Probe nach Gl. (366a): $\Sigma\mu = 0{,}547 + 0{,}453 = 1$.

Diese Werte werden in die Rechnungs-Skizze (Abb. 412) links und rechts der Stütze (2) eingeschrieben.

Volleinspannmomente $\mathfrak{M}$ bzw. $\mathfrak{M}^0$

Feld (I): Für den Gelenkstab 1—2 ergibt sich nach Tafel 4

$$\mathfrak{M}^0_{2,1} = -\frac{q_1\,l_1^2}{8} = -\frac{4{,}0 \cdot 7{,}0^2}{8} = -24{,}50 \text{ tm}.$$

Feld (II): Nach Tafel 1 und 3 ist für die hier vorliegende Belastung

$$\mathfrak{M}_{2,2'} = +\frac{q_2\,l_2^2}{12} + \frac{3\,P\,l_2}{16} = +\frac{3{,}1 \cdot 12{,}0^2}{12} + \frac{3 \cdot 6{,}0 \cdot 12{,}0}{16} = +37{,}20 + 13{,}50 = +50{,}70 \text{ tm}.$$

Momentenausgleich (Abb. 412)

Nach Eintragung der Werte $\mathfrak{M}$ und $\mathfrak{M}^0$ in Zeile 1 der Rechnungs-Skizze (Abb. 412) wird nach Gl. (340) das Restmoment bei Stütze (2) ermittelt; man erhält $M_2 = \Sigma\mathfrak{M}_{2,i} = -24{,}50 +$

$+ 50{,}70 = + 26{,}20$ tm. Dieser Wert ist in Zeile 2 in eckiger Klammer angeschrieben. Seine Verteilung mit den μ-Zahlen ergibt die in Zeile 3 eingetragenen Werte, die entgegengesetztes Vorzeichen erhalten und als Hinweis auf den vollzogenen Ausgleich einmal unterstrichen werden. Der gesamte Ausgleich ist damit bereits abgeschlossen. Es werden nun die endgültigen Momente ermittelt, und zwar gemäß Gl. (374) durch algebraische Addition aller untereinander stehenden Momentenwerte mit Ausnahme des in Klammer geschriebenen Stützenrestmomentes M_2. Die endgültigen M-Werte sind in Zeile 4 angeschrieben und doppelt unterstrichen; man erhält zwei Ergebnisse, die gleiche Größe und entgegengesetztes Vorzeichen haben müssen. In Abb. 413 sind die erhaltenen Momente maßstäblich aufgezeichnet.

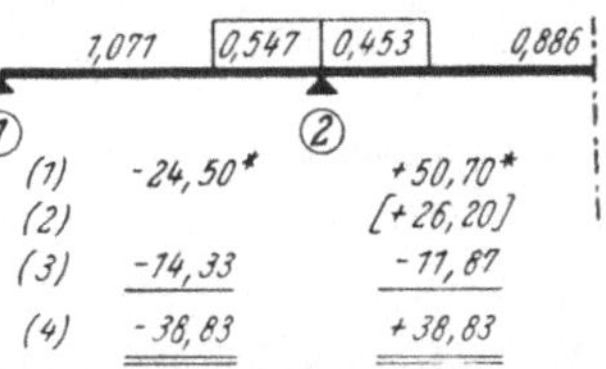

Abb. 412. Rechnungs-Skizze

Zum Vergleich ist in Abb. 413 gestrichelt auch die M-Linie eingetragen, die sich für den Träger gleicher Belastung, aber mit konstantem Trägheitsmoment in allen Feldern ergeben würde.

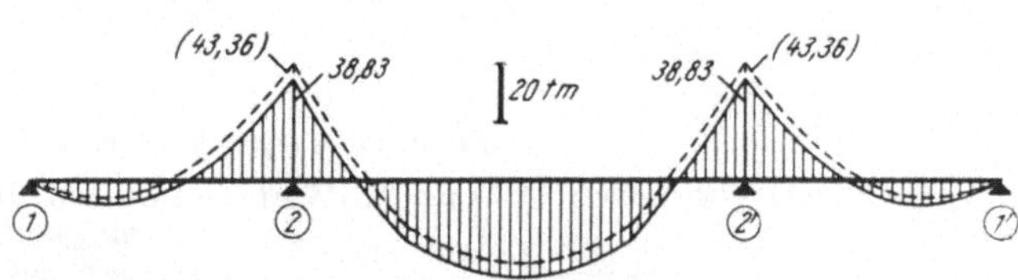

Abb. 413. Endgültiger M-Verlauf bei verschiedenen Trägheitsmomenten (——) und bei konstantem Trägheitsmoment in allen Feldern (- - - -)

d) Symmetrischer Vierfeldträger mit Kragarmen bei symmetrischer Belastung

Die Spannweiten und Belastungsangaben sind aus Abb. 414 zu entnehmen. Da die Symmetrale durch eine Stütze verläuft, braucht man nur die in Abb. 415 gezeichnete Tragwerkshälfte mit gedachter fester Einspannung bei Stütze (3) in Betracht zu ziehen; der Momentenausgleich erstreckt sich nur über diesen Teil.

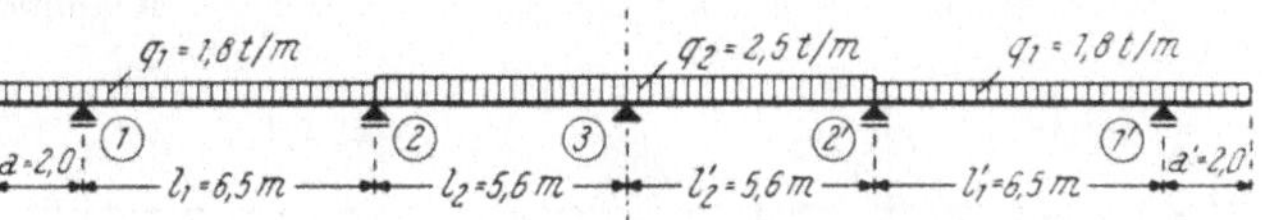

Abb. 414. Spannweiten und Belastungsangaben

Steifigkeitszahlen k bzw. k⁰

Die „relativen" Steifigkeitswerte können hier wegen durchgehend konstanter Trägheitsmomente in vereinfachter Art in Rechnung gestellt werden.

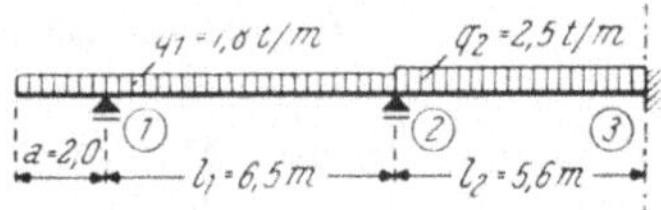

Abb. 415. Tragwerkshälfte mit voller Einspannung bei (3)

Feld (I): Für den Gelenkstab 1—2 wird nach Gl. (356a)

$$k^0_{2,1} = \frac{7{,}5}{l_1} = \frac{7{,}5}{6{,}5} = 1{,}154.$$

Feld (II): Gemäß Gl. (355a) ergibt sich

$$k_{2,3} = k_{3,2} = \frac{10}{l_2} = \frac{10}{5{,}6} = 1{,}786.$$

In Abb. 416 sind die Werte k und k^0 jeweils in der Feldmitte eingetragen.

Momentenverteilungszahlen μ

Die μ-Zahlen werden hier nur für die Stütze (2) gebraucht, da weder bei Stütze (1) noch im voll eingespannten Auflager (3) ein Momentenausgleich erfolgt; nach Gl. (364) wird

$$\Sigma k = k^0_{2,1} + k_{2,3} = 1{,}154 + 1{,}786 = 2{,}940$$

und nach Gl. (363)

$$\mu_{2,1} = \frac{k^0_{2,1}}{\Sigma k} = \frac{1{,}154}{2{,}940} = 0{,}393; \qquad \mu_{2,3} = \frac{k_{2,3}}{\Sigma k} = \frac{1{,}786}{2{,}940} = 0{,}607.$$

Die μ-Werte werden in der Systemskizze (Abb. 416) bei Stütze (2) angeschrieben.

Volleinspannmomente $\mathfrak{M}$ *bzw.* $\mathfrak{M}^0$

Kragarm:

$$\mathfrak{M}_{1,K} = -\frac{q_1 a^2}{2} = -\frac{1{,}8 \cdot 2{,}0^2}{2} = -3{,}60 \text{ tm}.$$

Feld (I): Wegen gelenkiger Lagerung bei Stütze (1) wird nach Tafel 4

$$\mathfrak{M}^0_{2,1} = -\frac{q_1 l_1^2}{8} = -\frac{1{,}8 \cdot 6{,}5^2}{8} = -9{,}51 \text{ tm}.$$

Feld (II): Nach Tafel 1 erhält man

$$\mathfrak{M}_{2,3} = +\frac{q_2 l_2^2}{12} = +\frac{2{,}5 \cdot 5{,}6^2}{12} = +6{,}53 \text{ tm}; \qquad \mathfrak{M}_{3,2} = -6{,}53 \text{ tm}.$$

Momentenausgleich (Abb. 416)

Die bereits ermittelten $\mathfrak{M}$- und $\mathfrak{M}^0$-Werte werden in die Rechnungs-Skizze (Abb. 416) eingeschrieben und mit einem * gekennzeichnet (Zeile 1). Der Ausgleich beginnt bei Stütze (1) mit dem größten Restmoment $M_1 = -3{,}60$ tm (1. Ausgleich!). Nach Weiterleitung des Kragmomentes zur Stütze (2) erhält man dort das Übergangsmoment $M''_{2,1} = +1{,}80$ tm (Zeile 2). Die Ermittlung des Restmomentes bei Stütze (2) ergibt nach Gl. (373) $M_2 = -9{,}51 + 6{,}53 + 1{,}80 = -1{,}18$ tm (Zeile 3); dieser Wert wird in eine eckige Klammer gesetzt und mit der Ziffer 2 versehen (2. Ausgleich!). Das Restmoment M_2 wird nun mit Hilfe der μ-Zahlen auf die Stäbe links und rechts der Stütze (2) verteilt; man erhält die beiden Werte $M'_{2,1} = +0{,}46$ tm und $M'_{2,3} = +0{,}72$ tm. Sie sind in Zeile 4 angeschrieben und als Hinweis auf den vollzogenen Ausgleich einmal unterstrichen. Mit der Weiterleitung von $M'_{2,3}$ zur Stütze (3) durch Halbieren dieses Wertes, der mit gleichem Vorzeichen in dieselbe Zeile geschrieben wird, ist der gesamte Ausgleich bereits abgeschlossen. Durch algebraische Addition der jedem Stabende zugeordneten, in Gruppen untereinander stehenden Momentenanteile $\mathfrak{M}$, M' und M'' ergeben sich gemäß Gl. (374) die in der Skizze durch Doppelstriche gekennzeichneten endgültigen M-Werte (Zeile 5).

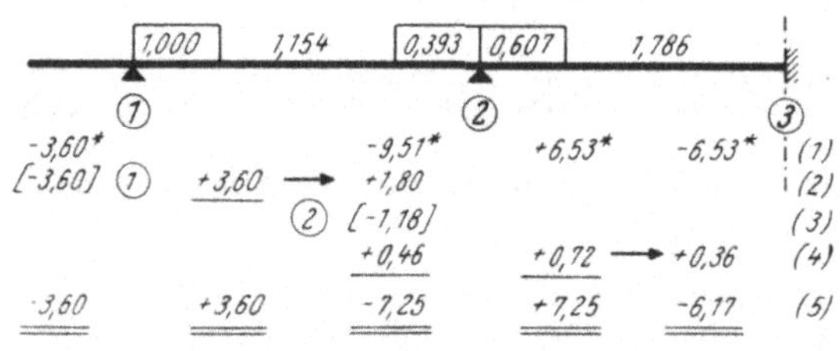

Abb. 416. Rechnungs-Skizze

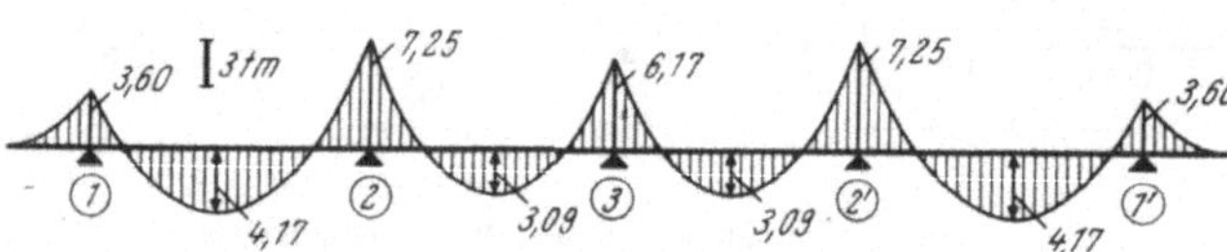

Abb. 417. Endgültiger M-Verlauf

Der gesamte M-Verlauf ist in Abb. 417 maßstäblich aufgetragen. Die maximalen Feldmomente können entweder aus der M-Linie entnommen oder nach Gl. (214) bzw. (215) rechnerisch ermittelt werden.

e) Unsymmetrischer Dreifeldträger mit voller Einspannung bei (1)

Dieses Beispiel (Abb. 418) wurde bereits Seite 233ff. mit ausführlicher Berechnung und statischer Deutung der verschiedenen Zwischenergebnisse anhand Abb. 389a bis m durchgeführt. Hier soll nun der praktische Rechnungsgang nach den Anweisungen Seite 238f. gezeigt werden. Die Hilfswerte k, k^0, μ und $\mathfrak{M}$ bzw. $\mathfrak{M}^0$ werden aus der früheren Berechnung übernommen; es haben sich dort ergeben

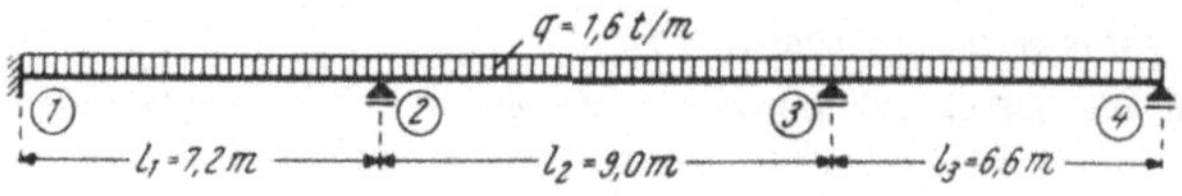

Abb. 418. Spannweiten und Belastungsangaben

Steifigkeitszahlen k bzw. k^0

$k_{1,2} = k_{2,1} = 1{,}389;\qquad k_{2,3} = k_{3,2} = 1{,}111;\qquad k^0_{3,4} = 1{,}136.$

Momentenverteilungszahlen μ

$\mu_{2,1} = 0{,}556\qquad \mu_{2,3} = 0{,}444$

$\mu_{3,2} = 0{,}494\qquad \mu_{3,4} = 0{,}506.$

Volleinspannmomente $\mathfrak{M}$ bzw. $\mathfrak{M}^0$

$\mathfrak{M}_{1,2} = +\ 6{,}91$ tm $\qquad \mathfrak{M}_{2,1} = -\ 6{,}91$ tm

$\mathfrak{M}_{2,3} = +\ 10{,}80$ „ $\qquad \mathfrak{M}_{3,2} = -\ 10{,}80$ „

$\mathfrak{M}^0_{3,4} = +\ 8{,}71$ „ .

Die k- und k^0-Zahlen sind in Abb. 419 in Feldmitte, die μ-Zahlen jeweils links und rechts der betreffenden Stütze eingeschrieben.

Momentenausgleich (Abb. 419)

Man trägt die Werte $\mathfrak{M}$ und $\mathfrak{M}^0$, die zur Unterscheidung von den übrigen M-Werten mit einem * versehen werden, in Zeile 1 ein und ermittelt das Restmoment bei Stütze (2) mit $M_2 = \Sigma \mathfrak{M}_{2,i} = -6{,}91 + 10{,}80 = +3{,}89$ tm (Zeile 2). Dieser Wert wird in eine eckige Klammer gesetzt und mit der Ziffer 1 versehen (1. Ausgleich!). Die Verteilung dieses Restmomentes erfolgt mit den μ-Zahlen bei Stütze (2); man erhält $M'_{2,1} = -2{,}16$ tm und $M'_{2,3} = -1{,}73$ tm. Als Hinweis auf den vollzogenen Ausgleich werden die M'-Werte unterstrichen; ihre Vorzeichen sind stets entgegengesetzt jenem des verteilten Stützenmomentes (Zeile 3). Die Weiterleitung der M'-Werte erfolgt in der gleichen Zeile und wird durch einen Pfeil angedeutet. Die Übergangsmomente erhalten durchweg das gleiche Vorzeichen wie M'. Hier ergibt sich $M''_{1,2} = 0{,}5\ M'_{2,1} = -1{,}08$ tm und $M''_{3,2} = 0{,}5\ M'_{2,3} = -0{,}86$ tm (Zeile 3). Der nächste Ausgleich geschieht bei Stütze (3); das Restmoment beträgt $M_3 = -2{,}95$ tm. Dieser Wert wird in Zeile 4 in eine eckige Klammer gesetzt und mit der Ziffer 2 versehen (2. Ausgleich!). Die Verteilung ergibt die Werte $M'_{3,2} = +1{,}46$ tm und $M'_{3,4} = +1{,}49$ tm, die in Zeile 5 aufgeschrieben und zum Zeichen des erfolgten Ausgleiches unterstrichen werden; in dieselbe Zeile wird auch das Übergangsmoment $M''_{2,3} = 0{,}5\ M'_{3,2} = +0{,}73$ tm eingetragen. Die Weiterleitung von $M'_{3,4}$ nach (4) entfällt, weil dort gelenkige Lagerung vorhanden ist. Der nächste Ausgleich ist nun bei Stütze (2) mit dem Restmoment $M_2 = +0{,}73$ tm vorzunehmen (Zeile 6). Man erhält $M'_{2,1} = -0{,}41$ tm und $M'_{2,3} = -0{,}32$ tm sowie die in gleicher Zeile stehenden Übergangsmomente $M''_{1,2} = -0{,}20$ tm und $M''_{3,2} = -0{,}16$ tm (Zeile 7). Bei Knoten (3) ist wiederum ein Restmoment $M_3 = -0{,}16$ tm vorhanden (Zeile 8). Seine

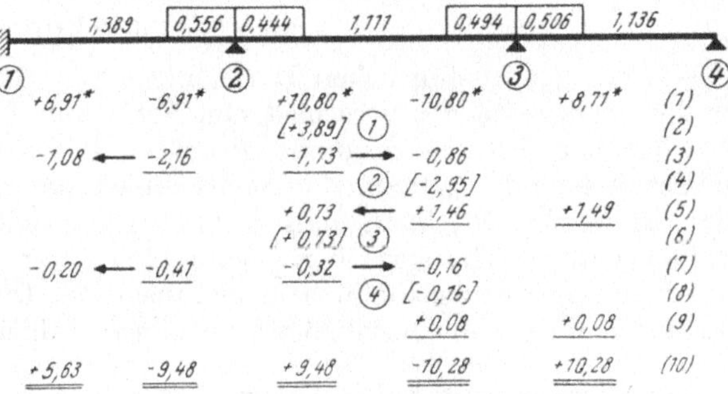

Abb. 419. Rechnungs-Skizze

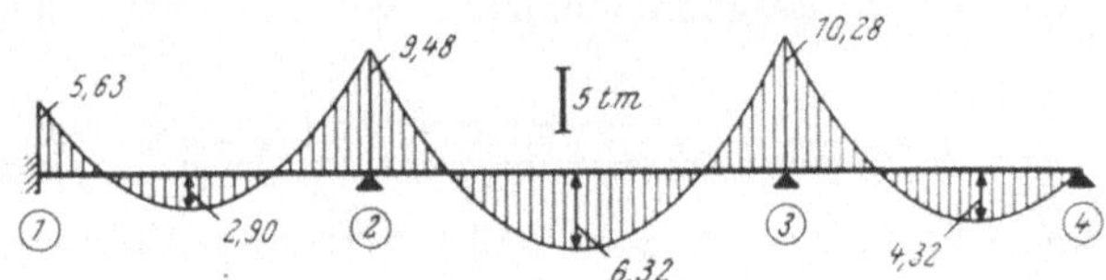

Abb. 420. Endgültiger M-Verlauf

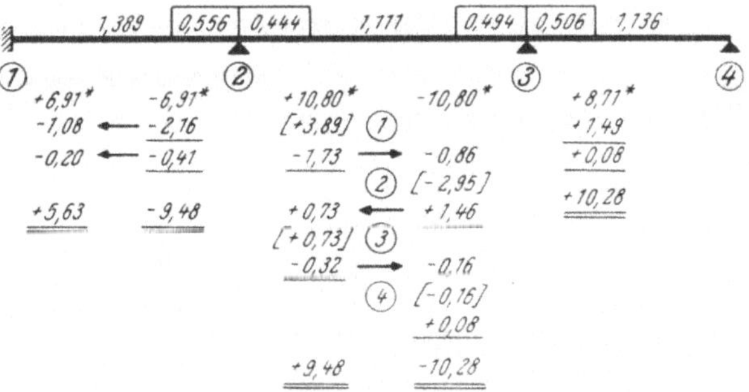

Abb. 421. Rechnungs-Skizze in gedrängter Schreibweise

Verteilung ergibt die in Zeile 9 stehenden Werte $M'_{3,2} = + 0{,}08$ tm und $M'_{3,4} = + 0{,}08$ tm. die nun bereits genügend klein sind und nicht mehr weitergeleitet zu werden brauchen. Durch algebraische Addition der in den einzelnen Kolonnen stehenden Teilbeträge — mit Ausnahme der Stützenrestmomente in eckigen Klammern — ergeben sich die gesuchten Stützenmomente. Zur Probe müssen die jeweils links und rechts der Stützen erhaltenen Beträge gleiche Größe, aber entgegengesetztes Vorzeichen aufweisen.

In Abb. 420 ist der gesamte M-Verlauf maßstäblich aufgezeichnet. Die maximalen Feldmomente können entweder nach Gl. (160) bzw. (214) rechnerisch ermittelt oder mit hinreichender Genauigkeit aus der M-Linie maßstäblich entnommen werden.

Anmerkung. Die in Abb. 419 gewählte Schreibart kann nach einiger Übung auch durch eine gedrängtere Form ersetzt werden, wie sie in Abb. 421 gezeigt wird. In allen Fällen ist aber zu empfehlen, die Stützenrestmomente in der Rechnungs-Skizze stets mit anzuschreiben. weil so eine bessere Übersicht erzielt wird und viele Fehlerquellen beseitigt werden.

K. Ermittlung der Maximalmomentenlinie nach der CROSS-Methode

a) Vorbemerkung

Wie aus den ausführlichen Darlegungen Seite 173 ff. und 215f. hervorgeht, sind für die Größtwerte der verschiedenen Feld- und Stützenmomente die in Abb.305 bzw. 358 übersichtlich zusammengestellten Belastungskombinationen maßgebend. Zur Ermittlung der „Maximalmomentenlinie", deren Bedeutung bereits Seite 173ff. erläutert worden ist, kann man — ähnlich wie bei der Ermittlung mit Hilfe der Dreimomentengleichungen (vgl. Seite 175f. mit Abb. 306 bis 309) — sofort von diesen Belastungskombinationen ausgehen. Die praktische Durchführung der Gesamtrechnung soll anschließend an einem Zahlenbeispiel gezeigt werden.

b) Anwendungsbeispiel: max M-Linie für einen Dreifeldträger

Die Spannweiten und Belastungsangaben sind aus Abb. 422 zu ersehen. Die Querschnittsträgheitsmomente seien in sämtlichen Feldern gleich groß. Um die max M-Linie zeichnen zu können, sind hier die in Abb. 423 schematisch dargestellten vier Belastungsfälle zu berechnen; der Momentenausgleich ist also viermal vorzunehmen.

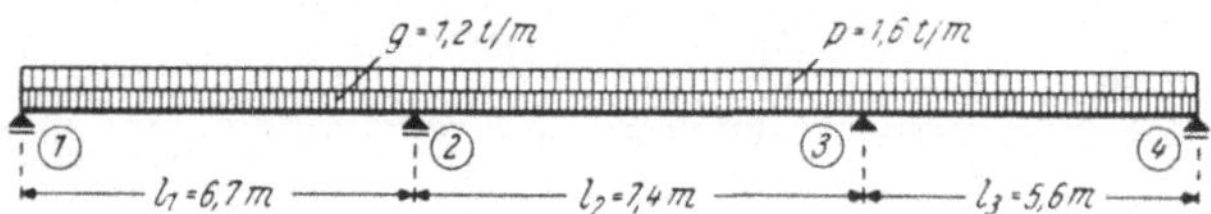

Abb. 422. Spannweiten und Belastungsangaben

Die Berechnung der verschiedenen Hilfswerte geschieht in üblicher Weise.

Stabfestwerte k bzw. k^0

Feld (I): Wegen gelenkiger Lagerung bei (1) wird nach Gl. (356a)

$$k^0_{2,1} = \frac{7{,}5}{l_1} = \frac{7{,}5}{6{,}7} = 1{,}119.$$

Feld (II): Nach Gl. (355a) erhält man

$$k_{2,3} = k_{3,2} = \frac{10}{l_2} = \frac{10}{7{,}4} = 1{,}351.$$

Feld (III): Wegen gelenkiger Lagerung bei (4) wird nach Gl. (356a)

$$k^0_{3,4} = \frac{7{,}5}{l_3} = \frac{7{,}5}{5{,}6} = 1{,}339.$$

Momentenverteilungszahlen μ

Nach Gl. (364) und (363) erhält man für

Stütze (2): $\Sigma k = k^0_{2,1} + k_{2,3} = 1{,}119 + 1{,}351 = 2{,}470.$

$$\mu_{2,1} = \frac{k^0_{2,1}}{\Sigma k} = \frac{1{,}119}{2{,}470} = 0{,}453; \qquad \mu_{2,3} = \frac{k_{2,3}}{\Sigma k} = \frac{1{,}351}{2{,}470} = 0{,}547.$$

Probe: $\Sigma \mu = 0{,}453 + 0{,}547 = 1.$

Stütze (3): $\Sigma k = k_{3,2} + k^0_{3,4} = 1{,}351 + 1{,}339 = 2{,}690.$

$$\mu_{3,2} = \frac{k_{3,2}}{\Sigma k} = \frac{1{,}351}{2{,}690} = 0{,}502$$

$$\mu_{3,4} = \frac{k^0_{3,4}}{\Sigma k} = \frac{1{,}339}{2{,}690} = 0{,}498.$$

Probe: $\Sigma \mu = 0{,}502 + 0{,}498 = 1.$

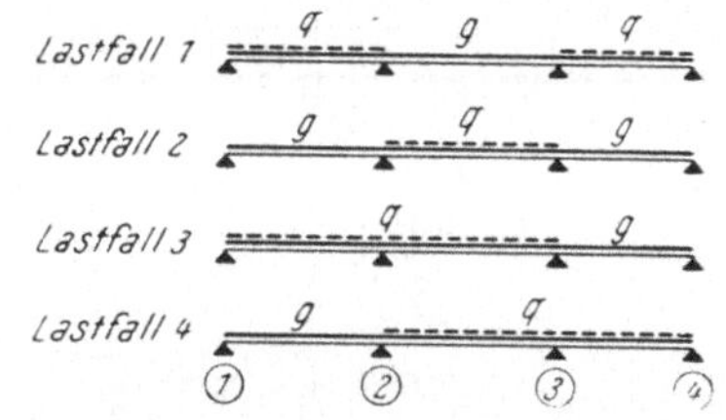

Lastfall 1, Lastfall 2, Lastfall 3, Lastfall 4

Abb. 423. Belastungs-Kombinationen zur Ermittlung der Maximalmomentenlinie

Volleinspannmomente $\mathfrak{M}$ bzw. $\mathfrak{M}^0$

Die $\mathfrak{M}$- bzw. $\mathfrak{M}^0$-Werte sind für die vier in Betracht kommenden Belastungsfälle (Abb. 423) getrennt zu ermitteln.

Lastfall 1 (Abb. 423/1):

$$\mathfrak{M}^0_{2,1} = -\frac{q\,l_1^2}{8} = -\frac{2{,}8 \cdot 6{,}7^2}{8} = -15{,}71 \text{ tm}$$

$$\mathfrak{M}_{2,3} = +\frac{g\,l_2^2}{12} = +\frac{1{,}2 \cdot 7{,}4^2}{12} = +\ 5{,}48 \text{ ,, ;} \qquad \mathfrak{M}_{3,2} = -5{,}48 \text{ tm}$$

$$\mathfrak{M}^0_{3,4} = +\frac{q\,l_3^2}{8} = +\frac{2{,}8 \cdot 5{,}6^2}{8} = +10{,}98 \text{ ,, .}$$

Lastfall 2 (Abb. 423/2):

$$\mathfrak{M}^0_{2,1} = -\frac{g\,l_1^2}{8} = -\frac{1{,}2 \cdot 6{,}7^2}{8} = -\ 6{,}73 \text{ tm}$$

$$\mathfrak{M}_{2,3} = +\frac{q\,l_2^2}{12} = +\frac{2{,}8 \cdot 7{,}4^2}{12} = +12{,}78 \text{ ,, ;} \qquad \mathfrak{M}_{3,2} = -12{,}78 \text{ tm}$$

$$\mathfrak{M}^0_{3,4} = +\frac{g\,l_3^2}{8} = +\frac{1{,}2 \cdot 5{,}6^2}{8} = +\ 4{,}70 \text{ ,, .}$$

Lastfall 3 (Abb. 423/3):

$\mathfrak{M}^0_{2,1} = -15{,}71$ tm (wie bei Lastfall 1)
$\mathfrak{M}_{2,3} = +12{,}78$,, ; $\mathfrak{M}_{3,2} = -12{,}78$ tm (wie bei Lastfall 2)
$\mathfrak{M}^0_{3,4} = +\ 4{,}70$,, (wie bei Lastfall 2).

Lastfall 4 (Abb. 423/4):

$\mathfrak{M}^0_{2,1} = -\ 6{,}73$ tm (wie bei Lastfall 2)
$\mathfrak{M}_{2,3} = +12{,}78$,, ; $\mathfrak{M}_{3,2} = -12{,}78$ tm (wie bei Lastfall 2)
$\mathfrak{M}^0_{3,4} = +10{,}98$,, (wie bei Lastfall 1).

Momentenausgleich
(Abb. 424 bis 427)

Der Ausgleich wird für die vier Lastfälle in den Rechnungs-Skizzen (Abb. 424 bis 427) nach Eintragung der Verteilungszahlen μ und der entsprechenden Werte $\mathfrak{M}$ bzw. $\mathfrak{M}^0$ in üblicher Art nach den Anweisungen Seite 238 f. durchgeführt. Die doppelt unterstrichenen Ergebnisse lauten:

Lastfall 1 (Abb. 424)

$M_{2,1} = -10{,}08$ tm
$M_{2,3} = +10{,}08$,,
$M_{3,2} = -\ 6{,}55$,,
$M_{3,4} = +\ 6{,}55$,,

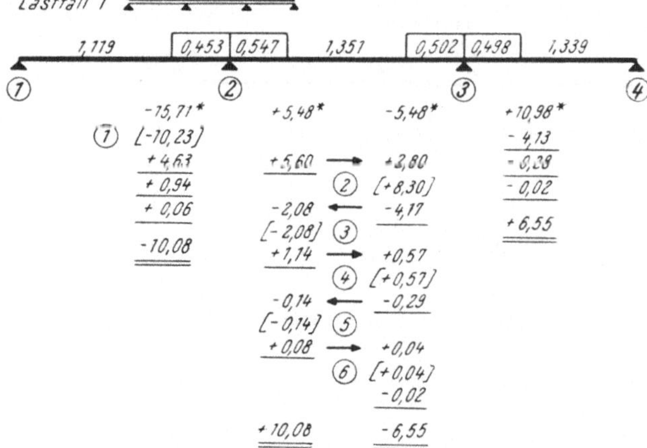

Abb. 424. Rechnungs-Skizze für Lastfall 1

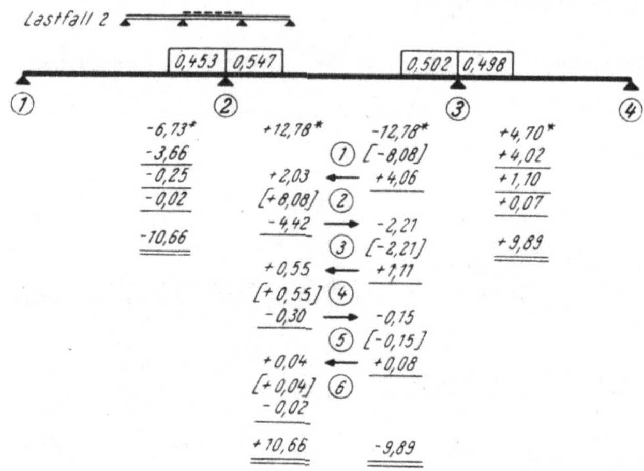

Abb. 425. Rechnungs-Skizze für Lastfall 2

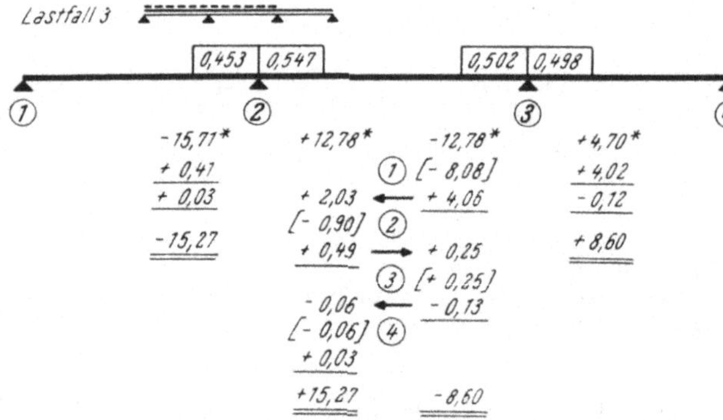

Abb. 426. Rechnungs-Skizze für Lastfall 3

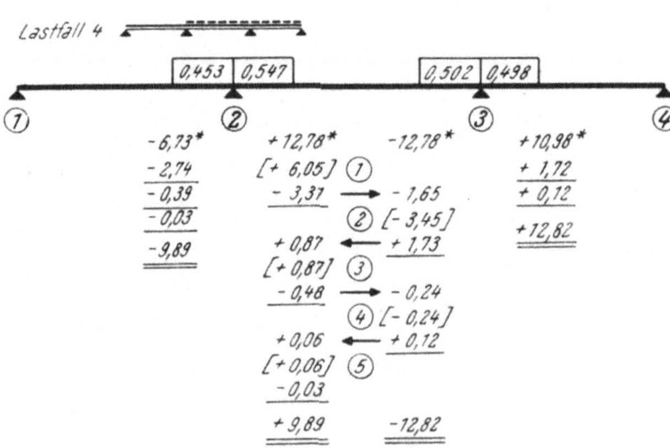

Abb. 427. Rechnungs-Skizze für Lastfall 4

Lastfall 2 (Abb. 425)

$M_{2,1} = -10{,}66$ tm

$M_{2,3} = +10{,}66$ „

$M_{3,2} = -\ 9{,}89$ „

$M_{3,4} = +\ 9{,}89$ „

Lastfall 3 (Abb. 426)

$M_{2,1} = -15{,}27$ tm

$M_{2,3} = +15{,}27$ „

$M_{3,2} = -\ 8{,}60$ „

$M_{3,4} = +\ 8{,}60$ „

Lastfall 4 (Abb. 427)

$M_{2,1} = -\ 9{,}89$ tm

$M_{2,3} = +\ 9{,}89$ „

$M_{3,2} = -12{,}82$ „

$M_{3,4} = +12{,}82$ „ .

Aufzeichnen der Maximalmomentenlinie

Mit den erhaltenen Ergebnissen kann die max M-Linie nach den Erläuterungen Seite 180 f. leicht aufgezeichnet werden. Man braucht hierzu allerdings noch die nachstehend ermittelten $M^{(0)}$-Werte für g und q in den drei Feldern, und zwar wird für

Feld (I):

$$M_g^{(0)} = \frac{g\, l_1^2}{8} = \frac{1{,}2 \cdot 6{,}7^2}{8} = 6{,}73 \text{ tm};$$

$$M_q^{(0)} = \frac{q\, l_1^2}{8} = \frac{2{,}8 \cdot 6{,}7^2}{8} = 15{,}71 \text{ tm}.$$

Feld (II):

$$M_g^{(0)} = \frac{g\, l_2^2}{8} = \frac{1{,}2 \cdot 7{,}4^2}{8} = 8{,}21 \text{ tm};$$

$$M_q^{(0)} = \frac{q\, l_2^2}{8} = \frac{2{,}8 \cdot 7{,}4^2}{8} = 19{,}17 \text{ tm}.$$

Feld (III):

$$M_g^{(0)} = \frac{g\,l_3^2}{8} = \frac{1{,}2 \cdot 5{,}6^2}{8} = 4{,}70 \text{ tm}; \qquad M_q^{(0)} = \frac{q\,l_3^2}{8} = \frac{2{,}8 \cdot 5{,}6^2}{8} = 10{,}98 \text{ tm}.$$

In Abb. 428 ist die Maximalmomentenlinie maßstäblich aufgetragen. Die Größtwerte der Feldmomente können entweder maßstäblich aus der Maximalmomentenlinie entnommen oder nach Gl. (160) bzw. (214) rechnerisch bestimmt werden.

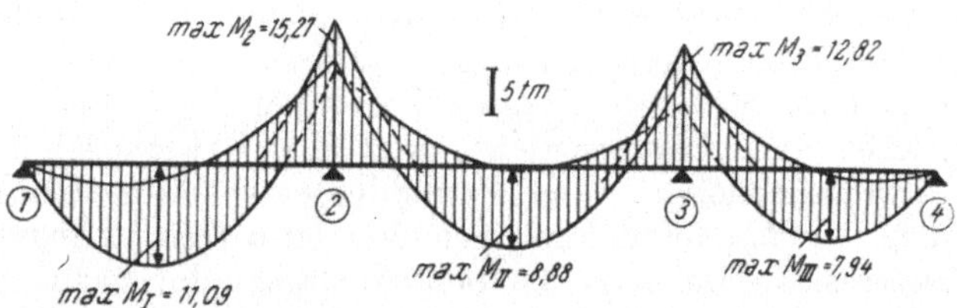

Abb. 428. Maximalmomentenlinie

L. Schlußbemerkung

Im Anschluß an die in diesem Abschnitt behandelten Typen von Durchlaufträgern mit konstantem Trägheitsmoment in allen Feldern bzw. mit nur feldweise verschiedenen Trägheitsmomenten sei nochmals auf die besondere Bedeutung von Durchlaufträgern mit Vouten hingewiesen. Die wirtschaftlichen Vorteile dieser Trägerform, die besonders bei schwer belasteten oder weitgespannten Konstruktionen bevorzugt wird, wurden bereits Seite 192f. gezeigt, wo auch Hinweise für die Berechnung solcher Durchlaufträger mit Vouten bei Verwendung der Dreimomentengleichungen gegeben werden.

Die Berechnung von Durchlaufträgern mit Vouten nach der CROSS-Methode geschieht im wesentlichen in der gleichen Art wie beim Durchlaufträger ohne Vouten. Es ergeben sich lediglich in der zahlenmäßigen Ermittlung der Steifigkeitszahlen, der Volleinspannmomente sowie der μ- und γ-Zahlen einige Abweichungen. Diese Werte können jedoch ohne Schwierigkeit leicht bestimmt werden mit Hilfe der Zahlen- und Kurventafeln aus dem die CROSS-Methode behandelnden Spezialwerk des Verfassers[1]; dort wird auch die Berechnung von Durchlaufträgern mit Vouten nach den hier aufgestellten Grundsätzen ausführlich behandelt.

X. Einfache Rahmentragwerke

1. Allgemeine Erläuterungen

Wenn einzelne Stäbe eines Tragwerkes, z. B. zwei Streben (vgl. Abb. 429) oder eine Strebe und ein Träger (Abb. 430) oder Stützen und Träger (Abb. 431 und 432), biegungsfest miteinander verbunden sind, so spricht man in der Statik

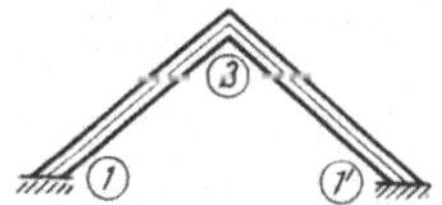

Abb. 429. „Dreieck-Rahmen" mit biegungssteifer Verbindung bei (2)

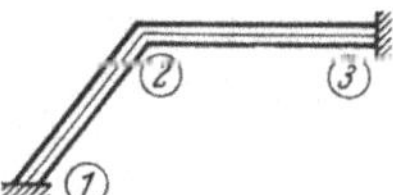

Abb. 430

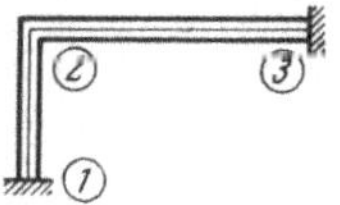

Abb. 431

„Einhüftige Rahmen" mit biegungssteifer Verbindung bei (2)

Abb. 432. „Zweistieliger Rahmen" mit biegungssteifer Verbindung bei (2) und (2')

von „Rahmen" oder „Rahmentragwerken". Derartige Rahmen können aus Stahl, Stahlbeton oder auch aus Holz bestehen. Im Stahlbau wird die biegungsfeste

[1] GULDAN: „Die CROSS-Methode und ihre praktische Anwendung", Wien 1955.

Verbindung der einzelnen „Rahmenstäbe“ in geeigneter Weise durch Nietung, Schweißung oder durch Verwendung von Paßschrauben, im Stahlbetonbau durch eine entsprechende Bewehrung in den Rahmenecken, im Holzbau durch eine fachgemäße Verdübelung, Nagelung oder Verleimung hergestellt.

Man bezeichnet bei diesen Rahmentragwerken die waagrechten oder nur wenig geneigten Stäbe als „Rahmenriegel“, die lotrechten oder nur wenig schräg stehenden Stäbe als „Rahmenstiele“ und die Kreuzungspunkte der einzelnen Stäbe als „Rahmenknoten“. Die Verbindung der Rahmen mit den übrigen Bauteilen oder den Fundamenten kann gelenkig, also frei drehbar, oder voll eingespannt, somit starr sein. Das sind die beiden Grenzfälle; dazwischen liegt die sog. „teilweise“ oder „elastische“ Einspannung, die ebenfalls häufig auftritt. Ist ein Rahmen gelenkig gelagert, so bezeichnet man ihn als „Gelenkrahmen“, ist er eingespannt, so heißt er „eingespannter Rahmen“. Es kann aber auch eine kombinierte Lagerung vorhanden sein, d. h. daß *ein* Stab „gelenkig“, der *andere* „eingespannt“ gelagert ist (vgl. Abb. 441 und 445). In den Abb. 433 bis 461 ist eine Zusammenstellung von einigen einfachen symmetrischen und unsymmetrischen Rahmentragwerken

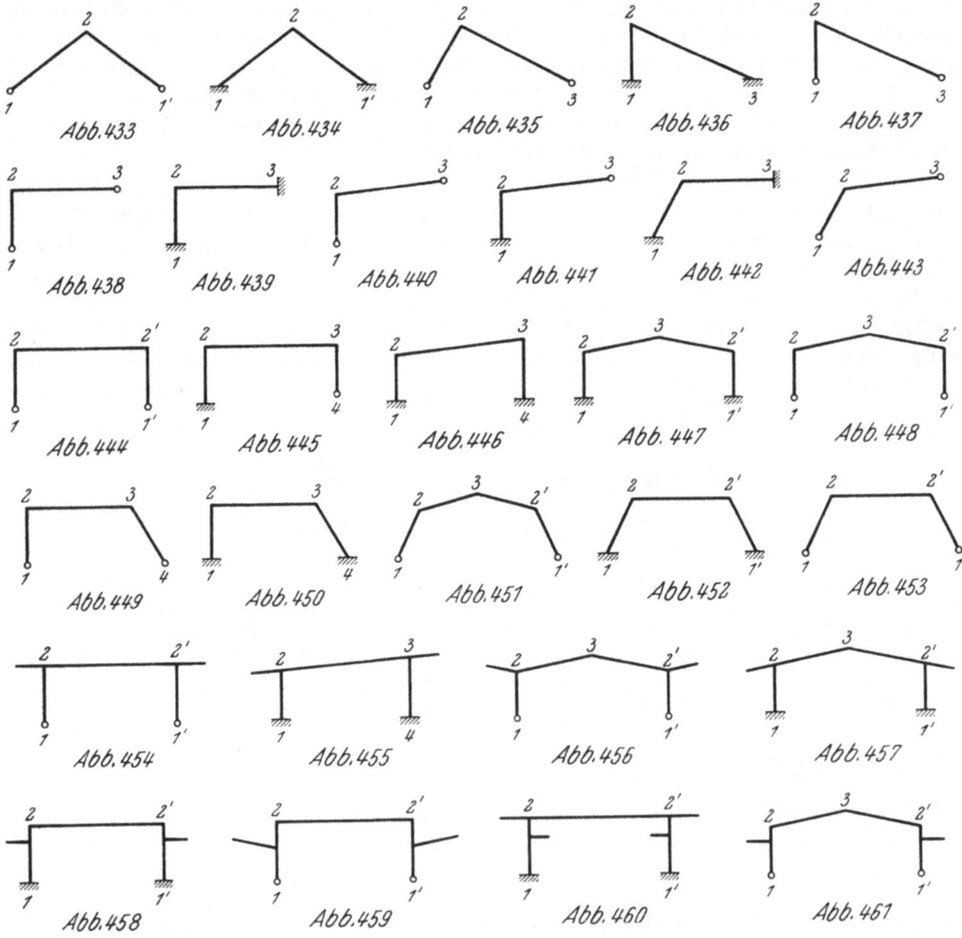

Abb. 433 bis 461. Einfache symmetrische und unsymmetrische Rahmentragwerke: Dreieck-Rahmen (Abb. 433 bis 437); einhüftige Rahmen (Abb. 438 bis 443); zweistielige Rahmen (Abb. 444 bis 461)

gegeben, die teils gelenkig, teils eingespannt gelagert sind. Dabei können je nach der geometrischen Form folgende Gruppen unterschieden werden:

a) Dreieck-Rahmen (Abb. 433 bis 437),

b) Einhüftige Rahmen (Abb. 438 bis 443),

c) Zweistielige Rahmen mit waagrechtem Riegel (Abb. 444, 445, 449, 450, 452 bis 454, 458 bis 460),

d) Zweistielige Rahmen mit geknicktem Riegel (Abb. 447, 448, 451, 456, 457, 461),

e) Zweistielige Rahmen mit geneigtem Riegel (Abb. 446, 455),

f) Zweistielige Rahmen mit lotrechten Stielen (Abb. 444 bis 450, 454 bis 461),

g) Zweistielige Rahmen mit schrägen Stielen (Abb. 449 bis 453),

h) Zweistielige Rahmen mit Kragarmen (Abb. 454 bis 461).

Der Grad der statischen Unbestimmtheit der in den Abb. 433 bis 461 zusammengestellten Rahmen kann nach den gleichen Grundsätzen ermittelt werden wie bei einem Durchlaufträger (vgl. Seite 130f. bzw. 160). Er hängt auch hier von der Anzahl der unbekannten Auflagerreaktionen ab. Dabei ist zu beachten, daß in einem *Gelenk* zwei Auflagerreaktionen, nämlich H und V, in einer *Einspannstelle* jedoch drei Auflagerreaktionen auftreten, und zwar H, V und M. Da für jedes Tragwerk aber nur drei voneinander unabhängige statische Gleichgewichtsbedingungen aufgestellt werden können, so ergibt sich der Grad der statischen Unbestimmtheit bei Rahmen von der Art der Abb. 462 mit

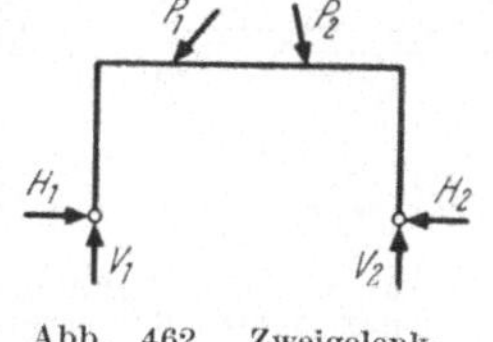

Abb. 462. Zweigelenkrahmen

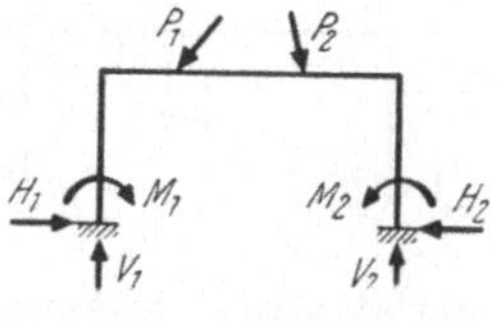

Abb. 463. Eingespannter Rahmen

$$r = z - 3, \tag{375}$$

wobei z die Anzahl der unbekannten Auflagerreaktionen bedeutet.

Es ist somit für einen Zweigelenkrahmen (Abb. 462) mit den vier Auflagerreaktionen H_1, V_1, H_2, V_2

$$r = 4 - 3 = 1,$$

d. h. alle Zweigelenkrahmen aus den Abb. 433 bis 461 sind „1-fach statisch unbestimmt", unabhängig davon, welche Form und Lage die Rahmenstiele und Rahmenriegel besitzen.

Für den eingespannten zweistieligen Rahmen (Abb. 463) ergeben sich sechs unbekannte Auflagerreaktionen, nämlich H_1, V_1, M_1, H_2, V_2 und M_2; daher wird nach Gl. (375)

$$r = 6 - 3 = 3,$$

d. h. alle voll eingespannten Rahmen der Abb. 433 bis 461 sind „3-fach statisch unbestimmt", und zwar wieder unabhängig von der Form und Lage der einzelnen Stäbe.

2. Statisches Verhalten der Rahmentragwerke

Das statische Verhalten von zweistieligen Rahmentragwerken unter der Einwirkung einer Riegelbelastung kann am besten an dem einfachen Fall des symmetrischen Rahmens gezeigt werden. In Abb. 464a ist ein Zweigelenkrahmen, in Abb. 465a ein eingespannter Rahmen dargestellt, deren Riegel jeweils mit einer durchgehenden Gleichlast q belastet sind. Die von der Gleichlast erzeugten, für Rahmentragwerke charakteristischen Verformungsbilder sind in den Abb. 464b und 465b schematisch dargestellt. Bei genauerer Betrachtung findet man unschwer verschiedene kennzeichnende Merkmale an den Biegelinien der beiden Rahmenstiele und des Rahmenriegels heraus. Von besonderer Wichtigkeit ist dabei die Tatsache, daß die an den Stabkreuzungspunkten — also hier in den Knotenpunkten (2) und (2′) — auftretenden Endtangentenwinkel der Biegelinien des Stieles und des Riegels stets **gleiche Größe** haben müssen und somit auch die Verdrehungswinkel der Stabendquerschnitte von Riegel und Stiel in jedem Rahmenknoten gleich groß sind. Man findet hier also die gleiche Verformungsbedingung, die bereits bei der Aufstellung der Dreimomentengleichungen für Durchlaufträger benutzt wurde; auch dort ging man davon aus, daß die Endtangentenwinkel unmittelbar links und rechts einer jeden Stütze gleiche Größe aufweisen müssen (vgl. Gl. (252), Seite 162). Diese Bedingung, die demnach auch in den einzelnen Rahmenknoten Gültigkeit hat, bezeichnet man hier ebenfalls als „Kontinuitätsbedingung".

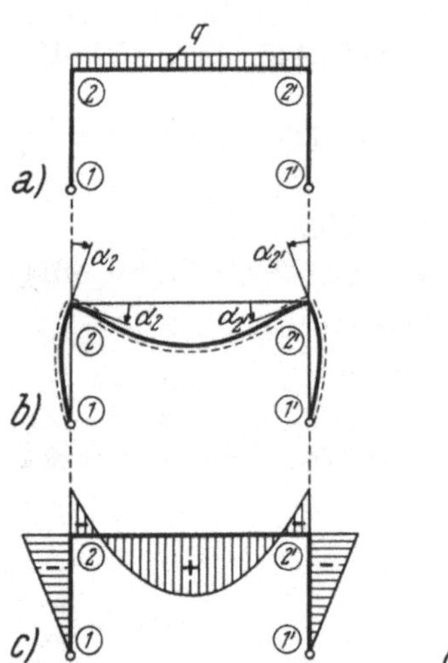

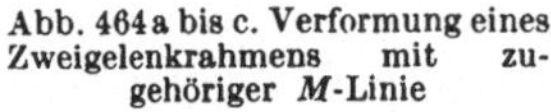
Abb. 464a bis c. Verformung eines Zweigelenkrahmens mit zugehöriger M-Linie

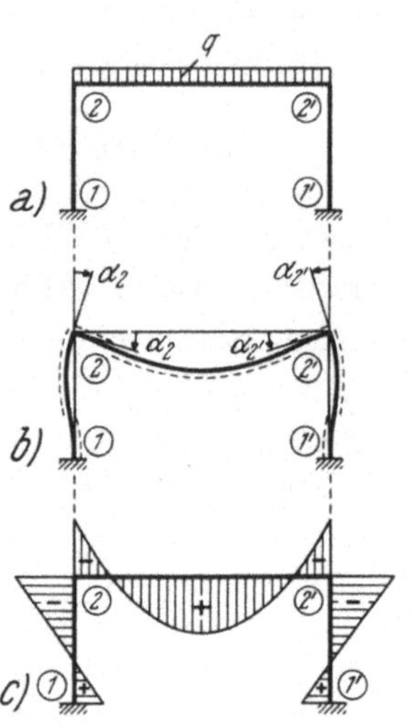
Abb. 465a bis c. Verformung eines eingespannten Rahmens mit zugehöriger M-Linie

Vergleicht man die **Riegel-Biegelinie** des Zweigelenkrahmens (Abb. 464b) mit der des eingespannten Rahmens (Abb. 465b), so erkennt man, daß in beiden Fällen zwei Wendepunkte auftreten. In dem Bereich zwischen diesen Wendepunkten wird der Riegel an der *Unterseite* gezogen (in Abb. 464b und 465b sind die Zugzonen gestrichelt angedeutet), somit treten dort *positive* Momente auf, während in den Bereichen zwischen den Wendepunkten und den Rahmenecken der Riegel an der *Oberseite* gezogen wird, also hier *negative* Momente vorhanden sind.

Die Lage der Nullpunkte in den zugehörigen M-Linien (Abb. 464c und 465c) stimmt mit den Wendepunkten der Biegelinien überein. Ihre genaue Lage hängt von dem Einspannungsgrad des Riegels in den Stielen ab, somit vor allem von dem Verhältnis der Steifigkeitszahl k_r des Riegels zur Steifigkeitszahl k_s des Stieles; sie hängt also auch davon ab, ob die Stiele gelenkig gelagert oder voll eingespannt sind. Bei voller Einspannung der Stiele rücken die Wendepunkte bzw. die Momentennullpunkte weiter ins Feld, wodurch die positiven Riegelmomente kleiner, die negativen hingegen größer werden.

Die **Stiel-Biegelinien** zeigen beim Zweigelenkrahmen (Abb. 464b) auf der ganzen Länge eine Krümmung nach *außen*, während sie beim eingespannten Rahmen (Abb. 465b) nur im oberen Bereich nach *außen*, im unteren dagegen nach *innen* gekrümmt sind. Die Biegelinien der Stiele weisen somit beim eingespannten Rahmen einen Wendepunkt auf, weshalb auch die zugehörige M-Linie an der gleichen Stelle einen Nullpunkt haben muß. Man beachte die in Abb. 464c und 465c dargestellten M-Linien, die den Biegelinien in den Abb. 464b und 465b entsprechen und nach der allgemeinen Regel wieder an der *Zugseite* der einzelnen Stäbe angetragen sind.

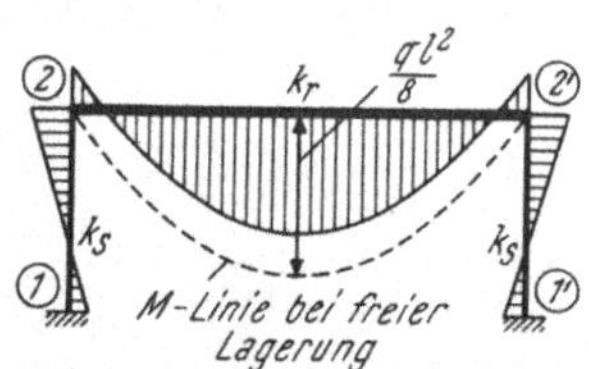

Abb. 466. Geringe Einspannung des starken Riegels in die schwachen Stiele: *Kleines* Einspannmoment

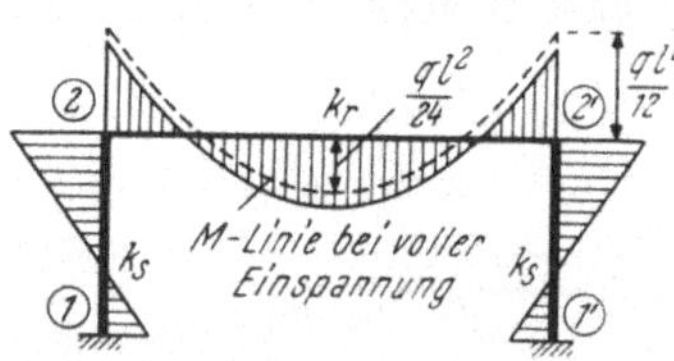

Abb. 467. Große Einspannung des schwachen Riegels in die starken Stiele: *Großes* Einspannmoment

Nach den hier angestellten Überlegungen kann man sehr leicht die Grenzwerte der Feld- und Stützenmomente des Riegels angeben: Ist die Einspannung des Riegels in die Stiele nur gering (Abb. 466), so nähert sich das Verhalten des Riegels dem eines *frei aufliegenden Trägers*; ist hingegen die Einspannung des Riegels in die Stiele sehr groß (Abb. 467), dann ähnelt das Verhalten des Riegels dem eines *voll eingespannten Trägers*.

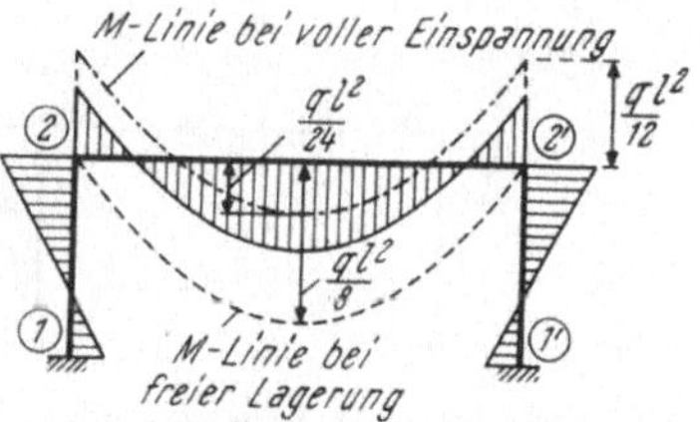

Abb. 468. M-Linie für eine mittlere Einspannung des Riegels (———) mit den M-Linien im Riegel bei voller Einspannung (— · — · —) und freier Lagerung (— — — —)

In der Regel werden aber nicht die Grenzwerte der Einspannungsgrade, sondern eine „mittlere" Einspannung des Riegels in die Stiele vorliegen, d. h. der Rahmenriegel wird sich in solchen Fällen wie ein „teilweise" eingespannter Träger verhalten. In Abb. 468 ist dieser Fall dargestellt; zum Vergleich sind dort die beiden M-Linien für volle Einspannung und für freie Lagerung des Riegels eingezeichnet. Bei voller Einspannung wird das Stützenmoment $q\,l^2/12$, das Feldmoment $q\,l^2/24$, während bei freier Lagerung das Stützenmoment gleich Null wird und das Feldmoment den Wert $q\,l^2/8$ erreicht.

Aus diesen Betrachtungen ergibt sich, daß der M-Verlauf durch Wahl entsprechender Querschnitte in den Stielen bzw. Riegeln weitgehend beeinflußt werden kann.

3. Berechnung symmetrisch ausgebildeter und symmetrisch belasteter zweistieliger Rahmen

A. Vorbemerkung

Bei einem Durchlaufträger gemäß Abb. 469a ist der M-Verlauf im belasteten Mittelfeld lediglich von der Größe der Einspannung des Stabes $2-2'$ in die Nachbarstäbe $2-1$ und $2'-1'$ abhängig. Dieser Einspanngrad kommt z. B. durch die Lage der Festpunkte im Mittelfeld $2-2'$ zum Ausdruck: Bei kleiner Einspannung liegen die Festpunkte nahe den Stützen (2) und (2′), bei größerer Einspannung rücken sie weiter ins Feld und bei voller Einspannung befinden sie sich in der Entfernung $l_2/3$ von diesen beiden Stützen. Wie von vorher bekannt (vgl. Erläuterungen Seite 193ff.), ist der Einspanngrad um so größer, je größer die Steifigkeitszahl der anschließenden Stäbe $2-1$ bzw. $2'-1'$ ist. Dabei ist es völlig gleichgültig, ob diese beiden Stäbe mit dem Stab $2-2'$ in einer Geraden liegen oder aber von den Stützen (2) bzw. (2′) aus unter einem beliebigen Winkel verlaufen; Voraussetzung ist nur, daß sie in den Knickpunkten (2) und (2′) biegungssteif angeschlossen sind. Daraus folgt, daß die M-Linie für das in Abb. 469b gezeichnete Tragwerk, bei dem die

Stäbe 1—2 und 2′—1′ unter Beibehaltung der Längen und Querschnittsgrößen in einer schrägen Lage angeordnet sind, mit dem in Abb. 469a dargestellten M-Verlauf für die gleiche Belastung übereinstimmen muß. Dasselbe trifft für die Tragwerksform in Abb. 469c zu, bei welcher die Stäbe 1—2 und 2′—1′ in eine recht-

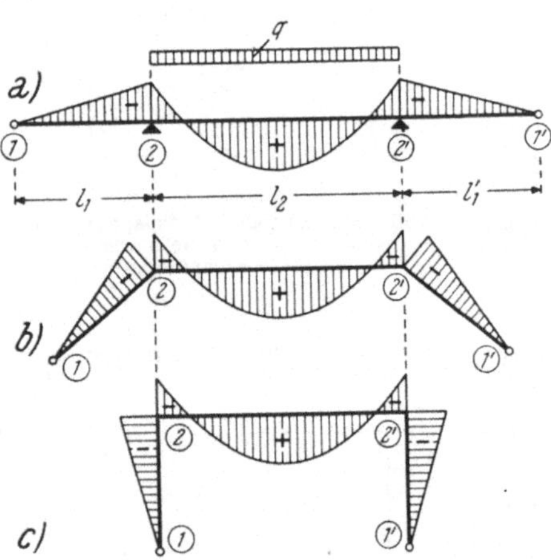

Abb. 469a bis c. Entwicklung des symmetrischen Zweigelenkrahmens aus dem symmetrischen Dreifeldträger mit freien Randlagern

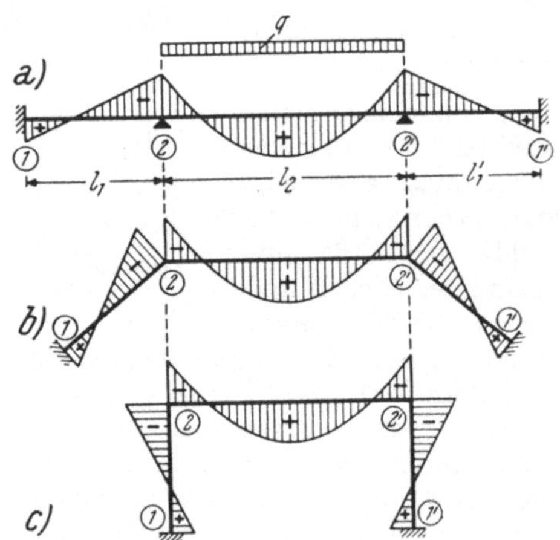

Abb. 470a bis c. Entwicklung des symmetrischen eingespannten Rahmens aus dem symmetrischen Dreifeldträger mit eingespannten Trägerenden

winklige Lage zum Mittelstab 2—2′ gebracht sind und damit einen symmetrischen Zweigelenkrahmen mit belastetem Riegel bilden; auch hier ergibt sich der gleiche M-Verlauf wie für den Durchlaufträger in Abb. 469a. In derselben Weise kann aus dem Dreifeldträger mit eingespannten Randlagern und belastetem Mittelfeld (Abb. 470a) die entsprechende M-Linie bei gleicher Belastung für den eingespannten Rahmen entwickelt werden (Abb. 470b und c).

Aus diesen Überlegungen geht hervor, daß die Berechnung eines symmetrisch ausgebildeten zweistieligen Rahmens bei symmetrischer Belastung genau so vorgenommen werden kann wie die eines Durchlaufträgers mit gleichen Stablängen, Querschnittsabmessungen und Belastungen. Es kommen hierfür also alle Berechnungsverfahren in Betracht, die bisher behandelt worden sind: Die Dreimomentengleichungen, das Festpunktverfahren und die CROSS-Methode.

Die Anwendung dieser drei Berechnungsverfahren soll anschließend an zwei Zahlenbeispielen gezeigt werden, um einen Vergleich ihrer praktischen Brauchbarkeit für die Rahmenberechnung zu ermöglichen. Wie aus den Darlegungen Seite 280 hervorgeht, stehen allerdings für einfache Rahmen auch gebrauchsfertige Formeln zur Verfügung, deren Benutzung in den zutreffenden Fällen bequemer ist und rascher zum Ziele führt.

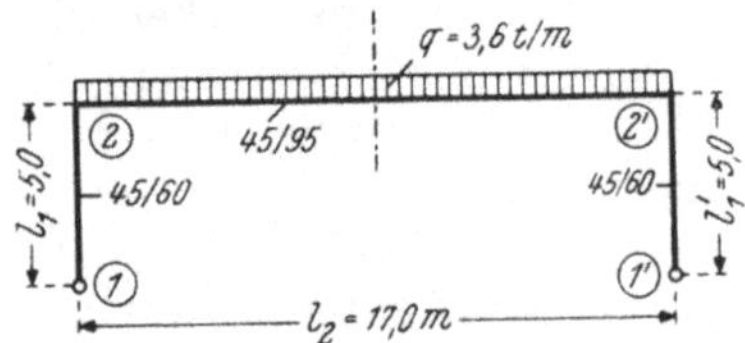

Abb. 471. Tragwerksabmessungen und Belastungsangaben

B. Zahlenbeispiel: Ermittlung der M-Linie und Q-Linie für einen symmetrischen Zweigelenkrahmen mit durchgehender Riegelgleichlast

Tragwerksabmessungen und Belastungsangaben siehe Abb. 471. Die Aufgabe soll der Reihe nach unter Anwendung der drei Berechnungsverfahren — Dreimomentengleichung, Festpunktverfahren und CROSS-Methode — gelöst werden.

Zunächst werden die bei allen Verfahren erforderlichen Querschnittsträgheitsmomente ermittelt.

Stab 1—2 bzw. 1'—2': $J_1 = \frac{b\,h^3}{12} = \frac{45 \cdot 60^3}{12} = 810\,000 \text{ cm}^4 = 81{,}0 \text{ dm}^4$

Stab 2—2': $J_2 = \frac{b\,h^3}{12} = \frac{45 \cdot 95^3}{12} = 3\,215\,000$ „ $= 321{,}5$ „ .

a) Ermittlung der M-Linie mit Hilfe der Dreimomentengleichung

Zur besseren Übersicht können die weiteren Betrachtungen auf den „Ersatz-Durchlaufträger" in Abb. 472 bezogen werden. Nach Gl. (294) lautet die Dreimomentengleichung für die Stütze (2) eines Durchlaufträgers mit feldweise verschiedenen Trägheitsmomenten

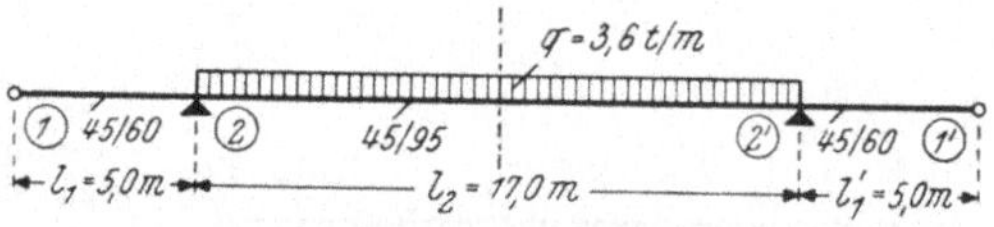

Abb. 472. „Ersatz-Durchlaufträger" für den Rahmen in Abb. 471

$$b_1 M_1 + d_2 M_2 + b_2 M_{2'} + S_2 = 0.$$

Hier ist infolge der gelenkigen Lagerung bei (1) $M_1 = 0$, wodurch das erste Glied entfällt; weiter ist wegen Symmetrie $M_{2'} = M_2$. Deshalb vereinfacht sich die vorstehende Gleichung zu

$$d_2 M_2 + b_2 M_2 + S_2 = 0$$

oder

$$(d_2 + b_2) M_2 + S_2 = 0.$$

Daraus ergibt sich sofort

$$M_2 = \frac{-S_2}{d_2 + b_2}. \tag{376}$$

Wählt man als Vergleichsträgheitsmoment $J_0 = J_1$, so wird nach Gl. (291)

$$b_2 = \frac{J_1}{J_2}\,l_2 \tag{377}$$

und nach Gl. (292)

$$d_2 = 2\left(\frac{J_1}{J_1}\,l_1 + \frac{J_1}{J_2}\,l_2\right) = 2\left(l_1 + \frac{J_1}{J_2}\,l_2\right) \tag{378}$$

oder

$$d_2 = 2\,(l_1 + b_2). \tag{378a}$$

Weiter wird nach Gl. (293), da wegen des unbelasteten Stabes 1—2 hier $\mathfrak{R}^{(0)}_{2,1} = 0$ ist,

$$S_2 = 6\,\frac{J_1}{J_2}\,\mathfrak{R}^{(0)}_{2,2'}. \tag{379}$$

Mit den Zahlenwerten ergibt sich gemäß Gl. (377)

$$b_2 = \frac{J_1}{J_2}\,l_2 = \frac{81{,}0}{321{,}5} \cdot 17{,}0 = 4{,}28 \text{ m}$$

und nach Gl. (378a)

$$d_2 = 2\,(l_1 + b_2) = 2\,(5{,}0 + 4{,}28) = 18{,}56 \text{ m}.$$

Zur zahlenmäßigen Ermittlung des Belastungsgliedes S_2 erhält man aus Tafel 1 für eine durchgehende Gleichlast

$$\mathfrak{L}^{(0)}_{2,2'} = \frac{q\,l_2^3}{24} = \frac{3{,}6 \cdot 17{,}0^3}{24} = 737{,}0 \text{ tm}^2$$

und hiermit gemäß Gl. (379)

$$S_2 = 6 \frac{J_1}{J_2} \mathfrak{A}^{(0)}_{2,2'} = 6 \cdot \frac{81{,}0}{321{,}5} \cdot 737{,}0 = 1114{,}0 \text{ tm}^2.$$

Führt man nun die ermittelten Werte für S_2, d_2 und b_2 in die Gl. (376) ein, so wird

$$M_2 = \frac{-S_2}{d_2 + b_2} = -\frac{1114{,}0}{18{,}56 + 4{,}28} = -48{,}8 \text{ tm}.$$

Damit ist der M-Verlauf für das gesamte Tragwerk bereits bestimmt. Es braucht nur noch die $M^{(0)}$-Parabel mit

$$M^{(0)} = \frac{q\, l_2^2}{8} = \frac{3{,}6 \cdot 17{,}0^2}{8} = 130{,}0 \text{ tm}$$

an die durch $M_2 = M_{2'} = -48{,}8$ tm festgelegte Bezugslinie angetragen zu werden. In Abb. 473 ist die M-Linie maßstäblich aufgezeichnet.

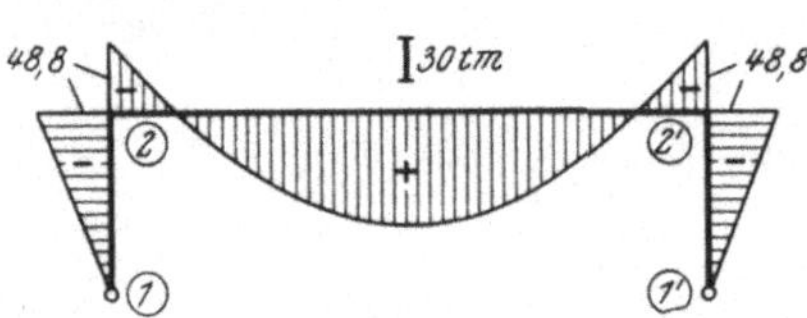

Abb. 473. M-Linie für den Rahmen in Abb. 471

Führt man die allgemeinen Werte für b_2 aus Gl. (377) sowie d_2 aus Gl. (378) und S_2 aus Gl. (379) in die Gl. (376) ein, so erhält man für die Ermittlung des Rahmeneckmomentes M_2 für eine beliebige symmetrische Riegelbelastung folgende Formel:

$$M_2 = -\frac{6 \frac{J_1}{J_2} \mathfrak{A}^{(0)}_{2,2'}}{2\left(l_1 + \frac{J_1}{J_2} l_2\right) + \frac{J_1}{J_2} l_2} = -\frac{6\, \mathfrak{A}^{(0)}_{2,2'}}{2\left(\frac{J_2}{J_1} l_1 + l_2\right) + l_2}$$

oder

$$M_2 = -\frac{6\, \mathfrak{A}^{(0)}_{2,2'}}{2\, l_1 \frac{J_2}{J_1} + 3\, l_2}. \tag{380}$$

Wertet man diese allgemeine Formel für eine durchgehende Riegelgleichlast q aus, so erhält man mit $\mathfrak{A}^{(0)}_{2,2'} = q\, l_2^3/24$ nach kurzer Umformung

$$M_2 = -\frac{q\, l_2^2}{4\,(2\,c + 3)}, \tag{381}$$

wobei

$$c = \frac{J_2}{J_1} \cdot \frac{l_1}{l_2}. \tag{382}$$

Man könnte also zur Lösung der gestellten Aufgabe auch sofort diese gebrauchsfertige Formel verwenden. Zur Probe soll das hier geschehen. Nach Gl. (382) wird

$$c = \frac{J_2}{J_1} \cdot \frac{l_1}{l_2} = \frac{321{,}5}{81{,}0} \cdot \frac{5{,}0}{17{,}0} = 1{,}167.$$

Damit erhält man aus Gl. (381)

$$M_2 = -\frac{q\, l_2^2}{4\,(2\,c + 3)} = -\frac{3{,}6 \cdot 17{,}0^2}{4\,(2 \cdot 1{,}167 + 3)} = -48{,}8 \text{ tm}.$$

Dieses Ergebnis stimmt mit dem vorher erhaltenen überein.

b) Ermittlung der M-Linie nach dem Festpunktverfahren

Die Berechnung der Festpunktabstände kann nach den entsprechenden gebrauchsfertigen Formeln für Durchlaufträger Seite 202 ff. vorgenommen werden.

Da die Stiele unbelastet und bei (1) bzw. (1′) gelenkig gelagert sind, braucht man hier nur die Festpunktabstände des Riegels zu ermitteln, und zwar ist wegen Symmetrie $i_2 = k_2$. Mit den Grundwerten der Abb. 474 ergibt sich nach Gl. (318)

$$i_2 = k_2 = \frac{l_2}{3 + \frac{2\,l_1}{l_2} \cdot \frac{J_2}{J_1}} =$$

$$= \frac{17{,}0}{3 + \frac{2 \cdot 5{,}0}{17{,}0} \cdot \frac{321{,}5}{81{,}0}} = 3{,}19 \text{ m.}$$

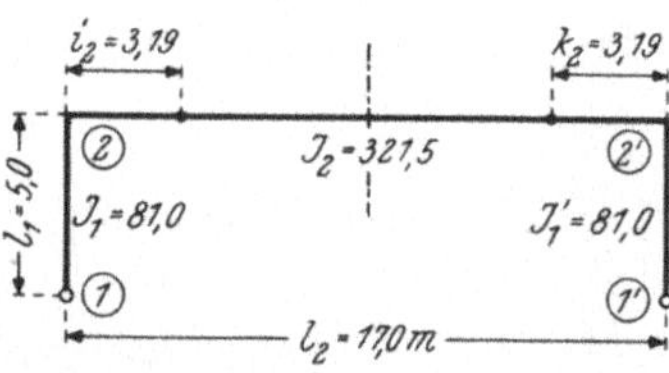

Abb. 474. Grundwerte für das Festpunktverfahren (Trägheitsmomente J in dm⁴)

Hiermit erhält man bereits im belasteten Feld 2—2′ die Ausgangsmomente nach Gl. (338a) mit

$$M_2 = M_{2'} = \frac{i_2\,q\,l_2}{4} = \frac{3{,}19 \cdot 3{,}6 \cdot 17{,}0}{4} = -\,48{,}8 \text{ tm.}$$

Diese Werte stellen hier schon die endgültigen Rahmeneckmomente dar; sie stimmen mit den aus der Dreimomentengleichung erhaltenen Werten voll überein (vgl. M-Linie Abb. 473).

c) Ermittlung der M-Linie nach der Cross-Methode

Die Durchführung der Berechnung kann nach der auf Seite 238 f. gegebenen Beschreibung geschehen.

Stabfestwerte k^0 bzw. k'

Wegen Symmetrie braucht gemäß den Erläuterungen Seite 240f. hier nur das halbe Tragwerk in Betracht gezogen zu werden. Mit den Grundwerten der Abb. 475 erhält man folgende Steifigkeitszahlen:

Für Stab 1—2 wird nach Gl. (356) infolge gelenkiger Lagerung bei (1)

$$k^0_{2,1} = \frac{750\,J_1}{l_1} = \frac{750 \cdot 0{,}0081}{5{,}0} = 1{,}215.$$

Für Stab 2—2′ ergibt sich aus Symmetriegründen nach Gl. (357)

$$k'_{2,2'} = \frac{500\,J_2}{l_2} = \frac{500 \cdot 0{,}03215}{17{,}0} = 0{,}946.$$

Die Werte k^0 und k' sind in die Festwertskizze (Abb. 476) eingetragen.

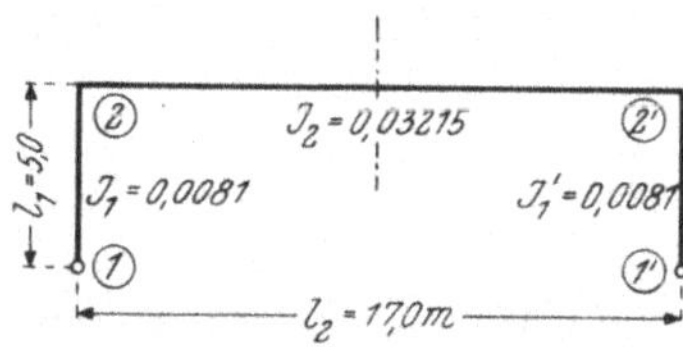

Abb. 475. Stablängen l und Trägheitsmomente J in m⁴

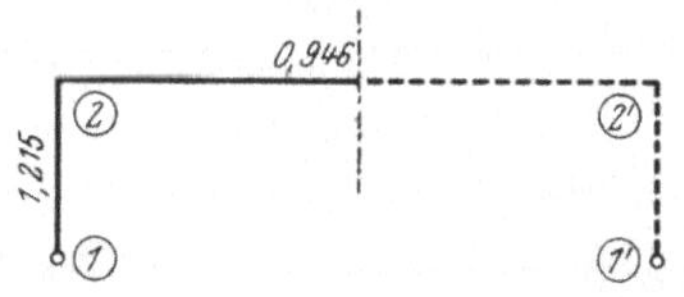

Abb. 476. Festwertskizze (k^0- und k'-Zahlen)

Momentenverteilungszahlen μ

Nach Gl. (364) erhält man für Knoten (2)

$$\Sigma k = k^0_{2,1} + k'_{2,2'} = 1{,}215 + 0{,}946 = 2{,}161.$$

Damit wird nach Gl. (363)

$$\mu_{2,1} = \frac{k^0_{2,1}}{\Sigma k} = \frac{1{,}215}{2{,}161} = 0{,}562; \qquad \mu_{2,2'} = \frac{k'_{2,2'}}{\Sigma k} = \frac{0{,}946}{2{,}161} = 0{,}438.$$

Probe nach Gl. (366a): $\Sigma\mu = 0{,}562 + 0{,}438 = 1$.

Volleinspannmoment $\mathfrak{M}$

Man erhält für Stab 2—2′ nach Tafel 1

$$\mathfrak{M}_{2,2'} = + \frac{q\,l_2^2}{12} = + \frac{3{,}6 \cdot 17{,}0^2}{12} = + 86{,}7 \text{ tm}.$$

Momentenausgleich

Das Restmoment im Knoten (2) ist nach Gl. (340) $M_2 = \mathfrak{M}_{2,2'} = + 86{,}7$ tm. Die Verteilung auf die beiden dort zusammentreffenden Stäbe 2—1 und 2—2′ ergibt nach Gl. (365)

$$M'_{2,1} = -\mu_{2,1}\,M_2 = -0{,}562 \cdot 86{,}7 = -48{,}7 \text{ tm}$$

$$M'_{2,2'} = -\mu_{2,2'}\,M_2 = -0{,}438 \cdot 86{,}7 = -38{,}0 \text{ ,, .}$$

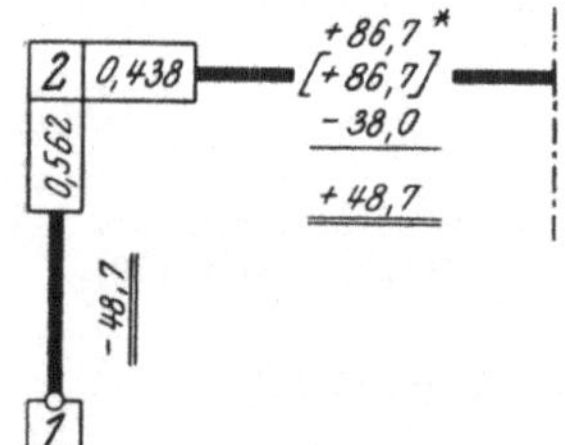

Abb. 477. Rechnungs-Skizze

Damit ist der Ausgleich bereits abgeschlossen, da auf den symmetrisch gelegenen Knoten (2′) keine Überleitung erfolgt. Die endgültigen Momente lauten daher gemäß Gl. (374):

$$M_{2,1} = M'_{2,1} = -48{,}7 \text{ tm}$$

$$M_{2,2'} = \mathfrak{M}_{2,2'} + M'_{2,2'} = +86{,}7 - 38{,}0 = +48{,}7 \text{ tm}.$$

Diese Werte stimmen mit den nach den beiden anderen Verfahren erhaltenen genügend genau überein (vgl. M-Linie Abb. 473).

Der Momentenausgleich kann auch in einer Rechnungs-Skizze durchgeführt werden, wie aus Abb. 477 ersichtlich ist.

d) Ermittlung der Q-Linie

Die Seite 104 ff. aufgestellten Merksätze über die gesetzmäßigen Zusammenhänge zwischen Biegemoment, Querkraft und Belastung gelten auch für jeden geraden Rahmenstab. Man kann somit die Querkräfte für die Riegel und Stiele in gleicher Weise ermitteln wie für irgendeinen Feldstab eines Durchlaufträgers, und zwar nach der allgemeinen Formel (202)

$$Q_x = Q_x^{(0)} + \frac{M_r - M_l}{l},$$

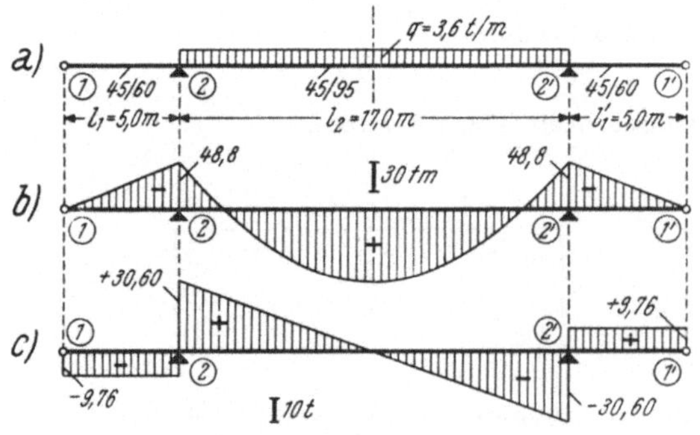

Abb. 478a bis c. „Ersatz-Durchlaufträger" für den Rahmen in Abb. 471 mit zugehöriger M-Linie und Q-Linie

die hier sinngemäß anzuwenden ist. Die Vorzeichen von M_r und M_l sind nach der Vorzeichenregel für Biegungsmomente (vgl. Seite 91) einzuführen.

Die zahlenmäßige Ermittlung der Querkräfte ergibt demnach mit den Belastungsangaben und Tragwerksabmessungen des „Ersatz-Durchlaufträgers" (Abb. 478a) sowie der zugehörigen

M-Linie (Abb. 478b) für die lastfreien Endfelder bzw. Rahmenstiele 1—2 und 1′—2′ nach Gl. (202)

$$Q_{1,2} = Q_{2,1} = -\frac{M_2 - M_1}{l_1} = -\frac{48{,}8}{5{,}0} = -9{,}76 \text{ t}$$

$$Q_{1',2'} = Q_{2',1'} = +\frac{M_{1'} - M_{2'}}{l'_1} = +\frac{48{,}8}{5{,}0} = +9{,}76 \text{ t}.$$

Für den belasteten Feldstab bzw. Rahmenriegel 2—2′ erhält man unter Beachtung, daß infolge Symmetrie $M_2 = M_{2'}$ ist und somit das zweite Glied der allgemeinen Formel (202) entfällt,

$$Q_{2,2'} = +\frac{q\,l_2}{2} = +\frac{3{,}6 \cdot 17{,}0}{2} = +30{,}60 \text{ t}$$

$$Q_{2',2} = -\frac{q\,l_2}{2} = -\frac{3{,}6 \cdot 17{,}0}{2} = -30{,}60 \text{ t}.$$

Die Querkräfte sind für den „Ersatz-Durchlaufträger" in Abb. 478c und für den Zweigelenkrahmen in Abb. 479 maßstäblich aufgetragen.

Beim Aufzeichnen der Q-Linie für den Zweigelenkrahmen ist zu beachten, daß die *negativen* Querkräfte der Rahmenstiele an der *rechten* und die *positiven* Querkräfte an der *linken* Seite der Stiele angetragen werden. Vergleicht man nun die Q-Linie des Zweigelenkrahmens (Abb. 479) mit der des „Ersatz-Durchlaufträgers" (Abb. 478c), so erkennt man, daß beim Durchlaufträger die Summe der Querkräfte links und rechts der Stütze (2) bzw. (2′) als Auflagerkraft von der betreffenden Stütze aufgenommen wird, während die Querkräfte im Rahmenknoten (2) bzw. (2′) als Achsialkräfte die Stäbe belasten. Im vorliegenden Fall wird in den Rahmenriegel 2—2′ sowohl von dem Rahmenstiel 2—1 als auch von dem Rahmenstiel 2′—1′ eine Druckkraft übertragen, die stets gleich ist der Querkraft am oberen Ende der Stiele, während die Querkräfte am linken bzw. rechten Ende des Rahmenriegels 2—2′ als Druckkraft jeweils die Rahmenstiele 2—1 bzw. 2′—1′ belasten. Bei der Bemessung von Rahmenstäben ist also außer auf die Momente auch auf diese sog. „Normalkräfte" Rücksicht zu nehmen.

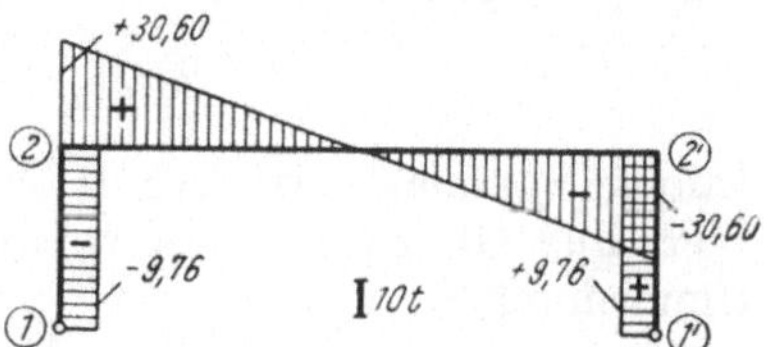

Abb. 479. Q-Linie für den Rahmen in Abb. 471 (zugehörige M-Linie Abb. 473)

C. Zahlenbeispiel: Ermittlung der M-Linie und Q-Linie für einen symmetrischen, voll eingespannten Rahmen mit symmetrischer Riegelbelastung

Die Tragwerksabmessungen und Belastungsangaben sind aus Abb. 480 ersichtlich. Die Lösung der Aufgabe soll auch hier der Reihe nach unter Anwendung der drei Berechnungsarten — Dreimomentengleichung, Festpunktverfahren und CROSS-Methode — gezeigt werden.

Die bei allen Verfahren benötigten Querschnittsträgheitsmomente ergeben sich folgendermaßen:

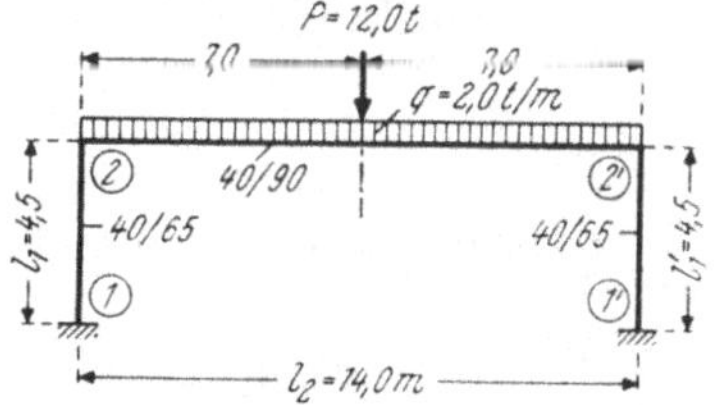

Abb. 480. Tragwerksabmessungen und Belastungsangaben

Stab 1—2 bzw. 1′—2′: $J_1 = \frac{b\,h^3}{12} = \frac{40 \cdot 65^3}{12} = 915\,000 \text{ cm}^4 = 91{,}5 \text{ dm}^4$

Stab 2—2′: $J_2 = \frac{b\,h^3}{12} = \frac{40 \cdot 90^3}{12} = 2\,430\,000 \text{ cm}^4 = 243{,}0 \text{ dm}^4.$

a) Ermittlung der M-Linie mit Hilfe der Dreimomentengleichung

Die Berechnung dieser Rahmenform kann genau so erfolgen wie die des Zweigelenkrahmens, also wieder unter Zugrundelegung des Durchlaufträgers. Die weiteren Überlegungen können daher auf den in Abb. 481 dargestellten „Ersatz-Durchlaufträger" bezogen werden.

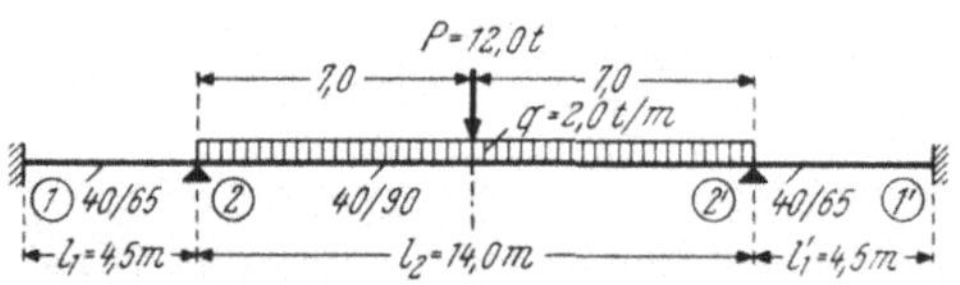

Abb. 481. „Ersatz-Durchlaufträger" für den Rahmen in Abb. 480

Da die Randfelder unbelastet sind, ist das Einspannmoment an der Stütze (1) gemäß Gl. (298)

$$M_1 = -\frac{M_2}{2}. \tag{383}$$

Zur Lösung der Aufgabe wird somit nur die Dreimomentengleichung für die Stütze (2) gebraucht; nach Gl. (294) erhält man

$$b_1 M_1 + d_2 M_2 + b_2 M_{2'} + S_2 = 0. \tag{384}$$

Infolge Symmetrie ist hier $M_2 = M_{2'}$; setzt man außerdem für M_1 den allgemeinen Wert aus Gl. (383) in die vorstehende Gleichung ein, so ergibt sich nach kurzer Umformung

$$\left(-\frac{b_1}{2} + d_2 + b_2\right) M_2 + S_2 = 0. \tag{385}$$

Daraus erhält man sofort

$$M_2 = \frac{-S_2}{-\frac{b_1}{2} + d_2 + b_2}. \tag{386}$$

Wählt man als Vergleichsträgheitsmoment $J_0 = J_1$, so ist nach Gl. (291)

$$b_1 = \frac{J_1}{J_1} l_1 = l_1 \quad \text{und} \quad b_2 = \frac{J_1}{J_2} l_2 \tag{387}$$

und nach Gl. (292)

$$d_2 = 2\left(\frac{J_1}{J_1} l_1 + \frac{J_1}{J_2} l_2\right) = 2\left(l_1 + \frac{J_1}{J_2} l_2\right) \tag{388}$$

oder

$$d_2 = 2\,(b_1 + b_2). \tag{388a}$$

Der allgemeine Ausdruck für das Belastungsglied S_2 nach Gl. (293) vereinfacht sich hier wegen des unbelasteten Stabes 1—2 zu

$$S_2 = 6\,\frac{J_1}{J_2}\,\mathfrak{A}^{(0)}_{2,2'}. \tag{389}$$

Die zahlenmäßige Ermittlung für die in der Gl. (386) auftretenden Werte b_1, b_2 und d_2 ergibt nach Gl. (387)

$$b_1 = l_1 = 4{,}50\text{ m} \quad \text{und} \quad b_2 = \frac{J_1}{J_2} l_2 = \frac{91{,}5}{243{,}0} \cdot 14{,}0 = 5{,}27\text{ m}$$

sowie nach Gl. (388a)

$$d_2 = 2\,(b_1 + b_2) = 2\,(4{,}50 + 5{,}27) = 19{,}54\text{ m}.$$

Der in Gl. (389) auftretende $\mathfrak{A}^{(0)}$-Wert kann für die vorliegende Belastung mit gebrauchsfertigen

Formeln berechnet werden; man erhält durch Addition der Teilbeträge für die Gleichlast q (nach Tafel 1) und für die Einzellast P (nach Tafel 3)

$$\mathfrak{A}^{(0)}_{2,2'} = \frac{q\,l_2^3}{24} + \frac{P\,l_2^2}{16} = \frac{2{,}0 \cdot 14{,}0^3}{24} + \frac{12{,}0 \cdot 14{,}0^2}{16} = 229{,}0 + 147{,}0 = 376{,}0\ \mathrm{tm}^2.$$

Hiermit ist nach Gl. (389)

$$S_2 = 6\,\frac{J_1}{J_2}\,\mathfrak{A}^{(0)}_{2,2'} = 6 \cdot \frac{91{,}5}{243{,}0} \cdot 376{,}0 = 849{,}0\ \mathrm{tm}^2.$$

Führt man die Zahlenwerte für b_1, b_2, d_2 und S_2 in Gl. (386) ein, so wird

$$M_2 = -\frac{S_2}{-\frac{b_1}{2} + d_2 + b_2} = -\frac{849{,}0}{-\frac{4{,}50}{2} + 19{,}54 + 5{,}27} = -\frac{849{,}0}{22{,}56} = -37{,}6\ \mathrm{tm}.$$

Damit ist die Momenten-Bezugslinie für das Mittelfeld des Durchlaufträgers bzw. für den Rahmenriegel 2—2′ bestimmt, und es kann die $M^{(0)}$-Linie für die gegebene Belastung angetragen werden.

Das Einspannmoment der Stiele erhält man nach Gl. (383) mit

$$M_1 = -\frac{M_2}{2} = +\frac{37{,}6}{2} = +18{,}8\ \mathrm{tm}.$$

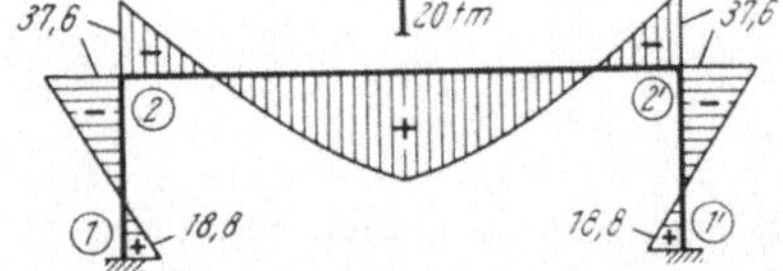

Abb. 482. M-Linie für den Rahmen in Abb. 480

In Abb. 482 ist der M-Verlauf maßstäblich dargestellt.

Setzt man die allgemeinen Werte für b_1 und b_2 aus Gl. (387) sowie d_2 aus Gl. (388) und S_2 aus Gl. (389) in die Gl. (386) ein, so ergibt sich für die Ermittlung des Rahmeneckmomentes M_2 für eine beliebige symmetrische Riegelbelastung folgende Formel:

$$M_2 = -\frac{6\,\frac{J_1}{J_2}\,\mathfrak{A}^{(0)}_{2,2'}}{-\frac{l_1}{2} + 2\left(l_1 + \frac{J_1}{J_2}\,l_2\right) + \frac{J_1}{J_2}\,l_2} = -\frac{12\,\mathfrak{A}^{(0)}_{2,2'}}{-l_1\,\frac{J_2}{J_1} + 4\,\frac{J_2}{J_1}\,l_1 + 6\,l_2}$$

oder

$$M_2 = -\frac{4\,\mathfrak{A}^{(0)}_{2,2'}}{l_1\,\frac{J_2}{J_1} + 2\,l_2}. \tag{390}$$

Führt man in diese Gleichung für eine durchgehende Riegelgleichlast q gemäß Tafel 1 den Wert $\mathfrak{A}^{(0)}_{2,2'} = q\,l_2^3/24$ ein, so erhält man nach entsprechender Umformung die gebrauchsfertige Formel

$$M_2 = -\frac{q\,l_2^2}{6\,(c + 2)}, \tag{391}$$

wobei in Übereinstimmung mit Gl. (382)

$$c = \frac{J_2}{J_1} \cdot \frac{l_1}{l_2}. \tag{392}$$

In gleicher Weise kann die allgemeine Formel (390) für eine Einzellast in Riegelmitte ausgewertet werden. Es ergibt sich dann nach Tafel 3 mit $\mathfrak{A}^{(0)}_{2,2'} = P\,l_2^2/16$ nach kurzer Umformung

$$M_2 = -\frac{P\,l_2}{4\,(c+2)}. \tag{393}$$

wobei wiederum

$$c = \frac{J_2}{J_1}\cdot\frac{l_1}{l_2}. \tag{394}$$

Mit Hilfe dieser gebrauchsfertigen Formeln kann man also das Rahmeneckmoment M_2 sofort ermitteln. Nach Gl. (392) bzw. (394) ist

$$c = \frac{J_2}{J_1}\cdot\frac{l_1}{l_2} = \frac{243{,}0}{91{,}5}\cdot\frac{4{,}5}{14{,}0} = 0{,}854.$$

Damit erhält man weiter nach Gl. (391) und (393)

$$M_2 = -\frac{q\,l_2^2}{6\,(c+2)} - \frac{P\,l_2}{4\,(c+2)} = -\frac{2{,}0\cdot 14{,}0^2}{6\,(0{,}854+2)} - \frac{12{,}0\cdot 14{,}0}{4\,(0{,}854+2)} =$$
$$= -22{,}89 - 14{,}72 = -37{,}61 \text{ tm}.$$

Dieses Ergebnis stimmt mit dem vorher erhaltenen genügend genau überein.

b) Ermittlung der M-Linie nach dem Festpunktverfahren

Zur Ermittlung der Festpunktabstände können auch hier die entsprechenden gebrauchsfertigen Formeln für Durchlaufträger (Seite 202 ff.) benutzt werden.

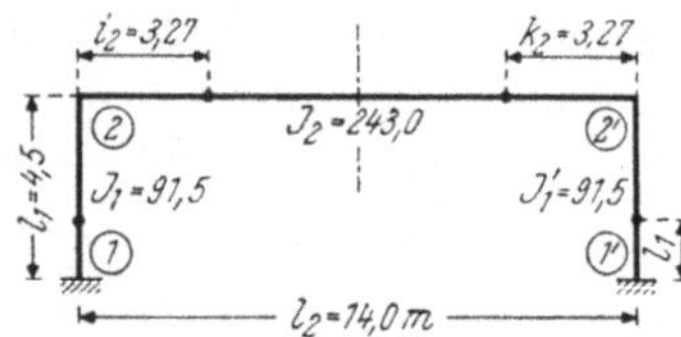

Abb. 483. Grundwerte für das Festpunktverfahren (Trägheitsmomente in dm⁴)

Ermittlung der Festpunktabstände

Da sich das Einspannmoment der unbelasteten Stiele bei (1) bzw. (1') direkt aus Gl. (298) ergibt, werden zur Lösung der gestellten Aufgabe nur die Festpunktabstände des Rahmenriegels (= Mittelfeld des „Ersatz-Durchlaufträgers") benötigt; hierbei ist infolge Symmetrie $i_2 = k_2$. Nach Gl. (321) erhält man

$$i_2 = k_2 = \frac{l_2}{3 + \frac{1{,}5\,l_1}{l_2}\cdot\frac{J_2}{J_1}} = \frac{14{,}0}{3 + \frac{1{,}5\cdot 4{,}5}{14{,}0}\cdot\frac{243{,}0}{91{,}5}} = 3{,}27 \text{ m}.$$

Diese Werte sind in Abb. 483 eingetragen.

Ermittlung der Kreuzlinienabschnitte

Die Kreuzlinienabschnitte K_l und K_r ergeben sich für die Riegelbelastung q und P anhand Tafel 1 und 3 mit

$$K_l = K_r = K = \frac{q\,l_2^2}{4} + \frac{3\,P\,l}{8} = \frac{2{,}0\cdot 14{,}0^2}{4} + \frac{3\cdot 12{,}0\cdot 14{,}0}{8} = 98{,}0 + 63{,}0 = 161{,}0 \text{ tm}.$$

Ermittlung der Momente

Mit den Werten i_2 und K erhält man bereits nach Gl. (338) die „Ausgangsmomente" im Feld 2—2', und zwar

$$M_2 = M_{2'} = -\frac{i_2\,K}{l_2} = -\frac{3{,}27\cdot 161{,}0}{14{,}0} = -37{,}6 \text{ tm}.$$

Das Einspannmoment der Stiele bei (1) bzw. (1') wird gemäß Gl. (298)

$$M_1 = M_{1'} = -\frac{M_2}{2} = +\frac{37{,}6}{2} = +18{,}8 \text{ tm}.$$

Damit ist die Aufgabe gelöst. Die Momente stimmen mit den aus der Dreimomentengleichung berechneten Werten voll überein (vgl. M-Linie Abb. 482).

c) Ermittlung der M-Linie nach der Cross-Methode

Die Durchführung der Rechnung kann wieder nach den Anweisungen Seite 238 f. erfolgen.

Stabfestwerte k bzw. k'

Wegen Symmetrie des Tragwerkes und der Belastung braucht gemäß den Erläuterungen Seite 240f. nur eine Tragwerkshälfte in Betracht gezogen zu werden. Mit den in Abb. 484 eingetragenen Grundwerten erhält man

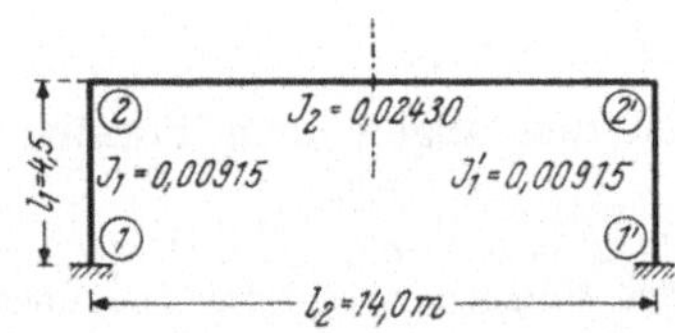

Abb. 484. Stablängen l und Trägheitsmomente J in m⁴

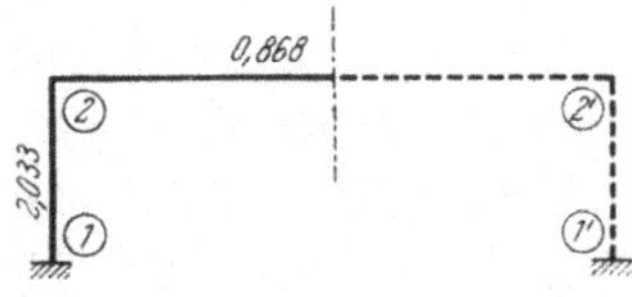

Abb. 485. Festwertskizze (k- und k'-Zahlen)

für Stab 1—2 nach Gl. (355)

$$k_{1,2} = k_{2,1} = \frac{1000\,J_1}{l_1} = \frac{1000 \cdot 0{,}00915}{4{,}5} = 2{,}033,$$

für Stab 2—2' wegen Symmetrie nach Gl. (357)

$$k'_{2,2'} = \frac{500\,J_2}{l_2} = \frac{500 \cdot 0{,}02430}{14{,}0} = 0{,}868.$$

Die Werte k und k' sind in Abb. 485 übertragen.

Momentenverteilungszahlen μ

Im Knoten (2) wird nach Gl. (364)

$$\Sigma k = k_{2,1} + k'_{2,2'} = 2{,}033 + 0{,}868 = 2{,}901.$$

Damit wird nach Gl. (363)

$$\mu_{2,1} = \frac{k_{2,1}}{\Sigma k} = \frac{2{,}033}{2{,}901} = 0{,}701; \qquad \mu_{2,2'} = \frac{k'_{2,2'}}{\Sigma k} = \frac{0{,}868}{2{,}901} = 0{,}299.$$

Probe nach Gl. (366a): $\Sigma \mu = 0{,}701 + 0{,}299 = 1$.

Volleinspannmoment $\mathfrak{M}$

Mit der Belastung $q = 2{,}0$ t/m und $P = 12{,}0$ t ergibt sich für Stab 2—2' nach Tafel 1 und 3

$$\mathfrak{M}_{2,2'} = + \frac{q\,l_2^2}{12} + \frac{P\,l_2}{8} = + \frac{2{,}0 \cdot 14{,}0^2}{12} + \frac{12{,}0 \cdot 14{,}0}{8} = + 32{,}7 + 21{,}0 = + 53{,}7 \text{ tm}.$$

Momentenausgleich

Es ist hier im Knoten (2) nach Gl. (340) das Restmoment $M_2 = \mathfrak{M}_{2,2'} = + 53{,}7$ tm vorhanden, das mit den entsprechenden μ-Zahlen gemäß Gl. (365) auf die beiden Stäbe 2—1 und 2—2' verteilt wird. Die Verteilungsmomente sind

$$M'_{2,1} = -\mu_{2,1}\,M_2 = -0{,}701 \cdot 53{,}7 = -37{,}6 \text{ tm}$$

$$M'_{2,2'} = -\mu_{2,2'}\,M_2 = -0{,}299 \cdot 53{,}7 = -16{,}1 \quad ,, \;.$$

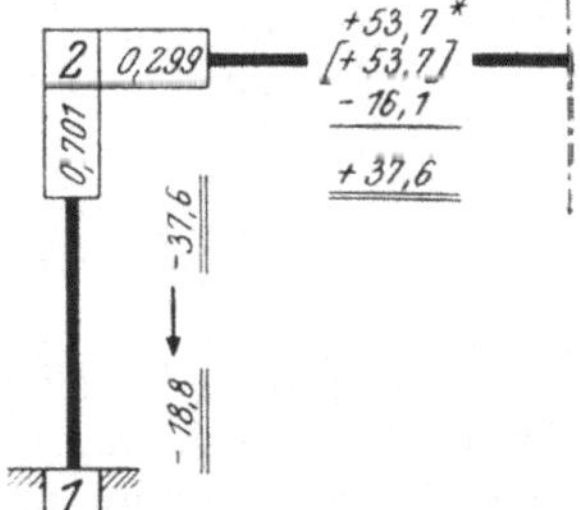

Abb. 486. Rechnungs-Skizze

Da auf den symmetrisch gelegenen Knoten (2') keine Überleitung erfolgt, erhält man bereits die endgültigen Momente im Knoten (2) nach Gl. (374), und zwar

$$M_{2,2'} = \mathfrak{M}_{2,2'} + M'_{2,2'} = + 53{,}7 - 16{,}1 = + 37{,}6 \text{ tm}$$
$$M_{2,1} = M'_{2,1} = - 37{,}6 \text{ tm}.$$

Mit der Weiterleitung des Momentes $M_{2,1}$ an die Einspannstelle (1) ist der gesamte Ausgleich abgeschlossen. Gemäß Gl. (369) wird

$$M_{1,2} = 0{,}5\, M_{2,1} = 0{,}5\,(-\,37{,}6) = -\,18{,}8 \text{ tm}.$$

Diese M-Werte stimmen mit den nach den vorhergehenden Berechnungsarten ermittelten genau überein (vgl. M-Linie Abb. 482).

Die Durchführung des Momentenausgleiches kann auch mit geringerem Schreibaufwand in einer Rechnungs-Skizze erfolgen, wie aus Abb. 486 ersichtlich ist.

d) Ermittlung der Q-Linie

Die Ermittlung der Querkräfte kann nach den allgemeinen Formeln wie für einen Durchlaufträger vorgenommen werden.

Für die unbelasteten Rahmenstiele 1—2 bzw. 1′—2′ erhält man nach Gl. (202) unter Beachtung, daß die Vorzeichen der M-Werte nach der Vorzeichenregel für Biegungsmomente einzuführen sind,

$$Q_{1,2} = Q_{2,1} = \frac{M_2 - M_1}{l_1} = \frac{-\,37{,}6 - 18{,}8}{4{,}5} = -\,12{,}53 \text{ t}$$

$$Q_{1',2'} = Q_{2',1'} = \frac{M_{1'} - M_{2'}}{l_1} = \frac{+\,18{,}8 + 37{,}6}{4{,}5} = +\,12{,}53 \text{ t}$$

und für den belasteten Rahmenriegel 2—2′ unter Beachtung, daß $M_2 = M_{2'}$ ist,

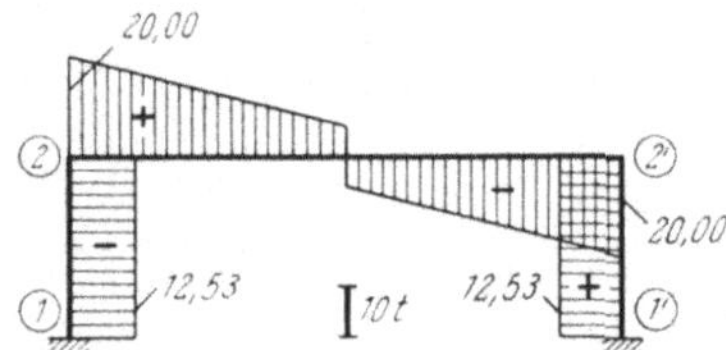

Abb. 487. Q-Linie für den Rahmen in Abb. 480 (zugehörige M-Linie Abb. 482)

$$Q_{2,2'} = +\,\frac{q\,l_2}{2} + \frac{P}{2} = +\,\frac{2{,}0 \cdot 14{,}0}{2} + \frac{12{,}0}{2} = +\,20{,}00 \text{ t}$$

$$Q_{2',2} = -\,\frac{q\,l_2}{2} - \frac{P}{2} = -\,\frac{2{,}0 \cdot 14{,}0}{2} - \frac{12{,}0}{2} = -\,20{,}00 \text{ t}.$$

Mit diesen Werten ist die Q-Linie in Abb. 487 maßstäblich dargestellt.

4. Das Wesen „verschieblicher" und „unverschieblicher" Rahmen

Wie sich aus den vorangegangenen Betrachtungen ergeben hat, stimmen der M-Verlauf eines *symmetrisch ausgebildeten* und *symmetrisch belasteten* zweistieligen Rahmens mit waagrechtem Riegel und der M-Verlauf des entsprechenden Durchlaufträgers mit gleichen Stablängen, Trägheitsmomenten und gleicher Belastung voll überein. Das trifft aber nicht mehr zu, wenn eine unsymmetrische Belastung vorliegt. Der Grund für diese Tatsache liegt in einer charakteristischen Eigenschaft der Rahmentragwerke, die anschließend kurz erläutert werden soll.

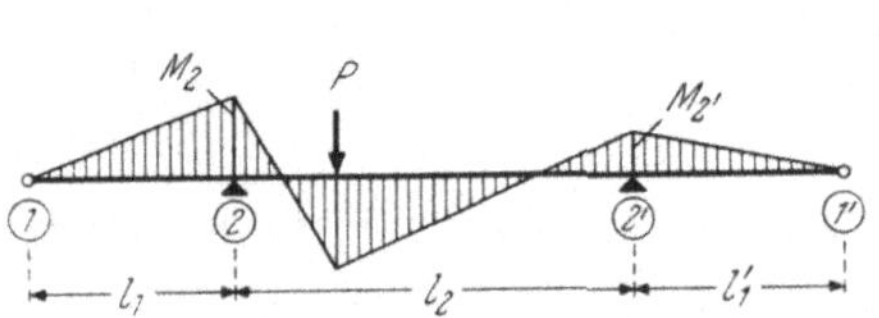

Abb. 488. M-Linie für einen symmetrischen Durchlaufträger mit unsymmetrischer Belastung

Man geht am besten wieder von einem symmetrischen Dreifeldträger aus, nimmt aber jetzt im Mittelfeld eine *unsymmetrisch* wirkende Last P an. Der zugehörige M-Verlauf, der mit einem der drei behandelten Berechnungsverfahren ermittelt werden könnte, ist in Abb. 488 dargestellt. Überträgt man nun diese M-Linie in gleicher Weise wie in den Abb. 469a bis c für eine symmetrische Belastung auf das in einen Rahmen umgewandelte System, so erkennt man anhand Abb. 489 leicht, daß sich der Rahmen bei diesem so erhaltenen M-Verlauf nicht im Gleichgewicht befinden kann, wenn er nicht durch ein seitlich bei (2) oder (2′) angebrachtes

Lager unterstützt wird, denn die M-Linie im Stiel 1—2 hat eine größere Steigung als die M-Linie im Stiel 1′—2′. Es ist also auch die Querkraft im Stiel 1—2 größer als die im Stiel 1′—2′.

Denkt man sich nun einen Schnitt an den oberen Enden der beiden Stiele durchgeführt und alle Schnittkräfte dort angebracht (vgl. Abb. 490) — an der linken Seite H_2, V_2, M_2 und an der rechten Seite $H_{2'}$, $V_{2'}$, $M_{2'}$ —, so müßten bei Gleichgewicht auch die drei statischen Gleichgewichtsbedingungen $\Sigma H = 0$, $\Sigma V = 0$, $\Sigma M = 0$ erfüllt sein. Das trifft aber schon für die erste Bedingung $\Sigma H = 0$ nicht zu, weil H_2 und $H_{2'}$ verschieden groß sind; die Kraft H_2 im linken Rahmenstiel, die mit der Querkraft $Q_{2,1}$ identisch ist und daher aus der Steigung der M-Linie an dieser Stelle ermittelt werden kann, ergibt sich aus Abb. 489 mit

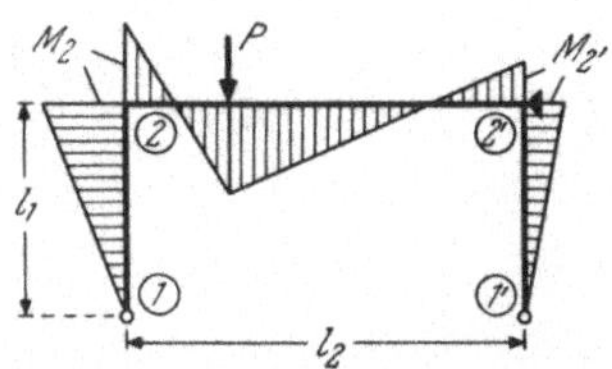

Abb. 489. Auf den symmetrischen Zweigelenkrahmen übertragene M-Linie aus Abb. 488

$$H_2 = \frac{M_2}{l_1}, \tag{395}$$

während die Kraft $H_{2'}$ am rechten Stiel nach der gleichen Beziehung den Wert

$$H_{2'} = \frac{M_{2'}}{l_1} \tag{396}$$

annimmt. In diesen Formeln sind die M-Werte mit ihrem Absolutbetrag einzusetzen. Da nun M_2 und $M_{2'}$ verschieden groß sind, ergeben sich auch die daraus errechneten H-Werte verschieden groß und können deshalb miteinander keinen Gleichgewichtszustand bilden.

Die Kraft H_2 des Rahmenstieles 1—2 trachtet den Rahmenriegel 2—2′ nach rechts, die Kraft $H_{2'}$ hingegen ihn nach links zu verschieben. Im vorliegenden Fall ist H_2 größer als $H_{2'}$; es überwiegt also die nach rechts gerichtete Verschiebungskraft. Daher wirkt in der Rahmenecke (2) die Differenz von H_2 und $H_{2'}$ als waagrechte Kraft H ein, die den Rahmen nach rechts verschiebt und die in Abb. 491 angedeutete antimetrische Verformung verursacht.

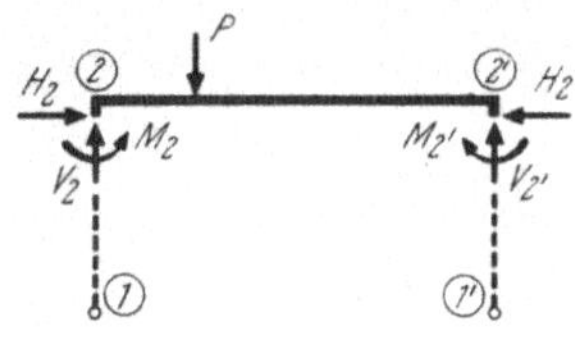

Abb. 490. Abgeschnittener Rahmenteil aus Abb. 489 mit den Schnittkräften H_2, V_2, M_2 und $H_{2'}$, $V_{2'}$, $M_{2'}$

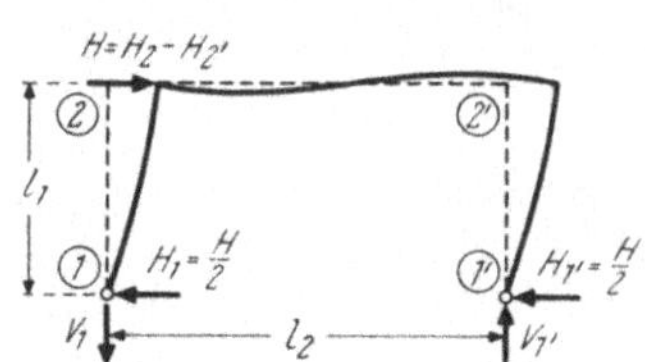

Abb. 491. Verformung des Rahmens durch die horizontale „Verschiebungskraft“ $H = H_2 - H_{2'}$

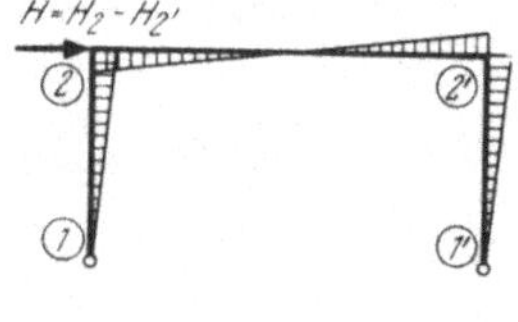

Abb. 492. M-Verlauf infolge der horizontalen „Verschiebungskraft“ $H = H_2 - H_{2'}$

Die von einer in der Rahmenecke angreifenden waagrechten Kraft H hervorgerufenen Auflagerreaktionen in den beiden Fußgelenken (1) und (1′) sind für symmetrische Rahmen sehr einfach zu ermitteln. Die horizontalen Komponenten H_1 und $H_{1'}$ müssen wegen der antimetrischen Verformung des Rahmens (vgl. Abb. 491) gleich groß sein, und zwar wird

$$H_1 = H_{1'} = \frac{H}{2}. \tag{397}$$

Die Vertikalkomponenten V_1 und $V_{1'}$, die hier ebenfalls gleiche Größe, aber entgegengesetzte Richtung aufweisen müssen, können aus der Bedingung $\Sigma M = 0$

in bezug auf (1) oder (1′) ermittelt werden. Man erhält z. B. für $\Sigma M = 0$ in bezug auf (1′)

$$H \cdot l_1 = V_1 \cdot l_2$$

oder

$$V_1 = \frac{H \cdot l_1}{l_2}. \tag{398}$$

Aus der Bedingung $\Sigma M = 0$ in bezug auf (1) ergibt sich in gleicher Weise

$$H \cdot l_1 = V_{1'} \cdot l_2$$

oder

$$V_{1'} = \frac{H \cdot l_1}{l_2}. \tag{398a}$$

Mit den so erhaltenen Auflagerreaktionen bei (1) und (1′) können in üblicher Weise die Momente in beliebigen Stabquerschnitten des Rahmens ermittelt werden. Für das Aufzeichnen der M-Linie benötigt man aber nur die Momente in den beiden Rahmenecken (2) und (2′): dort ist

$$M_2 = -M_{2'} = -\frac{H}{2} \cdot l_1. \tag{399}$$

Der zugehörige M-Verlauf ist in Abb. 492 dargestellt. Diese Momente, die durch die „Verschiebungskraft" H hervorgerufen werden, bezeichnet man als „Verschiebungsmomente". Überlagert man die so erhaltenen Verschiebungsmomente mit der in Abb. 489 dargestellten M-Linie, die dem *unverschieblich* festgehaltenen Rahmen entspricht, so ergeben sich die endgültigen Momente; sie sind in Abb. 493 aufgezeichnet. Hier ist die Steigung der M-Linie in beiden Stielen gleich groß, also wird nunmehr auch $H_2 = H_{2'}$ und damit $H = H_2 - H_{2'} = 0$; die Gleichgewichtsbedingung $\Sigma H = 0$ ist jetzt erfüllt. Diese M-Linie stimmt aber nicht mehr mit der des Durchlaufträgers in Abb. 488 überein.

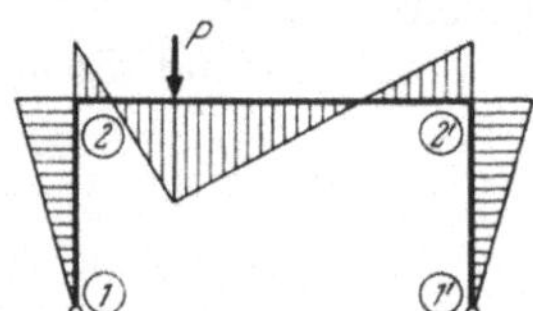

Abb. 493. Endgültiger M-Verlauf durch Überlagerung der M-Linien aus Abb. 489 und 492

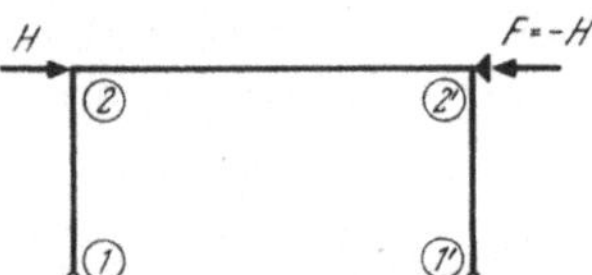

Abb. 494. Rahmen mit Festhaltelager im Knoten (2)

Die Verschiebung des Rahmens kann verhindert werden, wenn z. B. in der Rahmenecke (2′) gemäß Abb. 494 ein Lager angebracht wird. In diesem Fall wird die Kraft H von dem Lager aufgenommen; es entsteht dort eine gleich große, aber entgegengesetzt gerichtete Auflagerreaktion

$$F = -H, \tag{400}$$

die der horizontalen Kraft H das Gleichgewicht halten muß. Durch die Kraft F wird der Rahmen im Auflager (2′) festgehalten; man spricht daher von einer „Festhaltekraft" F, die stets gleiche Größe, aber entgegengesetzte Richtung aufweist wie die „Verschiebungskraft" H.

Damit sind die Begriffe „verschiebliche" und „unverschiebliche" Tragwerke geklärt.

Die vorher besprochenen *symmetrisch ausgebildeten* und *symmetrisch belasteten* Rahmen mit waagrechtem Riegel gehören demnach zu den unverschieblichen

Tragwerken. Bei ihnen sind die in beiden Stielen auftretenden Kräfte H gleich groß, weil die Steigung der M-Linien in beiden Stielen ebenfalls gleich groß ist.

Die *symmetrisch ausgebildeten*, aber *unsymmetrisch belasteten* Rahmen gehören hingegen zu den verschieblichen Tragwerken, wenn sie nicht durch vorhandene Auflager in den Rahmenecken oder durch andere Maßnahmen „unverschieblich“ festgehalten werden. Besonders zu beachten ist dabei die Tatsache, daß Rahmentragwerke auch unter *lotrecht* wirkenden Lasten *waagrecht* verschieblich sein können.

Anmerkung. Als praktisches Ergebnis der hier angestellten Betrachtungen ist ausdrücklich festzustellen, daß die M-Linie für ein symmetrisches Tragwerk bei unsymmetrischer Belastung nur dann wie für einen Durchlaufträger berechnet werden kann, wenn der Rahmen unverschieblich festgehalten ist. Ist diese Festhaltung aber nicht gegeben, so kann die Berechnung in zwei Abschnitten folgendermaßen vorgenommen werden:

Im ersten Abschnitt denkt man sich den Rahmen unverschieblich festgehalten und bestimmt für diesen Zustand den M-Verlauf genau so wie für den „Ersatz-Durchlaufträger“; die dabei erhaltenen Momente werden als $M^{(0)}$-Momente bezeichnet (vgl. Abb. 495a). Anschließend ermittelt man die im gedachten Lager auftretende Festhaltekraft F. Im zweiten Abschnitt denkt man sich das Festhalte-

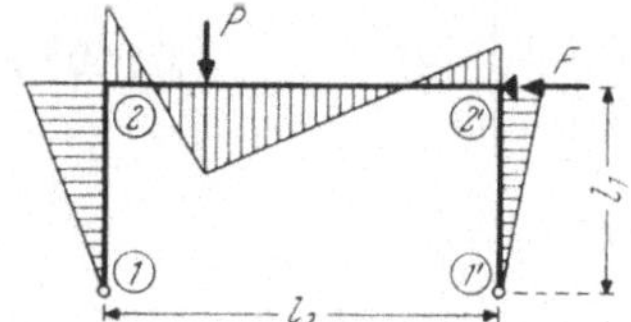

Abb. 495a. $M^{(0)}$-Linie für den unverschieblich festgehaltenen Rahmen mit Festhaltekraft F

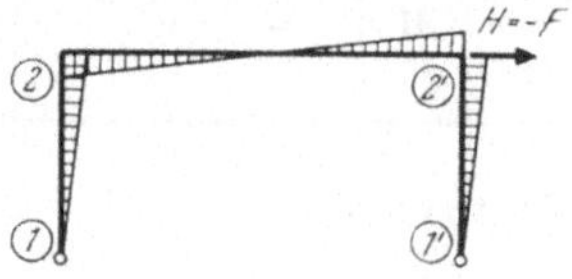

Abb. 495b. $M^{(1)}$-Linie infolge der horizontalen „Verschiebungskraft“ $H = -F$

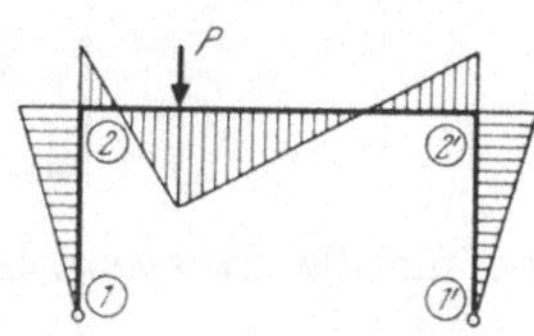

Abb. 495c. Endgültige M-Linie durch Überlagerung der M-Linien aus Abb. 495a und b

Abb. 495a bis c. Entwicklung der M-Linie für einen Zweigelenkrahmen mit unsymmetrischer lotrechter Belastung

lager beseitigt, wodurch die horizontale „Verschiebungskraft“ $H = -F$ zur Wirkung kommt und vom Rahmen selbst übernommen werden muß. Die diesem Belastungszustand entsprechenden „Verschiebungsmomente“ bezeichnet man als $M^{(1)}$-Momente (vgl. Abb. 495b); sie ergeben sich für den symmetrischen Zweigelenkrahmen in den Rahmenecken (2) bzw. (2') gemäß Gl. (399) mit

$$\boxed{M_2^{(1)} = -M_{2'}^{(1)} = -\frac{H}{2} \cdot l_1.} \qquad \textbf{(401)}$$

Sodann erhält man die endgültigen Momente durch algebraische Addition der in den Abb. 495a und b dargestellten Teilbeträge $M^{(0)}$ und $M^{(1)}$ aus beiden Rechnungsabschnitten, und zwar

$$M_2 = M_2^{(0)} + M_2^{(1)} \quad \text{bzw.} \quad M_{2'} = M_{2'}^{(0)} + M_{2'}^{(1)} \qquad (402)$$

oder allgemein

$$\boxed{M_n = M_n^{(0)} + M_n^{(1)}.} \qquad \textbf{(403)}$$

In Abb. 495c ist der so erhaltene endgültige M-Verlauf aufgezeichnet.

Zum Vergleich ist in Abb. 496a bis c der M-Verlauf für einen symmetrischen eingespannten Rahmen mit unsymmetrischer Einzellast dargestellt, und zwar wieder gesondert im festgehaltenen Zustand (Abb. 496a) sowie für die Verschiebungskraft $H = - F$ (Abb. 496b) und für den endgültigen Zustand, der sich durch Überlagerung der M-Linien aus Abb. 496a und b ergibt (Abb. 496c). Die Verschie-

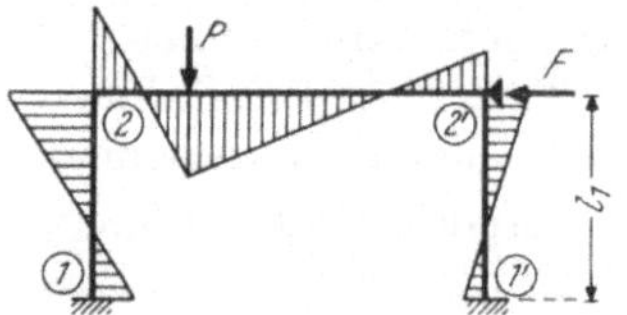

Abb. 496a. $M^{(0)}$-Linie für den unverschieblich festgehaltenen Rahmen mit Festhaltekraft F

Abb. 496b. $M^{(1)}$-Linie infolge der horizontalen „Verschiebungskraft" $H = - F$

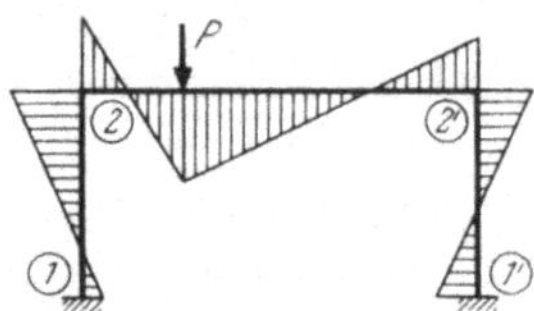

Abb. 496c. Endgültige M-Linie durch Überlagerung der M-Linien aus Abb. 496a und b

Abb. 496a bis c. Entwicklung der M-Linie für einen eingespannten Rahmen mit unsymmetrischer lotrechter Belastung

bungsmomente $M^{(1)}$ für den eingespannten Rahmen erhält man im vorliegenden Fall nach gebrauchsfertigen Formeln; es wird für die *Rahmenecke* (2) bzw. (2')

$$M_2^{(1)} = - M_{2'}^{(1)} = + \frac{H \cdot l_1}{2} \cdot \frac{3c}{6c+1} \tag{404}$$

und für die *Einspannstelle* (1) bzw. (1')

$$M_1^{(1)} = - M_{1'}^{(1)} = - \frac{H \cdot l_1}{2} \cdot \frac{3c+1}{6c+1}, \tag{405}$$

wobei

$$c = \frac{J_2}{J_1} \cdot \frac{l_1}{l_2}. \tag{406}$$

Hierin bedeuten J_2 das Trägheitsmoment des Riegels und J_1 das Trägheitsmoment der Stiele sowie l_2 die Länge des Rahmenriegels und l_1 die Länge der Stiele.

5. Berechnung unsymmetrisch ausgebildeter und unverschieblich festgehaltener, zweistieliger Rahmen

A. Vorbemerkung

Die *unsymmetrisch* ausgebildeten zweistieligen Rahmen sind bei jeder Belastung verschieblich, wenn diese Verschieblichkeit nicht durch geeignete bauliche Maßnahmen verhindert wird. Für diesen Sonderfall der *unverschieblich festgehaltenen* Rahmen, der im Bauwesen sehr häufig vorkommt, können die Momente, wie bereits erläutert, in derselben Weise wie für einen Durchlaufträger mit gleichen Stababmessungen und Belastungen ermittelt werden. Es kann dann wiederum eines der drei Berechnungsverfahren, nämlich die Dreimomentengleichungen, das Festpunktverfahren oder die Cross-Methode, in Anwendung kommen. Die Durchführung der Rechnung bei Benutzung der genannten drei Verfahren soll anschließend an zwei Zahlenbeispielen gezeigt werden.

B. Zahlenbeispiel: Ermittlung der *M*-Linie für einen unverschieblich festgehaltenen, unsymmetrischen Zweigelenkrahmen

Tragwerksabmessungen und Belastungsangaben siehe Abb. 497. Die Querschnittsträgheitsmomente der einzelnen Stäbe ergeben sich

für Stab 1—2: $J_1 = \frac{b\,h^3}{12} = \frac{40 \cdot 60^3}{12} = 720\,000\ \text{cm}^4 = 72{,}0\ \text{dm}^4$

für Stab 2—3: $J_2 = \frac{b\,h^3}{12} = \frac{40 \cdot 65^3}{12} = 915\,000$,, $= 91{,}5$,,

für Stab 3—4: $J_3 = \frac{b\,h^3}{12} = \frac{40 \cdot 50^3}{12} = 417\,000$,, $= 41{,}7$,, .

a) Ermittlung der *M*-Linie mit Hilfe der Dreimomentengleichungen

Bezieht man die weiteren Überlegungen auf den „Ersatz-Durchlaufträger" (Abb. 498), so erkennt man leicht, daß hier die beiden Stützenmomente M_2 und M_3 als Unbekannte auftreten. Somit sind die Dreimomentengleichungen für diese beiden Stützen anzuschreiben. Nach Gl. (294) erhält man unter Beachtung, daß $M_1 = 0$ und $M_4 = 0$ ist,

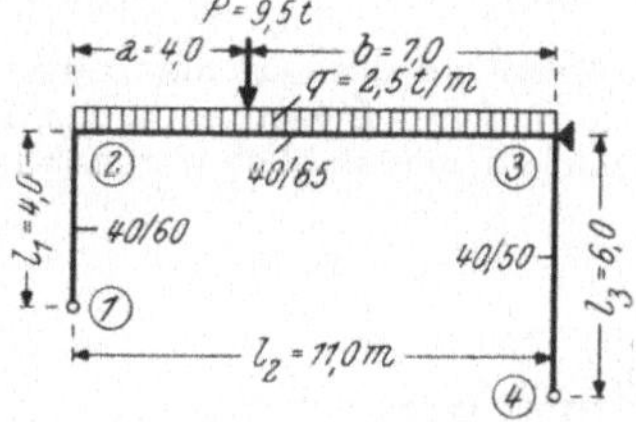

Abb. 497. Tragwerksabmessungen und Belastungsangaben

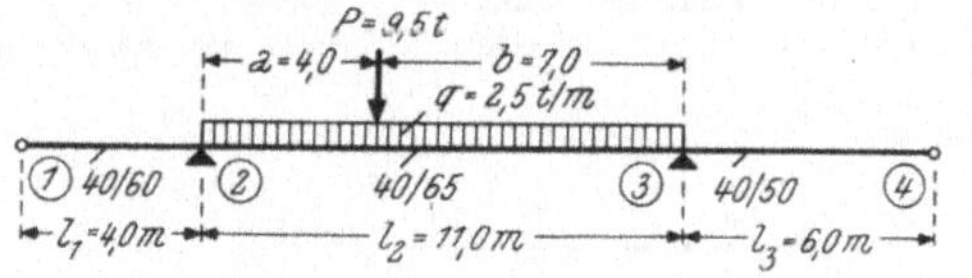

Abb. 498. „Ersatz-Durchlaufträger" für den Rahmen in Abb. 497

$$\begin{aligned} &\text{für Stütze (2):} \quad d_2 M_2 + b_2 M_3 + S_2 = 0 \\ &\text{,,} \quad \text{,,} \quad \text{(3):} \quad b_2 M_2 + d_3 M_3 + S_3 = 0. \end{aligned} \tag{407}$$

Wählt man als Vergleichsträgheitsmoment $J_0 = J_1$, so wird nach Gl. (291)

$$b_2 = \frac{J_1}{J_2}\, l_2 = \frac{72{,}0}{91{,}5} \cdot 11{,}0 = 8{,}66\ \text{m}$$

und nach Gl. (292)

$$d_2 = 2\left(\frac{J_1}{J_1}\, l_1 + \frac{J_1}{J_2}\, l_2\right) = 2\,(l_1 + b_2) = 2\,(4{,}00 + 8{,}66) = 25{,}32\ \text{m}$$

sowie

$$d_3 = 2\left(\frac{J_1}{J_2}\, l_2 + \frac{J_1}{J_3}\, l_3\right) = 2\left(b_2 + \frac{J_1}{J_3}\, l_3\right) = 2\left(8{,}66 + \frac{72{,}0}{41{,}7} \cdot 6{,}0\right) = 2\,(8{,}66 + 10{,}36) = 38{,}04\ \text{m}.$$

Ferner wird nach Gl. (293), da infolge der unbelasteten Felder 1—2 und 3—4 hier $\mathfrak{A}^{(0)}_{2,1} = 0$ und $\mathfrak{A}^{(0)}_{3,4} = 0$ sind,

$$S_2 = 6\,\frac{J_1}{J_2}\,\mathfrak{A}^{(0)}_{2,3} \qquad \text{und} \qquad S_3 = 6\,\frac{J_1}{J_2}\,\mathfrak{A}^{(0)}_{3,2}.$$

Die $\mathfrak{A}^{(0)}$-Werte ergeben sich nach Tafel 1 für die Gleichlast $q = 2{,}5$ t/m und nach Tafel 3 für die Einzellast $P = 9{,}5$ t mit

$$\mathfrak{A}^{(0)}_{2,3} = \frac{q\,l_2^3}{24} + \frac{P\,a\,b}{6\,l_2}\,(b + l_2) = \frac{2{,}5 \cdot 11{,}0^3}{24} + \frac{9{,}5 \cdot 4{,}0 \cdot 7{,}0}{6 \cdot 11{,}0}\,(7{,}0 + 11{,}0) = 138{,}6 + 72{,}5 = \\ = 211{,}1\ \text{tm}^2$$

und

$$\mathfrak{R}^{(0)}_{3,2} = \frac{q\,l_2^3}{24} + \frac{P\,a\,b}{6\,l_2}\,(a + l_2) = \frac{2,5 \cdot 11,0^3}{24} + \frac{9,5 \cdot 4,0 \cdot 7,0}{6 \cdot 11,0}\,(4,0 + 11,0) = 138,6 + 60,5 =$$
$$= 199,1 \text{ tm}^2.$$

Damit berechnet man

$$S_2 = 6 \cdot \frac{72,0}{91,5} \cdot 211,1 = 997,0 \text{ tm}^2$$

und

$$S_3 = 6 \cdot \frac{72,0}{91,5} \cdot 199,1 = 940,0 \text{ tm}^2.$$

Setzt man die ermittelten Zahlenwerte für b_2, d_2, d_3, S_2 und S_3 in die oben aufgestellten Dreimomentengleichungen (407) ein, so erhält man

$$25,32\,M_2 + 8,66\,M_3 + 997,0 = 0$$
$$8,66\,M_2 + 38,04\,M_3 + 940,0 = 0.$$

Die Auflösung ergibt

$$M_2 = -33,53 \text{ tm} \qquad \text{und} \qquad M_3 = -17,08 \text{ tm}.$$

Mit diesen beiden M-Werten ist die Momenten-Bezugslinie im Mittelfeld des Durchlaufträgers bzw. für den Rahmenriegel 2—3 gegeben; die M-Linie für die äußere Belastung q und P kann nun angetragen werden. In Abb. 499 ist der gesamte M-Verlauf maßstäblich dargestellt.

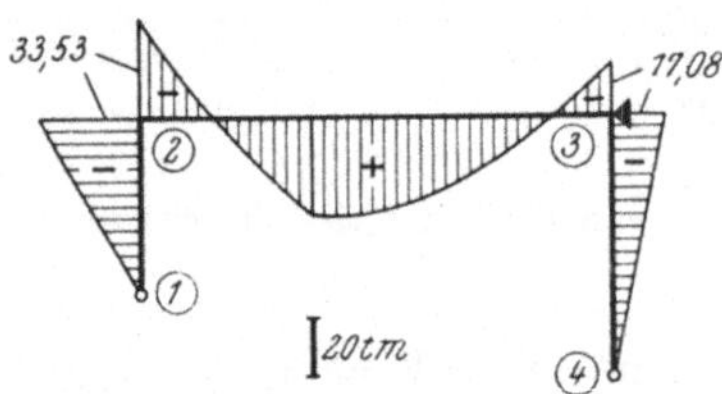

Abb. 499. M-Verlauf für den unverschieblich festgehaltenen Rahmen

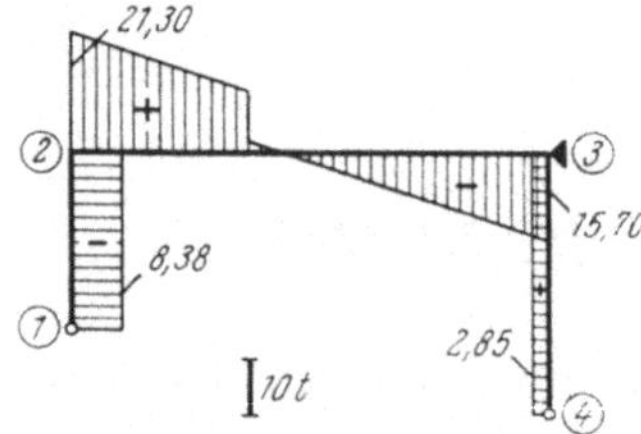

Abb. 500. Q-Linie zum M-Verlauf in Abb. 499

Die zugehörige Q-Linie ist in Abb. 500 wiedergegeben; die zum Aufzeichnen erforderlichen Werte können durch wiederholte Anwendung der allgemeinen Q-Formel (202) ermittelt werden.

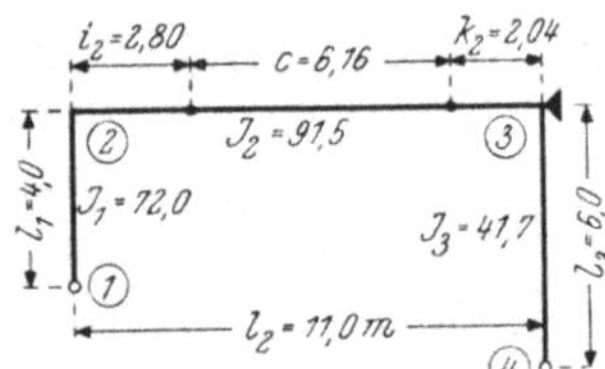

Abb. 501. Grundwerte für das Festpunktverfahren (Trägheitsmomente J in dm⁴)

b) Ermittlung der M-Linie nach dem Festpunktverfahren

Da die Stiele unbelastet sind, braucht man hier nur die Festpunktabstände i_2 und k_2 im Rahmenriegel (= Mittelfeld des „Ersatz-Durchlaufträgers") zu bestimmen.

Ermittlung der Festpunktabstände

Mit den in Abb. 501 eingetragenen Grundwerten erhält man die erforderlichen Festpunktabstände nach Gl. (318), und zwar wird

$$i_2 = \frac{l_2}{3 + \frac{2\,l_1}{l_2} \cdot \frac{J_2}{J_1}} = \frac{11,0}{3 + \frac{2 \cdot 4,0}{11,0} \cdot \frac{91,5}{72,0}} = 2,80 \text{ m}$$

und

$$k_2 = \frac{l_2}{3 + \frac{2\,l_3}{l_2} \cdot \frac{J_2}{J_3}} = \frac{11,0}{3 + \frac{2 \cdot 6,0}{11,0} \cdot \frac{91,5}{41,7}} = 2,04 \text{ m}.$$

Damit ist nach Gl. (336 b)

$$c = l_2 - i_2 - k_2 = 11{,}0 - 2{,}80 - 2{,}04 = 6{,}16 \text{ m}.$$

In Abb. 501 sind die rechnerisch ermittelten Festpunktabstände eingetragen.

Ermittlung der Kreuzlinienabschnitte

Die Kreuzlinienabschnitte K_l und K_r für die Riegelbelastung q und P erhält man nach Tafel 1 und 3 mit

$$K_l = \frac{q\,l_2^2}{4} + \frac{P\,a\,b}{l_2^2}(a + l_2) = \frac{2{,}5 \cdot 11{,}0^2}{4} + \frac{9{,}5 \cdot 4{,}0 \cdot 7{,}0}{11{,}0^2}(4{,}0 + 11{,}0) = 75{,}6 + 33{,}0 = 108{,}6 \text{ tm}$$

und

$$K_r = \frac{q\,l_2^2}{4} + \frac{P\,a\,b}{l_2^2}(b + l_2) = \frac{2{,}5 \cdot 11{,}0^2}{4} + \frac{9{,}5 \cdot 4{,}0 \cdot 7{,}0}{11{,}0^2}(7{,}0 + 11{,}0) = 75{,}6 + 39{,}6 = 115{,}2 \text{ tm}$$

Ermittlung der Momente

Mit den Zahlenwerten i_2, k_2, K_l, K_r und c ergeben sich die „Ausgangsmomente" nach Gl. (336 a) mit

$$M_l = M_2 = \frac{i_2}{c}\left[K_r - \frac{k_2}{l_2}(K_l + K_r)\right] = \frac{2{,}80}{6{,}16}\left[115{,}2 - \frac{2{,}04}{11{,}0}(108{,}6 + 115{,}2)\right] =$$

$$= \frac{2{,}80}{6{,}16}(115{,}2 - 41{,}5) = -33{,}50 \text{ tm}$$

$$M_r = M_3 = \frac{k_2}{c}\left[K_l - \frac{i_2}{l_2}(K_l + K_r)\right] = \frac{2{,}04}{6{,}16}\left[108{,}6 - \frac{2{,}80}{11{,}0}(108{,}6 + 115{,}2)\right] =$$

$$= \frac{2{,}04}{6{,}16}(108{,}6 - 57{,}0) = -17{,}09 \text{ tm}.$$

Das sind bereits die endgültigen Rahmeneckmomente; sie zeigen genügend genaue Übereinstimmung mit den aus den Dreimomentengleichungen erhaltenen Werten (vgl. M-Linie Abb. 499).

c) Ermittlung der M-Linie nach der Cross-Methode

Die gesamte Berechnung kann nach den Seite 238 f. gegebenen Anweisungen vorgenommen werden.

Stabfestwerte k bzw. k^0

Mit den Bezeichnungen der Abb. 502 erhält man

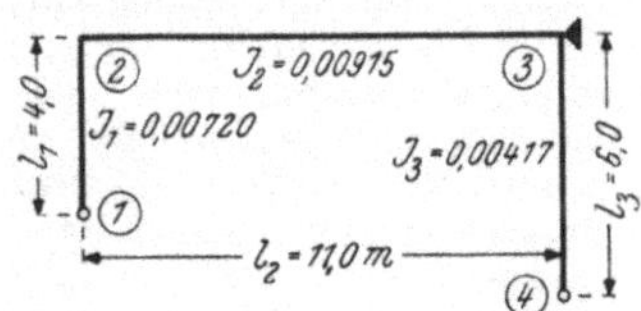

Abb. 502. Stablängen l und Trägheitsmomente J in m⁴

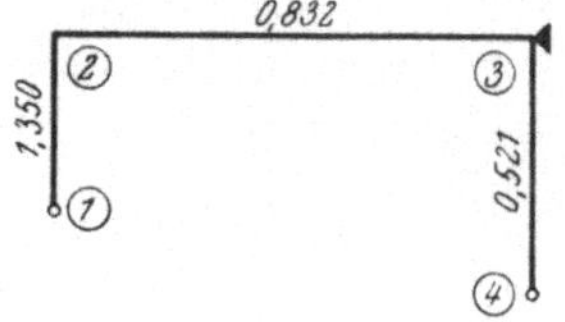

Abb. 503. Festwertskizze (k- und k^0-Zahlen)

für Stab 1—2 nach Gl. (356)

$$k^0_{2,1} = \frac{750\,J_1}{l_1} = \frac{750 \cdot 0{,}00720}{4{,}0} = 1{,}350,$$

für Stab 2—3 nach Gl. (355)

$$k_{2,3} = k_{3,2} = \frac{1000\,J_2}{l_2} = \frac{1000 \cdot 0{,}00915}{11{,}0} = 0{,}832,$$

für Stab 3—4 nach Gl. (356)

$$k^0_{3,4} = \frac{750\,J_3}{l_3} = \frac{750 \cdot 0{,}00417}{6{,}0} = 0{,}521.$$

Die Stabfestwerte sind in Abb. 503 eingetragen.

Momentenverteilungszahlen μ

Für Knoten (2) ergibt sich nach Gl. (364)

$$\Sigma k = k^0_{2,1} + k_{2,3} = 1{,}350 + 0{,}832 = 2{,}182$$

und damit nach Gl. (363)

$$\mu_{2,1} = \frac{k^0_{2,1}}{\Sigma k} = \frac{1{,}350}{2{,}182} = 0{,}619; \qquad \mu_{2,3} = \frac{k_{2,3}}{\Sigma k} = \frac{0{,}832}{2{,}182} = 0{,}381.$$

Probe nach Gl. (366a): $\Sigma\mu = 0{,}619 + 0{,}381 = 1$.

Für Knoten (3) wird nach Gl. (364)

$$\Sigma k = k_{3,2} + k^0_{3,4} = 0{,}832 + 0{,}521 = 1{,}353$$

und damit nach Gl. (363)

$$\mu_{3,2} = \frac{k_{3,2}}{\Sigma k} = \frac{0{,}832}{1{,}353} = 0{,}615; \qquad \mu_{3,4} = \frac{k^0_{3,4}}{\Sigma k} = \frac{0{,}521}{1{,}353} = 0{,}385.$$

Probe nach Gl. (366a): $\Sigma\mu = 0{,}615 + 0{,}385 = 1$.

Die μ-Zahlen sind in die Systemskizze (Abb. 504) eingetragen.

Volleinspannmomente $\mathfrak{M}$

Für Stab 2—3 mit der durchgehenden Gleichlast $q = 2{,}5$ t/m und der Einzellast $P = 9{,}5$ t erhält man nach Tafel 1 und 3

$$\mathfrak{M}_{2,3} = + \frac{q\,l_2^2}{12} + \frac{P\,a\,b^2}{l_2^2} = + \frac{2{,}5 \cdot 11{,}0^2}{12} + \frac{9{,}5 \cdot 4{,}0 \cdot 7{,}0^2}{11{,}0^2} = + 25{,}21 + 15{,}39 = + 40{,}60 \text{ tm}$$

$$\mathfrak{M}_{3,2} = - \frac{q\,l_2^2}{12} - \frac{P\,a^2\,b}{l_2^2} = - \frac{2{,}5 \cdot 11{,}0^2}{12} - \frac{9{,}5 \cdot 4{,}0^2 \cdot 7{,}0}{11{,}0^2} = - 25{,}21 - 8{,}79 = - 34{,}00 \text{ „ .}$$

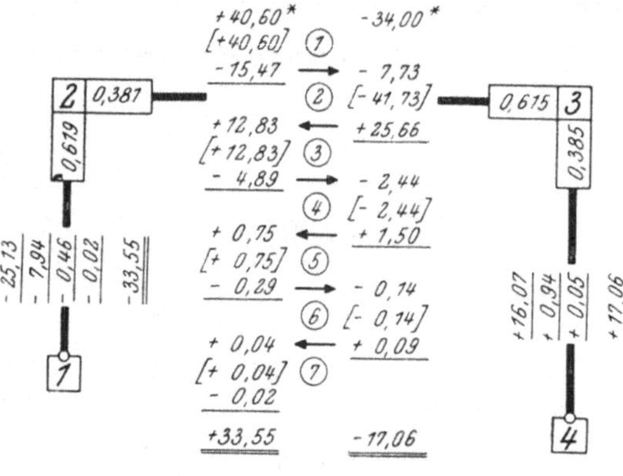

Abb. 504. Rechnungs-Skizze

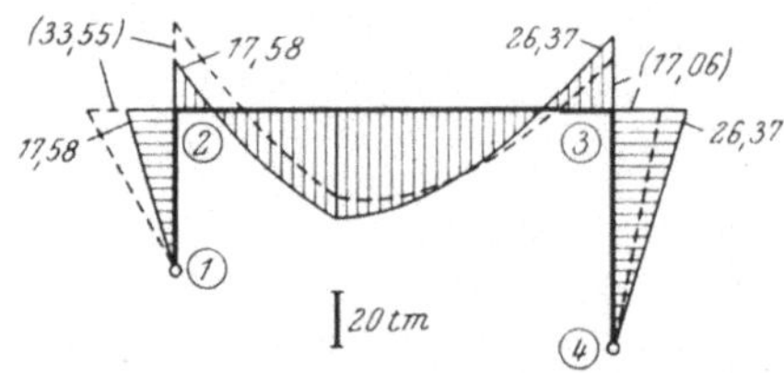

Abb. 505. M-Linien für den „verschieblichen" (————) und für den „unverschieblichen" (– – – –) Rahmen bei lotrechter Belastung gemäß Abb. 497

Momentenausgleich (Abb. 504)

Die Durchführung der weiteren Berechnung geschieht am besten unter Zuhilfenahme der schematischen Systemskizze Abb. 504, die nicht maßstäblich zu sein braucht. In diese Skizze sind zuerst die Verteilungszahlen μ und die Volleinspannmomente $\mathfrak{M}$ einzutragen, die zur Unterscheidung von den übrigen Momenten durch einen * gekennzeichnet werden. Man beginnt den Ausgleich im Knoten (2) mit dem größten Restmoment $M_2 = +\,40{,}60$ tm. Die Verteilung mit den entsprechenden μ-Zahlen nach Gl. (365) ergibt $M'_{2,3} = -\,15{,}47$ tm und $M'_{2,1} = -\,25{,}13$ tm. Beide Momentenanteile werden in der Rechnungs-Skizze eingeschrieben und zum Zeichen des durchgeführten Ausgleiches unterstrichen. Sodann leitet man das Verteilungsmoment $M'_{2,3}$ gemäß Gl. (369) auf das andere Stabende weiter und erhält dort $M''_{3,2} = -\,7{,}73$ tm. Nun folgt der Ausgleich im Knoten (3) mit $M_3 = \mathfrak{M}_{3,2} + M''_{3,2} = -\,34{,}00 - 7{,}73 = -\,41{,}73$ tm. Die Verteilung ergibt dort $M'_{3,2} = +\,25{,}66$ tm und $M'_{3,4} = +\,16{,}07$ tm. Zum Zeichen des vollzogenen Ausgleiches werden diese Werte wieder unterstrichen; das Verteilungsmoment $M'_{2,3}$ wird dann auf die andere Seite übergeleitet. Der weitere Ausgleich erfolgt abwechselnd in den beiden Knoten (2) und (3), bis die gewünschte Genauigkeit erreicht ist. Durch algebraische Addition der zusammengehörigen Teilbeträge $\mathfrak{M}$, M' und M'' erhält man gemäß Gl. (374) die endgültigen, in der Rechnungs-Skizze doppelt unterstrichenen Momente.

Diese Ergebnisse stimmen mit den nach den beiden anderen Verfahren ermittelten Momenten genügend genau überein (vgl. M-Linie Abb. 499).

Anmerkung. Um den Einfluß der Verschieblichkeit im vorliegenden Falle auch zahlenmäßig zum Ausdruck zu bringen, ist in Abb. 505 der M-Verlauf dargestellt, der sich ergeben würde, wenn der Rahmen nicht durch ein Lager oder durch andere bauliche Maßnahmen gegen eine seitliche Verschiebung festgehalten wäre. Wie der Vergleich zeigt, sind die Unterschiede sehr erheblich. Für die M-Linie des verschieblichen Rahmens ist jetzt die Bedingung $\Sigma H = 0$ erfüllt, denn es ist nach Gl. (395) im *linken* Stiel

$$H_2 = \frac{M_2}{l_1} = \frac{17,58}{4,0} = 4,40 \text{ t}$$

und gemäß Gl. (396) im *rechten* Stiel

$$H_3 = \frac{M_3}{l_3} = \frac{26,37}{6,0} = 4,40 \text{ t}.$$

Wie aus der gegensinnigen Neigung der M-Linie ersichtlich ist, sind die horizontalen Kräfte von entgegengesetzter Richtung; somit ist $H = H_2 - H_3 = 4,40 - 4,40 = 0$.

C. Zahlenbeispiel: Ermittlung der *M*-Linie für einen unverschieblich festgehaltenen, unsymmetrischen Rahmen mit eingespannten Stielen

Tragwerksabmessungen und Belastungsangaben siehe Abb. 506. Die Trägheitsmomente der einzelnen Stabquerschnitte sind

für Stab 1—2: $J_1 = \frac{b\,h^3}{12} = \frac{30 \cdot 50^3}{12} = 312\,500 \text{ cm}^4 = 31,25 \text{ dm}^4$

für Stab 2—3: $J_2 = \frac{b\,h^3}{12} = \frac{30 \cdot 60^3}{12} = 540\,000$,, $= 54,00$,,

für Stab 3—4: $J_3 = \frac{b\,h^3}{12} = \frac{30 \cdot 40^3}{12} = 160\,000$,, $= 16,00$,,

Die Anwendung der Dreimomentengleichungen wäre hier zu umständlich, da wegen der Einspannungen bei (1) und (4) insgesamt vier Gleichungen aufzulösen wären. Hingegen führen das Festpunktverfahren und die Cross-Methode wieder sehr rasch zum Ziel, wie anschließend gezeigt werden soll.

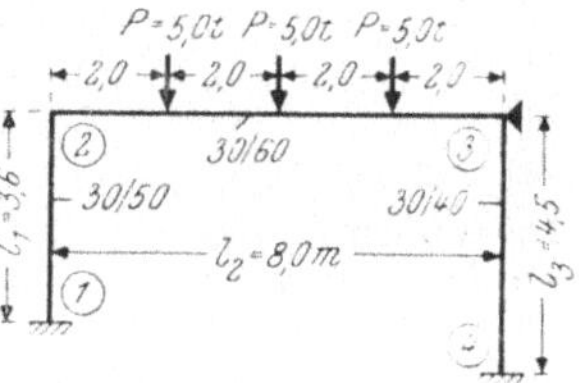

Abb. 506. Tragwerksabmessungen und Belastungsangaben

a) Ermittlung der *M*-Linie nach dem Festpunktverfahren

Zur besseren Übersicht können die weiteren Betrachtungen auch hier auf den entsprechenden „Ersatz-Durchlaufträger“ (Abb. 507) bezogen werden.

Ermittlung der Festpunktabstände

Wegen voller Einspannung bei (1) und (4) erhält man nach Gl. (321) sofort

$$i_1 = \frac{l_1}{3} = \frac{3,60}{3} = 1,20 \text{ m}$$

$$k_3 = \frac{l_3}{3} = \frac{4,50}{3} = 1,50 \text{ ,, }.$$

Weiter ergeben sich nach Gl. (321) die Abstände der Riegelfestpunkte

$$i_2 = \frac{l_2}{3 + \frac{1,5\,l_1}{l_2} \cdot \frac{J_2}{J_1}} = \frac{8,00}{3 + \frac{1,5 \cdot 3,60}{8,00} \cdot \frac{54,00}{31,25}} = 1,92 \text{ m}$$

und

$$k_2 = \frac{l_2}{3 + \frac{1{,}5\, l_3}{l_2} \cdot \frac{J_2}{J_3}} = \frac{8{,}00}{3 + \frac{1{,}5 \cdot 4{,}50}{8{,}00} \cdot \frac{54{,}00}{16{,}00}} = 1{,}37 \text{ m}.$$

Damit wird nach Gl. (336b)

$$c = l_2 - i_2 - k_2 = 8{,}00 - 1{,}92 - 1{,}37 = 4{,}71 \text{ m}.$$

In Abb. 508 sind die rechnerisch ermittelten Festpunktabstände eingetragen.

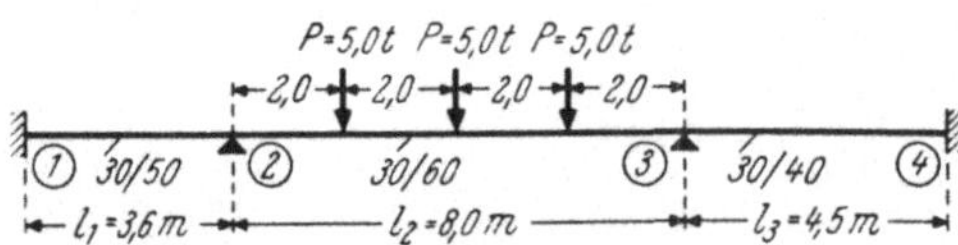

Abb. 507. „Ersatz-Durchlaufträger" für den Rahmen in Abb. 506

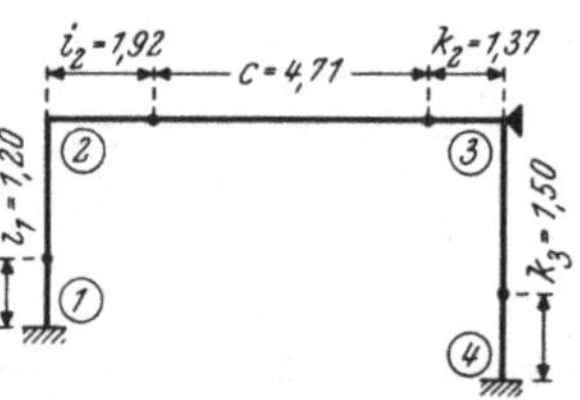

Abb. 508. Festpunktabstände in m

Ermittlung der Kreuzlinienabschnitte

Die Kreuzlinienabschnitte K_l und K_r für die Riegelbelastung erhält man aus Tafel 3 nach kurzer Umformung mit

$$K_l = K_r = K = \frac{15\, P\, l_2}{16} = \frac{15 \cdot 5{,}0 \cdot 8{,}0}{16} = 37{,}50 \text{ tm}.$$

Ermittlung der Momente

Die beiden „Ausgangsmomente" ergeben sich gemäß Gl. (337) mit

$$M_l = M_2 = \frac{i_2\, K}{c\, l_2}\,(l_2 - 2\, k_2) = \frac{1{,}92 \cdot 37{,}50}{4{,}71 \cdot 8{,}00}\,(8{,}00 - 2 \cdot 1{,}37) = -\,10{,}05 \text{ tm}$$

$$M_r = M_3 = \frac{k_2\, K}{c\, l_2}\,(l_2 - 2\, i_2) = \frac{1{,}37 \cdot 37{,}50}{4{,}71 \cdot 8{,}00}\,(8{,}00 - 2 \cdot 1{,}92) = -\,5{,}67 \quad ,, .$$

Das sind bereits die endgültigen Rahmeneckmomente. Die Momente an den beiden Einspannstellen (1) und (4) sind jeweils halb so groß wie die zugehörigen Momente an den oberen Stielenden im Knoten (2) bzw. (3), also wird gemäß Gl. (298)

$$M_1 = -\frac{M_2}{2} = +\frac{10{,}05}{2} = +\,5{,}03 \text{ tm}$$

$$M_4 = -\frac{M_3}{2} = +\frac{5{,}67}{2} = +\,2{,}84 \quad ,, .$$

Diese Einspannmomente können auch unter Benutzung der Festpunktabstände i_1 und k_3 ermittelt werden, und zwar erhält man aus der geometrischen Beziehung

$$M_1 = \frac{i_1}{l_1 - i_1}\; M_2 = \frac{1{,}20}{3{,}60 - 1{,}20} \cdot 10{,}05 = +\,5{,}03 \text{ tm}$$

$$M_4 = \frac{k_3}{l_3 - k_3}\; M_3 = \frac{1{,}50}{4{,}50 - 1{,}50} \cdot 5{,}67 = +\,2{,}84 \quad ,, .$$

In Abb. 509 ist der gesamte M-Verlauf maßstäblich dargestellt.

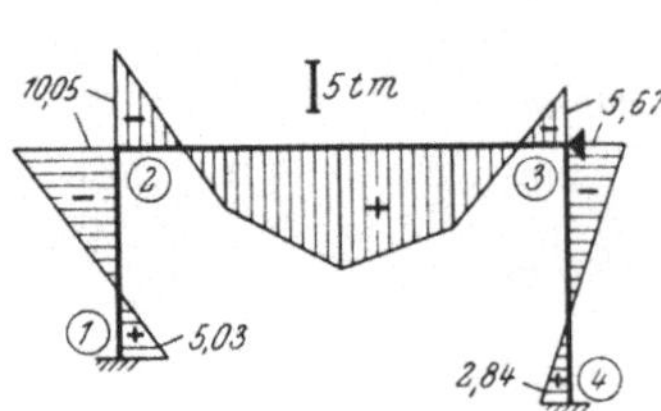

Abb. 509. M-Verlauf für den unverschieblich festgehaltenen Rahmen

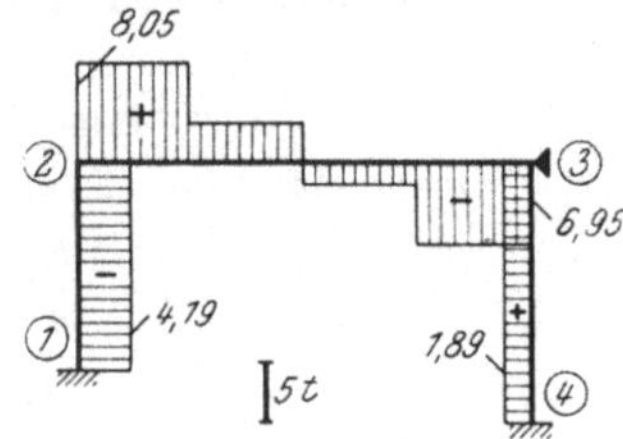

Abb. 510. Q-Linie zum M-Verlauf in Abb. 509

Die Werte für die zugehörige Q-Linie (Abb. 510) können nach der allgemeinen Formel (202) bestimmt werden.

b) Ermittlung der M-Linie nach der Cross-Methode

Die Lösung der Aufgabe wird nach den Seite 238 f. gegebenen Anweisungen durchgeführt.

Stabfestwerte k

In Abb. 511 sind die zur Berechnung der k-Werte erforderlichen Stablängen l und Trägheitsmomente J eingetragen. Nach Gl. (355) wird

für Stab 1—2: $$k_{1,2} = k_{2,1} = \frac{1000\,J_1}{l_1} = \frac{1000 \cdot 0{,}003125}{3{,}6} = 0{,}868,$$

für Stab 2—3: $$k_{2,3} = k_{3,2} = \frac{1000\,J_2}{l_2} = \frac{1000 \cdot 0{,}005400}{8{,}0} = 0{,}675,$$

für Stab 3—4: $$k_{3,4} = k_{4,3} = \frac{1000\,J_3}{l_3} = \frac{1000 \cdot 0{,}001600}{4{,}5} = 0{,}356.$$

Die k-Zahlen sind in Abb. 512 eingetragen.

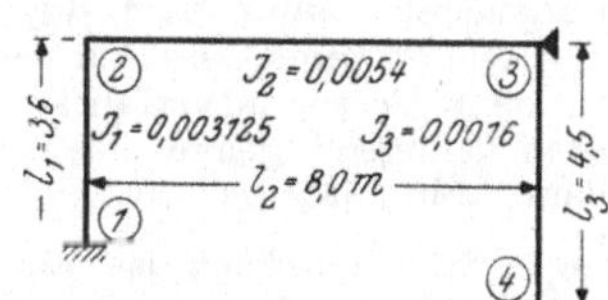

Abb. 511. Stablängen l und Trägheitsmomente J in m⁴

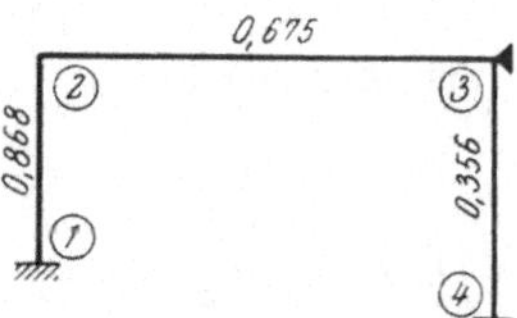

Abb. 512. Festwertskizze (k-Zahlen)

Momentenverteilungszahlen μ

Im Knoten (2) wird nach Gl. (364)

$$\Sigma k = k_{2,1} + k_{2,3} = 0{,}868 + 0{,}675 = 1{,}543$$

und damit nach Gl. (363)

$$\mu_{2,1} = \frac{k_{2,1}}{\Sigma k} = \frac{0{,}868}{1{,}543} = 0{,}563; \qquad \mu_{2,3} = \frac{k_{2,3}}{\Sigma k} = \frac{0{,}675}{1{,}543} = 0{,}437.$$

Probe nach Gl. (366a): $\Sigma \mu = 0{,}563 + 0{,}437 = 1$.

Im Knoten (3) wird nach Gl. (364)

$$\Sigma k = k_{3,2} + k_{3,4} = 0{,}675 + 0{,}356 = 1{,}031$$

und damit nach Gl. (363)

$$\mu_{3,2} = \frac{k_{3,2}}{\Sigma k} = \frac{0{,}675}{1{,}031} = 0{,}655; \qquad \mu_{3,4} = \frac{k_{3,4}}{\Sigma k} = \frac{0{,}356}{1{,}031} = 0{,}345.$$

Probe nach Gl. (366a): $\Sigma \mu = 0{,}655 + 0{,}345 = 1$.

Die μ-Zahlen sind in Abb. 513 eingetragen.

Volleinspannmomente $\mathfrak{M}$

Für Stab 2—3 erhält man für die drei symmetrisch wirkenden Lasten P nach Tafel 3

$$\mathfrak{M}_{2,3} = + \frac{5\,P\,l_2}{16} = + \frac{5 \cdot 5{,}0 \cdot 8{,}0}{16} = + 12{,}50 \text{ tm}; \qquad \mathfrak{M}_{3,2} = -12{,}50 \text{ tm}.$$

Momentenausgleich (Abb. 513)

Die weitere Berechnung wird in der Systemskizze (Abb. 513) durchgeführt, in die zunächst die bereits ermittelten Werte μ und $\mathfrak{M}$ eingetragen werden. Den Ausgleich beginnt man bei Knoten (2) mit dem Restmoment $M_2 = +12{,}50$ tm; die Verteilung nach Gl. (365) ergibt $M'_{2,3} = -5{,}46$ tm und $M'_{2,1} = -7{,}04$ tm; diese Werte werden zum Zeichen des vollzogenen Ausgleichs unterstrichen. Durch Überleitung des Momentenanteiles $M'_{2,3}$ auf das gegenüberliegende Stabende erhält man nach Gl. (369) $M''_{3,2} = -2{,}73$ tm; die Weiterleitung an die

Einspannstelle des Stieles kann zunächst unterbleiben. Nun wird im Knoten (3) gemäß Gl. (373) das Restmoment bestimmt, und zwar ist $M_3 = \mathfrak{M}_{3,2} + M''_{3,2} = -12{,}50 - 2{,}73 = -15{,}23$ tm. Seine Verteilung mit den μ-Zahlen ergibt $M'_{3,2} = +9{,}98$ tm und $M'_{3,4} = +5{,}25$ tm. Nach Überleitung des Momentes $M'_{3,2}$ auf die andere Seite erfolgt der Ausgleich des Knotenrestmomentes M_2 und die Weiterleitung auf das Stabende (3). In derselben Weise gleicht man abwechselnd die immer kleiner werdenden Restmomente M_3 und M_2 aus, bis schließlich das im Knoten (3) verteilte Restmoment $M_3 = -0{,}08$ tm hinreichend kleine Werte ergibt, die nicht mehr weitergeleitet zu werden brauchen. Durch algebraische Addition der zusammengehörigen Teilbeträge $\mathfrak{M}$, M' und M'' erhält man die endgültigen Stabendmomente. Erst jetzt werden die Momente $M_{2,1}$ und $M_{3,4}$ an die Einspannstellen (1) und (4) weitergeleitet. Damit sind die endgültigen Momente bestimmt; sie stimmen mit den nach dem Festpunktverfahren ermittelten Werten genügend genau überein (vgl. M-Verlauf Abb. 509).

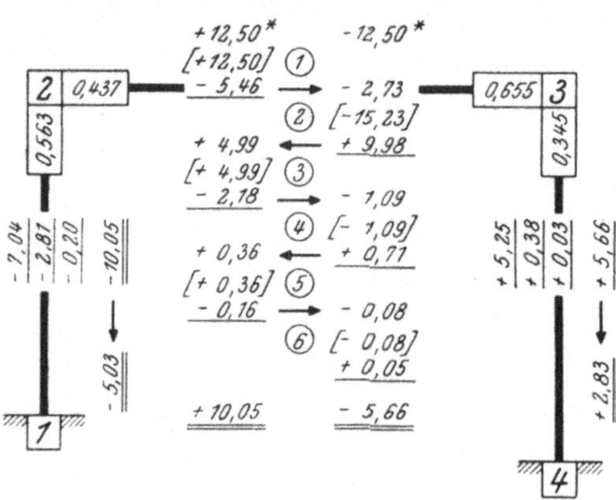

Abb. 513. Rechnungs-Skizze

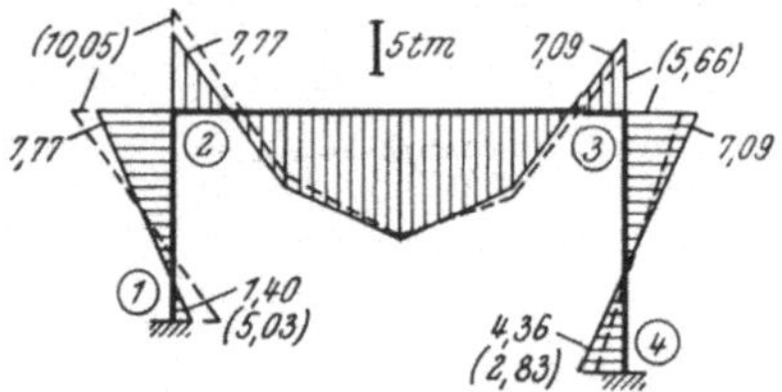

Abb. 514. M-Linien für den „verschieblichen" (———) und für den „unverschieblichen" (— — — —) Rahmen bei lotrechter Belastung gemäß Abb. 506

Anmerkung. Zum Vergleich ist auch hier der M-Verlauf für das Tragwerk ohne Festhaltelager in Abb. 514 aufgezeichnet. Daß die Bedingung $\Sigma H = 0$ erfüllt ist, ergibt sich aus den leicht zu bestimmenden H-Kräften in den beiden Stielen. Nach Gl. (150) bzw. (152) wird

im *linken* Stiel

$$H_1 = \frac{M_1 + M_2}{l_1} = \frac{1{,}40 + 7{,}77}{3{,}6} = 2{,}55 \text{ t}$$

und im *rechten* Stiel

$$H_2 = \frac{M_3 + M_4}{l_3} = \frac{7{,}09 + 4{,}36}{4{,}5} = 2{,}55 \text{ t}.$$

Beide Horizontalkräfte sind also gleich groß und, wie aus der gegensinnigen Steigung der M-Linie sofort ersichtlich ist, von entgegengesetzter Richtung.

6. Symmetrische zweistielige Rahmen mit Kragarmen bzw. Konsolen

In den Abb. 515 bis 519 sind verschiedene Beispiele von symmetrischen zweistieligen Rahmen mit Kragarmen bzw. Konsolen dargestellt. Bei symmetrisch einwirkender Belastung können auch diese Rahmentypen wie die ihnen entsprechenden „Ersatz-Durchlaufträger" berechnet werden. Die Kragarmbelastung ist dann in der Weise zu berücksichtigen, daß das zugehörige Kragmoment M_K an der betreffenden Stelle als äußeres Moment in Rechnung zu stellen ist.

Als Beispiel sind in den Abb. 520a, b bis 522a, b einige symmetrische Rahmen mit den entsprechenden „Ersatz-Durchlaufträgern" gezeigt. Bei dem Rahmen in

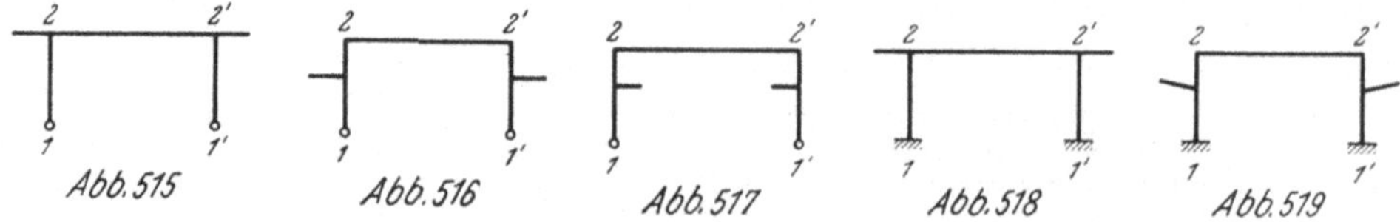

Abb. 515 bis 519. Symmetrische zweistielige Rahmen mit Kragarmen bzw. Konsolen

Abb. 520a greifen die Kragmomente M_K als äußere Momente in den Rahmenecken an; diese Momente M_K belasten somit den „Ersatz-Durchlaufträger" (Abb. 520b) in den beiden Mittelstützen. Befinden sich die symmetrisch angeordneten Kragarme bzw. Konsolen an beliebiger Stelle der Rahmenstiele (Abb. 521a und 522a), so sind die dort übertragenen Kragmomente M_K im „Ersatz-Durchlaufträger" (Abb. 521b und 522b) an gleicher Stelle in den Randfeldern anzunehmen.

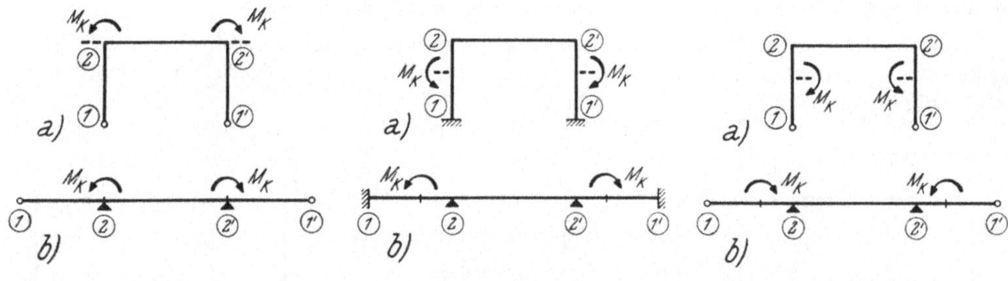

Abb. 520a, b Abb. 521a, b Abb. 522a, b

Abb. 520a, b bis 522a, b. Symmetrisch ausgebildete und symmetrisch belastete Rahmen mit den entsprechenden „Ersatz-Durchlaufträgern"

Die Berechnung für diese Rahmenformen könnte also bei symmetrischer Belastung nach den drei Berechnungsverfahren in der gleichen Art durchgeführt werden, wie dies Seite 255 ff. an den Zahlenbeispielen gezeigt worden ist. Es ist aber einfacher, hierfür gebrauchsfertige Formeln[1] zu benutzen, wie sie im folgenden für symmetrische Rahmen mit auskragenden Riegeln (vgl. Abb. 515 und 518) angegeben sind.

Für den symmetrischen *Zweigelenkrahmen* (Abb. 523a) erhält man die Rahmeneckmomente aus

$$M_{2,1} = M_{2',1'} = + M_K \frac{3}{2c+3}$$
$$M_{2,2'} = M_{2',2} = - M_K \frac{2c}{2c+3} \qquad (408)$$

und die Momente für den *eingespannten Rahmen* (Abb. 524a) aus

$$M_{2,1} = M_{2',1'} = + M_K \frac{2}{c+2}$$
$$M_{2,2'} = M_{2',2} = - M_K \frac{c}{c+2} \qquad (409)$$
$$M_{1,2} = M_{1',2'} = - 0{,}5\, M_{2,1}.$$

In diesen Gleichungen bedeutet

$$c = \frac{J_2}{J_1} \cdot \frac{l_1}{l_2}. \qquad (410)$$

In den Abb. 523a und 524a sind die belasteten Kragarme durch die angreifenden Kragmomente M_K ersetzt, die in gewohnter Art bestimmt werden können. Die in

[1]) Kleinlogel: Rahmenformeln, 11. Aufl., Berlin 1949.

den Abb. 523b und 524b dargestellten M-Linien sind aber in den beiden Fällen noch durch den M-Verlauf der Kragarme zu ergänzen, damit in den Knoten (2) bzw. (2′) Gleichgewicht herrscht, d. h. die Summe aller Stabanschlußmomente muß in den Rahmenknoten gleich Null sein. Es gilt also die Bedingung

$$M_K = M_{2,2'} + M_{2,1}, \tag{411}$$

wobei die M-Werte mit ihrem Absolutbetrag einzusetzen sind.

Zeigen die angreifenden Momente M_K in den Abb. 523a und 524a den umgekehrten Drehsinn, dann erhalten auch die von ihnen hervorgerufenen Biegungsmomente entgegengesetztes Vorzeichen.

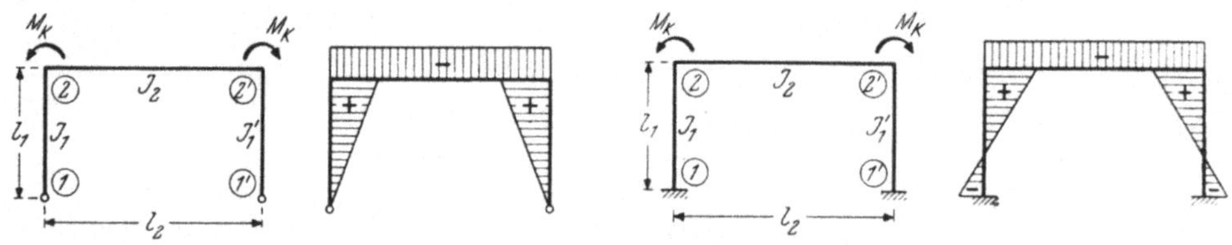

Abb. 523a. Symmetrischer Zweigelenkrahmen mit Kragmomenten M_K

Abb. 523b. M-Verlauf zu Abb. 523a

Abb. 524a. Symmetrischer eingespannter Rahmen mit Kragmomenten M_K

Abb. 524b. M-Verlauf zu Abb. 524a

7. Schlußbemerkung

Das Ziel der Darlegungen dieses Abschnittes war, zunächst die statische Wirkung der einfacheren Rahmentragwerke ganz allgemein zu erläutern und auch das Wesen der sog. „verschieblichen" und „unverschieblichen" Rahmen in leicht verständlicher Art zu veranschaulichen. Im Zusammenhang damit wurde gezeigt, daß die beim *Durchlaufträger* angewandten Berechnungsverfahren, nämlich die Dreimomentengleichungen, das Festpunktverfahren und die Cross-Methode, auch bei vielen *Rahmenformen* eine völlig übereinstimmende Anwendung finden können. Das gilt z. B. für einhüftige Rahmen und Dreieck-Rahmen, deren M-Linien genau so wie für einen *Zweifeldträger* zu ermitteln sind. Das gilt aber sinngemäß auch für *symmetrisch ausgebildete* und *symmetrisch belastete* zweistielige Rahmen mit waagrechtem Riegel und ebenso für alle *unverschieblich festgehaltenen* zweistieligen Rahmen; in diesen Fällen kann die Ermittlung der M-Linie in gleicher Weise wie für einen *Dreifeldträger* vorgenommen werden. Die praktische Anwendung dieser Berechnungsart ist an verschiedenen Zahlenbeispielen mit allen Einzelheiten gezeigt worden; in der Regel wurden dabei alle drei Berechnungsmethoden benutzt, um den jeweils erforderlichen Arbeitsaufwand vergleichen zu können.

Es sei hier nochmals ausdrücklich auf die in den verschiedenen Handbüchern und Spezialwerken enthaltenen gebrauchsfertigen Formeln hingewiesen, nach welchen die Berechnung von einhüftigen Rahmen, Dreieck-Rahmen sowie von symmetrischen und unsymmetrischen zweistieligen Rahmen vorgenommen werden kann.[1] Für Rahmen, die sich über mehrere Felder oder Stockwerke erstrecken, also für *Mehrfeldrahmen* (vgl. Abb. 525 bis 532) oder *Stockwerkrahmen* (vgl. Abb. 533 bis 540) sind im Laufe der Zeit verschiedene spezielle Berechnungsmethoden entwickelt worden; im Literaturverzeichnis ist eine Reihe von Werken zusammen-

[1]) Kleinlogel: Rahmenformeln, 11. Aufl., Berlin 1949. — Stahlbau-Handbuch 1949/50. S. 147ff. — Beton-Kalender 1956, S. 388f.

gestellt, die sich u. a. ebenfalls mit der Berechnung solcher Rahmen befassen.

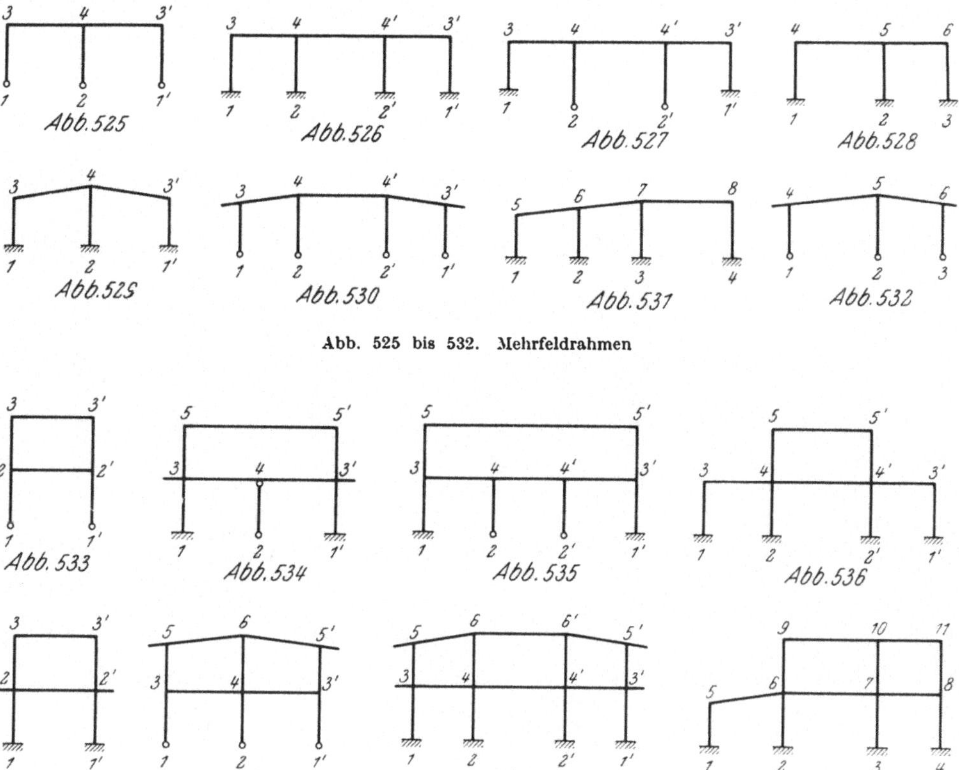

Abb. 525 bis 532. Mehrfeldrahmen

Abb. 533 bis 540. Stockwerkrahmen

Einige dieser häufig benutzten Rahmenberechnungsmethoden, vor allem das sog. „Drehwinkelverfahren“ und die „CROSS-Methode“, sind auch für Rahmentragwerke mit Vouten und unter besonderer Berücksichtigung der praktischen Anwendung in zwei Büchern des Verfassers[1] ausführlich behandelt; sie bauen auf den hier eingehend dargelegten Grundlagen der Baustatik auf.

---

[1]) GULDAN: Rahmentragwerke und Durchlaufträger, 5. Aufl., Wien 1952. — Die CROSS-Methode und ihre praktische Anwendung, Wien 1955.

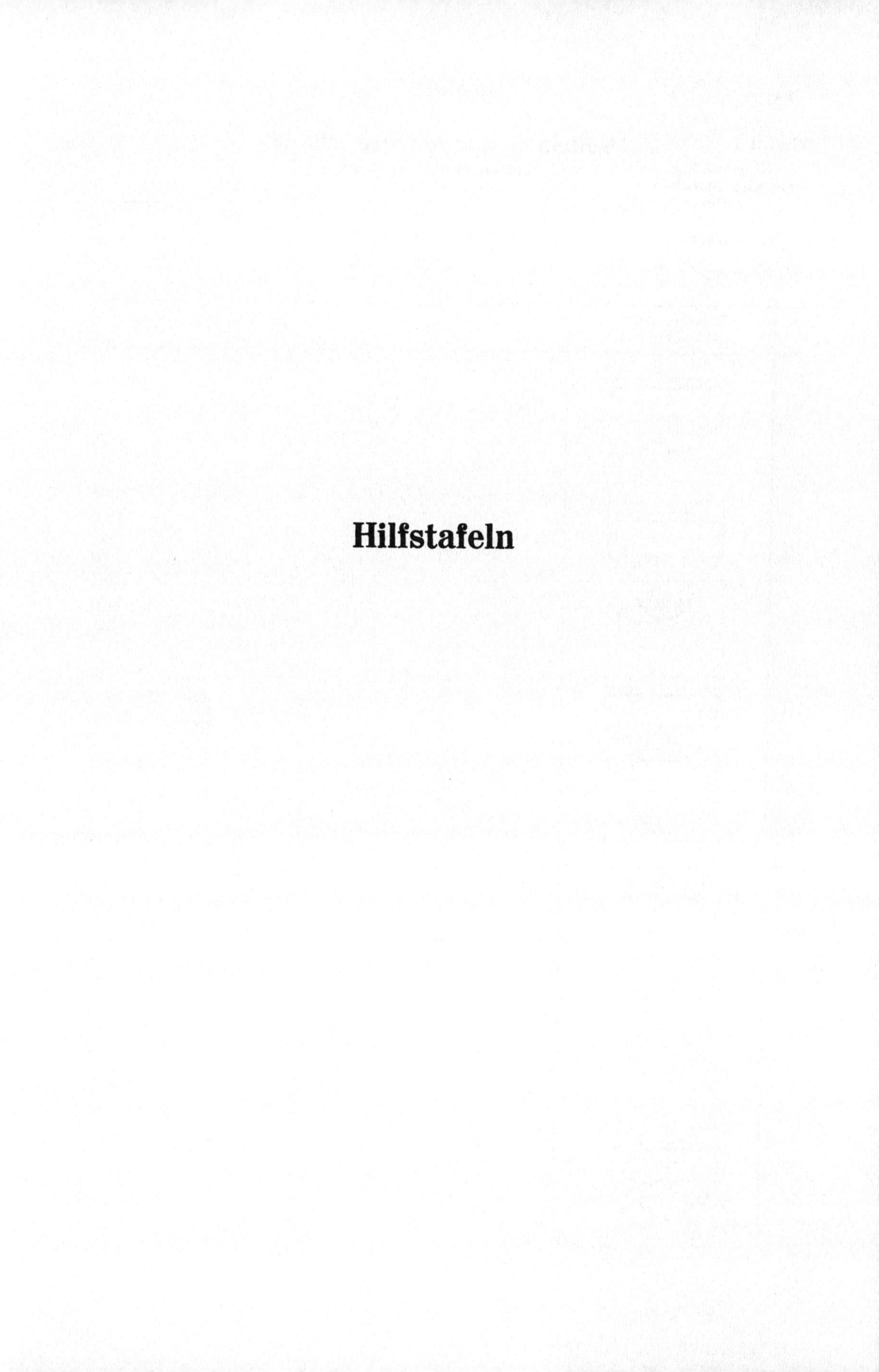

Hilfstafeln

Tafel 1

Gleichmäßig verteilte Streckenlasten

Volleinspannmomente $\mathfrak{M}_1$ $\mathfrak{M}_2$

und Endtangentenwinkel $\alpha^{(0)}_1$ $\alpha^{(0)}_2$

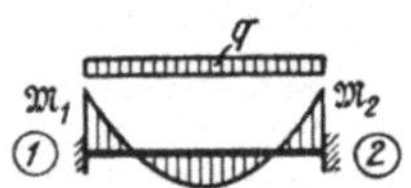

Kreuzlinienabschnitte:

$$K_1 = \frac{6\,\alpha^{(0)}_2}{l}; \quad K_2 = \frac{6\,\alpha^{(0)}_1}{l}.$$

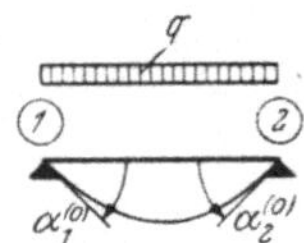

Nr.	Belastungsart, $M^{(0)}$-Flächen	$\mathfrak{M}_1$ $\mathfrak{M}_2$	$\alpha^{(0)}_1$ $\alpha^{(0)}_2$ $(\mathfrak{A}^{(0)}_1$ $\mathfrak{A}^{(0)}_2)$
1	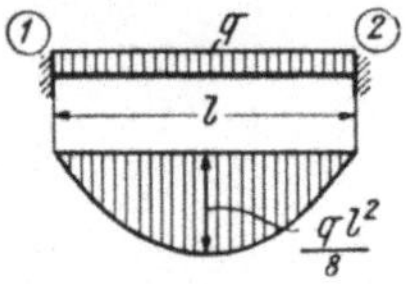	$\mathfrak{M}_1 = -\mathfrak{M}_2 = +\frac{q\,l^2}{12}$	$\alpha^{(0)}_1 = \alpha^{(0)}_2 = \frac{q\,l^3}{24}$
2	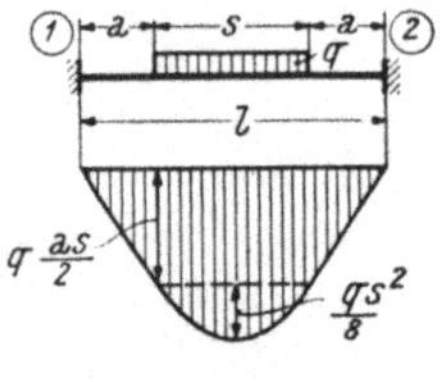	$\mathfrak{M}_1 = -\mathfrak{M}_2 = +\frac{q\,s}{24\,l}(3\,l^2 - s^2)$ für $s = \frac{l}{2}$: $\mathfrak{M}_1 = -\mathfrak{M}_2 = +\frac{11 q l^2}{192}$ für $s = \frac{l}{3}$: $\mathfrak{M}_1 = -\mathfrak{M}_2 = +\frac{13 q l^2}{324}$ für $s = \frac{l}{4}$: $\mathfrak{M}_1 = -\mathfrak{M}_2 = +\frac{47 q l^2}{1536}$	$\alpha^{(0)}_1 = \alpha^{(0)}_2 = \frac{q\,s}{48}(3\,l^2 - s^2)$ für $s = \frac{l}{2}$: $\alpha^{(0)}_1 = \alpha^{(0)}_2 = \frac{11\,q\,l^3}{384}$ für $s = \frac{l}{3}$: $\alpha^{(0)}_1 = \alpha^{(0)}_2 = \frac{13\,q\,l^3}{648}$ für $s = \frac{l}{4}$: $\alpha^{(0)}_1 = \alpha^{(0)}_2 = \frac{47\,q\,l^3}{3072}$
3	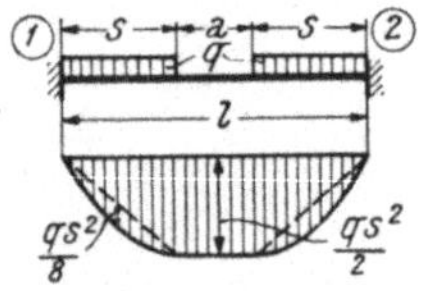	$\mathfrak{M}_1 = -\mathfrak{M}_2 = +\frac{q\,s^2}{6\,l}(2l + a)$ für $a = s = \frac{l}{3}$: $\mathfrak{M}_1 = -\mathfrak{M}_2 = +\frac{7\,q\,l^2}{162}$	$\alpha^{(0)}_1 = \alpha^{(0)}_2 = \frac{q\,s^2}{12}(2\,l + a)$ für $a = s = \frac{l}{3}$: $\alpha^{(0)}_1 = \alpha^{(0)}_2 = \frac{7\,q\,l^3}{324}$
4	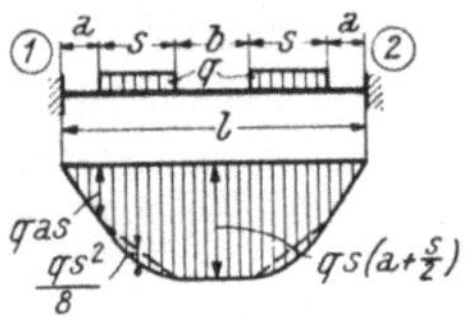	$\mathfrak{M}_1 = -\mathfrak{M}_2 =$ $= +\frac{q\,s}{12\,l}[3l^2 - 3(b+s)^2 - s^2]$ für $a = s = b = \frac{l}{5}$: $\mathfrak{M}_1 = -\mathfrak{M}_2 = +\frac{31\,q\,l^2}{750}$	$\alpha^{(0)}_1 = \alpha^{(0)}_2 =$ $= \frac{q\,s}{24}[3\,l^2 - 3\,(b+s)^2 - s^2]$ für $a = s = b = \frac{l}{5}$: $\alpha^{(0)}_1 = \alpha^{(0)}_2 = \frac{31\,q\,l^3}{1500}$
5	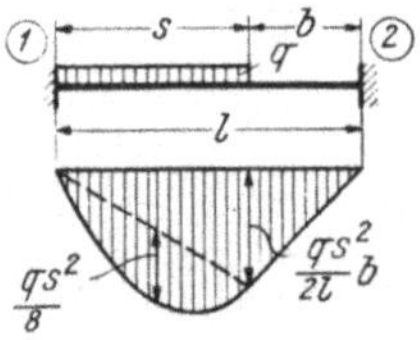	$\mathfrak{M}_1 = +\frac{q\,s^2}{12\,l^2}[2l(3l - 4s) + 3s^2]$ $\mathfrak{M}_2 = -\frac{q\,s^3}{12\,l^2}(4\,l - 3\,s)$ für $s = b = \frac{l}{2}$: $\mathfrak{M}_1 = +\frac{11\,q\,l^2}{192}$ $\mathfrak{M}_2 = -\frac{5\,q\,l^2}{192}$	$\alpha^{(0)}_1 = \frac{q\,s^2}{24\,l}(2\,l - s)^2$ $\alpha^{(0)}_2 = \frac{q\,s^2}{24\,l}(2\,l^2 - s^2)$ für $s = b = \frac{l}{2}$: $\alpha^{(0)}_1 = \frac{9\,q\,l^3}{384}$ $\alpha^{(0)}_2 = \frac{7\,q\,l^3}{384}$
6	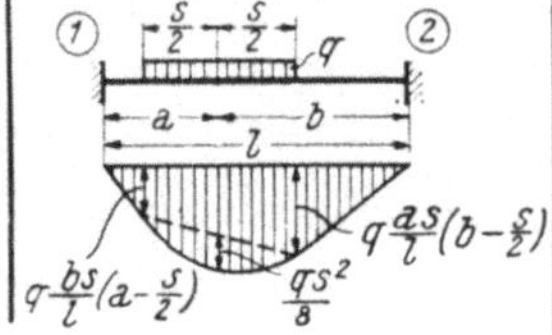	$\mathfrak{M}_1 = +\frac{q\,s}{12\,l^2}[12ab^2 + s^2(l - 3b)]$ $\mathfrak{M}_2 = -\frac{q\,s}{12\,l^2}[12a^2b + s^2(l - 3a)]$	$\alpha^{(0)}_1 = \frac{q\,b\,s}{24\,l}[4\,a\,(b + l) - s^2]$ $\alpha^{(0)}_2 = \frac{q\,a\,s}{24\,l}[4\,b\,(a + l) - s^2]$

Dreiecklasten, Momentenangriff, Parabellast

Volleinspannmomente $\mathfrak{M}_1$ $\mathfrak{M}_2$

und Endtangentenwinkel $\alpha^{(0)}{}_1$ $\alpha^{(0)}{}_2$

Tafel 2

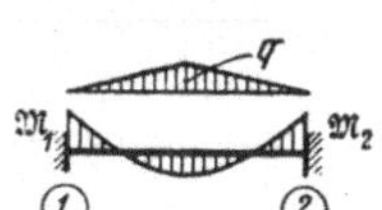

Kreuzlinienabschnitte:

$$K_1 = \frac{6\,\alpha^{(0)}{}_2}{l};\quad K_2 = \frac{6\,\alpha^{(0)}{}_1}{l}.$$

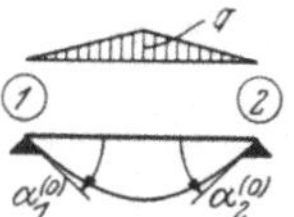

Nr.	Belastungsart, $M^{(0)}$-Flächen	$\mathfrak{M}_1$ $\mathfrak{M}_2$	$\alpha^{(0)}{}_1$ $\alpha^{(0)}{}_2$ $(\mathfrak{A}^{(0)}{}_1$ $\mathfrak{A}^{(0)}{}_2)$
7	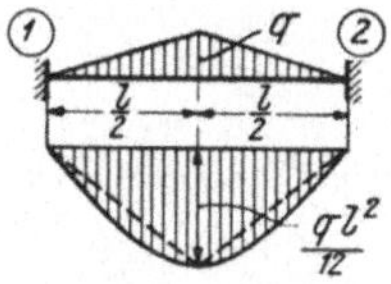	$\mathfrak{M}_1 = -\mathfrak{M}_2 = +\frac{5\,q\,l^2}{96}$	$\alpha^{(0)}{}_1 = \alpha^{(0)}{}_2 = \frac{5\,q\,l^3}{192}$
8	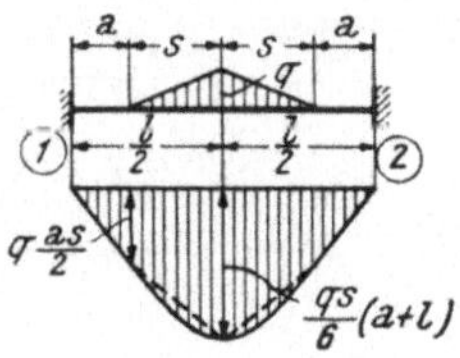	$\mathfrak{M}_1 = -\mathfrak{M}_2 = +\frac{q\,s}{24\,l}(3\,l^2 - 2\,s^2)$ für $a = s = \frac{l}{4}$: $\mathfrak{M}_1 = -\mathfrak{M}_2 = +\frac{23\,q\,l^2}{768}$	$\alpha^{(0)}{}_1 = \alpha^{(0)}{}_2 = \frac{q\,s}{48}(3\,l^2 - 2\,s^2)$ für $a = s = \frac{l}{4}$: $\alpha^{(0)}{}_1 = \alpha^{(0)}{}_2 = \frac{23\,q\,l^3}{1536}$
9	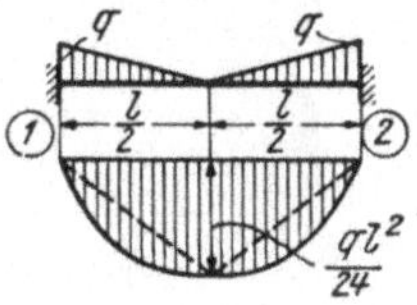	$\mathfrak{M}_1 = -\mathfrak{M}_2 = +\frac{q\,l^2}{32}$	$\alpha^{(0)}{}_1 = \alpha^{(0)}{}_2 = \frac{q\,l^3}{64}$
10	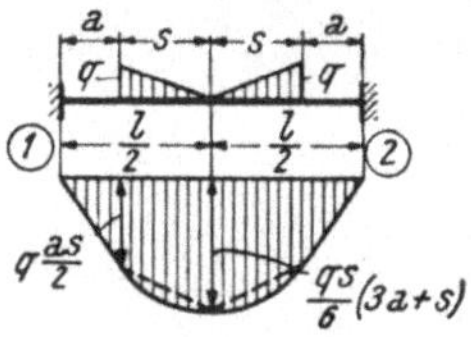	$\mathfrak{M}_1 = -\mathfrak{M}_2 = +\frac{q\,s}{8\,l}(l^2 - 2\,s^2)$ für $a = s = \frac{l}{4}$: $\mathfrak{M}_1 = -\mathfrak{M}_2 = +\frac{7\,q\,l^2}{256}$	$\alpha^{(0)}{}_1 = \alpha^{(0)}{}_2 = \frac{q\,s}{16}(l^2 - 2\,s^2)$ für $a = s = \frac{l}{4}$: $\alpha^{(0)}{}_1 = \alpha^{(0)}{}_2 = \frac{7\,q\,l^3}{512}$
11	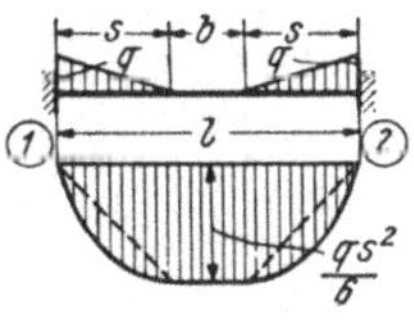	$\mathfrak{M}_1 = -\mathfrak{M}_2 = +\frac{q\,s^2}{12\,l}(2\,l - s)$ für $s = b = \frac{l}{3}$: $\mathfrak{M}_1 = -\mathfrak{M}_2 = +\frac{5\,q\,l^2}{324}$	$\alpha^{(0)}{}_1 = \alpha^{(0)}{}_2 = \frac{q\,s^2}{24}(2\,l - s)$ für $s = b = \frac{l}{3}$: $\alpha^{(0)}{}_1 = \alpha^{(0)}{}_2 = \frac{q\,l^3}{648}$
12	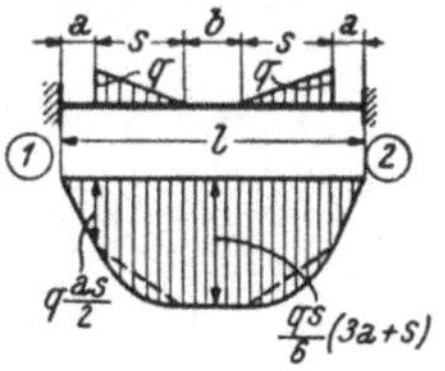	$\mathfrak{M}_1 = +\frac{q\,s}{12\,l}[6\,a\,(l - a) +$ $+ s\,(2\,b + 3\,s)]$ für $a = b = s = \frac{l}{5}$: $\mathfrak{M}_1 = -\mathfrak{M}_2 = +\frac{29\,q\,l^2}{1500}$	$\alpha^{(0)}{}_1 = \alpha^{(0)}{}_2 = \frac{q\,s}{24}[6\,a\,(l - a) +$ $+ s\,(2\,b + 3\,s)]$ für $a = b = s = \frac{l}{5}$: $\alpha^{(0)}{}_1 = \alpha^{(0)}{}_2 = \frac{29\,q\,l^3}{3000}$

Tafel 2 (Fortsetzung)

Volleinspannmomente $\mathfrak{M}_1$ $\mathfrak{M}_2$ und Endtangentenwinkel $\alpha^{(0)}_1$ $\alpha^{(0)}_2$

Nr.	Belastungsart, $M^{(0)}$-Flächen	$\mathfrak{M}_1$ $\mathfrak{M}_2$	$\alpha^{(0)}_1$ $\alpha^{(0)}_2$ $(\mathfrak{A}^{(0)}_1$ $\mathfrak{A}^{(0)}_2)$
13	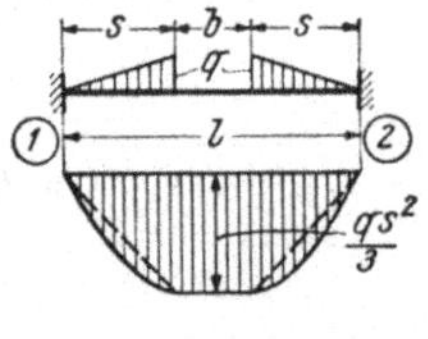	$\mathfrak{M}_1 = -\mathfrak{M}_2 = +\frac{q\,s^2}{12\,l}(4\,l-3\,s)$ für $s = b = \frac{l}{3}$: $\mathfrak{M}_1 = -\mathfrak{M}_2 = +\frac{q\,l^2}{36}$	$\alpha^{(0)}_1 = \alpha^{(0)}_2 = \frac{q\,s^2}{24}(4\,l-3\,s)$ für $s = b = \frac{l}{3}$: $\alpha^{(0)}_1 = \alpha^{(0)}_2 = \frac{q\,l^3}{72}$
14	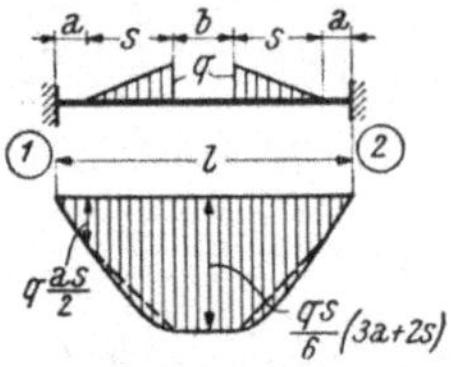	$\mathfrak{M}_1 = -\mathfrak{M}_2 =$ $= +\frac{q\,s}{12\,l}[6a(l-a)+s(4b+5s)]$ für $a = s = b = \frac{l}{5}$: $\mathfrak{M}_1 = -\mathfrak{M}_2 = +\frac{11\,q\,l^2}{500}$	$\alpha^{(0)}_1 = \alpha^{(0)}_2 =$ $= \frac{q\,s}{24}[6a(l-a)+s(4b+5s)]$ für $a = s = b = \frac{l}{5}$: $\alpha^{(0)}_1 = \alpha^{(0)}_2 = \frac{11\,q\,l^3}{1000}$
15	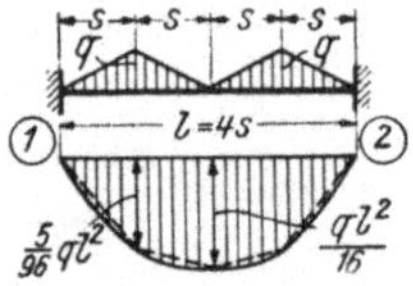	$\mathfrak{M}_1 = -\mathfrak{M}_2 = +\frac{17\,q\,l^2}{384}$	$\alpha^{(0)}_1 = \alpha^{(0)}_2 = \frac{17\,q\,l^3}{768}$
16	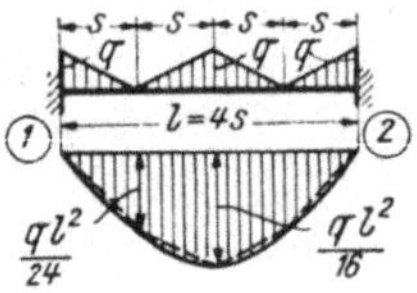	$\mathfrak{M}_1 = -\mathfrak{M}_2 = +\frac{5\,q\,l^2}{128}$	$\alpha^{(0)}_1 = \alpha^{(0)}_2 = \frac{5\,q\,l^3}{256}$
17	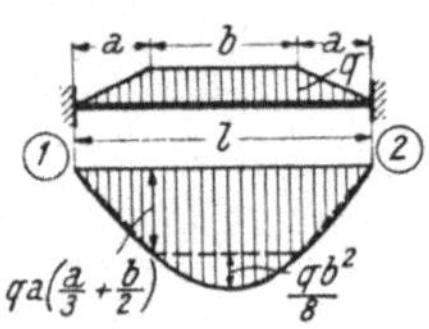	$\mathfrak{M}_1 = -\mathfrak{M}_2 =$ $= +\frac{q}{12\,l}[l^3-a^2(2\,l-a)]$ für $a = b = \frac{l}{3}$: $\mathfrak{M}_1 = -\mathfrak{M}_2 = +\frac{11\,q\,l^2}{162}$	$\alpha^{(0)}_1 = \alpha^{(0)}_2 = \frac{q}{24}[l^3-a^2(2\,l-a)]$ für $a = b = \frac{l}{3}$: $\alpha^{(0)}_1 = \alpha^{(0)}_2 = \frac{11\,q\,l^3}{324}$
18	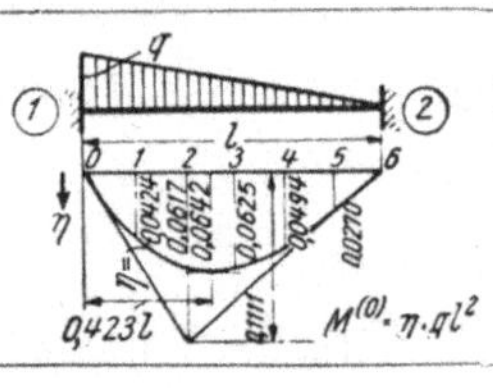	$\mathfrak{M}_1 = +\frac{q\,l^2}{20}$ $\mathfrak{M}_2 = -\frac{q\,l^2}{30}$	$\alpha^{(0)}_1 = \frac{q\,l^3}{45}$ $\alpha^{(0)}_2 = \frac{7\,q\,l^3}{360}$
19	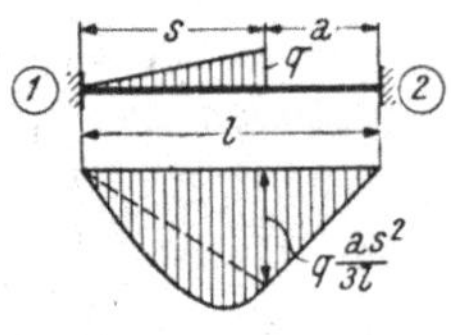	$\mathfrak{M}_1 = +\frac{q\,s^2}{30\,l^2}[10a^2+s(5a+s)]$ $\mathfrak{M}_2 = -\frac{q\,s^3}{20\,l^2}(5\,a+s)$ für $s = a = \frac{l}{2}$: $\mathfrak{M}_1 = +\frac{q\,l^2}{30}$ $\mathfrak{M}_2 = -\frac{3\,q\,l^2}{160}$	$\alpha^{(0)}_1 = \frac{q\,s^2}{360\,l}[40a^2+7s(5a+s)]$ $\alpha^{(0)}_2 = \frac{q\,s^2}{180\,l}[10a^2+4s(5a+s)]$ für $s = a = \frac{l}{2}$: $\alpha^{(0)}_1 = \frac{41\,q\,l^3}{2880}$ $\alpha^{(0)}_2 = \frac{17\,q\,l^3}{1440}$

Tafel 2 (Fortsetzung)

Volleinspannmomente $\mathfrak{M}_1$ $\mathfrak{M}_2$ und Endtangentenwinkel $\alpha^{(0)}_1$ $\alpha^{(0)}_2$

Nr.	Belastungsart, $M^{(0)}$-Flächen	$\mathfrak{M}_1$ $\mathfrak{M}_2$	$\alpha^{(0)}_1$ $\alpha^{(0)}_2$ $(\mathfrak{A}^{(0)}_1$ $\mathfrak{A}^{(0)}_2)$
20	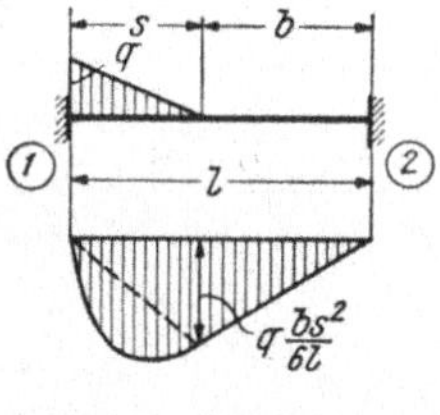	$\mathfrak{M}_1 = + \frac{q\,s^2}{60\,l^2}(10\,b\,l + 3\,s^2)$ $\mathfrak{M}_2 = - \frac{q\,s^3}{60\,l^2}(5\,b + 2\,s)$ für $s = b = \frac{l}{2}$: $\mathfrak{M}_1 = + \frac{23\,q\,l^2}{960}$ $\mathfrak{M}_2 = - \frac{7\,q\,l^2}{960}$	$\alpha^{(0)}_1 = \frac{q\,s^2}{360\,l}[5b\,(4l+s) + 8s^2]$ $\alpha^{(0)}_2 = \frac{q\,s^2}{360\,l}[10b\,(l+s) + 7s^2]$ für $s = b = \frac{l}{2}$: $\alpha^{(0)}_1 = \frac{53\,q\,l^3}{5760}$ $\alpha^{(0)}_2 = \frac{37\,q\,l^3}{5760}$
21	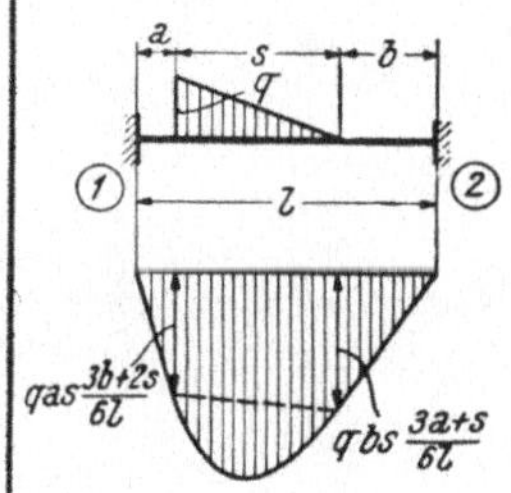	$\mathfrak{M}_1 = + \frac{q\,s}{60\,l^2}[10b^2(3a+s) +$ $+ s^2(15a + 10b + 3s) + 40abs]$ $\mathfrak{M}_2 = - \frac{q\,s}{60\,l^2}[10a^2(3b+2s) +$ $+ s^2(10a + 5b + 2s) + 20\,abs]$ für $a = s = b = \frac{l}{3}$: $\mathfrak{M}_1 = + \frac{q\,l^2}{45}$; $\mathfrak{M}_2 = - \frac{29\,q\,l^2}{1620}$	$\alpha^{(0)}_1 = \frac{q\,s}{360\,l}[10a^2(3b+2s) +$ $+ 20b^2(3a+s) + s^2(40a +$ $+ 25\,b + 8\,s) + 100\,a\,b\,s]$ $\alpha^{(0)}_2 = \frac{q\,s}{360\,l}[20a^2(3b+2s) +$ $+ 10b^2(3a+s) + s^2(35a +$ $+ 20\,b + 7\,s) + 80\,a\,b\,s]$ für $a = s = b = \frac{l}{3}$: $\alpha^{(0)}_1 = \frac{101\,q\,l^3}{9720}$; $\alpha^{(0)}_2 = \frac{47\,q\,l^3}{4860}$
22	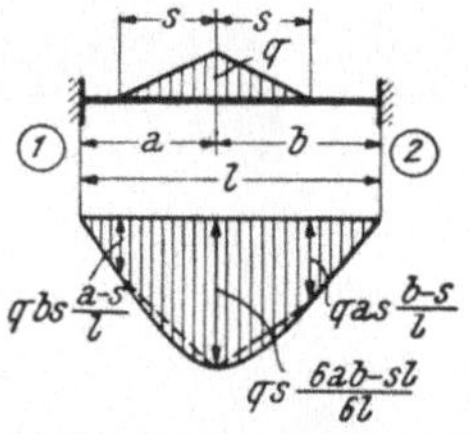	$\mathfrak{M}_1 =$ $= + \frac{q\,s}{6\,l^2}[6ab^2 + s^2\,(a - 2b)]$ $\mathfrak{M}_2 =$ $= - \frac{q\,s}{6\,l^2}[6a^2b + s^2\,(b - 2a)]$	$\alpha^{(0)}_1 = \frac{q\,b\,s}{12\,l}[2a\,(b + l) - s^2]$ $\alpha^{(0)}_2 = \frac{q\,a\,s}{12\,l}[2b\,(a + l) - s^2]$
23	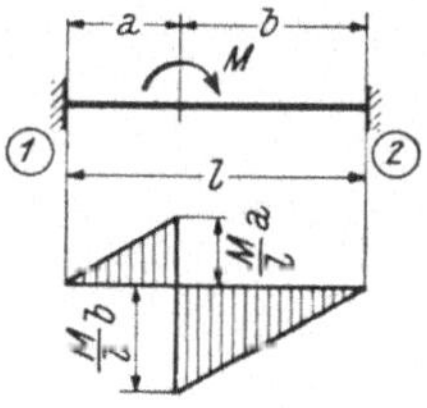	$\mathfrak{M}_1 = - M\,\frac{b}{l}\left(2 - \frac{3b}{l}\right)$ $\mathfrak{M}_2 = - M\,\frac{a}{l}\left(2 - \frac{3a}{l}\right)$ für $a = 0$: $\mathfrak{M}_1 = + M$; $\mathfrak{M}_2 = 0$ für $a = \frac{l}{2}$: $\mathfrak{M}_1 = \mathfrak{M}_2 = - \frac{M}{4}$ für $a = l$: $\mathfrak{M}_1 = 0$; $\mathfrak{M}_2 = + M$	$\alpha^{(0)}_1 = M\,\frac{l}{6}\left(\frac{3\,b^2}{l^2} - 1\right)$ $\alpha^{(0)}_2 = M\,\frac{l}{6}\left(1 - \frac{3\,a^2}{l^2}\right)$ für $a = 0$: $\alpha^{(0)}_1 = M\frac{l}{3}$; $\alpha^{(0)}_2 = M\frac{l}{6}$ für $a = \frac{l}{2}$: $\alpha^{(0)}_1 = -\alpha^{(0)}_2 = -\frac{M\,l}{24}$ für $a = l$: $\alpha^{(0)}_1 = - M\,\frac{l}{6}$ $\alpha^{(0)}_2 = - M\,\frac{l}{3}$
24	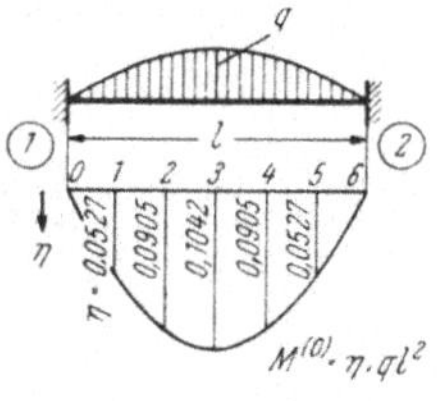	$\mathfrak{M}_1 = - \mathfrak{M}_2 = + \frac{q\,l^2}{15}$	$\alpha^{(0)}_1 = \alpha^{(0)}_2 = \frac{q\,l^3}{30}$

Tafel 3

Volleinspannmomente $\mathfrak{M}_1$ $\mathfrak{M}_2$

und Endtangentenwinkel $\alpha^{(0)}_1$ $\alpha^{(0)}_2$

Einzellasten

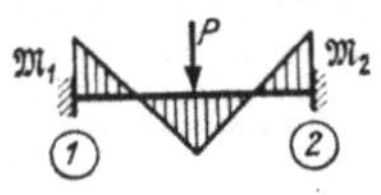

Kreuzlinienabschnitte:

$$K_1 = \frac{6\,\alpha^{(0)}_2}{l};\; K_2 = \frac{6\,\alpha^{(0)}_1}{l}.$$

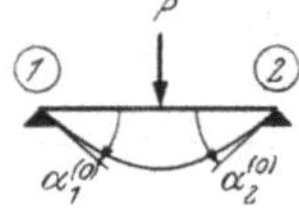

Nr.	Belastungsart, $M^{(0)}$-Flächen	$\mathfrak{M}_1$ $\mathfrak{M}_2$	$\alpha^{(0)}_1$ $\alpha^{(0)}_2$ ($\mathfrak{A}^{(0)}_1$ $\mathfrak{A}^{(0)}_2$)
25	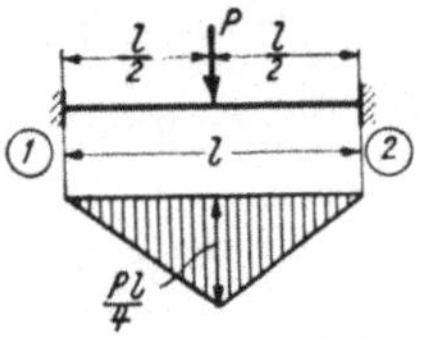	$\mathfrak{M}_1 = -\,\mathfrak{M}_2 = +\,\frac{P\,l}{8}$	$\alpha^{(0)}_1 = \alpha^{(0)}_2 = \frac{P\,l^2}{16}$
26	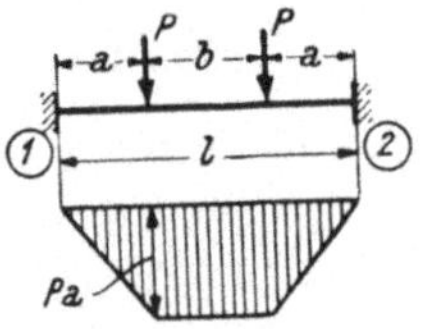	$\mathfrak{M}_1 = -\,\mathfrak{M}_2 = +\,\frac{P\,a\,(l-a)}{l}$	$\alpha^{(0)}_1 = \alpha^{(0)}_2 = \frac{P\,a\,(l-a)}{2}$
27	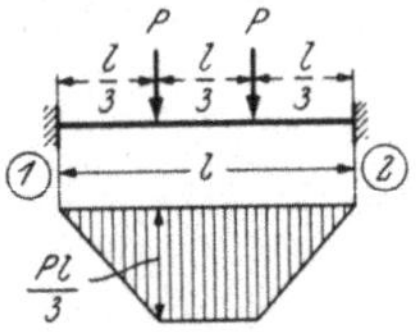	$\mathfrak{M}_1 = -\,\mathfrak{M}_2 = +\,\frac{2\,P\,l}{9}$	$\alpha^{(0)}_1 = \alpha^{(0)}_2 = \frac{P\,l^2}{9}$
28	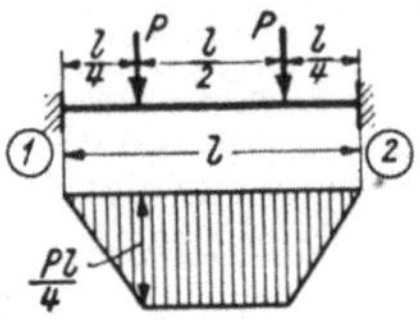	$\mathfrak{M}_1 = -\,\mathfrak{M}_2 = +\,\frac{3\,P\,l}{16}$	$\alpha^{(0)}_1 = \alpha^{(0)}_2 = \frac{3\,P\,l^2}{32}$
29	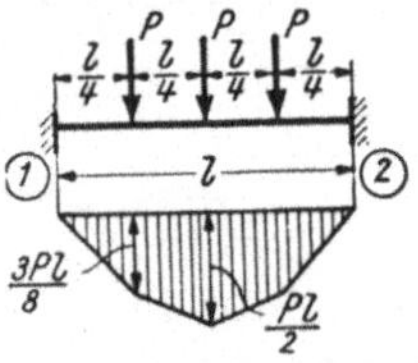	$\mathfrak{M}_1 = -\,\mathfrak{M}_2 = +\,\frac{5\,P\,l}{16}$	$\alpha^{(0)}_1 = \alpha^{(0)}_2 = \frac{5\,P\,l^2}{32}$
30	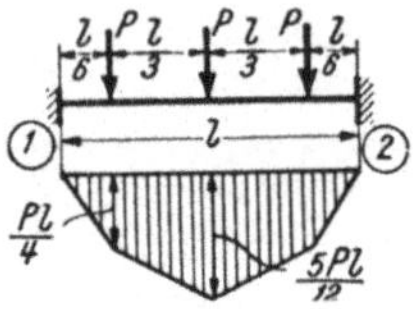	$\mathfrak{M}_1 = -\,\mathfrak{M}_2 = +\,\frac{19\,P\,l}{72}$	$\alpha^{(0)}_1 = \alpha^{(0)}_2 = \frac{19\,P\,l^2}{144}$

Tafel 3 (Fortsetzung)

Volleinspannmomente $\mathfrak{M}_1$ $\mathfrak{M}_2$ und Endtangentenwinkel $\alpha^{(0)}_1$ $\alpha^{(0)}_2$

Nr.	Belastungsart, $M^{(0)}$-Flächen	$\mathfrak{M}_1$ $\mathfrak{M}_2$	$\alpha^{(0)}_1$ $\alpha^{(0)}_2$ $(\mathfrak{A}^{(0)}_1$ $\mathfrak{A}^{(0)}_2)$
31	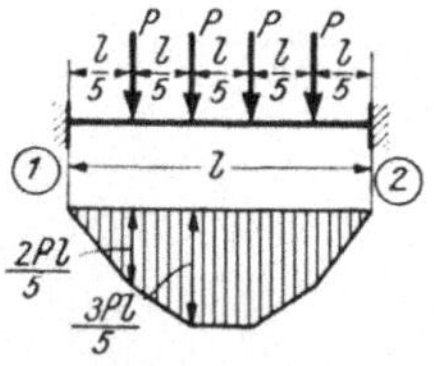	$\mathfrak{M}_1 = -\mathfrak{M}_2 = +\frac{2Pl}{5}$	$\alpha^{(0)}_1 = \alpha^{(0)}_2 = \frac{Pl^2}{5}$
32	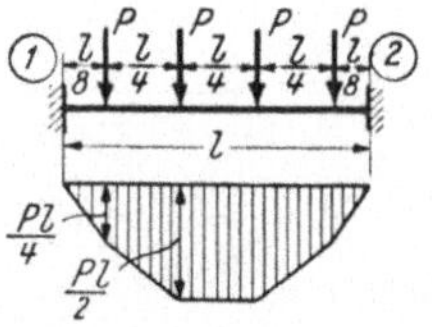	$\mathfrak{M}_1 = -\mathfrak{M}_2 = +\frac{11Pl}{32}$	$\alpha^{(0)}_1 = \alpha^{(0)}_2 = \frac{11Pl^2}{64}$
33	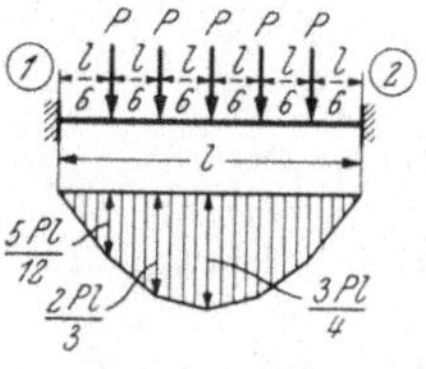	$\mathfrak{M}_1 = -\mathfrak{M}_2 = +\frac{35Pl}{72}$	$\alpha^{(0)}_1 = \alpha^{(0)}_2 = \frac{35Pl^2}{144}$
34	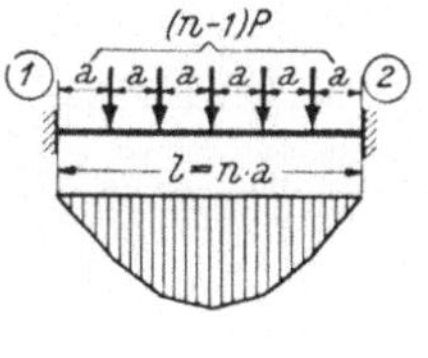	$\mathfrak{M}_1 = -\mathfrak{M}_2 = +\frac{Pl}{12}\cdot\frac{n^2-1}{n}$	$\alpha^{(0)}_1 = \alpha^{(0)}_2 = \frac{Pl^2}{24}\cdot\frac{n^2-1}{n}$
35	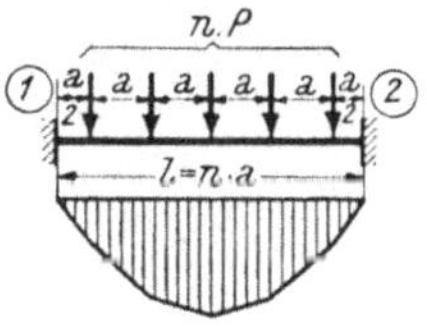	$\mathfrak{M}_1 = -\mathfrak{M}_2 = +\frac{Pl}{24}\cdot\frac{2n^2+1}{n}$	$\alpha^{(0)}_1 = \alpha^{(0)}_2 = \frac{Pl^2}{48}\cdot\frac{2n^2+1}{n}$
36	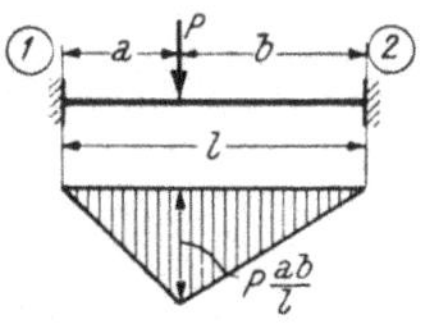	$\mathfrak{M}_1 = +\frac{Pab^2}{l^2}$ $\mathfrak{M}_2 = -\frac{Pa^2b}{l^2}$	$\alpha^{(0)}_1 = \frac{Pab}{6l}(b+l)$ $\alpha^{(0)}_2 = \frac{Pab}{6l}(a+l)$

Tafel 4

Gleichmäßig verteilte Streckenlasten

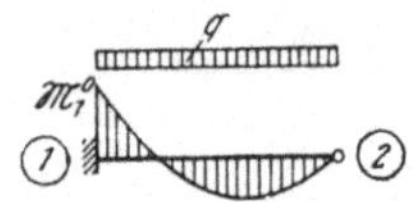

Volleinspannmomente $\mathfrak{M}_1^0$

für „Gelenkstäbe"

Nr.	Belastungsfall	Volleinspannmomente $\mathfrak{M}^0_1$
1	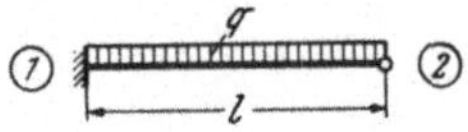	$\mathfrak{M}^0_1 = + \frac{q\,l^2}{8}$
2	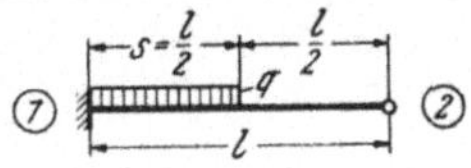	$\mathfrak{M}^0_1 = + \frac{9\,q\,l^2}{128}$
3	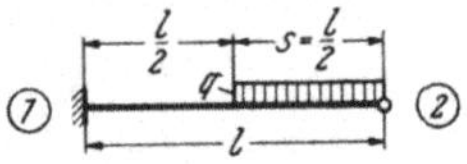	$\mathfrak{M}^0_1 = + \frac{7\,q\,l^2}{128}$
4	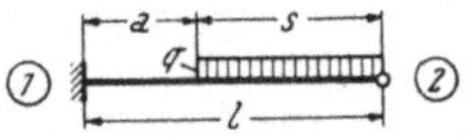	$\mathfrak{M}^0_1 = + \frac{q\,s^2}{8\,l^2}\,(2\,l^2 - s^2)$
5	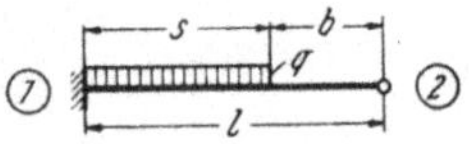	$\mathfrak{M}^0_1 = + \frac{q\,s^2}{8\,l^2}\,(4\,b\,l + s^2)$
6	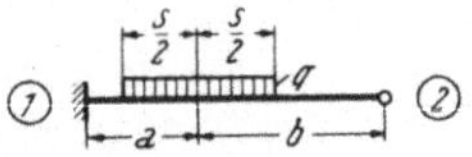	$\mathfrak{M}^0_1 = + \frac{q\,b\,s}{8\,l^2}\,(4\,a^2 + 8\,a\,b - s^2)$
7	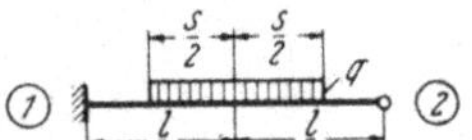	$\mathfrak{M}^0_1 = + \frac{q\,s}{16\,l}\,(3\,l^2 - s^2)$
8	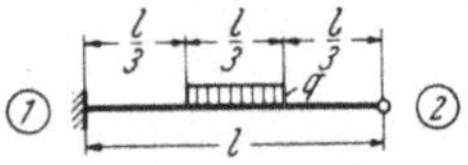	$\mathfrak{M}^0_1 = + \frac{13\,q\,l^2}{216}$
9	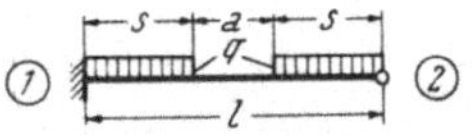	$\mathfrak{M}^0_1 = + \frac{q\,s^2}{4\,l}\,(2\,l + a)$
10	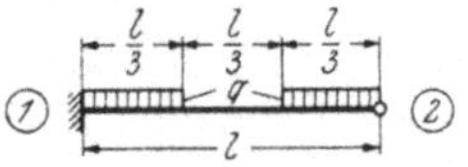	$\mathfrak{M}^0_1 = + \frac{7\,q\,l^2}{108}$
11	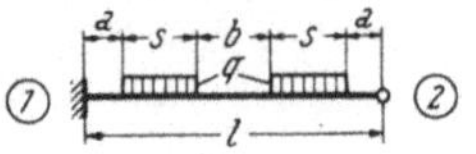	$\mathfrak{M}^0_1 = + \frac{q\,s}{8\,l}\,[3\,l^2 - 3\,(b + s)^2 - s^2]$
12	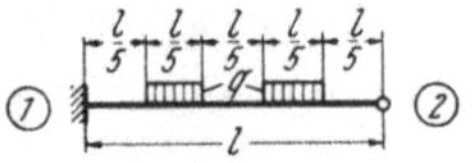	$\mathfrak{M}^0_1 = + \frac{31\,q\,l^2}{500}$

Tafel 5

Volleinspannmomente $\mathfrak{M}_1^0$

für „Gelenkstäbe“

Einzellasten

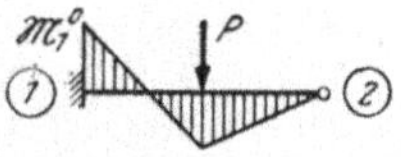

Nr.	Belastungsfall	Volleinspannmomente $\mathfrak{M}^0_1$
13	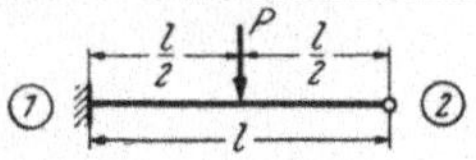	$\mathfrak{M}^0_1 = + \frac{3\,P\,l}{16}$
14	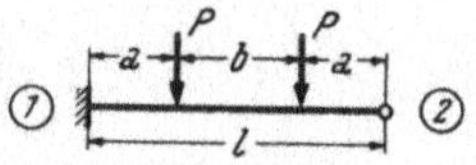	$\mathfrak{M}^0_1 = + \frac{3\,P\,a\,(l-a)}{2\,l}$
15	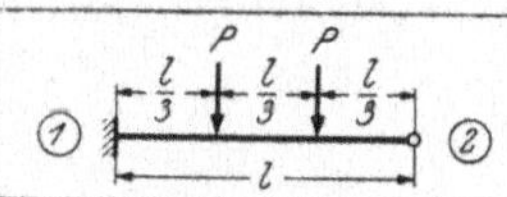	$\mathfrak{M}^0_1 = + \frac{P\,l}{3}$
16	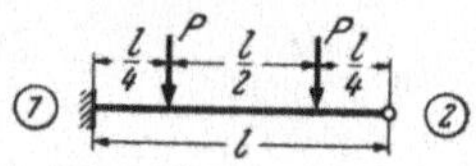	$\mathfrak{M}^0_1 = + \frac{9\,P\,l}{32}$
17	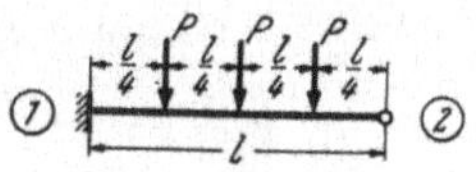	$\mathfrak{M}^0_1 = + \frac{15\,P\,l}{32}$
18	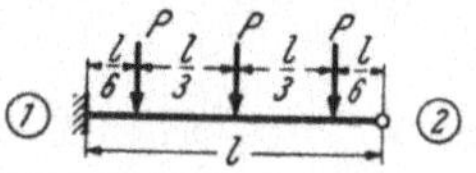	$\mathfrak{M}^0_1 = + \frac{19\,P\,l}{48}$
19	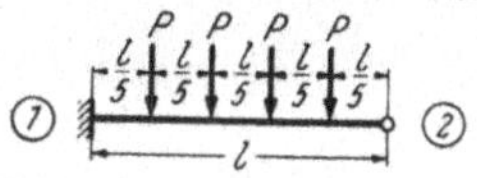	$\mathfrak{M}^0_1 = + \frac{3\,P\,l}{5}$
20	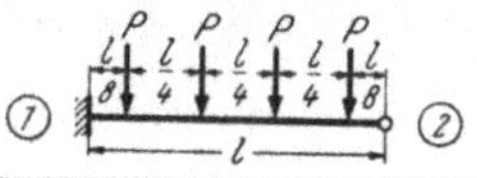	$\mathfrak{M}^0_1 = + \frac{33\,P\,l}{64}$
21	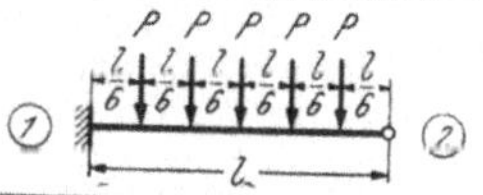	$\mathfrak{M}^0_1 = + \frac{35\,P\,l}{48}$
22	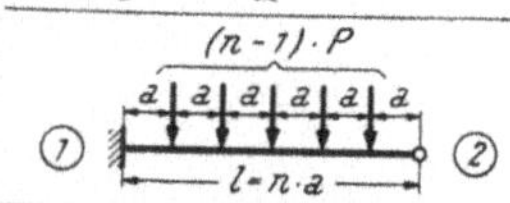	$\mathfrak{M}^0_1 = + \frac{P\,l}{8} \cdot \frac{n^2-1}{n}$
23	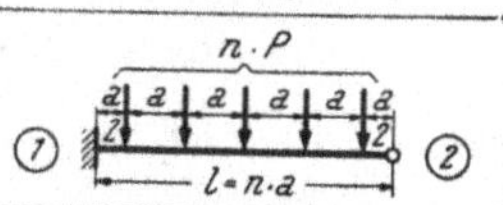	$\mathfrak{M}^0_1 = + \frac{P\,l}{16} \cdot \frac{2\,n^2+1}{n}$
24	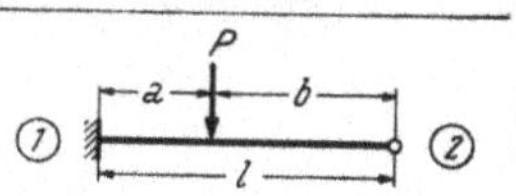	$\mathfrak{M}^0_1 = + \frac{P\,a\,b}{2\,l^2}\,(b+l)$

Tafel 6

Dreiecklasten, Momentenangriff, Parabellast

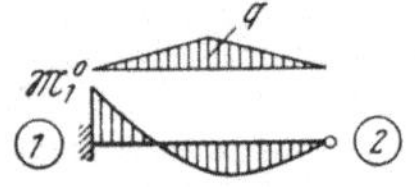

Volleinspannmomente $\mathfrak{M}_1^0$

für „Gelenkstäbe"

Nr.	Belastungsfall	Volleinspannmomente $\mathfrak{M}^0{}_1$
25	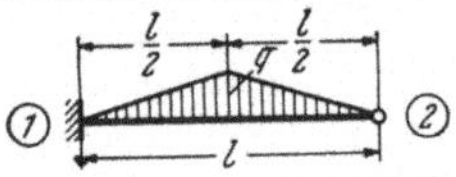	$\mathfrak{M}^0{}_1 = + \frac{5\,q\,l^2}{64}$
26	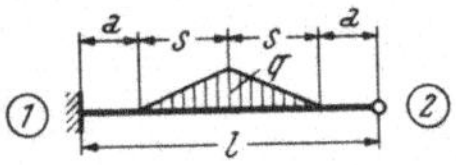	$\mathfrak{M}^0{}_1 = + \frac{q\,s}{16\,l}(3l^2 - 2s^2)$; für $a = s = \frac{l}{4}$: $\mathfrak{M}^0{}_1 = + \frac{23\,q\,l^2}{512}$
27	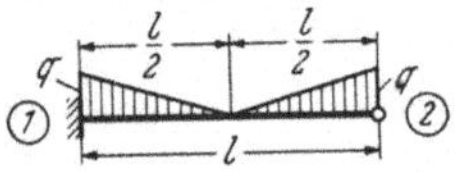	$\mathfrak{M}^0{}_1 = + \frac{3\,q\,l^2}{64}$
28	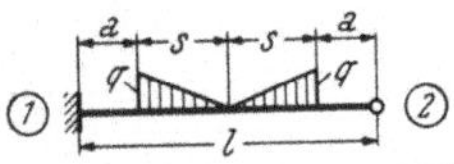	$\mathfrak{M}^0{}_1 = + \frac{3\,q\,s}{16\,l}(l^2 - 2s^2)$; für $a = s = \frac{l}{4}$: $\mathfrak{M}^0{}_1 = + \frac{21\,q\,l^2}{512}$
29	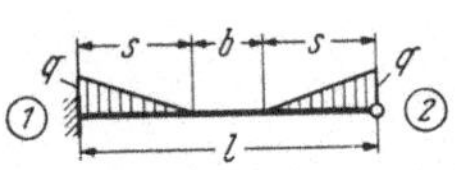	$\mathfrak{M}^0{}_1 = + \frac{q\,s^2}{8\,l}(2\,l - s)$; für $s = b = l/3$: $\mathfrak{M}^0{}_1 = + \frac{5\,q\,l^2}{216}$; für $s = l/4$: $\mathfrak{M}^0{}_1 = + \frac{7\,q\,l^2}{512}$
30	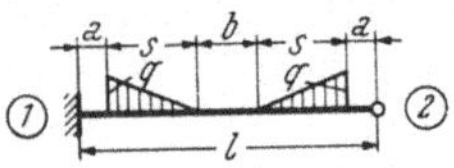	$\mathfrak{M}^0{}_1 = + \frac{q\,s}{8\,l}[6\,a\,(l - a) + s\,(2b + 3\,s)]$; für $a = b = s = l/5$: $\mathfrak{M}^0{}_1 = + \frac{29\,q\,l^2}{1000}$
31	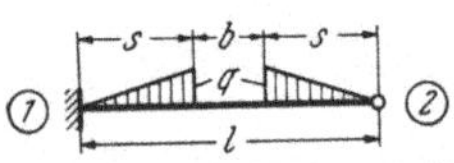	$\mathfrak{M}^0{}_1 = + \frac{q\,s^2}{8\,l}(4\,l - 3\,s)$; für $s = b = \frac{l}{3}$: $\mathfrak{M}^0{}_1 = + \frac{q\,l^2}{24}$
32	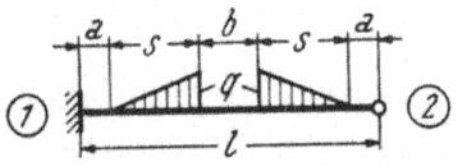	$\mathfrak{M}^0{}_1 = + \frac{q\,s}{8\,l}[6\,a\,(l - a) + s\,(4\,b + 5s)]$; für $a = b = s = l/5$: $\mathfrak{M}^0{}_1 = + \frac{33\,q\,l^2}{1000}$
33	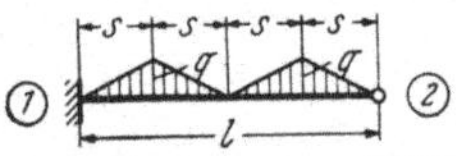	$\mathfrak{M}^0{}_1 = + \frac{17\,q\,l^2}{256}$
34	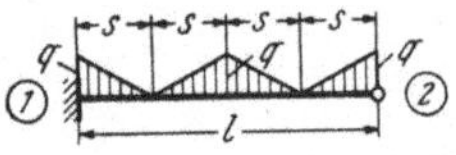	$\mathfrak{M}^0{}_1 = + \frac{15\,q\,l^2}{256}$
35	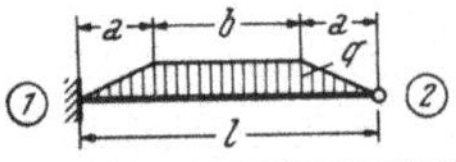	$\mathfrak{M}^0{}_1 = + \frac{q}{8\,l}[l^3 - a^2\,(2\,l - a)]$; für $a = b = l/3$: $\mathfrak{M}^0{}_1 = + \frac{33\,q\,l^2}{324}$
36	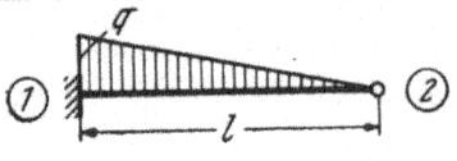	$\mathfrak{M}^0{}_1 = + \frac{q\,l^2}{15}$

Tafel 6 (Fortsetzung)

Volleinspannmomente $\mathfrak{M}^0_1$ für „Gelenkstäbe"

Nr.	Belastungsfall	Volleinspannmomente $\mathfrak{M}^0_1$
37	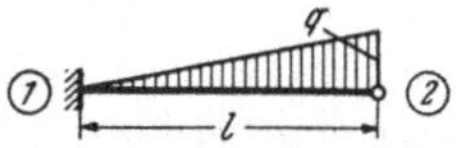	$\mathfrak{M}^0_1 = +\frac{7\,q\,l^2}{120}$
38	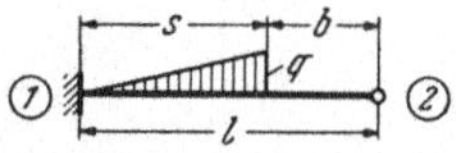	$\mathfrak{M}^0_1 = +\frac{q\,s^2}{120\,l^2}(40\,b^2 + 35\,b\,s + 7\,s^2)$; für $s = b = l/2$: $\mathfrak{M}^0_1 = +\frac{41\,q\,l^2}{960}$
39	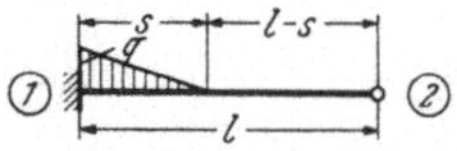	$\mathfrak{M}^0_1 = +\frac{q\,s^2}{120\,l^2}(20\,l^2 - 15\,l\,s + 3\,s^2)$; für $s = l/2$: $\mathfrak{M}^0_1 = +\frac{53\,q\,l^2}{1920}$
40	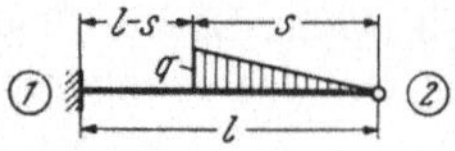	$\mathfrak{M}^0_1 = +\frac{q\,s^2}{30\,l^2}(5\,l^2 - 3\,s^2)$; für $s = \frac{l}{2}$: $\mathfrak{M}^0_1 = +\frac{17\,q\,l^2}{480}$
41	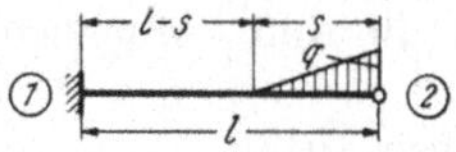	$\mathfrak{M}^0_1 = +\frac{q\,s^2}{120\,l^2}(10\,l^2 - 3\,s^2)$; für $s = \frac{l}{2}$: $\mathfrak{M}^0_1 = +\frac{37\,q\,l^2}{1920}$
42	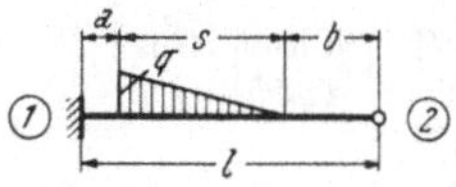	$\mathfrak{M}^0_1 = +\frac{q\,s}{120\,l^2}[10\,a^2(3\,b + 2\,s) + 20\,a\,(3\,b^2 + 2\,s^2) + 5\,b\,s\,(4\,b + 5\,s) + 4\,s\,(25\,a\,b + 2\,s^2)]$; für $a = s = b = \frac{l}{3}$: $\mathfrak{M}^0_1 = +\frac{101\,q\,l^2}{3240}$
43	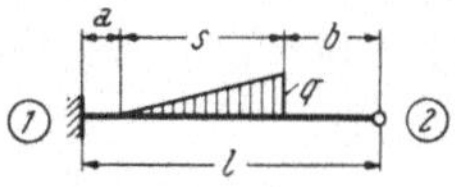	$\mathfrak{M}^0_1 = +\frac{q\,s}{120\,l^2}[10\,a^2(3\,b + s) + 20\,a\,(3\,b^2 + s^2) + 5\,b\,s\,(8\,b + 7\,s) + s\,(80\,a\,b + 7\,s^2)]$; für $a = s = b = \frac{l}{3}$: $\mathfrak{M}^0_1 = +\frac{47\,q\,l^2}{1620}$
44	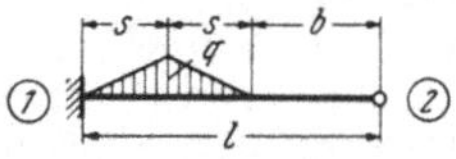	$\mathfrak{M}^0_1 = +\frac{q\,s^2}{4\,l^2}(4\,l^2 - 7\,l\,s + 3\,s^2)$; für $b = l/2$: $\mathfrak{M}^0_1 = +\frac{39\,q\,l^2}{1024}$
45	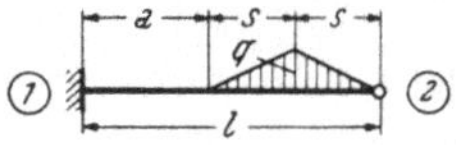	$\mathfrak{M}^0_1 = +\frac{q\,s^2}{4\,l^2}(2\,l^2 - 3\,s^2)$; für $a = \frac{l}{2}$: $\mathfrak{M}^0_1 = +\frac{29\,q\,l^2}{1024}$
46	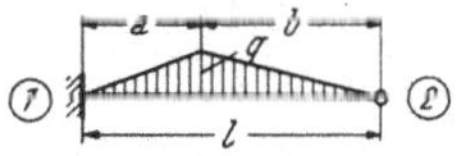	$\mathfrak{M}^0_1 = +\frac{q}{120\,l}(b + l)(7\,l^2 - 3\,b^2)$
47	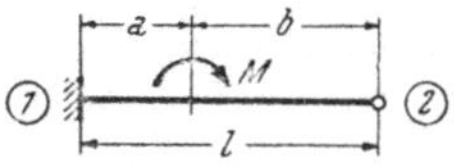	$\mathfrak{M}^0_1 = -\frac{M}{2}\left(1 - \frac{3\,b^2}{l^2}\right)$; für $b = \frac{l}{2}$: $\mathfrak{M}^0_1 = -\frac{M}{8}$; für $b = 0$: $\mathfrak{M}^0_1 = -\frac{M}{2}$
48	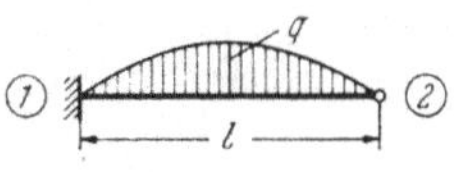	$\mathfrak{M}^0_1 = +\frac{q\,l^2}{10}$

Literaturverzeichnis

(Begrenzter Ausschnitt aus dem umfangreichen in- und ausländischen Schrifttum über Mechanik, Festigkeitslehre und Statik unter besonderer Berücksichtigung für das weitere Studium des Lesers.)

I. Lehr- und Handbücher

BEYER, K., Die Statik im Stahlbetonbau, 2. Aufl., Berlin 1956.
— Technische Mechanik für Bauingenieure, Leipzig 1954.

CHMELKA, F. u. MELAN, E., Einführung in die Festigkeitslehre, 3. Aufl., Wien 1948.
— Einführung in die Statik, 6. Aufl., Wien 1954.

CHWALLA, E., Einführung in die Baustatik, 2. Aufl., Köln 1954.

DERNEDDE, W. u. BARBRÉ, R., Das CROSS'sche Verfahren, 3. Aufl., Berlin 1955.

EHLERS, G., Die CLAPEYRONsche Gleichung als Grundlage der Rahmenberechnung, 3. Aufl., Berlin 1950.

FÖPPL, A., Vorlesungen über technische Mechanik, Band I: Einführung in die Mechanik, 14. Aufl., München 1948; Band II: Graphische Statik, 10. Aufl., München 1949; Band III: Festigkeitslehre, 15. Aufl., München 1951.

FÖPPL, A. u. FÖPPL, L., Drang und Zwang, 3. Aufl., München 1947.

FRIES, W., Fachwerk und Rahmenwerk, Berlin 1953.

GULDAN, R., Rahmentragwerke und Durchlaufträger, 5. Aufl., Wien 1952.
— Die CROSS-Methode und ihre praktische Anwendung, Wien 1955.

JOHANNSON, J., Das CROSS-Verfahren, 2. Aufl., Berlin 1955.

KANI, G., Die Berechnung mehrstöckiger Rahmen, 5. Aufl., Stuttgart 1956.

KAUFMANN, W., Statik der Tragwerke, 3. Aufl., Berlin 1949.

KIRCHHOFF, R., Die Statik der Bauwerke, Band I: 5. Aufl., Berlin 1953; Band II: 5. Aufl., Berlin 1951; Band III: 2. Aufl., Berlin 1938.

KLEINLOGEL, A., Rahmenformeln, 11. Aufl., Berlin 1949.
— Mehrstielige Rahmen, Band I: Rahmen mit waagrechten Riegeln, 6. Aufl., Berlin 1944; Band II: Hallen- und Stockwerksrahmen, 6. Aufl., Berlin 1944.

KLEINLOGEL, A. u. HASELBACH, A., Durchlaufträger, Band I: Herleitung und fertige Formeln für Durchlaufträger beliebiger Feldsteifigkeit, 7. Aufl., Berlin 1949; Band II: Herleitung und Zahlentafeln für Durchlaufträger mit besonderen Feldsteifigkeiten, 7. Aufl., Berlin 1952.
— Belastungsglieder, 8. Aufl., Berlin 1956.

KUPFERSCHMID, V., Ebene und räumliche Rahmentragwerke, Wien 1952.

LUETKENS, O., Die Methoden der Rahmenstatik, Berlin 1949.

MAIER-LEIBNITZ, H., Vorlesungen über Statik der Baukonstruktionen, Band I: Stuttgart 1948; Band II: Stuttgart 1950; Band III: Stuttgart 1953.

MELAN, E., Einführung in die Baustatik, Wien 1950.

MÖRSCH, E., Das CROSS'sche Verfahren, Stuttgart 1947.
— Der durchlaufende Träger, 4. Aufl., Stuttgart 1951.

MÜLLER-BRESLAU, H., Die graphische Statik der Baukonstruktionen, 6. Aufl., Leipzig 1927.

PIRLET, J., Statik der rahmenartigen Tragwerke, Berlin 1951.

PRENZLOW, C., Tragwerksberechnung nach CROSS, 3. Aufl., Berlin 1955.

PÖSCHL, Th., Lehrbuch der technischen Mechanik, Band I: Statik und Dynamik, 3. Aufl., Berlin 1949; Band II: Elementare Festigkeitslehre, 2. Aufl., Berlin 1952.

RUDMANN, K., Baustatik für die Praxis, Basel 1955.

SALIGER, R., Praktische Statik, 7. Aufl., Wien 1951.

SCHLINK, W. u. DIETZ, H., Technische Statik, 4. und 5. Aufl., Berlin 1948.

SCHREYER, C., Praktische Baustatik, Teil I: 9. Aufl., Stuttgart 1954; Teil II: 7. Aufl., Stuttgart 1955; Teil III: 3. Aufl., Stuttgart 1956.

STÜSSI, F., Baustatik, Band I: Statisch bestimmte Systeme, 2. Aufl., Basel 1953; Band II: Statisch unbestimmte Systeme, Basel 1954.

SUTER, E. u. TRAUB, E., Die Methode der Festpunkte, 3. Aufl., Berlin 1951.

SZABÓ, I., Einführung in die technische Mechanik, Berlin 1954.

TITZE, Th., Momentenausgleichsverfahren, Wien 1948.

TÖLKE, F., Baustatik, Heidelberg 1949.

ULRICH, B., Die Berechnung der Stockwerkrahmen, 2. Aufl., Zürich 1948.

VALENTIN, W., Diagramme, Einflußlinien und Momente für Durchlaufträger und Rahmen, Wien 1950.

ZAYTZEFF, S., La méthode de Hardy CROSS et ses simplifications, 2. Aufl., Paris 1953.

II. Taschenbücher, Zahlentafeln

(Zum Teil mit kurzer Zusammenfassung der Theorie)

ANGER, G., Zehnteilige Einflußlinien für durchlaufende Träger, Band I: 6. Aufl., Berlin 1949; Band II: 6. Aufl., Berlin 1948; Band III: 8. Aufl., Berlin 1955.

„BETON-KALENDER", 45. Jahrgang, Berlin 1956.

BOERNER, F., Statische Tabellen, 13. Aufl., Berlin 1948.

GRAUDENZ, H., Momenten-Einflußzahlen für Durchlaufträger mit beliebigen Stützweiten, 2. Aufl., Berlin 1956.

„HÜTTE", Des Ingenieurs Taschenbuch, Band I: Theoretische Grundlagen, 28. Aufl., Berlin 1955; Band III: Bautechnik, 28. Aufl., Berlin 1956.

SCHLEICHER, F., Taschenbuch für Bauingenieure, 2 Bände, 2. Aufl., Berlin 1955.

„STAHLBAU-HANDBUCH", Bremen-Horn 1952.

„STAHL IM HOCHBAU", 12. Aufl., Düsseldorf 1953.

WEDLER, B., Berechnungsgrundlagen für Bauten, 22. Aufl., Berlin 1953.

WENDEHORST, R., Bautechnische Zahlentafeln, 10. Aufl., Bielefeld 1955.